冲压模具操作视频演示

（手机扫描二维码观看视频）

U0388317

01　落料模	02　旋转式冲裁模	03　修边模
04　连续精冲模	05　W形一次弯曲模	06　扭曲模
07　复杂形状拉深模	08　圆筒形采用机械手 传递多次拉深模	09　翻孔模
10　铆接模	11　内、外圆片落料复合模	12　切断、弯曲复合模
13　落料、成形复合模	14　汽车零部件 多工位级进模	15　模内攻螺纹 多工位级进模
16　电机壳多工位传递模	17　电机壳自动攻螺纹 多工位传递模	18　冷挤压模

冲压模具
从入门到精通

金龙建　杨梅　编著

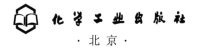

化学工业出版社

·北京·

内 容 简 介

本书立足于冲压模具的全流程，从基础到设计到制造，全方位讲解了冲压模具的相关知识。主要内容包括：冲压模具设计基础、冲压模具制造基础、冲裁工艺及模具设计与制造、弯曲工艺及模具设计与制造、拉深工艺及模具设计与制造、成形工艺及模具设计与制造、多工位级进模设计与制造。所选的模具实例来自生产实践，既注重典型模具结构，又反映富有创新意义的设计，具有一定的代表性。

本书采用双色印刷，经验性的内容以及图样中的重点会用蓝色标注。

书中配有二维码，用手机扫码即可观看视频讲解。

本书可供从事冲压模具相关工作的工程技术人员使用，也可供高校相关专业师生学习参考。

图书在版编目（CIP）数据

冲压模具从入门到精通 / 金龙建，杨梅编著 . —北京：化学工业出版社，2021.7 （2024.7重印）
ISBN 978-7-122-39077-6

Ⅰ . ①冲… Ⅱ . ①金…②杨… Ⅲ . ①冲模 - 设计②冲模 - 制模工艺 Ⅳ . ① TG385.2

中国版本图书馆 CIP 数据核字（2021）第 080508 号

责任编辑：贾　娜　　　　　　　　　　文字编辑：赵　越
责任校对：宋　玮　　　　　　　　　　装帧设计：王晓宇

出版发行：化学工业出版社（北京市东城区青年湖南街 13 号　邮政编码 100011）
印　　装：河北延风印务有限公司
787mm×1092mm　1/16　印张 26$\frac{1}{2}$　字数 726 千字　2024 年 7 月北京第 1 版第 5 次印刷

购书咨询：010-64518888　　　　　　　售后服务：010-64518899
网　　址：http://www.cip.com.cn
凡购买本书，如有缺损质量问题，本社销售中心负责调换。

定　　价：99.00 元

前　言

模具是现代制造业中不可缺少的重要工艺装备，支撑了我国制造业的蓬勃发展。当前我国工业高速发展，对模具领域提出了越来越高的要求，也为其高质量发展提供了强大的动力。

冲压模具是各类模具中应用最广的一种模具，也是实现冲压加工的主要工艺装备，主要分为冲裁模、弯曲模、拉深模、成形模和以多工位级进模为主导的冲压模具。冲压模具的设计与制造是一项非常艰辛而又极富创造性的工作。随着科技进步和产业结构的调整，模具行业对高级应用型人才的综合能力要求越来越高，对复合型人才的需求越来越旺盛。为了与时俱进，适应冲压技术的发展和行业读者的需求，使更多从事模具设计与制造工作的技术人员系统、全面地了解并掌握冲压模具结构设计技巧和制造要点，进一步提高冲压模具的设计与制造水平，我们编写了本书。

本书针对冲压模具行业的实际需求，以工艺分析、模具结构设计与制造为重点，系统讲述了冲压基本工艺的特点与工艺参数，结合冲压模具设计与制造的典型实例，详细讲解了冲裁模、弯曲模、拉深模、成形模（翻孔模，胀形，镦压模，缩口模）及多工位级进模的设计与制造过程。

全书共分为 8 章。第 1 章为概述，介绍什么是冲压模具以及冲压加工的特点与应用；第 2 章介绍冲压模具设计基础；第 3 章介绍冲压模具制造基础；第 4 章介绍冲裁工艺及模具设计与制造；第 5 章介绍弯曲工艺及模具设计与制造；第 6 章介绍拉深工艺及模具设计与制造；第 7 章介绍成形工艺及模具设计与制造；第 8 章介绍多工位级进模设计与制造。

本书具体有如下特点：

1. 兼顾了理论基础和生产实践两个方面，使用简洁明了的语言，避免晦涩难懂的理论分析。

2. 讲解了各类常用模具的设计与制造实例，着重介绍模具结构分析、设计与制造的过程。所选的模具实例来自生产实践，既注重典型模具结构，又反映富有创新意义的设计，具有一定的代表性。

3. 归纳了丰富的经验数据，图、表、文紧密配合，可供实际生产中参考。

4. 本书采用双色印刷，经验性的内容以及图样中的重点会用蓝色标注。

5. 书中配有二维码，用手机扫码即可观看视频讲解。

本书由松渤电器（上海）有限公司金龙建，上海工程技术大学、上海市高级技工学校杨梅编著。在编写过程中，陈杰红、金龙周、王朴、王浩、于位灵、陈波、陈月霞、赵燕、徐玲玲、束军平等提供了部分资料并参与整理工作。编写过程中还得到了陈炎嗣高级工程师、上海交通大学塑性成形技术与装备研究院洪慎章教授、上海工程技术大学高职学院李厚佳教授、《模具制造》编辑部杜贵军主编及台州高精密智能化模具研发创新团队李克杰等老师的热情帮助和指导，在此一并表示衷心的感谢！

由于水平所限，书中不妥之处在所难免，敬请广大专家和读者批评指正，请发送邮件至 jinlongjian2010@163.com。

金龙建

目录
CONTENTS

第 5 章　弯曲工艺及模具设计与制造

第 6 章　拉深工艺及模具设计与制造

第 7 章　成形工艺及模具设计与制造

第 8 章　多工位级进模设计与制造

第 **1** 章 概述

1.1 什么是冲压模具

利用安装在压力机上的模具，对模具中的金属或非金属板料施加压力，使板料产生分离或变形，从而获得一定形状、尺寸和性能的产品零件的生产技术称为冲压加工。

板料、模具和设备是冲压加工的三个要素（见图 1-1）。由于冲压加工经常在材料的冷状态下进行，因此也称冷冲压。冷冲压是金属压力加工方法之一，它是建立在金属塑性变形理论基础上的材料成形工程技术。冲压加工的原材料一般为板料或带料（卷料），故也称为板料冲压。而冲压模具是指将板料加工成冲压零件的特殊专用工具。

图 1-1 冲压加工的三要素

1.1.1 什么是冲裁模

在冲压生产中，沿封闭或敞开的轮廓线使材料产生分离的模具称为冲裁模（如图 1-2 所示为圆形带顶出落料模）。冲裁工序可分为落料、冲孔、切断、修边、切舌及剖切等，见表 1-1。

表 1-1 冲裁工序

工序名称	简图	特点及应用范围
落料	废料　制件	用冲模沿封闭轮廓曲线冲切，冲下部分是制件，用于制造各种形状的平板零件
冲孔	制件　废料	用冲模按封闭轮廓曲线冲切，冲下部分是废料

工序名称	简图	特点及应用范围
切断		用剪刀或冲模沿不封闭曲线冲切，多用于加工形状简单的平板制件
修边		将成形制件的边缘修切整齐或切成一定的形状
切舌		是将材料沿敞开轮廓局部而不是完全分离的一种冲压工序。被局部分离的材料，具有制件所要求的一定位置，不再位于分离前所处的平面上
剖切		把冲压件加工成半成品切开成为两个或数个制件，多用于对称制件的成双或成组冲压成形之后

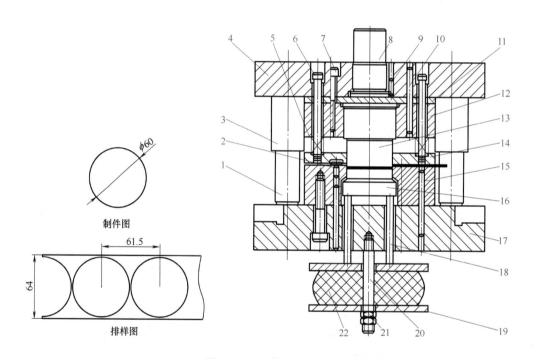

图 1-2 圆形带顶出落料模

1—导柱；2—挡料销；3—导套；4—上模座；5—弹簧；6—卸料螺钉；7—螺钉；8—模柄；9—防转销；
10—圆柱销；11—固定板垫板；12—固定板；13—凸模；14—卸料板；15—凹模；16—顶件块；
17—下模座；18—顶杆；19—托板；20—螺柱；21—螺母；22—橡胶垫

1.1.2 什么是弯曲模

在冲压生产中，使板料毛坯或其他坯料沿着直线（弯曲线）产生弯曲变形，从而获得一定角度和形状的工件的模具称为弯曲模（如图 1-3 所示为普通 U 形弯曲模）。弯曲工序可分为弯曲、卷圆及扭曲等，见表 1-2。

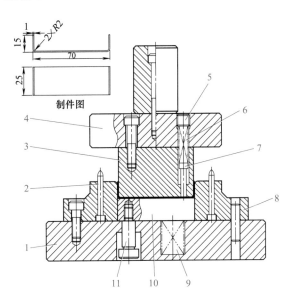

制件图

图 1-3　普通 U 形弯曲模

1—下模座；2—挡料销；3—凸模；4—上模板；5—螺塞；6，9—弹簧；
7—顶件器；8—凹模；10—压料板；11—卸料螺钉

表 1-2　弯曲工序

工序名称	简图	特点及应用范围
弯曲		弯曲是将棒料、板料、管材和型材弯曲成一定角度和形状的冲压成形工序
卷圆		把板料端部卷成接近封闭的圆头，用以加工类似铰链的制件
扭曲		把冲裁后的半成品扭转成一定的角度

1.1.3　什么是拉深模

　　把预裁剪或冲裁成一定形状的平板毛坯在压力机压力的作用下拉制成开口空心件，或将已制成的开口空心件加工成其他形状空心件的一种冲压模具称为拉深模［拉深模又称拉延模、压延模（如图 1-4 所示为无压边正向首次拉深模）］。拉深工序可分为不变薄拉深与变薄拉深，见表 1-3；还可分为筒形拉深、阶梯形拉深、球形拉深、盒形拉深、锥形拉深及其他复杂形状的薄壁制件拉深等。

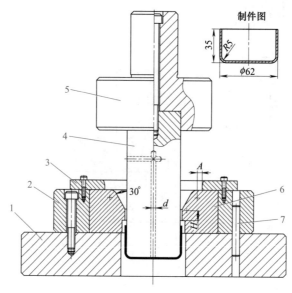

图 1-4　无压边正向首次拉深模

1—下模座；2—凹模固定板；3—定位板；4—凸模；5—模柄兼凸模固定座；6—凹模；7—圆柱销

表 1-3　拉深工序

工序名称	简图	特点及应用范围
不变薄拉深		不变薄拉深理论上拉深件底部厚度等于侧壁厚度
变薄拉深		把拉深加工后的空心半成品，进一步加工成为底部厚度大于侧壁厚度的制件

1.1.4　什么是成形模

将毛坯或半成品工件按凸、凹模的形状直接复制成形，而材料本身仅产生局部塑性变形的模具称为成形模（如图 1-5 所示为圆筒形件中部胀形模）。成形工序可分为翻孔、翻边、胀形、缩口、扩口、起伏成形及校形等，见表 1-4。

1.1.5　什么是精冲模

前面介绍的冲裁模可称为普通冲裁模，其特点是采用正常的冲裁间隙和常用的模具结构。普通冲裁模有广泛的实用性，综合技术经济效益较好，因而也是用得最多的冲裁加工方法。但普通冲裁加工的冲裁件在质量上存在严重的缺陷，如尺寸精度不高、断面质量较差。为满足一些产品对冲裁件质量的较高要求，出现了许多特殊的冲裁方法，各自都有其突出的特点。

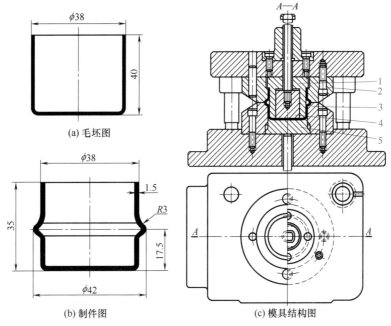

(a) 毛坯图

(b) 制件图

(c) 模具结构图

图 1-5 圆筒形件中部胀形模

1—凸模；2, 3—凹模；4—卸件器；5—顶出器

表 1-4 成形工序

工序名称	简图	特点及应用范围
翻孔		将预先冲孔的板料半成品或未经冲孔的板料冲制成竖立的边缘
翻边		把板料半成品的边缘按曲线或圆弧成形为竖立的边缘
胀形		在双向拉应力作用下实现变形，成形各种空间曲面形状的制件
缩口		在空心毛坯或管状毛坯的某个部位上，使其径向尺寸减小
扩口		在空心毛坯或管状毛坯的某个部位上，使其径向尺寸扩大
起伏		在板料毛坯或制件的表面上，用局部成形的方法制成各种形状的凸起或凹陷

工序名称	简图	特点及应用范围
校形		校正制件形状,以提高已成形制件的尺寸精度或获得小的圆角半径

在普通冲压技术基础上发展起来的,利用强力带齿圈的压板强行压入材料,从而造成径向应力,通过一次冲压行程就可获得光洁断面的一种精密冲裁工艺称为精密冲裁,用以取代整修和冲裁供坯后进行各种切削加工的繁杂工艺,从而改变冲压生产技术的毛坯生产性质,使其能直接提供符合产品装配要求的板料冲压件,达到降低成本、提高质量的目的。

简而言之,用特殊结构的模具在三动专用精冲压力机或改装的普通压力机上,在对条料施加强大压力的情况下进行冲压,从而获得尺寸公差小、形位精度高以及剪切面光洁、平整的精密冲压零件,通常把这种精密冲压模具称为精冲模(如图1-6所示为扇形齿板精冲模)。

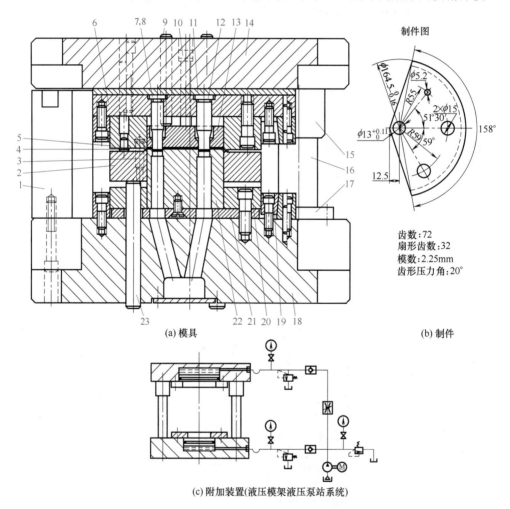

图 1-6 扇形齿板精冲模

1—限位柱;2—齿圈压板;3—挡料销;4—齿圈保护销;5—凹模;6,20—固定板;7,8,12—凸模;9—推杆;
10—卸料螺钉;11,21—垫板;13—推板(反压板);14—上模座;15—导套;16—导柱;17,19—压板;
18—下模座;22—凸凹模;23—顶杆

1.1.6　什么是冷挤压模

利用金属材料塑性变形的原理，在室温的条件下，将冷态的金属毛坯放入模具型腔内，在强大的压力和一定的速度作用下，迫使金属毛坯产生塑性流动，通过凸模与凹模的间隙或凹模出口，挤出空心或断面比毛坯断面要小的实心零件，可获得所需形状及尺寸的工件，该模具就称为冷挤压模（如图 1-7 所示为打火机铝外壳反挤压模）。冷挤压工序分为正挤压、反挤压、复合挤压、减径挤压、径向挤压、斜向挤压和镦挤，见表 1-5。

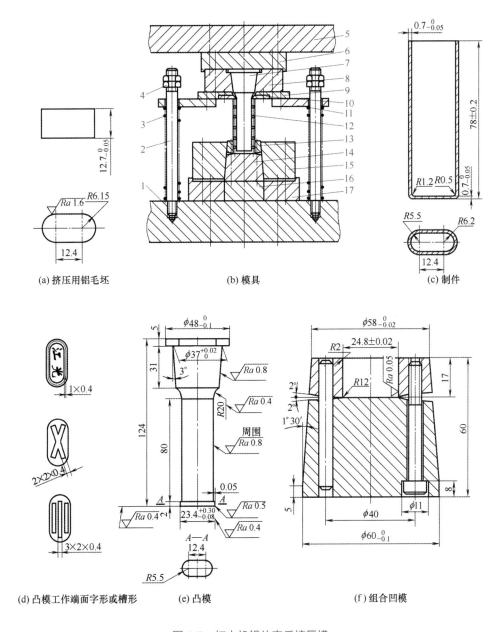

(a) 挤压用铝毛坯　　(b) 模具　　(c) 制件

(d) 凸模工作端面字形或槽形　　(e) 凸模　　(f) 组合凹模

图 1-7　打火机铝外壳反挤压模

1—下模座；2—螺杆；3—弹簧；4—螺母；5—上模座；6—加厚淬硬垫板；7—凸模；8—凸模固定板；9—卸料板；
10—卸料环；11—接板；12—挤压件（制件）；13—上凹模；14—下凹模；15—凹模固定圈；
16—垫块；17—凹模固定座

表 1-5　冷挤压工序

工序名称	简图	特点及应用范围
正挤压	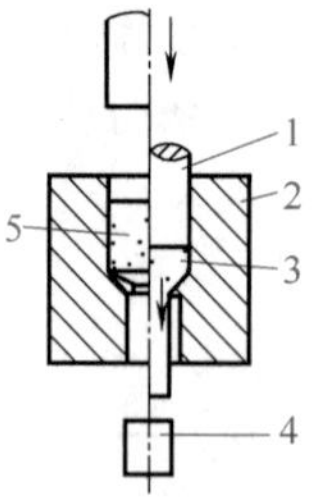 1—凸模；2—凹模；3—挤压件； 4—顶料杆；5—毛坯	正挤压时金属的流动方向与凸模的运动方向相同。加工时先将毛坯放在凹模内，凹模底上有一个大小与所制零件外径相当的孔，然后用凸模加压法挤压毛坯。凸模的压力使金属进入塑性状态，并强迫金属从凹模的小孔中流出，从而制成所需的制件。一般来说，正挤压可以制造各种形状的实心零件（采用实心毛坯），也可以制造各种形状的空心件（采用空心毛坯或杯形毛坯）
反挤压	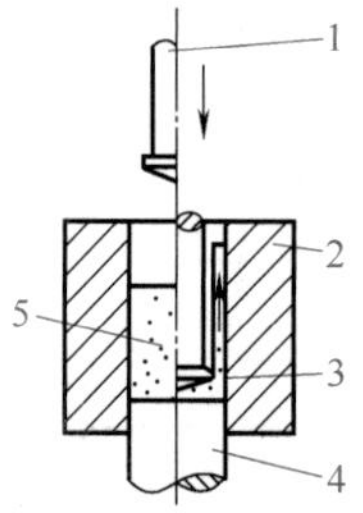 1—凸模；2—凹模；3—挤压件； 4—顶料杆；5—毛坯	反挤压时金属的流动方向与凸模的运动方向相反。加工时把扁平的毛坯放在凹模底上（凹模与凸模在半径方向上的间隙等于杯形零件的壁厚），当凸模向毛坯施加压力时，金属便沿凸模与凹模之间的间隙向上流动，从而制成所需的空心杯形零件
复合挤压	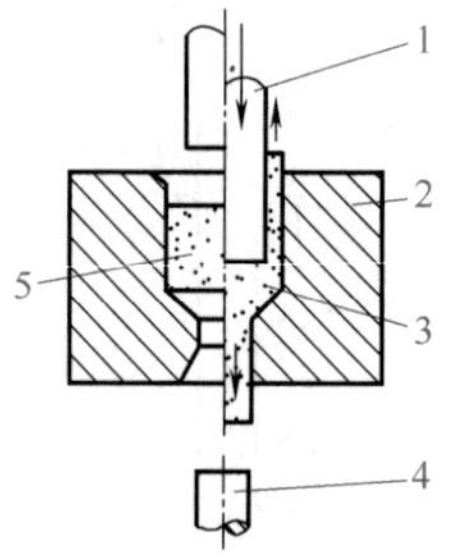 1—凸模；2—凹模；3—挤压件； 4—顶料杆；5—毛坯	复合挤压时，毛坯一部分金属流动方向与凸模的运动方向相同，而另一部分金属的流动方向与凸模运动方向相反，在凸模的压力作用下，金属向两个不同的方向流动，发生了双向挤出变形。这是正挤压和反挤压组合在一起的一种挤压方法
减径挤压	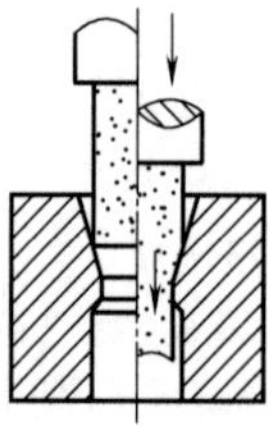	减径挤压是变形程度较小的一种变态正挤压法，毛坯断面仅做轻度的缩减。减径挤压主要用于制造直径差不大的阶梯轴类零件，以及作为深孔杯形件的修整工序

工序名称	简图	特点及应用范围
径向挤压	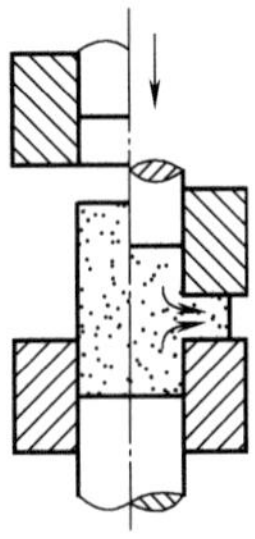	径向挤压时，金属的流动方向与凸模的运动方向相垂直。径向挤压又分为离心挤压和向心挤压两种，主要用于制造带凸肩的齿轮坯以及十字轴类零件
斜向挤压	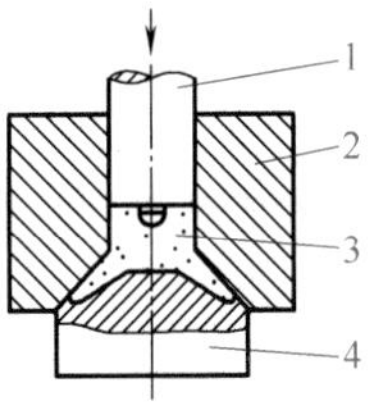 1—凸模；2—凹模；3—挤压件；4—凹模镶件	斜向挤压时，金属的流动方向倾斜或弯曲于凸模的运动方向
镦挤	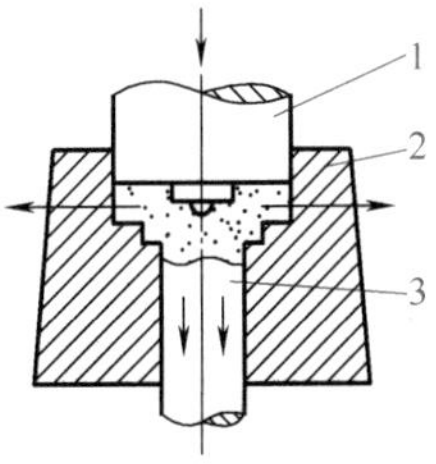 1—凸模；2—凹模；3—挤压件	变形时，金属的流动具有挤压和镦粗的特点，即一部分金属沿凸模轴向流动，另一部分金属则沿径向流动。它是冷镦与冷挤压相结合的一种成形方法。镦挤法主要用于制造大头类零件及阶梯轴类零件

1.1.7　什么是单工序模

在压力机的一次行程中，只完成一道冲压工序的模具称为单工序模。单工序模可分为纯冲裁单工序模、冲裁＋弯曲单工序模、冲裁＋拉深单工序模和冲裁＋成形单工序模等。

1.1.8　什么是复合模

只有一个工位，在压力机的一次行程中，在同一工位上同时完成两道或两道以上冲压工序的模具称为复合模（如图1-8所示为落料、拉深、翻孔复合模）。复合模可分为正装复合模和倒装复合模，也可分为冲裁复合模、落料弯曲复合模、落料拉深复合模和落料成形复合模等。

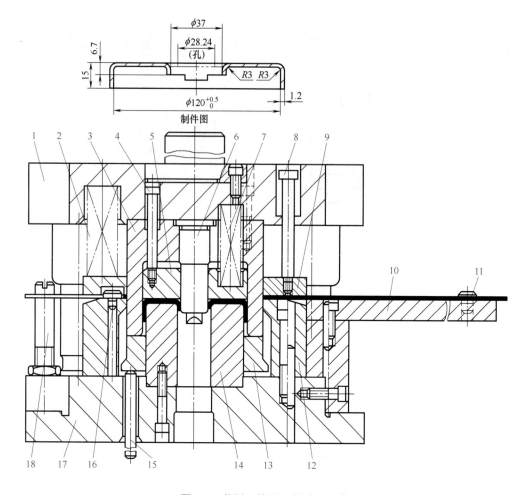

图 1-8 落料、拉深、翻孔复合模

1—上模座；2，7—弹簧；3—上凸凹模；4，8—卸料螺钉；5—推件器；6—无预制孔翻孔凸模；9—卸料板；10—托料板；
11，16—挡料销；12—凹模；13—压边圈；14—下凸凹模；15—顶杆；17—下模座；18—挡料螺栓

1.1.9 什么是多工位级进模

在毛坯的送进方向上，具有两个或更多的工位，在压力机的一次行程中，在不同的工位上逐次完成两道或两道以上冲压工序的模具称为多工位级进模（又称连续模、跳步模等，如图 1-9 所示为连接板多工位级进模）。

多工位级进模是冲压模具中一种先进高效的模具。它是在单工序冲压模具基础上发展起来的多工序集成模具。对某些形状较为复杂的，如冲裁、弯曲、成形、拉深及攻螺纹等多个工序的冲压零件，可在一副多工位级进模上冲制完成。

1.1.10 什么是多工位传递模

把多道工序的模具集中安排在一台多工位传递式自动冲床上，并利用冲床一次往复运动来实现自动化冲压，使分别安装在机床上的落料、冲孔、印字、弯曲、拉深、切边等多副模具同时工作，且在往复的周期里将工件依次从上一工位传递至下一工位从而得到一个完整制件的

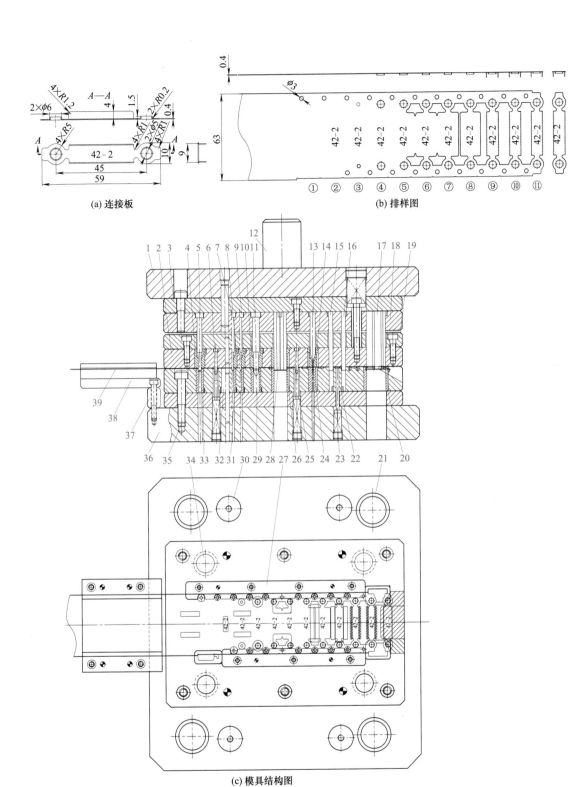

(a) 连接板

(b) 排样图

(c) 模具结构图

图 1-9 连接板多工位级进模

1—上模座；2—卸料板；3—固定板垫板；4, 8, 10, 14—卸料板镶件；5, 7—冲孔凸模；6—导正销；9—预冲孔凸模；

11—翻孔凸模；12—模柄；13, 17, 28—切废料凸模；15, 16—弯曲凸模；18—固定板；19—卸料板垫板；

20, 24, 26, 31, 33—下模板镶件；21—导柱；22—下模弯曲镶件；23—顶杆；25—套式顶料杆；27—内导料板；

29—翻孔凹模；30—限位柱；32—字印；34—小导柱；35—螺钉；36—下模座；37—垫块；38—承料板；39—外导料板

冲压模具称为多工位传递模。如图 1-10 所示为电池壳多工位传递模。

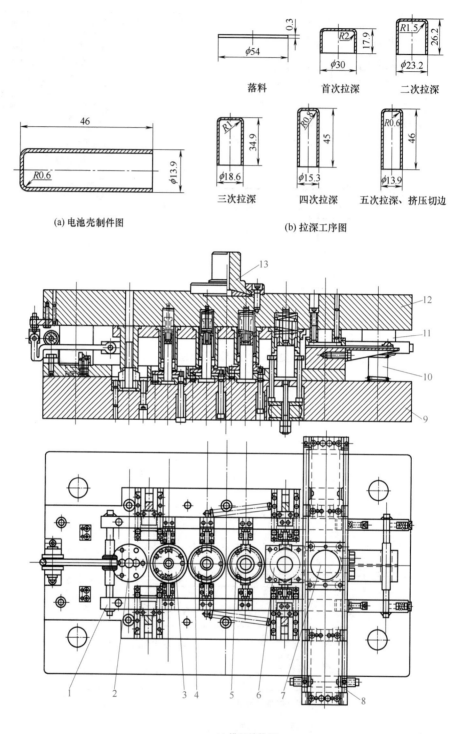

(a) 电池壳制件图

(b) 拉深工序图

落料　首次拉深　二次拉深
三次拉深　四次拉深　五次拉深、挤压切边

(c) 模具结构图

图 1-10　电池壳多工位传递模

1—传递式送料装置；2～6—拉深凸、凹模；7—冲裁凸、凹模；8—条料送进装置；
9—下模座；10—导柱；11—导套；12—上模座；13—模柄

1.2 冲压加工的特点及应用

1.2.1 冲压加工的特点

冲压生产是靠模具和压力机完成加工过程，与其他加工方法相比，在技术和经济方面有如下四大特点：

① 冲压加工一般不需要加热毛坯，也不像金属切削加工那样产生大量切削余料，所以它不但节能，而且节约金属材料，是一种少、无切屑加工方法之一，所得的冲压件一般无需再加工。

② 冲压件的尺寸精度由模具来保证，所以质量稳定，互换性好。

③ 由于利用模具加工，所以可获得其他加工方法所不能或难以制造的壁薄、重量轻、刚性好、表面质量高、形状复杂的零件。

④ 生产率高、操作简便、易于机械化与自动化。用普通压力机进行冲压加工，每分钟可达几十件；用高速压力机生产，每分钟可达数百件或千件以上。

冲压也存在一些缺点，主要表现在冲压加工时的噪声和振动两个问题。这两个问题并不完全是冲压工艺及模具本身带来的，主要是由传统的冲压设备落后造成的。随着科学技术的进步，这两个问题逐步得到了一定的解决。

1.2.2 冲压加工的应用

（1）应用领域

由于冲压工艺具有上述突出的特点，因此在现代化生产中得到了广泛的应用。据有关调查统计，在农机产品、摩托车、汽车中，冲压件约占75%～80%；自行车、手表、缝纫机中，冲压件约占80%；在收录机、电视机、摄像机产品中，冲压件约占90%；在航空、航天工业中，冲压件也占有较大的比例；除此之外，还有食品金属罐、金属盒、铝锅铝壶、搪瓷盆碗、不锈钢炊具、餐具等都是用模具冲压加工出来的，就连计算机的硬件中也缺少不了冲压件。总之，在当今的机械、电子、轻工、国防等工业部门的零件，其成形方式也转向优先选用冲压加工工艺。

据统计，世界各种钢材品种的比例见表1-6，而板材、带材大部分用于冲压加工。

表 1-6　各种钢材品种的比例

品种	带材	板材	棒材	型材	线材	管材
所占比例 /%	50	17	15	9	7	2

（2）加工范围

可加工各种类型的冲压件，小到钟表的秒针，大到汽车的纵梁，冲切的料厚已达到20mm以上。因此，冲压加工幅度大，适应性强。

冲压材料可分为黑色金属、有色金属及某些非金属材料。

（3）冲压件精度

对于一般冲压件，精度可达到 IT10～IT11；精冲件精度可达到 IT6～IT9；一般弯曲、拉深件精度可达到 IT13～IT14。

（4）冲压件表面粗糙度

普通冲裁 Ra 可达到 3.2～12.5μm，精冲件 Ra 可达到 0.3～2.5μm。

第2章 冲压模具设计基础

2.1 冲压模具设计基本要求及一般步骤

2.1.1 冲压模具设计应具备的资料

① 制件（又称冲压件或工件）的图样及技术要求。

② 制件的冲压工艺卡和生产批量。

③ 可供选用的压力机的型号及规格，特别是与模具安装及力能等有关的参数。

④ 有关技术标准，如材料标准、公差与极限标准、模具标准件、机械制图标准等。

⑤ 有关技术资料，如冲压模具设计实用手册和模具结构图册，典型结构资料、行业规定的指导性模具技术资料及企业的设计规范等。

2.1.2 冲压模具设计的基本要求

① 冲压模具设计是确保冲压件质量的重要环节，在汽车、航空航天、仪器仪表、家电、电子、通信、军工、玩具、日用品等产品的生产中，其重要性更加突出。冲压件对工艺和质量控制等方面要求高，对模具设计也相应提出了严格的要求。模具设计师除了应具备模具设计方面的专业知识外，对钣金设计、冲压工艺、金属材料及热处理和冲压设备等方面的知识，也应熟练掌握。

② 冲压模具设计要坚持三个基本原则，即安全、先进和经济。同时，还要从本公司（或协作公司）的现实条件出发，结合现有设备、工艺水平和加工设备条件等实际情况作综合考虑，以便设计出结构合理、经济适用的模具，保证冲出的制件符合图样的形状与尺寸要求。

③ 设计出的模具在保证冲出的制件符合图纸的形状与尺寸要求的前提下，还应做到结构尽可能简单化，操作方便，使用寿命长，模具零部件安装要牢固，工作安全可靠，成本低廉，并且容易制造和维修。

④ 冲压模具种类繁多，其结构形式、设计方法和需要考虑的问题也不尽相同。不同的制件和不同的设备所使用的模具有不同的结构特点；模具的用途不同，结构也有差别。因此，模具设计必须根据使用要求来设计。

2.1.3 冲压模具设计一般步骤

简单地说，冲压模具设计步骤就是设计师从接到设计任务后到出具模具图样的过程中所进行的各项工作的先后次序。随着现代化软件的发展，设计师一般不采用手工绘制图样，大都采用先进的辅助软件进行设计，如 CAD、UG 等。但不管采用什么方法设计，其想要达到的目的和结果是一致的，即用较短的时间设计出质量最好的、经济而实用的冲压模具。

冲压模具的设计步骤没有固定的模式，但基本设计的顺序是大同小异的，如图 2-1 所示为冲压模具设计步骤简图。

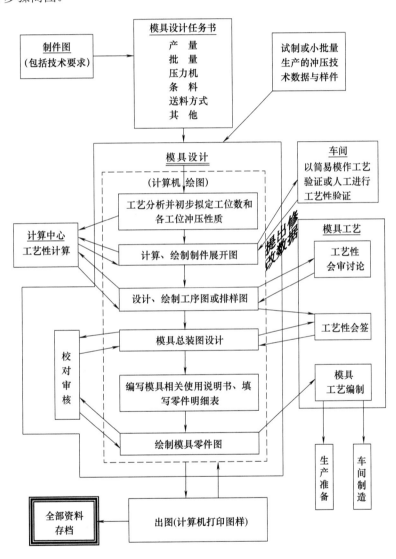

图 2-1　冲压模具设计步骤简图

（1）设计任务书

设计任务书是模具设计的主要依据之一。设计任务书中应向模具设计者提供重要的资料作为制件图，包括制件的年产量、送料方向、使用压力机技术要求等。从制件图中，设计师可以了解制件的形状、结构、尺寸大小、公差精度、材质及相关的技术条件。

（2）制件工艺分析

① 根据所提供的产品图样，分析制件的形状特点、尺寸大小、精度要求、断面质量、装配关系等要求。

② 根据制件的生产批量，决定模具的结构形式、选用的材料。

③ 分析制件所用的材料是否符合冲压工艺的要求，决定是采用条料、板料、卷料还是边角废料来冲压。

④ 根据现有设备情况及制件和制件批量对设备的要求选择合适的压力机。

⑤ 根据现有的制造水平及装备情况，为模具结构设计提供依据。

（3）确定合理的冲压工艺方案

① 根据对制件的工艺分析，确定基本的工序性质，如冲孔、落料、弯曲及拉深等。

② 进行工艺计算，确定工序数，如拉深次数等。

③ 根据制件生产批量和条件（材料、设备和制件精度）确定工序组合，如采用复合冲压工序还是连续冲压工序。

④ 根据各工序的变形特点、尺寸要求等确定工序排列顺序，如采用先弯曲后冲孔，还是先冲孔后弯曲等。

（4）工艺计算

① 计算毛坯尺寸，合理排样并绘制排样图，计算出材料利用率。

② 计算冲压力，其中包括冲裁力、弯曲力、拉深力、卸料力、推件力、压边力及成形力等，以便确定压力机。

③ 选择合适的压力机型号、规格。

④ 计算压力中心，以免模具偏心负荷影响模具的使用寿命。

⑤ 计算并确定模具主要零件（如凸模、凹模、凸模固定板及垫板等）的外形尺寸以及弹性元件的大小及高度等。

⑥ 确定凸、凹模间隙并计算凸、凹模工作部分尺寸。

⑦ 确定拉深模压边圈、拉深次数、各工序的尺寸分配以及半成品的尺寸计算。

（5）模具总体设计

进行模具结构设计，确定结构件形式和标准。

① 冲裁、成形零件与标准确定。如凸模、凹模及凸凹模的结构形式是组合、整体还是镶拼，以及选用何种固定方式。

② 选定定位元件。如采用定位板或挡料板、导正销等，对于多工位级进模还要考虑是否用始用挡料销、导正销和侧刃等。

③ 卸料与推件机构的确定。卸料有弹性卸料和刚性卸料两种形式。弹性卸料一般采用弹簧、橡胶或氮气弹簧作为弹性元件；刚性卸料通常采用固定卸料板结构形式。

④ 导向零件的种类和标准的确定。包括是否采用导向零件，采用哪种形式的导向零件，设计中最常用的有滑动导柱、导套和滚珠导柱、导套导向，一般选用专业标准件厂的标准规格。

⑤ 模座种类及规格的确定。

（6）冲压设备的选用

根据现有冲压设备情况以及要完成的冲压工序性质，冲压加工所需的变形力、变形功及模具闭合高度和轮廓尺寸等主要因素来选用压力机的型号、规格。选用压力机时必须满足以下4点要求：

① 压力机公称压力必须大于冲压力。

② 模具的闭合高度应在压力机的最大闭合高度和最小闭合高度之间。当多副模具安装在

同一台压力机上时，模具的闭合高度应相同，并考虑冲压力尽可能分布要均匀。

③ 压力机的滑块行程必须满足制件成形要求。单工序拉深时为了便于放料和取料，其行程必须大于拉深高度的 2 倍以上。

④ 为了便于安装模具，压力机工作台面尺寸应大于模具下模座尺寸，台面上的孔应能保证制件或废料能顺利地漏卸。

（7）模具图设计

① 绘制模具总装图

a. 主视图：一般指模具的工作位置，采用剖面画法。

b. 俯视图和仰视图：俯视图（或仰视图）一般指模具的上模部分（或下模部分），视图只反映模具的下模俯视（或上模仰视）可见部分，这是冲模的一种习惯画法。

c. 侧视图和局部视图：在必要时画出，使某些模具结构表达更完善。

d. 制件图：常画在图样的右上角，要注明制件的材料、规格，以及制件本身的尺寸、公差及技术要求等。对于由多副模具冲压成的制件，除绘制出本工序的成品制件图外，还要绘出上工序的半成品图（毛坯图一般放在图样的左上角）。

e. 排样图：对于落料模、复合模和多工位级进模必须在制件图下面绘出排样图。排样图上应标明料宽、步距和搭边值。复杂的和多工位级进模的排样图一般单独绘制在一张图纸上。

f. 技术要求说明：一般在标题栏的上方写出该模具的冲压力、卸料力、模具外形尺寸和闭合高度、模具标记、所选设备（压力机）型号等要求。

g. 编写零件的明细表和外购材料申请单。

② 绘制模座及模板图　指上模座、下模座、凸模固定板垫板、凸模固定板、卸料板垫板、卸料板、凹模固定板、凹模垫板等。

③ 绘制模具零部件图　指凸模、凹模、导料板、承料板、导正销、非标准的顶杆等。

2.2　冲压用材料

2.2.1　冲压工艺对材料的要求

冲压所用的材料与冲压工艺的关系十分密切，其性质直接影响冲压工艺设计、冲压件质量和产品使用寿命，还影响组织均衡生产和冲压件生产成本。在选择冲压材料时，首先要满足制件的使用要求。一般来说，对于机器上的主要冲压件，要求材料具有较高的强度和刚度；电机电器上的某些冲压件，要求材料有较高的导电性和导磁性；汽车及飞机上的冲压件，要求材料有足够的强度，尽可能要减轻质量；化工容器上的冲压件，要求材料耐腐蚀等。所以不同的使用要求决定了应选用不同的冲压材料。但从冲压工艺上考虑，材料还应满足冲压工艺要求，以保证冲压过程能顺利完成。

对冲压所用材料的要求如下：

（1）具有良好的冲压性能

冲压性能是指板料对各种冲压加工方法的适应能力。冲压加工是金属塑性加工方法，因此，要求材料具有良好的塑性。

对于拉深成形的板料，要求具有高塑性、低屈服极限和大板厚方向性系数，而硬度高的材料则难以拉深加工。板料的屈强比 σ_s/σ_b 越小，冲压性能越好，一次变形的极限程度越大。

板厚方向性系数 $r > 1$ 时，宽度方向上的变形比厚度方向上的变形容易。r 值越大，在拉深过程中越不容易变薄和发生断裂，拉深性能就越好。拉深性能好的材料有含碳量 < 0.14% 的软钢、软黄铜（含铜量 68% ~ 72%）、纯铝和铝合金、奥氏体不锈钢等。

（2）良好的表面质量

表面质量好的材料，冲压时制件不易破裂，废品少；模具不易擦伤，寿命提高，而且制件的表面质量好。所以一般要求冲压材料表面光洁、平整，无氧化皮、锈斑、裂纹、划痕等缺陷。

（3）厚度公差符合国际规定

冲压凸模和凹模的间隙是根据材料的厚度来确定的，所以材料厚度公差应符合国家规定的标准。否则厚度公差太大，将影响制件的质量，并可能导致损坏模具和设备。

2.2.2 常用冲压材料

常用冲压材料分为金属材料（黑色金属和有色金属）和非金属材料两大类。黑色金属的力学性能见表 2-1；钢在加热状态的抗剪强度见表 2-2；有色金属的力学性能见表 2-3；非金属材料的极限抗剪强度见表 2-4，供参考。

表 2-1　黑色金属的力学性能

材料名称	材料牌号	材料状态	极限强度		伸长率 δ/%	屈服强度 σ_s/MPa	弹性模量 E/MPa
			抗剪 τ /MPa	抗拉 σ_b /MPa			
电工用工业纯铁（C 含量 < 0.025）	DT1 DT2 DT3	已退火	180	230	26		
电工硅钢	DR530-50 DR510-50 DR450-50 DR315-50 DR290-50 DR280-35 DR255-35	已退火	190	230	26		
普通碳素钢	Q195	未经退火	260 ~ 320	320 ~ 400	28 ~ 33		
	Q215-A		270 ~ 340	340 ~ 420	26 ~ 31	220	
	Q235-A		310 ~ 380	440 ~ 470	21 ~ 25	240	
	Q255-A		340 ~ 420	490 ~ 520	19 ~ 23	260	
	Q275		400 ~ 500	580 ~ 620	15 ~ 19	280	
碳素结构钢	05	已退火	200	230	28	—	
	05F		210 ~ 300	260 ~ 380	32	—	
	08F		220 ~ 310	280 ~ 390	32	180	
	08		260 ~ 360	330 ~ 450	32	200	190000
	10F		220 ~ 340	280 ~ 420	30	190	
	10		260 ~ 340	300 ~ 440	29	210	198000
	15F		250 ~ 370	320 ~ 460	28	—	
	15		270 ~ 380	340 ~ 480	26	230	202000
	20F		280 ~ 890	340 ~ 480	26	230	200000
	20		280 ~ 400	360 ~ 510	25	250	210000
	25		320 ~ 440	400 ~ 550	24	280	202000
	30		360 ~ 480	450 ~ 600	22	300	201000
	35		400 ~ 520	500 ~ 650	20	320	201000
	40		420 ~ 540	520 ~ 670	18	340	213500
	45		440 ~ 560	550 ~ 700	16	360	204000

材料名称	材料牌号	材料状态	极限强度		伸长率 δ/%	屈服强度 σ_s/MPa	弹性模量 E/MPa
			抗剪 τ /MPa	抗拉 σ_b /MPa			
碳素结构钢	50	已正火	440～580	550～730	14	380	220000
	55		550	≥670	14	390	—
	60		550	≥700	13	410	208000
	65		600	≥730	12	420	—
	70		600	≥760	11	430	210000
碳素工具钢	T7～T12 T7A～T12A	已退火	600	750	10	—	—
	T8A	冷作硬化	600～950	750～1200	—	—	—
优质碳素钢	10Mn2	已退火	320～460	400～580	22	230	211000
	65Mn		600	750	12	400	211000
合金结构钢	25CrMnSiA 25CrMnSi	已低温退火	400～560	500～700	18	950	
	30CrMnSiA 30CrMnSi		440～600	550～750	16	1450 850	
优质弹簧钢	60Si2Mn 60Si2MnA 65Si2WA	已低温退火	720	900	10	1200	200000
		冷作硬化	640～960	800～1200	10	1400 1600	—
不锈钢	1Cr13	已退火	320～380	400～470	21	420	210000
	2Cr13		320～400	400～500	20	450	210000
	3Cr13		400～480	500～600	18	480	210000
	4Cr13		400～480	500～600	15	500	210000
	1Cr18Ni9 2Cr18Ni9	经热处理	460～520	580～640	35	200	200000
		冷碾压的 冷作硬化	800～880	100～1100	38	220	200000
	1Cr18Ni9T_1	热处理退软	430～550	54～700	40	200	200000

表 2-2　钢在加热状态的抗剪强度　　　　　　　　单位：MPa

钢的牌号	温度					
	200℃	500℃	600℃	700℃	800℃	900℃
Q195，Q215-A，10，15	360	320	200	110	60	30
Q235-A，Q255-A，20，25	450	450	240	130	90	60
Q275，30，35	530	520	330	160	90	70
40，50	600	580	380	190	90	70

注：材料的抗剪强度 τ 的数值，应取在冲压温度时的数值，冲压温度通常比加热温度低 150～200℃。

表 2-3　有色金属的力学性能

材料名称	牌号	材料状态	极限强度		伸长率 δ/%	屈服强度 σ_s/MPa	弹性模量 E/MPa
			抗剪 τ /MPa	抗拉 σ_b /MPa			
铝	L2、L3	已退火	80	75～110	25	50～80	72000
	L5、L7	冷作硬化	100	120～150	4	120～240	
铝锰合金	LF21	已退火	70～100	110～145	19	50	71000
		半冷作硬化	100～140	155～200	13	130	
铝镁合金 铝镁铜合金	LF2	已退火	130～160	180～230	—	100	70000
		半冷作硬化	160～200	230～280		210	

材料名称	牌号	材料状态	极限强度		伸长率 $\delta/\%$	屈服强度 σ_s/MPa	弹性模量 E/MPa
			抗剪 τ /MPa	抗拉 σ_b /MPa			
高强度的铝镁铜合金	LC4	已退火	170	250	—	—	—
		淬硬并经人工时效	350	500		460	70000
镁锰合金	MB1 MB8	已退火	120～140	170～190	3～5	98	43600
		已退火	170～190	220～230	12～24	140	40000
		冷作硬化	190～200	240～250	8～10	160	
硬铝	LY12	已退火	105～150	150～215	12	—	72000
		淬硬并经自然时效	280～310	400～440	15	368	
		淬硬后冷作硬化	280～320	400～460	10	340	
纯铜	T1、T2、T3	软	160	200	30	70	108000
		硬	240	300	3	380	130000
黄铜	H62	软	260	300	35	380	100000
		半硬	300	380	20	200	—
		硬	420	420	10	480	—
	H68	软	240	300	40	100	110000
		半硬	280	350	25	—	
		硬	400	400	15	250	115000
铅黄铜	HPb59-1	软	300	350	25	142	93000
		硬	400	450	5	420	105000
锰黄铜	HMn58-2	软	340	390	25	170	100000
		半硬	400	450	15		
		硬	520	600	5		
锡磷青铜 锡锌青铜	QSn6.5-0.1 QSn6.5-0.4 QSn4-3	软	260	300	38	140	100000
		硬	480	550	3～5		
		特硬	500	650	1～2	546	124000
铝青铜	QAl7	退火	520	600	10	186	—
		不退火	560	650	5	250	115000～130000
铝锰青铜	QAl9-2	软	360	450	18	300	92000
		硬	480	600	5	500	—
硅锰青铜	QSi3-1	软	280～300	350～380	40～45	239	120000
		硬	480～520	600～650	3～5	540	
		特硬	560～600	700～750	1～2	—	—
铍青铜	QBe2	软	240～480	300～600	30	250～350	117000
		硬	520	660	2	1280	132000～141000
白铜	B19	软	240	300	25	—	—
		硬	360	450	25		
锌白铜	BZn15-20	软	280	350	35	207	—
		硬	440	550	1	486	126000～140000
		特硬	520	650		—	
镍	Ni3～Ni5	软	350	400	35	70	—
		硬	470	550	2	210	210000～230000

材料名称	牌号	材料状态	极限强度		伸长率 δ/%	屈服强度 σ_s/MPa	弹性模量 E/MPa
			抗剪 τ /MPa	抗拉 σ_b /MPa			
德银	BZn15-20	软	300	350	35	—	—
		硬	480	550	1		
		特硬	560	650	1		
锌	Zn-3 ~ Zn-6	—	120 ~ 200	140 ~ 230	40	75	80000 ~ 130000
铅	Pb-3 ~ Pb-6	—	20 ~ 30	25 ~ 40	40 ~ 50	5 ~ 10	15000 ~ 17000
锡	Sn1 ~ Sn4	—	30 ~ 40	40 ~ 50		12	41500 ~ 55000
钛合金	TA2	退火	360 ~ 480	450 ~ 600	25 ~ 30	—	—
	TA3		440 ~ 600	550 ~ 750	20 ~ 25		
	TA5		640 ~ 680	800 ~ 850	15	800 ~ 980	104000
镁合金	MB1	冷态	120 ~ 140	170 ~ 190	3 ~ 5	120	40000
	MB8		150 ~ 180	230 ~ 240	14 ~ 15	220	41000
	MB1	预热 300℃	30 ~ 50	30 ~ 50	50 ~ 52		40000
	MB8		50 ~ 70	50 ~ 70	58 ~ 62		41000
银	—	—	—	180	50	30	81000
可伐合金	Ni29Co18	—	400 ~ 500	500 ~ 600			
康铜	BMn40-1	软	—	400 ~ 600			
		硬	—	650			
钨	—	已退火	—	720	0	700	312000
		未退火	—	1491	1 ~ 4	800	380000
钼	—	已退火	20 ~ 30	1400	20 ~ 25	385	280000
		未退火	32 ~ 40	1600	2 ~ 5	595	300000

表 2-4 非金属材料的极限抗剪强度

材料名称	极限抗剪强度 τ/MPa	
	管状凸模裁切	普通凸模冲裁
纸胶板	100 ~ 130	140 ~ 200
布胶板	90 ~ 100	120 ~ 180
玻璃布胶板	120 ~ 140	160 ~ 185
金属箔的玻璃布胶板	130 ~ 150	160 ~ 220
金属箔的纸胶板	110 ~ 130	140 ~ 200
环氧酚醛玻璃布板	180 ~ 210	210 ~ 240
工业橡胶板	1 ~ 6	20 ~ 80
石棉橡胶	40	—
人造橡胶，硬橡胶	40 ~ 70	—
层压纸板	100 ~ 130	140 ~ 200
层压布板	90 ~ 100	120 ~ 180
绝缘纸板	40 ~ 70	60 ~ 100
厚纸板	30 ~ 40	40 ~ 80
软钢纸板	20 ~ 40	20 ~ 30
有机玻璃	70 ~ 80	90 ~ 100
聚氯乙烯	60 ~ 80	100 ~ 130
硝酸纤维素塑料	40 ~ 60	80 ~ 100
皮革	6 ~ 8	30 ~ 50
工业用皮革	—	45 ~ 55
工业用毛毡	4 ~ 5	—
桦木胶合板	10	—
漆布、绝缘漆布	30 ~ 60	—
云母	50 ~ 80	60 ~ 100
人造云母	120 ~ 150	140 ~ 180
硬钢纸板	30 ~ 50	40 ~ 45

2.3 冲压模具材料

2.3.1 冲压模具材料基本要求与选用原则

冲压模具材料通常是指模具的工作零件材料。由于冲模在工作时，工作零件的凸模和凹模经受了强烈的冲击、挤压和摩擦，并伴有温度的升高，工作条件十分恶劣。为此，对所选用的模具材料必须满足使用性能和工艺性能等方面的综合要求。

（1）冲压模具材料的基本要求

通常要求冲压模具材料必须具备硬度、韧性和耐磨性三种基本使用性能，具体对各项使用性能的要求说明如下。

① 硬度。硬度是模具钢的主要技术指标。模具在高应力的作用下，要保持其形状尺寸不变，就必须有足够的硬度，一般要求冲模凸、凹模的硬度应在60HRC左右。

② 红硬性。又称热稳定性。指模具在高速高温工作条件下，能保持材料组织和性能稳定的能力，具有抗软化能力。低合金工具钢、碳素工具钢通常能在180～250℃的温度范围内保持这种性能，铬钼热作模具钢一般在500～600℃的温度范围内保持这种性能。红硬性虽是热作模具钢的重要指标之一，但对于自动化和高速冲压情况下的如级进模用材料，这一点同样很重要。

③ 韧性和耐疲劳性。模具在工作中承受着强烈的冲击、振动、扭转、弯曲等复杂应力，尤其是细长凸模，当强度、韧性不足时，造成模具边缘或局部开裂、折断等缺陷而提前损坏，因此，使模具保持足够的强度和韧性，有利于模具的正常使用并延长模具寿命。

模具材料的韧性往往和硬度、耐磨性相互矛盾。因此，根据模具的工作情况，选择合理的模具材料，并采用合理的精炼、加工、热处理和表面处理工艺才能使模具材料具有最佳的耐磨性和韧性。

④ 耐磨性。耐磨性常常和模具的寿命联系在一起。耐磨性好，模具使用寿命长。模具在工作中承受相当大的压应力和摩擦力，要求模具能够在强烈摩擦下仍保持其尺寸精度和表面粗糙度，不致早期失效。

⑤ 黏着性与抗咬合力。低的黏着性可防止模具表面因两金属原子相互扩散或单相扩散的作用而被加工的金属黏附，从而影响模具的正常使用和制件表面质量。此性能对拉深模的要求尤为突出。

高咬合抗力可防止被加工金属与模具产生"冷焊"现象。

此外，还要根据不同模具的实际工作条件，分别考虑其实际要求的其他使用性能。例如，对在高载荷下工作的模具应考虑其抗压强度、抗拉强度、抗弯强度、疲劳强度和断裂韧度等。

（2）冲压模具材料的选用原则

冲压模具种类很多，就是同属多工位级进模，工作（冲压）内容、工作条件也会千差万别，对模具材料性能的要求也是多种多样，没有一种能同时满足最高的强度、硬度、耐磨性、韧性、热硬性、抗疲劳强度和最好的加工工艺性能的材料。因此，对于一定用途模具材料的选择，常常需要综合考虑其性能，取其最佳要素满足冲压加工的需要。例如多工位级进模是高效、高精密、高寿命的"三高"模具，凸模、凹模等工作零件材料应具有高强度、高硬度、高耐磨性和足够的韧性。故可以优先选用优质合金工具钢或硬质合金材料。

对于纯冲裁，主要要求其刃口部分有高的硬度和耐磨性，良好的抗弯强度和韧性；对于弯曲和拉深，主要要求其工作部分有高的耐磨性。比较而言，对拉深的模具材料耐磨性要求更高一些；其次要求有良好的抗黏附性和一定的韧性。如在拉深不锈钢件时，所选材料应具有较高的抗黏附性便显得尤为重要。对于冷镦或冷挤压，首要的是模具材料具有高的强度，以保证工作状态下模具不被镦粗、变形和断裂破坏；其次是要有足够的韧性、足够的表面硬度和硬化层深度。

对于模具结构件，如固定板、卸料板类零件，不但要有足够的强度，而且要求这些零件在工作过程中不能变形。

常用冷作模具材料的性能比较见表2-5。

表2-5　常用冷作模具材料的性能比较

材料类别	材料牌号	标准号	性能比较						
			耐磨性	韧性	切削加工性	淬火不变形性	回火稳定性	淬硬深度	抗压强度
碳素工具钢	T7A T10A T12A	GB/T 1298—2008	差 较差 较差	较好 中等 中等	好 好 好	较差 较差 较差	差 差 差	水淬15～18mm 油淬5～7mm	差
合金工具钢	9SiCr、Cr2 9Mn2V CrWMn 9CrWMn Cr12 Cr12MoV Cr4W2MoV 6W6Mo5Cr4V	GB/T 1299—2000	中等 中等 中等 好 好 较好 较好	中等 中等 中等 差 差 较差 较好	较好 较好 中等 较差 较差 中等 中等	中等 较好 中等 好 好 中等 中等	较差 差 较差 较好 较好 中等 中等	油淬40～50mm 油淬≤30mm 油淬≤60mm 油淬40～50mm 油淬200mm 油淬200～300mm φ150mm×150mm 可内外淬硬达60HRC 空淬40～50mm 较深	中上 中 优下 良
	SiMnMo	—	较好	中等	较好	较好	较差	较浅	
轴承钢	GCr15	GB/T 18254—2002	中等	中等	较好	中等	较差	油淬30～35mm	
高速钢	W18Cr4V W6Mo5Cr4V2	GB/T 9943—2008	较好 较好	较差 中等	较差 较差	中等 中等	深 好	深 深	中上
基体钢	CG-2 65Nb	—	较好 较好	较好 较好	中等 中等	中等 较好	好 中等	深 空淬≤50mm、油淬≤80mm	优下
普通硬质合金	YG3X YG6 YG8、YG8C YG15 YC20C YG25		最好	差 差 差 差 差 差	差	不经热处理，无变形	最好，可达80～90℃	不经热处理，内外硬度均匀一致	
钢结硬质合金	YE65（GT35） YE50（GW50）		好	较差，但优于普通硬质合金	可机械加工	可热处理，几乎不变形	好	深	

由表可以看出，材料的抗压强度和耐磨性增加，则韧性降低；反之，要使材料的韧性增加，则抗压强度和耐磨性就要有所下降。因此，从综合最佳性能考虑，选择材料的方向应以提高其抗压强度和耐磨性为主，兼顾其余各项性能。

2.3.2　冲模零件材料的选用与硬度要求

（1）冲模工作零件材料选用的依据

① 根据制件的产量选择模具材料　如果制件的产量大，选用材料耐磨性好、耐用、寿命

长是首要条件，则必须选用既耐磨又有高强度的材料。一般情况下，可参考表2-6来选择模具材料。

表2-6 根据制件的产量选择模具材料

选择材料次序	1	2	3	4	5	6
材料名称	碳素工具钢	低合金工具钢	中高合金钢	高强度基体钢	高速工具钢	钢结合金与硬质合金
牌号举例	T8A	9Mn2V	Cr4W2MoV	65Cr4W3Mo2VNb	W12Mo3Cr4V3N	GT35，TLMW50
	T10A	CrWMn	Cr12MoV	6Cr4Mo3Ni2WN	W18Cr4V	YG11，YG15
大生产时寿命	10万次以下	10万次以上	100万次以下	100万次以下	100万次以上	100万次以上

制件产量在1万件以下，可采用经济冲模或简易冲模结构，大型成形模可选用铸铁（HT200）、铸钢（ZG200-400）；拉深模可选用铜铝合金；此外，低熔点合金（Sn42Bi58）、锌基合金（Zn93Cu3Al4）等材料均可考虑选用。当料厚为0.01～0.5mm，甚至更薄，产量＜2.5万件的小型件，还可以选用聚氨酯橡胶作模具材料。

② 根据冲压工序性质和模具种类选择模具材料　由于冲裁、弯曲、拉深、挤压和冷镦的受力大小与受力方式不同，因此选择模具材料也不同。一般情况下，这些工序的综合受力由小到大的顺序依次为：弯曲→成形→拉深→冲裁→冷挤压→冷镦。也就是相对来说，弯曲模材料可差一些，对冷挤压、冷镦的模具材料要求最好。选择模具材料的方向是：碳素工具钢→低合金工具钢→中合金工具钢→基体钢→高合金工具钢→高速钢→钢结硬质合金→硬质合金→细晶粒硬质合金。

一般情况进行冲压时，凸模与凹模钢材的选用见表2-7所列。

③ 根据制件的材料性质选择模具材料　由于不同材料在冲压过程中对模具产生的变形抗力不同，所以制件材料对模具用料有影响。如制件材料硬、抗拉强度大、塑性变形抗力大的模具，要选用较好材料；反之，制件材料软、抗拉强度小、塑性变形抗力小的模具，可以选用较差一点的材料。表2-8所示为根据制件材料选择模具材料。

表2-7 几种常用模具钢材使用和加工性能的比较

模具类型	工作条件	选用钢材	硬度（HRC）	
			凸模	凹模
冲裁模	轻载	T10A、9SiCr	56～62	58～64
		CrWMn、9Mn2V		
		Cr12		
	重载	Cr12MoV、Cr12Mo1V1		58～64
		Cr4W2MoV、5CrW2Si		
		7CrSiMnMoV		
		6CrNiMnSiMoV		
	精冲	Cr12、Cr12MoV	58～62	59～63
		W6Mo5Cr4V2		
		8Cr2MnWMoVS		
	易断凸模	W6Mo5Cr4V2	56～64	
		6Cr4W3Mo2VNb		
		6W6Mo5Cr4V		
		7Cr7Mo2V2Si		
	高寿命、高精度模具	Cr12Mo1V1	58～62	60～64
		8Cr2MnWMoVS		
		（或硬质合金类）		

模具类型	工作条件	选用钢材	硬度（HRC）	
			凸模	凹模
弯曲模	一般模具	T8、T10、45	56～62	58～62
		9Mn2V、Cr2		
		6CrNiMnSiMoV		
	复杂模具	CrWMn、Cr12	56～62	58～64
		Cr12MoV		
拉深模	一般模具	T8A、T10A	56～62	58～64
		9CrWMn、Cr12		
		7CrSiMnMoV		
	重载、长寿命模具	Cr12MoV、Cr4W2MoV	56～62	58～64
		W18Cr4V、Cr12Mo1V1		
		W6Mo5Cr4V2		
		（或硬质合金类）		
成形模	一般模具	T10A、9SiCr	56～60	58～62
		CrWMn、9Mo2V		
	复杂模具	Cr12	56～62	58～64
		Cr12MoV、Cr4W2MoV		
		7CrSiMnMoV		
	压印模	Cr12、Cr12MoV	56～60	58～62
		6Cr4W3MoVNb		
		6W6Mo5C14V		
		W18Cr4V		

表 2-8　根据制件材料选择模具材料

序号	冲件材料	凸模		凹模	
		中小批量（10万件以下）	大批量（10万件以上）	中小批量（10万件以下）	大批量（10万件以上）
1	铝及铝合金、铜及铜合金	42CrMo T8A 9Mn2V CrWMn	9Mn2V CrWMn 6CrNiMnSiMoV 7CrSiMnMoV	42CrMo T10A 9CrWMn MnCrWV	9CrWMn MnCrWV 6CrNiMnSiMoV 7CrSiMnMoV
2	低碳钢及碳质量分数小于 0.4 的中碳钢	T10A 9CrWMn GCr15 Cr6WV	6CrNiMnSiMoV 7CrSiMnMoV Cr6WV Cr2Mn2SiWMoV	T10A CrWMn GCr15 Cr4W2MoV	6CrNiMnSiMoV 7CrSiMnMoV Cr6WV Cr2Mn2SiWMoV
3	高碳钢、弹簧合金钢	7CrSiMnMoV MnCrWV Cr6WV Cr12MoV	Cr12 6CrNiMnSiMoV Cr2Mn2SiWMoV W6Mo5Cr4V2	CrWMn 7CrSiMnMoV Cr4W2MoV Cr12MoV	Cr12 6CrNiMnSiMoV Cr2Mn2SiWMoV W6Mo5Cr4V2
4	不锈钢、耐热钢	6CrNiMnSiMoV 3Cr2W8V 7CrSiMnMoV Cr12MoV	7Cr7Mo3V2Si 5Cr4Mo3SiMnVAl Cr2Mn2SiWMoV W6Mo5Cr4V2	6CrNiMnSiMoV 3Cr2W8V 7CrSiMnMoV Cr12MoV	7Cr7Mo3V2Si 5Cr4Mo3SiMnVAl Cr2Mn2SiWMoV 9Cr6W3Mo2V
5	硅钢片	6CrNiMnSiMoV 7CrSiMnMoV Cr12MoV	Cr12MoV 9Cr6W3Mo2V W18Cr4V	6CrNiMnSiMoV Cr4W2MoV Cr12MoV	9Cr6W3Mo2V W12Mo3Cr4V3N W18Cr4V

注：1. 本表材料排列由上至下，由次到优，应结合模具种类依次选择。

2. 当产量超过百万次以上时，应选用钢结合金或硬质合金等。

3. 当模具材料用于拉深模、冷挤压模、冷镦模等易损模具时，模具表面应进行氮化、镀铬、CVD、PVD 和深冷处理等提高耐磨措施。

④ 根据采用新钢种明显提高模具使用寿命来选择材料 如表 2-9 所示,列出采用新旧材料制造模具的寿命对比。从表可知,采用新钢号制造的模具寿命比用老钢号有明显提高。

表 2-9 用新旧材料制造模具的寿命对比

序号	钢号	模具	被冲制件材料	硬度(HRC)	平均寿命 / 件	寿命提高程度 / 倍
1	Cr12MoV	冲裁凸模	冷轧硅钢片 t=0.35mm	62 ~ 64	2 万 ~ 5 万	5 ~ 10
	V3N			67 ~ 69	25 万	
2	Cr12	冲裁凸模	锡青铜带 t=0.3 ~ 0.4mm 180 ~ 200HV	60 ~ 62	10 万 ~ 15 万	4 ~ 5
	GD			60 ~ 62	40 万 ~ 50 万	
3	Cr12	冲裁凸、凹模	锡青铜带 t=0.2 ~ 0.3mm 160 ~ 180HV	58 ~ 60	10 万 ~ 15 万	3 ~ 4
	CH-1			58 ~ 60	30 万 ~ 40 万	
4	Cr12MoV	冲裁凸、凹模	锡青铜带 t=0.3 ~ 0.4mm 180 ~ 200HV	62 ~ 64	15 万 ~ 20 万	2 ~ 3
	GM			64 ~ 66	40 万 ~ 50 万	

(2)冲模工作零件常用材料及硬度的指导性选用

冲模工作零件常用材料及硬度要求,归纳如表 2-10 ~ 表 2-12 所示,供设计参考选用。

表 2-10 冲模工作零件常用材料及硬度要求(一)(摘自 GB/T 14662—2006)

模具类型		冲件与冲压工艺情况	材料	硬度	
				凸模	凹模
冲裁模	I	形状简单,精度较低,材料厚度小于或等于 3mm,中小批量	T10A、9Mn2V	56 ~ 60HRC	58 ~ 62HRC
	II	材料厚度小于或等于 3mm,形状复杂;材料厚度大于 3mm	9CrSi、CrWMn Cr12、Cr12MoV W6Mo5Cr4V2	58 ~ 62HRC	60 ~ 64HRC
	III	大批量	Cr12MoV、Cr4W2MoV	58 ~ 62HRC	60 ~ 64HRC
			YG15、YG20	≥ 86HRA	≥ 84HRA
			超细硬质合金	—	
弯曲模	I	形状简单、中小批量	T10A	56 ~ 62HRC	
	II	形状复杂	CrWMn、Cr12、Cr12MoV	60 ~ 64HRC	
	III	大批量	YG15、YG20	≥ 86HRA	≥ 84HRA
	IV	加热弯曲	5CrNiMo、5CrNiTi、5CrMnMo	52 ~ 56HRC	
			4Cr5MoSiV1	40 ~ 45HRC, 表面渗氮 ≥ 900HV	
拉深模	I	一般拉深	T10A	56 ~ 60HRC	58 ~ 62HRC
	II	形状复杂	Cr12、Cr12MoV	58 ~ 62HRC	60 ~ 64HRC
	III	大批量	Cr12MoV、Cr4W2MoV	58 ~ 62HRC	60 ~ 64HRC
			YG10、YG15	≥ 86HRA	≥ 84HRA
			超细硬质合金		
	IV	变薄拉深	Cr12MoV	58 ~ 62HRC	
			W18Cr4V、W6Mo5Cr4V2、Cr12MoV	—	60 ~ 64HRC
			YG10、YG15	≥ 86HRA	≥ 84HRA
	V	加热拉深	5CrNiTi、5CrNiMo	52 ~ 56HRC	
			4Cr5MoSiV1	40 ~ 45HRC, 表面渗氮 ≥ 900HV	
大型拉深模	I	中小批量	HT250、HT300	170 ~ 260HBW	
			QT600-20	197 ~ 269HBW	
	II	大批量	镍铬铸铁	火焰淬硬 40 ~ 45HRC	
			钼铬铸铁、钼钒铸铁	火焰淬硬 50 ~ 55HRC	

表 2-11　冲模工作零件常用材料及硬度要求（二）

类别	模具名称	使用条件	推荐材料	代用钢号	硬度（HRC）
冲剪	直剪刃 （长剪刃）	薄板（＜3mm） 中板（3～10mm） 厚板（＞10mm） 硅钢片及不锈钢、耐热钢薄板	7CrSiMnMoV 9SiCr 5CrW2Si Cr12MoV	T8A、9CrWMn T10A、5CrWMn 5SiMnMoV —	57～60 56～58 52～56 57～59
	圆剪刃 （圆盘剪）	薄板 中板 硅钢片	9SiCr 5CrW2Si Cr12MoV	Cr12MoV — —	57～60 52～56 57～60
	成形剪刀	圆钢（一般） 圆钢（小型高寿命） 型钢 废钢	T8A 6W6Mo5Cr4V 5CrW2Si 5CrMnMo	8Cr3、Cr12MoV — 5CrNiMo 5CrMnMoV	54～58 58～60 52～56 48～53
	穿孔冲头	薄板、中板 厚板 奥氏体钢薄板 高强度钢板 偏心载荷	T10A、T8A 5CrW2Si Cr12MoV 65Nb 55SiMoV	T8A、60Si2Mn 6CrW2Si W18Cr4V 6W6Mo5Cr4V 5SiMnMoV	54～58 51～56 58～60 58～60 57～60
冲裁模	精冲模		Cr12MoV Cr14W2MoV	Cr12、Cr5Mo1V W6Mo5Cr4V2	61～63（凹模） 60～62（凸模）
	轻载冲裁模 （t＜2mm）	＜0.3mm 软料箔带 硬料箔带 小批量、简单形状 中批量、复杂形状 高精度要求 大批量生产 高硅钢片（小型） （中型） 各种易损小冲头	T10A 7CrSiMnMoV T10A MnCrWV Cr2 MnCrWV Cr12MoV Cr5Mo1V Cr2 Cr12MoV W6Mo5Cr4V2	T8A CrWMn Cr2 9Mn2V CrWMn 9CrWMn Cr4W2MoV Cr12MoV W18Cr4V	56～60（凸模） 37～40（凹模） 62～64（凹模） 48～52（凸模） 52～58 56～58（易脆折件） 59～61
	重载冲裁模	中厚钢板及高强度薄板 易损小尺寸凸模	Cr12MoV Cr4W4MoV W6Mo5Cr4V2	Cr5Mo1V W18Cr4V	54～56（复杂） 56～58（简单） 58～61
成形模	轻载拉深模	简单圆筒浅拉深 成形浅拉深 大批量用落料或拉深复合模 （普通材料薄板）	T10A MnCrWV Cr12MoV	Cr12 9Mn2V CrWMn Cr5Mo1V	60～62 60～62 58～60
	重载拉深模	大批量小型拉深模 大批量大、中型拉深模 耐热钢、不锈钢拉深模	SiMnMo Ni-Cr 合金铸铁 Cr12MoV（大型） 65Nb（小型）	Cr12 球墨铸铁 CT-15	60～62 45～50 65～67（渗氮） 64～66
	弯曲、翻边模	轻型、简单 简单易裂 轻型复杂 大量生产用 高强度钢板及奥氏体钢板	T10A T7A CrWMn Cr12MoV Cr12MoV	 9CrWMn	57～60 54～56 57～60 57～60 65～67（渗氮）
	大中型弯板 机通用模具	互换性要求严格，形状复杂	5CrMoMn	5CrNiMo	42～48
冷精压	平面精压模	非铁金属钢件	T10A CR12MoV	Cr2	59～61 59～61
	刻印精压模	非铁金属钢件 不锈钢等高强度材料	9MN2V Cr5Mo1V、65Nb 6W6Mo5Cr4V 65Nb	9Cr2 Cr12WMoV 5CrW2Si	58～60
	立体精压模	浅型腔 复杂型腔	Cr2 Cr5Mo1V 5CrNiMo 9Cr2	GCr15，9Cr2 5CrW2Si 5CrMnMo	60～62 56～58 54～56 57～60

冲压模具从入门到精通

类别	模具名称	使用条件		推荐材料	代用钢号	硬度（HRC）
冷挤压	轻载冷挤压	铝合金（单位压力＜1500MPa）		Cr12（小型） 65Nb（中型）	MnCrWV、YG8 Cr12MoV、YG15	60～62 56～58
	重载冷挤压	钢件（单位压力1500～2000MPa） 钢件（单位压力2000～2500MPa）		6W6Mo5Cr4V（凸模） Cr12MoV（凹模） W6Mo5Cr4V2（凸模）	W6Mo5Cr4V2 65Nb、CrWMn W18Cr4V	60～62 58～60 61～63
	模具型腔冷挤压凸模	一般中、小型 大型复条件 复杂精密件 成批压制用 高单位压力（＞2500MPa）		9SiCr 5CrW2Si Cr12MoV 65Nb W6Mo5Cr4V2	Cr2、T10A Cr5Mo1V 6W6Mo5Cr4 W18Cr4V Cr12	59～61 59～61（渗碳） 59～61 59～61 61～62
冷镦模	切料刀片	整体式	小规格 大、中规格	T10A、GCr15 9SiCr	W18Cr4V Cr12MoV	58～60 56～58
	切料模	整体式	小规格 大、中规格	9SiCr GCr15、T10A	W18Cr4V Cr12MoV	58～60 56～58
	光冲	整体式	中、小规格 大规格	T10A	W18Cr4V 9Cr2	59～61 57～59
	压球模	整体式	小规格 大、中规格	YG20 GCr15、Cr12MoV	YG20C 65Nb	— 57～59
	切边模	整体式	大、中规格 中、小规格	Cr12MoV 9SiCr	65Nb W6Mo5Cr4V2	
	凹模	整体式	＜M6 ＞M6	9SiCr、Cr12MoV T10A	— MnSi、9Cr2	59～61 56～59
		组合式	模芯＞M10	Cr12MoV W6Mo5Cr4V2	65Nb、YG20C	52～59 57～61
			模芯＜M10	YG20	CT35、TLMW50	
			模套	T10A、GCr15 60Si2Mn	5CrNiMo	48～52（内） 44～48（外）
	成形冲头	凹穴冲头，中、小规格		60Si2Mn 5CrMnMo	65Nb、CG2	57～59 57～59
		外六角冲头，大、中规格		Cr12MoV Cr6MoV	6W6Mo5Cr4	57～59 52～56
		内六角冲头	中、小规格 大规格	60Si2Mn W6Mo5Cr4V2 W18Cr4V	65Nb、CG2 6W6Mo5Cr4	51～57 59～61
		十字冲头	小规格 大、中规格	W18Cr4V W6Mo5Cr4V2 60SiMn	65Nb、CG2 6W6Mo5Cr4	59～61 55～57
	冲孔冲头	强烈磨损和断裂		W18Cr4V	W6Mo5Cr4V2	59～61
冷滚压模	搓丝板	≤M20		9SiCr	Cr12MoV	58～61
	滚丝模及滚齿纹模	一般 螺距＞3mm 梯形螺纹、齿纹		Cr12MoV	Cr5Mo1V 9SiCr	58～61 56～58 54～56
	成形滚压模	型材校直辊、无缝金属管轧辊等		9Cr2	Cr2	61～63
拉拔模	钢管、圆钢冷拔模	强烈磨损、咬合 及张应力作用特殊形状规格		T10、Cr2、45 Cr12MoV	石墨钢 Cr12	61～63 （碳氮共渗淬火） 40～45 （渗硼淬火心部） 61～63 （渗硼淬火表面）

表 2-12　冲模工作零件材料的选用举例及其硬度要求

模具类型		工作条件	推荐选用的材料牌号		硬度（HRC）	
			中、小批量生产	大量生产	凸模	凹模
冲裁模	硅钢片冲模	形状简单，冲裁硅钢薄板厚度≤1mm 的凸、凹模	CrWMn、Cr6WV、（Cr12）、（Cr12MoV）	YGl5、YG20 或 YG25 硬质合金；YE30 或 YE65 钢结硬质合金（另附模套，模套材料可采用中碳钢或 T10A）	60～62	60～64
		形状复杂，冲裁硅钢薄板厚度≤1mm 的凸、凹模	Cr6WV、（Cr12）Cr2Mn2SiWMoV、（Cr12MoV）			
	钢板落料、冲孔模	形状简单，冲裁材料厚度≤4mm 的凸、凹模	T10A、9Mn2V、9SiCr、GCr15	YG15、YG20 或 YG25 硬质合金；YE50（GW50）或 YE65（GT35）钢结硬质合金（另附模套，模套材料可采用中碳钢或 T10A）	薄板（≤4mm）：58～60 厚板：<56	薄板（≤4mm）：60～62 厚板：<56
		形状复杂，冲裁材料厚度≤4mm 的凸、凹模	CrWMn、9CrWMn、9Mn2V、Cr6WV			
		冲裁材料厚度>4mm，载荷较重的凸、凹模	（Cr12）、（Cr12MoV）、Cr4W2MoV、Cr2Mn2SiWMoV、5CrW2Si	同上，但模套材料需采用中碳合金钢		
	凸模（冲头）	轻载荷（冲裁薄板，厚度≤4mm）	T7A、T10A、9Mn2V	—	ϕ<5mm：56～65	—
		重载荷（冲裁厚板，厚度>4mm）	W18Cr4V、W6Mo5Cr4V2、6W6Mo5Cr4V	—	ϕ>10mm：52～56；56～60	—
	剪刀（切断模）	剪切薄板（厚度≤4mm）	T10A、T12A、9Mn2V、GCr15	—	45～50；54～58	—
		剪切薄板的长剪刀	CrWMn、9CrWMn、9Mn2V、GrCr15、Cr2Mn2SiWMoV	—		
		剪切厚板（厚度>4mm）	5CrW2Si、Cr4W2MoV、（Cr12MoV）	—	60～64	
	修（切）边模	简单的形状	T10A、T12A、9Mn2V、GGr15	—	56～60	50～62
		较复杂的形状	CrWMn、9Mn2V、Cr2Mn2SiWMoV			
弯曲模（压弯模）		一般弯曲的凸、凹模	T7A、T10A、9Mn2V、GGr15	—	58～60	56～61
		载荷较重，要求高度耐磨的凸、凹模	Cr6WV、（Cr12）、（Cr12MoV）、Cr4W2MoV			

注：表中有括号的牌号，因铬含量高而不推荐采用，可用 Cr6WV 或 Cr4W2MoV、Cr2Mn2SiWMoV 等牌号代替。

（3）冲模结构零件材料及硬度选用

冲模结构零件是指除工作零件（凸、凹模）外的所有其他零件，它们的用料虽然没有工作零件讲究，但也不能随意选用，表 2-13 和表 2-14 供参考选用。

表 2-13　冲模结构零件的材料及硬度（摘自 GB/T 14662—2006）

零件名称	材料	硬度
上、下模座	HT200 45	170～220HBW 24～28HRC

零件名称	材料	硬度
导柱	20Cr GCr15	60～64HRC（渗碳） 60～64HRC
导套	20Cr GCr15	58～62HRC（渗碳） 58～62HRC
凸模固定板、凹模固定板、螺母、垫圈、螺塞	45	28～32HRC
模柄、承料板	Q235A	—
卸料板、导料板	45 Q235A	28～32HRC
导正销	T10A 9Mn2V	50～54HRC 56～60HRC
垫板	45 T10A	43～48HRC 50～54HRC
螺钉	45	头部43～48HRC
销钉	T10A、GCr15	56～60HRC
挡料销、抬料销、推杆、顶杆	65Mn、GCr15	52～56HRC
推板	45	43～48HRC
压边圈	T10A 45	54～58HRC 43～48HRC
定距侧刃、废料切断刀	T10A	58～62HRC
侧刃挡块	T10A	56～60HRC
斜楔与滑块	T10A	54～58HRC
弹簧	50CrVA、55CrSi、65Mn	44～48HRC

表 2-14　冲模结构零件用料及热处理要求

零件名称及其使用情况		选用材料	热处理硬度（HRC）
上模座 下模座	一般负荷 负荷较大 负荷特大，受高速冲击 用于滚动导柱模架 用于大型模具	HT200，HT250 HT250，Q235 45 QT400-18，ZG310-570 HT250，ZG310-570	28～32（调质）
模柄	压入式、旋入式和凸缘式 通用互换性模柄 带球面的活动模柄、垫块等	Q235，Q275 45，T8A 45	— 45～48 43～48
导柱 导套	大量生产 单件生产 用于滚动配合	20 T10A，9Mn2V Cr12，GCr15	56～60（渗碳淬硬） 56～60 62～64
	固定板、卸料板、定位板	Q235（45）	43～48
垫板	一般用途 单位压力特大	45 T8A，9Mn2	43～48 52～55
推板 顶板	一般用途 重要用途	Q235 45	— 43～48
顶直 推杆	一般用途 重要用途	45 Cr6WV，CrWMn	43～48 56～60
	导料板	Q235（45）	43～48
	导板模用导板	HT200，45	
	侧刃、挡块	45（T8A，9Mn2V）	43～48（56～60）
	定位钉、定位块、挡料销	45	43～48
	废料切刀	T10A，9Mn2V	58～60
导正销	一般用途 高耐磨	T10A，9Mn2V，Cr12 Cr12MoV	56～60 60～62
	斜楔、滑块	Cr6WV，CrWMn	58～62

零件名称及其使用情况			选用材料	热处理硬度（HRC）
圆柱销、销钉			（45）T7A	（43～48）50～55
模套、模框			Q135（45）	28～32（调质）
卸料螺钉			45	35～40（头部淬硬）
圆钢丝弹簧			65Mn	40～48
碟形弹簧			65Mn、50CrVA	43～48
限位块（圈）			45	43～48
承料板			Q235	—
钢球保持圈			ZQSn10-1.2A04	—
压边圈	一般拉深	小型	T10A、9Mn2V、CrWMn	54～58
		大、中型[①]	低合金铸铁[②] CrWMn、9CrWMn	
	双动拉深		钼钒铸铁	
中层预应力圈			5CrNiMo、40Cr、35CrMoA	45～47
外层预应力圈			5CrNiMo、35CrMoA、40Cr、 35CrMnSi，45	40～42

① 大、中型制件是指外径及高度＞200mm 者。

② 低合金铸铁化学成分：w_C=3%、w_{Si}=1.6%、w_{Cr}=0.4%、w_{Mo}=0.4%，摩擦面进行火焰淬火。

2.3.3　常用钢材国内外牌号对照表

常用钢材国内外对照见表 2-15。

表 2-15　常用钢材国内外牌号对照

品名	中国	美国	日本	德国	英国	法国	国际标准化组织
	GB	AST	JIS	DIN、DINEN	BS、BSEN	NF、NFEN	ISO 630
	牌号	牌号	牌号	牌号	牌号	牌号	牌号
普通碳素结构钢	Q195	Cr.B Cr.C	SS330 SPHC SPHD	S185	040A10 S185	S185	
	Q215A	Cr.C Cr.58	SS330 SPHC		040A12		
	Q235A	Cr.D	SS400 SM400A		080A15		E235B
	Q235B	Cr.D	SS400 SM400A	S235JR S235JRG1 S235JRG2	S235JR S235JRG1 S235JRG2	S235JR S235JRG1 S235JRG2	E235B
	Q255A		SS400 SM400A				
	Q275		SS490				E275A
优质碳素结构钢	08F	1008 1010	SPHD SPHE		040A10		
	10	1010	S10C S12C	CK10	040A12	XC10	C101
	15	1015	S15C S17C	CK15 Fe360B	08M15	XC12 Fe306B	C15E4
	20	1020	S20C S22C	C22	IC22	C22	

冲压模具从入门到精通

品名	中国	美国	日本	德国	英国	法国	国际标准化组织
	GB	AST	JIS	DIN、DINEN	BS、BSEN	NF、NFEN	ISO 630
	牌号	牌号	牌号	牌号	牌号	牌号	
优质碳素结构钢	25	1025	S25C S28C	C25	IC25	C25	C25E4
	40	1040	S40C S43C	C40	IC40 080M40	C40	C40E4
	45	1045	S45C S48C	C45	IC45 080A47	C45	C45E4
	50	1050	S50C S53C	C50	IC50 080M50	C50	C50E4
	15Mn	1019			080A15		
碳素工具钢	T7（A）		SK7	C70W2	060A67 060A72	C70E2U	TC70
	T8（A）	T72301 W1A-8	SK5 SK6	C80W1	060A78 060A81	C80E2U	TC80
	T8Mn（A）		SK5	C85W	060A81	Y75	
	T10（A）	T72301 W1A-91/2	SK3 SK4	C105W1	1407	C105E2U	TC105
	T11（A）	T72301 W1A-101/2	SK3	C105W1	1407	C105E2U	TC105
	T12（A）	T72301 W1A-111/2	SK2		1407	C120E3U	TC120
合金工具钢	Cr12	T30403（UNS）（D3）	SKD1	X210Cr12	BD3	X210Cr12	210Cr12
	Cr12Mo1V1	T30402（UNS）（D2）	SKD11	X155CrVMo121	BD2		160CrMoV12
	5CrMnMo						
	5CrNiMo	T61206（UNS）（L6）	SKT4	55NiCrMoV6	BH224/5	55NiCrMoV7	
	3Cr2W8V	T20821	SKD5		BH21	X30WCrV9	30WCrV9
高速工具钢	W18Cr4V	T12001（UNS）（T1）	SKH2		BT1	HS18-0-1	HS18-0-1（S1）
	W18Cr4VCo5	T1204（UNS）（T4）	SKH3	S18-1-2-5	BT4	HS18-1-1-5	HS18-1-1-5（S7）
	W6Mo5Cr4V2	T11302（UNS）（M2）	SKH51	S6-5-2	BM2	HS6-5-2	HS6-5-2（S4）
不锈钢	1Cr18Ni9	S11302（UNS）（302）	SUS302	X10CrNis 18-9	302S31 302S25	Z12CN18-09	12 10
	1Cr18Ni9Ti	S30200（UNS）（321）	SUS321	X6CrNiTi 18-10	X6CrNiTi 18-10	X6CrNiTi 18-10	X6CrNiTi1810 11
	2Cr13	S42000（UNS）（420）	SUS420J1	X20Cr13	420S37 X20Cr13	X20Cr13	4
	40Mn	1043	SWRH42B	C40	080M40 1C40	C40	SL SM
	45Mn	1046	SWRH47B	C45	080M47 2C45	C45	SL SM
	65Mn	1065					SL SM TypeSC TypDC

品名	中国	美国	日本	德国	英国	法国	国际标准化组织
	GB	AST	JIS	DIN、DINEN	BS、BSEN	NF、NFEN	ISO 630
	牌号	牌号	牌号	牌号	牌号	牌号	牌号
易切削结构钢	Y12	1211 G12110（UNS）	SUM12 SUM21	10S20	S10M15	13MF4	10S20
	Y12Pb	12L13	SUM22L	10SPb20			10SPb20 11SMnPb28
	Y20	1117 G11170（UNS）	SUM32	C22	C22 210M15	C22	
	Y40Mn	1144 G11440（UNS）	SUM43		226M44	45MF6.3	44Mn28
	Y45Ca	1145		C45	C45	C45	
	Y1Cr18Ni9		SUS303	X8CrNiS18-9	303S31 303S21		17
低合金结构钢	Q295A	Cr.42 Cr.A	SPFC490	E295	E295	E295	
	Q295B	Cr.42 Cr.A	SPFC490	S275JR	S275JR	S275JR	
	Q345C	Cr.50 Cr.A Cr.C.Cr.D A808M	SPFC590	S335J0	S335J0	S335J0	E355DD
	Q345E	Type7 Cr.50	SPFC590	S355NL S355ML	S355NL S355ML	S355NL S355ML	E355E E355DD
	Q420B	Cr60 Cr.E	SEV295 SEV345	S420NL S420ML	S420NL S420ML	S420NL S420ML	S420C E420CC
	Q420C	Cr.B Type7	SEV295 SEV345	S420NL S420ML	S420NL S420ML	S420NL S420ML	HS420D E420DD
	Q460D	Cr.65	SM570 SMA570W SMA570P	S460NL S460ML	S460NL S460ML	S460NL S460ML	E460DD F460E
合金结构钢	20Mn2	1524	SMn420	P355GH	0355GH	P0355GH	22Mn6
	15Cr	5115	SCr415	17Cr3	527A17		
	20Cr	5120	SCr420	20Cr4	590M17		20Cr4
	30Cr	5130	SCr430	34Cr4	34Cr4	34Cr4	34Cr4
	40Cr	5140	SCr440	41Cr4	41Cr4	41Cr4	41Cr4
	45Cr	5145	SCr445	41Cr4	41Cr4	41Cr4	41Cr4
	30CrMo	4130	SCM430	25CrMo4	25CrMo4	25CrMo4	25CrMo4
	35CrMo	4317	SCM435	34CrMo4	34CrMo4	34CrMo4	34CrMo4
	42CrMo	4140	SCM440	42CrMo4	42CrMo4	42CrMo4	42CrMo4
	38CrMoAl		SCM645	41CrAlMo7	905M39		41CrAlMo74
	50CrVA	6150	SCP10	51CrV4	51CrV4	51CrV4	51CrV4
	40CrMnMo	4140 4142	SCM440	42CrMo4	42CrMo4 708Mn40	42CrMo4	42CrMo4
弹簧钢	85	1084	SUP3	CK85		FMR86	TypeDC
	55Si2Mn	9260 H92600	SUP6 SUP7	55Si7	251H60	56SC7	56SiCr7
	60Si2Mn	H92600	SUP6 SUP7	60SiCr7	25H60	61SiCr7	61SiCr7
	55CrMnA	H51550 G51550	SUP9	55Cr3	525A58 527A60	55Cr3	55Cr3
	60Si2CrVA						
	50CrVA	H51500 G61500	SUP10	50CrV4	735A51	50CV4	51CrV4
轴承钢	GCr9	51100	SUJ1				
	GCr15	52100	SUJ2	100Gr6		100Gr6	1
	9Cr18Mo	440C	SUS440C			Z100CD17	21
电工钢	35W250	36F320M	35A250	M250 35A	M250 35A	M250 35A	
	27QG110	27P146M	27P110	M103-27P	M103-27P	M103-27P	

2.4 冲压设备

冲压设备选择是冲压工艺过程设计的一项重要内容。它直接关系到设备的安全和使用的合理，同时也关系到冲压工艺过程的顺利完成及产品质量、零件精度、生产效率、模具寿命、板料的性能与规格、成本的高低等一系列重要的问题。

在冲压生产中，为了适应不同的冲压工作需要，采用各种不同类型的压力机。压力机的类型很多，按传动方式的不同，主要可分为机械压力机和液压机两大类。其中机械压力机在冲压生产中应用最广泛。随着现代冲压技术的发展，高速压力机、数控回转头压力机等也日益得到广泛的应用。

2.4.1 冲压设备的类型

2.4.1.1 曲柄压力机

一般冲压车间常用的机械压力机有曲柄压力机与摩擦压力机等，又以曲柄压力机最为常用。

（1）曲柄压力机的基本组成

图 2-2 所示为曲柄压力机结构简图。曲柄压力机由下列几部分组成。

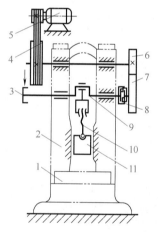

图 2-2　曲柄压力机结构简图

1—工作台；2—床身；3—制动器；4—带轮；
5—电动机；6,7—齿轮；8—离合器；
9—曲轴；10—连杆；11—滑块

① 床身。床身是压力机的骨架，承受全部冲压力，并将压力机所有的零部件连接起来，保证全机所要求的精度、强度和刚度。床身上固定有工作台 1，用于安装冲模的下模。

② 工作机构。工作机构即为曲柄连杆机构，由曲轴 9、连杆 10 和滑块 11 组成。电动机 5 通过 V 带把能量传给带轮 4，通过传动轴经小齿轮 6、大齿轮 7 传给曲轴 9，并经连杆 10 把曲轴 9 的旋转运动变成滑块 11 的往复运动。冲模的上模就固定在滑块上。带轮 4 兼起飞轮作用，使压力机在整个工作周期里负荷均匀，能量得以充分利用。

③ 操纵系统。其由制动器 3、离合器 8 等组成。离合器是用来启动和停止压力机动作的机构。制动器的作用是当离合器分离时，使滑块停止在所需的位置上。离合器的离、合，即压力机的停、开是通过操纵机构控制的。

④ 传动系统。包括带传动、齿轮传动等机构。

⑤ 能源系统。包括电动机、飞轮（带轮 4）。

曲柄压力机除了上述基本部件外，还有多种辅助装置，如润滑系统、保险装置、记数装置及气垫等。

（2）曲柄压力机的主要结构类型

① 按床身结构可分为开式压力机和闭式压力机两种。图 2-3 所示为开式压力机，图 2-4 所示为闭式压力机。

开式压力机床身前面、左面和右面三个方向是敞开的，操作和安装模具都很方便，便于自动送料；但由于床身呈 C 字形，刚性较差。当冲压力较大时，床身易变形，影响模具寿命，

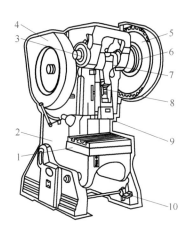

图 2-3　开式压力机

1—工作台；2—床身；3—制动器；4—安全罩；
5—齿轮；6—离合器；7—曲轴；
8—连杆；9—滑块；10—脚踏操纵器

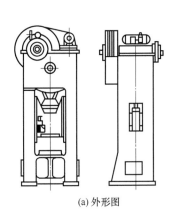

(a) 外形图

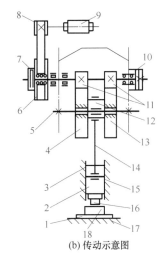

(b) 传动示意图

图 2-4　闭式压力机

1—垫板；2—滑块；3—导轨；4—偏心齿轮；5—芯轴；6—大带轮；7—离
合器；8—小带轮；9—电动机；10—制动器；11—小齿轮；12—偏心轴；
13—大齿轮；14—连杆；15—连杆销；16—上模；17—工作台；18—下模

因此只适用于中、小型压力机。闭式压力机的床身两侧封闭，只能前后送料，操作不如开式的方便；但机床刚性好，能承受较大的压力，因此适用于一般要求大、中型压力机和精度要求较高的轻型压力机。

②　按连杆的数目可分为单点、双点和四点压力机。单点压力机有一个连杆（见图 2-2），双点和四点压力机分别有两个和四个连杆。图 2-5 所示为闭式双点压力机结构简图。

③　按滑块行程是否可调可分为偏心压力机（见图 2-6）和曲柄压力机（见图 2-2）两大类。曲柄压力机的滑块行程不能调整，偏心压力机的滑块行程是可调的。

曲柄压力机的特点是压力机的行程较大，它们的行程等于曲轴偏心半径的两倍，行程不能调节。但是，由于曲轴在压力机上由两个或多个对称轴支撑着，压力机所受负载较均匀，故可制造大行程和大吨位压力机。

偏心压力机和曲柄压力机的原理基本相同。其主要区别是主轴的结构不同，曲柄压力机的主轴为曲轴，而偏心压力机的主轴为

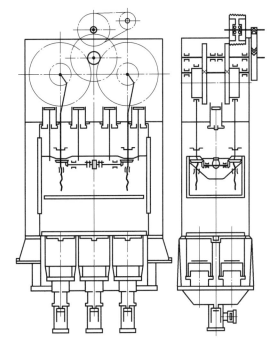

图 2-5　闭式双点压力机结构简图

偏心轴，如图 2-6 所示。偏心压力机的电动机 10，通过带轮 9、离合器 8 带动偏心主轴 7 旋转。利用偏心主轴前端的偏心部分，通过偏心套 5 使连杆 4 带动滑块 3 做往复运动进行冲压。脚踏板 1 和操纵杆 12 控制离合器的打开或闭合。

④　按滑块数目可分为单动压力机、双动压力机和三动压力机等三种。图 2-2 及图 2-6 所示的压力机都只有一个滑块，均为单动压力机。双动及三动压力机一般用于复杂件的拉深。

图 2-7 所示为双动压力机的结构简图。这种压力机可用于较大、较高制件的拉深。压力机的工作部分由拉深滑块 1、压边滑块 3、工作台 4 三部分组成。拉深滑块由主轴上的齿轮及其偏心销通过连杆 2 带动。工作台 4 由凸轮 5 传动，压边滑块在工作时是不动的。工作时，凸模固定在拉深滑块上，压边圈固定在压边滑块 3 上，而凹模则固定在工作台面上。工作开始时，工作台在凸轮 5 的作用下上升，将坯料压紧，并停留在此位置。这时，固定在拉深滑块上的拉深凸模开始对坯料进行拉深，直至拉深滑块下降到拉深结束位置。拉深完成后拉深滑块先上升，然后工作台下降，完成冲压工作。这种双动压力机是通过拉深滑块和工作台的移动来实现双动的。

⑤ 压力机的传动系统可置于工作台之上（见图 2-2、图 2-6），也可置于工作台之下（见图 2-7）。前者称为上传动，后者称为下传动。下传动的压力机重心低，运行平稳，能减少振动和噪声，床身受力情况也得到改善。但压力机平面尺寸较大，总高度和上传动差不多，故重量大、造价高；且传动部分的修理也不方便，故现有通用压力机一般均采用上传动。

⑥ 开式压力机按其工作台结构，可分为可倾式、固定式和升降台式三种类型，如图 2-8 所示。目前最为常用的是固定式结构。

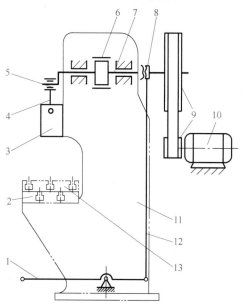

图 2-6 偏心压力机结构简图

1—脚踏板；2—工作台；3—滑块；4—连杆；
5—偏心套；6—制动器；7—偏心主轴；
8—离合器；9—带轮；10—电动机；
11—床身；12—操纵杆；13—工作台垫板

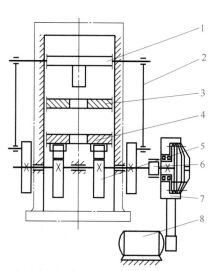

图 2-7 双动压力机结构简图

1—拉深滑块；2—连杆；3—压边滑块；
4—工作台；5—凸轮；6—制动器；
7—离合器；8—电动机

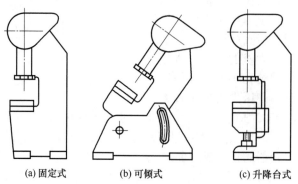

(a) 固定式   (b) 可倾式   (c) 升降台式

图 2-8 开式压力机的工作台结构

2.4.1.2　液压机

液压机是根据帕斯卡原理制成的，是一种利用液体压力能来传递能量的机器。

图 2-9 所示为液压机的结构简图，它由上横梁 3、下横梁 9、四个立柱 4 和螺母组成一个封闭框架，框架承受全部工作载荷。工作缸 2 固定在上横梁 3 上，工作缸内装有工作柱塞，与活动横梁 5 相连接。活动横梁以四根立柱为导向，在上、下横梁之间往复运动。上模固定在活动横梁上，下模固定在下横梁工作台上。当高压油进入工作缸上腔，柱塞产生很大的压力，推动柱塞、活动横梁及上模向下进行冲压。当高压油进入工作缸下腔，活动横梁快速上升，同时顶出器 10 将制件从下模中顶出。

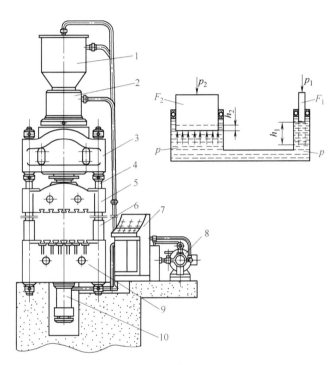

图 2-9　液压机

1—充液缸；2—工作缸；3—上横梁；4—立柱；5—活动横梁；6—限位套；7—操纵箱；
8—高压液压泵；9—下横梁（工作台）；10—顶出器

公称压力为液压机名义上能发出的最大力量，其数值等于液体的压力和工作柱塞总工作面积的乘积（取整数）。

最大行程是指活动横梁位于上限位置时，活动横梁的立柱套下平面到立柱限程套上平面的距离，即活动横梁能移动的最大距离。

2.4.1.3　高速压力机

（1）高速压力机的特点

近年来，高速冲压得到了广泛的发展和应用。过去，普通冲压的速度一般为 45 ～ 80次 /min。现在，随着冲压技术的发展，一般冲压速度在 200 次 /min 以下的称为低速冲压，200 ～ 600 次 /min 称为中速冲压，600 次 /min 以上称为高速冲压。平时人们所说的高速冲压，多半是在中速冲压范围之内。目前高速压力机的冲压速度已达到 2000 多次每分钟，吨位也从几百千牛发展到上千千牛，主要用于电子、仪器、仪表、轻工、汽车等行业的特大批量冲压件的生产。

高速压力机有以下特点：

① 滑块行程次数高。滑块的行程次数直接反映了压力机的生产效率。国外中、小型高速压力机的滑块行程次数已达 1000 ～ 3000 次 /min。高速压力机的滑块行程次数与滑块的行程及送料长度有关。

② 滑块的惯性大。滑块和模具的高速往复运动会产生很大的惯性力，造成机床的惯性振动。加上冲压过程中机身积存的弹性势能释放后所引起的振动，会直接影响压力机的性能和模具寿命。所以，必须对高速压力机采取减振措施。

③ 设有紧急制动装置。高速压力机的传动系统具有良好的紧急制动特性，以便在事故监测装置发出警报时，能使压力机紧急停车，避免不必要的经济损失和出现安全事故。

④ 送料精度高。送料精度可达 ±（0.01 ～ 0.03）mm，有利于提高工步定位精度，减小因送料不准而引起的设备或模具损坏。

⑤ 机床的刚性和滑块的导向精度高。

⑥ 辅助装置齐全。有高精度的间歇送料装置、平衡装置、减振消声装置、事故监测装置等。

（2）高速压力机的结构

图 2-10 所示为高速自动压力机及附属机构。高速自动压力机除压力机的主体以外，还包括开卷、校平和送料等机构。高速压力机的主体机身大部分都采用闭式机构，只有小吨位的高速压力机采用开式机构，以保证机床的刚性。主传动一般采用无级调速。滑块与导轨采用滚动导轨导向，使滑块运动时顺向间隙被消除。为了提高滑块的导向精度和抗偏载能力，部分压力机常将机身导轨的导滑部分延长到模具的工作面以下。为了安装调节模具方便，高速压力机的滑块内一般装有装模高度调节机构。为了充分发挥高速自动压力机的作用，需要高质量的卷料、送料精度高的自动送料机构，以及高精度、高寿命的多工位级进模。

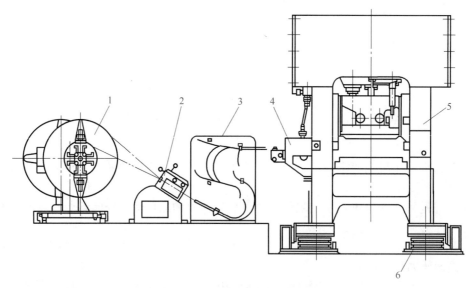

图 2-10　高速自动压力机及附属机构

1—开卷机；2—校平机构；3—供料缓冲装置；4—送料机构；5—高速自动压力机；6—弹性支承

2.4.2　冲压设备类型的选择

设备类型的选择要依据冲压件的生产批量、零件尺寸的大小、工艺方法与性质，以及冲压件的尺寸、形状与精度等要求来进行。

（1）根据冲压件的大小进行选择

按冲压件大小选择设备见表2-16。

（2）根据冲压件的生产批量选择

按生产批量选择设备见表2-17。

表2-16　按冲压件大小选择设备

制件大小	选用压力机类型	特点	适用工序
小型或中小型	开式机械压力机	有一定的精度和刚度；操作方便，价格低廉	分离及成形（深度浅的成形件）
中大型	闭式机械压力机	精度与刚度更高；模具结构简单，调整还方便	分离及成形（深度大的成形件及复合工序）

表2-17　按生产批量选择设备

制件批量		设备类型	特点	适用工序
小批量	薄板	通用机械压力机	速度快，生产效率高，质量较稳定	各种工序
	厚板	液压机	行程不固定，不会因超载而损坏设备	拉深、胀形、弯曲等
中大批量		高速压力机	效率高	冲裁
		多工位自动压力机	效率高，可消除半成品堆储等问题	各种工序

（3）考虑精度与刚度

在选用设备类型时，还应充分注意到设备的精度与刚度。压力机的刚度由床身刚度、传动刚度和导向刚度三部分组成，如果刚度较差，负载终了和卸载时模具间隙会发生很大变化，影响冲压件的精度和模具寿命。设备的精度也有类似的问题。

尤其是在进行校正弯曲、校形及整修一类工艺时更应选择刚度与精度较高的压力机。在这种情况下，板料的规格（如料厚波动）应该控制更严，否则，设备刚度过大和精度过高反而容易造成模具或设备的超负荷损坏。

（4）考虑生产现场的实际可能

在进行设备选择时，还应考虑生产现场的实际可能。如果目前没有较理想的设备供选择，则应该设法利用现有设备来完成工艺过程。比如，没有高速压力机而又希望实现自动化冲裁，可以在普通压力机上设计一套自动送料装置来实现。再如，一般不采用摩擦压力机来完成冲压加工工序，但是，在一定的条件下，有的工厂也用它来完成小批量的切断及某些成形工作。

2.4.3　冲压设备规格的选择

在选定设备类型之后，应该进一步根据冲压件的大小、模具尺寸及工艺变形力来确定设备规格。其规格的主要参数有以下几点。

（1）公称压力

压力机滑块下压时的冲击力就是压力机的压力。由曲柄连杆机构的工作原理可知，压力机滑块的压力在整个行程中不是一个常数，而是随曲轴转角的变化而不断变化的。图2-11所示为曲柄压力机的许用压力曲线。图中 H 为滑块行程，h_a 为滑块离下止点的距离，F_{max} 为压力机的最大许用压力，F 为滑块在某位置时所允许的最大工作压力，α_a 为曲柄离下止点的夹角。从曲线中可以看出，当曲轴从离下止点转角约等于 $20° \sim 30°$ 处一直到转至下止点位置的转角范围内，压力机的许用压力达到最大值 F_{max}。公称压力是指压力机曲轴旋转到离下止点前某一特定角度（称为公称压力角，约等于 $20° \sim 30°$）时，滑块上所容许的最大工作压力，图中还列出了压力角所对应的滑块位移点，它是表示压力机规格的主参数。我国的压力机公称压力已经系列化了，例如 63kN、100kN、160kN、250kN、400kN、630kN、800kN、1000kN、1250kN、1600kN 等。公称压力必须大于冲压工艺所需的冲压力。

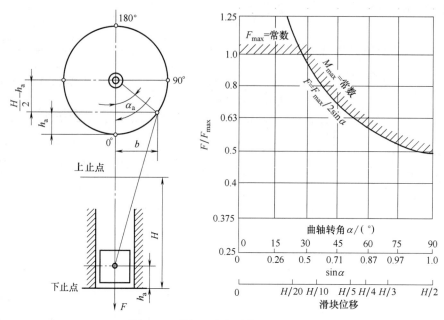

图 2-11　曲柄压力机的许用压力曲线

（2）滑块行程

滑块行程是指滑块从上止点到下止点所经过的距离。对于曲柄压力机，其值为曲柄半径的两倍。

（3）滑块每分钟行程次数

它是指滑块每分钟往复的次数。滑块每分钟行程次数的多少关系到生产率的高低。一般压力机行程次数都是固定的，高速压力机的滑块行程则是可调的。

（4）压力机的装模高度及闭合高度

压力机的装模高度是指滑块在下止点时，滑块底平面到工作台上的垫板上平面之间的高度。调节压力机连杆的长度，可以调节装模高度的大小。模具的闭合高度应在压力机的最大与最小装模高度之间。

压力机的装模高度是压力机的闭合高度减去垫板厚度的差值。没有垫板的压力机，其装模高度等于压力机的闭合高度。

模具的闭合高度是指冲模在最低工作位置时，上模座上平面至下模座下平面之间的距离。

模具闭合高度与压力机装模高度的关系见图 2-12。

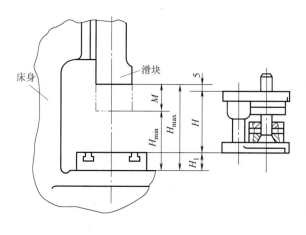

图 2-12　模具闭合高度与压力机装模高度的关系

理论上为
$$H_{min}-H_1 \leqslant H \leqslant H_{max}-H_1$$
亦可写为
$$H_{max}-M-H_1 \leqslant H \leqslant H_{max}-H_1$$

式中　　H——模具闭合高度；

　　H_{min}——压力机的最小闭合高度；

　　H_{max}——压力机的最大闭合高度；

　　H_1——垫板厚度；

　　M——连杆调节量；

　　$H_{min}-H_1$——压力机的最小装模高度；

　　$H_{max}-H_1$——压力机的最大装模高度。

由于缩短连杆对其刚度有利，同时在修模后，模具的闭合高度可能要减小。因此一般模具的闭合高度接近于压力机的最大装模高度。所以在实际中为
$$H_{min}-H_1+10 \leqslant H \leqslant H_{max}-H_1-5$$

（5）压力机工作台面尺寸

压力机工作台面尺寸应大于冲模的最大平面尺寸。一般工作台面尺寸每边应大于模具下模座尺寸 50 ～ 70mm，以便安装固定模具用的螺钉和压板。

（6）漏料孔尺寸

当制件或废料需要往下落，或模具底部需要安装弹顶装置时，下落件或弹顶装置的尺寸必须小于工作台中间的漏料孔尺寸。

（7）模柄孔尺寸

滑块内安装模柄用的孔直径和模柄直径的基本尺寸应一致，模柄的高度应小于模柄孔的深度。

（8）压力机电动机功率

必须保证压力机的电动机功率大于冲压时所需的功率。

第 3 章　冲压模具制造基础

在模具生产中，除了正确进行模具结构设计外，还必须以先进的模具制造技术作为保证，模具制造设备是先进的模具制造技术中的关键环节。

3.1　模具制造主要设备与加工方法

3.1.1　模具加工工艺流程

冲模加工工艺流程与模具的结构、加工设备状况、人员配置及人员业务水平等许多因素有关，其模具制造的基本工艺流程如表 3-1 所示。

表 3-1　冲模制造的基本工艺流程

序号	工艺流程名称	说明
1	模具任务书	根据制件图提出需要做模具的任务，填写模具设计任务书
2	模具设计	按产品制件图、制件的产量和设计任务书要求、冲模标准，设计经济实用的模具
3	编制冲模加工工艺	消化模具结构，对每个零件编制工艺规程，制订工艺路线
4	编制工时定额	按工艺规程编制每道工序所需的工时定额，并汇总该副模具的车、铣、刨、磨、钳等总工时。一般在编制工时定额的同时，将每个零件的毛坯尺寸确定下来，这样料单（供备料和了解实际用料）也有了
5	材料配套准备及采购	按料单或图样进行采购或自行配套，使用锯床、剪床或气割等方法下料，锻件和铸件要及早进行毛坯的准备
6	一次形状加工	根据工艺路线，将毛坯分送到有关工序，如车、铣、刨、磨、钳等，有的是粗加工（留余量）到某一尺寸要求，有的是一次性直接加工到图样要求尺寸
7	钳工	由钳工做钻孔、含线切割穿丝孔、攻螺纹、倒圆、倒角、修整等工作，为热处理（如淬火、回火等）前准备
8	热处理（淬火、回火）	根据不同材料和硬度要求，确定热处理方法。为防止误料，热处理前需做火花鉴别
9	二次形状加工	常在精密平面或成形磨床、数控线切割、曲线磨、坐标磨床上按图样精加工到所需形状尺寸要求，或进行装配加工（如凸、凹模装配间隙刃磨等）
10	组装	将加工好的零件或精加工的零件组合在一起构成一套完整的模具，除紧固定位用的螺钉或销钉外，一般零件在装配调整过程中仍需一定的机械加工或人工修整
11	试模（模具调试）	装配调整好的模具，需要安装到压力机上进行试模。检查模具在运行过程中是否正常，所得到的制件是否符合要求。如有不符合要求的，必须拆下模具加以修正，然后再次试模，直到能够完全正常运行并能加工出合格的制件
12	测量	将试模加工出的制件用投影仪、千分尺、卡尺等测量工具检查尺寸是否符合图样要求

3.1.2 车床加工

车床是模具制造企业中使用较为广泛的机床之一。按照用途和结构不同，车床可分为卧式车床、立式车床、落地车床、转塔车床、单轴自动车床、多轴自动和半自动车床、仿形车床及多刀车床和各种专门化车床，如凸轮轴车床、曲轴车床、车轮车床和铲齿车床等。

在各类车床中，卧式车床的应用最广，如图 3-1 所示。普通卧式车床的主轴处于水平位置，工件利用卡盘或花盘安装在主轴上，也可以在床头和尾座顶尖间安装，其加工部位永远处于易观察、易操作的高度。车削加工通常要经过粗车、半精车和精车等工序。精车的尺寸精度一般为 IT6 ～ IT8，表面粗糙度可达 Ra 0.8 ～ 1.6μm，精密车床的加工精度更高，可以进行精密或超精密加工。

因为车床通用性强，所以在模具加工中，车床是常用的设备之一。车床可以车削模具零件上各种回转面（如内外圆柱面、圆锥面、回转曲面、环槽等）、端面和螺纹面等形面，还可以进行钻孔、扩孔、铰孔及滚花等加工。如图 3-2 所示为车床加工工艺的范围。

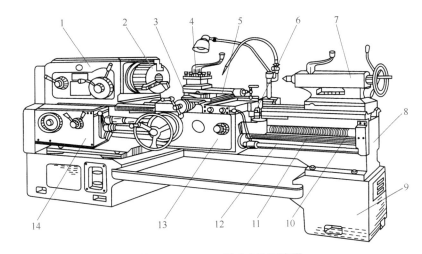

图 3-1　CA6140 卧式车床示意图

1—主轴箱；2—三爪自定心卡盘；3—中滑板；4—刀架；5—小滑板；6—大滑板；7—尾座；8—床身；
9—床腿；10—丝杠；11—光杆；12—开关杠；13—溜板箱；14—进给箱

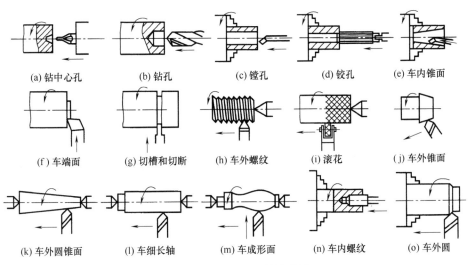

(a) 钻中心孔　　(b) 钻孔　　(c) 镗孔　　(d) 铰孔　　(e) 车内锥面

(f) 车端面　　(g) 切槽和切断　　(h) 车外螺纹　　(i) 滚花　　(j) 车外锥面

(k) 车外圆锥面　　(l) 车细长轴　　(m) 车成形面　　(n) 车内螺纹　　(o) 车外圆

图 3-2　车床加工工艺的范围

3.1.3 铣床加工

铣床是用铣刀进行切削加工的机床，它的特点是以多齿刀具的旋转运动为主运动；而进给运动可根据加工要求，由工件在相互垂直的三个方向中做某一方向运动来实现。在少数铣床上，进给运动也可以是工件的回转或曲线运动。由于铣床上使用多齿刀具，加工过程中通常有几个刀齿同时参与切削，因此，可获得较高的生产率。就整个铣削过程来看是连续的，但就每个刀齿来看切削过程是断续的，且切入与切出的切削厚度亦不等。

铣床的类型很多，主要类型有卧式万能升降台铣床（见图3-3）、立式升降台铣床（见图3-4）、龙门铣床（见图3-5）、工具铣床和各种专门化铣床等。

铣床铣削时刀具回转完成主运动，工件做直线（或曲线）进给。旋转的铣刀由多个刀刃组合而成，且可高速连续切削，故生产率高。铣削加工是机械加工中最常用的加工方法之一，它包括平面铣削、轮廓铣削、钻、扩、铰、镗、锪及螺纹加工，但主要用来加工平面、台阶、沟槽、螺旋面及各种齿轮、花键等成形面（或槽），具体的工艺范围如图3-6所示。

铣床广泛应用于模具制造过程。需要进行铣削加工的模具零件包括模座、模板、滑块、斜楔、凸模及凹模等零部件，对于精度要求不高的凸模过孔、让位孔及漏料孔，也可用铣削加工。

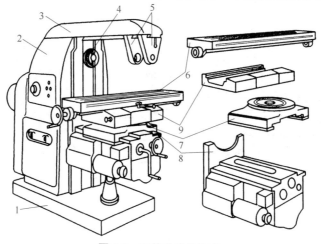

图3-3 万能升降台铣床

1—底座；2—床身；3—横梁；4—主轴；5—挂架；6—纵向工作台；7—回转盘；8—升降台；9—横向工作台

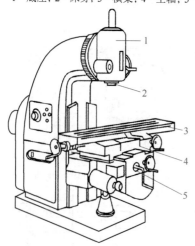

图3-4 立式升降台铣床

1—立铣头；2—主轴；3—工作台；4—床鞍；5—升降台

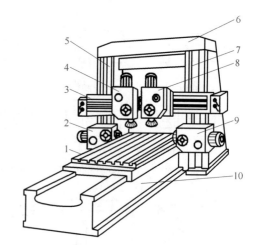

图3-5 龙门铣床

1—工作台；2, 9—水平铣头；3—横梁；4, 8—垂直铣头；
5, 7—立柱；6—顶梁；10—床身

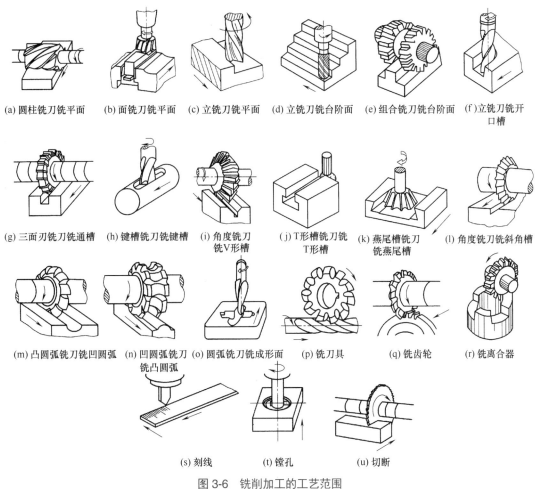

(a) 圆柱铣刀铣平面　(b) 面铣刀铣平面　(c) 立铣刀铣平面　(d) 立铣刀铣台阶面　(e) 组合铣刀铣台阶面　(f) 立铣刀铣开口槽

(g) 三面刃铣刀铣通槽　(h) 键槽铣刀铣键槽　(i) 角度铣刀铣V形槽　(j) T形槽铣刀铣T形槽　(k) 燕尾槽铣刀铣燕尾槽　(l) 角度铣刀铣斜角槽

(m) 凸圆弧铣刀铣凹圆弧　(n) 凹圆弧铣刀铣凸圆弧　(o) 圆弧铣刀铣成形面　(p) 铣刀具　(q) 铣齿轮　(r) 铣离合器

(s) 刻线　(t) 镗孔　(u) 切断

图 3-6　铣削加工的工艺范围

3.1.4　磨床加工

　　常用磨床一般可分为外圆磨床、内圆磨床、平面磨床、光学曲线磨床、成形磨床、坐标磨床、工具磨床、刀具刃磨磨床及各种专门化磨床等，是用磨料磨具（如砂轮、砂带、油石、研磨料）为工具对工件进行切削加工的机床。磨床是由于精加工和硬表面加工的需要而发展起来的，目前也有少数应用于粗加工的高效磨床。磨床可以加工各种表面，如内外圆柱面和圆锥面、平面、渐开线齿廓面、螺旋面以及各种成形面等，还可以刃磨刀具和进行切断等，工艺范围非常广泛。

　　磨床的加工精度为IT5～IT8，表面粗糙度一般为 Ra 0.16～1.25μm；精密磨削时 Ra 0.04～0.16μm；超精密磨削时 Ra 0.01～0.04μm；镜面磨削 Ra 可达到0.01μm以下。磨床的砂轮圆周速度一般达到2000～3000m/min，目前的高速磨削砂轮线速度已达到60～250m/s。磨削时温度很高，瞬时温度可达到800～1000℃，因此磨削时一般都使用切削液。

　　为了适应磨削模具零部件的各种加工表面、工件形状及生产批量的要求，常用磨削模具零部件的各种磨床的加工范围介绍如下。

3.1.4.1　外圆磨床

　　外圆磨床包括普通外圆磨床、万能外圆磨床、端面外圆磨床和无心外圆磨床等。外圆磨床是用于加工圆形凸模、凹模外形、导柱、圆锥形或其他形状素线展成的外表面和轴肩端面的磨床。万能外圆磨床还带有内圆磨削附件，可磨削内孔锥度较大的内、外锥面。如图 3-7 所示为 M1432A 型万能外圆磨床。

3.1.4.2　内圆磨床

内圆磨床包括无心内圆磨床和行星式内圆磨床等。内圆磨床适用于内孔的精加工，在内圆磨床或万能外圆磨床上进行，可加工通孔、不通孔、圆柱或圆锥孔、台阶孔和孔端面等。在模具中可加工圆形凹模（拉深凹模、冲裁凹模等）、导套内孔等。磨孔的尺寸精度可达 IT6～IT7 级，表面粗糙度 Ra 0.8～0.2μm。采用高精度磨削工艺，尺寸精度可控制在 0.005mm 以内，表面粗糙度 Ra 0.1～0.025μm。图 3-8 为 M2110A 型内圆磨床。

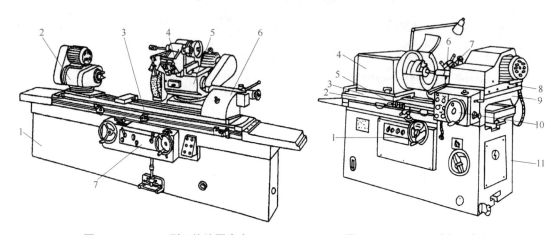

图 3-7　M1432A 型万能外圆磨床

1—床身；2—工件头架；3—工作台；4—内磨装置；
5—砂轮架；6—尾座；7—控制箱

图 3-8　M2110A 型内圆磨床

1—手轮；2—工作台；3—底座；4—主轴箱；5—挡铁；
6—砂轮修整器；7—内圆磨具；8—横滑板；
9—桥板；10—手轮；11—床身

内圆磨削由于孔径的限制，所用砂轮直径小；转速受磨头的限制（机械式磨头转速在 10000～20000r/min），磨削速度在 20～30m/s 之间，甚至更小。加工表面粗糙度参数值比外圆磨削大。因内圆磨削砂轮转速高，故每一磨粒单位时间内参加切削的次数比外圆磨削高十几倍，且砂轮与工件接触弧比外圆磨削长，因此磨削热和磨削力都比较大，磨粒容易磨钝，工件易发热和烧伤。

3.1.4.3　平面磨床

平面磨床包括卧轴矩台平面磨床、立轴矩台平面磨床、卧轴圆台平面磨床和立轴圆台平面磨床等。平面磨床的主轴分为立轴和卧轴两种，工作台也分为矩形和圆形两种，分别称为卧轴矩台平面磨床（图 3-9 所示）和立轴圆台平面磨床（图 3-10 所示）。与其他磨床不同的工作台上装有电磁吸盘，用具直接吸住工件及工件夹具。

平面磨床主要用于磨削模板平面及模具平面零件，在加工过程中，砂轮的旋转运动为主运动，工作台提供的工件直线运动为纵向进给运动，它们与砂轮的横向进给运动和垂直进给运动共同组成平面磨削的磨削用量，其加工要点介绍如下：

① 平磨适合磨削经过机械加工的大工件平面。目的是对工件的平面进行精加工或半精加工。若工件的平面太小，完全靠电磁台吸住固定很不可靠，此时应采取加固措施，如在工件旁靠上垫铁，保证定位稳定可靠后方能进行加工。

② 平磨工序在工艺上最好直接写出磨成的尺寸。该尺寸是工件的最大尺寸与以后各次磨削量的总和。若以后工序不需再磨或对平磨后的尺寸要求不严格时，可写成磨光六面或磨光两平面。

③ 需要六面成直角的零件，工艺上要写明磨成直角。

④ 只磨平面时，对于重要零件，工艺要写明磨成平行；对于薄零件，工艺要写明注意平行或防止变形。

⑤ 铣工加工后变形较大的工件、刨工和车工切下的片状零件，应增加平磨工序。热处理前需要钳工钻孔的结合面，一般先将结合面磨平后再钻孔。

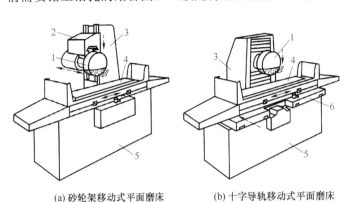

(a) 砂轮架移动式平面磨床　　　(b) 十字导轨移动式平面磨床

图 3-9　卧轴矩台平面磨床

1—砂轮架；2—滑鞍；3—立柱；4—工作台；5—床身；6—床鞍

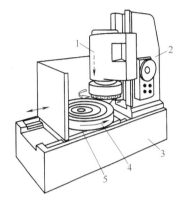

图 3-10　立轴圆台平面磨床

1—砂轮架；2—立柱；3—床身；
4—工作台；5—床鞍

3.1.4.4　光学曲线磨床

光学曲线磨削加工简称 PG 加工。图 3-11 为 M7017A 型光学曲线磨床，光学曲线磨削主要用于加工普通成形磨削难以加工的小而形状复杂的精密部分，如级进模中的凸模和镶拼凹模拼块。因此它常被安排在一般成形磨削后进行。成形磨削加工要完成工件的平面（或六面），包括定位面和其他可加工的部分，而光学曲线磨削加工特殊的和关键的部分。

光学曲线磨削是采用仿形磨削的一种加工方法。基本原理是将工件需要曲线磨削的部分放大一定倍数（20 倍、30 倍、50 倍），画在描图纸（或涤纶薄膜）上并将它夹在机床的屏幕中，利用光学投影放大系统，对照砂轮将越过图线的工件余量磨去，直至物像的轮廓对图线全部重合，获得精确的型面。光学曲线磨的加工精度比普通成形磨削要高，并且与放大倍数有关，放大倍数

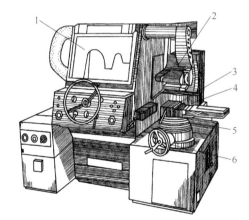

图 3-11　M7017A 型光学曲线磨床

1—投影屏幕；2—砂轮架；3, 5, 6—手柄；4—工作台

越大，加工精度越高。在光学曲线磨床上磨削，其加工精度可达 3 ～ 5μm，表面粗糙度可达 Ra 0.2 ～ 0.4μm。采用陶瓷砂轮磨削时，最小圆角半径为 3μm；用一般砂轮磨削时，最小圆角半径也可达 0.1mm。

光学曲线磨床有普通型和数控型之分。普通型以手工操作为主，数控型通过编程由计算机自动控制操作。但它们都要有按规定倍数绘制的放大图。

根据已选定的分割面（线段）与投影放大倍数绘制放大图，分割面一般为放大图的基面，线条的粗细为 0.1 ～ 0.2mm。

线段最长不超过 9mm（用 50 倍时），分段线选择在有规则的线段上，并按顺序标记符号。

按顺序把线段放大50倍绘制成放大图，并在线段末标上记号，移动坐标尺寸和方向箭头，如图3-12所示。磨削实例如图3-13及表3-2所示。

　　磨削时采用分段磨削，并做到按基准线相互衔接。磨削的整个过程则以逐点逼近图线法成形。在磨削过程中，有时需要改变工件的安装位置，因而工件一般不直接固定在工作台面上，而是利用专用夹板、精密平口台虎钳等装夹固定。或使用如图3-14所示的夹具，并根据预先设计的工艺孔（图中 a、b、c 等）分度定位，这些孔在绘制放大图时也应画上。

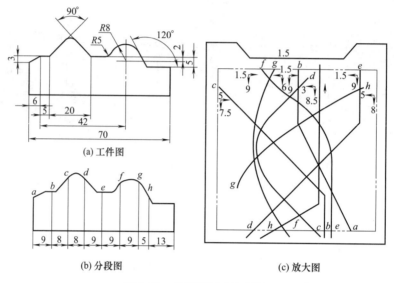

图 3-12　分段磨削用放大图

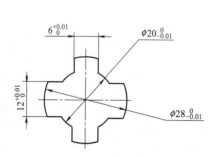

图 3-13　光学曲线磨工件（断面）

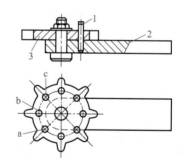

图 3-14　用工艺孔定位的夹具

1—定位销；2—夹具体；3—工件

表 3-2　磨削工艺

工序	操作示意图及说明	工序	操作示意图及说明
1	①用平面磨床成形磨削法加工四边各 $28_{-0.01}^{0}$ ②磨四爪 $12_{0}^{+0.01} \times 6_{0}^{+0.01}$	2	画出工件轮廓分段标志图

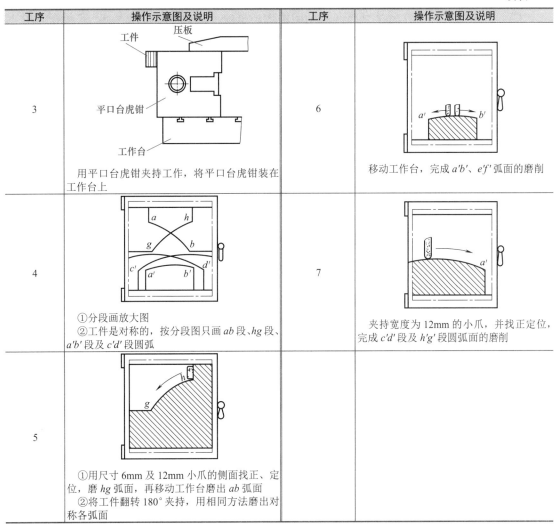

工序	操作示意图及说明	工序	操作示意图及说明
3	用平口台虎钳夹持工作，将平口台虎钳装在工作台上	6	移动工作台，完成 a'b'、e'f' 弧面的磨削
4	①分段画放大图 ②工件是对称的，按分段图只画 ab 段、hg 段、a'b' 段及 c'd' 段圆弧	7	夹持宽度为 12mm 的小爪，并找正定位，完成 c'd' 段及 h'g' 段圆弧面的磨削
5	①用尺寸 6mm 及 12mm 小爪的侧面找正、定位，磨 hg 弧面，再移动工作台磨出 ab 弧面 ②将工件翻转 180° 夹持，用相同方法磨出对称各弧面		

光学曲线磨削时，由于是逐点磨削，砂轮的磨削接触面较小，磨削点的磨粒容易脱落，所以选用的砂轮应比平面磨削所用砂轮硬 1 ~ 2 级，一般选用 WA80K，磨削小圆弧时选 WA120K。

3.1.4.5 成形磨床

模具中凸模和凹模拼块的几何形状，其工作部分一般都由圆弧与直线或圆弧与圆弧等几何线型组成。成形磨削的基本原理，就是将复杂的几何线型分解成若干直线、圆弧等简单的几何线型，然后将其分段磨削，使其相互连接，圆滑光整，符合图样要求。

成形磨削一般都在小型精密平面磨床、专用成形磨床或专用万能工具磨床上进行。成形磨削方法有多种，但应用最普遍的有两种，即使用成形砂轮磨削和使用工夹具磨削，并且这两种方法通常结合使用。因此，成形磨削可以进行各种型面的加工。它主要用于钳工装配磨配工作以及精加工冲模的凸、凹模和一些小零件的平面磨削加工。其加工质量除由机床精度保证外，与砂轮的选择和修整、工夹具的配置质量和数量、操作者的经验与技巧有着十分重要的关系。

图 3-15 所示为模具专用成形磨床。它的运动是：砂轮 6 由装在磨头架 4 上的电动机 5 带动做高速旋转运动，磨头架装在精密的纵向导轨 3 上，通过液压传动实现纵向往复运动，此运动用手把 12 操纵；转动手轮 1 可使磨头架沿垂直导轨 2 上下运动，即砂轮做垂直进给运动，

此运动除手动外，还可机动，以使砂轮迅速接近工件或快速退出。

成形磨床的夹具工作台具有纵向和横向滑板，滑板上固定着万能夹具8，它可在床身13右端精密导轨上做调整运动，只有机动；转动手轮10可使万能夹具做横向移动。床身中间是测量平台7，它是放置测量工具以及校正工件位置、测量工件尺寸用的；有时修正成形砂轮用的夹具也放在此测量平台上。

（1）砂轮的选择

砂轮是由作为切刃的磨料（磨粒）、黏结磨粒的结合剂及砂轮内磨粒之间的气孔这三部分组成的，这就是构成砂轮的三要素，如图3-16所示。经压制烧结而成的砂轮，具有一定形状，砂轮旋转时磨料接触工件进行切削。

决定砂轮特性的是砂轮的组织，即砂轮内气孔大小和数量、磨料和结合剂三者体积的比例关系，见表3-3。由于磨料的种类、粒度的大小、硬度的高低和砂轮组织中的气孔度以及结合剂的不同，不仅砂轮有很多品种，而且它们的磨削性能和用途差异很大。

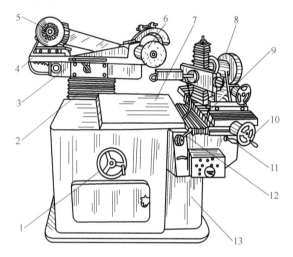

图3-15 成形磨床

1—手轮；2—垂直导轨；3—纵向导轨；4—磨头架；5—电动机；
6—砂轮；7—测量平台；8—万能夹具；9—夹具工作台；
10—手轮；11，12—手把；13—床身

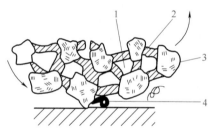

图3-16 砂轮的三要素

1—气孔（孔隙）；2—结合剂；
3—磨料；4—切屑

表3-3 砂轮组织

类别	紧密				中等				疏松						
组织号	0	1	2	3	4	5	6	7	8	9	10	11	12	13	14
磨粒率/%	62	60	58	56	54	52	50	48	46	44	42	40	38	36	34
应用	成形磨削和精密磨削，能保持砂轮的成形精度，获得较低的表面粗糙度				磨削淬火钢工件及刀具刃磨等				磨削韧性大、硬度不高、导热性差的材料，以及薄板、薄壁工件或磨削接触面积大时						

注：1.磨粒率指磨粒在砂轮中占有的体积百分数，组织号小的磨粒率大；反之，磨粒率小。

2.本表只适用于以陶瓷或树脂为结合剂的普通砂轮。

① 磨料 磨料有多种，但目前用得最普遍的是电炉熔炼的氧化铝，即棕刚玉［代号为A（GZ）］和白刚玉［代号为WA（GB）］。其中用于成形磨削的大多是WA类。还有碳化硅，由于该磨料为碳化物，硬度较高，比刚玉类硬度高，脆而锋利。其中黑色碳化硅的代号为C（TH），适用于加工抗拉强度低的金属和非金属材料，如灰铸铁、黄铜、铝、岩石等；绿碳化硅的代号为GC（TL），适用于磨削硬质合金、玻璃和玛瑙等。对于冷作模具钢、高速钢和由特种元素配制而成的难磨削材料，则以使用高硬磨料，如立方氮化硼（CBN）和六方氮化硼

（WBN）磨料为宜。这两种磨料具有很高的硬度，其硬度仅次于金刚石。而在高韧性、抗冲击、抗断裂、抗挠曲强度方面，WBN比CBN要更好。对于磨削硬质合金和陶瓷，更为合适的是采用金刚石磨料，但它的价格比其他磨料都要贵。

② 粒度　砂轮的粒度是指磨料颗粒尺寸大小。粒度号是以1in（25.4mm）长度筛网上的孔眼数多少来确定的。磨料颗粒号越大，说明颗粒尺寸越小。当颗粒尺寸≤50μm时，粒度直接用颗粒尺寸大小表示，并在颗粒大小前冠以字母"W"，如W10，表示微颗粒尺寸为10μm。粒度较大，切入工件深度也较大，被加工表面较为粗糙。成形磨削通常采用60～80目的磨粒。

③ 硬度　是指被黏结的磨粒脱落难易程度。结合剂所占百分比高，则磨粒之间的结合力强，磨粒不易脱落，称之为硬砂轮；反之，所含结合剂少，而结合力弱的砂轮，称为软砂轮。砂轮硬度有超软、软、中软、中、中硬、硬、超硬之分。其代号见表3-4。

表3-4　砂轮硬度

硬度	大级	超软			软			中软		中		中硬			硬		超硬
等级	小级	超软			软1	软2	软3	中软1	中软2	中1	中2	中硬1	中硬2	中硬3	硬1	硬2	超硬
代号		D	E	F	G	H	J	K	L	M	N	P	Q	R	S	T	Y

对砂轮来说，并不是结合力越强越好，应根据工件材料性质而定。如果选用不当，砂轮气孔会被堵塞，工件加工表面会被烧伤。在磨削软金属时，因磨粒不易变钝，应采用硬砂轮，使磨粒不出现过早脱落；而磨削硬金属时，磨粒变钝快，应采用软砂轮，以免失去切削力。因此，成形磨削淬硬模具钢时，应选用稍软砂轮为宜。大多采用H～K等级。

④ 结合剂　这是一种把磨粒结合在一起的材料。不同的结合剂使砂轮具有弹性或脆性。目前常用的各种结合剂见表3-5。

成形磨削用砂轮的选择见表3-6。

表3-5　砂轮结合剂

代号	结合剂名称	特　点
V（A）	陶瓷	应用范围广。耐热、耐水、耐油，强度较大。但性较脆，经不起冲击，其圆周速度≤35m/s
B（S）	树脂	应用范围次于陶瓷结合剂。强度高并富有弹性，能在高速下进行工作。但耐热性比陶瓷结合剂小，不能用碱性（＞1.5%）冷却液。圆周速度可达50m/s
R（X）	橡胶	应用范围较小。密度大，更富有弹性，磨钝的磨粒很容易脱落，故被磨工件的表面粗糙度低，特别适宜制造很薄的切断砂轮和柔软的抛光砂轮。但耐热性低，不能用油作冷却液。圆周速度可达50m/s
（J）	金属	强度高，韧性和成形性好，使用寿命长，但自锐性差。用于各种金刚石磨具

注：括号内的代号为旧标准规定的代号。

表3-6　成形磨削用砂轮的选择

工件材料	工件硬度	磨削的内容		
		平面轮廓	成形轮廓	清角
		砂轮直径/mm		
		200～300	≥150	≥150
		砂轮的主要规格（磨料、粒度、硬度）		
碳素工具钢	≤55（HRC）	WA46H	WA60～80L	WA100～180K～M
合金工具钢	≤55（HRC）	WA46H～J	WA60～80K～L	WA100～180K～M
高速工具钢	≤60（HRC）	WA46J	WA60～80K～L	WA100～150K
轴承钢、弹簧钢	≤55（HRC）	WA46H	WA60～80L	WA100～180K～M
不锈钢		WA46～36J	WA60～80L	WA100～150K
耐热钢		WA36J	WA60～80L	WA100～150K

（2）砂轮的修整

成形砂轮磨削是利用砂轮修整器将砂轮修整成与工件型面完全吻合的相反型面，然后利用它磨削零件，得到所需尺寸和形状。

砂轮的修整包括角度和圆弧。砂轮采用由大颗粒天然金刚石笔制成的刀具即修整器（图 3-17），装在专用夹具上，常通过近似车削的方法进行，简称金刚石修整。

① 角度的修整　常采用正弦夹具，简要结构如图 3-18 所示。使用时，根据砂轮需要修整的角度 α，在正弦圆柱 6 下垫块规 8，高度为 H，使正弦尺 5 旋转 α 角，转动手柄 4 即可移动金刚石刀具 1，便将砂轮修整出所需的角度。其中 $H=A\sin\alpha$。

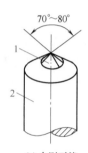

(a) 金刚石笔　(b) 修整砂轮时金刚石笔安装角度

图 3-17　金刚石修整器及安装角

1—金刚石；2—固定体（钢）

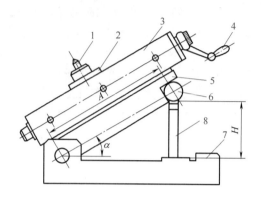

图 3-18　卧式正弦夹具

1—金刚石刀具；2—滑块；3—导向座；4—手柄；
5—正弦尺；6—正弦圆柱；7—底座；8—块规

② 圆弧的修整　常采用的圆弧修整夹具如图 3-19 所示，可进行凸圆弧与凹圆弧的修整。修整时，先调整金刚石的尖点使其低于夹具的旋转中心线，砂轮被修整成凸圆弧；反之，调整金刚石的尖点高于夹具旋转中心线，砂轮被修整成凹圆弧。其使用与计算方法见表 3-7。

考虑到机床等误差对加工精度的影响，修整砂轮的圆弧半径与工件圆弧半径之间不应该完全相等。当工件为凸圆弧时，砂轮的圆弧半径实际值应大于工件的圆弧半径；当工件为凹圆弧时，砂轮的圆弧半径实际值应小于工件的圆弧半径。相差值为 0.01 ～ 0.02mm。

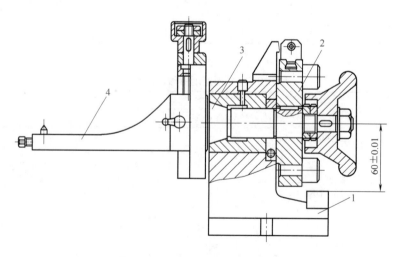

图 3-19　卧式圆弧修整砂轮夹具

1—底座；2—正弦分度盘；3—主轴；4—金刚石支架

表 3-7　卧式圆弧修整砂轮夹具的使用与计算

砂轮要求修整的形状	半径为 R_1 的凹圆弧	半径为 R_2 的凸圆弧
夹具调整示意图	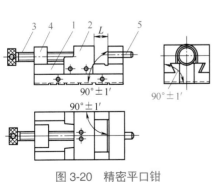	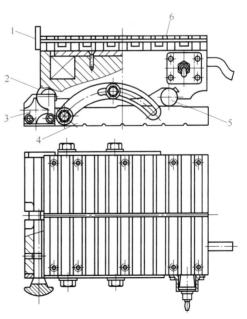
计算公式	$H_1 = P - R_1$	$H_2 = P + R_2$

注：P 为夹具中心高。

（3）成形磨削用工夹具

使用夹具成形磨削，便是将被磨削的零件装在夹具上，利用夹具使零件倾斜一定角度或回转，磨出零件的斜面或圆弧。成形磨削用夹具有多种，主要的有精密平口钳、电磁正弦夹具、万能夹具、分度夹具等。

① 精密平口钳　如图 3-20 所示，它由活动钳口通过螺杆在钳体上移动达到夹紧和松开工件的作用。钳体和活动钳口用优质钢制造并经调质和淬火处理。钳体的两侧面对底面及钳口的垂直度均为 $90° \pm 1'$。利用精密平口钳的装夹工件磨削垂直基面或斜面；装夹用磁性吸盘难以吸住的细小零件或非磁性材料；应用装夹工件进行成形磨削较为合理。

② 电磁正弦夹具　夹具按正弦原理构成，主要由一个可以任意调节倾斜角度的电磁台和用来校准倾斜角度值的正弦尺组成。如图 3-21 所示，电磁台用来吸住固定工件。在此磁台的侧面装有挡板 1，作为磨削工件的定位基面，此基面必须与正弦圆柱保持平行或垂直。正弦圆柱上套有拉紧板 2，通过偏心轴 3 使正弦圆柱拉紧贴在底座 4 上。两根正弦圆柱的中心距一般为 150mm、200mm、250mm。当中心距为 200mm 时，假设要使它倾斜 15°，那么正弦圆柱 5 底下需要垫的块规尺寸 $H = \sin 15° \times 200 = 51.764$（mm）。

图 3-20　精密平口钳

1—钳体；2—活动钳口；3—螺杆；

4—螺母；5—测量柱

图 3-21　电磁正弦夹具

1—挡板；2—拉紧板；3—偏心轴；

4—底座；5—正弦圆柱；6—电磁台

利用电磁正弦夹具可以磨削 0°～45° 范围内的各种斜面并可配合成形磨削曲面和弧面。

③ 万能夹具　如图 3-22 所示的万能夹具，安装在磨床上使夹具中心与磨床导轨纵向平行后使用，主要用来磨削圆弧和各种复杂型面。其由装夹、坐标、回转及正弦等四个部分组成。装夹部分用来安装固定被磨削工件。坐标部分用于调整工件的圆弧中心（或回转中心），使之与夹具中心重合，其结构为一精密十字滑板。回转部分用于带动坐标部分连同工件绕夹具主轴中心回转，它由精密蜗轮副传动。正弦部分用于控制坐标部分及工件绕主轴中心回转所需的角度，它主要由与主轴连成一体的正弦分度盘 7 及角度游标 8 组成。根据需要在正弦圆柱与基准板之间垫上一定尺寸的块规，即可控制主轴回转所需的角度。

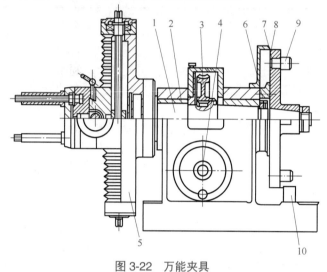

图 3-22　万能夹具

1—主轴；2—衬套；3—蜗轮；4—蜗杆及手轮；5—纵滑板；6—调整轴向窜动螺母；
7—正弦分度盘；8—角度游标；9—正弦圆柱；10—基准板

④ 分度夹具　如图 3-23 所示的结构为分度夹具。它主要由正弦分度头、尾顶尖座与底座三个部分组成。夹具中心主轴与磨床工作台安装平行后使用，用来磨削具有一个回转中心等分或不等分的各种圆弧零件和多个回转中心的零件。

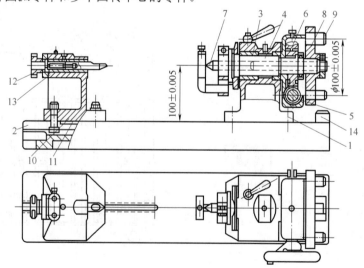

图 3-23　分度夹具

1—前支架；2—底座；3—钢套；4—主轴；5—蜗杆；6—蜗轮；7—前顶尖；8—分度盘；
9—正弦圆柱；10—尾座；11—滑座；12—螺杆；13—后顶尖；14—基准板

正弦圆柱 9（图 3-23）与固定在底座上的精密基准板 14（图 3-23）之间垫以一定尺寸的块规，可控制分度盘回转所需角度。块规值计算公式如下（见图 3-24）。

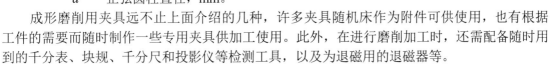

$$H_1 = H_0 + L\sin\alpha - \frac{d}{2}$$

$$H_2 = H_0 - L\sin\alpha - \frac{d}{2}$$

式中　　H_1，H_2——所需垫的块规值，mm；

　　　　H_0——夹具主轴中心至基准板之间距离，mm；

　　　　L——夹具主轴中心至正弦圆柱中心的距离，mm；

　　　　α——需回转的角度，(°)；

　　　　d——正弦圆柱直径，mm。

图 3-24　分度时块规值计算

成形磨削用夹具远不止上面介绍的几种，许多夹具随机床作为附件可供使用，也有根据工件的需要而随时制作一些专用夹具供加工使用。此外，在进行磨削加工时，还需配备随时用到的千分表、块规、千分尺和投影仪等检测工具，以及为退磁用的退磁器等。

（4）成形磨削加工要点

① 一般应先磨基准面，并优先磨削与基准面有关的平面。

② 正确地磨好基准，尤其是直角。

③ 精度要求较高的平面先磨，精度要求较低的后磨，以免产生积累误差。

④ 大平面先磨，小平面后磨。

⑤ 平行于直角坐标的先磨，斜面后磨，如图 3-25 所示，砂轮按上下方向进给。工件倾斜放置加工时也一样，先加工底面，然后使吸盘倾斜，对斜面进行精加工。

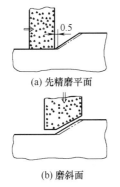

(a) 先精磨平面

(b) 磨斜面

图 3-25　斜面的成形磨削

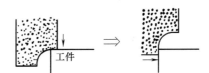

(a) 确定上面的进入位置　(b) 确定水平方向的进入位置

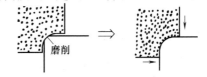

(c) 角部开始磨削加工　(d) 磨削结束，工件R与砂轮吻合

图 3-26　角部 *R* 的磨削顺序

⑥ 与凸圆弧相切的平面与平面或平面与斜面先磨，圆弧面后磨。图 3-26 所示为角部 *R* 的磨削顺序。图 3-27 所示为斜面与 *R* 连接的磨削方法。为防止砂轮与工件上面接触后发生啃切现象，需将砂轮向上方退回 5μm 左右，然后从水平方向进给，磨削至与连接线的接触处为止。

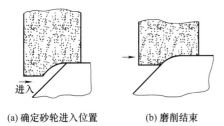

(a) 确定砂轮进入位置　(b) 磨削结束

图 3-27　斜面与 *R* 相连的磨削

⑦ 两凸圆弧相接时，先磨大圆，后磨小圆弧面。

⑧ 与凹弧面相接的平面与斜面，应先磨凹弧面，后磨斜面与平面。

⑨ 两凹圆弧面相接的，应先磨小凹圆弧面，后磨

大凹圆弧面。

⑩ 凸圆弧与凹圆弧相接的，先磨凹圆弧面，后磨凸圆弧面。

⑪ 形状简单、操作方便的应先磨，然后循环加工其他型面。

⑫ 对侧壁为直角的槽进行加工时，底面精加工较易保证尺寸，而侧面需在稍留精加工余量的情况下，要对砂轮侧面用修整器修整后，再对槽的侧面进行加工，质量能控制。并在进行侧面磨削时，砂轮会向槽内偏移，需采取上下方向进给。呈完全清角的槽底一般难以做到，多少有些圆角，其圆角半径 ≥ 0.1mm。

⑬ 经磨削后的工件，由于通过磁性吸盘的作用而带有磁性，因此必须在磨削后进行去磁（采用退磁器）。

3.1.4.6 坐标磨床

坐标磨削加工（简称 JG 加工，见图 3-28）是精密模具的一种先进工艺，主要用于对淬硬件或硬质合金件的精加工，可加工任意形状的外形和各种孔，读数精度为 μm 级。高精度的多工位级进模，步距精度的保证主要靠坐标磨的精密加工实现，因此坐标磨床是制造精密多工位级进模的必备设备之一。

根据控制方式，坐标磨床目前主要有手动和连续轨迹数控两种。前者用手动定位，无论是加工孔或外形，都要把工作台或旋转工作台移动（或转动）到坐标位置，由主轴和高速磨头的旋转磨削成形；后者采用计算机控制，不但自动控制坐标的位置，还控制加工的全过程，加工效率和加工精度比手动坐标磨高。

坐标磨削加工与坐标镗相同，都是以某一基准确定坐标位置后，通过切削工具的旋转对工件进行加工。所不同的是镗床用切削工具主要是镗刀，而坐标磨床用的是砂轮。并且坐标磨床在磨削过程中，由于砂轮有高速旋转（磨头转速最高达 20000r/min）、行星运动（主轴回转）及上下往复运动，即三个运动同时配合动作［见图 3-28（b）］，砂轮还可以倾斜一定角度，工作台可做纵横向的送进运动等，因此可加工各种复杂形状的型面和对多个孔进行加工，特别适合加工级进模的凹模、固定板和卸料板等具有多孔的板件。

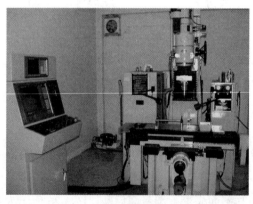

(a) 坐标磨床

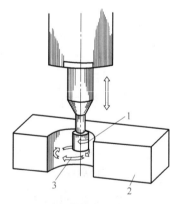

(b) 坐标磨削的三个运动

图 3-28 坐标磨削

1—砂轮自转；2—工件；3—主轴回转

根据结构形式，坐标磨床分单柱式和双柱式（龙门式）两种。单柱式相对于双柱式小些，适用于中小模具零件加工，如 MG2932B、G-18CNC CP-3 等。

（1）坐标磨床的加工尺寸

纵横向坐标最小读数为 1μm，加工的孔径公差实际可以达 ±2μm，孔距公差 ≤ 3μm，表面粗糙度 Ra ≤ 0.4μm，最小 Ra 0.2μm。坐标磨床一般可加工孔径最小为 0.5mm（主要取决于砂轮最小直径），最大孔根据机床大小而定，一般在 100～200mm 之内。

（2）砂轮直径的确定

砂轮直径应小于被加工孔的直径，相互间关系为：

① 砂轮直径一般比孔径小 1/4 左右。当孔径大于 20mm 时，砂轮直径应适当减小；孔径小于 8mm 时，砂轮直径适当增加。

② 砂轮的外径一般为心轴外径（即磨柄与砂轮内孔配合粘接的部分）的 1.5 倍，如果砂轮直径过大，而心轴过小，磨削加工时工件表面容易出现波纹。

（3）磨削通孔时应注意事项

① 调整主轴往复运动的行程，应以砂轮宽度的 1/2 露出被磨削孔上下两端面距离为宜。

② 砂轮的行程速度与磨削精度有关。粗磨削时，行程取快速；精磨削时，行程取慢速。主轴行星运动每转一周，对粗磨削，纵向移动小于砂轮宽度的 2 倍；精磨削时，应该小于砂轮的宽度，在精加工结束时，要用很低的行程速度。

③ 行星运动速度，大致为砂轮圆周速度×0.015。慢的行星速度将会减小磨削量，但对表面加工质量有好处。

（4）砂轮根据磨削的材料软硬而定

硬质材料要选用软砂轮；软质材料选用硬砂轮比较合适。冲模中凸、凹模用碳素工具钢和合金工具钢经淬火后需坐标磨的，一般采用的砂轮品种为 WA60～100H～K。直径小的比直径大的砂轮硬度要高一级，也可以采用立方氮化硼磨料的砂轮。磨削硬质合金则应采用金刚石砂轮。

（5）坐标磨的加工余量

坐标磨属于精加工，加工费与别的加工相比要高许多，因此坐标磨的加工余量不可留得太多，一般单边为 0.05～0.2mm。

（6）坐标磨床磨削方法

坐标磨床的典型磨削方法见表 3-8。

表 3-8　坐标磨床磨削方法

方法	简图	说明
内孔磨削	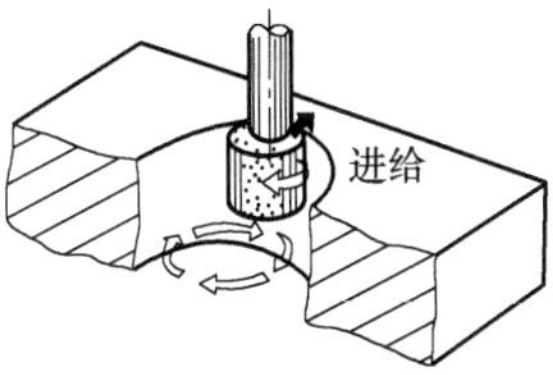	砂轮高速旋转（如 C-18CNC 从 9000～180000r/min 有六挡转速），主轴做行星运动进行磨削，利用扩大行星的旋转半径做径向进给
外圆磨削	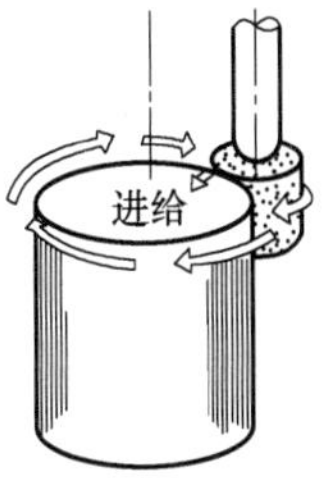	砂轮高速旋转，主轴做行星运动进行磨削，利用缩小行星的旋转半径做径向进给
沉孔磨削	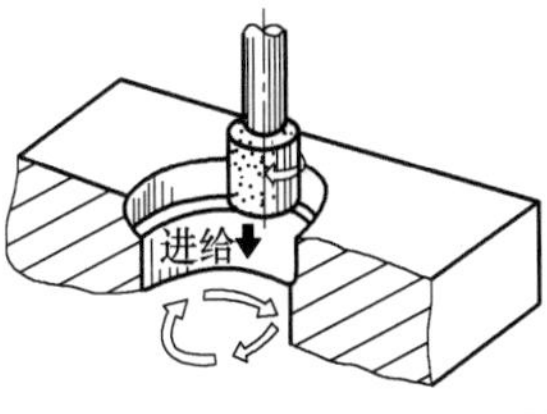	①按所需的孔径决定行星运动，砂轮主轴做向下进给，用砂轮的底部棱边进行磨削 ②在内孔磨削余量多的情况下最有效

方法	简图	说明
侧面磨削	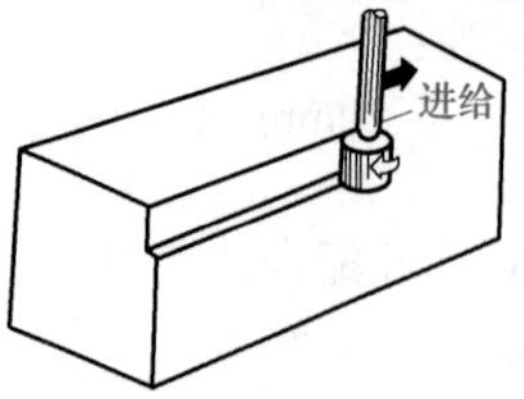	①砂轮不做行星运动，只做直线运动 ②适用于直线或槽边的磨削
锥孔磨削	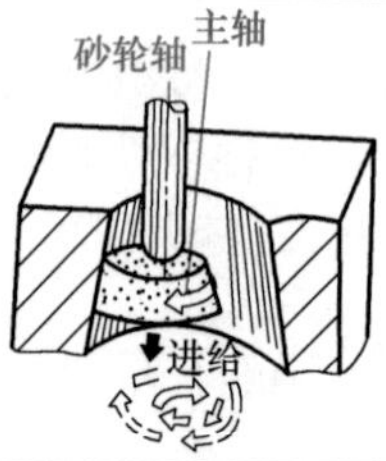	①将砂轮修整成所需的角度 ②主轴垂直运动，随着砂轮轴下降，行星直径扩大
垂直磨削	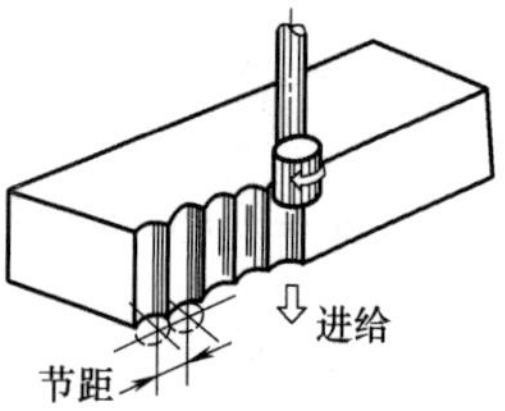	①主轴不做行星运动，只做快速垂直往复运动 ②适用于轮廓磨削余量多的情况，其磨削精度和表面粗糙度取决于进给量（节距）的大小 ③手动及数控坐标磨床的行程能达到120～190次/min时，采用此法磨削内外轮廓，其尺寸精度和表面粗糙度都比行星磨削好
端面磨削	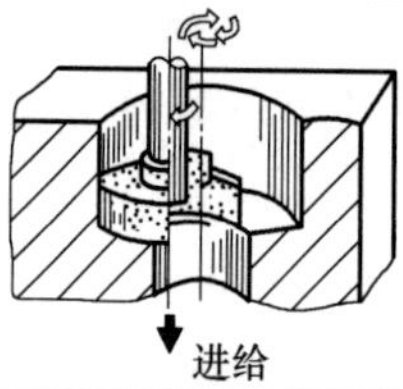	①将砂轮底部修成凹面，便于出屑和提高磨削效率 ②砂轮直径与孔径相比不能过大，否则易形成凸面 ③砂轮主轴做垂直进给，用砂轮棱边进行磨削
插磨	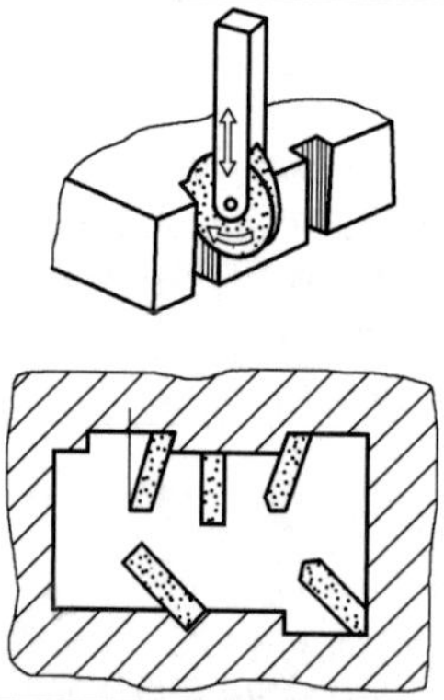	①安装磨槽机构，主轴做垂直运动 ②可磨削型槽及带清角的内型等

3.1.5　镗床

镗床常用于加工尺寸较大且精度要求较高的孔，特别是分布在不同表面上、孔距和位置精度（平行度、垂直度和同轴度等）要求较严格的孔系，如模架的导柱、导套孔等。

镗床在镗孔前一定要对孔进行预先粗加工（钻或铣）或铸造，不能进行无前道加工的直接镗孔加工。直径≤13mm的孔镗加工困难时，可利用镗床钻孔和铰（专用铰刀）加工而成。机床加工时的运动与钻床类似，但进给运动则根据机床类型和加工条件不同，或者由刀具完成，或者由工件完成。在镗床上，除镗孔外，还可以进行铣削、钻孔、铰孔等工作，因此镗床的工艺范围较广。根据用途，镗床可分为卧式铣镗床、坐标镗床以及精镗床。此外，还有立式镗床、深孔镗床和落地镗床等。

3.1.5.1　卧式铣镗床

卧式铣镗床又称为万能镗床，如图 3-29 所示。它的工艺范围十分广泛，因而得到普遍应用。卧式铣镗床除镗孔外，还可车端面，铣平面，车外圆，车内、外螺纹，及钻、扩、铰孔等。零件可在一次安装中完成多个加工工序，而且其加工精度比钻床和一般的车床、铣床高。

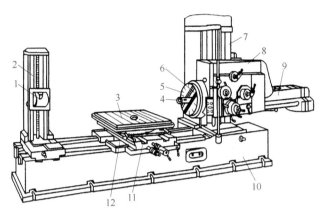

图 3-29　卧式铣镗床

1—后支架；2—后立柱；3—工作台；4—镗轴；5—平旋盘；6—径向刀具溜板；7—前立柱；
8—主轴箱；9—后尾筒；10—床身；11—下滑座；12—上滑座

卧式铣镗床的典型加工方法：图 3-30（a）所示为用装在镗轴上的悬伸刀杆镗孔；图 3-30（b）所示为利用长刀杆镗削同一轴线上的两孔；图 3-30（c）所示为用装在平旋盘上的悬伸刀杆镗削大直径的孔；图 3-30（d）所示为用装在镗轴上的端铣刀铣平面；图 3-30（e）、（f）所示为用装在平旋盘刀具溜板上的车刀车内沟槽和端面。

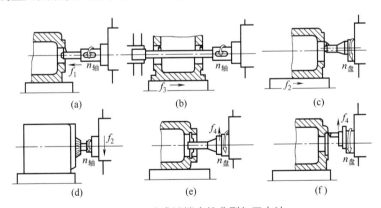

图 3-30　卧式铣镗床的典型加工方法

3.1.5.2　坐标镗床

坐标镗床的种类较多，有立式（见图 3-31、图 3-32）和卧式（见图 3-33）的，有单柱（见图 3-31）和双柱（见图 3-32）的，还有光学、数显和数控的。镗床的可倾工作台不仅能绕主轴做任意角度的分度转动，还可以绕辅助回转轴做 $0° \sim 90°$ 的倾斜转动，由此实现镗床上加工和检验互相垂直孔、径向分布孔、斜孔和斜面上的孔。此外，坐标镗铣床还可以加工复杂的型腔。光学坐标镗床定位精度可达 $0.002 \sim 0.004$mm，可倾工作台的分度精度有 $10'$ 和

12′两种。在模具加工中，坐标镗床和坐标镗铣床是应用非常广泛的设备。

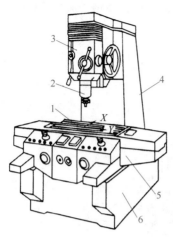

图 3-31 单柱坐标镗床

1—工作台；2—主轴；3—主轴箱；
4—立柱；5—床鞍；6—床身

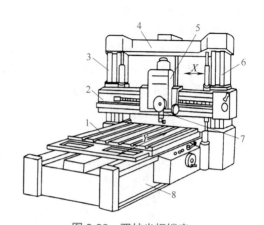

图 3-32 双柱坐标镗床

1—工作台；2—横梁；3, 6—立柱；4—顶梁；
5—主轴箱；7—主轴；8—床身

坐标镗床主要加工模具零件中对孔距有一定精度要求的孔，也可做准确的样板划线、微量铣削、中心距测量和其他直线性尺寸的检验工作。因此，在多孔冲模、连续冲模的制造中得到了广泛的应用。

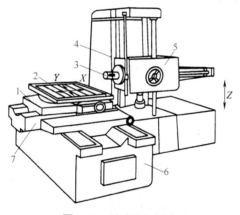

图 3-33 卧式坐标镗床

1—上滑座；2—回转工作台；3—主轴；4—立柱；
5—主轴箱；6—床身；7—下滑座

镗孔加工的一般顺序为孔中心定位→钻定心孔→钻孔→扩孔→半精镗→精铰或精镗。

为消除镗孔锥度以保证孔的尺寸精度和形状精度，一般将铰孔作为精加工（终加工）。对于孔径小于 8mm、尺寸精度小于 IT7、表面粗糙度 $Ra < 1.6\mu m$ 的小孔加工，由于无法选用镗刀和铰刀，可以用精钻代替镗孔。

在应用坐标镗加工时，要特别注意基准的转换和传递的问题，机床的精度只能保证孔与孔间的位置精度，但不能保证孔与基准间的位置精度，这个概念不要混淆。一般在坐标镗削加工后，即以其加工出的孔为基准，进行后续的精加工。

坐标镗削的加工精度和加工生产率与工件材料、刀具材料及镗削用量有着直接的关系。坐标镗床加工孔的切削用量见表 3-9；坐标镗床加工孔的精度和表面粗糙度见表 3-10。

表 3-9 坐标镗床加工孔的切削用量

加工方式	刀具材料	切削深度 /mm	进给量 /(mm/r)	切削速度 /(m/min)			
				软钢	中硬钢	铸铁	铜合金
钻孔	高速钢	—	0.08～0.15	20～25	12～18	14～20	60～80
扩孔	高速钢	2～5	0.1～0.2	22～28	15～18	20～24	60～90
半精镗	高速钢	0.1～0.8	0.1～0.3	18～25	15～18	18～22	30～60
	硬质合金	0.1～0.8	0.08～0.25	50～70	40～50	50～70	150～200
精钻、精铰	高速钢	0.05～0.1	0.08～0.2	6～8	5～7	6～8	8～10
精镗	高速钢	0.05～0.2	0.02～0.08	25～28	18～20	22～25	30～60
	硬质合金	0.05～0.2	0.02～0.06	70～80	60～65	70～80	150～200

表 3-10　坐标镗床加工孔的精度和表面粗糙度

加工步骤	孔距精度 （机床坐标精度的倍数）	孔径精度级	表面粗糙度 $Ra/\mu m$	适应孔径 /mm
钻中心孔→钻→精钻	$1.5 \sim 3$	IT7	$1.6 \sim 3.2$	< 8
钻→扩→精钻	$1.5 \sim 3$	IT7	$1.6 \sim 3.2$	< 8
钻中心孔→钻→精铰	$1.5 \sim 3$	IT7	$1.6 \sim 3.2$	< 20
钻→扩→精铰	$1.5 \sim 3$	IT7	$1.6 \sim 3.2$	< 20
钻→半精镗→精钻	$1.2 \sim 2$	IT7	$1.6 \sim 3.2$	< 8
钻→半精镗→精铰	$1.2 \sim 2$	IT7	$0.8 \sim 1.6$	< 20
钻→半精镗→精镗	$1.2 \sim 2$	$IT6 \sim IT7$	$0.8 \sim 1.6$	—

3.1.6　数控加工

数控机床是一种以数字信号控制机床运动及其加工过程的设备，简称为 NC（Numerical Control）机床。它是随着计算机技术的发展，为解决多品种、单件小批量机械加工自动化问题而出现的。使用计算机代替数控机床专门的控制装置的数控机床称为计算机控制数控机床（Computer Numerical Control；CNC）。随着数控机床的进一步发展，产生了带有刀库和自动换刀装置的数控机床，即加工中心（Machining Center；MC）。工件在加工中心上一次装夹以后，能连续进行车、铣、钻、镗等多道工序加工。近年出现的直接数控技术（Direct Numerical Control；DNC），是指用一台或多台计算机对多台数控机床实施综合控制。数控机床由于加工精度高、柔性好，在模具制造中应用日益广泛。

数控机床种类繁多，分类标准也不统一。按控制方式可以分为开环控制数控机床、半闭环控制数控机床和闭环控制数控机床。按机械运动轨迹分为点位控制机床、直线控制机床和轮廓控制机床。根据数控机床的控制联动坐标数的不同，有两坐标联动数控机床、三坐标联动数控机床和多坐标联动数控机床。在模具加工中常用的数控机床有数控车床、数控铣床和加工中心等。数控加工的特点如下：

① 加工过程柔性好，适宜多品种、单件小批量加工和产品开发试制，对不同的复杂工件，只需要重新编制加工程序，对机床的调整很少，加工适应性强。

② 加工自动化程度高，减轻工人的劳动强度。

③ 加工零件的一致性好，质量稳定，加工精度高。机床的制造精度高，刚性好，加工时工序集中，一次装夹，不需要钳工划线。数控机床的定位精度和重复定位精度高，依照数控机床的不同档次，一般定位精度可达 ±0.005mm，重复定位精度可达 ±0.002mm。

④ 可实现多坐标联动，加工其他设备难以加工的复杂曲线或曲面轮廓。

⑤ 应用计算机编制加工程序，便于实现模具的计算机辅助制造（CAM）。

⑥ 设备昂贵，投资大，对工人技术水平要求高。

3.1.6.1　数控车床

数控车床是目前使用较广的数控机床之一，它具有加工精度高、稳定性好、生产率高、工作可靠等优点，主要用于加工轴类、盘类回转体零件的内外圆柱面、锥面、圆弧、螺纹面，并能进行切槽、钻、扩、铰等工作，特别适宜于复杂形状零件的加工，如圆形凸模、导柱、导套等。

如图 3-34 所示为 CK7815 型数控车床，它主要由主轴箱、转塔刀架、尾架、数控系统、排屑装置、自动拉门及床身组成。数控车床的加工精度：横向定位精度 ±0.027mm/300mm，

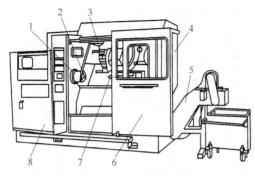

图 3-34　CK7815 型数控车床

1—主轴箱；2—卡盘；3—刀架；4—床身；5—排屑装置；
6—自动拉门；7—尾架；8—电控柜

控车床中得到了广泛应用。

重复定位精度 ±0.01mm，车削工件直径误差
±0.018mm，圆度误差 ±0.01mm，端面平面
误差 ±0.027mm。

数控车床的床身按照床身导轨面与水
平面的相关位置，主要可分为平床身［见
图 3-35（a）］、斜床身［见图 3-35（b）］、平
床身斜滑板［见图 3-35（c）］和立床身［见
图 3-35（d）］4 种形式。一般来说，中小规
格的数控车床采用斜床身和平床身斜滑板居
多，少数采用立床身。只有大型数控车床和
经济型数控车床或者小型精密数控车床才采
用平床身。斜床身和平床身斜滑板结构在数

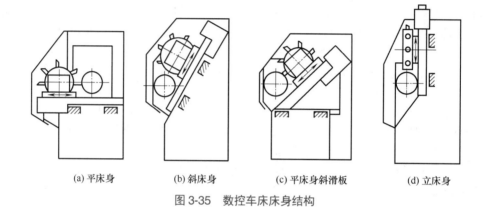

(a) 平床身　　　(b) 斜床身　　　(c) 平床身斜滑板　　　(d) 立床身

图 3-35　数控车床床身结构

3.1.6.2　数控铣床

　　数控铣床是发展最早的一种数控机床，
它有两轴（两坐标联动）、两轴半和多轴等
数控铣床。两轴铣床常用于加工平面类零
件；两轴半铣床一般用于粗加工和二维轮
廓的精加工；三轴及三轴以上的数控铣床
称为多轴铣床，可以用于加工复杂的三维
零件。按结构形式，数控铣床可以分为三
类：立式数控铣床、卧式数控铣床和龙门
数控铣床。

　　在模具加工中，数控铣床使用非常广
泛，可以加工具有复杂曲面及轮廓的型腔、
型芯以及电火花加工所需的电极等，也可
以对工件进行钻、扩、铰、镗孔加工和攻
螺纹等。

　　数控铣床的结构一般由数控系统、主
传动系统、进给伺服系统、冷却润滑系统等
几大部分组成，如图 3-36 所示为 XK5040A

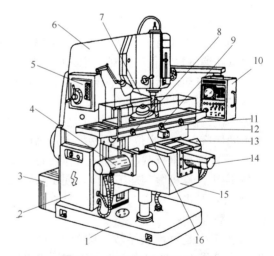

图 3-36　XK5040A 型数控铣床

1—底座；2—强电柜；3—变压器箱；4—升降进给伺服电动机；
5—主轴变速手柄和按钮板；6—床身立柱；7—数控柜；8，11—纵
向行程限位保护开关；9—纵向参考点设定挡铁；10—操纵台；
12—横向溜板；13—纵向进给伺服电动机；14—横向进给
伺服电动机；15—升降台；16—纵向工作台

型数控铣床。

3.1.6.3　数控加工中心

数控加工中心是一种带有刀库并能自动更换刀具，对工件能够在一定的范围内进行多种加工操作的数控机床。数控加工中心的种类很多，根据加工中心的可控坐标轴数和联动坐标轴数，可将加工中心分为三轴二联动、三轴三联动、四轴三联动、五轴四联动、六轴五联动等多种形式。三轴、四轴是指加工中心具有的运动坐标数，联动是指控制系统可以同时控制运动的坐标数，从而实现刀具相对工件的位置和速度控制。

采用加工中心加工的工件经一次装夹后，数控系统能控制机床按不同工序自动选择刀具，能自动改变机床主轴转速、进给量和刀具相对工件的运动轨迹及其他辅助机能，依次完成对工件几个面上的多工序（例如铣、钻、扩孔、镗、铰、攻螺纹等）加工。由于加工中心能集中完成多种工作，因而可减少工件装夹、测量和机床的调整时间，减少工件周转、搬运和存放（待加工）时间，使机床的切削利用率（切削时间和开动机床时间之比）高于普通机床约 3～4 倍，达到 80% 以上，尤其是在加工形状比较复杂、精度要求较高、品种多而更换频繁的模具工作零件时，采用加工中心具有良好的经济效益。但比较而言，在各类模具加工中，对于塑料模、压铸模、锻模和其他型模的加工，加工中心的应用更具有必要性和重要意义。

加工中心常根据主轴在加工时的空间位置不同分为卧式（见图 3-37）、立式（见图 3-38）和复合加工中心（具有立式和卧式加工中心功能，见图 3-39），还有专门为模具加工用的模具加工中心等。

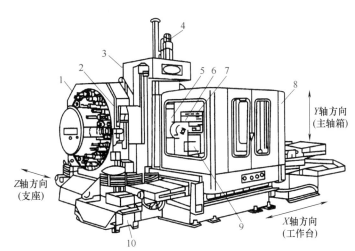

图 3-37　卧式加工中心

1—刀库；2—换刀装置；3—支座；4—Y 轴伺服电动机；5—主轴箱；
6—主轴；7—数控装置；8—防溅挡板；9—回转工作台；10—切屑槽

不论何种类型的加工中心，基本结构都是由基础部件、主轴部件、数控系统、自动换刀系统、辅助系统和自动托盘交换系统等部分组成。

不同的加工中心有各自的技术参数，但是如 X、Y、Z 轴行程（mm），工作台面尺寸（mm），工作台最大载荷（kg），主轴转速（r/min），刀库容量（把），X、Y、Z 轴快速进给速度（m/min），X、Y、Z 轴定位精度（mm），X、Y、Z 轴重复定位精度（mm）及 CNC 控制系统等最被用户关注，因为这些参数直接关系到对该加工中心使用性能的了解，可以从中得知能否基本满足使用要求，当然详细了解还要借助有关说明书等。

加工中心主轴的转速多为可变的，从几十转每分钟到几万转每分钟都有，以适应不同加工的需要。但常规的主轴转速高的为几千转每分钟。高速切削的出现，要求主轴的转速大大提

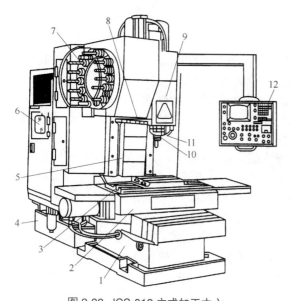

图 3-38 JCS-018 立式加工中心

1—床身；2—滑座；3—工作台；4—润滑油箱；5—立柱；
6—数控柜；7—刀库；8—机械手；9—主轴箱；
10—主轴；11—控制柜；12—操作面板

高，普遍采用 10000r/min 以上。

一般认为凡切削速度、进给速度高于常规 5 ～ 10 倍以上的加工方法就称高速切削（加工）。目前适用于高速切削的加工中心，其主轴转速都在 10000r/min 以上，有的高达 100000r/min。主轴电动机功率 15 ～ 80kW。不同行业对进给量和快速行程的要求是不一样的，大约在 10 ～ 100m/min 范围之内变化，高的进给速度为 40 ～ 180m/min。

高速切削的应用，由于采用小吃刀量，走刀路线又密集，从而能生成更为光滑的加工表面。使用相同的刀具，使用较浅的径向切削（一般为 0.03mm），球头刀具顶部的径向切深仅为 0.01mm，因此加工表面质量大大提高，如要求再抛光处理，可大大缩短用于手工的抛光时间。

高速切削可加工淬硬钢材，硬度可达 60HRC 以上，粗糙度达 Ra 0.8μm，效率比电火花（EDM）加工提高好几倍。模具加工一般用小直径球头铣刀进行高速铣削，要求机床的转速达到 20000 ～ 40000r/min，进给速度低，机床刚性要好。

加工中心的最小设定单位常取 0.001mm，主轴的定位精度和重复定位精度都比较高（如 ±0.005mm、±0.0015 mm 等），比立式坐标镗和万能工具铣占有许多优势，它可以在一次装夹中完成多种工序的粗加工和精加工工作，对不同的面都可进行加工，功能和作用更广，加工精度高，并且由于高速切削功能的引入，且完全由计算机控制，可以实现 CAD/CAM 生产方式，生产效率大大提高，成为当今制模设备的优选机型之一。

万能加工中心既能进行传统的高速铣加工，又能进行精密的三维激光加工，所以被称为复合加工中心（见图 3-39）。显然，不同的加工、不同的工序能够在一台复合加工中心上完成，

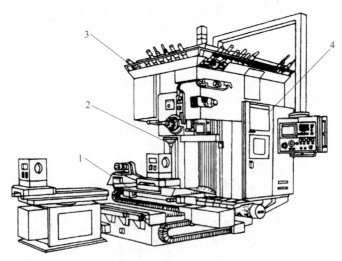

图 3-39 复合加工中心

1—工作台；2—主轴；3—刀库；4—数控柜

能节省大量时间并提高精度。良好的软件对铣削和激光复合加工提供最佳的支持，系统对加工材料进行计算，将铣削刀具加工不可及的部分自动由激光加工完成。

3.1.7 电火花加工

3.1.7.1 电火花穿孔机

电火花穿孔机（见图 3-40）也称电火花打孔机、电火花小孔机、电火花细孔放电机，是指利用电火花加工原理，将连续上下垂直运动的细金属铜管（称为电极丝）作为电极，对工件进行脉冲火花放电蚀除金属而达到穿孔目的的机床。与电火花线切割机床、成形机不同的是，电脉冲用的电极是细长空心铜管，从铜管孔中间流过的液体起冷却和排屑作用。电极与金属间放电产生高温腐蚀金属达到穿孔目的，用于加工超硬钢材、硬质合金、铜、铝及任何可导电物质的细孔。当加工冲模零件时，其加工特点是不受金属材料硬度的限制，可先将模板淬火后用该设备加工所需要的孔型。一般加工孔径 $\phi 0.1 \sim 3.0$mm，最大深度与直径比能达到 300 ： 1 以上，加工速度最大可达成 $20 \sim 60$mm/min。被广泛应用在精密模具加工中，一般被当作电火花线切割机床的配套设备，用于电火花线切割加工的穿丝孔等。

图 3-40　电火花穿孔机

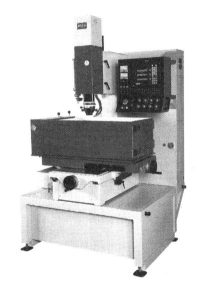

图 3-41　电火花成形机

3.1.7.2 电火花成形机

如图 3-41 所示为电火花成形机。电火花加工方法是在 20 世纪 40 年代逐步发展起来的一种新的加工方法，人们又称为放电加工。电火花成形加工是利用电极和工件之间的脉冲放电产生的电腐蚀去除金属的一种加工方法。由于放电时间很短，能量高度集中，放电区的电流密度达 $10^4 \sim 10^7 \text{A/mm}^2$，因而可使温度高达 $5000 \sim 10000^\circ\text{C}$ 以上，引起金属材料的熔化或汽化，由冲击能使熔化部分脱离工件，从而进行加工。加工时，工具电极自动向下进给，金属表面不断被蚀除，从而使电极的轮廓形状复印在工件上，形成工件表面与电极表面相反的型面。

由于电火花的这个特性，它可以用来加工机械加工难以加工或无法加工的零件，如淬火钢、硬质合金和耐热合金等。电火花加工时，电极与工件不直接接触，无切削力作用，因此电极的材料不需要比工件硬，便于加工小孔、窄缝、槽和复杂型腔，且便于实现自动化控制。

电火花在模具制造中广泛用于型腔模的型腔加工。相对而言，对冲模来说，电火花要用得少些。这是由于用线切割加工的凸、凹模配合间隙小而均匀，比较容易做到，而电火花由于

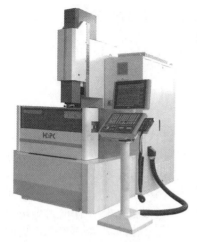

图3-42 镜面电火花成形机

电极需要单做，用电极打完孔再由凸模和孔配合，在形状尺寸和配合间隙等方面要做得很合适，比较麻烦。另外冲模中带有一定斜度的漏料孔，也可以用电火花加工。

除以上介绍外，在20世纪80年代研究出镜面电火花成形机（见图3-42）。所谓镜面电火花加工一般是指加工表面粗糙度值在 $Ra\,0.2\mu m$ 以下的电火花加工，加工精度可达到0.01mm以内，加工出的工件表面具有镜面反光效果，镜面加工只是其中功能之一，镜面电火花机可实现机床加工的高精度（重复定位精度 $\leqslant 2\mu m$）、高效率（ $\geqslant 500mm/min$）、最佳表面粗糙度（ $Ra\,0.2\mu m$ 以下）、低电极损耗率（ $\leqslant 0.1\%$）、任意轴向的抬刀和伺服放电加工、复杂的四轴四联动加工等。

镜面电火花加工主要应用于复杂模具型腔，尤其是不便于进行抛光作业的复杂曲面的高精密模具应用优势明显，如硬质合金异形拉深凹模 R 角，先用普通的电火花粗加工后再用镜面火花机进行精加工，可以省去手工抛光工序，提高零件的使用性能，对缩短模具制造周期，具有十分重要的实际意义。

3.1.8 数控电火花线切割加工

（1）线切割简介

数控电火花线切割加工简称线切割，是利用连续移动的细金属丝（称为电极丝）作为电极，按照预定轨迹对工件进行脉冲放电切割的加工方法。根据电极丝移动速度的差异，数控电火花线切割可分为高速走丝线切割、中速走丝线切割和低速走丝线切割三种。高速走丝线切割又称为快走丝线切割（见图3-43），所采用的电极丝是直径为 $\phi 0.02 \sim 0.3mm$ 的高强度钼丝，往复运动的速度为 $6 \sim 12m/s$，其电极丝往返运动，循环使用，切割精度较差。低速走丝线切割又称慢走丝线切割（见图3-44），所采用的电极丝为铜丝，以小于0.2m/s的速度做单向低速运动，其电极丝只使用一次，损耗极小，所以切割精度很高。

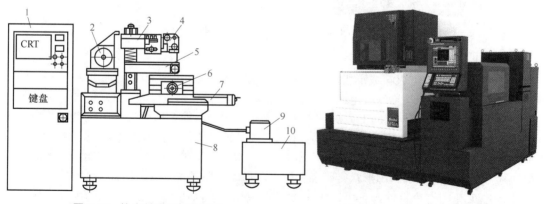

图3-43 快走丝线切割示意图

图3-44 慢走丝线切割

1—控制柜；2—储丝筒；3—上线架；4—导轮机构；5—下线架；
6—Y轴拖板；7—X轴托板；8—床身；9—电机；10—工作液

中速走丝线切割在高速走丝线切割的基础上实现了变频多次切割功能，是近几年发展起来的新工艺。所谓"中速走丝"，并非指走丝速度介于高速与低速之间，而是在粗加工时8～12m/s 高速走丝，在精加工时 1～3m/s 低速走丝。中速走丝电火花线切割机的加工质量介于高速走丝电火花线切割机与低速走丝电火花线切割机之间。"中速走丝机"执行高速走丝电火花线切割机的相关标准，具有结构简单、造价低和使用消耗少等特点，但切割精度和光洁度仍与低速走丝线切割机存在较大差距。

数控电火花线切割的工作原理如图 3-45 所示。工件安装在机床的工作台上，接正极。工作台由 XY 十字拖板组成，它由计算机控制伺服电动机进给，从而进行各种形状的加工，特别是对淬火的冲模零件加工。线电极接负极，通常采用黄铜、钼、钨钼丝等材料，直径为0.02～0.3mm（大多数采用 0.12～0.2mm）。加工过程中，线电极不断地送入、更新，所以电极的损耗非常小，而且由于线电极表面光滑而粗糙度很低，所以加工的尺寸精度和表面状态均很好，一般加工精度可控制到 ±0.01mm，高的为≤0.005mm，表面粗糙度≥0.8μm。加工过程中被加工表面还不停地由泵使冷却液（常为专用线切割液或去离子水）在加工部位周围循环流动，使加工区不断冷却并将切屑不断地排出。

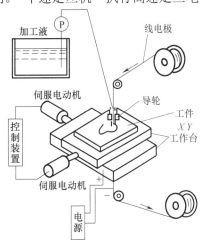

图 3-45　线切割加工原理示意图

线切割加工已成为冲模中的凸模、凹模、固定板、卸料板等加工的主要手段，尤其是采用数控线切割机床。这种机床配备了自动电流控制装置，切割中能自动调节切割电流。所以能长时间维持高速度和高精度下连续自动运行。加工条件、丝径补偿、加工液量的调节等均可进行程序控制。此外，它还有线电极自动连接装置，在同一零件内，由一个孔移至另一个孔进行加工时，还能进行电极丝的切断、移动、定位以及自动接线，并具有断丝的复原功能，因此可以实现无人操作。

据统计，约有 75%～80% 的电火花线切割机床用于模具制造，线切割机床在国内外已成为冲压模具制造中不可缺少的重要装备。近年来，线切割加工技术在许多方面又有突破性的发展，使线切割向着精密模具加工设备方向又迈了一大步，这些成果主要表现在：

① 切割效率大大提高，即单位时间内金属的去除率由几十平方毫米每分钟提高到300～400mm²/min。

② 切割厚度达 400～500mm（快走丝可切 1000mm 厚的工件）。

③ 轮廓加工精度达 2～3μm，清角圆角精度 1～2μm，几乎无圆角。

④ 表面粗糙度 Ra 0.1～0.2μm，最好可达 Ra 0.05μm。

⑤ 锥度加工可实现大锥度，例如 150mm 厚度的 30° 锥度加工，30° 锥度加工精度为≤3′。

⑥ 表面质量高，电火花线切割后，切割表面均有一层薄薄的软化层，又称变质层、氧化层等，目前能控制在 1μm 之内。所以加工表面达到了机械加工水平。

⑦ 多次切割加工和双丝高效加工技术的应用。多次切割加工是改善加工表面质量的一种重要工艺方法，使加工精度（表面轮廓度）达到 2～3μm，表面粗糙度大大减小。例如切割厚度≤20mm 时，最佳表面粗糙度 Ra 为 0.1～0.12μm；在切割厚度≤100mm 时，最佳 Ra 为0.18μm。

低速走丝线切割速度达 300～400mm²/min，这对多次切割，提高平均加工速度是有利的。但在实际应用中，粗加工往往不用最大加工速度，理由是最大加工速度需用粗电极丝，例如用ϕ0.25～0.38mm 等，但考虑到精加工时又不能用粗丝，需要用细丝，例如 ϕ0.1mm。这是高效和高精度加工的矛盾。

双丝加工技术解决了上述问题，它是在同一台机床上装备材质、直径不同的两种电极丝，能进行自动穿丝和自动交换。例如，在粗加工时用 $\phi0.25mm$ 或更粗的电极丝进行高速加工，在精加工时用 $\phi0.1mm$ 的细丝，与单丝加工相比，双丝加工可节省 30% 以上时间。

使用线切割方法加工的孔、凸模或拼块等必须是直通式的，对于热处理淬硬工件，线切割应在热处理淬硬后进行。

生产中，用于切割凸模的坯料，一般都是事先准备大尺寸的淬硬钢坯，根据需要在其上切割加工一定形状尺寸的凸模。

（2）线切割时的找正和定位

线切割前毛坯的基准面必须加工好。对于工件上要加工的孔必须事先加工出穿丝孔，一般穿丝孔直径为 2～10mm。淬火件更应该在淬火前加工好穿丝孔，避免淬火后加工穿丝孔困难。

（3）穿丝孔的位置根据不同情况区别对待

板件上有多个孔要切割时，一般穿丝孔位置就定在各孔中心，这样有利于找正和检查；对于板件上只有一个孔要切割时，而且此孔不规则，也比较大，则穿丝孔位置可选在孔形直边某一位置或某圆弧的中心上，原则上便于找正，并使引入长度短些；对于在整块淬硬坯料上切割凸模，考虑到从毛坯外边引入后，由于切割走向不同会引起工件的变形，应采用图 3-46 所示的切割顺序。目前大多数在毛坯上离边缘一定距离如 5～10mm 处钻穿丝孔，切割时丝先穿入该孔后再引入切割，这样不会产生变形。

为了给钳工、线切割和检查人员带来方便，对于板件上有多个位置孔（如级进模的凹模、卸料板、固定板等）需要加工穿丝孔时，最好按穿丝孔中心坐标尺寸画一张工艺图，供操作人员使用。

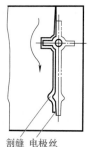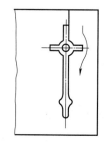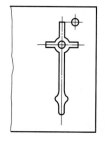

割缝 电极丝

（a）错误的加工顺序　　　（b）正确的加工顺序　　　（c）最好的加工顺序

图 3-46　切割顺序的选择

（4）线切割高精度的零件或凸、凹模

除要注意正确选择起始切割位置外，还要考虑线切割后是否还要采用别的加工方法做进一步精加工。如果线切割为该零件的最终精加工，则可采用多次切割，如采用二次切割法：第一次切割时单边留 0.05～0.1mm 余量；二次切割为精加工，放电量比一次切割要小，由于加工条件不同，故可获得较高精度。

（5）凸出小结点的处理

线切割后一般在切割面的起始点和终点位置留有凸出的小结点，它影响质量，为此应将该结点尽量安排在工件的非重要部分或容易去除的平面或圆弧面上，最终用油石将它修去或用精密小磨床将它磨平。

（6）细小狭缝的加工

由于加工特小的穿丝孔很困难，故建议采用镶拼结构，同样可以使用线切割，此时加工会变得简单易行，如图 3-47 所示。

（7）角部塌边及防止

可以采用图 3-48 所示措施。在加工直角形状的角部时，容易产生如图 3-48（a）所示的约 0.02mm 的塌边。其主要原因是线电极产生挠曲后，加工部分滞后于导准部分，以及内侧和外侧放电量不平衡。解决的措施是让电极丝按图 3-48（b）或图 3-48（c）所示的方法加以修整。这种方法对加工凸模类零件和用于镶入拼块的孔等非常有好处。

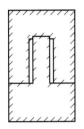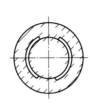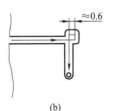

图 3-47　细小狭缝的结构改变　　　　图 3-48　防止角部塌边的方法

（8）合理使用线切割的预加工和后处理

一般零件的孔切割前不用预加工。当孔比较大且精度要求高时，需做预加工。并在孔的每边留出 ≥ 2mm 左右的余量，然后进行消除应力和防止变形的处理。对于凹模则需进行淬火回火处理，以后再线切割精加工内孔。要提醒的是，凹模淬火前，将螺孔等孔必须加工好。对于凸模，一般是在整块淬硬的坯料上切割。当要求高时也可以先做预加工，单边留 ≥ 2mm 余量（同时考虑留夹持部分），然后进行淬火回火处理，再做线切割精加工到形状尺寸。

后处理是指线切割后即进行低温回火，以消除线切割应力和变形。这对于级进模凹模和复杂的凸模很有必要。

另外，采用玻璃球喷射法去除线切割加工后表面变质层。对于精密零件，在线切割后，该方法也是常采用的一种后处理技术。玻璃球喷射法的特点是：采用含有细微颗粒玻璃球（直径在 40 ～ 63μm）的高速干燥气流对工件表面喷射以实现研磨的目的。用喷射法去除线切割加工表面变质层，效果比较好。去除量约为 2μm 厚，与研磨几乎相等。表面粗糙度可由 Ra 0.4μm 降到 Ra 0.2μm。

经喷射处理后，将原来线切割加工表面的残余张应力变成了压应力，故起到模具表面强化作用，提高了模具的耐磨性。玻璃球喷射加工原理如图 3-49 所示。

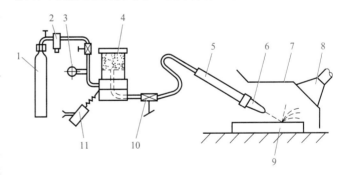

图 3-49　喷射研磨

1—压缩空气；2—过滤器；3—压力表；4—料室；5—手柄；6—喷嘴；7—排气罩；8—收集器；9—工件；10—控制阀；11—振动器

玻璃球喷射加工工艺参数：玻璃球直径在 40 ～ 63μm；喷射压力 0.5MPa；喷射距离 10cm；喷射量 300g/min，喷射角度 45°。

（9）验证程序和加工形状是否正确

在正式加工前用薄钢板试切一下，当确认程序和加工形状无误后方可正式加工。

（10）使用小设备加工大工件

当工件比较大，现有设备的加工范围又较小时，可以使用小设备（这里指国产快走丝普通数控线切割机床）加工大工件。常用以下两种方法：

① 外形找正法　此法适用于凸、凹模配合间隙 0.1mm 以上的情况。当凹模外形的六面磨成互为直角以后，即可以外形为准，通过火花找正后切割工件上的孔。

② 销钉定位找正法　此法的定位精度比外形找正定位法高（一般可控制在 0.03 mm 以下）。但由于需要做一块切割凹模（或固定板、卸料板）用工艺托板，因此要增加费用。需注意定位销钉直径不可太小，常取 $\phi6 \sim 10mm$；此外销孔位置应适当，做到便于找正。

3.2　模具钳工

模具钳工包括划线、锯切、錾削、锉削、钻孔、扩孔、锪孔、铰孔、攻螺纹、套螺纹、模具抛光、装配、模具调试和简单的热处理等。

3.2.1　划线

划线是根据图样和技术要求，在工件毛坯或已加工表面上，用划线工具划出待加工部位的轮廓线或作为基准的点、线的操作过程。根据用途的不同，划线工具主要分为直接划线工具和夹持工具。其中，划线平台、方箱及直角铁等属于基准工具；钢直尺、直角尺、高度游标卡尺及游标万能角度尺等属于测量工具；划针、划规、划针盘及样冲等属于绘划工具；V 形铁、千斤顶等属于夹持工具。

3.2.1.1　直接划线工具及操作

（1）划线平台

划线平台（又称划线平板）是划线工作的基准工具，它是一块经过精刨和刮削等精加工的铸铁平板，如图 3-50 所示。由于平板表面的平整性直接影响划线的质量，因此，要求平板水平放置，平稳牢靠。平板各部位要均匀使用，以免局部地方磨凹；不得碰撞和在平板上锤击工件。平板要经常保持清洁，用毕应擦拭干净，并涂油防锈，并应按规定定期检查、调整、研修（局部），使其保持水平状态，保证平面度不低于国家标准规定的 3 级精度。

（2）划针

划针是在钢板平面上划出凹痕线段的工具，如图 3-51（a）所示。通常采用直径为 $4 \sim 6mm$、长约 $200 \sim 300mm$ 的弹簧钢丝或高速钢制成，划针的尖端必须经过淬火，以提高其硬度，或者在划针尖端处，焊一段硬质合金，然后刃磨，以保持锋利。划针的刃磨角度约为 $15° \sim 20°$。用钢丝制成的划针用钝后，需要重磨，重磨时边磨边用水冷却，以防针尖过热退火而变软。使用划针时，用右手握持，使针尖与直尺底边接触，针杆向外倾斜 $15° \sim 20°$，同时向划线方向倾斜约 $45° \sim 75°$，如图 3-51 所示。

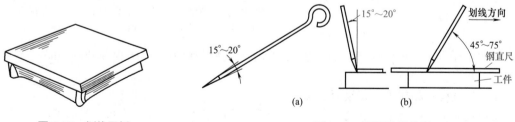

图 3-50　划线平板　　　　　　　　图 3-51　划针及其使用

划线时，应使用均匀的压力使针尖沿直尺移动划线，线条应一次完成，不要连续重划，否则线条变粗、不重合或模糊不清，会影响划线质量。

（3）划规

划规是用于在钢板平面上划圆弧、求圆心、划垂线或分段测量长度的工具。常用的有普通划规［图 3-52（a）］、扇形划规［图 3-52（b）］和弹簧划规［图 3-52（c）］几种。

使用普通划规时，右手大拇指与其他四指相对捏住划规上部即可，如图 3-52（d）所示。划圆或圆弧操作时，需将旋转中心的一个脚尖插在作为圆心的孔眼（或样冲眼）内定心，并施加较大的压力，另一脚则以较轻的压力在材料表面划出圆或圆弧，这样可保证中心不会移动，如图 3-52（e）所示。

用划规划圆时，首先应采用钢直尺量出所划圆或圆弧的半径，应先试划一小段圆弧，再用钢直尺检查圆弧半径值，如果半径值正确，就可以接着划圆和圆弧；如果不正确，就要调整半径值。为安全起见，每次只按顺时针划出 1/4（90°）圆的圆弧段，然后对工件或划规做一个角度的调整，接着再划出后续 1/4 圆弧段，分四次逐段划出整个圆，如图 3-52（f）所示。

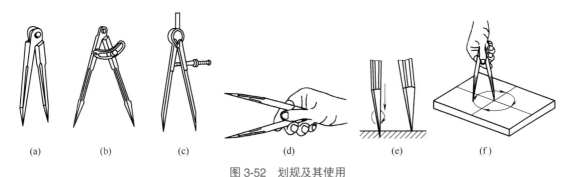

(a)	(b)	(c)	(d)	(e)	(f)

图 3-52　划规及其使用

（4）划线尺架

划线尺架是用来夹持钢直尺的划线辅助工具，有固定尺架和可调尺架两种，图 3-53 所示为可调尺架的结构。

划线尺架是与划线盘配合使用的，其划线精度为 ±0.2mm，主要用于毛坯的划线。用划线盘进行划线时，要在划线尺架上度量出所需要的高度尺寸。使用划线尺架时，首先要检查钢直尺的底部端面一定要与平台工作面接触，然后拧紧锁紧螺钉固定钢直尺。

（5）高度游标卡尺

高度游标卡尺（又称高度划线尺）实际上就是高度尺和划线盘的组合，是用来测量高度和划线的量具，其结构如图 3-54 所示。

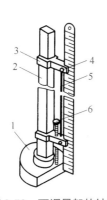

图 3-53　可调尺架的结构

1—底座；2—立杆；3—滑块；4—粗调螺钉；
5—连接杆；6—微调螺钉

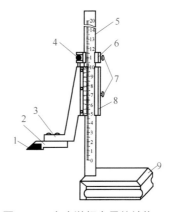

图 3-54　高度游标卡尺的结构

1—硬质合金刀尖；2—刀体；3—尺脚；4—微调手轮；5—主尺；
6—微调装置；7—锁紧螺钉；8—副尺；9—尺座

使用高度游标卡尺进行划线操作时，首先应进行尺寸调整。调整时，左手的大拇指与其他四指相对捏住尺座底部，尺身呈水平状态并与视线相垂直，如图 3-55（a）所示。调整方法是：首先旋松副尺和微调装置上的锁紧螺钉，右手移动副尺粗调尺寸，然后拧紧微调装置上的锁紧螺钉，通过微调手轮移动副尺精调尺寸，最后拧紧副尺上的锁紧螺钉。

划线操作时，用右手的大拇指与其他四指相对捏住底座两侧，如图 3-55（b）所示。刀尖与被划工件表面的夹角在 45° 左右，并要自前向后地拖动尺座进行划线，同时还要适当用力压住尺座，防止尺座摇晃和跳动。

精密划线时，还应检查刀尖和副尺游标的零位是否准确。检查方法是：首先下降副尺，使刀体的下刀面与平台工作面接触，如图 3-56 所示；然后观察副尺的零位与主尺的对齐状况，如果误差较大，则要通过尺座的主尺调整装置对主尺进行相应调整。

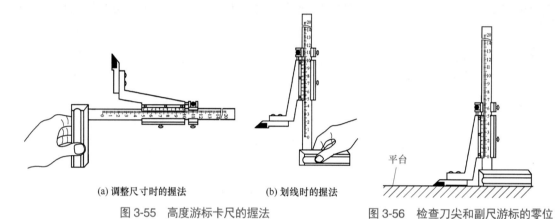

(a) 调整尺寸时的握法	(b) 划线时的握法

图 3-55　高度游标卡尺的握法　　　　　图 3-56　检查刀尖和副尺游标的零位

应该说明的是，高度游标卡尺是一种精密工具，主要用于半成品划线，不得用于毛坯划线。当刀尖用钝后，需要进行刃磨。刃磨时注意只能刃磨上刀面（斜面），两个侧面和下刀面（基准面）不要刃磨，如图 3-57 所示。

（6）直角尺

直角尺既可用来检验工件装配角度的准确性，也是用来划线的导向工具。划线时，首先用钢直尺和划针确定出尺寸位置（划一段短线），然后再用直角尺和划针配合划出完整线段。注意要以尺座的内基准面紧贴工件的一个基准面，这样才能保证划线时的导向准确性，如图 3-58 所示。

（7）划线盘

划线盘是用来进行立体划线和找工件位置的工具，分为普通式 ［图 3-59（a）］ 和可调式 ［图 3-59（b）］ 两种，由底座、支杆、划针和夹紧螺母等组成。划线盘的直头端常用来划线，弯头端常用来校正工件的位置。

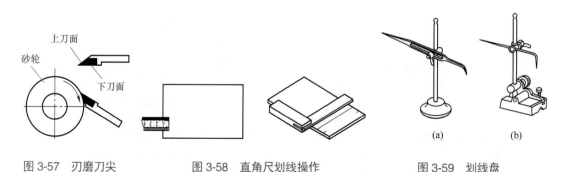

图 3-57　刃磨刀尖　　　　　图 3-58　直角尺划线操作　　　　　图 3-59　划线盘

使用划线盘划线操作前，应先将划线盘上的划针调整到需要的刻度，目测两者间是否保持水平，如图 3-60（a）所示，如需要微调，则可视情况用木锤分别轻轻敲击划针的端头，若划针偏高，可敲击靠近划针一端，若划针偏低，则可敲击远离划针一端，如图 3-60（b）所示。

(a)划针位置的目测　　(b)划针位置的调整

图 3-60　划线盘的调整

(a) 样冲的握法　　(b) 样冲的冲点

图 3-61　样冲的操作

（8）样冲

样冲是用于在钢板上冲眼的工具。为使钢板上所划的线段能保存下来，作为加工过程中的依据和检查标准，需在划线后用样冲沿线冲出小眼作为标记。在使用划规划圆弧前，也要用样冲先在圆心上冲眼，作为划规脚尖的定心。样冲用高碳钢制成，呈圆柱形，其尖端磨成 $45° \sim 60°$ 的锐角，并经过淬火（顶端不淬火）。

使用样冲时，应用左手大拇指与食指、中指和无名指相对捏住冲身［图 3-61（a）］，冲点时，先将尖端置于所划的线或圆心上，样冲成倾斜位置如图 3-61（b）所示，然后将样冲竖直，用锤子轻击顶端，冲击孔眼。在直线段上可冲得稀些，曲线段上应冲得密些；在粗糙面上冲密些、锥坑直径大些，在光面上冲稀些、锥坑直径小些，具体可参考表 3-11。

表 3-11　冲眼操作技术参数

加工表面	表面粗糙度 /μm	冲眼距离 /mm	冲眼直径 /mm
粗加工面	> 25	$10 \sim 15$	$\phi 1 \sim 2$
半光面	$12.5 \sim 2.2$	$7 \sim 10$	$\phi 0.5 \sim 1$
光面	$1.6 \sim 0.4$	$4 \sim 7$	$\phi 0.3 \sim 0.5$

3.2.1.2　常用的划线夹持工具

除划线工具外，在划线时还需要使用各种夹持工具，如 V 形架、G 形夹头、划线方箱、角铁等，以保证划线的准确性及操作的便捷性。

（1）V 形架

V 形架（又称 V 形铁）是划线操作中用于支承轴、套类工件的基准工具，其结构如图 3-62 所示，分为固定式［图 3-62（b）］和可调式两类［图 3-62（c）］，V 形槽的两工作面一般互成 $90°$ 或 $120°$ 夹角。

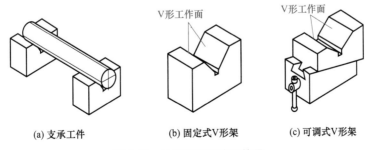

(a) 支承工件　　(b) 固定式V形架　　(c) 可调式V形架

图 3-62　V 形架的结构及使用

通常情况下，V形架都是一副两块配合使用，这样可以使工件放置平稳，保证划线精度。

（2）G形夹头

G形夹头是划线操作中用于夹持、固定工件的辅助工具，其结构如图3-63所示。

（3）方箱和角铁

方箱是一个由铸铁制成的空心立方体或长方体，是划线操作中的基准工具。其每个面均经过精加工，相邻平面互相垂直，相对平面互相平行，因而共有4个平面工作面和1～2个V形槽工作面，其结构如图3-64所示。

划线时，轴、套类工件应放置在V形槽工作面内，并通过压紧螺杆使V形压块将其固定。较复杂的工件可用G形夹头将工件夹于方箱上，再通过翻转方箱，便可经一次安装将工件上互相垂直的线条全部划出来。翻转方箱时用力要稳、要轻，防止损伤方箱和平台工作面。

角铁由铸铁制成，它的两个互相垂直的平面经刨削和研磨加工。角铁通常通过配套使用的G形夹头和压板将工件紧压在角铁的垂直面上划线，可使所划线条与原来找正的直线平面保持垂直，见图3-65。

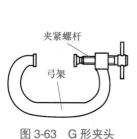

图 3-63　G 形夹头

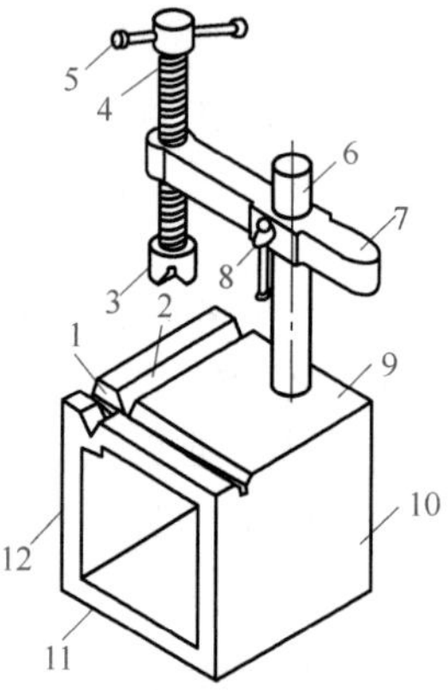

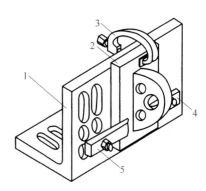

图 3-64　方箱的结构

1，2—V 形槽工作面；3—V 形压块；4—压紧螺杆；
5—螺杆手柄；6—立柱；7—悬臂；
8—锁紧手柄；9 ～ 12—工作面

图 3-65　角铁的结构及使用

1—角铁；2—工件；3—G 形夹头；
4，5—压板

3.2.2　锉削

用锉刀对工件表面进行切削加工，使其尺寸、形状、位置和表面粗糙度等达到技术要求的操作称为锉削。锉削加工的生产效率很低，但尺寸精度最高可达 0.005mm，表面粗糙度可达到 Ra 0.4μm 左右。

锉削主要用于无法用机械方法加工或用机械加工不经济或达不到精度要求的工件（如凸模或凹模上需要修整的复杂曲面、异形模具腔的精加工、零件的锉配等）。

3.2.2.1　锉刀的种类及用途

锉削加工的工具主要为锉刀，锉刀一般采用 T12 或 T12A 碳素工具钢经过轧制、锻造、退火、磨削、剁齿和淬火等工序加工而成，经表面淬火热处理后，其硬度不小于 62HRC。

锉刀分钳工锉（普通锉）、异形锉（特种锉）和整形锉（什锦锉）三类。按其断面形状的不同，钳工锉又分扁锉（扁锉又分尖头和齐头两种）、方锉、三角锉、半圆锉和圆锉五种；异形锉用来加工零件的特殊表面；整形锉用来修整零件上的细小部位，人造金刚石整形锉是整形锉的新品种，主要用于硬度高的模具修整及特种材料的锉削。各种锉刀的种类及用途见表 3-12。

表 3-12　锉刀的种类及用途

种类		外形或截面形状	用途
钳工锉	齐头扁锉		锉削平面、外曲面
	尖头扁锉		
	方锉		锉削凹槽、方孔
	三角锉		锉削三角槽、大于60°的内角面
	半圆锉		锉削内曲面、大圆孔及与圆弧相接的平面
	圆锉		锉削圆孔、小半径内曲面
异形锉	直锉		锉削成形表面，如各种异形沟槽、内凹面等
	弯锉		
整形锉	普通整形锉		修整零件上的细小部位，以及工具、夹具、模具制造中锉削小而精细的零件
	人造金刚石整形锉		锉削硬度较高的金属，如硬质合金、淬硬钢修配淬火处理后的各种模具

3.2.2.2　锉刀的形式与规格

锉刀的形式按照横截面形状的不同，分为扁锉、半圆锉（半圆锉又分为薄形和厚形两种）、三角锉、方锉、圆锉、菱形锉、单面三角锉、刀形锉、双半圆锉、椭圆锉和圆边扁锉等，如图 3-66 所示。

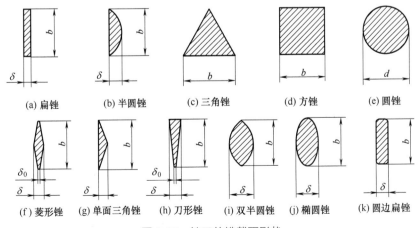

(a) 扁锉　　(b) 半圆锉　　(c) 三角锉　　(d) 方锉　　(e) 圆锉

(f) 菱形锉　　(g) 单面三角锉　　(h) 刀形锉　　(i) 双半圆锉　　(j) 椭圆锉　　(k) 圆边扁锉

图 3-66　锉刀的横截面形状

锉刀的规格主要是指尺寸规格，钳工锉是以锉身长度 L 作为尺寸规格，异形锉和整形锉是以锉刀全长作为尺寸规格。钳工锉的基本尺寸见表3-13。

表3-13　钳工锉的基本尺寸　　　　　　　　　　　　　　　　　单位：mm

规格		扁锉（尖头、齐头）		半圆锉			三角锉	方锉	圆锉
L		b	δ	b	薄形	厚形	b	b	d
/in	/mm				δ	δ			
4	100	12	2.5 (3.0)	12	3.5	4.0	8.0	3.5	3.5
5	125	124	3.0 (3.5)	14	4.0	4.5	9.5	4.5	4.5
6	150	16	3.5 (4.0)	16	4.5	4.0	11.0	4.5	4.5
8	200	20	4.5 (4.0)	20	4.5	6.5	13.0	7.0	7.0
10	250	24	4.5	24	7.0	8.0	16.0	9.0	9.0
12	300	28	6.5	28	8.0	9.0	19.0	11.0	11.0
14	350	32	7.5	32	9.0	10.0	22.0	14.0	14.0
16	400	36	8.5	36	10.0	11.5	26.0	18.0	18.0
18	450	40	9.5					22.0	

3.2.2.3　锉刀的粗细与选择

锉刀根据加工需要分为粗锉、中锉、细锉、双细锉、油光锉五种。对于加工量大的表面，先选用粗锉锉削，留一定的余量再选用中锉，最后用细锉或油光锉锉削。为减小加工面的粗糙度，一般用细锉或油光锉锉削能达到 $Ra \leqslant 0.8\mu m$ 的粗糙度。对于无粗糙度要求的工件尽量选用粗锉加工，用途最广的是中锉。

锉刀粗细规格是按锉刀齿纹的齿距大小来表示的，锉刀粗细的选择，取决于工件加工量的大小、加工精度和表面粗糙度及工件材料的软硬程度。锉刀粗细规格及加工场合的选择见表3-14。

表3-14　锉刀粗细规格及使用选择

锉刀			使用场合		
锉纹号	名称	齿距 /mm	加工余量 /mm	尺寸精度 /mm	粗糙度 $Ra/\mu m$
1	粗锉刀	2.3～0.83	0.5～1.0	0.2～0.5	50～12.5
2	中锉刀	0.77～0.42	0.2～0.5	0.05～0.2	6.3～3.2
3	细锉刀	0.33～0.25	0.05～0.2	0.05～0.1	6.3～1.6
4	双细锉刀	0.25～0.20			
5	油光锉刀	0.20～0.16	0.05 以下	0.05 以下	1.6～0.8

3.2.2.4　锉刀的握法及锉削姿势

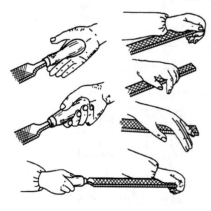

图 3-67　大锉刀的握法

（1）锉刀的握法

锉刀握持的方法较多，锉削不同形状的工件，选用不同的锉刀，其握持方法也有所不同，概括起来主要有以下几种握法。

① 大锉刀的握法　右手心抵住锉刀木柄的端头，大拇指放在锉刀木柄上面，其余四指弯在下面，配合大拇指捏住锉刀木柄。左手则根据锉刀大小和用力的轻重有多种姿势，如图 3-67 所示。

② 中锉刀的握法　右手握法与大锉刀握法相同，左手用大拇指和食指捏住锉刀前端。如图 3-68 所示。

③ 小锉刀的握法　右手食指伸直，拇指放在锉刀木柄上面，食指靠在锉刀的边缘，左手四个手指压在锉

刀中部，如图 3-69 所示。

④ 微小锉刀（整形锉）的握法　一般只用右手拿着锉刀，食指放在锉刀上面，拇指放在锉刀的左侧，如图 3-70 所示。

（2）锉削姿势

① 双脚位置　站立时面向台虎钳，站在台虎钳中心线左侧。与台虎钳的距离，按小臂端平锉刀，锉刀尖部能搭在工件上来控制。然后迈出左脚，左脚与右脚距离大约为 250～300mm。左脚与台虎钳中心线成 30°，右脚与台虎钳中心线成 75°，如图 3-71 所示。

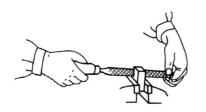

图 3-68　中锉刀的握法

图 3-69　小锉刀的握法

图 3-70　微小锉刀的握法

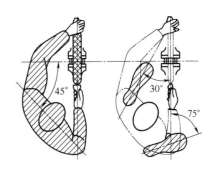

图 3-71　锉削时的双脚位置

② 身体姿势　锉削时左腿弯曲，右腿伸直，身体重心落在左脚上，两脚始终站稳不动，靠左腿的伸屈做往复运动。手臂和身体的运动要互相配合，并充分利用锉刀的全长。

a. 开始锉削时身体要向前倾 10° 左右，左肘弯曲，右肘向后但不可太大，如图 3-72（a）所示。

b. 锉刀推出 1/3 行程时，身体向前倾斜 15° 左右，这时左腿稍弯曲，左肘稍直，右臂向前推，如图 3-72（b）所示。

c. 锉刀继续推到 2/3 行程时，身体逐渐倾斜到 18° 左右，左腿继续弯曲，左肘渐直，右臂向前继续推进锉刀，直到尽头，如图 3-72（c）所示。

(a) 开始锉削

(b) 锉刀推出1/3行程

(c) 锉刀推出2/3行程

(d) 锉刀行程推尽

图 3-72　锉削时的身体姿势

d. 锉刀推到尽头后，身体随着锉刀的反作用退回到15°位置，如图3-72（d）所示。

e. 行程结束，把锉刀略微抬起，使身体和手回复到开始时的姿势，如此反复。

3.2.3　钻孔、扩孔、锪孔和铰孔

孔加工的方法主要有两类：一类是在实体工件上加工出孔，即用麻花钻、中心钻等进行的钻孔操作；另一类是对已有孔进行再加工，即用扩孔钻、锪孔钻和铰刀进行的扩孔、锪孔和铰孔操作，不同的孔加工方法所获得孔的精度及表面粗糙度不相同。

3.2.3.1　钻孔

冲模制造过程中，有大量的钻孔工作，除在铣床、坐标镗床、加工中心上钻孔外，在钻床上钻孔最为普遍，如固定板上的孔、模座圆形漏料孔等等。

（1）钻孔的设备与工具

钻孔属孔的粗加工，其加工孔的精度一般为IT11～IT13，表面粗糙度约为 Ra 50～15.5μm，主要用于装配、修理及攻螺纹前的预制孔等加工精度要求不高孔的制作。钻孔加工必须利用钻头配合一些装夹工具在钻床上才能完成，常用的钻孔设备与工具主要有以下几方面。

1）孔加工设备

常使用的孔加工设备有台式钻床、立式钻床、摇臂钻床和手电钻等，其构造如图3-73所示。

① 台式钻床　台式钻床简称台钻，是一种小型钻床，一般加工直径在12mm以下的孔。

② 立式钻床　立式钻床简称立钻，一般用来钻中型工件上的孔，其最大钻孔直径有25mm、35mm、40mm、50mm几种。

③ 摇臂钻床　摇臂钻床的主轴转速范围和进给量较大，加工范围广泛，可用于钻孔、扩孔、铰孔等多种孔加工。

工作时，工件安装在机座1或其上的工作台2上［图3-73（c）］，主轴箱3装在可绕垂直立柱4回移的摇臂5上，并可沿摇臂上的水平导轨往复运动。由于主轴变速箱能在摇臂上做大范围的移动，而摇臂又能绕立柱回转360°，因此，可将主轴6调整到机床加工范围内的任何位置上。在摇臂钻床上加工多孔工件时，工件不动，只要调整摇臂和主轴箱在摇臂上的位置即可。

主轴移到所需位置后，摇臂可用电动胀闸锁紧在立柱上，主轴箱可用偏心锁紧装置固定在摇臂上。

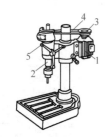
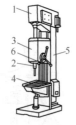
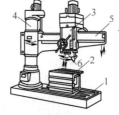
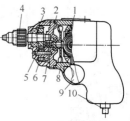

(a) 台式钻床	(b) 立式钻床	(c) 摇臂钻床	(d) 手电钻
1—电动机；2—主轴；3—带轮；4—V带；5—手柄	1—主轴变速箱；2—主轴；3—进刀机构；4—工作台；5—立柱；6—手柄	1—机座；2—工作台；3—主轴箱；4—立柱；5—摇臂；6—主轴	1—电动机；2—小齿轮；3—主轴；4—钻夹头；5—大齿轮；6—齿轮；7—前壳；8—后壳；9—开关；10—电线

图3-73　孔加工设备结构图

④ 手电钻　手电钻是一种手提式电动工具。在大型工件装配时，受工件形状或加工部位的限制不能使用钻床钻孔时，即可使用手电钻加工。

2）钻孔工具

钻头是钻孔的主要工具，它的种类很多，常用的有中心钻、麻花钻等。

① 中心钻　中心钻专用于在工件端面上钻出中心孔，主要用于利用工件端面孔定位的零件加工及麻花钻钻孔初始的定心。其形状有两种：一种是普通中心钻；另一种是带有120°保护锥的双锥面中心钻，如图3-74所示。

② 麻花钻　麻花钻由于钻头的工作部分形状似麻花而得名。它是生产中使用最多、最广的钻孔工具，$\phi0.1 \sim 80$mm的孔都可用麻花钻加工出来。图3-75给出了麻花钻的结构，标准麻花钻由柄部、颈部和工作部分组成。工作部分是钻头的主体，它由切削部分和导向部分组成。切削部分担负主要的切削工作，包括两个主刀刃、两个副刀刃和横刃等；导向部分由螺旋槽、刃带、刃背组成，起着引导钻头切削方向的作用。

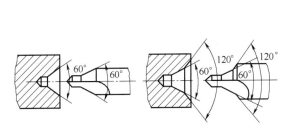

(a) 加工普通中心孔的中心钻　(b) 加工双锥面中心孔的中心钻

图3-74　中心孔与中心钻

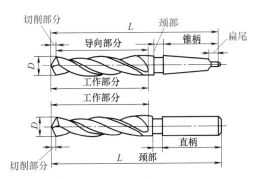

图3-75　麻花钻的结构

钻头材料多用高速钢（高合金工具钢）制成。直径大于8mm的长钻头也有制成焊接式的，其工作部分用高速钢，柄部用45钢制成。

麻花钻钻头切削部分的几何角度，主要有螺旋角ω、前角γ、后角α、顶角2φ和横刃斜角ψ等，其几何参数如图3-76所示。

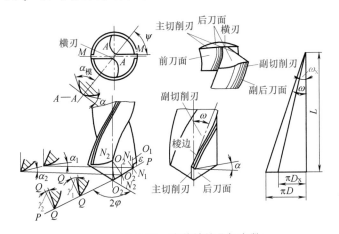

图3-76　麻花钻的几何参数

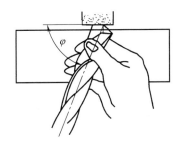

图3-77　主切削刃的刃磨

（2）钻头的刃磨与修磨

钻头变钝后，或根据不同的钻削要求而需要改变钻头顶角或改变切削部分的形状时，就需要对钻头进行刃磨或修磨。

钻头刃磨及修磨的正确与否，对钻孔质量、效率和钻头使用寿命等都有直接影响。手工刃磨钻头是在砂轮机上进行的。一般使用的砂轮粒度为 46～80，砂轮过细、过硬或过软都会影响刃磨效果。刃磨时，操作者要站在砂轮左侧，用右手握住钻头的工作部分，砂轮旋转时，必须严格控制跳动量，刃磨主要包括以下几个方面。

1) 主切削刃的刃磨

刃磨时，用右手（也可用左手）握住钻头的头部作为定位支点（或靠在砂轮机托架上），左（或右）手握住钻柄，使钻头的轴线和砂轮圆柱面倾斜成 φ 角，同时向下倾斜 8°～15°，其主切削刃成水平位置，与砂轮中心线以上的圆周面轻轻接触，用握钻头头部的手向砂轮施加压力并定好钻头绕自身轴线转动，握钻柄的手使钻头绕轴线按顺时针方向转动并上下摆动。绕自身轴线转动是为使整个后刀面都能磨到，而上下摆动是为出一定的后角。两手动作必须配合好，摆动角度的大小要随后角的大小而变化，因为后角在钻不同半径处是不相等的。这样便可磨出顶角、后角和横刃斜角，见图 3-77。钻头顶角（2φ）的具体数值可根据不同钻削材料按表 3-15 选择。

表 3-15　钻头顶角选择　　　　　　　　　　　　　单位：（°）

加工材料	顶角（2φ）	加工材料	顶角（2φ）
钢和生铁（中硬）	116～118	钢锻件	125
锰钢	136～150	黄铜和青铜	130～140
硬铝合金	90～100	塑料制品	80～90

主切削刃刃磨好后，应检查顶角 2φ 是否为钻头轴线平分，两主切削刃是否对称等长，且各为一条直线；检查主切削刃上外缘处的后角是否符合要求数值和横刃斜角是否准确。

2) 修磨横刃

修磨横刃时，钻头与砂轮的相对位置如图 3-78 所示。修磨时，先使刃背与砂轮接触，然后转动钻头使磨削点逐渐向钻心移动，从而把横刃磨短。修磨横刃的砂轮边缘圆角要小，砂轮直径最好也小些。

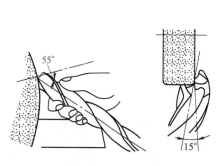

图 3-78　横刃的修磨

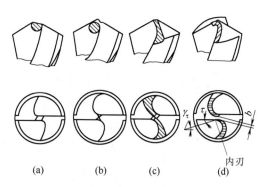

图 3-79　横刃的修磨形式

修磨横刃的方法主要有以下几种。

① 将整个横刃磨去 [如图 3-79（a）所示]　用砂轮把原来的横刃全部磨去，以形成新的切削力，加大该处前角，使轴向力大大减小。这种修磨方法使钻头新形成的两钻尖强度减弱，定心不好，只适用于加工铸铁等强度较低的材料。

② 磨短横刃 [如图 3-79（b）所示]　采用这种修磨方法可以减少因横刃造成的不利因素。

③ 加大横刃前角 [如图 3-79（c）所示]　横刃长度不变，将其分为两半，分别磨出一定前角（可磨出正的前角），从而改善切削条件，但修磨后钻尖被削弱，不宜加工硬材料。

④ 磨短横刃并加大前角［如图 3-79（d）所示］ 这种修磨方法是沿钻刃后面的背棱刃磨至钻心，将原来的横刃磨短（约为原来横刃长度的 1/3～1/5）并形成两条新的内直刃。

3）修磨前刀面

由于主切削刃前角外大（30°）内小（-30°），故当加工较硬材料时，可将靠外缘处的前面磨去一部分［图 3-80（a）］，使外缘处前角减小，以提高该部分的强度和刀具寿命；当加工软材料（塑性大）时，可将靠近钻心处的前角磨大而外缘处磨小［图 3-80（b）］，这样可使切削轻快、顺利。当加工黄铜、青铜等材料时，前角太大会出现"扎刀"现象，为避免"扎刀"，也可采用将钻头外缘处前角磨小的修磨方法［图 3-80（a）］。

钻头前刀面的修磨可在砂轮左侧进行。参与修磨的砂轮要求外圆柱表面平整、外圆棱角清晰。操作的具体方法如下。

首先接近砂轮左侧并摆好钻身角度，钻尾相对砂轮侧面下倾 35°左右［图 3-81（a）］，同时相对砂轮外圆柱面内倾 5°左右［图 3-81（b）］。然后手持钻头使前刀面中部和外缘接触砂轮左侧外圆柱面，由前刀面外缘向钻心移动，并逐渐磨至主切削刃。

4）修磨切削刃及断屑槽

由于主切削刃很长并全部参加切削，使切屑易堵塞，加之锋角较大，造成轴向力加大及刀尖角 ε 较小，刀尖薄弱。针对主切削刃的上述问题，可以采用修磨过渡刃（图 3-82）、修磨圆弧刃（图 3-83）、修磨分屑槽（图 3-84）及磨断屑槽（图 3-85）等几种修磨方法。

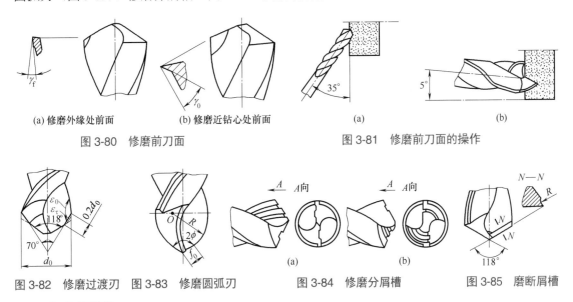

(a) 修磨外缘处前面　　　　　(b) 修磨近钻心处前面

图 3-80　修磨前刀面　　　　　　　图 3-81　修磨前刀面的操作

图 3-82　修磨过渡刃　图 3-83　修磨圆弧刃　　　(a)　　　(b)　图 3-84　修磨分屑槽　图 3-85　磨断屑槽

5）修磨棱边

直径大于 12mm 的钻头在加工无硬皮的工件时，为减少棱边与孔壁的摩擦，减少钻头磨损，可按图 3-86 所示修磨棱边，使原来的副后角由 0°磨成 6°～8°，并留一条宽为 0.1～0.2mm 的刃带。经修磨的钻头，其寿命可提高一倍左右，并可使表面质量提高。表面有硬皮的铸件不宜采用这种修磨方式，因为硬皮可能使窄的刃带损坏。

棱边的修磨也是在砂轮外圆棱角上进行的，因此对砂轮的要求：一是砂轮的外圆柱面要平整；二是外圆棱角一定要清晰。

6）钻头刃磨后的检查

刃磨钻头时，要经常检查钻头的刃磨角度。一般可采用以下方法。

将钻头的切削部分向上竖起，与两眼保持平视，视线与钻头切削部位成一平面（最好有背景参照物），钻头不要上下左右晃动（钻柄端部最好有手指定位），如图 3-87 所示。检查时凝视切削刃的一边，缓缓转动钻头，目测另一边的切削刃检查两边角度是否对称，同时注意检查两切削刃的长度是否一致（即从横刃至刀尖角处）、两刀尖角是否在同一平面。

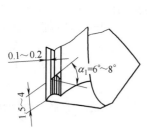
图 3-86　修磨棱边

图 3-87　检查钻头刃磨角度的方法

图 3-88　对称切削刃的切屑形状

切削刃长度与角度要保持对称，钻削时两切削刃同时工作，钻削钢料时切屑同时出现螺旋卷屑，如图 3-88 所示。否则，只有一个切削刃工作，只在一处出现卷屑，钻出的孔径要比钻头直径大很多。

3.2.3.2　扩孔

用扩孔钻或麻花钻等刀具对工件已有孔进行扩大加工的操作称为扩孔。扩孔常作为孔的半精加工及铰孔前的预加工。它属于孔的半精加工，一般尺寸精度可达 IT10，粗糙度可达 Ra 5.3μm。

扩孔主要由麻花钻、扩孔钻等刀具完成。由于扩孔的背吃刀量比钻孔小，因此，其切削加工具有与钻孔不同的特点，扩孔分为麻花钻扩孔与扩孔钻扩孔。

（1）麻花钻扩孔

扩孔使用的麻花钻与钻孔所用麻花钻几何参数相同，但由于扩孔同时避免了麻花钻横刃的不良影响，因此，可适当提高切削用量，但与扩孔钻相比，其加工效率仍较低。

（2）扩孔钻扩孔

扩孔钻是用来进行扩孔的专用刀具，其结构形式比较多，按装夹方式可分为带锥柄扩孔钻（图 3-89）和套式扩孔钻两种；按刀体的构造可分为高速钢扩孔钻和硬质合金扩孔钻两种。

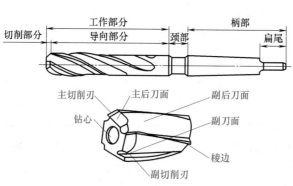
图 3-89　带锥柄扩孔钻

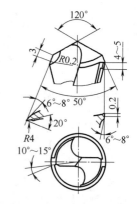
图 3-90　麻花钻改磨成的扩孔钻

在生产加工过程中，考虑到扩孔钻在制造方面比麻花钻复杂，用钝后人工刃磨困难。故常将麻花钻刃磨成扩孔钻使用，采用这种刃磨后的扩孔钻（图 3-90）加工中硬钢，其表面粗糙度可稳定地达到 Ra 3.2 ～ 1.6μm。

对于直径较大的孔（直径 $D > 30$mm），若用麻花钻加工，则应先用 0.5 ～ 0.7 倍孔径的较小钻头钻孔；若用扩孔钻扩孔，则扩孔前的钻孔直径应为孔径的 0.9 倍。

3.2.3.3 锪孔

用锪钻或锪刀刮平孔的端面或切出沉孔的方法称为锪孔。锪孔加工主要分为锪圆柱形沉孔 [图 3-91 （a）]、锪锥形沉孔 [图 3-91 （b）] 和锪凸台平面 [图 3-91 （c）] 三类。

锪孔主要由锪钻来完成，锪钻的种类较多，有柱形锪钻、锥形锪钻、端面锪钻等。根据锪孔加工的不同形式，其所选用的锪钻种类及加工特点也有所不同。

（1）柱形锪钻

柱形锪钻如图 3-92 所示。这种锪钻用于加工六角螺栓、带垫圈的六角螺母、圆柱头螺钉、圆柱头内六角螺钉的沉头孔。

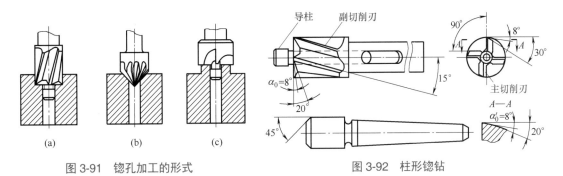

图 3-91 锪孔加工的形式

图 3-92 柱形锪钻

当没有标准柱形锪钻时，可用标准麻花钻改制代替。改制的柱形锪钻分为带导向柱 [图 3-93 （a）] 和不带导向柱 [图 3-93 （b）] 两种。一般选用比较短的麻花钻，在磨床上把麻花钻的端部磨出圆柱形导向柱。

（2）锥形锪钻

锥形锪钻如图 3-94 所示。这种锪钻用于加工沉头螺钉的沉头孔和孔口倒角。当没有标准锥形锪钻时，也可用标准麻花钻改制代替，如图 3-95 所示，要注意的是两主切削刃要磨得对称。

（3）端面锪钻

端面锪钻用于锪削螺栓孔凸台、凸缘表面。专用端面锪钻主要为多齿端面锪钻，如图 3-96 所示。

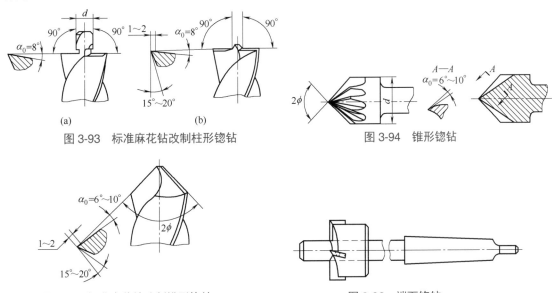

图 3-93 标准麻花钻改制柱形锪钻

图 3-94 锥形锪钻

图 3-95 标准麻花钻改制锥形锪钻

图 3-96 端面锪钻

3.2.3.4　铰孔

铰孔是用铰刀对不淬火工件上已粗加工的孔进行精加工的一种加工方法，它的主要工具是铰刀。一般加工精度可达 IT9 ～ IT7，表面粗糙度 Ra 3.2 ～ 0.8μm。铰制后的孔主要用于圆柱销、圆锥销等的定位装配。

（1）铰刀的类型

铰刀的类型很多，按使用方式可分为手用和机用；按加工孔的形状，可分为圆柱形和圆锥形；按结构可分为整体式、套式和调式三种；按容屑槽形式，可分为直槽和螺旋槽；按材质可分为碳素工具钢、高速钢和镶硬质合金片三种。

① 整体式圆柱铰刀　一般常用的为整体式圆柱手用铰刀和机用铰刀两种。手用铰刀 [图 3-97（a）] 用于手工铰孔，其工作部分较长，导向作用较好，可防止铰孔时产生歪斜。机用铰刀 [图 3-97（b）] 多为锥柄，它可安装在钻床或车床上进行铰孔。

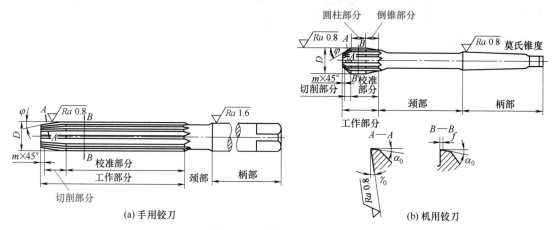

图 3-97　整体式圆柱铰刀

② 锥铰刀　锥铰刀用于铰削圆锥孔，如图 3-98 是用来铰削圆锥定位销孔的 1 ∶ 50 锥铰刀。

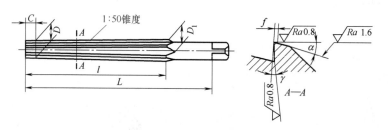

图 3-98　1 ∶ 50 锥铰刀

③ 硬质合金机用铰刀　为适应高速铰削和铰削硬材料，常采用硬质合金机用铰刀。其结构采用镶片式，如图 3-99 所示。硬质合金铰刀片有 YG 类和 YT 类两种。YG 类适合铰铸铁类材料，YT 类适合铰钢类材料。

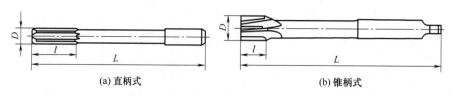

(a)直柄式　　　　　　　　　　　(b)锥柄式

图 3-99　硬质合金机用铰刀

（2）铰孔方法

① 机动铰孔　机动铰孔时，其所用铰刀的装夹有固定式和浮动式两种，当钻床主轴的跳动不大于 0.03mm，且钻床主轴、铰刀及其他辅助工具、工件初孔三者的中心偏差不大时，可采用固定装夹方式。当主轴跳动较大，且主轴、铰刀及工件初孔三者的中心偏差较大，满足不了铰孔的精度要求时，则必须采用浮动装夹方式，借以调整铰刀和工件孔的中心位置。浮动式铰刀夹头如图 3-100 所示。

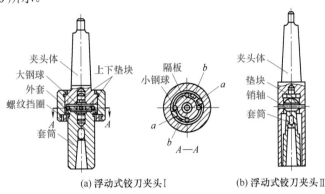

(a) 浮动式铰刀夹头Ⅰ　　　(b) 浮动式铰刀夹头Ⅱ

图 3-100　浮动式铰刀夹头

机动铰孔的方法：

a. 选用的钻床，其主轴锥孔中心线的径向圆跳动，以及主轴中心线对工作台平面的垂直度均不得超差。

b. 装夹工件时，应保证欲铰孔的中心线垂直于钻床工作台平面，其误差在 100mm 长度内不大于 0.002mm。铰刀中心与工件预钻孔中心需重合，误差不大于 0.02mm。

c. 开始铰削时，为了引导铰刀进给，可采用手动进给。当铰进 2 ～ 3mm 时，使用机动进给，以获得均匀的进给量。

d. 采用浮动夹头夹持铰刀时，在未吃刀前，最好用手扶正铰刀慢慢引导铰刀接近孔边缘，以防止铰刀与工件发生撞击。

e. 在铰削过程中，特别是铰不通孔时，可分几次不停车退出铰刀，以清除铰刀上的粘屑和孔内切屑，防止切屑刮伤孔壁，同时也便于输入切削液。

f. 在铰削过程中，输入的切削液要充分，其成分根据工件的材料进行选择。

g. 铰刀在使用中，要保护两端的中心孔，以备刃磨时使用。

h. 铰孔完毕，应不停车退出铰刀，否则会在孔壁上留下刀痕。

i. 铰孔时铰刀不能反转。因为铰刀有后角，反转会使切屑塞在铰刀刀齿后面与孔壁之间，将孔壁划伤，破坏已加工表面。同时铰刀也容易磨损，严重的会使刀刃断裂。

② 手工铰孔　手工铰孔是利用手工铰刀配合手工铰孔工具，用人力进行的铰孔方法，合理的手工铰孔操作可使铰孔精度达到 IT6 级。

常用的手工铰孔工具有铰手、活扳手等，如图 3-101 所示。

手工铰孔要点如图 3-102 所示。

a. 工件要夹正，将铰刀放入底孔，从两个垂直方向用角尺校正，方向正确后用拇指向下把铰刀压紧在孔口上。对薄壁工件的夹紧力不得过大，以免将孔压扁。

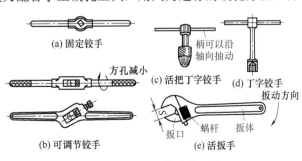

(a) 固定铰手

(b) 可调节铰手

(c) 活把丁字铰手

(d) 丁字铰手

(e) 活扳手

图 3-101　手工铰孔的工具

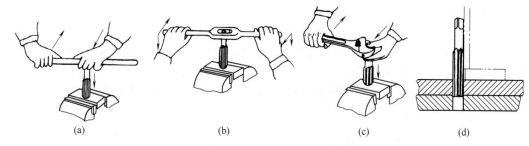

(a)   (b)   (c)   (d)

图 3-102　手工铰孔的要点

b. 试铰时，套上铰手用左手向下压住铰刀并控制方向，右手平稳扳转铰手，切削刃在孔口切出一小段锥面后，检查铰刀方向是否正确，歪斜时应及时进行纠正。

c. 在铰削过程中，两手用力要平衡，转动铰手的速度要均匀，铰刀要保持垂直方向进给，不得左右摆动，以避免在孔口出现喇叭口或将孔径扩大。要在转动中轻轻加力，不能过猛，用力均匀，并注意变换每次铰手的停歇位置，防止因铰刀常在同一处停歇而造成刀痕重叠，以保证表面光洁。

d. 铰刀不允许反转，退刀时也要顺转，避免切屑挤入刃带后擦伤孔壁，损坏铰刀。退刀时要边转边退。

e. 铰削锥孔时，要常用锥销检查铰入深度。

f. 铰刀被卡住时不要硬转，应将铰刀退出，清除切屑，检查孔和刀具；再继续进行铰削时，要缓慢进给，以防在原处再被卡住。

g. 铰定位销孔，必须将两个装配工件相互位置对准固定在一起，用合钻方法钻出底孔后，不改变原有状态一起铰孔。这样，才能保证定位精度和顺利装配。当锥销孔与锥销的配合要求比较高时，先用普通锥铰刀铰削，留有一定余量，再用校正锥铰刀进行精度调整。

h. 铰刀是精加工工具，使用完后擦拭干净，涂上机油保管。

③ 圆锥孔的铰削方法

a. 铰削尺寸比较小的圆锥孔。先按圆锥孔小端直径并留铰削余量钻出圆柱孔，对孔口按圆锥孔大端直径锪 45° 的倒角，然后用圆锥铰刀铰削。铰削过程中要经常用相配的锥销来检查孔径尺寸。

b. 铰削尺寸比较大的圆锥孔。为了减小铰削余量，铰孔前需要先钻出阶梯孔（图 3-103）后，再用锥铰刀铰削。

对于 1 ∶ 50 圆锥孔，可钻两节阶梯孔；对于 1 ∶ 10 圆锥孔、1 ∶ 30 圆锥孔、莫氏锥孔，则可钻三节阶梯孔。三节阶梯孔预钻孔直径的计算公式如表 3-16 所示。

表 3-16　三节阶梯孔预钻孔直径计算

圆锥孔大端直径 D	$d+LC$
距上端面 $L/3$ 的阶梯孔的直径 d_1	$d + \dfrac{2}{3}LC : \delta$
距上端面 $2L/3$ 的阶梯孔的直径 d_2	$d + \dfrac{1}{3}LC : \delta$
距上端面 L 的孔径 d_3	$d : \delta$

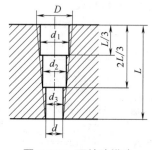

图 3-103　预钻阶梯孔

注：d—圆锥孔小端直径，mm；L—圆锥孔长度，mm；C—圆锥孔锥度；δ— 铰削余量，mm。

c. 由于锥销的铰孔余量较大，每个刀齿都作为切削刃投入切削，负荷重。因此每进给 2～3mm 都应将铰刀取出一次，以清除切屑，并按工件材料的不同，涂上切削液。

d. 锥孔铰削时，应测量大端的孔径，由于锥销孔与锥销的配合严密，在铰削最后阶段，要注意用锥销试配，以防将孔铰深。

3.2.4 攻螺纹与套螺纹

螺纹的种类繁多，通常主要按螺旋线形状、牙型特征、螺旋线的旋向和线数及螺纹的用途分类。按螺旋线形状可分为圆柱螺纹和圆锥螺纹，如图 3-104 所示。按螺纹牙型特征可分为管螺纹、矩形螺纹、梯形螺纹、锯齿形螺纹及圆弧螺纹等。按螺纹的旋向可分为右旋螺纹和左旋螺纹，如图 3-105 所示。

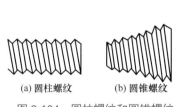

(a) 圆柱螺纹　　(b) 圆锥螺纹

图 3-104　圆柱螺纹和圆锥螺纹

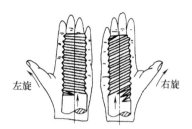

图 3-105　左旋螺纹与右旋螺纹

3.2.4.1 攻螺纹

用丝锥在工件孔中切削出内螺纹称为攻螺纹（攻丝）。在每副模具中都有较多数量的螺孔，螺孔是用螺钉连接模板与模板、零件与模板等固定用。

（1）攻螺纹工具

攻螺纹工具主要包括丝锥、铰手（又称丝锥扳手、铰杠）和机用攻螺纹安全夹头等。

1）丝锥

丝锥是攻制内螺纹的主要工具，也称为丝攻。它是一种成形多刃刀具，其外形与螺钉类似，并且在纵向开有沟槽，以形成切削刃和容屑槽。丝锥结构简单，使用方便，在加工小尺寸螺纹孔上有着极为广泛的应用。丝锥的种类很多，每一种丝锥都有相应的标志，包括：制造厂商标；螺纹代号；丝锥公差带代号；丝锥材料（高速钢标 HSS，碳素工具钢或合金工具钢制造的丝锥可不标）等。

按使用方法的不同可分为手用丝锥、机用丝锥；按所攻制螺纹的不同，可分为普通螺纹丝锥、管螺纹丝锥等。虽然丝锥的种类很多，但实质上它们的工作原理和结构特点相似。

丝锥是用碳素工具钢或高速钢制造的，其构造如图 3-106 所示。

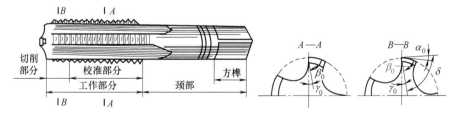

图 3-106　丝锥的构造

① 手用和机用丝锥　通常由 2～3 支组成一套。手用丝锥中，M6～M24 的丝锥由两支组成一套，M6 以下、M24 以上的丝锥由三支组成一套，细牙丝锥不论大小均为两支一套。机用丝锥为两支一套。每套丝锥的大径、中径、小径都相等（故又称等径丝锥），只是切削部分的长短和锥角不同。切削部分从长到短，锥角（2φ）从小到大依次称为头锥（初锥）、二锥

（中锥）、三锥（底锥）。

② 管螺纹丝锥　管螺纹丝锥分圆柱式和圆锥式两种。圆柱管螺纹丝锥与手用丝锥相似，但它的工作部分较短，一般以两支为一套，可攻各种圆柱管螺纹。圆锥管螺纹丝锥的直径从头到尾逐渐加大，而螺纹齿形仍然与丝锥中心线垂直，保持内外锥螺纹齿形有良好接触，但管螺纹丝锥工作时的切削量较大，故机用为多，也有手用的。

2）铰手

铰手又称丝锥扳手、螺丝攻铰手、螺丝攻扳手，是用于夹持丝锥的工具，常用的有固定式、可调节式、固定丁字式、活把丁字式四种。

手用丝锥攻螺纹时，一定要用铰手。一般攻 M5 以下的螺纹孔，宜用固定式铰手，最好用自制固定式短柄小铰手，避免因切削力矩过大使丝锥折断。可调铰手根据其长度有 150 ~ 600mm 六种规格，可用于攻 M5 ~ M24 的螺纹孔。当需要攻工件高台阶旁边的螺纹孔或箱体内部的螺纹孔时，需用丁字铰手。可调铰手的使用范围见表 3-17。

表 3-17　可调铰手的使用范围

铰手的规格	6″/150	9″/230	11″/280	15″/380	19″/480	24″/600
适用丝锥的范围	M5 ~ M8	M8 ~ M12	M12 ~ M14	M14 ~ M16	M16 ~ M22	M24 以上

（2）攻螺纹所用的设备

攻螺纹可在普通钻床上或在专用攻螺纹机上利用安全夹头进行。

1）摇臂式攻螺纹机

如图 3-107 所示，其外形与摇臂钻床相似，其台面上装有虎钳，用于装夹工件，利用摇臂使丝锥快捷地对准工件进行攻螺纹而不必挪动工件。摇臂 6 可绕立柱 1 灵活转动，主轴传动部分可在摇臂上自由滑动，电动机通过联轴器、蜗杆 2、蜗轮 3 带动主轴转动。蜗轮内孔为花键槽，与主轴上部的花键轴配合，因此在主轴回转的同时，只要压下手柄 5 即可攻螺纹。该机没有调速机构，只有一个 72r/min 的主轴转速。主轴下部安装攻螺纹的安全夹头。攻螺纹结束后使电动机反转，通过弹簧 4 提起手柄 5，即可把丝锥从工件中退出。

2）攻螺纹夹头

攻螺纹夹头是一种攻螺纹的安全夹头，其作用是当攻螺纹过程中负荷过重或攻不通孔（盲孔）时防止折断丝锥。常用的安全夹头有如下两种。

① 锥体摩擦式攻螺纹夹头（见图 3-108）。它由锥柄 1 装在攻螺纹机的主轴内，锥柄 1 的下端装入夹头轴 6 内，在锥柄中部开 4 条槽，槽内嵌入 L 形摩擦块 3，其材料为锡锌合金，拧紧螺母 2，将摩擦块 3 紧压在轴 6 上，即可使锥柄带动夹头轴 6 旋转。夹头轴 6 大端可装入快换夹头 7，各种不同规格的丝锥事先装在快换夹头 7 内，在夹头轴 6 不停车的状态下，可把快换夹头 7 迅速地装入。

当攻不同直径的螺纹时，可调节螺母 2，产生不同大小的摩擦力，在达到一定的扭矩时起保险作用。

② 爪形离合器式攻螺纹夹头（见图 3-109）。锥柄 1 装在攻螺纹机的主轴内，随主轴转动，依靠平面爪带动离合器 2 转动，并通过设在离合器 2 槽内的滚珠带动套筒 7 转动，通过设在套筒 7 内的滚珠带动轴 9，依靠轴 9 上的圆柱销 6 带动快换夹头 10 转动。丝锥事先装在快换夹头 10 内，由弹性夹片 11 卡住，丝锥尾部由快换夹头 10 内的槽子来防止转动。

攻不同直径螺纹时，要放松锁紧螺钉 8 并转动外套筒 5 调节到弹簧保持合适的压力（在外套筒 5 上有各种攻螺纹直径的刻度）。

攻螺纹时，若扭矩超过一定范围，锥柄 1 与离合器 2 啮合的平面齿就会打滑，并压紧弹簧 3 与 4，使丝锥停止转动，防止丝锥被扭断。

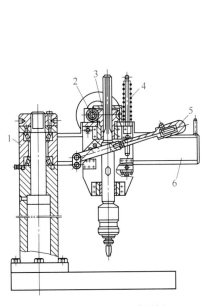

图 3-107 摇臂式攻螺纹机

1—立柱；2—蜗杆；3—蜗轮；4—弹簧；
5—手柄；6—摇臂

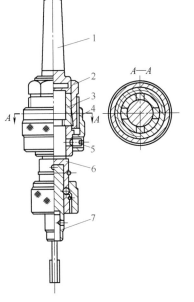

图 3-108 锥体摩擦式攻螺纹夹头

1—锥柄；2，4—螺母；3—摩擦块；
5—螺钉；6—轴；7—快换夹头

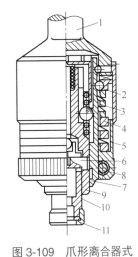

图 3-109 爪形离合器式
攻螺纹夹头

1—锥柄；2—离合器；3，4—弹簧；
5—外套筒；6—圆柱销；7—套筒；
8—锁紧螺钉；9—轴；
10—快换夹头；11—弹性夹片

（3）攻螺纹前底孔直径的确定

攻螺纹时，丝锥在切削金属的同时，还伴随较强的挤压作用。因此，金属产生塑性变形形成凸起并挤向牙尖，如图 3-110 所示，为防止丝锥卡住折断，要求攻螺纹前的底孔直径应大于螺纹标准中规定的螺纹小径。

底孔直径通常根据工件材料塑性的优劣和钻孔时孔的扩张量来确定，使攻螺纹时既保证有足够的空隙来容纳被挤压出的金属，又要保证切削出完整的牙型。

① 攻普通螺纹时底孔直径的确定 攻普通螺纹的底孔直径根据所加工的材料类型由下式决定。

a. 加工钢或塑性较高的材料时，钻头直径 d_0 取

$$d_0 = D - P$$

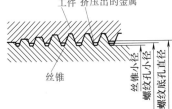

图 3-110 攻螺纹时挤压现象

b. 加工铸铁和塑性较小的材料时，扩张量较小，钻头直径 d_0 取

$$d_0 = D - (1.05 \sim 1.1)P$$

式中，D 为螺纹大径，mm；P 为螺距，mm。

② 攻英制螺纹时底孔直径的确定 攻英制螺纹时，钻底孔的钻头直径一般按下列经验公式计算。

a. 加工钢或塑性材料时，$d_0 = (D - 0.9P) \times 23.4$（mm）。

b. 加工铸铁或塑性较小的材料时，$d_0 = (D - 0.98P) \times 23.4$（mm）。

式中，P 为英制螺纹螺距，即每英寸牙数的倒数，如 12 牙 /in，即 $P = \dfrac{1}{12}$。

（4）攻螺纹操作要点

1）手工攻螺纹操作要点

手工攻螺纹的操作方法及工作要点主要有以下几方面，见图3-111。

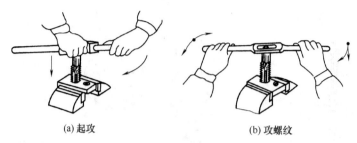

（a）起攻　　　　　　　　　　（b）攻螺纹

图3-111　手工攻螺纹操作

① 攻螺纹前要对底孔孔口倒角，且倒角处的直径应略大于螺纹大径，通孔螺纹的两端都要倒角，这样起攻时易使丝锥切入材料，并能防止孔口被挤压而产生凸边。

装夹工件时，应尽可能使螺纹孔中心线置于水平或垂直位置，以便攻螺纹时容易判断丝锥轴线是否垂直于工件平面。

② 起攻时，将丝锥置于底孔孔口中，调整丝锥，使之与底孔同轴，或与工件表面垂直，然后对丝锥加压并转动铰杠进行起攻，如图3-111（a）所示，丝锥的切入量为1～3圈。

③ 当起攻后，丝锥的切削部分已切入工件，这时只需转动铰杠攻螺纹［图3-111（b）］，不需再对丝锥施加压力，否则螺纹将被破坏。攻螺纹时，铰杠转动1～2圈后，要倒转1/4～1/2圈，使切屑碎断，这样容易排出，避免因切屑过长阻塞螺纹孔而使丝锥卡死。

④ 攻深度较深的盲孔时，其切屑不易排出，因而攻螺纹中要适时退出丝锥，排出孔内的切屑，否则会因切屑阻塞而使丝锥折断，或攻螺纹深度达不到要求。当工件不便倒向时，可用磁性针棒吸出切屑。

⑤ 对钢件等塑性材料攻螺纹时，要加注切削液，以减小切削阻力，减小螺纹孔的表面粗糙度值，延长丝锥寿命。攻螺纹常用的切削液可参见表3-18选取。

表3-18　攻螺纹常用的切削液

加工材料	切削液（体积分数）
钢	机加工可用浓度较大的乳化油，或含硫量1.7%以上的硫化切削油。工件表面粗糙度值要求较小时，可用菜油及二硫化钼等手工用机油
灰铸铁	一般不用切削液，如工件表面粗糙度值要求较小，或材质较硬时，可用煤油；切削速度在8m/min以上时，可用浓度10%～15%的乳化液
可锻铸铁	15%～20%的乳化液
青铜、黄铜、铝合金	手加工时可不用，机加工时加15%～20%乳化液
不锈钢	①硫化切削油60%，油酸15%，煤油25% ②黑色硫化油 ③全损耗系统用油

⑥ 用成组丝锥攻螺纹时，必须以头锥、二锥、三锥的顺序攻螺纹，直至螺纹达到标准尺寸为止。

2）机动攻螺纹操作要点

除了对某些螺孔必须用手攻螺纹外，一般应使用机用丝锥进行机动攻螺纹，以保证攻螺纹质量和提高劳动生产率。机动攻螺纹的操作方法可参考手工攻螺纹进行，但应注意以下事项。

① 钻床和攻螺纹机主轴径向跳动，一般应在0.05mm范围内，如攻削6H级精度以上的螺纹孔时，跳动应不大于0.03mm。装夹工件的夹具定位支撑面，与钻床主轴中心和攻螺纹机主轴的垂直度偏差应不大于0.05mm/100mm。工件螺纹底孔与丝锥的同心度允差不大于0.05mm。

② 当丝锥即将进入螺纹底孔时，送刀要轻要慢，以防止丝锥与工件发生撞击。

③ 在丝锥的切削部分长度攻削行程内，应在机床进刀手柄上施加均匀的压力，以协助丝锥进入工件，同时可避免由于靠开始几牙不完整的螺纹，向下拉钻床主轴时，将螺纹刮坏。当校准部分开始进入工件时，上述压力即应解除，靠螺纹自然旋进，以免将牙型切小。

④ 攻螺纹的切削速度主要根据加工材料、丝锥直径、螺距、螺纹孔的深度而定。当螺纹孔的深度在 10 ～ 30mm 内，工件为下列材料时，其切削速度大致如下：钢 6 ～ 15m/min，调质后或较硬的钢 5 ～ 10m/min，不锈钢 2 ～ 7m/min，铸铁 8 ～ 10m/min。在同样条件下，丝锥直径小取高速，丝锥直径大取低速，螺距大取低速。

⑤ 攻通螺纹孔时，丝锥校准部分不能全部攻出头，以避免在机床主轴反转退出丝锥时乱扣。

3.2.4.2 套螺纹

在圆柱杆上加工出螺纹，通常采用手工操作完成，称为手工套螺纹。

（1）套螺纹工具

套螺纹工具主要有板牙及圆板牙架。其中板牙是加工外螺纹的刀具，用合金工具钢或高速钢制作并经淬火处理。按所加工螺纹类型的不同，有圆板牙及圆锥管螺纹板牙两类；圆板牙架是安装板牙的工具。

1）圆板牙

圆板牙形状和螺母相似，在靠近螺纹外径处钻了几个排屑孔，并形成切削刃。其结构如图 3-112 所示。板牙由切削部分和校准部分组成。圆板牙孔两端的锥角（$2\varphi=40°\sim50°$）是切削部分。切削部分不是圆锥面，而是经过铲磨而成的阿基米德螺旋面，形成后角 $\alpha=7°\sim9°$。它的前角 γ 大小沿切削刃而变化，因为前刀面是曲线形，前角在曲率小处为最大，曲率大处为最小，一般粗牙 $\gamma=30°\sim35°$，细牙 $\gamma=25°\sim30°$。板牙中间一段是定径部分，也是导向部分。它的前角比切削部分的前角小 $4°\sim6°$，后角为 0°。圆板牙的外圆周上有四个锥坑和一条 V 形槽，用于定位和紧固。

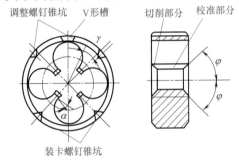

图 3-112　圆板牙

2）圆锥管螺纹板牙

圆锥管螺纹板牙专门用来套小直径管子端的锥形螺纹，其结构如图 3-113 所示。圆锥管螺纹板牙只是在单面制成切削锥，只能单独使用，其他部分的结构与圆板牙相似。

3）圆板牙架

圆板牙架用以安装板牙，常见结构如图 3-114 所示。使用时，调整螺钉和拧紧紧定螺钉，将板牙紧固在板牙架中。

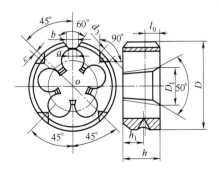

图 3-113　圆锥管螺纹板牙

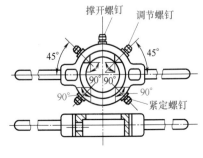

图 3-114　圆板牙架

（2）套螺纹的操作

1）套螺纹前圆杆直径的确定

与丝锥攻螺纹一样，用圆板牙在工件上套螺纹时，材料同样因受挤压而变形，牙顶将被挤高一些。所以套螺纹前圆杆直径应稍小于螺纹的大径尺寸，一般圆杆直径用下式计算：

$$d_0=d-0.13P$$

式中　　d_0——套螺纹前圆杆直径，mm；

　　　　d——螺纹大径，mm；

　　　　P——螺距，mm。

2）手工套螺纹操作要点

① 套螺纹前，圆杆端头要倒成15°～20°斜角，顶端最小直径要小于螺纹小径，以利于板牙对正切入，如图3-115所示。

② 套螺纹时，切削力矩很大，圆杆套螺纹部分离钳口要近。夹紧时，要用硬木或厚铜板V形块作衬垫来夹圆杆，要求既能夹紧又不夹坏圆杆表面，圆杆套螺纹部分离钳口应尽量近些，如图3-116所示。

③ 套螺纹时，板牙端面与圆杆轴线应垂直，用左手掌端按压板牙，右手转动板牙架。当圆板牙切入2～3牙后，应及时检查圆板牙与圆杆的垂直度，检查时，可将铰杠取下。检查的方法有两种：一是从台虎钳上卸下圆杆，从前后、左右两个相互垂直的方向用90°直角尺进行检查，如图3-117所示；二是凭借经验进行目测判断，以后每切入1圈后就应检查一次。

图3-115　套螺纹时圆杆的倒角

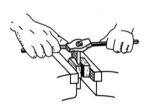

图3-116　夹紧圆杆的方法

图3-117　直角尺检查

若圆板牙发生较明显偏斜，可对其进行纠偏。操作方法是：将圆板牙回退至开始位置，再将圆板牙旋转切入，当接近偏斜位置的反方向位置时，可在该位置适当用力下压并旋转切入进行纠偏，如此反复几次，直至校正圆板牙的位置为止，再继续套削。当板牙已旋入圆杆套出螺纹后，不再用力，只要均匀旋转即可。为了断屑，需时常倒转。

与攻螺纹一样，套螺纹时，适当加注切削液，也可以降低切削阻力，提高螺纹质量和延长板牙寿命。

3.2.5　模具抛光

使用油石、砂纸、金刚石研磨膏和抛光膏等对模具型腔表面进行打磨，使模具的工作表面磨掉一层微薄金属，以具有较小的表面粗糙度值，达到光亮的过程称为模具抛光。

抛光工具和材料多种多样，在不同场合、不同工件形状需使用不同的抛光工具和抛光材料。目前除旋转体表面的研抛在车床、抛光机上进行外，其他形状的型面仍然以钳工手工操作为主。近年来，随着抛光技术的不断提高，抛光的效率和表面质量也越来越高。

3.2.5.1　模具抛光目的及工艺过程

（1）模具抛光目的

抛光是弯曲模、拉深模、冷挤压模具和型腔模具等制作过程中的重要工序，其目的如下：

① 减小模具零件的表面粗糙度值，提高模具零件表面的尺寸精度，使模具的表面更为光洁、漂亮和美观。

② 减少表面摩擦系数，提高表面耐磨性。

③ 使模具再生产过程中更容易脱模，确保产品不被黏在模具上，以减少产品的成形周期。

④ 经过抛光后，使生产出的零件表面光泽，不会产生垂直方向划痕等。

（2）模具抛光工艺过程

① 用细锉对工件的粗加工表面进行交叉锉削，去除明显的刀纹和加工痕迹。

② 用粗砂布、粗油石、细油石、细砂纸和金相砂纸等借助气动、电动抛光工具分级进行抛光。

③ 分别选用粗、中、细抛光膏或金刚石研磨膏黏在羊毛毡轮上，装夹在抛光工具上对工件进行打磨。

④ 用脱脂棉蘸取细抛光膏进行手工干抛光，以获得更为光洁的表面，最后再用干净的脱脂棉将抛光表面擦拭干净。

3.2.5.2 机械工具抛光

模具常用的机械抛光工具有电动角向磨光机、角式气动研磨机、微型气动研磨机、笔式气动研磨机及超声波抛光机等。

① 对于工件表面的打磨与抛光面积比较大时，可采用电动角向磨光机，如图 3-118 所示。在角向磨光机上安装如图 3-119 所示的抛光砂轮即可使用，使用时，操作者双手握持磨光机，沿顺时针方向旋转研磨、抛光，抛光效率较高。在操作过程中，使用者须戴防护眼镜，以免砂粒飞入眼中。

图 3-118　电动角向磨光机

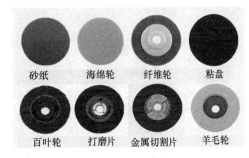

图 3-119　抛光砂轮

② 工件表面的打磨与抛光面积比较小或不能用角向磨光机抛光时，可采用气动直向磨光机（见图 3-120）或微型笔式磨光机（见图 3-121）打磨与抛光，如小型方盒的拉深凹模、微型的圆筒形凹模及转角处较小的 R 角等。

气动磨光机的动力为压缩空气，转速可达数万次每分钟。根据表面加工形状不同，可选择多种形状的抛光头，如图 3-122 所示。

图 3-120　气动直向磨光机

图 3-121　微型笔式磨光机

(a) 抛光砂轮　　　　　(b) 砂布抛光头　　　　　(c) 芝麻抛光头

图 3-122　各种抛光头

③ 除以上介绍的几种磨光机抛光外，还可以用超声波抛光机抛光。超声波抛光是超声加工的一种形式，是利用超声振动的能量，通过机械装置对工件或型腔表面进行抛光的一种工艺方法。工作时，控制器产生高频电振动并传输至换能器上，换能器将输入的超音频电信号转换成机械振动，经变幅杆放大后传输至装在变幅杆上的工具头，使其产生超声频振动，导致工件表面粗糙度值迅速降低，直至镜面，从而实现抛光的功能。粗、中抛光时，采用水作为工作液；精细抛光时，采用煤油作为工作液。磨料材料可采用碳化硅、碳化硼、金刚石和刚玉等。超声波抛光机及附件见图 3-123。

超声波抛光能达到的表面粗糙度值一般为 Ra 0.63 ～ 0.08μm，适用于对窄小的部位进行抛光，如模具零件的不通孔、复杂型腔、窄缝和深槽等。

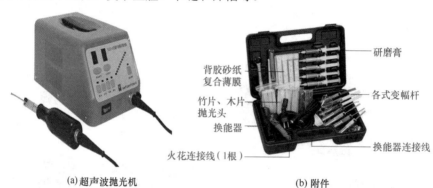

(a) 超声波抛光机　　　　　　　　　　　　　　(b) 附件

图 3-123　超声波抛光机及附件

3.2.5.3　手工抛光

（1）用油石抛光

操作者根据抛光面积大小和形状选择的油石，压在加工表面上做往复运动，以去除机械加工所产生的切削痕迹或电火花加工硬化层。

油石是一种具有特殊截面形状的条形磨具，如图 3-124 所示。油石是经烧结而成的天然矿物，广泛应用于机械制造、模具制造和仪器仪表等各个领域。在模具抛光中，油石主要用于淬火钢、合金钢和高碳钢等模具成形零件精抛光之前的手工研磨或模具修整。

油石有绿色碳化硅、白刚玉、棕刚玉、碳化硼、红宝石和天然玉六类，形状包括长方形、正方形、三角形、刀形、圆柱形和半圆形等，常用的油石代号见表 3-19。在使用时，可根据抛光部位的具体形状进行修磨，如图 3-125 所示。

表 3-19　油石的形状及代号

形状	代号	形状	代号
正方形	SF	半圆形	SB
长方形	SO	珩磨油石	SP
三角形	SJ	T 形珩磨油石	ST
圆柱形	SY		

(a) 韩国金钟油石   (b) 纤维油石   (c) 红宝石油石

图 3-124 油石

油石的粒度包括 $80^{\#}$、$90^{\#}$、$100^{\#}$、$120^{\#}$、$150^{\#}$、$180^{\#}$、$220^{\#}$、$240^{\#}$、$280^{\#}$、$300^{\#}$、$320^{\#}$、$400^{\#}$、$500\#$、$600^{\#}$、$800^{\#}$、$1000^{\#}$、$1200^{\#}$、$1400^{\#}$ 和 $1600^{\#}$ 等，数值越大，表示油石的粒度越细，研磨效率越低，但研磨表面的质量越好。在研磨时，应首先使用粗油石，然后逐级选用越来越细的油石，再用耐水砂纸、金相砂纸和金刚石抛光膏进行精抛，最后可使零件表面达到镜面效果。

（2）用砂纸（或砂布）抛光

操作者手持砂纸（或砂布），压在加工表面上做缓慢运动，以去除机械加工的切削痕迹或电火花加工后的硬化层，降低零件的表面粗糙度值。这是一种较为常见的抛光方法。

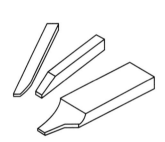

图 3-125 修磨后的油石

图 3-126 砂纸

用于手工抛光的砂布是指涂覆有磨料的布，砂纸是指胶着各种研磨砂粒的原纸。常用砂纸（或砂布）的尺寸为 280mm×230mm，如图 3-126 所示。

按照磨料的不同，砂纸还可以分为棕刚玉砂纸、白刚玉砂纸、碳化硅砂纸和锆刚玉砂纸等。

砂纸的型号越大，砂粒越细，型号越小，砂粒越粗，通常以号或目表示。目是一个单位，其定义为每 25.4mm×25.4mm 面积上有 256 个眼，每 1 个眼称为 1 目。所以目数越大，眼就越小。在砂纸中，较粗的有 16 目、24 目、36 目、40 目、50 目和 60 目；常用的有 80 目、100 目、120 目、150 目、180 目、220 目、280 目、320 目、400 目、500 目和 600 目；用于精细打磨的有 800 目、1000 目、1200 目、1500 目、2000 目和 2500 目。当前，国内很少有 3000 目以上的砂纸。

根据用途不同，砂纸可分为海绵砂纸、干磨砂纸、水磨砂纸及铁砂纸（干磨砂纸之一）。具体用途见表 3-20。

表 3-20 砂纸的类型及用途

砂纸类型	用 途
海绵砂纸	打磨各种材料圆滑部分
干磨砂纸	粗加工或打磨粗糙表面
水磨砂纸	打磨细腻表面及进行后加工
铁砂纸（干磨砂纸之一）	能尽快磨光金属表面，广泛应用于模具零件的抛光

（3）用金刚石研磨膏抛光

零件经过砂纸（或砂布）抛光后，为达到更低的表面粗糙度值，可采用金刚石研磨膏进行抛光。与其他研磨材料相比，金刚石研磨膏具有表面损伤浅、抛光质量好等优点，抛光后表

面粗糙度值 Ra 可达 0.16～0.008μm，金刚石研磨膏粗研和半精研用 W20～W10，精研用 W10 以下的研磨膏，金刚石研磨膏粒度单位为 μm，数字越小粒度越细，抛光后表面粗糙度值越低，加工表面质量越好。

金刚石研磨膏通常用塑料针筒盛装，每支 5g，如图 3-127 所示。使用时，将少量研磨膏挤出后涂抹到脱脂棉上对工件进行抛光。使用研磨膏后应随时盖上盖子，以防灰尘进

图 3-127　金刚石研磨膏

入，影响抛光效果。金刚石研磨膏还可与羊毛毡轮及木头、竹签等配合使用，达到镜面抛光的效果。

人造金刚石研磨膏主要用来研磨如硬质合金等高硬度工件，分水溶性和油溶性两种。人造金刚石研磨膏的加工特点见表 3-21。

表 3-21　人造金刚石研磨膏

粒度号	颜色	加工表面粗糙度 Ra/μm	粒度号	颜色	加工表面粗糙度 Ra/μm
W14	青莲	0.16～0.32	W2.5	橘红	0.02～0.04
W10	蓝	0.08～0.32	W1.5	天蓝	0.01～0.02
W7	玫红	0.08～0.16	W1	棕	0.008～0.012
W5	橘黄	0.04～0.08	W0.5	中蓝	≤0.01
W3.5	草绿	0.04～0.08			

3.2.5.4　硬质合金与钢结硬质合金工件的研磨

用碳化硅砂轮磨削后的硬质合金，其表面在放大镜下能看出凹凸不平以及微量崩刃，需要经过研磨才能使用。研磨可以去掉磨削时留下的磨痕，磨痕不仅影响制件的表面质量，而且往往在磨痕处产生应力集中。研磨还可以去掉磨削后留在表面的一层破损的 WC，因而可以使模具寿命提高约 20%～30%。此外，为了达到硬质合金工件的精度要求和减小表面粗糙度，也需要采用研磨加工。

（1）研磨剂

研磨用研磨剂由研磨粉（磨料）、研磨液调和而成。适用于硬质合金、钢结硬质合金的常用研磨料为超硬磨料的人造金刚石粉和立方氮化硼粉。常用研磨料的性能与用途见表 3-22。各种粒度研磨料所能达到的表面粗糙度 Ra 见表 3-23。常用研磨液见表 3-24。

表 3-22　常用研磨料的性能及用途

系列	研磨料名称	代号（GB/T 2476—1994）	颜色	强度与硬度	研磨方法	适用范围
氧化铝系	普通棕刚玉	A	灰、褐、暗褐、粉红、暗红	具有较高硬度和韧性，磨刃锋利，能承受很大压力	粗研	各种碳钢、合金钢、可锻铸铁、硬青铜
	白刚玉	WA	白色	切削性能优于 A，比 A 硬，韧性低于 A	粗研和极细研	淬硬钢
	铬刚玉	PA	浅紫色	有较好韧性	粗、精研	钢
	单晶刚玉	SA	透明无色	多棱，有高的硬度和强度	粗、精研	淬硬钢

系列	研磨料名称	代号(GB/T 2476—1994)	颜色	强度与硬度	研磨方法	适用范围
碳化物系	黑色碳化硅	C	黑色半透明	比刚玉硬,性脆而锋利	粗研	铸铁、钢和非金属材料
	绿色碳化硅	GC	绿色半透明	比C硬,但低于金刚石,性脆,研磨韧性材料时易裂	粗、精研	淬硬钢、硬质合金、金刚石、工具钢
	碳化硼	BC	灰色至黑色	硬度仅低于金刚石,磨粒能自动脱落,修磨保持锋利,但高温易氧化	粗、精研	硬质合金、硬铬、宝石、淬硬钢,常作为金刚石系代用品
超硬磨料	人造金刚石		灰色至黄白色	最硬的研磨料	粗、精研	硬质合金等
	立方氮化硼	MP-CBN		硬度略低于金刚石,但硬度、强度远优于普通磨料	粗、精研	高硬淬硬钢、高钼、高钒、高速钢、镍基合金钢等
软磨料系	氧化铁		红色至暗红色、紫色	极细抛光剂	极细精研和抛光	硬钢、铸铁、铜、玻璃等
	氧化铬		深绿色	极细抛光剂,硬度比氧化铁高	极细精研和抛光	硬钢、铸铁、铜

表 3-23 研磨料粒度选择

研抛加工名称	研磨料粒度	能达到的表面粗糙度 $Ra/\mu m$
粗研磨	100 ~ 120	0.80
	150 ~ W50	0.80 ~ 0.20
精研磨	W40 ~ W14	0.20 ~ 0.10
精密件粗研磨	W14 ~ W10	0.10 以下
精密件半精研磨	W7 ~ W5	0.025 ~ 0.008
精密件精研磨	W5 ~ W0.5	

表 3-24 常用研磨液

工件材料	研磨名称	研 磨 液
钢	粗研	10# 机油 1 份,煤油 3 份,透平油或锭子油少量,轻质矿物油或变压器油(适量)
	精研	10# 机油
铸铁	粗研	煤油,主要用于稀释,润滑性较差
淬硬钢、不锈钢	粗、精研	植物油、透平油或乳化液
铜	粗、精研	动物油(熟猪油加磨料,拌成糊状,加30倍煤油),锭子油少量,植物油适量
硬质合金	粗、精研	汽油稀释

硬质合金工件进行研磨加工时,一般使用立方氮化硼或金刚石粉磨料,以花生油、橄榄油调和成研磨剂。人造金刚石和立方氮化硼都是在高温、高压条件下合成的产品,均属立方晶系,具有硬度高、导热性良好、热膨胀系数低以及耐磨力强等特点。人造金刚石的显微硬度为 $86000 \sim 106000N/mm^2$,立方氮化硼的显微硬度为 $80000 \sim 90000N/mm^2$。若以天然金刚石的研磨能力为 1,则人造金刚石为 0.73 ~ 0.77,立方氮化硼为 0.58 ~ 0.64,碳化硼为 0.4 ~ 0.6,碳化硅仅为 0.25 ~ 0.45。按照国家标准,人造金刚石(代号为 D,旧标准为 JR)和立方氮化

硼（代号为CBN，旧标准为DL）的品种和适用范围见表3-25。这些微粉主要用于硬脆金属（如硬质合金、钢结硬质合金）和非金属（如光学玻璃、陶瓷和宝石等）材料的精磨、研磨和抛光。

研磨用研磨剂中研磨粉主要起切削作用。研磨液中含有黏结剂和润滑剂，其作用是使研磨粉均匀分布，润滑研磨表面，在工件表面形成氧化膜，从而加速研磨过程。常用的研磨液有煤油或在煤油中加入少量锭子油。煤油为水性油，研磨速度快；锭子油则起润滑作用，多用于要求研磨速度较快而表面粗糙度不过细的工件。使用金刚石粉时，国外常用橄榄油调制，我国则常用花生油、豆油、菜籽油，也有用机油或机油与煤油的混合液。此外，猪油也可用作研磨液，因为猪油中含油酸，有助于加快研磨和提高工件的表面质量。如果在研磨液中再加入少量石蜡、蜂蜡和化学活性作用较强的油酸（$C_{17}H_{33}COOH$）、脂肪酸（$C_{17}H_{31}COOH$）、硬脂酸（$C_{17}H_{35}COOH$）及工业用甘油等，则更能提高研磨效果。

有资料介绍，硬质合金的研磨采用320～400粒度碳化硼粉和煤油经搅拌均匀作为研磨剂也比较常用。

表3-25　超硬磨料系列与适用范围

品种系列	品种代号	适用范围		
		粒度		用途
		窄范围	宽范围	
人造金刚石	RVD	60/70～325/400	60/80～270/400	树脂、陶瓷结合剂磨具或研磨等
	MBD	50/60～325/400	60/80～270/400	金属结合剂磨具、电镀制品、钻探工具或研磨等
	SCD	60/70～325/400	60/80～270/400	钢或钢和硬质合金组合件等
	SMD	16/18～60/70	16/20～60/80	锯切、钻探及修正工具等
	DMD	16/18～40/45	16/20～40/50	修正工具
立方氮化硼	CBN	20/25～325/400	20/30～270/400	树脂、陶瓷、金属结合剂磨具等

（2）研磨剂的配制

常用的研磨剂有半流体、研磨膏、固体研磨皂三种。半流体研磨剂是用研磨粉和研磨液直接配制而成，其配比不是太严格，质量分数约30%～40%，一般微粉粒度越细，百分比越小。这种研磨剂可随调随用，比较方便。研磨膏和研磨皂是由磨料、混合脂（黏结剂）、润滑剂和油酸等按一定比例调制而成，使用时要加煤油或汽油稀释。粗研和半精研用W20～W10，精研用W7以下研磨膏。研磨膏除了用来降低工件表面粗糙度外，还起到抛光作用。对于硬质合金、陶瓷等高硬度材料，可选用碳化硅、碳化硼类研磨膏（见表3-26）。人造金刚石研磨膏［见"3.2.5.3第（3）点"］主要用来研磨如硬质合金等高硬度工件。

表3-26　碳化硅、碳化硼研磨膏

名称	成分及比例（质量分数）/%	备注
碳化硅	碳化硅（240#～W40）83，黄油17	粗研
碳化硼	碳化硼（W20）65，石蜡35	半精研
混合研磨膏	碳化硼（W20）35，白刚玉（W20～W10）与混合脂30，油酸35	半精研
碳化硼	碳化硼（W7～W1）76，石蜡12，羊油10，松节油2	精细研

（3）研磨工艺

冲模中工作零件的研磨一般都是由模具钳工手工操作完成，操作时应十分注意不能出现塌角、局部凹坑等缺陷，因此，研具与模具表面的接触面应尽量大些。研磨剂的粒度随研磨表面粗糙度降低依次减小，待前面加工的痕迹去除后，再用小一号粒度的研磨剂研磨。当更换研磨剂时，需将前一种磨料完全清除干净，操作时应选择灰尘少的洁净场所进行。

1）手工研磨的工艺要点

① 研磨前的表面准备　研磨前的表面一般经磨削加工，表面粗糙度 $Ra < 0.8\mu m$，表面用汽油或煤油洗净，并清除工件边缘毛刺。

② 研磨压力与速度　粗研时，压力不超过 $3 \times 10^5 Pa$，精研时，用较小压力 [$(0.3 \sim 0.5) \times 10^5 Pa$]，以保证工件表面获得小的粗糙度和良好的耐磨性。研磨速度以不使工件发热为限，干研速度为 $10 \sim 25 m/min$，湿研速度约为干研速度的 $2 \sim 4$ 倍。工件材质硬，研磨速度取较大值。

③ 研磨运动轨迹　平面研磨时，工件在平板上做 8 字形推磨，经约半分钟后，工件转过 $180°$ 再推磨，在整个研磨过程中，尽量避免过早出现轨迹周期性重复。

外圆柱面研磨，一般工件转动，研磨环做轴线移动，以构成 $45°$ 正交网纹为宜。内圆柱面研磨，研磨芯棒旋转并轴向运动，工件固定不动，研磨网纹以构成 $45°$ 正交为宜。

级进模中工作零件的研磨纹向，尽量做到与模具冲压方向平行。

④ 研磨余量　研磨余量取决于前工序的加工精度和表面粗糙度，原则上达到研磨前工序留下的痕迹。为了保证被研工件的形状和尺寸精度，研磨余量一般取小值，由 $Ra\ 0.8\mu m$ 降到 $Ra\ 0.05\mu m$ 的研磨余量参考值，以淬硬钢为例：内孔 $< \phi 25 mm$，研磨余量取 $0.02 \sim 0.04 mm$；内孔 $\phi 25 \sim 125 mm$，研磨余量取 $0.04 \sim 0.08 mm$；外圆 $\leqslant \phi 10 mm$，研磨余量取 $0.02 \sim 0.04 mm$；外圆 $\phi 11 \sim 30 mm$，研磨余量取 $0.03 \sim 0.05 mm$；外圆 $\phi 31 \sim 60 mm$，研磨余量取 $0.04 \sim 0.06 mm$；平面研磨余量取 $0.015 \sim 0.03 mm$。

⑤ 凹模刃口的研磨　冲裁凹模刃口研磨时，出件孔方向应面对操作者，即研磨时研具必须从凹模的反面进入刃口，并保持直线往复研磨，这样工作刃口不会出现倒锥。

2）研磨工具和研具材料

研磨硬质合金、钢结硬质合金、淬硬钢等研具材料常用铸铁、黄铜、竹、木等。研具根据用途需要做成块、板、薄片（条）、棒等不同形状供使用。

3）研磨过程中产生的缺陷与改正办法（见表 3-27）

表 3-27　研磨缺陷产生的原因和改正方法

缺陷	产生原因	改正方法
划伤研磨面	①研磨剂中有粗颗粒或其他污垢 ②工件不洁，有灰尘、切屑或毛刺 ③研磨工具不清洁 ④研磨液不清洁、有杂质 ⑤环境不清洁	①不同粒度的研磨剂要严格隔离并保持清洁 ②研磨前要进行清洗、去毛刺和外形尖边化 ③工具要清洗，粗研和精研的工具严格分开使用 ④精选或过滤研磨液 ⑤远离易起灰尘的机器（如磨床等）
表面粗糙暗淡	①研磨工具不适合 ②研磨粉太粗 ③研磨粉太硬 ④研磨液不适合	①改用表面较光滑的工具 ②使用较细的研磨粉 ③使用较软的研磨粉 ④试用其他研磨液
形状误差大	①所需研磨的面积太小 ②研磨余量不均匀 ③研磨工具有缺陷 ④研磨工具工作时跳动 ⑤研磨速度太高 ⑥研磨压力太大 ⑦研磨剂膜太厚 ⑧研磨粉太粗 ⑨研磨运动不准确 ⑩研磨时间太长	①使用夹具研磨或把几件拼合起来研磨 ②使预加工尽可能均匀 ③修正研磨工具 ④重新调整 ⑤适当降低研磨速度 ⑥减小研磨压力 ⑦少加些研磨剂或使用稀薄的研磨液 ⑧使用较细的研磨粉 ⑨重新调整 ⑩预加工时应合理减小研磨余量

3.3 冲模装配技术

3.3.1 冲压模具装配工艺

冲压模具装配是冲压模具制造过程中的关键工作，装配质量的好坏直接影响到所加工冲压件的质量、模具本身的工作状态及使用寿命。冲压模具装配工作主要包括两个方面：一是将加工好的模具零件按图样要求进行组装、部装乃至总体的装配；二是在装配过程中进行一部分补充加工，如配作、配修等。

3.3.1.1 模具装配的工艺过程

冲压模具的装配是按照冲压模具设计的总装配图，把所有的冲压模具零件连接起来，使之成为一体。在装配时，要按一定的装配工艺规程进行，其工艺过程见表 3-28。

表 3-28　冲压模具装配工艺过程

工艺过程		工艺过程说明
装配前的准备阶段	熟悉和研究装配图	装配图是进行冲压模具装配的主要技术依据。通过对装配图的分析与研究，应了解所要装配冲压模具的主要特点和技术要求，各零件的安装部位及其作用，零件与零件间的相互位置、配合关系以及连接方式，从而确定合理的装配基准、装配方法和装配顺序
	清理检查零件	根据装配图的零件明细表，清点和清洗零件，并检查主要零件的尺寸和形位精度，查明各部分配合面的间隙、加工余量以及有无变形和裂纹等缺陷
	布置工作场地	准备好装配时所需的工具、夹具、量具、材料和辅助设备，清理好工作台
	准备标准件及材料	按图样要求备好标准螺钉、销钉、弹簧、橡胶及装配时所需的辅助材料，如低熔点合金、环氧树脂、无机黏结剂等
组件装配阶段		组件装配是指冲压模具在总装配之前，将两个或两个以上的零件按照规定的技术要求连接成一个组件的局部装配工作。如模架的组装、凸模或凹模与其固定板的组装、卸料零件的组装等。这类组件的组装，要按着技术要求进行，这对整副模具的装配精度将起到一定的保证作用
总装配阶段		应选择好装配的基准件并安排好上、下模的安装顺序，然后进行装配，并保证装配精度，满足规定的各项技术要求
试模调整阶段		①按照模具验收技术条件，检验模具各部分功能 ②在实际生产条件下进行试模，按试模状况调整、修整模具，直到合格，则装配完成

3.3.1.2 冲压模具装配方法

冲压模具是由零部件构成的，而这些零部件的加工，由于受工艺条件与水平的限制，都存在加工误差，将会影响装配精度。因此，研究模具装配工艺、提高装配工艺技术水平，是确保模具装配精度与质量的关键工艺措施。

冲压模具的装配方法主要有配作装配法和直接装配法两种，见表 3-29。

表 3-29　冲压模具装配方法

类　型	说　明
配作装配法	配作装配法是在零件加工时，只需对与装配有关的必要部位进行高精度加工，而孔位精度由钳工进行配作，使各零件装配后的相对位置保持正确关系。这种方法，即使没有坐标镗床等高精度设备，也能装配出高质量的模具。但耗费的工时较多，并且需要钳工要有很高的实践经验和技术水平
直接装配法	直接装配法是将所有零件的型孔、型面及安装孔，全按图样加工完毕，装配时只要把零件连接在一起即可。当装配后的位置精度较差时，应通过修正零件来进行调整。这种装配方法简便迅速，且便于零件的互换，但模具的装配精度取决于零件的加工精度。为此，要有先进的、高精度的加工设备及测量装置才能保证模具的质量

3.3.2　冲模装配技术要求

冲模装配主要要求是：保证冲裁间隙的均匀性，这是冲模装配合格的关键；保证导向零件导向良好，卸料装置和顶出装置工作灵活有效；保证排料孔（漏料孔）畅通无阻，冲压件或废料不卡在模具内；保证其他零件的相对位置精度等。

3.3.2.1　总体装配技术要求

① 模具各零件的材料、几何形状、尺寸精度、表面粗糙度和热处理等均需符合图样要求。零件的工作表面不允许有裂纹和机械伤痕等缺陷。

② 模具装配后，必须保证模具各零件间的相对位置精度，尤其是冲压件的有些尺寸与下工序冲模零件有关时，需予以特别注意。

③ 装配后的所有模具活动部位应保证位置准确、配合间隙适当，动作可靠、运行平稳。固定的零件应牢固可靠，在使用中不得出现松动和脱落。

④ 选用或新制模架的精度等级应满足冲压件所需的精度要求。

⑤ 上模座沿导柱上、下移动应平稳和无阻滞现象，导柱与导套的配合精度应符合标准规定，且间隙均匀。

⑥ 模柄圆柱部分应与上模座上平面垂直，其垂直度误差在全长范围内不大于 0.05mm。

⑦ 所有凸模应垂直于固定板的装配基准面。

⑧ 凸模与凹模的间隙应符合图样要求，且沿整个轮廓上间隙要均匀一致。

⑨ 被冲毛坯定位应准确、可靠、安全，排料和出件应畅通无阻。

⑩ 应符合装配图上除上述要求以外的其他技术要求。

3.3.2.2　部件装配后的技术要求

（1）模具外观

模具外观的技术要求见表 3-30。

表 3-30　模具外观的技术要求

序号	项目	技术要求
1	铸造表面	①铸造表面应清理干净，使其光滑、美观、无杂质 ②铸造表面应涂上绿色、蓝色或灰色漆
2	加工表面	模具加工表面应平整，无锈斑、锤痕及碰伤、焊补等
3	加工表面倒角	①加工表面除刃口、型孔外，锐边、尖角均应倒钝 ②小型冲模倒角应 $\geq C_2$；中型冲模 $\geq C_3$；大型冲模 $\geq C_5$
4	起重杆	模具质量大于 25kg 时，模具本身应装有起重杆或吊环、吊钩
5	打刻编号	在模具正面（模板上）应按规定打刻编号：冲模图号、工件号、使用压力机型号、工序号、推杆尺寸及根数、制造日期

（2）工作零件

模具工作零件装配后的技术要求见表 3-31。

表 3-31　模具工作零件装配后的技术要求

序号	安装部位	技术要求
1	凸模、凹模、凸凹模、侧刃与固定板的安装基面装配	凸模、凹模、凸凹模、侧刃与固定板的安装基面装配后的垂直度误差：刃口间隙 ≤ 0.06mm 时，在 100mm 长度上垂直度误差小于 0.04mm；刃口间隙 $> 0.06 \sim 0.15$mm 时，为 0.08mm；刃口间隙 ≥ 0.15 时，为 0.12mm
2	凸模或凹模与固定板的装配	①凸模或凹模与固定板的装配，其安装尾部与固定板必须在平面磨床上磨平至 $Ra=0.08 \sim 1.60\mu m$ ②对于多个凸模工作部分高度（包括冲裁凸模、弯曲凸模、拉深凸模以及导正钉等）必须按图样要求，其相对误差不大于 0.1mm ③在保证使用可靠的情况下，凸模或凹模在固定板上的固定允许用低熔点合金浇注

冲压模具从入门到精通

序号	安装部位	技术要求
3	凸模或凹模与固定板的装配	①装配后的冲裁凸模或凹模，凡是由多件拼块拼合而成的，其刃口两侧的平面应完全一致、无接缝感觉以及刃口转角处非工作的接缝面不允许有接缝及缝隙存在 ②对于由多件拼块拼合而成的弯曲、拉深、翻边、成形等的凸模或凹模，其工作表面允许在接缝处稍有不平现象，但平直度误差不大于 0.02mm ③装配后的冷挤压凸模工作表面与凹模型腔表面不允许留有任何细微的磨削痕迹及其他缺陷 ④凡冷挤压的预应力组合凹模或组合凸模，在其组合时的轴向压入量或径向过盈量应保证达到图样要求，同时其相配的接触面锥度完全一致，涂色检查后应在整个接触长度和接触面上着色均匀 ⑤凡冷挤压的分层凹模，必须保证型腔分层接口处一致，应无缝隙及凹入型腔现象

（3）紧固件
在模具装配中，紧固件装配后的技术要求见表 3-32。

表 3-32　紧固件装配后的技术要求

紧固件名称	技术要求
螺钉	①装配后的螺钉必须拧紧，不许有任何松动现象 ②螺钉拧紧部分的长度，对于钢件及铸铁件，连接长度不小于螺钉直径；对于铸铁件，连接长度不小于螺纹长度的 1.5 倍
圆柱销	①圆柱销连接两个零件时，每一个零件都应有圆柱销 1.5 倍的直径长度占有量（销深入零件深度大于 1.5 倍圆柱销直径） ②圆柱销与销的配合松紧应适度

（4）导向零件
导向零件装配后的技术要求见表 3-33。

表 3-33　导向零件装配后的技术要求

序号	装配部位	技术要求
1	导柱压入下模座后的垂直度	导柱压入下模座后的垂直度在100mm长度范围内误差为：滚珠导柱类模架≤0.005mm；滑动导柱Ⅰ类模架≤0.01mm；滑动导柱Ⅱ类模架≤0.015mm；滑动导柱Ⅲ类模架≤0.02mm
2	导料板的装模	①装配后模具上的导料板的导向面应与凹模进料中心线平行。在100mm长度范围内，对于一般冲裁模，其误差不得大于0.05mm；对于级进模，其误差不得大于0.02mm ②左右导板的导向面之间的平行度误差在100mm长度范围内不得大于0.02mm
3	斜楔及滑块导向装置	①模具利用斜楔、滑块等零件做多方向运动的结构，其相对斜面必须吻合。吻合程度在吻合面纵、横方向上均不得小于3/4长度 ②预定方向的偏差在100mm长度范围内不得大于0.03mm ③导滑部分必须活动正常，不能有阻滞现象发生

（5）凸模与凹模间隙
装配后凸模与凹模间隙的技术要求见表 3-34。

表 3-34　装配后凸模与凹模间隙的技术要求

序号	模具类型		间隙技术要求
1	冲裁凸模与凹模		间隙必须均匀，其偏差不大于规定间隙的20%；局部尖角或转角处不大于规定间隙的30%
2	弯曲、成形类凸模与凹模		装配后的凸、凹模四周间隙必须均匀，其装配后的偏差值最大不应超过"料厚+料厚的上极限偏差"，而最小值不应超过"料厚+料厚的下极限偏差"
3	拉深模	几何形状规则（圆形、矩形）	各向间隙应均匀，按图样要求进行检查
		形状复杂、空间曲线	按压弯、成形冲模处理

（6）模具的闭合高度

装配好的冲模，其模具闭合高度应符合图样所规定的要求。其闭合高度的偏差见表 3-35。

在同一压力机上，联合安装冲模的闭合高度应保持一致。冲裁类冲模与拉深类冲模联合安装时，闭合高度应以拉深模为准，冲裁模凸模进入凹模刃口的进入量应不小于 3mm。

表 3-35　闭合高度的偏差　　　　　　　　　单位：mm

模具闭合高度尺寸	偏差	模具闭合高度尺寸	偏差	模具闭合高度尺寸	偏差
≤ 200	+1 -3	200 ～ 400	+2 -5	> 400	+3 -7

（7）顶出、卸料件

顶出、卸料件在装配后的技术要求见表 3-36。模具装配后，卸料机构动作要灵活，无卡滞现象。其弹簧、卸料橡胶应有足够的弹力及卸料力。

表 3-36　顶出、卸料件在装配后的技术要求

序号	装配部位	技术要求
1	卸料板、推件板、顶板的安装	装配后的冲模，其卸料板、推件板、顶板、顶圈均应相应露出凹模面、凸模顶端、凸凹模顶端 0.5 ～ 1mm，图样另有要求时，按图样要求进行检查
2	弯曲模顶板装配	装配后的弯曲模顶件板处于最低位置（即工件最后位置）时，应与相应弯曲拼块对齐，但允许顶件板低于相应拼块。其公差在料厚 1mm 以下时为 0.01 ～ 0.02mm，料厚大于 1mm 时为 0.02 ～ 0.04mm
3	顶杆、推杆装配	顶杆、推杆装配时，长度应保持一致。在一副冲模内，同一长度的顶杆，其长度误差不大于 0.1mm
4	卸料螺钉	在同一副模具内，卸料螺钉应选择一致，以保持卸料板的压料面与模具安装基面平行度误差在 100mm 长度内不大于 0.05mm

（8）模板间平行度要求

模具装配后，模板上、下平面（上模板上平面对下模板下平面）平行度公差推荐值见表 3-37。

表 3-37　模板上、下平面平行度公差　　　　　　　　　单位：mm

模具类别	刃口间隙	凹模尺寸（长 + 宽或直径的 2 倍）	300mm 长度内平行度公差
冲裁模	≤ 0.06	—	0.06
	> 0.06	≤ 350	0.08
		> 350	0.10
其他冲模	—	≤ 350	0.10
		> 350	0.14

注：1. 刃口间隙取平均值。

2. 包含冲裁工序的其他类模具，按冲裁模检查。

（9）模柄

模柄装配技术要求见表 3-38。

表 3-38　模柄装配技术要求

序号	安装部位	技术要求
1	直径与凸台高度	按图样要求加工
2	模柄对上模板垂直度	在 100mm 长度范围内不大于 0.05mm
3	浮动模柄装配	浮动模柄结构中，传递压力的凹凸模球面必须在摇摆及旋转的情况下吻合，其吻合接触面积不少于应接触面的 80%

（10）漏料孔

下模座漏料孔一般按凹模孔尺寸每边应放大 0.5 ～ 1.0mm，漏料孔应通畅，无卡滞现象。

3.3.3 模具装配顺序

为了保证上下模正确的对应关系便于对模，总装配前应妥善考虑上下模的装配顺序，以防出现不便调整间隙的情况。上下模的装配顺序与模具结构有关，一般先装配基准件（如选凸凹模为基准件时，先装凸凹模），再装其他零件，调整间隙使之均匀。一般冲裁模的装配顺序如下：

① 无导向装置的冲模，凸模与凹模的间隙依靠人工在安装模具时进行调整，上下模的装配顺序没有严格要求，可以分别装配。

② 用导柱、导套导向的冲模，如果总图要求凹模装在下模座上，一般先装凹模，然后将凸模与凸模固定板的组件装在上模座上。装配时应轻装、轻调，保证间隙均匀，不得碰伤刃口。此外，按凹模型孔加工出漏料孔，并防止漏料孔与凹模孔错位。漏料孔应大于凹模的落料部分。

③ 复合模应选凸凹模为装配基准，对倒装式复合模应先装下模部分。装配时，将凸凹模与凸凹模固定板组件固定于下模座上，其中心位置应符合图纸要求，经钳工划线对正。然后将凸模与凸模固定板的组件以及凹模装于上模座上，分别调整间隙，保证间隙均匀。最后，组合加工螺孔、销孔，并固定牢，进行最后调试，直至模具合格。

④ 小间隙冲模（指刃口的单边间隙小于 0.02mm 的冲裁模）多数用于冲裁薄的铝板、镍板、紫铜板等软金属材料，或绸、布、纸、皮革等非金属材料，对钳工的装配要求较高。装配时，可在凸模或凹模有效刃口的垂直表面涂一层显示剂（红丹粉），以便显示上下模间隙的不均匀度。小间隙冲模应选用 I 级精度的模架，并以滚动导向模架为好，形式常采用中间导柱或四导柱形式，导柱直径要大些，并采用浮动模柄，工作时以导柱与导套不脱开为宜。上、下模座要经过时效处理，以减小模架变形的可能性。

⑤ 多凸模冲裁的情况下，凸模的安装顺序一般由内向外依次安装，或先装基准凸模（如侧刃），再装离基准凸模最远的第二个凸模。并且做到装一个凸模就应和凹模调整好相互配合关系，所以凸模装配好后，再和凹模调配间隙直至合适。

3.3.4 凸模与凹模间隙的控制方法

冲模装配的关键是如何保证凸模与凹模之间具有正确合理而又均匀的间隙，这既与模具零件的加工精度有关，也与装配工艺的合理与否有关。为保证凸模与凹模间位置正确和间隙的均匀，装配时总是依据图样要求先选择某一主要件（如凸模、凹模或凸凹模）作为装配基准件，以该件位置为基准，用找正间隙的方法来确定其他零件的相对位置，以确保其相互位置的正确性和间隙的均匀性。下面介绍几种常用的控制间隙均匀性的方法。

（1）测量法

测量法是将凸模和凹模分别用螺钉固定在上、下模板的适当位置，将凸模插入凹模内（通过导向装置），用塞尺检查凸模与凹模之间的间隙是否均匀，根据测量结果进行校正，直至间隙均匀后再拧紧螺钉、配作销孔及打入销钉的方法。

（2）透光法

对于中小型冲模，可以将凸、凹模初步装配后翻转过来，将模柄夹在台虎钳上，用灯光照射，从下模座的漏料孔中观察凸、凹模之间间隙是否均匀，并进行调整。若发现凸模与凹模之间所透光线在某一方向偏多，则表明间隙在此处偏大，可以用手锤和捻子锤击相应的凸模侧面使凸模向间隙偏大方向移动，再反复透光检查，调整到均匀为止。调整后将螺钉和销钉紧固。透光法是最简单实用的一种调整法，但要掌握好必须具有一定的实践经验。

（3）切纸法

这是一种带有检查和精确调整的方法，一般用于冲裁间隙小于0.1mm的冲模或用于透光法以后作为精确调整的补充。其方法是用一张相当于所冲板料厚薄均匀的纸片，放在已初步调整好的凸、凹模之间，用铜锤敲击模柄，使模具闭合并冲出纸制件。根据所冲纸片的四周边是否切断、有无毛边或毛边的分布均匀程度来判断间隙大小是否合适。若在某一段发现毛边较大，则说明在此段方向上间隙不均匀，需要再继续调整，直到切纸试冲件的四周毛边大小分布均匀为止。

纸的厚度应根据模具间隙的大小而定。间隙越小，纸应越薄，常用厚0.05mm的纸进行试切。

（4）垫片法

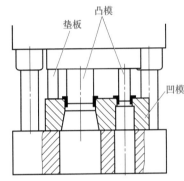

图3-128　垫片法控制间隙

一般当凸、凹模之间的单面间隙大于0.1mm时，可以采用垫片法调整间隙（如图3-128所示）。此法是先将凹模固定在模座上，并打入销钉。然后将已装上凸模的凸模固定板装在另一模座上，经初步对准位置（此时螺钉不要拧得太紧），在凹模刃口四周适当的地方安放厚薄均匀的铜质或铝质垫片。垫片的厚度应等于冲模的单边间隙值，间隙较大时，可叠成多层。然后使凸模慢慢进入凹模，并用两块等高垫块垫在凹模与凸模固定板之间，观察凸模是否顺利进入凹模并与四周垫片接触良好，如果间隙不均匀，可以用铜棒敲打固定板进行调整，直到间隙均匀为止。拧紧上模座螺钉，在凸、凹模之间再用纸试冲，进一步检查间隙调整是否均匀，直至合适为止。

（5）镀铜法

对于形状复杂而数量又多的凸模与凹模之间，控制间隙比较困难的情况下，可以在凸模刃口部分8～10mm长的表面镀上一层铜。镀层厚度为冲模的单边间隙值。调整的方法与垫片法相似。当凸模装配后，镀铜层在冲模的冲压过程中会自动脱落。此法虽调整间隙均匀，但镀铜工艺较复杂。

（6）利用工艺定位器调整

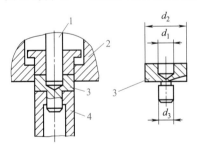

图3-129　用定位器控制间隙
1—凸模；2—凹模；3—定位器；4—凸凹模

如图3-129所示，利用工艺定位器保证上、下模同轴，控制装配过程中凸、凹模间隙的均匀。图示定位器的尺寸d_1与凸模、d_2与凹模、d_3与凸凹模孔成滑配合。由于定位器的d_1、d_2、d_3要求在一次装夹中车削而成，能保证三个直径的同轴度。故采用工艺定位器控制间隙比较可靠，且对模具装配比较方便。此法适用于大间隙的冲模，如冲裁模、拉深模等，对复合模尤为适合。待凸模和凸模固定板用定位销固定后拆去定位器。

3.3.5　级进模的加工及装配要点

① 步距的尺寸和精度是级进模的加工关键，必须保证符合图样要求。目前一般级进模的步距精度为±0.01mm，用普通线切割加工能保证；高精密级进模的步距精度要求为±0.005mm，用高精度数控线切割加工能保证；或由坐标磨保证。

② 模板外形的六面要光，而且面与面相互垂直，这对于以后加工作基准很有用处。

③ 对于形状复杂的形孔、穿丝孔位置在何处比较合理，应有一张穿丝孔中心的坐标位置工艺图，这对于划线和检查非常有用。

④ 卸料板在普通的级进模中，主要有压料和卸料两个作用。而在多工位精密级进模中，卸料板除了起到压料、卸料作用外，它还起到对小凸模的保护和导向作用，因此，常用合金工具钢并经淬硬处理加工而成。卸料板的加工精度在多工位精密级进模中是要求最高的，它体现在位置精度和与凸模的配合精度方面，以及卸料板与凹模之间的二次导向精度。二次导向配合间隙不仅小于模架导柱、导套配合间隙，还小于凸、凹模之间配合间隙才合理。

⑤ 形孔的加工方法与凹模的结构形式有关。整体凹模目前多数采用线切割加工，镶拼式凹模采用线切割＋成形磨削，即框体采用线切割加工，镶件采用成形磨削加工。

⑥ 一副模具上的各零件尽量由一位线切割操作人员加工而成。线切割第一个凸模时，切割完后必须测量其实际尺寸并与凹模试配，视其配合间隙是否合理，得到经验后再切割其他凸模。并在切完后做好检查工作，做到凸、凹模实际尺寸差即间隙值在整副模具上完全符合图样要求。

⑦ 级进模在装配时，如果凹模是镶拼结构式的，应先组装镶拼式凹模，即化零为整。再将凸模与固定板装在一起，并保持每个凸模与凹模孔位置相符。而且每装一个凸模都要和相应凹模孔对一下，看其是否能插入孔中，不能插入时，应通过调整使其插入。然后再装其他各个凸模，所有凸模（包括侧刃）与固定板固定后，即可进行总装，总装时按图样位置先装下模部分的凹模，同时加工下模座上的漏料孔，后装上模部分，注意凸、凹模之间保持间隙均匀，装导料板，保持其导向面与凹模的中心线平行。最后试冲与调试，打入销钉。

⑧ 凸模压入固定板时的注意事项：

a. 压入时须用手扳压力机或油压机压入凸模，压入时应将凸模置于压力机中心，压入速度要慢。

b. 凸模压入少许即进行垂直度检查，防止压歪，避免出现压入、退出的反复。

c. 需铆接的凸模，固定端伸出固定板型孔的长度要足够铆接。否则，铆窝不能被充分填满。

d. 多凸模装配时，要先压装基准凸模，再压装离基准凸模最远的第二个凸模，然后装其他凸模。每装一个其他凸模都要与凹模找正，保证间隙均匀。

e. 压装后的凸模，应将固定板的上平面与凸模尾端一同磨平。

f. 为了保持多凸模的高度一致（阶梯凸模除外）及刃口锋利，应将各凸模的刃口端面一次磨平等高。

3.3.6 模架装配

3.3.6.1 模架装配的技术要求

① 组成模架的各零件均应符合相应的技术标准和技术条件。其中特别重要的是，每对导柱、导套间的配合间隙应符合表 3-39 的要求。

② 装配成套的模架，三项技术指标（上模座上平面对下模座下平面的平行度、导柱轴心线对下模座下平面的垂直度和导套孔轴心线对上模座上平面的垂直度）应符合相应精度等级的要求，见表 3-40。

③ 装配后的模架，上模座沿导柱上、下移动应平稳，无阻滞现象。

④ 压入上、下模座的导套、导柱，离其安装表面应有 1～2mm 的距离，压入后应牢固，不可松动。

⑤ 装配成套的模架，各零件的工作表面不应有碰伤、裂纹及其他机械损伤。

表 3-39 导柱和导套的配合要求   单位：mm

| 配合形式 | 导柱直径 | 配合精度 | | 配合后的过盈量 |
| | | H6/h5 | H7/h6 | |
		配合后的间隙值		
间隙配合	≤ 18	0.003 ～ 0.01	0.005 ～ 0.015	—
	> 18 ～ 28	0.004 ～ 0.011	0.006 ～ 0.018	—
	> 28 ～ 50	0.005 ～ 0.013	0.007 ～ 0.022	—
	> 50 ～ 80	0.005 ～ 0.015	0.008 ～ 0.025	—
	> 80 ～ 100	0.006 ～ 0.018	0.009 ～ 0.028	—
过盈配合	> 18 ～ 35	—	—	0.01 ～ 0.02

表 3-40 模架分级技术指标

检查项目		被测尺寸 /mm	滚动导向模架		滑动导向模架		
			精度等级				
			0 级	01 级	Ⅰ 级	Ⅱ 级	Ⅲ 级
			公差等级				
上模座上平面对下模座下平面的平行度	A	≤ 400	4	5	6	7	8
		> 400	5	6	7	8	9
导柱轴心线对下模座下平面的垂直度	B	≤ 160	3	4	4	5	6
		> 160	4	5	5	6	7
导套孔轴心线对上模座上平面的垂直度	C	≤ 160	3	4	4	5	6
		> 160	4	5	5	6	7

注：A—上模座的最大长度尺寸或最大宽度尺寸；B—下模座上平面的导柱高度；C—导套孔内导柱延长的高度。

3.3.6.2 模架的装配工艺

模架的装配主要是指导柱、导套的装配。目前大多数模架的导柱、导套与模座之间采用过盈配合，但也有少数采用粘接工艺的，即将上、下模座的孔扩大，降低其加工要求，同时，将导柱、导套的安装面制成有利于粘接的形状，并降低其加工要求。装配时，先将模架的各零件安放在适当的位置上，然后，在模座孔与导柱、导套之间注入粘接剂即可使导柱、导套固定。

先压导柱后压导套的压入式模架装配工艺见表 3-41、表 3-42；先压导套后压导柱的压入式模架装配工艺见表 3-43；导柱可卸式粘接模架的装配工艺见表 3-44；导柱不可卸粘接模架的装配工艺见表 3-45。

表 3-41 先压导柱后压导套的压入式模架装配工艺（一）

序号	工序	简图	说明
1	选配导柱、导套		将导柱、导套按实际尺寸进行选择配套
2	压入导柱	压块 导柱 下模座 专用支承圈 压力机工作台	①将下模座底平面向上，放在专用支承圈上 ②导柱与导套的配合部先插入下模座孔内 ③在压力机上进行预压配合，检查导柱与下模座平面的垂直度后，继续往下压，直至导柱压入部分的端面压进模座约 5mm 为止，压完一个后再压另一个

序号	工序	简 图	说 明
3	压入导套	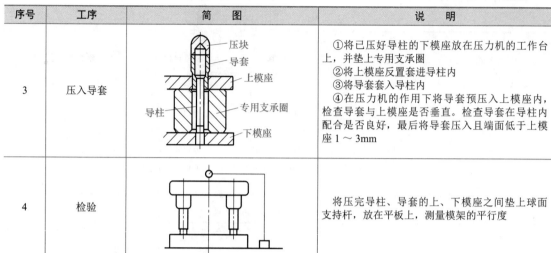	①将已压好导柱的下模座放在压力机的工作台上，并垫上专用支承圈 ②将上模座反置套进导柱内 ③将导套套入导柱内 ④在压力机的作用下将导套预压入上模座内，检查导套与上模座是否垂直。检查导套在导柱内配合是否良好，最后将导套压入且端面低于上模座 $1 \sim 3mm$
4	检验		将压完导柱、导套的上、下模座之间垫上球面支持杆，放在平板上，测量模架的平行度

表 3-42　先压导柱后压导套的压入式模架装配工艺（二）

序号	工序	简 图	说 明
1	压入导柱		利用压力机将导柱压入下模座。压导柱时将压块顶在导柱中心孔上。在压入过程中，测量与校正导柱的垂直度。将两个导柱全部压入
2	装导套		将上模座反置套在导柱上，然后套上导套，用千分表检查导套压配部分内外圆的同轴度，并将其最大偏差 Δ_{max} 放在两导套中心连线的垂直位置，这样可减少由于不同轴而引起的中心距变化
3	压入导套		将帽形垫块放在导套上，将导套压入上模座一部分 取走模座及导柱，仍用帽形垫块将导套全部压入上模座
4	检验		将上、下模座对合，中间垫以垫块，放在平板上测量模架平行度

表 3-43　先压导套后压导柱的压入式模架装配工艺

序号	工序	简　图	说　明
1	选配导柱、导套	—	将导柱、导套按实际尺寸进行选择配套
2	压入导套	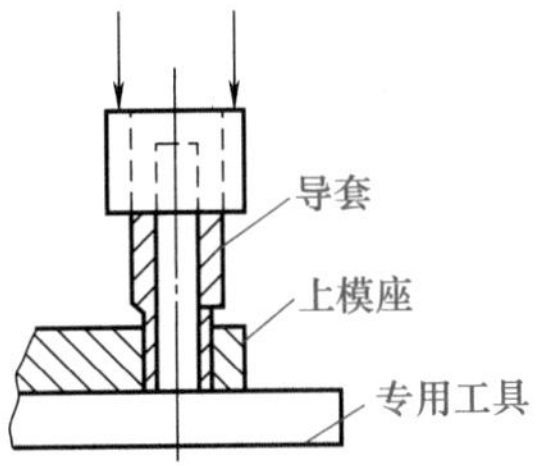	将上模座放在专用工具上（此工具上的两个圆柱与底板垂直，圆柱直径与导柱直径相同），将两阶导套分别套在圆柱上，用两个等高垫圈垫在导套上，在压力机的作用下将导套压入上模座
3	压入导柱	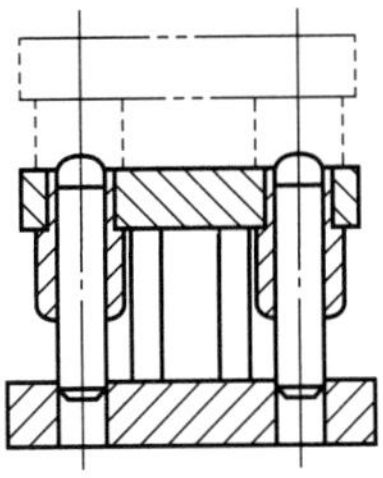	①在上、下模座间垫入等高垫块 ②将导柱插入导套 ③在压力机上将导柱压入下模座 5 ~ 6mm ④将上模座用手提升至不脱离导柱的最高位置，然后再放下。如果上模座与两垫块接触松紧不一，则应调整导柱至接触松紧均匀为止 ⑤将导柱压入下模座
4	检验	—	将上、下模座对合，中间垫上球面支持杆，放在平板上。测量模架的平行度

表 3-44　导柱可卸式粘接模架的装配工艺

序号	工序	简　图	说　明
1	衬套和导柱安装	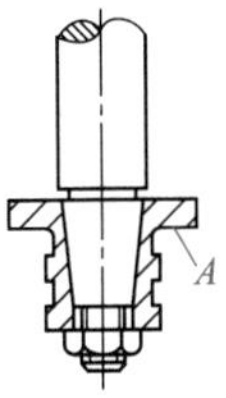	①将导柱与衬套装配（两者的锥度均已磨配好） ②以导柱两端中心孔为基准，磨衬套 A 面，保证 A 面与锥孔中心垂直
2	粘接衬套	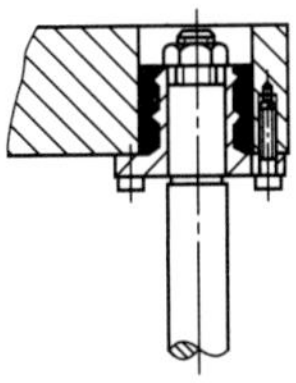	①将衬套装入下模座内，调整好衬套和模板孔间的间隙，使之大致均匀，然后用螺钉固定 ②垫好等高垫块 ③浇注黏结剂
3	粘接导套	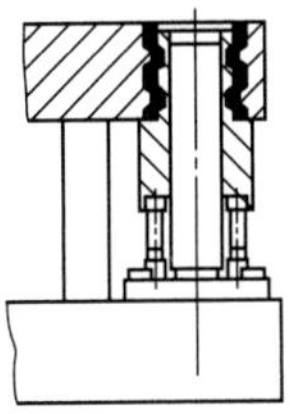	①将已粘好的下模座平放 ②将导套套入导柱上，再套上上模座，上、下模座间用等高垫块隔开 ③调整好上模座孔与导套之间间隙，大致均匀，然后用支承螺钉支撑住 ④浇注黏结剂
4	检验	—	测量模架的平行度

表 3-45 导柱不可卸粘接模架的装配工艺

序号	工序	所需设备、工具、材料	操作方法	技术要求	简图
1	去毛刺	台虎钳、扁锉（300mm）、刮刀、锤子（0.45kg）、凿子	将下模座、上模座分别夹在台虎钳上修正外形，锉去毛刺，孔口倒角，如导柱、导套被粘接表面有氧化层，需在砂轮机上磨去	不碰伤平面，孔口无毛刺，外形符合图样要求	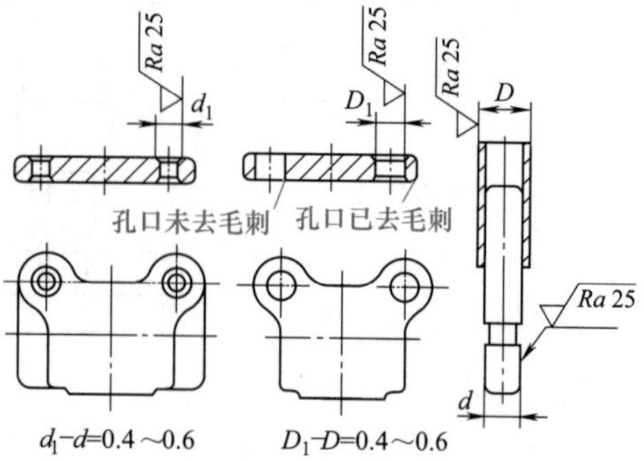 $d_1-d=0.4\sim0.6$ $D_1-D=0.4\sim0.6$
2	去油清洗	汽油或丙酮，圆毛刷，棉纱	先用棉纱擦一遍把油污去掉，然后用蘸有汽油的刷子清洗孔和导柱导套被粘接部分	除去油污，无脏物存在	
3	干燥	工作台	将清洗好的零件在温室内进行自然干燥5～10min	表面无液体	
4	装卡	工作台、专用夹具、垫块、螺钉旋具	①把两个导柱的非粘接部分放在同一个夹具里夹紧 ②在夹具上放上两块相等高度的垫块	夹具的导柱中心距和模架要求的应一致，导柱应垂直，垫块的高度选取应使下模座套上后导柱不露出下模座的底平面	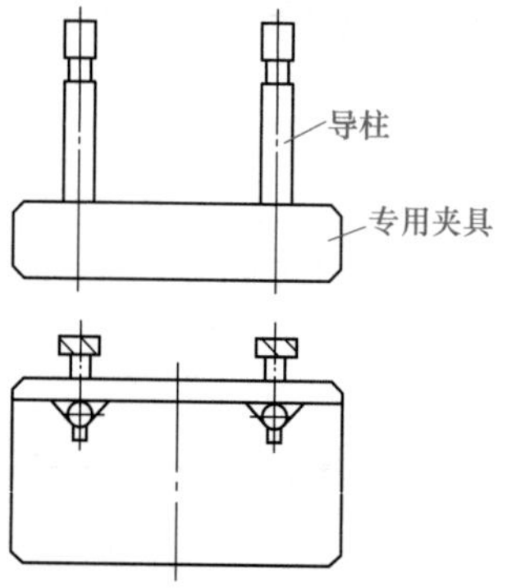 导柱 专用夹具
5	调黏结剂	150mm×200mm×4mm铜板一块，铜板条或竹片一根，长度不小于150mm，滴管、氧化铜粉、磷酸	①将铜板和铜条擦干净 ②先将氧化铜粉倒在铜板上铺开，在中间扒出凹坑，再倒入适量磷酸 ③缓慢均匀地由内往外来回调和均匀，1～2min后即可使用	①铜板条手握住的地方做得厚一些，调和部分做得薄些，要富有弹性 ②一次调和量不宜过多，最好不超过20g氧化铜粉 ③调成浓胶状，能拉出丝来即可使用 ④调和时的温度为25℃以下	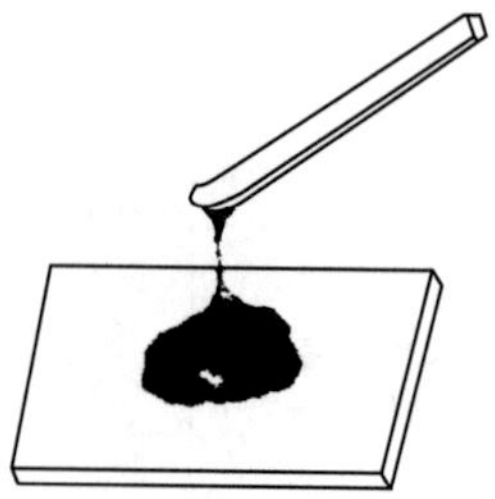

序号	工序	所需设备、工具、材料	操作方法	技术要求	简图
6	导柱与下模座粘接	压块，螺钉旋具	①将配制好的黏结剂均匀地分别涂到两导柱孔壁部和导柱的被粘接部分周围 ②对准导柱套进下模座，松开夹具螺钉，旋转导柱使黏结剂涂覆均匀 ③将压块压到下模座上	①注意间隙均匀 ②跑到外边的多余料在粘接后半小时以内用锯片刮去，千万勿在硬化后去除	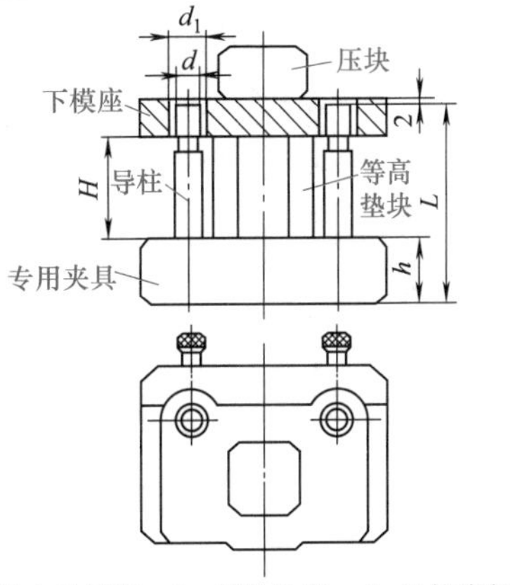 h—专用夹具厚度；L—导柱长度；d—导柱直径；H—等高垫块高度；d_1—下模座的导柱孔径 d_1-d=0.4~0.6mm
7	干燥	工作台	在温室中自然干燥硬化，一般24h就可以了	干燥过程中不允许碰动，使黏结剂彻底干燥为止	
8	取出已粘好导柱的模架	螺钉旋具	①松开夹紧螺钉，取出已粘好导柱的模架并放平 ②在导柱上套上导套，为了控制其位置，可在A处扎一条多股棉纱线或细绳，不让导套向下滑动	注意导套的被粘接部分位于上部	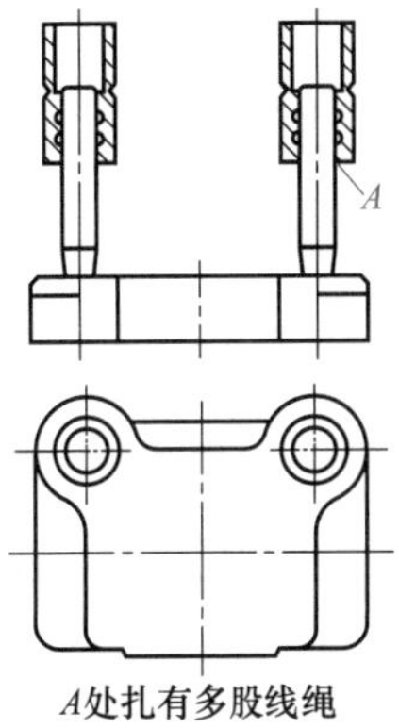 A处扎有多股线绳
9	导套与上模座的粘接	压块、垫块	①粘接前清洁处理见2、3，调黏结剂见5 ②刮一部分黏结剂均匀地分别涂到两导套被粘接部分和上模座导套孔周围 ③将上模座套在导套上并旋转导套使涂层均匀 ④将压块压到上模座上	①注意间隙均匀 ②跑到外边的多余料在粘接后半小时之内用废锯条刀片刮去	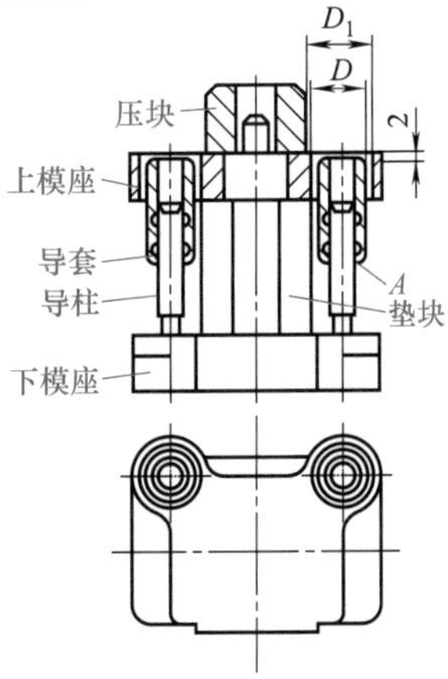 A处扎有多股线绳 D_1—上模座导套孔径；D—导套外径
10	干燥	工作台	在室温中自然干燥24h	干燥过程中不允许碰动，使黏结剂彻底干燥凝固为止	
11	取出模架		拿去压块和垫块。导柱导套全部固定后，模架即可使用		

第 4 章 冲裁工艺及模具设计与制造

4.1 冲裁基本概念

冲裁是利用模具内的凸模和凹模对板料产生分离的一种冲压工序。一般来说，冲裁主要是指落料和冲孔工序。落料是指用冲模沿封闭轮廓曲线冲切，冲下部分为制件；冲孔是指用冲模将封闭轮廓曲线以外的部分作为冲裁件。

冲裁模就是落料、冲孔等分离工序使用的模具。冲裁模的工作部分零件与成形模不同，它一般都具有锋利的刃口来对材料进行剪切加工，并且凸模进入凹模的深度较小，以减少刃口磨损。

4.2 冲裁变形过程及断面分析

4.2.1 冲裁变形过程

冲裁时板料的变形具有明显的阶段性，由弹性变形过渡到塑性变形，最后产生断裂分离，见表 4-1。

表 4-1 冲裁变形过程

序号	名称	图示	说明
1	弹性变形阶段	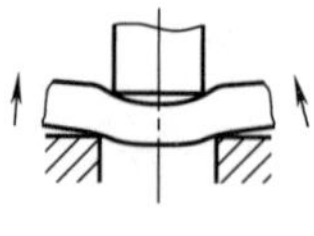	凸模接触板料后开始加压，板料在凸、凹模作用下产生弹性压缩、拉伸、弯曲、挤压等变形。此阶段以材料内的应力达到弹性极限为止。这时，凸模下的材料略呈弯曲状，凹模上的板料向上翘起，凸、凹模之间的间隙越大，则弯曲与翘起的程度也越大。在此阶段，一旦凸模卸载，板料立即恢复原状态
2	塑性变形阶段	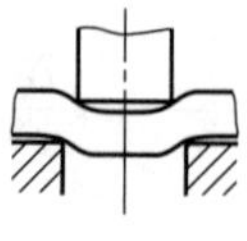	随着凸模继续压入板料，压力增加，当材料内的应力状态满足塑性条件时，开始产生塑性变形，进入塑性变形阶段。随凸模挤入板料深度的增大，塑性变形程度增大，变形区材料硬化加剧，冲裁变形抗力不断增大，直到刃口附近侧面的材料由于拉应力的作用出现微裂纹时，塑性变形阶段结束，此时冲裁变形抗力达到最大值

序号	名称	图示	说明
3	断裂分离阶段	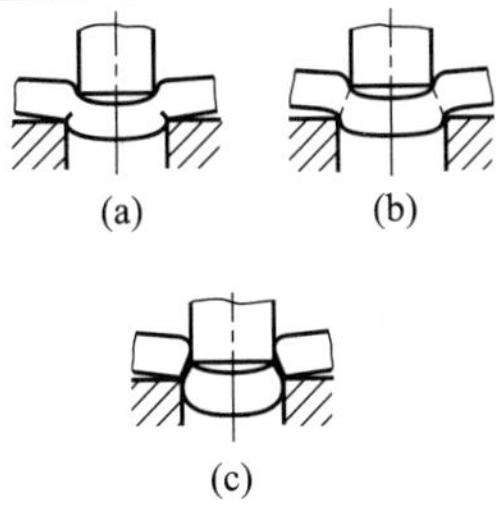 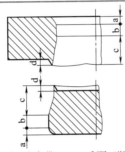 (a)　　(b) (c)	如图（a）～图（c）所示，凸模继续下压，使刃口附近的变形区的应力达到材料的破坏应力，在凹、凸模刃口侧面的变形区先后产生裂纹。已形成的上、下裂纹逐渐扩大，并沿最大切应力方向向材料内层延伸，直至两裂纹相遇，板料被剪断分离，冲裁过程结束

4.2.2 冲裁件断面分析

冲裁件断面可分为明显的四部分：塌角、光面（光亮带）、毛面（断裂带）和毛刺，见表4-2。

表4-2 冲裁件断面分析

a—塌角；b—光面（光亮带）；c—毛面（断裂带）；d—毛刺

序号	名称	说明
1	塌角	塌角也称为圆角带，是冲裁过程中刃口附近的材料被牵连拉入变形（弯曲和拉伸）造成的结果。材料的塑性越好，凸模与凹模的间隙越大，塌角越大
2	光面（光亮带）	光面也称为剪切面，是刃口切入板料后产生塑性变形时，凸、凹模侧面与材料挤压形成的光亮垂直的断面。光面是最理想的冲裁断面，冲裁件的尺寸精度就是以光面处的尺寸来衡量的。普通冲裁时，光面的宽度约占板料厚度的1/3～1/2。材料的塑性越好，光面就越宽
3	毛面（断裂带）	毛面是由主裂纹贯通而形成的表面十分粗糙且有一定斜度的撕裂面。塑性差的材料撕裂倾向严重，毛面所占比例也大
4	毛刺	冲裁毛刺是在刃口附近的侧面上，材料出现微裂纹时形成的。当凸模继续下行时，便使已形成的毛刺拉长并残留在冲裁件上。冲裁间隙越小，毛刺的高度越小

4.3 冲裁间隙

冲裁凸模和凹模之间的刃口尺寸差称为间隙。冲裁间隙不仅对冲裁件的质量有极重要的影响，而且还影响模具寿命、冲裁力、卸料力和推件力等。因此，间隙是冲裁模设计的一个非常重要的参数。

4.3.1 间隙对制件质量的影响

冲裁件的质量主要通过切断面质量、尺寸精度和表面平直度来判断。在影响冲裁件质量的诸多因素中，间隙是主要的因素之一。

（1）间隙对断面质量的影响

冲裁件的断面质量主要指塌角的大小、光面（光亮带）约占板厚的比例、毛面（断裂带）的斜角大小及毛刺等。

合理的冲裁间隙，冲裁时上、下刃口处所产生的剪切裂纹基本重合。这时光面约占板厚的 1/2～1/3，切断面的塌角、毛刺和斜度均很小，完全可以满足一般冲裁的要求。

间隙过小时，凸模刃口处的裂纹比合理间隙时向外错开一段距离。上、下裂纹之间的材料，随冲裁的进行将被第二次剪切，然后被凸模挤入凹模洞口。这样，在冲裁件的切断面上形成第二个光面，在两个光面之间形成毛面，在端面出现挤长的毛刺，如图 4-1 所示。这种挤长毛刺虽比合理间隙时的毛刺高一些，但易去除，而且毛面的斜度和塌角小，冲裁件的翘曲小，所以只要中间撕裂不是很深，仍可使用。

间隙过大时，凸模刃口处的裂纹比合理间隙时向内错开一段距离。材料的弯曲与拉伸增大，拉应力增大，塑性变形阶段较早结束，致使断面光面减小，塌角与斜度增大，形成厚而大的拉长毛刺，且难以去除；同时冲裁件的翘曲现象严重。

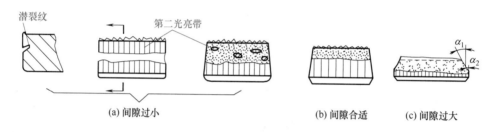

图 4-1　间隙对冲裁件断面质量的影响

若间隙分布不均匀，则在小间隙的一边形成双光面，大间隙的一边形成很大的塌角及斜度。

（2）间隙对尺寸精度的影响

冲裁件的尺寸精度是指冲裁件的实际尺寸与基本尺寸的差值，差值越小，则精度越高。从整个冲裁过程来看，影响冲裁件的尺寸精度有两大方面的因素：一是冲模本身的制造偏差；二是冲裁结束后冲裁件相对于凸模或凹模尺寸的偏差。

冲裁件产生偏离凸、凹模尺寸的原因：当冲裁件从凹模内推出（落料）或从凸模卸下（冲孔）时，相对于凸、凹模尺寸就会产生偏差。当间隙较大时，材料所受拉伸作用增大，使落料件尺寸小于凹模尺寸，冲孔件尺寸大于凸模尺寸；间隙较小时，则由于材料受凸、凹模侧向挤压力增大，使落料件尺寸大于凹模尺寸，冲孔件尺寸小于凸模尺寸。

材料性质直接决定了该材料在冲裁过程中的弹性变形量。对于比较软的材料，弹性变形量较小，冲裁后的弹性回复值亦较小，因而冲裁件的精度较高，硬的材料则正好相反。

材料的相对厚度越大，弹性变形量越小，因而冲裁件的精度也越高。

冲裁件尺寸越小，形状越简单，则精度越高。这是由于模具精度易保证，间隙均匀，冲裁件的翘曲小，以及冲裁件的弹性变形绝对量小。

4.3.2　间隙对模具寿命的影响

模具寿命受各种因素的综合影响，间隙是影响模具寿命的主要因素之一。冲裁模常以刃口磨损、崩刃及凹模洞口胀裂等三种形式失效。这些都与冲裁间隙值的大小有关。

（1）间隙对磨损的影响

冲裁时凸、凹模受力及磨损情况如图 4-2 所示。

冲裁时，由于材料的弯曲变形，凹模上的材料向上翘，凸模下的材料向下弯，因此，材料对凸模和凹模的反作用力主要集中在凸、凹模刃口环形带部分。当间隙较小时，垂直力和侧压力增大，摩擦力增大，加剧凸、凹模刃口的磨损；随后，二次剪切产生的金属碎屑又加剧刃口侧面的磨损；冲裁后卸料和推件时材料与凸、凹模之间的滑动摩擦将再次造成刃口侧面的磨损，使得刃口侧面的磨损比端面的磨损大。所以，在保证冲裁件质量的前提下，为了减小凸、凹模的磨损，延长模具的使用寿命，应采用大间隙冲裁。表 4-3 为一些试验数据，供参考。

（2）间隙对崩刃的影响

当采用小间隙冲裁时，凸、凹模刃口的垂直力和侧压力增大。另外，模具受到制造误差和装配精度的限制，凸模不可能绝对垂直于凹模上平面，间隙也不会绝对均匀分布，过小的间隙会造成冲模刃口的振动，造成凸模与凹模啃口甚至崩刃。

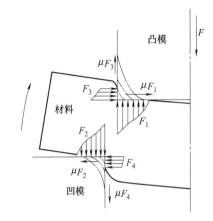

图 4-2　冲裁时凸、凹模受力及磨损情况

F—冲裁力；F_1，F_2—材料对凸模与凹模的垂直反作用力；F_3，F_4—材料对凸模与凹模的侧压力；μF_1，μF_2—材料对凸模与凹模端面的摩擦力；μF_3，μF_4—材料对凸模与凹模侧面的摩擦力；双点画线—凸模与凹模的磨损情况

表 4-3　扩大间隙对冲裁模寿命的影响

材料	厚度 t /mm	洛氏硬度	小间隙		大间隙		寿命提高倍数 /%
			单面间隙 ($l/2$) /%	刃磨寿命 / 千次	单面间隙 ($l/2$) /%	刃磨寿命 / 千次	
低碳钢	0.5	22HRC	2.5t	115	5.0t	230	100
低碳钢	1.2	—	5.0t	10	12.5t	68	580
低碳钢	1.5	77HRB	4.5t	130	12.5t	400	208
高碳钢	3.2	9HRC	2.5t	30	8.5t	240	700
不锈钢	0.12	45HRC	20.0t	15	42.0t	125	900
不锈钢	1.2	16HRC	6.5t	12	11.0t	30	150
黄铜	1.2	—	3.5t	15	7.0t	110	633
铍青铜	0.08	95HRB	8.5t	300	25.0t	600	100

（3）间隙对凹模洞口胀裂的影响

当采用小间隙冲裁时，落料件的尺寸由于弹性恢复大于凹模尺寸，因而紧紧梗塞于凹模洞口。当凹模洞口梗塞的冲裁件数量较多时，推件力增大，冲裁件对凹模洞口的侧压力增大，容易将凹模洞口胀裂。当采用大间隙冲裁时，落料件尺寸小于凹模刃口尺寸，很容易从凹模洞口落下，推件力接近于零，冲裁件对凹模洞口的侧压力接近于零，不会把凹模洞口胀裂。

4.3.3　冲裁模合理间隙值的确定

凸模与凹模间每侧的间隙称为单面间隙，两侧间隙之和称为双面间隙。如无特殊说明，冲裁间隙就是指双面间隙。

（1）间隙值确定原则

从上述的冲裁分析中可看出，找不到一个固定的间隙值能同时满足冲裁件断面质量最佳，尺寸精度最高，翘曲变形最小，冲模寿命最长，冲裁力、卸料力、推件力最小等各方面的要求。因此，在冲压实际生产中，主要根据冲裁件断面质量、尺寸精度和模具寿命这几个因素给

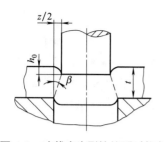

图 4-3 冲裁产生裂纹的瞬时状态

间隙规定一个范围值。只要间隙在这个范围内,就能得到合格的冲裁件和较长的模具寿命。这个间隙范围就称为合理间隙,合理间隙的最小值称为最小合理间隙,最大值称为最大合理间隙。设计和制造冲模时,应考虑到凸、凹模在使用中会因磨损而使间隙增大,故应按最小合理间隙值确定模具间隙。

(2)间隙值确定方法

确定凸、凹模合理间隙的方法有理论法、经验确定法和查表法三种。

1)理论法

用理论法确定合理间隙值,是根据材料在凸、凹模刃口周围产生剪裂纹成直线会合,若以此作为合理间隙理论值的计算依据,则图4-3所示为冲裁过程中开始产生裂纹的瞬时状态,根据图中几何关系可求得合理间隙 z 为

$$z = 2(t - h_0)\tan\beta = 2t\left(1 - \frac{h_0}{t}\right)\tan\beta \qquad (4\text{-}1)$$

式中　t——材料厚度,mm;

　　h_0——产生裂纹时凸模挤入材料深度,mm;

　　h_0/t——产生裂纹时凸模挤入材料的相对深度,见表4-4;

　　β——剪切裂纹与垂线间的夹角,见表4-4。

表 4-4　h_0/t 与 β 值

材料	h_0/t		$\beta/(°)$	
	退火	硬化	退火	硬化
软钢、纯铜、软黄铜	0.5	0.35	6	5
中硬钢、硬黄铜	0.3	0.2	5	4
硬钢、硬青铜	0.2	0.1	4	4

由式(4-1)可知,合理间隙 z 主要取决于材料厚度 t 和凸模相对挤入深度 h_0/t,然而 h_0/t 不仅与材料塑性有关,而且还受料厚的综合影响。因此,材料厚度越大,塑性越低的硬脆材料,所需间隙值 z 就越大;料厚越薄,塑性越好的材料,所需间隙值 z 就越小。

2)经验确定法

经验确定法是一种比较简单实用的间隙确定法,其值用被冲板料厚度乘以间隙系数表示,即

$$z = mt \qquad (4\text{-}2)$$

式中　z——合理双面冲裁间隙,mm;

　　m——系数,与材料性质、厚度有关,见表4-5~表4-8,表中数值为百分数;

　　t——材料厚度,mm。

表 4-5　冲裁间隙系数 m

材料	料厚 $t < 3mm$	料厚 $t > 3mm$
软钢、纯铁	6%~9%	15%~19%
铜、铝合金	6%~10%	16%~21%
硬钢	8%~12%	17%~25%

表 4-6　日本冲压手册推荐的冲裁间隙系数（供参考）

材料	间隙系数 m	材料	间隙系数 m
软铝、坡莫合金	10% ～ 16%	不锈钢、硅钢	14% ～ 24%
纯铁、软铜、铝	12% ～ 18%	黄铜、青铜、锌白铜、硬铝	12% ～ 20%
硬钢	16% ～ 24%		

表 4-7　美国金属材料手册推荐的冲裁间隙系数（供参考）

材料	间隙系数 m	材料	间隙系数 m
软铝、锻铝	13.6% ～ 27.2%	中等硬度钢	22.4% ～ 44.8%
硬铝、黄铜、软钢	18% ～ 36%		

表 4-8　非金属材料冲裁间隙系数

材料	初始双面间隙系数 m	材料	初始双面间隙系数 m
酚醛层压板 石棉板 橡胶板 有机玻璃板 环氧酚醛玻璃布	3% ～ 6%	云母片	3% ～ 6%[①]
		皮革纸	0.5% ～ 1.5%
红纸板 胶纸板 胶布板	1% ～ 4%	纤维板	4%
		毛毡	0 ～ 0.4%

① 该值为笔者根据工厂多年实际应用体会而定，正常使用取 5% 较多。

表 4-6 和表 4-7 摘录了部分国外间隙系数资料，日本与美国所推荐的间隙系数相近，但比我国现行间隙系数大。

3）查表法

由于理论计算法在生产中使用不方便，故查表法是目前冲模设计时普遍采用的一种方法。不同行业、不同产品、不同要求，在具体确定间隙大小时，应有区别。汽车、拖拉机行业常用冲裁模刃口初始双面间隙值见表 4-9。机电行业常用冲裁模刃口初始双面间隙值见表 4-10、表 4-11。电子、仪表、精密机械等的一些产品制件，精度要求较高，用料较薄，可取较小间隙值，见表 4-12。不锈钢 1Cr18Ni9Ti 的冲裁间隙值见表 4-13。有关冲裁间隙用的资料较多，但都是经验数值，供参考选用。

表 4-9　冲裁模刃口初始双面间隙（汽车、拖拉机行业）　　　　单位：mm

材料厚度	08, 10, 35 09Mn, Q235		16Mn		40, 50		65Mn	
	z_{min}	z_{max}	z_{min}	z_{max}	z_{min}	z_{max}	z_{min}	z_{max}
< 0.5	极小间隙							
0.5	0.040	0.060	0.040	0.060	0.040	0.060	0.040	0.060
0.6	0.048	0.072	0.048	0.072	0.048	0.072	0.048	0.072
0.7	0.064	0.092	0.064	0.092	0.064	0.092	0.064	0.092
0.8	0.072	0.104	0.072	0.104	0.072	0.104	0.064	0.092
0.9	0.092	0.126	0.090	0.126	0.090	0.126	0.090	0.126
1.0	0.100	0.140	0.100	0.140	0.100	0.140	0.090	0.126
1.2	0.126	0.180	0.132	0.180	0.132	0.180	—	—
1.5	0.132	0.240	0.170	0.240	0.170	0.240	—	—
1.75	0.220	0.320	0.220	0.320	0.220	0.320	—	—
2.0	0.246	0.360	0.260	0.380	0.260	0.380	—	—
2.1	0.260	0.380	0.280	0.400	0.280	0.400	—	—

材料厚度	08, 10, 35 09Mn, Q235		16Mn		40, 50		65Mn	
	z_{min}	z_{max}	z_{min}	z_{max}	z_{min}	z_{max}	z_{min}	z_{max}
2.5	0.260	0.500	0.380	0.540	0.380	0.540	—	—
2.75	0.400	0.560	0.420	0.600	0.420	0.600	—	—
3.0	0.460	0.640	0.480	0.660	0.480	0.660	—	—
3.5	0.540	0.740	0.580	0.780	0.580	0.780	—	—
4.0	0.610	0.880	0.680	0.920	0.680	0.920	—	—
4.5	0.720	1.000	0.680	0.960	0.780	1.040	—	—
5.5	0.940	1.280	0.780	1.100	0.980	1.320	—	—
6.0	1.080	1.440	0.840	1.200	1.140	1.500	—	—
6.5	—	—	0.940	1.300	—	—	—	—
8.0	—	—	1.200	1.680	—	—	—	—

表 4-10　冲裁模刃口初始双面间隙（一）（机电行业）　　　　单位：mm

材料名称	45 T7，T8（退火） 65Mn（退火） 磷青铜（硬） 铍青铜（硬）		10，15，20，30 钢板、冷轧钢带、 H62，H65（硬） 2A12（硬铝） 硅钢片		08、10、15、Q215、 Q235 钢板 H62，H68（半硬） 纯铜（硬） 磷青铜（软） 铍青铜（软）		H62，H68（软） 纯铜（软） 3A12、5A02 纯铝 1060～1200 2A12（退火）	
力学性能	≥190HBW		140～190HBW		70～140HBW		≤70HBW	
	$R_m \geq 600MPa$		$R_m=400～600MPa$		$R_m=300～400MPa$		$R_m \leq 300MPa$	
厚度 t	初始间隙 z							
	z_{min}	z_{max}	z_{min}	z_{max}	z_{min}	z_{max}	z_{min}	z_{max}
0.1	0.015	0.035	0.01	0.03	*	—	*	—
0.2	0.025	0.045	0.015	0.035	0.01	0.03	*	—
0.3	0.04	0.06	0.03	0.05	0.02	0.04	0.01	0.03
0.5	0.08	0.10	0.06	0.08	0.04	0.06	0.025	0.045
0.8	0.13	0.16	0.10	0.13	0.07	0.10	0.045	0.075
1.0	0.17	0.20	0.13	0.16	0.10	0.13	0.065	0.095
1.2	0.21	0.24	0.16	0.19	0.13	0.16	0.075	0.105
1.5	0.27	0.31	0.21	0.25	0.15	0.19	0.10	0.14
1.8	0.34	0.38	0.27	0.31	0.20	0.24	0.13	0.17
2.0	0.38	0.42	0.30	0.34	0.22	0.26	0.14	0.18
2.5	0.49	0.55	0.39	0.45	0.29	0.35	0.18	0.24
3.0	0.62	0.68	0.49	0.55	0.36	0.42	0.23	0.29
3.5	0.73	0.81	0.58	0.66	0.43	0.51	0.27	0.35
4.0	0.86	0.94	0.68	0.76	0.50	0.58	0.32	0.40
4.5	1.00	1.08	0.78	0.86	0.58	0.66	0.37	0.45
5.0	1.13	1.23	0.90	1.00	0.65	0.75	0.42	0.52
6.0	1.40	1.50	1.10	1.20	0.82	0.92	0.53	0.63
8.0	2.00	2.12	1.60	1.72	1.17	1.29	0.76	0.88
10	2.60	2.72	2.10	2.22	1.56	1.68	1.02	1.14
12	3.30	3.42	2.60	2.72	1.97	2.09	1.30	1.42

注：有 * 处均系无间隙。

表 4-11 冲裁模刃口初始双面间隙（二）（机电行业）　　　　　　　　　　　单位：mm

材料厚度 t	软铝 1060（L2）、1050（L3）1035（L4）、1200（L5）		08F、10、15 钢板、H62、T1、T2、T3		Q235、35CrMo、QSnP10-1、D41、D44		T8、45 1Cr18Ni9	
	z_{min}	z_{max}	z_{min}	z_{max}	z_{min}	z_{max}	z_{min}	z_{max}
0.35	—	—	0.01	0.03	0.02	0.05	0.03	0.05
0.5	0.02	0.03	0.02	0.04	0.03	0.07	0.04	0.08
0.8	0.025	0.045	0.04	0.07	0.06	0.10	0.09	0.12
1.0	0.04	0.06	0.05	0.08	0.08	0.12	0.11	0.15
1.2	0.05	0.07	0.07	0.10	0.10	0.14	0.14	0.18
1.5	0.06	0.10	0.08	0.12	0.13	0.17	0.19	0.23
1.8	0.07	0.11	0.12	0.16	0.17	0.22	0.23	0.27
2.0	0.08	0.12	0.13	0.18	0.20	0.24	0.28	0.32
2.5	0.11	0.17	0.16	0.22	0.25	0.31	0.37	0.43
3.0	0.14	0.20	0.21	0.27	0.33	0.39	0.48	0.54
3.5	0.18	0.26	0.25	0.33	0.42	0.49	0.58	0.65
4.0	0.21	0.29	0.32	0.40	0.52	0.60	0.68	0.76
4.5	0.26	0.34	0.38	0.46	0.64	0.72	0.79	0.88
5.0	0.30	0.40	0.45	0.55	0.75	0.85	0.90	1.0
6.0	0.40	0.50	0.60	0.70	0.97	1.07	1.16	1.26
8.0	0.60	0.72	0.85	0.97	1.46	1.58	1.75	1.87
10	0.80	0.92	1.14	1.26	2.04	2.16	2.44	2.56

表 4-12 冲裁模刃口初始双面间隙（电器、仪表等行业）　　　　　　　　　　单位：mm

材料厚度 t	软铝				纯铜、黄铜、软钢（ω_c=0.08%～0.2%）				硬铝、硅钢片、中等硬度钢（ω_c=0.3%～0.4%）				硬钢（ω_c=0.5%～0.6%）			
	初始间隙值 z															
	最小		最大		最小		最大		最小		最大		最小		最大	
	为 t 的 %	双面	为 t 的 %	双面	为 t 的 %	双面	为 t 的 %	双面	为 t 的 %	双面	为 t 的 %	双面	为 t 的 %	双面	为 t 的 %	双面
0.2	4	0.008	6	0.012	5	0.010	7	0.014	6	0.012	8	0.016	7	0.014	9	0.018
0.3		0.012		0.018		0.015		0.021		0.018		0.024		0.021		0.027
0.4		0.016		0.024		0.020		0.028		0.024		0.032		0.028		0.036
0.5		0.020		0.030		0.025		0.035		0.030		0.040		0.035		0.045
0.6		0.024		0.036		0.030		0.042		0.036		0.048		0.042		0.054
0.7		0.028		0.042		0.035		0.049		0.042		0.056		0.049		0.063
0.8		0.032		0.048		0.040		0.056		0.048		0.064		0.056		0.072
0.9		0.036		0.054		0.045		0.063		0.054		0.072		0.063		0.081
1.0		0.040		0.060		0.050		0.070		0.060		0.080		0.070		0.090
1.2	5	0.060	7	0.084	6	0.072	8	0.096	7	0.084	9	0.108	8	0.096	10	0.120
1.5		0.075		0.105		0.090		0.120		0.105		0.135		0.120		0.150
1.8		0.090		0.126		0.108		0.144		0.126		0.162		0.144		0.180
2.0		0.100		0.140		0.120		0.160		0.140		0.180		0.160		0.200
2.2	6	0.132	8	0.176	7	0.154	9	0.198	8	0.176	10	0.220	9	0.198	11	0.242
2.5		0.150		0.200		0.175		0.225		0.200		0.250		0.225		0.275
2.8		0.168		0.224		0.196		0.252		0.224		0.280		0.252		0.308
3.0		0.180		0.240		0.210		0.270		0.240		0.300		0.270		0.330
3.5	7	0.245	9	0.315	8	0.280	10	0.350	9	0.315	11	0.385	0	0.350	12	0.420
4.0		0.280		0.360		0.320		0.400		0.360		0.440		0.400		0.480
4.5		0.315		0.405		0.360		0.405		0.405		0.495		0.450		0.540
5.0		0.350		0.450		0.400		0.500		0.450		0.550		0.500		0.600
6.0	8	0.480	10	0.600	9	0.540	11	0.660	10	0.600	12	0.720	11	0.660	13	0.780
7.0		0.560		0.700		0.630		0.770		0.700		0.840		0.770		0.910
8.0	9	0.720	11	0.880	10	0.800	12	0.960	11	0.880	13	1.040	12	0.960	14	1.120
9.0		0.810		0.990		0.900		1.080		0.990		1.170		1.080		1.260
10.0		0.900		1.100		1.000		1.200		1.100		1.300		1.200		1.400

注：1. 初始间隙的最小值，相当于间隙的公称数值。

2. 初始间隙的最大值，是考虑到凸模和凹模的制造公差所增加的数值。

3. 在使用过程中，由于模具工作部分的磨损，间隙将有所增加，因而间隙的使用最大数值要超过表列数值。

表 4-13 不锈钢 1Cr18Ni9Ti 的冲裁间隙

料厚	双面间隙 z			料厚	双面间隙 z		
	z_{min}	$z_{合适}$	z_{max}		z_{min}	$z_{合适}$	z_{max}
0.6	0.040	0.055	0.110	1.8	0.110	0.190	0.360
0.8	0.050	0.090	0.160	2.0	0.120	0.200	0.400
1.0	0.080	0.130	0.220	2.5	0.150	0.230	0.500
1.2	0.085	0.145	0.265	3.0	0.180	0.300	0.600
1.5	0.090	0.165	0.300	—	—	—	—

4.4　冲裁凸模与凹模刃口尺寸计算

冲裁凸、凹模的刃口尺寸和公差，直接影响冲裁件的尺寸精度。合理的间隙值也是靠凸模和凹模刃口的尺寸和公差来保证。它的确定需考虑到冲裁变形的规律、冲裁件精度要求、模具磨损和制造特点等情况。

4.4.1　冲裁凸、凹模刃口尺寸计算原则

实践证明，落料件的尺寸接近于凹模刃口的尺寸，而冲孔件的尺寸则接近于凸模刃口的尺寸。在测量与使用中，落料件以大端尺寸为基准，冲孔件以小端尺寸为基准，即落料和冲孔是以光亮带尺寸为基准的。冲裁时，凸模会愈磨愈小，凹模会愈磨愈大。考虑以上情况，在决定模具刃口尺寸及其制造公差时应遵循以下原则：

① 落料时，制件尺寸取决于凹模尺寸；冲孔时，孔的尺寸取决于凸模尺寸。故设计落料模时，应以凹模为基准，间隙取在凸模上；设计冲孔模时，应以凸模为基准，间隙取在凹模上。因使用中，随着模具的磨损，凸、凹模间隙将越来越大，所以在设计模具时，凸、凹模间隙应取最小合理间隙。

② 由于冲裁中凸模、凹模的磨损，故在设计落料模时，凹模公称尺寸应取制件尺寸公差范围内的较小尺寸；设计冲孔模时，凸模公称尺寸应取制件尺寸公差范围内的较大尺寸。这样，在凸模、凹模受到一定磨损的情况下仍能冲出合格制件。

③ 凹、凸模的制造公差主要与冲裁件的精度和形状有关，一般比冲裁件的精度高 2～3 级。若制件没有标注公差，则对于非圆形件，按国家标准"非配合尺寸的公差数值"的 IT14 精度处理，圆形件可按 IT10 精度处理。模具精度与冲裁件精度对应关系见表 4-14。

表 4-14　模具精度与冲裁件精度对应关系

冲模制造精度	材料厚度 t/mm											
	0.5	0.8	1.0	1.5	2	3	4	5	6	8	10	12
IT6～IT7	IT8	IT8	IT9	IT10	IT10	—	—	—	—	—	—	—
IT7～IT8	—	IT9	IT10	IT10	IT12	IT12	IT12	—	—	—	—	—
IT9	—	—	IT12	IT12	IT12	IT12	IT12	IT12	IT14	IT14	IT14	IT14

④ 冲裁模刃口尺寸均按凸凹模实际变化规律标注，即凹模刃口尺寸偏差标注正值，凸模刃口尺寸偏差标注负值；而对于孔心距，以及不随刃口磨损而变的尺寸，取双向偏差。

冲裁模刃口尺寸与公差位置关系见图 4-4。

4.4.2 冲裁凸、凹模刃口尺寸计算

由于模具的加工和测量方法不同，凸模与凹模刃口部分尺寸的计算方法可分为两类。

（1）凸模与凹模分开加工

这种方法适用于圆形或简单规则形状的冲裁件。为了保证合理的间隙值，其制造公差（凸模制造公差 δ_p，凹模制造公差 δ_d）必须满足下列关系：

$$\left|\delta_p\right| + \left|\delta_d\right| \leqslant z_{max} - z_{min}$$

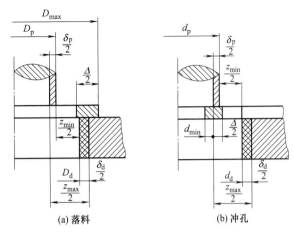

图 4-4　冲裁模刃口尺寸与公差位置

其取值有以下几种方法：

① 按表 4-15 查取。

② 规则形件一般可按凸模 IT6、凹模 IT7 级精度，查标准公差表 GB/T 1800.4—2009 选取。

③ 按下式取值：

$$\delta_p = 0.4(z_{max} - z_{min}), \quad \delta_d = 0.6(z_{max} - z_{min}) \tag{4-3}$$

表 4-15　规则形状（圆形、方形）冲裁时凸、凹模制造公差　　　　　单位：mm

基本尺寸	凸模公差	凹模公差	基本尺寸	凸模公差	凹模公差
≤ 18	0.020	0.020	> 180 ～ 260	0.030	0.045
> 18 ～ 30	0.020	0.025	> 260 ～ 360	0.035	0.050
> 30 ～ 80	0.020	0.030	> 360 ～ 500	0.040	0.060
> 80 ～ 120	0.025	0.035	> 500	0.050	0.070
> 120 ～ 180	0.030	0.040			

1）冲孔

$$d_p = (d_{min} + x\Delta)_{-\delta_p}^{\ 0} \tag{4-4}$$

$$d_d = (d_p + z_{min})_0^{+\delta_d} = (d_{min} + x\Delta + z_{min})_0^{+\delta_d} \tag{4-5}$$

2）落料

$$D_d = (D_{max} - x\Delta)_0^{+\delta_d} \tag{4-6}$$

$$D_p = (D_d - z_{min})_{-\delta_p}^{\ 0} = (D_{max} - x\Delta - z_{min})_{-\delta_p}^{\ 0} \tag{4-7}$$

3）孔心距

$$L_d = (L_{min} + 0.5\Delta) \pm 0.125\Delta \tag{4-8}$$

式中　D_d, D_p——落料凹模与凸模刃口尺寸，mm；

　　　　d_d, d_p——冲孔凹模与凸模刃口尺寸，mm；

　　　　L_{min}——制件孔距最小极限尺寸，mm；

　　　　D_{max}——落料件最大极限尺寸，mm；

　　　　d_{min}——冲孔件最小极限尺寸，mm；

δ_p, δ_d——凹模上偏差与凸模下偏差, mm;

Δ——冲裁件公差, mm;

z_{min}——凸、凹模最小初始双面间隙, mm;

x——磨损系数。

磨损系数与制件精度有关, 可按表4-16选取, 或按下列关系选取: 冲裁件精度IT10以上时, $x=1$; 冲裁件精度IT11~IT13时, $x=0.75$; 冲裁件精度IT14以下时, $x=0.5$。

表4-16 系数 x

材料厚度 t/mm	非圆形			圆形	
	1	0.75	0.5	0.75	0.5
	制件公差 Δ/mm				
≤1	≤0.16	0.17~0.35	≥0.36	<0.16	≥0.16
1~2	≤0.20	0.21~0.41	≥0.42	<0.20	≥0.20
2~4	≤0.24	0.25~0.49	≥0.50	<0.24	≥0.24
>4	≤0.30	0.31~0.59	≥0.60	<0.30	≥0.30

（2）凸模与凹模配合加工

对于形状复杂或薄材料的制件, 为了保证凸、凹模间一定的间隙值, 必须采用配合加工。此方法是先加工其中一件（凸模或凹模）作为基准件, 再以它为标准来加工另一件, 使它们之间保持一定的间隙。因此, 只在基准件上标注尺寸和公差, 另一件配模只标注公称尺寸及配作所留的间隙值。这样 δ_p、δ_d 就不再受间隙的限制。通常凸、凹模制造公差可取 $\delta=\Delta/4$。这种方法不仅容易保证很小的间隙, 而且还可放大基准件的制造公差, 使制模容易, 成本降低, 应用比较普遍。

1）落料模

落料时应以凹模为基准模配制凸模。设图4-5(a)为某落料凹模刃口形状及尺寸, 工作中, 凹模磨损后尺寸分变大、变小和不变三种情况。凹模相应尺寸用 A_d、B_d、C_d 表示。

① 凹模磨损后变大的尺寸 [图4-5(a)中 A 类尺寸, 即 A_1、A_2], 可按落料凹模尺寸公式计算。

$$A_d = (A_{min} - x\Delta)_0^{+\delta_d} \tag{4-9}$$

② 凹模磨损后变小的尺寸 [图4-5(a)中 B 类尺寸, 即 B_1、B_2], 相当于冲孔凸模尺寸。

$$B_d = (B_{min} + x\Delta)_{-\delta_d}^0 \tag{4-10}$$

③ 凹模磨损后不变的尺寸 [图4-5(a)中 C 类尺寸, 即 C_1、C_2], 相当于孔心距。

$$C_d = (C_{min} + 0.5\Delta) \pm \delta_d/2 \tag{4-11}$$

落料凸模刃口尺寸按凹模尺寸配制, 并在图样技术要求中注明"凸模尺寸按凹模实际尺寸配制, 保证双面间隙为 z_{min}"。

2）冲孔模

冲孔时应以凸模为基准模配制凹模。设图4-5(b)为某冲孔凸模刃口形状及尺寸, 工作时, 凸模磨损后尺寸分变大、变小和不变三种情况。凸模相应尺寸用 A_p、B_p、C_p 表示。

① 凸模磨损后变小的尺寸 [图4-5(b)中 A 类尺寸, 即 A_1、A_2], 可按冲孔凸模尺寸公式计算。

$$A_p = (A_{min} + x\Delta)_{-\delta_p}^0 \tag{4-12}$$

② 凸模磨损后变大的尺寸［图 4-5（b）中 B 类尺寸，即 B_1、B_2］，可按落料凹模尺寸公式计算。

$$B_p = \left(B_{max} - x\Delta \right)_0^{+\delta_p} \quad\quad (4\text{-}13)$$

③ 凸模磨损后不变的尺寸［图 4-5（b）中 C 类尺寸，即 C_1、C_2］，相当于孔心距。

$$C_p = \left(C_{min} + 0.5\Delta \right) \pm \delta_p / 2 \quad\quad (4\text{-}14)$$

此时，冲孔凹模刃口尺寸按凸模尺寸配制，并在图样技术要求中注明"凹模尺寸按凸模实际尺寸配制，保证双面间隙为 z_{min}"。

当一次需冲出制件上孔心距为 $L \pm \Delta/2$ 的孔时，$L_d = L \pm \Delta/8$。

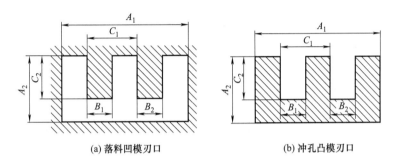

(a) 落料凹模刃口　　　　　　　　(b) 冲孔凸模刃口

图 4-5　冲裁模刃口尺寸类型

4.5　冲压力及降低冲压力的工艺措施

4.5.1　冲压力计算

冲压力包括冲裁力、卸料力、推料力、顶料力，卸料力、推料力、顶料力如图 4-6 所示。计算冲压力是选择压力机的基础。

（1）冲裁力

冲裁力是指冲压时的材料对凸模的最大抵抗力。

① 平刃口冲裁力计算

$$F = 1.3Lt\tau \quad 或 \quad F \approx Lt\sigma_b \quad\quad (4\text{-}15)$$

式中　F——冲裁力，N；

　　　L——冲裁件周边长度，mm；

　　　t——材料厚度，mm；

　　　τ——材料抗剪强度，MPa；

　　1.3——安全系数值（在生产中，考虑到刃口变钝、间隙不均匀、润滑状况、材料性能和料厚波动等因数而设，一般为 1.1～1.3，通常取 1.3，有些资料将安全系数用 K 表示，K=1.3）；

　　　σ_b——材料的抗拉强度，MPa。

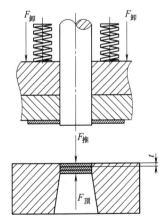

图 4-6　卸料力、推料力、顶料力

② 斜刃口冲裁力计算

$$F_{斜}=K_{减}F \tag{4-16}$$

式中　$F_{斜}$——斜刃冲裁力，N 或 kN；

　　　F——平刃冲裁力，N；

　　　$K_{减}$——减力系数，见表 4-17。

表 4-17　斜刃口冲裁减力系数 $K_{减}$

材料厚度 t/mm	斜刃高度 H/mm	斜角 φ/(°)	减力系数 $K_{减}$	平均冲裁力占平刃的百分比
< 3	$2t$	< 5	0.3～0.4	30%～40%
3～10	$t～2t$	5～8	0.6～0.65	60%～65%

（2）卸料力、推料力、顶料力

冲裁结束时，落下的料一般在径向会胀大，板料上的孔在径向会产生弹性收缩，同时板料力图恢复成原来的平直状态，导致板料上的孔紧箍在凸模上，板料的落下部分（制件）紧卡在凹模内。为使冲裁继续进行，应将箍在凸模上的部分卸下，将卡在凹模内的部分顺着冲裁方向推出。如图 4-6 所示，将材料（制件或废料）从凸模上卸下所需的力称为卸料力；将材料（或制件）从凹模内顺冲裁方向推出所需的力称为推料力；将卡在凹模内的制件或废料逆着冲裁方向顶出，所需的力称为顶料力或顶件力。这三种力是从压力机、卸料机构、推出机构和顶出机构获得的，故选择压力机的吨位或设计以上机构时，都需对这三种力进行计算。影响这些力的因素较多，主要有材料性能及厚度、冲裁间隙、制件形状及尺寸、搭边、模具结构以及润滑情况等。一般用下列经验公式计算：

① 卸料力是将箍在凸模上的材料卸下所需的力，即

$$F_{卸}=k_{卸}F \tag{4-17}$$

② 推料力是将落料件顺着冲裁方向从凹模孔推出所需的力，即

$$F_{推}=nk_{推}F \tag{4-18}$$

③ 顶料力是将落料件逆着冲裁方向顶出凹模孔所需的力，即

$$F_{顶}=k_{顶}F \tag{4-19}$$

式中　$k_{卸}$——卸料力系数；

　　　$k_{推}$——推料力系数；

　　　$k_{顶}$——顶料力系数；

　　　n——凹模孔内存件的个数，$n=h/t$（h 为凹模刃口直壁高度，t 为制件厚度）；

　　　F——冲裁力。

卸料力、推料力和顶料力系数可查表 4-18。

表 4-18　卸料力、推料力、顶料力系数

料厚 /mm		$k_{卸}$	$k_{推}$	$k_{顶}$
钢	≤ 0.1	0.065～0.075	0.1	0.14
	> 0.1～0.5	0.045～0.055	0.063	0.08
	> 0.5～2.5	0.04～0.05	0.055	0.06
	> 2.5～6.5	0.03～0.04	0.045	0.05
	> 6.5	0.02～0.03	0.025	0.03
铝、铝合金		0.025～0.08	0.03～0.07	
纯铜、黄铜		0.02～0.06	0.03～0.09	

④ 冲压设备的选择。当冲压过程中同时存在卸料力、推料力和顶料力时，总冲压力 $F_总 = F + F_卸 + F_推 + F_顶$，这时所选压力机的吨位需大于 $F_总$ 约 30% 左右。

当 $F_卸$、$F_推$、$F_顶$ 并不是与 F 同时出现时，则计算 $F_总$ 只加上与 F 同一瞬间出现的力即可。

4.5.2　降低冲裁力的工艺措施

降低冲裁力的目的是使较小吨位的压力机能冲裁较大、较厚的制件，常采用阶梯冲裁、斜刃冲裁和加热冲裁等方法。

（1）阶梯冲裁

在多凸模的冲模中，将凸模做成不同高度，按阶梯分布，可使各凸模冲裁力的最大值不同时出现，从而降低冲裁力。

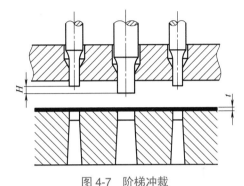

图 4-7　阶梯冲裁

阶梯式凸模不仅能降低冲裁力，而且能减少压力机的振动。在直径相差较大、距离又很近的多孔冲裁中，一般将小直径凸模做短些，可以避免小直径凸模因受被冲材料流动产生水平力的作用，而产生折断或倾斜的现象。在连续冲模中，可将不带导正销的凸模做短些。图 4-7 中 H 为阶梯凸模高度差，对于薄料，可取长、短凸模高度 H 等于料厚；对于 $t > 3\text{mm}$ 的厚料，H 取料厚的一半即可。

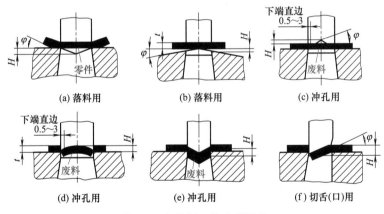

图 4-8　各种斜刃的冲裁形式

（2）斜刃冲裁

用平刃口模具冲裁时，整个制件周边同时参加冲裁工作，冲裁力较大。采用斜刃冲裁时，模具整个刃口不与制件周边同时接触，而是逐步将材料切离，因此，冲裁力显著降低。

各种斜刃的形式如图 4-8 所示。采用斜刃口冲裁时，为了获得平整制件，落料时凸模应为平刃，将斜刃口开在凹模上。冲孔时相反，凹模应为平刃，凸模为斜刃，一般做成波峰形，波峰应对称布置，以免冲裁时模具承受单向侧压力而发生偏移，啃伤刃口。向一边斜的斜刃只能用于切舌或切开。斜刃模用于大型零件时，一般把斜刃布置成多个波峰的形式。

斜刃冲裁模刃口制造和修磨都比较复杂，且刃口易磨损，得到的制件不够平整，使用中应引起注意。

斜刃主要参数的设计：斜刃角 φ 和斜刃高度 H 与板料厚度有关，按表 4-19 选用。

表 4-19　斜刃参数 H、φ 值

材料厚度 t/mm	斜刃高度 H	斜刃角 φ
< 3	$2t$	< 5°
3 ～ 10	t	< 8°

4.5.3　计算冲裁功的意义和冲裁功的验算

（1）冲裁功

冲模设计在选用冲裁所需要的压力机时，往往只考虑其吨位大小，即首先进行冲裁力的计算，只要冲裁工序所需的冲裁力小于压力机公称压力就可以了。但应该指出，仅这样做是不全面的，即在选用压力机时不但要对压力机公称压力进行核算，而且还要进行功的验算。这是因为，压力机的压力取决于它的曲轴弯曲强度和齿轮轮廓的剪切强度。而压力机的功率则取决于压力机飞轮所储备的能量大小和电动机输出功率大小及其允许的超载能力。

当选择压力机时，如果是一般较薄材料冲裁，此时由于冲裁功不大，可凭经验判断，不必进行冲裁功的验算。但对于小间隙冲裁、精密冲裁、厚料冲裁和冲裁力较大，接近压力机公称压力以及使用连续行程的级进模，或由于模具间隙不均匀、模具刃口磨损增大等原因使冲压力增大，则有可能因功率超载而使压力机飞轮转速急剧下降，致使电动机由于超载而烧毁，甚至因冲裁功超载而造成设备事故。因此，对于大型及材料较厚的制件冲裁，都要进行功的核算。

（2）冲裁功验算

在平刃冲裁时，冲裁功按下式计算：

$$W = \frac{xFt}{1000} \tag{4-20}$$

式中　W——冲裁功，J；

F——冲裁力，N 或 kN；

t——板料厚度；

x——修正系数，其值见表 4-20。

表 4-20　系数 x 值

材料	板料厚度 /mm			
	< 1	1 ～ 2	2 ～ 4	> 4
	系数 x 值			
软钢（τ=250 ～ 350MPa）	0.70 ～ 0.65	0.65 ～ 0.60	0.60 ～ 0.50	0.45 ～ 0.35
中硬钢（τ=350 ～ 500MPa）	0.60 ～ 0.55	0.55 ～ 0.50	0.50 ～ 0.42	0.40 ～ 0.30
硬钢（τ=500 ～ 700MPa）	0.45 ～ 0.40	0.40 ～ 0.35	0.35 ～ 0.30	0.30 ～ 0.15
铜、铝（退火状态）	0.75 ～ 0.70	0.70 ～ 0.65	0.65 ～ 0.55	0.50 ～ 0.40

在选用压力机时，必须满足 $W < W_{冲}$。

$W_{冲}$ 为压力机所规定的每次行程总功。如 J11-100 型压力机规定了每次行程的总功：连续行程时为 3000J，单次行程时为 4000J。但有的压力机，没有标出每次行程总功数值，为了保证安全，可对压力机有效功进行计算。其计算式如下。

单次行程所需的总功：

$$W_{冲} = \frac{GD^2 n^2}{3540} \tag{4-21}$$

连续行程所需的总功：

$$W_{连冲} = \frac{GD^2 n^2}{67100} \qquad (4-22)$$

式中　G——压力机飞轮的质量，kg；

　　　D——压力机飞轮的直径，m；

　　　n——压力机飞轮的转速，r/min。

4.5.4　压力中心计算

冲压力合力的作用点称为压力中心。在设计冲裁模时，应尽量使压力中心与压力机滑块中心相重合，否则会产生偏心载荷，使模具导向部分和压力机导轨非正常磨损，使模具间隙不匀，严重时会啃刃口。对有模柄的冲模，使压力中心与模柄的轴线重合，在安装模具时，便能实现压力中心与滑块中心重合。

（1）形状简单的凸模压力中心的确定

由冲裁力可知，冲裁同一种制件时，F 的大小取决于 L，所以对简单形状的冲件，压力中心位于冲件轮廓图的几何中心。冲裁直线段时，其压力中心位于直线段的中点。冲裁圆弧段时，如图 4-9 所示，其压力中心可按下式计算：

$$x_0 = R \frac{180° \times \sin\alpha}{\pi\alpha} \qquad (4-23)$$

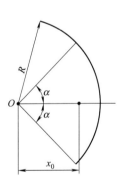

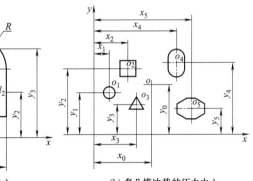

（a）复杂形状制件的压力中心　　　　（b）多凸模冲裁的压力中心

图 4-9　圆弧段中心　　　　　　图 4-10　冲裁模压力中心

（2）形状复杂凸模压力中心的确定

形状复杂凸模压力中心的确定方法有解析法、图解法等，常用的是解析法。解析法原理是理论力学力矩定理，即合力对于一个坐标轴的力矩等于各分力对该坐标轴力矩之和，具体方法如下（参考图 4-10）：

① 按比例画出冲裁轮廓线，选定直角坐标 x-y。

② 把图形的轮廓线分成几部分，计算各部分长度 l_1、l_2、$\cdots$、l_n，并求出各部分重心位置的坐标值 (x_1, y_1)、(x_2, y_2)、$\cdots$、(x_n, y_n)，冲裁件轮廓大多由直线段和圆弧构成，线段的重心就是线段的中心。圆弧的重心可按式（4-23）求出。

③ 按下列公式求冲模压力中心的坐标值 (x_0, y_0)。

$$x_0 = \frac{l_1 x_1 + l_2 x_2 + \cdots + l_n x_n}{l_1 + l_2 + \cdots + l_n} \qquad y_0 = \frac{l_1 y_1 + l_2 y_2 + \cdots + l_n y_n}{l_1 + l_2 + \cdots + l_n} \qquad (4-24)$$

对于多凸模的模具，可以先分别确定各凸模的压力中心，然后按上述原理求出模具的压力中心。此时式（4-24）中 l_1、l_2、$\cdots$、l_n 应为各凸模刃口轮廓线长度，(x_1, y_1)、(x_2, y_2)、$\cdots$、(x_n, y_n) 应为各凸模压力中心。

4.6 排样、搭边、料宽及材料利用率

4.6.1 排样方法

冲裁件在板料、带料或条料上的布置方法称为排样。排样是冲裁模设计中一项很重要的工作。在冲压零件的成本中，材料费用约占 60% 以上，排样方案对材料的经济利用具有很重要的意义，不仅如此，排样方案对制件质量、生产率、模具结构及寿命等都有重要影响。

冲裁排样有两种分类方法。

一种是从废料角度来分，可分为有废料排样、少废料排样和无废料排样三种。有废料排样时，制件与制件之间、制件与条料边缘之间都有搭边存在，冲裁件尺寸完全由冲模保证，精度高，并具有保护模具的作用，但材料利用率低。少废料或无废料排样时，制件与制件之间、制件与条料边缘之间存在较少搭边，或没有搭边存在，材料的利用率高，模具结构简单，但冲裁时由于凸模刃口受不均匀侧向力的作用，使模具易遭到破坏，冲裁件质量也较差。

另一种是按制件在材料上的排列形式来分，其排样形式示例见表 4-21。

表 4-21 排样形式分类示例

排样形式	有废料排样	少废料、无废料排样	适用范围
直排	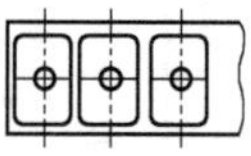	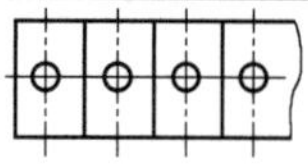	方形、矩形等简单制件
斜排	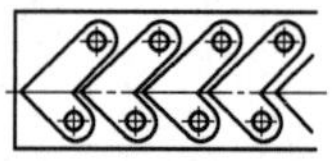	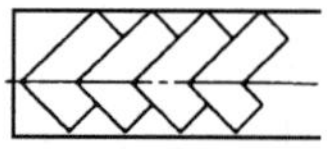	L 形、T 形、S 形、椭圆形等形状的制件
直对排	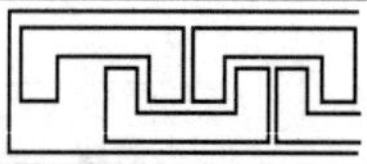	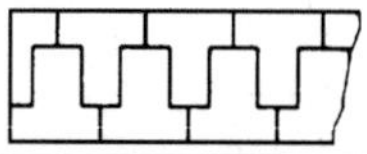	T 形、∩ 形、山形、梯形、三角形制件
斜对排	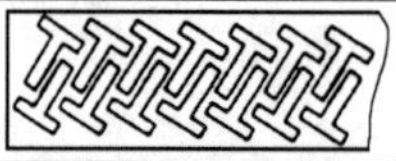	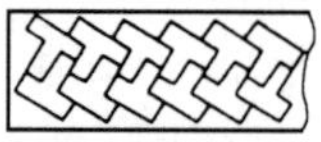	T 形、S 形、梯形等形状的制件
混合排	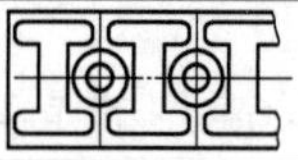	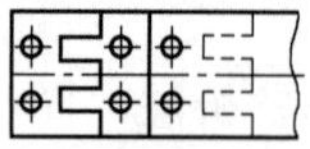	材料和厚度都相同的两种以上制件
多行排	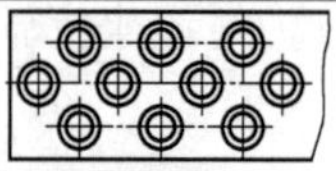		大批量生产的圆形、方形、六角形、矩形等规则形制件
裁搭边	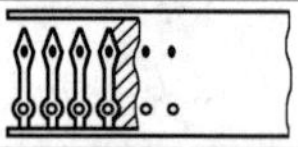	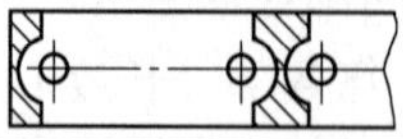	用于细长形制件或以宽度均匀的条料、带料冲制长形制件时

4.6.2 搭边与条料宽度

（1）搭边值的确定

排样时，冲裁件之间以及冲裁件与条料侧边之间留下的工艺废料叫搭边。搭边有两个作

用：一是补偿了定位误差和剪板下料误差，确保冲出合格制件；二是可以增加条料刚度，便于条料送进，提高劳动生产率。

搭边值需合理确定。搭边过大，材料利用率低；搭边过小，搭边的强度和刚度不够，在冲裁中将被拉断，制件产生毛刺，有时甚至单边拉入模具间隙，损坏模具刃口。搭边值目前由经验确定，其大小与以下几种因素有关：

① 一般来说，硬材料的搭边值可小些，软材料、脆材料的搭边值要大一些。

② 冲裁件尺寸大或有尖突的复杂形状，搭边值取大些。

③ 厚材料的搭边值取大一些。

④ 用手工送料、有侧压装置的搭边值可以小些。

低碳钢材料搭边值的经验值可以查表4-22，对于其他材料的搭边值，应将表中数值乘以下列系数：中碳钢，0.9；高碳钢，0.8；硬黄铜，1 ~ 1.1；硬铝，1 ~ 1.2；软黄铜、纯铜 1.2；铝，1.3 ~ 1.4；非金属（皮革、纸、纤维板），1.5 ~ 2。

表 4-22　低碳钢材料的最小搭边值　　　　　　　单位：mm

材料厚度 t	圆形件及 $r > 2t$		矩形件边长 $L \leqslant 50$		矩形件边长 $L \geqslant 50$ 或圆角 $r < 2t$	
	a_1	a	a_1	a	a_1	a
< 0.25	1.8	2.0	2.2	2.5	2.8	3.0
0.25 ~ 0.5	1.2	1.5	1.8	2.0	2.2	2.5
0.5 ~ 0.8	1.0	1.2	1.5	1.8	1.8	2.0
0.8 ~ 1.2	0.8	1.0	1.2	1.5	1.5	1.8
1.2 ~ 1.6	1.0	1.2	1.5	1.8	1.8	2.0
1.6 ~ 2.0	1.2	1.5	1.8	2.0	2.0	2.2
2.0 ~ 2.5	1.5	1.8	2.0	2.2	2.2	2.5
2.5 ~ 3.0	1.8	2.2	2.2	2.5	2.5	2.8
3.0 ~ 3.5	2.2	2.5	2.5	2.8	2.8	3.2
3.5 ~ 4.0	2.5	2.8	2.5	3.0	3.2	3.5
4.0 ~ 5.0	3.0	3.5	3.5	4.0	4.0	4.5
5.0 ~ 12	$0.6t$	$0.7t$	$0.7t$	$0.8t$	$0.8t$	$0.9t$

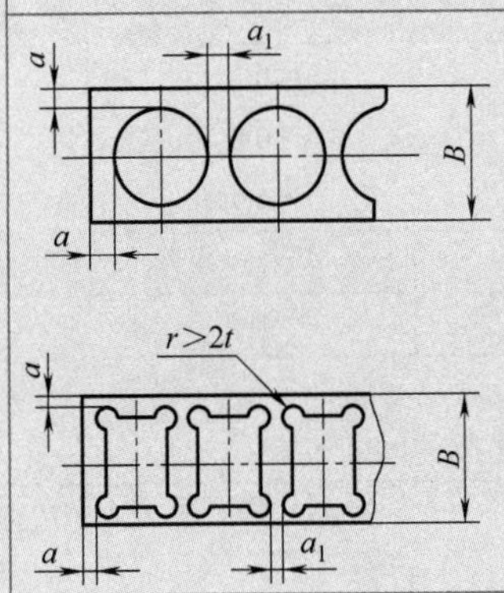

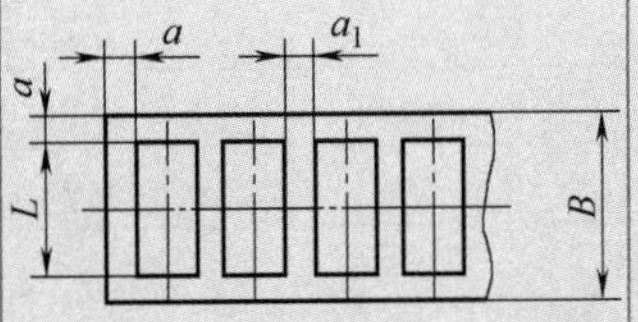

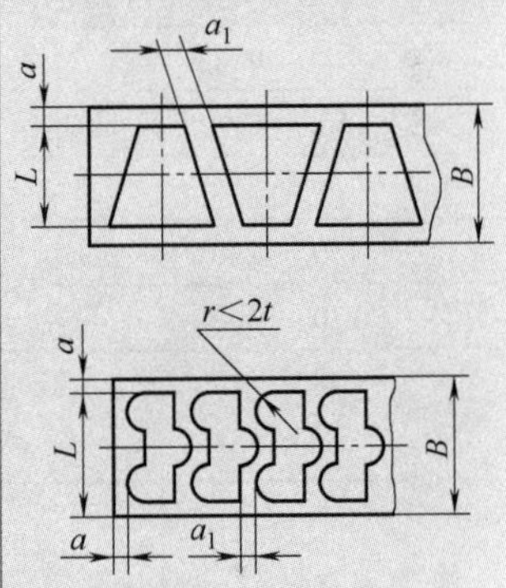

（2）条料宽度的确定

在排样方案和搭边值确定之后，就可以确定条料的宽度和进距。进距是冲裁时每次将条料送进模具的距离，具体值与搭边值及排样方案相关。为保证送料顺利，剪板时宽度公差规定上偏差为零，下偏差为负值（$-\Delta$），条料宽度确定可分为以下三种情况：

① 有侧压装置（图4-11）。有侧压装置的模具能使条料始终紧靠同一侧导料板送进，只须在条料与另一侧导料板间留有间隙 z。

条料宽度为

$$B = \left(D_{max} + 2a + \Delta\right)_{-\Delta}^{0} \qquad (4\text{-}25)$$

导料板之间距离为

$$A = B + z \qquad (4\text{-}26)$$

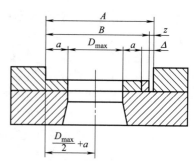

图 4-11   有侧压装置时条料宽度

式中　B——条料宽度的基本尺寸，mm；

　　　D_{max}——条料宽度方向制件轮廓的最大尺寸，mm；

　　　a——侧面搭边，mm，可查表 4-23；

　　　Δ——条料宽度方向的单向（负向）偏差，mm，可查表 4-23；

　　　A——导料板间距离的基本尺寸，mm；

　　　z——条料与导料板之间的间隙，mm，可查表 4-24。

表 4-23　剪切条料宽度公差 Δ 　　　　　　　　　　　　　　　单位：mm

条料宽度 B	材料厚度 t			
	0～1	1～2	2～3	3～5
≤50	0.4	0.5	0.7	0.9
50～100	0.5	0.6	0.8	1.0
100～150	0.6	0.7	0.9	1.1
150～220	0.7	0.8	1.0	1.2
220～300	0.8	0.9	1.1	1.3

表 4-24　条料与导料板之间的间隙 z 　　　　　　　　　　　　　　　单位：mm

条料厚度 t	无侧压装置			有侧压装置	
	条料宽度				
	≤100	>100～200	>200～300	≤100	>100
≤1	0.5	0.5	1	0.5	0.8
>1～5	0.5	1	1	0.5	0.8

② 无侧压装置（图 4-12）。无侧压装置的模具，应考虑在送料过程中因条料的摆动而使侧面搭边减少。为了补偿侧面搭边的减少，条料宽度应增加一个条料可能的摆动量，此摆动量即为条料与导料板之间的间隙 z。

条料宽度为

$$B = \left[D_{max} + 2\left(a + \Delta\right) + z\right] + z_{-\Delta}^{0} \qquad (4\text{-}27)$$

导料板之间距离为

$$A = B + z \qquad (4\text{-}28)$$

式中符号同前。用上式计算的条料宽度，不论条料靠向哪边，即使条料裁成最小极限尺寸（$B-\Delta$）时，仍能保证冲裁时的搭边值 a；裁成最大尺寸时，仍能保证与导料板的间隙 z。

③ 模具有侧刃（图 4-13）。模具有侧刃定位时，条料宽度应增加侧刃切去的部分。

条料宽度为

$$B = \left(D + 2a + nb\right)_{-\Delta}^{0} \qquad (4\text{-}29)$$

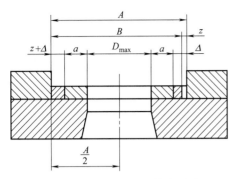

图 4-12 无侧压装置时条料宽度

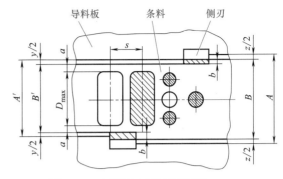

图 4-13 有侧刃冲裁时条料宽度

导料板之间距离为

$$A=B+z \tag{4-30}$$

$$A' = (D + 2a) + y \tag{4-31}$$

式中　n——侧刃数；

　　　b——侧刃冲切料边的宽度，一般取 b=1.5～2.5mm，薄料取小值，厚料取大值；

　　　y——侧刃冲切后条料与导料板间隙，mm，一般取 y=0.1～0.2mm；

　　　A'——侧刃冲切后导料板间距离的基本尺寸，mm。

条料宽度确定后就可以裁板。裁板的方法有纵裁、横裁、联合裁三种（图 4-14）。采用哪种方法，不仅要考虑板料利用率，还要考虑制件对坯料纤维方向的要求、工人操作是否方便等。

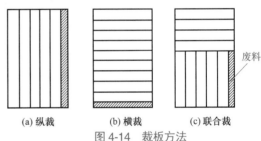

(a) 纵裁　　(b) 横裁　　(c) 联合裁

图 4-14　裁板方法

4.6.3　材料利用率

排样的经济程度用材料利用率来表示。一个步距内的材料利用率 η 用下式表示：

$$\eta = \frac{nA}{Bh} \times 100\% \tag{4-32}$$

式中　A——冲裁件的面积，mm²；

　　　B——条料宽度，mm；

　　　n——一个步距内冲裁件的数目；

　　　h——步距，mm。

整张板料或带料上材料总的利用率 $\eta_{总}$ 为

$$\eta_{总} = \frac{NA}{BL} \times 100\% \tag{4-33}$$

式中　N——板料或带料上冲裁件总的数目；

　　　A——冲裁件的面积，mm²；

　　　L——板料或带料的长度，mm；

　　　B——板料或带料的宽度，mm。

$\eta_{总}$ 总是要小于 η，这是因为整板上材料的利用率还要考虑冲裁时料头、料尾及剪板机下料时余料的浪费。

冲裁所产生的废料可分为两类，如图 4-15 所示。一

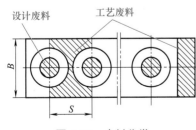

图 4-15　废料分类

类是设计废料，是由制件的形状特点产生的；另一类是由于制件之间和制件与条料侧边之间的搭边，以及料头、料尾和边余料而产生的废料，称为工艺废料。提高材料利用率主要应从减少工艺废料着手，设计合理的排样方案，选择合适的板料规格和合理的裁板法（即把板料裁剪成供冲裁用条料）。

4.7 冲裁模主要零部件设计

4.7.1 模架、模座、导向装置

4.7.1.1 模架

模架由上模座、下模座和导柱、导套等组成。根据上下模座的材料不同，将模架分为铸铁模架和钢板模架两大类；依照模架中导向装置的不同，又将模架分为滑动导向模架（GB/T 2851—2008）和滚动导向模架（GB/T 2852—2008）。

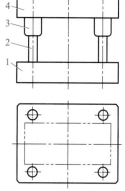

图 4-16　模架的组成

1—下模座；2—导柱；
3—导套；4—上模座

每类模架中又可由导柱的安装位置及导柱数量的不同分为对角导柱模架、后侧导柱模架、中间导柱模架和四导柱模架等。

如图 4-16 所示为冲压模具常用的一种四导柱模架，上下模座由钢板制造而成。

模架是模具的主体结构，一副完整的模具，模架是不可以缺少的。模架又是连接模具所有零件的重要部件，模具的所有零件通常用内六角螺钉和圆柱销固定在它的上面，并承受冲压过程中的全部载荷。模具的上下模之间相对位置通过模架的导向装置稳定保持其精度，并引导凸模正确运动，保证冲压过程中凸、凹模之间相对位置合理，间隙均匀。

4.7.1.2 常用标准模架的种类

常用标准模架的种类见表 4-25。

表 4-25　常用标准模架的种类

项目	滑动导向模架	滚动导向模架
中间导柱模架		

项目	滑动导向模架	滚动导向模架
对角导柱模架	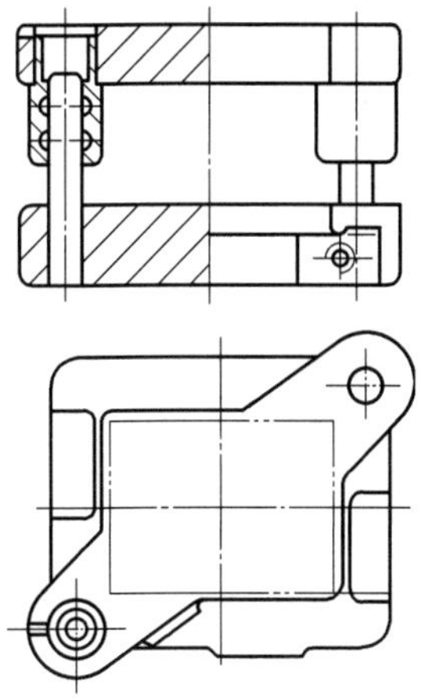	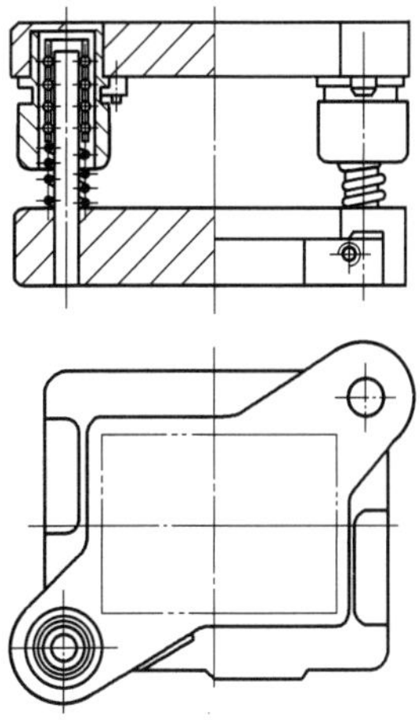
后侧导柱模架	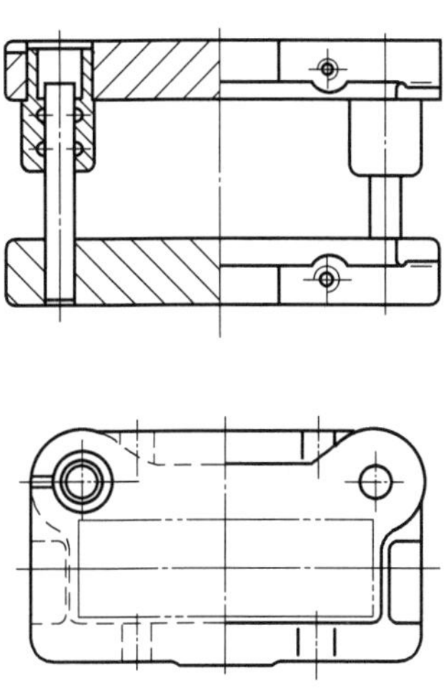	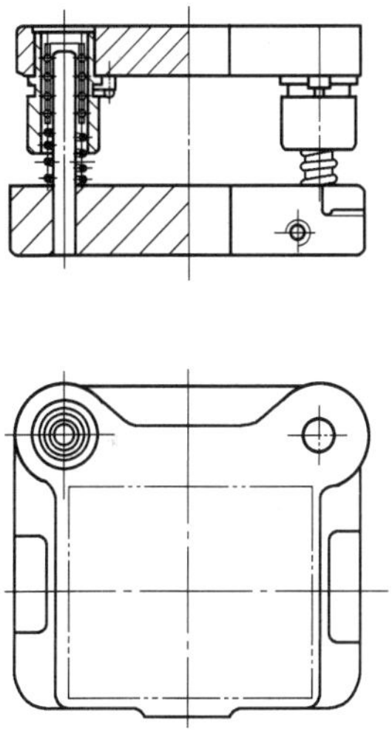
四导柱模架	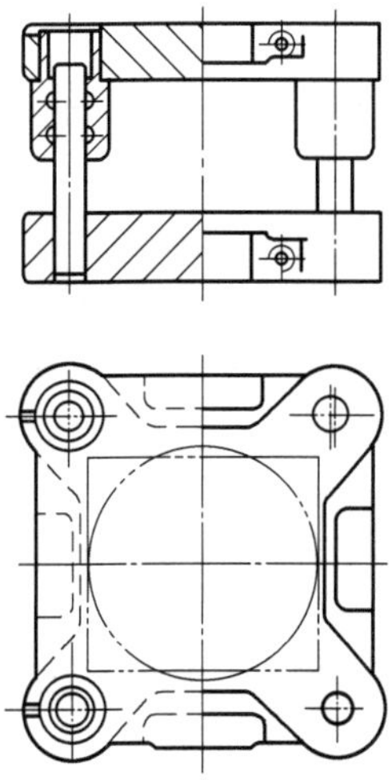	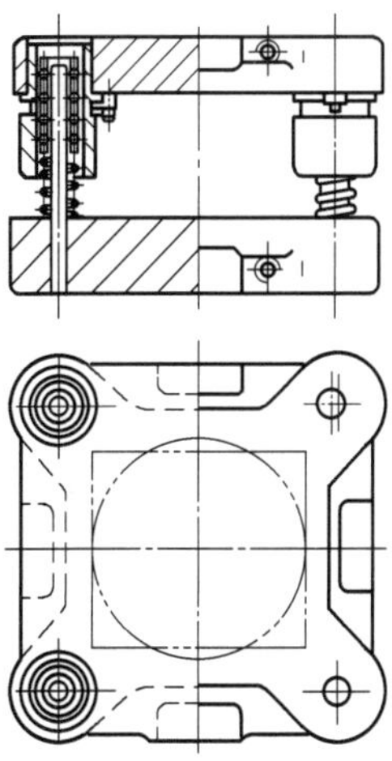

项目	滑动导向模架	滚动导向模架
中间导柱弹压模架	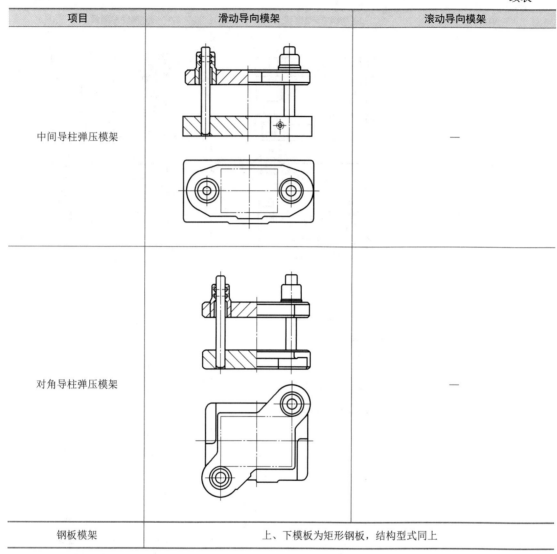	—
对角导柱弹压模架		—
钢板模架	上、下模板为矩形钢板，结构型式同上	

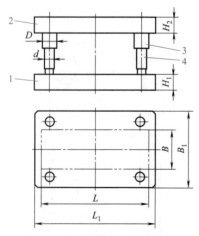

图 4-17　非标准模座外形尺寸确定示例

1—下模座；2—上模座；3—导套；4—导柱

4.7.1.3　上、下模座

（1）上、下模座的功能

上模座和下模座分别为一副模架上不同位置的两个零件，如图 4-17 所示，其共同作用是：上、下模座都是直接或间接地将模具的所有零件安装在其上面，构成一副完整的模具。与上模座固定在一起的模具零件，称为上模部分，由于它常通过模柄或螺栓和压板与压力机滑块固定在一起，随压力机滑块上下运动实现冲压动作，所以这部分又称活动部分；而与下模座固定在一起的模具零件，称为下模部分。它常通过螺栓和压板与压力机工作台固定在一起，成为模具的固定部分。上、下模座是整个模具的基础，它要承受和传递压力，因此，对于上、下模座的强度和刚度必须十分重视。每一副模架的上模座与下模座强度和刚度必须满足使用要求，不能在工作中引起变形，否则会影响到冲压件的精度和降低模具使用寿命。

在模具设计时，一般应尽量选用标准模架，因为标准模架的形式和规格决定了上、下模座的标准形式和规格，选用标准模架在强度和刚度方面一般性能都有保证，比较安全。

（2）非标准模座的设计

对于较大的多工位级进模，没有标准模架选择时，应当采用非标准模座自行设计，模座的材料可采用 45 钢或铸铁等制造，导向装置的导柱、导套仍应选用标准件。

非标准模座外形常取矩形状（见图 4-17）。长度取和凹模长相等或比凹模稍长，可按下式确定

$$L_1 = L + K \tag{4-34}$$

式中　L_1——上、下模座长度，mm；

　　　L——凹模板长度，mm；

　　　K——增加值，这是个经验值，取 $K = 10 \sim 50mm$。

非标准模座的宽度比凹模的宽度要大，因为在模座上要安装导向装置，还要留有压板压紧固定位置。可按下式确定

$$B_1 = B + 2D + K_1 \tag{4-35}$$

式中　B_1——上、下模座宽度，mm；

　　　B——凹模板宽度，mm；

　　　D——导套外径，mm；

　　　K_1——增加值，是个经验值，取 $K_1 > 40mm$。

注意：下模座外形尺寸比压力机台面孔边至少增大 40mm 以上。

模座的厚度可按下式确定

普通冲模

$$H_1 \geqslant (1.5 \sim 2)H_凹 \tag{4-36}$$

精密高速冲模

$$H_1 \geqslant (2.5 \sim 3.5)H_凹 \tag{4-37}$$

式中　H_1——下模座厚度，mm；

　　　$H_凹$——凹模厚度，mm。

上模座和下模座的外形一般保持一样大小，在厚度方面，上模座厚度 H_2 可略小于下模座厚度 H_1，即 $H_2 \leqslant H_1$，可取 $H_2 = H_1 - (5 \sim 10)$ mm。

（3）下模座的强度计算

在冲压模具设计时，一般不计算下模座的强度，只是在个别特殊情况下，验算其危险断面的弯面应力。

为了简化计算，作如下假设。

① 凹模不参与承受载荷，载荷完全传到下模座上。

② 当下模座上有特殊形状的漏料孔时，按其外切圆或外切矩形孔计算。

③ 下模座的中心尽量与压力机台面上的漏料孔中心重合。

下模座强度计算如表 4-26 所列，表中 $C \times b$ 为下模座的漏料孔尺寸，$L_0 \times L_1$ 为压力机台面（或垫板）的漏料孔尺寸。现分别计算 $A—A$ 剖面、$D—D$ 剖面和 $E—E$ 剖面的情况。

表 4-26　下模座强度计算

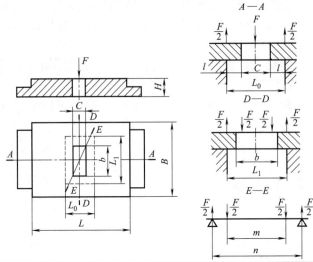

序号	名称	计算公式		公式说明
		最大弯曲应力	模座厚度	
1	$A—A$ 剖面	$\sigma_{弯}=\dfrac{M_{\max}}{W}=\dfrac{Fl/2}{((L-C))H^2/b}=\dfrac{3Fl}{(L-C)H^2}$	$H\geqslant\sqrt{\dfrac{3Fl}{(L-C)[\sigma_{弯}]}}$	式中，$\sigma_{弯}$ 为最大弯曲应力，MPa；H 为下模座的厚度，mm；$M_{\max}$ 为最大弯矩，N·mm；W 为剖面系数，mm；F 为载荷，即冲压力，N；C、b 为下模座漏料孔尺寸，mm；L_0、L_1 为压力机台面漏料孔尺寸，mm；B、L 为下模座的宽度和长度，mm；l 为悬臂长，mm，见图 $A—A$ 剖面；m 为下模座漏料孔沿 $E—E$ 剖面的对角距离尺寸，mm；n 为压力机台面漏料孔沿 $E—E$ 剖面的对角距离尺寸，mm；R 为压力机台面漏料孔的半径，mm；r 为下模座漏料孔半径，mm；$[\sigma_{弯}]$ 为下模座材料的许用弯曲应力，MPa，见表 4-27
2	$D—D$ 剖面	$\sigma_{弯}=\dfrac{M_{\max}}{W}=\dfrac{3FL_1/16}{(B-b)H^2/6}=\dfrac{9FL_1}{8(B-b)H^2}$	$H\geqslant\sqrt{\dfrac{9FL_1}{8(B-b)[\sigma_{弯}]}}$	
3	$E—E$ 剖面（对于矩形漏料孔）	$\sigma_{弯}=\dfrac{M_{\max}}{W}=\dfrac{\dfrac{F}{4}(n-m)}{\dfrac{(n-m)}{6}H^2}=\dfrac{3F}{2H^2}$	$H\geqslant\sqrt{\dfrac{3F}{2[\sigma_{弯}]}}$	
4	$E—E$ 剖面（对于圆形漏料孔）	$\sigma_{弯}=\dfrac{M_{\max}}{W}=\dfrac{0.64(R-r)F/2}{(R-r)H^2/3}=\dfrac{3\times0.32F}{H^2}$	$H\geqslant\sqrt{\dfrac{0.96F}{[\sigma_{弯}]}}$	

表 4-27　常用材料的许用应力　　　　　　　　　　　　　　单位：MPa

材料名称及牌号	许用应力			
	拉深	压缩	弯曲	剪切
Q195、Q235、25	$108\sim147$	$118\sim157$	$127\sim157$	$98\sim137$
Q275、40、50	$127\sim157$	$137\sim167$	$167\sim177$	$118\sim147$
铸钢 ZG270-500、ZG310-570	—	$108\sim147$	$118\sim147$	$88\sim118$
铸铁 HT200、HT250	—	$88\sim137$	$34\sim44$	$25\sim34$
T7A 硬度 $54\sim58$HRC	—	$539\sim785$	$353\sim490$	—
T8A、T10A Cr12MoV、GCr15 硬度 $52\sim60$HRC	245	$981\sim1569$[①]	$294\sim490$	—
Q275 硬度 $52\sim60$HRC	—	$294\sim392$	$196\sim275$	—
20（表面渗碳） 硬度 $86\sim92$HS	—	$245\sim294$	—	—
65Mn 硬度 $43\sim48$HRC	—	—	$490\sim785$	—

① 对小直径有导向的凸模此值可取 $2000\sim3000$MPa。

注：淬火后随着硬度提高，许用应力可大幅提高。

4.7.1.4 导向装置（导柱、导套）

（1）导向装置功能与导向方式选择

模具中导向装置主要用在模架上和冲模的三大板件（凸模固定板、卸料板、凹模）之间。

模架的上、下模座间安装了主要由导柱、导套等零件所组成的导向副，有了它，使上、下模开始闭合或压料板接触板料（或制件）前先充分结合，做到上、下模相对运动时，对应位置始终沿着一个正确的方向运动，从而达到精密冲压的目的。同时还可以节省模具的调整时间，提高模具使用寿命。

三大板件之间装有主要以小导柱、小导套组成的导向装置，又称之为复式导向，进一步提高了上、下模的对中，保证凸、凹模之间相对位置的正确性，使冲模从结构上大大提升了制造精度。因此，要求模具使用寿命长、冲件精度高的冲模，结构中的导向装置不可缺少。

导向装置还可用套筒和导向块等，套筒式导向十分精确，导柱和套筒有很大的接触面，磨损较慢，使用时间长，但结构较复杂，且工作空间小，操作不便，只有在冲制钟表等精密小零件时才使用。而对于一些中型或大型冲模，尤其是弯曲、拉深、整形等有较大侧向力的模具往往采用导向块导向。

（2）模架的导向装置

常见的模架导向装置有滑动导向和滚动导向两类，如图 4-18 所示，具体使用时还会有滚柱导向。

① 滑动导向 如图 4-18（a）所示，这是利用圆柱形导柱、导套在一定精度范围内的滑动配合，使上、下模座保证沿着正确方向运动。由于导柱、导套间的配合常分为一级精度（H6/h5 相当于 IT5 ～ IT6 级）

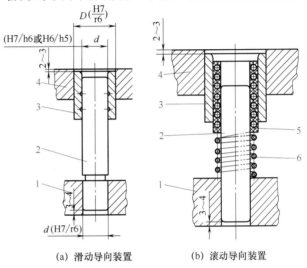

(a) 滑动导向装置　　(b) 滚动导向装置

图 4-18　模架导向装置的组成

1—下模座；2—导柱；3—导套；4—上模座；5—保持圈；6—弹簧

和二级精度（H7/h6 相当于 IT7 ～ IT8 级）两种，都是动配合，存在一定的配合间隙，其值比较小，最小时 0.005mm，所以这种导向装置能保持较高的导向精度，但在选用时，应根据模具的冲裁间隙来选择其导向精度等级。其原则是：导柱、导套之间的间隙应小于冲裁凸模与凹模之间的间隙。

② 滚动导向 如图 4-18（b）所示，上、下模座间除导柱、导套外，还在导柱、导套之间多了一层滚珠（即钢球）和安装滚珠的保持圈，习惯上称滚珠导向。滚珠导向是滚动导向的一种。

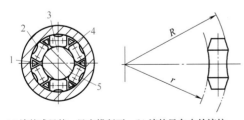

(a) 滚柱式导柱、导套横断面 (b) 滚柱导向中的滚柱

图 4-19　滚柱式导柱、导套

1—保持圈；2—外接触部分；3—内接触部分；4—导套；5—导柱

滚珠导向与滑动导向的主要区别是导向原理不同，滚珠导向装置是一种无间隙的导向结构。滚珠导向是通过钢球在导柱、导套间有 0.01 ～ 0.02mm 过盈量，在冲压力的作用下，上模沿导柱上下做纯滚动运动；而滑动导向则是导柱、导套间有间隙的上、下滑动运动。

③ 滚柱导向 对于特别精密、高速（达 1000次/min）、高寿命的模具，为了获得稳定持久高精密的导向，可采用一种新型的滚动导向结构——滚柱导向，又称滚针导向，其断面如图 4-19 所示。

滚柱的外形由三段圆弧组成：中间的一段圆弧 r 与导柱外圆相符合；两端的圆弧 R 与导套的内圆相吻合，这样滚柱导向结构的滚柱与导柱、导套为线接触，上下运动时为一个面。由于面接触的关系，能承受比滚珠导向大的偏心载荷，也提高了导向精度和模架的刚性，高速冲压中平稳而可靠，使用寿命比钢球滚动导向长。滚柱与导柱、导套间的过盈量比滚珠导向要小，一般取 $0.003 \sim 0.006mm$ 就足够了，但此结构制造较复杂。

（3）导柱、导套及保持圈的基本结构与安装方式

① 导柱　导柱的形状比较简单，外形就是一根表面硬而耐磨的实心棒。根据其特点不同，就有许多称呼，结构上也略有不同。根据其结构特点分为直通式导柱和阶梯式导柱；根据其安装特点分为压入式（不可拆）导柱和可卸式（包括独立式）导柱；根据其导向功能分为滑动式导柱和滚动式导柱；根据其使用特点分为独立式导柱和非独立式导柱等。导柱的类型及说明见表 4-28。

表 4-28　导柱的类型及说明

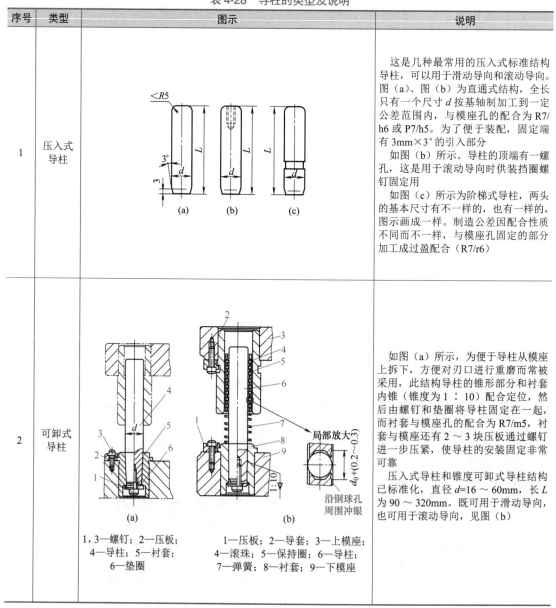

序号	类型	图示	说明
1	压入式导柱	（a）（b）（c）	这是几种最常用的压入式标准结构导柱，可以用于滑动导向和滚动导向。图（a）、图（b）为直通式结构，全长只有一个尺寸 d 按基轴制加工到一定公差范围内，与模座孔的配合为 R7/h6 或 P7/h5。为了便于装配，固定端有 $3mm \times 3°$ 的引入部分 如图（b）所示。导柱的顶端有一螺孔，这是用于滚动导向时供装挡圈螺钉固定用 如图（c）所示为阶梯式导柱，两头的基本尺寸有不一样的，也有一样的，图示画成一样。制造公差因配合性质不同而不一样，与模座孔固定的部分加工成过盈配合（R7/r6）
2	可卸式导柱	（a）　（b） 局部放大 $d_0 + (0.2 \sim 0.3)$ 沿钢球孔周围冲眼 1，3—螺钉；2—压板；4—导柱；5—衬套；6—垫圈 1—压板；2—导套；3—上模座；4—滚珠；5—保持圈；6—导柱；7—弹簧；8—衬套；9—下模座	如图（a）所示，为便于导柱从模座上拆下，方便对刃口进行重磨而常被采用，此结构导柱的锥形部分和衬套内锥（锥度为 1 : 10）配合定位，然后由螺钉和垫圈将导柱固定在一起，而衬套与模座孔的配合为 R7/m5，衬套与模座还有 2 ～ 3 块压板通过螺钉进一步压紧，使导柱的安装固定非常可靠 压入式导柱和锥度可卸式导柱结构已标准化，直径 $d=16 \sim 60mm$，长 L 为 90 ～ 320mm。既可用于滑动导向，也可用于滚动导向，见图（b）

序号	类型	图示	说明
2	可卸式导柱	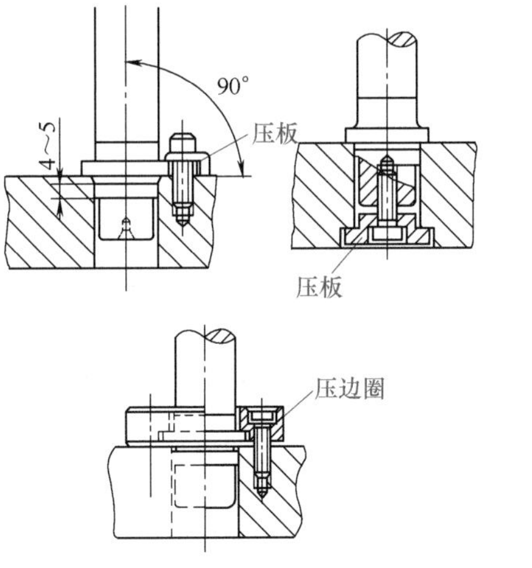 (c)	如图（c）所示为利用压板固定的可卸式导柱。图中三种导柱为非标准结构，固定与定位精度，主要靠导柱的台阶与轴线的高度垂直来保证，固定部分与孔为过盈配合，但过盈量小，按 T7/f6 或 P7/h6 配合，故拆卸比较方便。导柱固定部分进入模座孔内的有效长度不宜太长，取 4～5mm，其余部分为让位，其直径比固定配合部分小 0.03～0.05mm
3	滚动式导柱	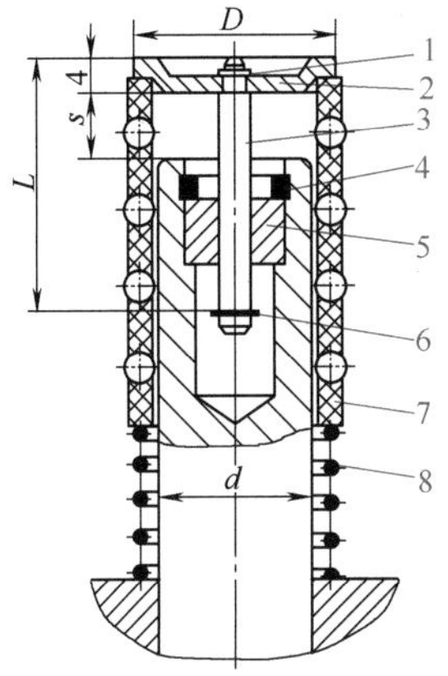 (a)　　　　(b) 1—轴用弹性挡圈；2—限位帽； 3—导轴；4—孔用弹性挡圈； 5—挡块；6—轴用挡圈； 7—保持圈；8—弹簧 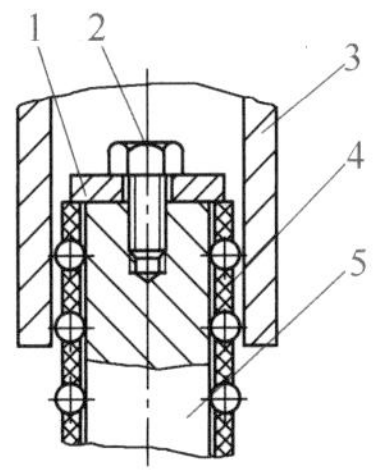 1—挡圈；2—螺钉；3—导套； 4—滚珠保持圈；5—导柱	滚动式导柱的一般结构和滑动导向导柱一样，如图（a）所示，滚动式导柱为直通式结构。当需要控制保持圈不能脱离导柱时，或控制保持圈的活动量在一定范围内时，这种滚动式导柱结构如图（a）和图（b）所示。这两种结构常在压力机的行程不能调整或大的弯曲、拉深件要求一定大的行程高度，导套脱离导柱时采用 如图（a）所示，当导套脱离开导柱后，保持圈 7 受弹簧 8 的作用往上顶起（弹簧 8 同时对保持圈可能出现下沉起限位作用），导轴 3 上的限位帽 2 压着保持圈 7 一起向上运动，当导轴下端的挡圈 6 被挡块 5 挡住后，保持圈的大部分离开导柱，一部分仍留在导柱上；下模下行时，导套先进入保持圈，并会同保持圈一起全部进入到导柱内，保持良好的导向位置和精度 如图（b）所示，由于挡圈 1 直接固定在导柱的上端，挡住了保持圈，故只能在导柱上，始终不能脱离导柱
4	独立式导柱	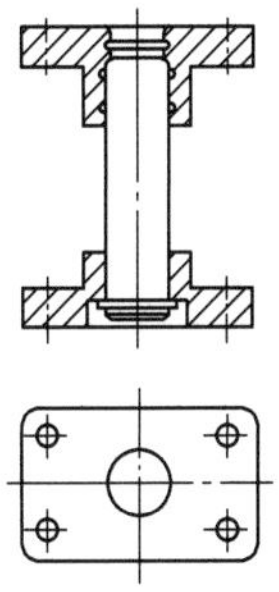 (a) 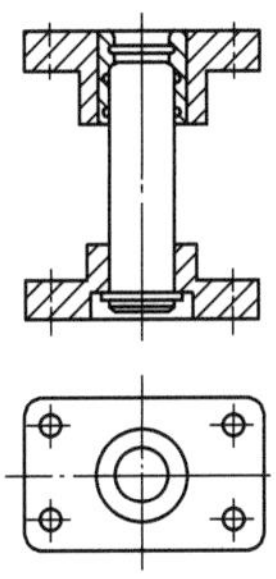　　(b) 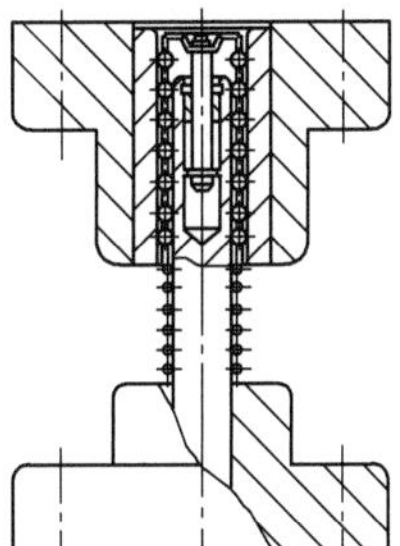　　(c)	独立式导柱又称独立导柱、可拆卸导向部件、装配式导向副、座式导向组件。这种导向件主要用于大型的非标准模架上，或模架上需补充导向副时使用。由于不必在模座上用精密机床加工要求很高的固定导柱、导套孔，并可以在模座的任意位置根据模具结构和使用的需要随意设置而被日益广泛应用。根据导向副的导向方式不同，独立式导柱也有滑动导向和滚动导向。滑动导向副又有无导套导向和带导套导向两种，不同的独立导柱如图（a）～图（c）所示。导柱的直径一般为 20～50mm，长度一般为 90～310mm

② 导套　导套和导柱作为模架上的一对导向副，总是配套使用，加工时也是研合配套在一起，互不分离。导套的种类和导柱十分相似，如按安装特点分有压入式导套、黏结式导套和可卸式导套三种；按导向特点分有滑动式和滚动式两种；也可分为不含自润滑材料的导套（即常规的普通导套）和含自润滑材料的导套（即含油导套）两种。

导套的基本结构为一圆的厚壁空心管。滑动导套的内壁有环形或螺旋形油槽，便于储油，经常保持和导柱润滑；滚动导套的内壁则为光滑的表面。

含油导套的内壁也是光滑的表面，但在金属基体工作面上填充了特殊的固体润滑剂（石墨、MOS2、PTFE等），使其具有一定的承载能力和良好的自润滑性与耐磨性。

如图4-20所示为几种常用的导套及固定方式。

图4-20（a）为压入式导套，固定端的头部设计有引导部分，装配时起引导作用。由于固定部分是过盈配合，考虑到装配时可能产生内孔收缩，所以将内径 d_0 加工成比 d 大0.5～1mm，内径 d_0 的深度应比上模座的厚度 H 大一些才比较合理（一般长2mm）。压入式导套因结构简单、制造方便而被广泛应用。标准可见GB/T 2861.3—2008。

图4-20（b）为黏结固定式导套。对模座孔的加工要求不严，它不需要精密机床加工模座孔，常用环氧树脂或无机黏结等工艺在常温下或加一定的温度下黏结固定。因工艺简便、黏结后能保持较高的位置精度和强度而被采用。

为了保证黏结强度和控制位置精度，在黏结前，对导套和模座孔的被黏结部分圆周上，应加工出几条环形槽，导套与模座孔之间留有一定的间隙十分重要。不同黏结工艺所留的间隙大小是不同的，采用环氧树脂黏结，尺寸 $D=D_1+（2～4）$mm；采用无机黏结时，取 $D=D_1+（0.4～0.6）$mm。有关黏结方法见模具制造工艺。

图4-20（c）、（d）为可拆卸式导套，导套由三块压板压住导套的台阶后通过螺钉旋紧固定。为了保证安装质量，加工时要求导套的台阶同轴线保持垂直，同时三块压板高度尺寸应做到完全一致。

图4-20（c）为导套和模座孔之间的配合，过盈量较小，可按H6/k5加工。图4-20（d）导套和模座孔之间配合部分较短，图中 $h=4～5$mm，其余部分为让位，导套与模座孔可按N7/h6加工。

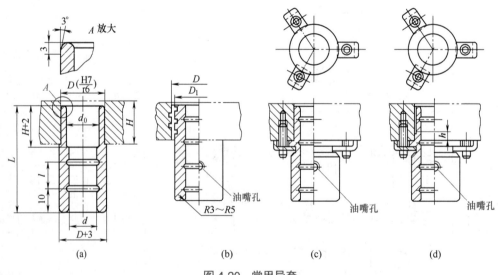

图4-20　常用导套

如图4-21所示为自润滑导套的基本形式，已标准化，导套的基本材料有灰铸铁、铜合金和低碳钢。其中图4-21（a）、（b）为直导套，因为它在装配时全部被镶入模板内，抵抗侧向能力较强，故使用较多；图 4-21（c）导套的口部有加强环，虽未全部镶入模板基体内，但也有较强的抵抗侧向力的能力；图 4-21（d）为中部带有凸肩的导套，导套的长度和孔径比较大，导向精度高，但装配时，台肩以外部分没有全部镶入模板基体中，如使用不当，外露部分容易产生裂纹。

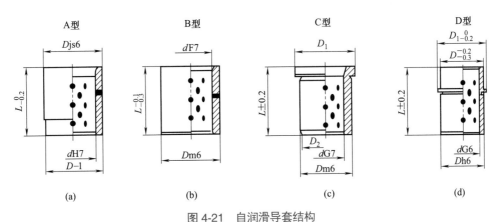

图 4-21　自润滑导套结构

自润滑导套主要用于高速长寿命高精度的模具。在不加油的情况下，能保持自润滑，避免油污公害，净化工作环境。

导柱和导套一样要求表面硬而耐磨，对于大批量生产的滑动导向导柱、导套，常用 20 钢制造，并经渗碳淬火处理，硬度为 58～62HRC。滚动导向导柱、导套常用 GCr15 钢制造，淬火硬度为 60～64HRC。表面粗糙度：对于滑动导向，导柱为 Ra 0.1μm，导套为 Ra 0.2μm；对于滚动导向，导柱、导套均为 Ra 0.05μm。详细技术要求见相关标准。

③ 保持圈（保持架）

a. 滚珠保持圈　滚动导柱、导套的特点之一就是它们之间有一层按一定次序排列的钢球滚珠和用于保持滚珠相对位置的滚珠保持圈，又称钢球衬套，简称保持圈，如图 4-22 所示。图 4-22（a）为滚珠保持圈的装配图，件 1 为滚珠保持圈，件 2 为滚珠。图 4-22（b）为单个滚珠在保持圈内放大后的状况。图 4-22（c）、（d）为保持圈滚珠的排列位置和展开图。

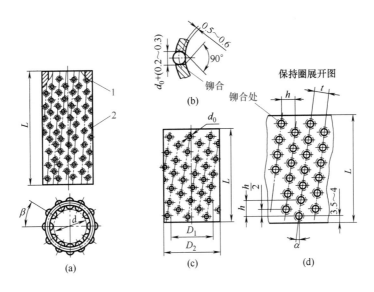

图 4-22　滚珠保持圈

滚珠在保持圈中的分布，径向圆周角 β 为一均布值（$\beta=30°$、$36°$、$40°$ 等），轴向间距相等，但不在一条母线上，每个滚珠在轴向有独立轨道，轴向每一行滚珠与轴线的倾斜角一般 $\alpha=5° \sim 10°$，国标 GB 2861.5—2008 中 $\alpha=8°$。滚珠间距 $t \geqslant 2d_0$。d_0 为钢球（即滚珠）直径，保持圈中常用 $d_0=3 \sim 4$mm。为了保证滚珠都能均匀接触导柱、导套表面，对钢球的质量要求较严，直径公差应控制在 0.002mm 之内，圆度误差 $\leqslant$ 0.0015 mm。钢球按标准 GB/T 308（G10）级选用。

导套与导柱和滚珠的尺寸按下式计算

$$D=d+2d_0-(0.01 \sim 0.02) \tag{4-38}$$

式中　　D——导套内孔直径，mm；

d——导柱直径，mm；

d_0——钢球直径，mm；

$0.01 \sim 0.02$——滚珠与导套、导柱间的过盈量，mm。

保持圈的内、外径分别与导柱外径和导套内径保持 $0.3 \sim 0.5$mm 的间隙，滚珠装入后在孔的外侧要加工一下，使滚珠在保持圈内灵活转动又不能脱落。滚珠装入保持圈后，传统的加工方法是在滚珠孔的外侧周围进行点式压痕铆住，其尺寸见图 4-22（b）局部放大，但这种工艺不易掌握好，如果压铆的分寸控制不好，滚珠脱落和不灵活转动的情况都存在。最新的方法是采用沟槽圆周锁珠工艺。

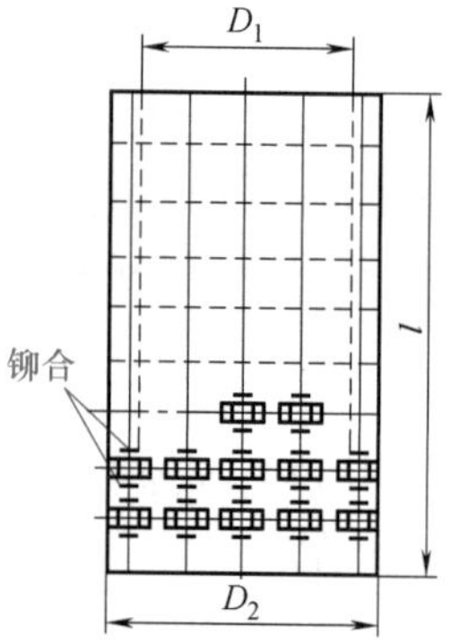

为了保证导柱、导套在压力机滑块的全行程中始终相互起作用，保持圈的长度 L 应大于该模具所确定的行程（即所选压力机行程），并要求当上模升至最高点时，保持圈仍有相当数量的滚珠起导向作用，其保持圈的长度 L 由下式确定。

$$L = \frac{s}{2} + (3 \sim 4) \, h \tag{4-39}$$

式中　　L——保持圈的总长度，mm；

s——压力机行程，mm；

h——滚珠间垂直距离，mm。

图 4-23　滚柱保持圈

b. 滚柱保持圈　滚柱保持圈又称滚针衬套、滚针保持圈，和滚珠保持圈的功能完全一样，结构也一样，唯一不同之处是装滚柱的孔为长方孔，如图 4-23 所示。滚柱在保持圈中的排列为同轴线平行，滚柱间为等距离无倾斜角。有关参数见表 4-29。

表 4-29　滚柱保持圈有关参数

导柱直径 d/mm	滚柱保持圈基本尺寸 /mm			每一圆周上的滚柱数	滚柱层数	滚柱数 N	滚柱直径 × 长度 /mm
	内径 D_1	外径 D_2	长度 L				
20	20.4	25.6	57	8	6	48	$\phi3 \times 4$
25	25.4	30.6	73		8	64	
32	32.6	39.6	85	12		96	$\phi4 \times 4$
40	40.6	47.6	95		10	120	
50	50.6	57.6	110	16	12	192	

滚柱在保持圈上安装时，滚柱的尺寸公差必须满足配合精度要求，其误差需控制在 $0.001 \sim 0.0015$mm。滚柱在保持圈内，同样应做到运动灵活，不能脱落。

保持圈常用韧性和耐磨性较好的黄铜、铝合金或尼龙塑料制成。尼龙耐磨，韧性比较好，又可以用模具注塑成形，故专业厂生产均有此类型。

c. 保持圈常用材料　制造保持圈的材料要有良好的韧性和耐磨性，推荐采用黄铜 H62、铝合金 2A11、尼龙、聚四氟乙烯或聚甲醛 POM。

4.7.2　固定板、垫板设计

（1）固定板设计

在冲压模具中，固定板可分为凸模固定板（简称固定板）和凹模固定板（也称下模板）。凸模固定板除安装固定各凸模外，还要在相应位置安装导正销、斜楔、小导柱、弹压卸料零部件等。凹模固定板主要安装凹模镶件、内导料板（或浮动导料销）、顶杆等零部件。多工位级进模中的固定板刚性和强度方面要求更高些。一般材质采用 45 钢、40Cr、CrWMn 或 Cr12MoV 等微变形合金工具钢制造，热处理最低硬度 43～48HRC，高时取 55～58HRC。在大型的多工位级进模中可选用 45 钢，可不用淬火处理。

固定板外形一般与卸料板、凹模固定板相同。冲压模具常用整体式，结构紧凑；中大型的多工位级进模，采用整体式固定板外形尺寸会较大，不便于加工，可以分段组合。

（2）垫板设计

垫板可分为固定板垫板（也称凸模垫板）、卸料板垫板和下模板垫板（也称凹模垫板）三类。固定板垫板的作用是承受凸模的作用力，保证弹簧有足够的压缩行程；卸料板垫板的作用是承受卸料组件和卸料板镶块的冲击载荷；下模板垫板的作用是承受凹模或凹模镶件的作用力。

在冲模中是否要采用固定板垫板和下模板垫板，可以按下式计算

$$p = \frac{1.3Lt\tau}{F} < \left[\sigma_{压}\right] \qquad (4\text{-}40)$$

式中　p——凸模传来的压力；

　　　L——冲裁的周长；

　　　τ——材料的抗剪强度；

　　　F——凸模的大端与模座或垫板接触部分面积，mm^2；

　　　t——带料（条料）的厚度；

　$[\sigma_{压}]$——模座材料的许用压应力，MPa。

　　　　　　　铸铁 HT25-47　　$[\sigma_{压}]$ =90～140MPa

　　　　　　　铸钢 ZG45　　　 $[\sigma_{压}]$ =110～150MPa

如果计算出来材料的许用压力大于模座材料的许用压力时，即凸模或凹模与铸铁模座接触处的单位压力不大于 100MPa，凸模或凹模与钢模座接触处的单位压力不大于 200MPa，就要在凸模或凹模的后面加一块垫板，并要淬火处理。

通常在多工位级进模设计中为了安全可靠，一般都设置有垫板的模具结构。垫板的厚度一般取 8～18mm。淬火硬度一般取 42～45HRC，对于生产批量较大时取 52～56HRC。对于分段式垫板，厚度尺寸要保持一致。

4.7.3　凸、凹模设计

在设计冲压模具时，凸、凹模一般凭经验确定或按经验公式计算结构尺寸。在强度足够的情况下，一般无需进行强度的计算；只是在某些特殊情况下（例如：载荷大、强度差时），才需要对零件的强度或承载能力（许用载荷）进行计算或核算。

（1）凸、凹模的功能

凸、凹模是模具中的工作零件，它不仅直接担负着冲压工作，而且是在模具上直接决定制件形状、尺寸大小和精度最为关键的零件，并且都是配对使用，缺一不可。

（2）凸、凹模的设计原则

① 凸、凹模必须有足够的强度、刚度和硬度。

② 凸、凹模结构要简单可靠，制造、测量和安装方便。

③ 凸、凹模应设计成便于拆装，更换方便，固定可靠。

④ 凸、凹模要有统一的基准。

⑤ 凸、凹模之间应有合理的间隙。

4.7.3.1 凸模设计

（1）凸模强度计算

冲裁凸模的强度核算公式见表 4-30。

表 4-30　核算凸模强度的公式

圆形凸模		异形凸模	
核算项目及条件	计算公式	核算项目及条件	计算公式
压应力　凸模直径或宽度大于制件料厚	$\sigma_K = \dfrac{2\tau}{1-0.5\dfrac{t}{d}} \leqslant [\sigma]$	压应力　凸模直径或宽度大于制件料厚	$\sigma_K = \dfrac{Lt\tau}{F_K} \leqslant [\sigma]$
凸模直径或宽度小于或等于制件料厚	$\sigma = 4\left(\dfrac{t}{d}\right)\tau \leqslant [\sigma]$	凸模直径或宽度小于或等于制件料厚	$\sigma = \dfrac{Lt\tau}{F_J} \leqslant [\sigma]$
最大允许长度　无导向凸模（圆形） 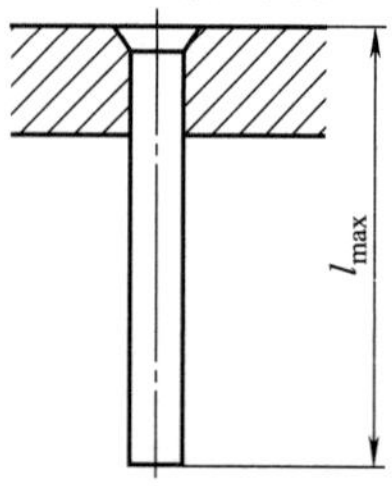	$l_{max} = \dfrac{\pi}{16}\sqrt{\dfrac{Ed^3}{t\tau}}$	最大允许长度　无导向凸模（异形） 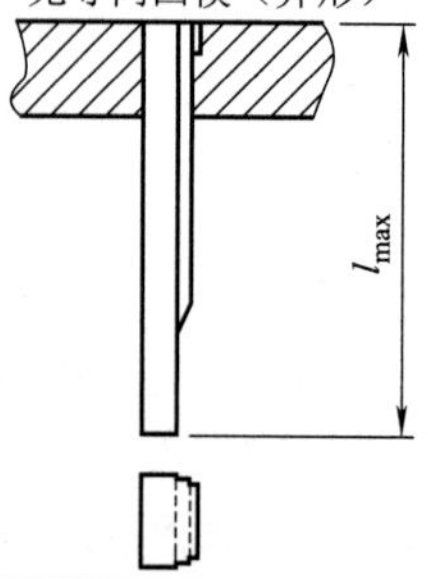	$l_{max} = \dfrac{\pi}{2}\sqrt{\dfrac{EJ}{F}}$
卸料板导向凸模（圆形） 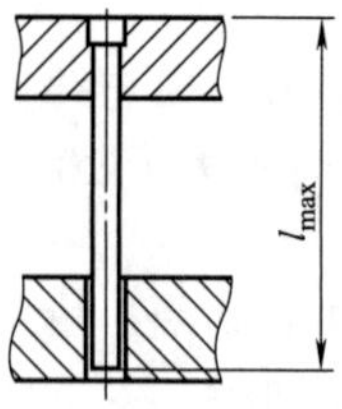	$l_{max} = \dfrac{\pi}{8}\sqrt{\dfrac{Ed^3}{t\tau}}$	卸料板导向凸模（异形） 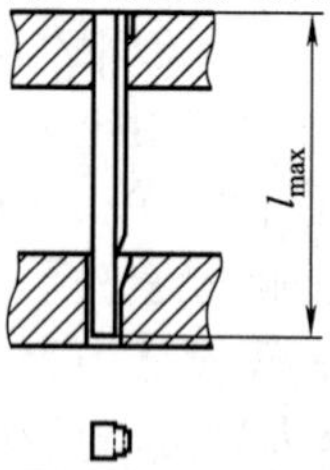	$l_{max} = \pi\sqrt{\dfrac{EJ}{F}}$
带导向保护套的凸模（圆形） 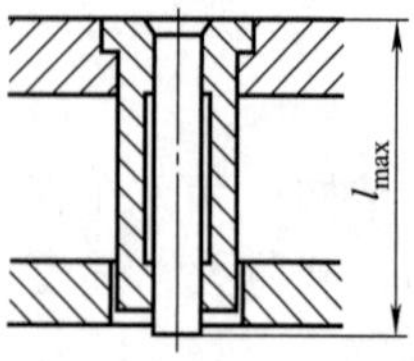	$l_{max} = \dfrac{\pi}{8}\sqrt{\dfrac{2Ed^3}{t\tau}}$	带导向保护套的凸模（异形） 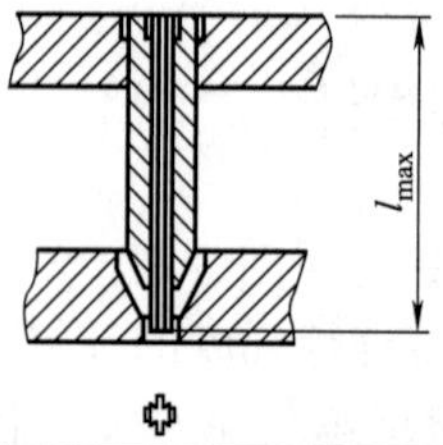	$l_{max} = \pi\sqrt{\dfrac{2EJ}{F}}$

圆形凸模		异形凸模	
核算项目及条件	计算公式	核算项目及条件	计算公式
最大允许长度	带台肩的凸模（圆形） $l_{\max} = C\sqrt{\dfrac{Ed_0^3}{t\tau}}$	最大允许长度	带台肩的凸模（异形） $l_{\max} = n\sqrt{\dfrac{EJ_0}{F}}$

注：表中，t 为制件材料厚度，mm；d 为凸模或冲孔直径，mm；τ 为制件材料抗剪强度，MPa；σ_K 为凸模刃口接触应力，MPa；σ 为凸模平均压应力，MPa；$[\sigma]$ 为凸模材料许用压应力，对于常用合金模具钢，可取 1800～2200MPa；$l_{\max}$ 为凸模最大允许长度，mm；E 为凸模材料弹性模量，对于钢材可取 $E=210000$MPa；C 为系数，见表 4-31；d_0 为凸模小端直径，mm，见此表带台肩的凸模（圆形）；L 为制件轮廓周长，mm；F_K 为接触面积，mm^2，取接触宽度为 $t/2$ 的面积；F_J 为制件平面面积，mm^2；J 为凸模断面最小惯矩，mm^4；F 为冲裁力，N；J_0 为凸模大端断面最小惯矩，mm^4；n 为系数，见表 4-32。

表 4-31　系数 C

$\dfrac{l_0^{[1]}}{l_{\max}}$	$d_0/d^{[1]}$							
	1.1	1.2	1.3	1.5	1.8	2	2.5	3
0.1	0.176	0.157	0.142	0.117	0.0897	0.0775	0.0561	0.0424
0.2	0.184	0.167	0.152	0.128	0.0995	0.0863	0.0629	0.0477
0.3	0.187	0.176	0.164	0.14	0.112	0.0974	0.0715	0.0544
0.4	0.193	0.186	0.177	0.157	0.127	0.112	0.0827	0.0632
0.5	0.197	0.196	0.191	0.175	0.148	0.131	0.0983	0.0755
0.6	0.201	0.204	0.204	0.196	0.175	0.157	0.121	0.0937
0.7	0.204	0.210	0.215	0.218	0.210	0.195	0.156	0.123
0.8	0.205	0.214	0.221	0.233	0.239	0.242	0.216	0.179
0.9	0.206	0.215	0.224	0.239	0.261	0.273	0.296	0.297

[1] l_0 见表 4-30 带台肩的凸模（圆形）。

表 4-32　系数 n

$\dfrac{l_0^{[1]}}{l_{\max}}$	$\dfrac{J_0 - J}{J}^{[2]}$							
	0.5	1	2	5	10	20	50	100
0.1	1.327	1.169	0.972	0.700	0.521	0.379	0.244	0.173
0.2	1.371	1.233	1.045	0.769	0.579	0.423	0.274	0.195
0.3	1.419	1.301	1.130	0.854	0.651	0.480	0.312	0.222
0.4	1.463	1.371	1.224	0.958	0.741	0.554	0.362	0.259
0.5	1.502	1.438	1.325	1.085	0.864	0.653	0.431	0.310
0.6	1.533	1.495	1.423	1.237	1.026	0.796	0.534	0.385
0.7	1.554	1.535	1.502	1.396	1.237	1.009	0.699	0.509
0.8	1.566	1.562	1.550	1.516	1.451	1.315	1.000	0.748
0.9	1.570	1.570	1.568	1.564	1.557	1.541	1.480	1.321

[1] l_0 见表 4-30 带台肩的凸模（异形）。
[2] J_0 和 J 分别是凸模的大端和小端断面的最小惯矩，具体见表 4-30 带台肩的凸模（异形）。

（2）凸模结构形式

① 凸模固定形式　凸模固定形式种类很多，常见的凸模固定形式见表 4-33。

表 4-33　常见的凸模固定形式

序号	图示	说明	序号	图示	说明
1	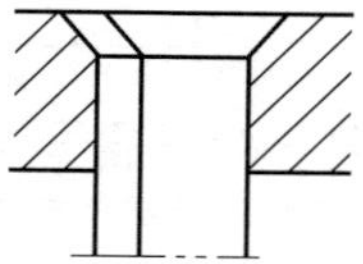	用于断面不变的直通式凸模,端部利用火后铆开,然后磨平,适用于形状复杂的零件,便于凸模进行线切割和成形磨削	5	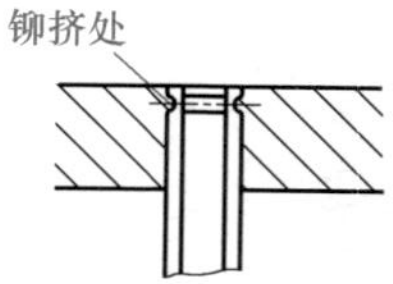 铆挤处	凸模上端开槽,装入凸模固定板后用铆挤固定,一般用于薄板形式冲裁
2	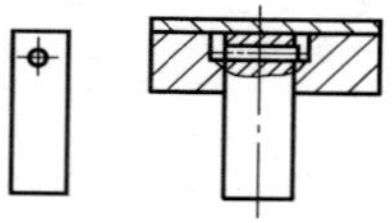	凸模先加工成直通式,然后在凸模的上端部开一圆孔,插入圆销以承受卸料力	6	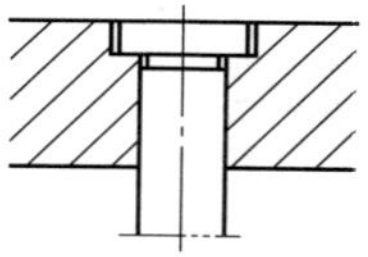	凸模与凸模固定板配合,上端带凸模出的台肩,以防止冲压时拉下,圆形凸模大多用此种形式固定
3	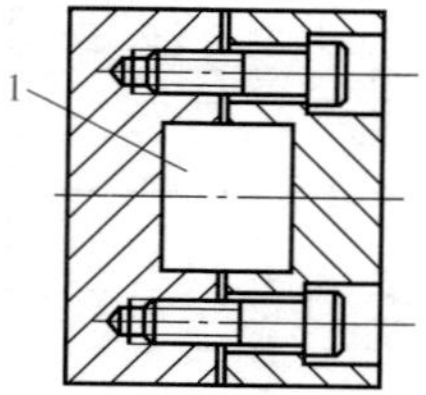 1—凸模	凸模加工成直通式,利用左右两半固定板夹紧固定。安装时,先将凸模固定板以左边的固定板为基准,再用扳手拧紧左右边的固定板,使左右两半固定板夹紧凸模即可 注意:左边的固定板夹紧时,中间要留有 0.05～0.1mm 左右的间隙	7	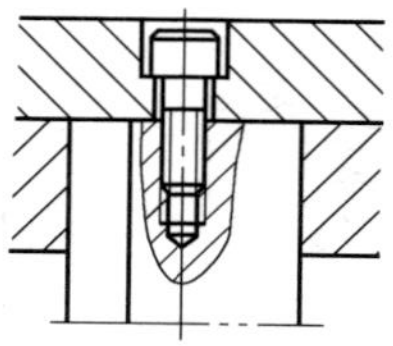	凸模用螺纹固定,前提是凸模与凸模固定板配合部分端面较大,此凸模固定安全可靠,但加工工艺复杂
4	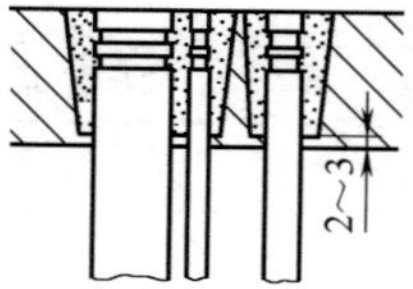	凸模用浇铸低熔点合金固定,在凸模固定板表面加工出环槽,套入凸模,带有 2～3mm 高的环形凸缘,再在锥孔中注入低熔点合金固定。这种方法的优点是低熔点合金能重复使用,但难以承受较大的卸料力,适合于板厚 2mm 以下的冲裁	8	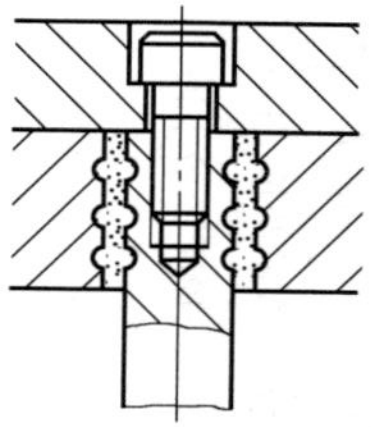	凸模先加工成直通式,然后在端面上加工环氧树脂固定槽,再用环氧树脂与凸模固定,适用于小批量生产的冲模

序号	图示	说明
9	1—凸模；2—螺钉；3—楔块	此凸模是一种受重负荷的快换凸模结构，凸模上端有环形滑槽，并与凸模固定板滑配。固定时，用螺钉将钢球顶紧在槽内，以固定凸模；修模时，拧松螺钉，即可快捷地拔出凸模，不必拆卸凸模固定板
10	(a) (b) 1—凸模；2—螺钉；3—楔块	楔块压紧固定。对于一些冲压力较大，而有一定的侧向力的凸模，采用楔块压紧固定。图示螺钉不断锁紧模块与凸模块的长圆孔，凸模1固定部分的斜面与模块3的斜面紧紧吻合压紧。通常一般取α=15°~20°。注意：凸模的斜面与模块固定面必须保持一致，才能保证凸模安装的垂直度
11	(a) (b) 1—上模座；2—凸模；3—圆柱销；4—固定板垫板；5—固定板；6—固定板	对于尺寸比较大的凸模，其自身安装面积也较大，可采用螺钉、圆柱销直接固定在模座或固定板上，其钉直接安装固定方便，稳定固定好。图（a）螺钉从上固定；图（b）螺钉从下固定
12	A	凸模是一种负荷较轻的快换凸模结构，适合板厚在3mm以下的制件。拆卸时，用细钢棒从孔A伸入，压缩弹出的钢珠，即可取出待更换的凸模
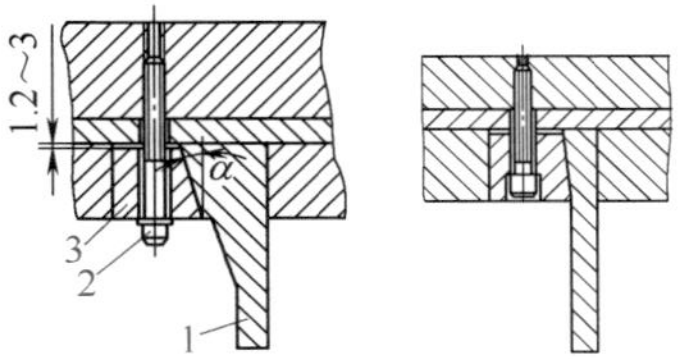 13	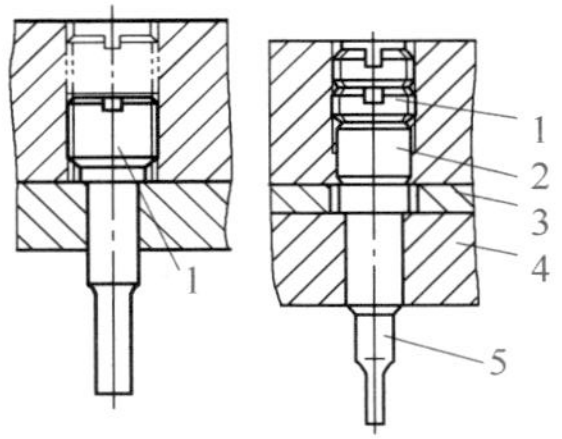 (a) (b) 1—螺塞；2—圆柱销；3—固定板垫板；4—固定板；5—凸模	用螺塞顶住固定凸模。该结构一般用于薄料的多工位级进模冲压。凸模与固定板常用H7/h6或H6/h5配合。凸模插入固定板后，利用其台肩卡在固定板上，然后通过两个螺塞顶住紧固的凸模不动，见图（a）。图（b）在凸模的顶端加一圆柱销垫，再用两个螺塞顶住紧固
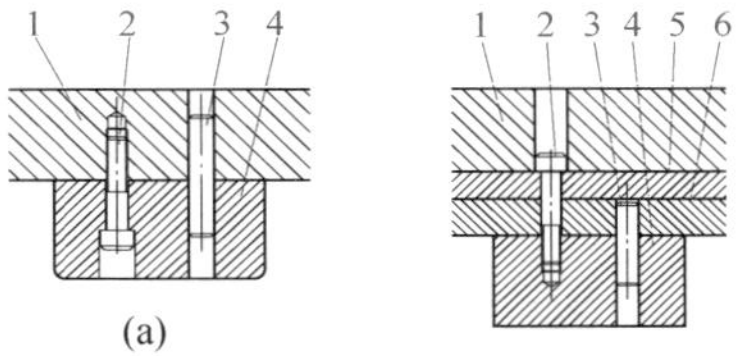 14	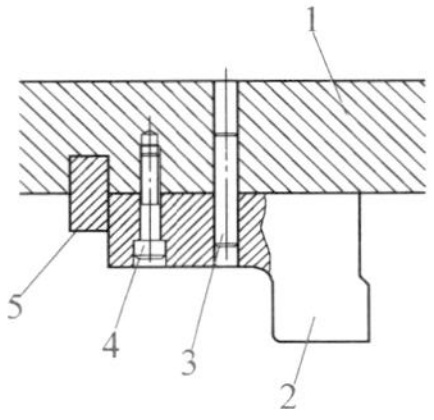 1—上模座；2—凸模；3—圆柱销；4—螺钉；5—键	利用螺钉和圆柱销固定剪切凸模，在凸模背面加键固定凸模。在凸模背面加键能保证固定的稳定性，能保证凸模的稳定性，在凸模的侧向受较大的侧向力。为保证凸模的宽度要求大于其高度。该结构一般用于中大型的冲模

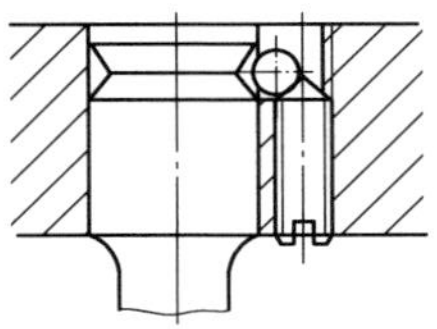

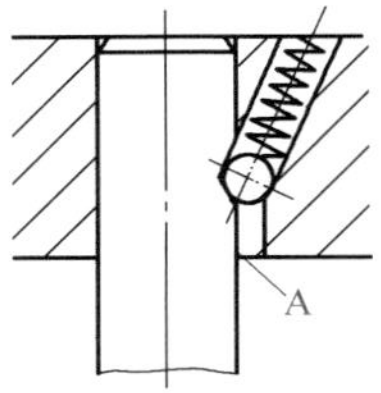

序号	图示	说明
15	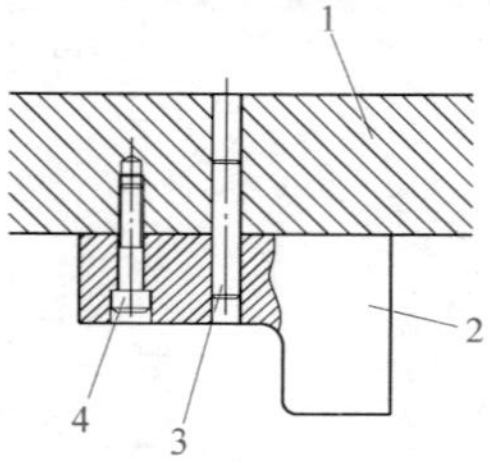 1—上模座；2—凸模；3—圆柱销；4—螺钉	凸模利用螺钉和圆柱销固定，该凸模一般用于薄料剪切或成形，为了保证凸模的稳定性，在凸模上端的宽度也要大于其高度
16	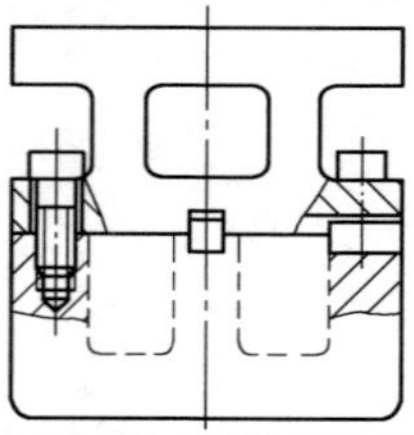	凸模用键定位、螺钉固定。一般用于冲压板料较厚的大型冲模
17	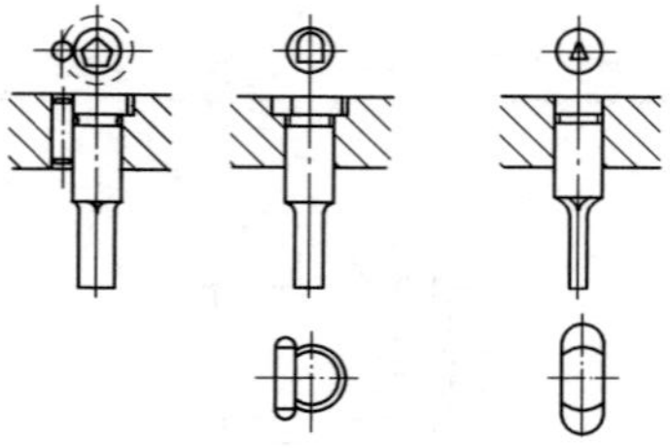 (a) (b) (c)	凸模都带圆形凸台固定端，图(a)为互边形，图(b)为马蹄形，图(c)为三角形，它们分别采用不同的防转方法，图(a)采用骑缝销，图(b)采用凸模与凸模固定板同加键，图(c)将凸模固定板圆凸台对称削平，与凸模固定槽口相配。这些凸模既保证了异形冲裁的对中要求，也在一定程度上减少了凸模加工和装配的工作量
18	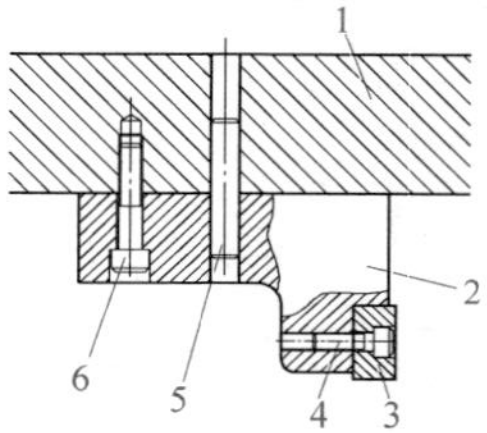 1—上模座；2—凸模固定座；3—凸模镶块；4,6—螺钉；5—圆柱销	结构与序号12相同，但比序号12相同，调整要方便。此结构用的凸模镶块3和凸模固定座2分别用不同的材料制成，可以减少成本。凸模镶块采用优质合金钢，凸模固定座可以采用45钢制造。如需要维修及调整时，拆下凸模镶块3即可
19	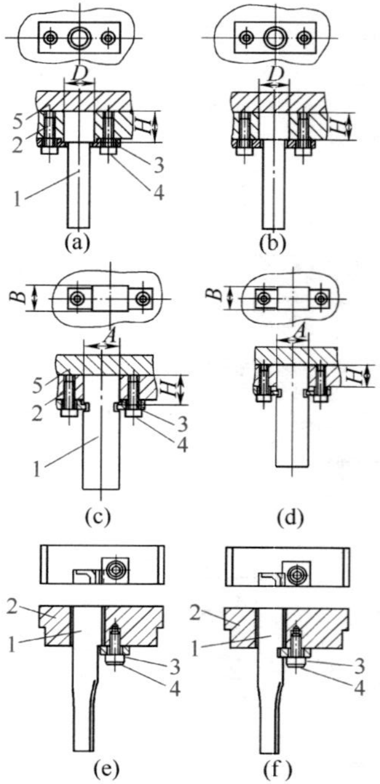 (a) (b) (c) (d) (e) (f) 1—凸模；2—固定板；3—压板；4—螺钉；5—固定垫板	压块（压板）固定凸模。在设计中，对高速高精度的多工位级进模时，由于凸模一般都进行了淬火处理，给小型凸模的固定带来了困难，采用压块固定凸模是比较常用的一种。图(a)、图(b)所示的压块固定方式适用于固定圆柱形的凸模；图(c)～图(f)所示的压板固定方式适用于固定非圆柱形（异形）的凸模

② 凸模拼合方式　凸模采用拼合结构，其目的介绍如下：

a. 便于加工。拼块在加工时可以相互分离，从而扩大刀具或砂轮活动范围。

b. 便于热处理。热处理容易淬裂或变形的位置，可以分成几块。

c. 便于修理。损坏或更改时只需局部更换。

d. 提高精度、增加寿命。拼块可以磨削，有时也可调节尺寸，从而确保精度。应力集中的尖角，通过拼块分解，防止碎裂，延长凸模使用寿命。

凸模拼合方式种类很多，常见的拼合方式见表4-34。

表4-34　常见凸模拼合方式

序号	简图	说明	序号	简图	说明
1	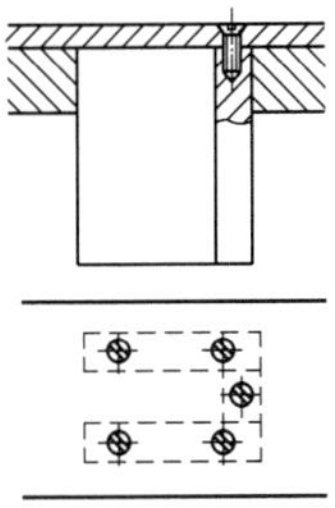	该凸模为一个简单的拼合例子。门字形凸模如采用整体，热处理可能变形，在使用过程中内尖角处也因应力集中易于开裂。因此，改成三个长方形的拼块，就不存在这些问题了	3	 拼合凸模组合图 1—外缘；2—内芯；3—镶块 (a)外缘 (b)内芯　(c)镶块	该凸模整体式很难加工，改为几圈拼成，加工问题得到解决。图中由三件凸模拼合而成，分解图见图（a）外缘，图（b）内芯及图（c）镶块
2	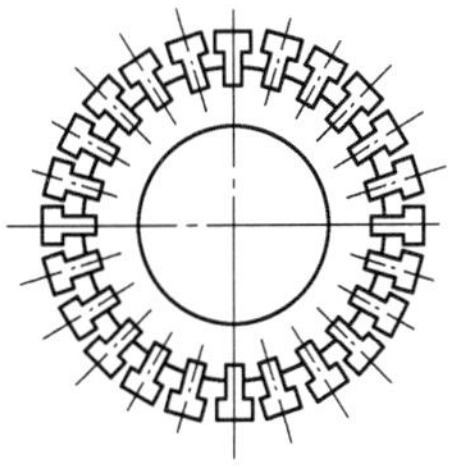	图示为T形拼块组成的凸模，该结构采用拼块结构，损坏后容易调换。该结构在多工位级进模中不常用，只有在机床尺寸限制下才能使用。在多工位级进模中，一般是把复杂的形孔分解成若干个简单的孔形			

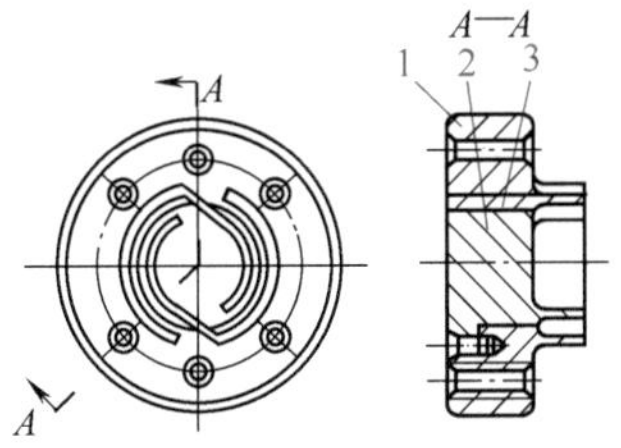

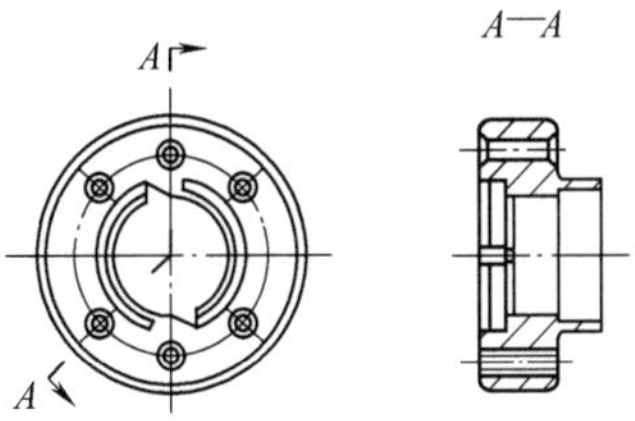

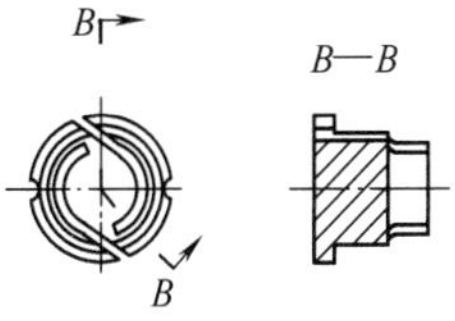

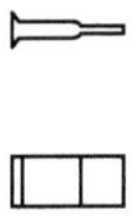

4.7.3.2　凹模设计

与凸模配合并直接对制件进行分离或成形的工作零件称为凹模。在冲压过程中，凹模和凸模一样，种类也很多，各种凹模工作部分的尺寸计算，见有关章节。这里主要介绍冲裁凹模结构尺寸的计算。

（1）凹模强度计算

冲裁时，凹模下面的模座或垫板上的孔口要比凹模的孔口大，使凹模工作时受弯曲，若凹模厚度不够会产生弯曲变形，故需校核凹模的抗弯强度。一般只核算其受弯曲应力时的最小厚度。计算公式如表4-35所列。

（2）凹模壁厚计算

凹模壁厚是指凹模刃口与外缘的距离，如图4-24所示。

凹模壁厚及高度可按表4-36所列的选择。刃口与刃口之间的距离，其最小值和制件材料的强度与板料厚度有关。可参考表4-37所列的数据。

表 4-35　凹模强度计算公式

项目	圆形凹模	矩形凹模（装在有方形洞的板上）	矩形凹模（装在有矩形洞的板上）
简图	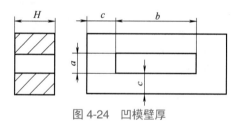		
抗弯能力（弯曲应力）	$\sigma_{弯} = \dfrac{1.5F}{H^2}\left(1 - \dfrac{2d}{3d_0}\right) \leqslant [\sigma_{弯}]$	$\sigma_{弯} = \dfrac{1.5F}{H^2} \leqslant [\sigma_{弯}]$	$\sigma_{弯} = \dfrac{3F}{H^2}\left(\dfrac{\frac{b}{a}}{1 + \frac{b^2}{a^2}}\right) \leqslant [\sigma_{弯}]$
凹模板最小厚度	$H_{\min} = \sqrt{\dfrac{1.5F}{[\sigma_{弯}]}\left(1 - \dfrac{2d}{3d_0}\right)}$	$H_{\min} = \sqrt{\dfrac{1.5F}{[\sigma_{弯}]}}$	$H_{\min} = \sqrt{\dfrac{3F}{[\sigma_{弯}]}\left(\dfrac{\frac{b}{a}}{1 + \frac{b^2}{a^2}}\right)}$

注：F 为冲裁力，N；$[\sigma_{弯}]$ 为凹模材料的许用弯曲应力，MPa，淬火钢为未淬火钢的 1.5～3 倍，T10A、Cr12MoV、GCr15 等工具钢淬火硬度为 58～62HRC 时，$[\sigma_{弯}]$ =300～500MPa；$H_{\min}$ 为凹模最小厚度；d、d_0 为凹模刃口与支承口直径；a 为垫板上矩形孔的宽度；b 为垫板上矩形孔的长度。

图 4-24　凹模壁厚

表 4-36　凹模壁厚 c 和凹模厚度 H　　　　　　　　　　　单位：mm

凹模最大刃口尺寸 b	材料厚度 t							
	≤ 0.8		> 0.8～1.5		> 1.5～3		> 3～5	
	凹模外形尺寸							
	c	H	c	H	c	H	c	H
< 50 50～75	26	20	30	22	34	25	40	28
75～100 100～150	32	22	36	25	40	28	46	32
150～175 175～200	38	25	42	28	46	32	52	36
> 200	44	28	48	30	52	35	60	40

表 4-37　凹模刃口与刃口之间的最小壁厚　　　　　　　　　　单位：mm

材料名称	材料厚度 t		
	≤ 0.5	0.6～0.8	≥ 1
铝、铜	0.6～0.8	0.8～1.0	（1.0～1.2）t
黄铜、低碳钢	0.8～1.0	1.0～1.2	（1.2～1.5）t
硅钢、磷铜、中碳钢	1.2～1.5	1.5～2.0	（2.0～2.5）t

注：表中小的数值用于凸圆弧与凸圆弧之间或凸圆弧与直线之间的最小距离，大的数值用于凸圆弧与凹圆弧之间或平行直线之间的最小距离。

增大刃口之间的距离显然能提高凹模的强度和寿命。多工位级进模的排样可以使制件上相距过近的孔在不同工位上冲出，从而扩大刃口之间的距离。

（3）凹模刃口高度计算

垂直于凹模平面的刃口，其高度 h 除了相关资料上推荐的数值外，建议：

制件料厚 $t \leqslant 3mm$，$h=4mm$

制件料厚 $t > 3mm$，$h=t$

当凹模需要更长寿命时，刃口高度 h 可以比上述增加，但应该带有斜度，以有利于制件或废料漏下。

带有斜度的刃口，刃磨后凹模尺寸扩大。扩大值可按下式计算：

$$\Delta l = 2h_1 \tan \alpha \tag{4-41}$$

式中　Δl——双面凹模尺寸扩大值，mm；

　　　h_1——磨去的刃口高度，mm；

　　　α——刃口每侧斜度。

（4）凹模结构形式

1）冲裁凹模的刃口结构形式

冲裁是最为广泛应用的一种冲压工序，而冲裁凹模在各类模具中最具有代表性，其刃口形式多样，常见的刃口形式见表 4-38。

表 4-38　冲裁凹模刃口形式、特点与应用

序号	形式	简图	特点	应用
1			凹模厚度 H 全部为有效刃口高度，刃壁无斜度，刃磨后刃口尺寸不会改变，制造方便	适用于冲下的制件或废料逆冲压方向推出的模具结构
2	直刃口		刃口无斜度，有一定高度 h，刃磨后刃口尺寸不变，但由于刃口后端漏料处扩大，因此凹模工作部分强度稍差。凹模内容易聚集废料或制件，增大了凹模壁的胀力和磨损	同序号 1，更多适用于制件或废料顺冲压方向落下的模具。冲裁件尺寸精度较高，此种刃口由于制造方便应用比较广
3			刃口无斜度，有一定高度 h，刃磨后刃口尺寸不变，但刃口后端漏料部分设计成带有一定斜度，凹模工作部分强度较好	同序号 2
4			刃口有一定斜度 α，制件或废料不会滞留在凹模里，所以刃口磨损小，$\alpha=5' \sim 20'$，多次刃磨后，工作部分尺寸仅有微量变化，如 $\alpha=15'$ 刃磨掉 0.1mm 时，间隙值单边增大 0.00044mm，故刃磨对刃口尺寸影响不大	适用于凹模较薄、冲件料厚也比较薄、制件精度要求不十分严格的情况，但也不是绝对如此，在多工位级进模中，为了使出件通畅，减小对凹模的涨力，也常常使用
5	斜刃口		除了与序号 4 相同的特点外，由于漏料孔用台阶孔过渡，因此凹模工作部分强度较差。α 一般为 $5' \sim 30'$，料薄取小值，料厚取大一些值	适用于加工小孔（一般为 $\phi 3mm$ 以下）及简单形孔或单面切割的复杂形孔
6			工作刃口和漏料部分均为斜度结构，$\beta > \alpha$，强度好，但制造困难	适用于料厚 $t > 0.5mm$ 冲裁，$h \geqslant 5mm$

凹模刃口高度 h 和斜度 α、β 根据制件的料厚而定，其相关参数可参考表 4-39。

表 4-39　凹模刃口相关参数

制件材料厚度 /mm	α	β	h
$\leqslant 0.5$	$10' \sim 15'$		$\geqslant 3$
$> 0.5 \sim 1.0$	$15' \sim 20'$	$2°$	$> 4 \sim 7$
$> 1.0 \sim 2.5$	$20' \sim 45'$		$> 6 \sim 10$
$> 2.5 \sim 5.0$	$45' \sim 1°$	$3°$	$> 7 \sim 12$

2）圆形凹模的结构形式

小直径冲孔凹模外形常用圆形结构，该结构也可用于冲异形孔。冲异形孔时，圆形凹模需有定位措施以防止凹模转动。为便于加工，异形孔凹模也可以用两半拼成。常见的圆形凹模结构形式见表 4-40。

表 4-40　圆形凹模结构形式

序号	简图	说明	序号	简图	说明
1	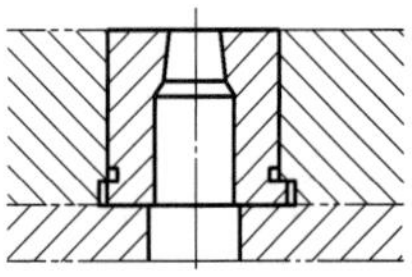	该凹模结构为底部带台肩，上段与凹模固定板压配合，为便于压入，凹模上端 3mm 范围内也微带斜度或加工出 $d_{-0.025}^{-0.013}$	4	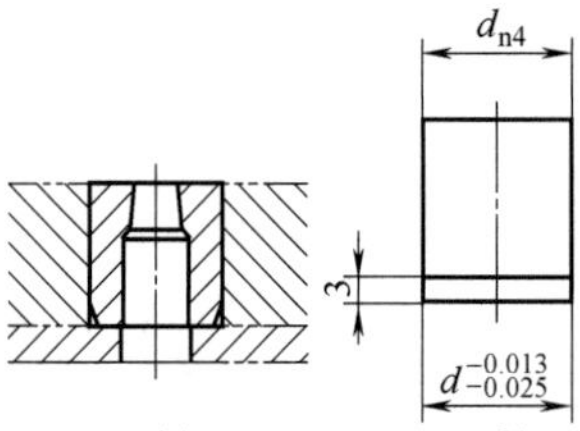 (a)　(b)	该凹模外形为无台肩的圆形，采用压配合 d_{n4} 压入凹模固定板。为便于压入，在凹模下端长 3mm 左右的范围内加工出微带斜度 [见图（a）] 或下端长 3mm 左右的加工出 $d_{-0.025}^{-0.013}$[见图（b）]
2	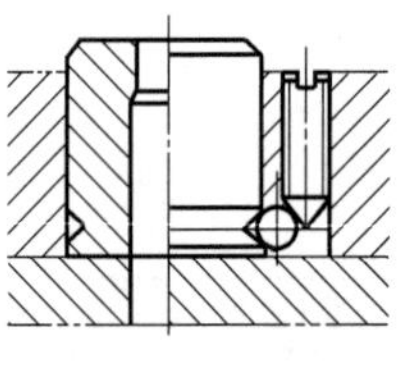	珠锁式快速更换圆凹模，在凹模的下方开有一环形 V 形槽，通过螺钉底部的锥面，将钢珠压入环形槽中固定。更换凹模或刃磨凹模刃口时，放松螺钉，钢珠从槽中滑出，凹模即可拔出。与序号 5 相比，此结构更换凹模速度稍慢一点，但所冲的板料可以较厚	5	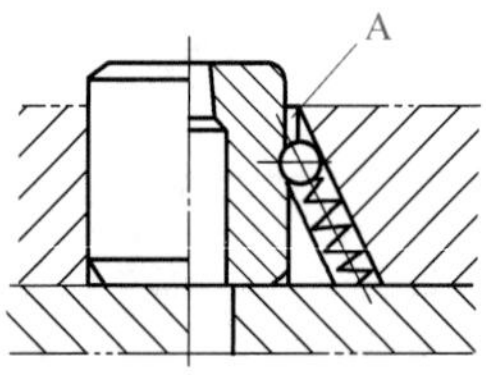	球锁式快速更换圆凹模结构，拆卸时，用细棒从孔 A 内伸入，压缩弹出的钢珠，即可取出待更换的凹模，此凹模多用于薄板冲孔
3	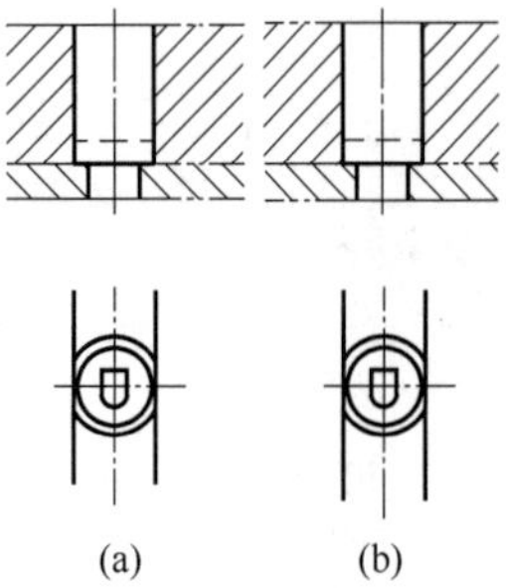 (a)　(b)	该凹模为带台肩防转圆。所冲的型孔为异形孔，为防止凹模转动，此结构在台肩的两侧磨出平面，与凹模固定板的槽嵌合防转。图（a）为整体结构，图（b）为了便于加工，分为两半拼合而成	6	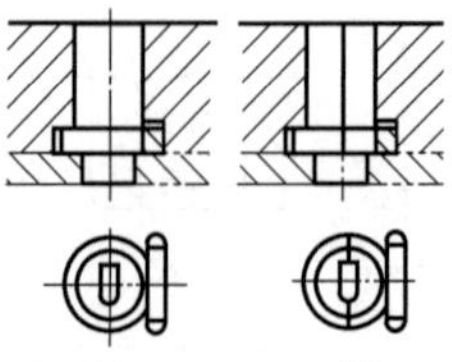 (a)　(b)	图示为键防转圆凹模结构，该凹模所冲的型孔全是异形孔，凹模采用平键定位防止转动。图（a）为整体带台

序号	简图	说明	序号	简图	说明
6	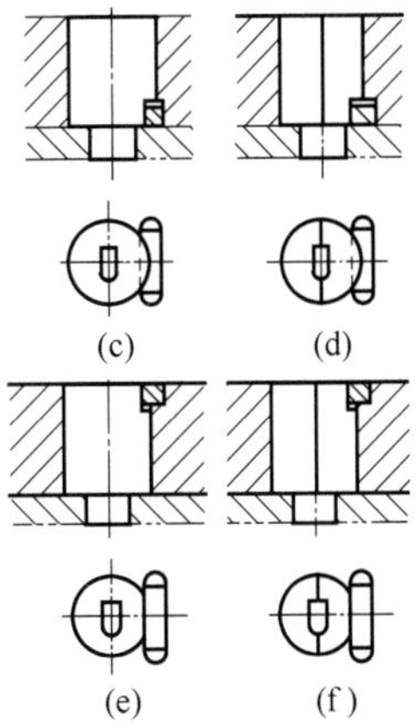 (c) (d) (e) (f)	肩，键在下端防转结构；图（b）为了便于加工，分为两半拼合带台肩，键在下端防转结构；图（c）为整体无台肩，键在下端防转结构；图（d）为分两半拼合无台肩，键在下端防转结构；图（e）同图（c），但键在上端；图（f）同图（d），但键也在上端	8	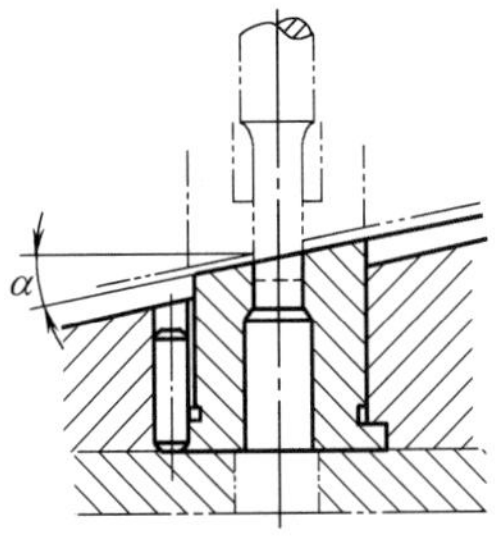	在型面上冲圆孔防转凹模结构，该凹模整体带台肩，以圆销防转
7	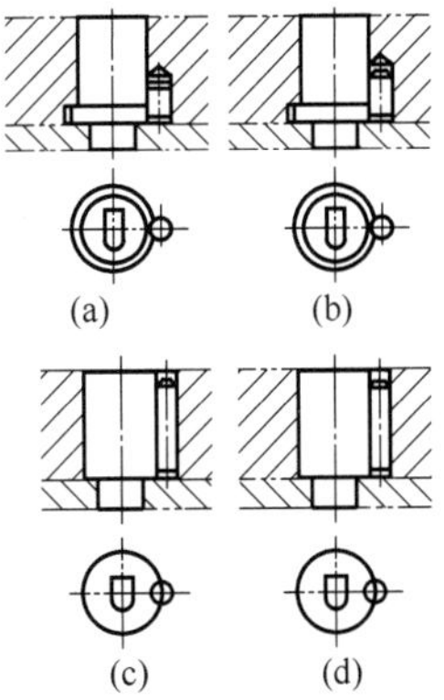 (a) (b) (c) (d)	该凹模采用圆销防转的圆凹模结构，在凹模与凹模固定板的接缝位置上加工出骑缝圆孔，用圆销插入即可防止凹模转动。图（a）为整体带台肩；图（b）为拼合带台肩；图（c）为整体无台肩；图（d）为拼合无台肩			

注：常用圆凹模外径一般在 $\phi40$mm 以内（台肩 $\phi43$mm 以内），高度在 35mm 以内，冲孔直径一般不超过 $\phi27$mm。也有把外径扩大至 $\phi70$mm（冲孔直径 $\phi55$mm）的。

3）凹模的镶拼结构形式

镶拼凹模一般适用于较薄材料的冲压加工，具有精度高、容易加工、更换方便等特点。

① 凹模的镶拼镶嵌形式　镶拼形式应根据孔的形状、凹模工作时的受力状态以及模具结构而合理地选用。常用的镶拼形式见表 4-41。

表 4-41　凹模常用的镶拼形式

序号	类型	图示	说明
1	局部镶拼	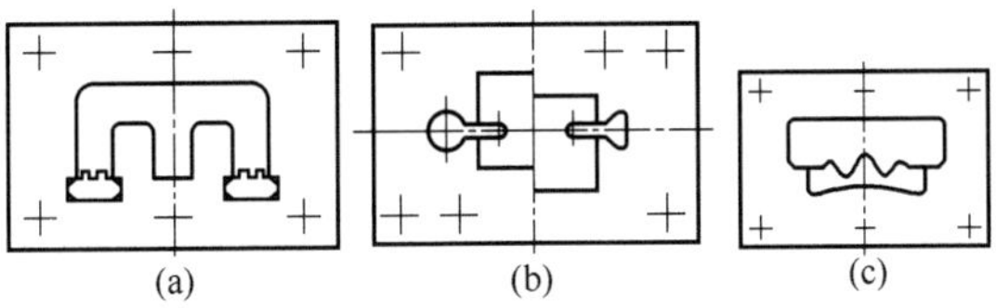 (a) (b) (c)	对于凹模孔的个别易损部位或孔形复杂、加工较困难处，可以采用局部镶拼形式。如图（a）所示的镶拼处为局部凹凸易损部位；图（b）所示的镶拼处是悬臂较长受力危险的部位；图（c）先将较难加工的内孔通过局部镶拼的方法，使之成为较为简单的内孔加工和镶嵌件的外形加工
2	径向拼合	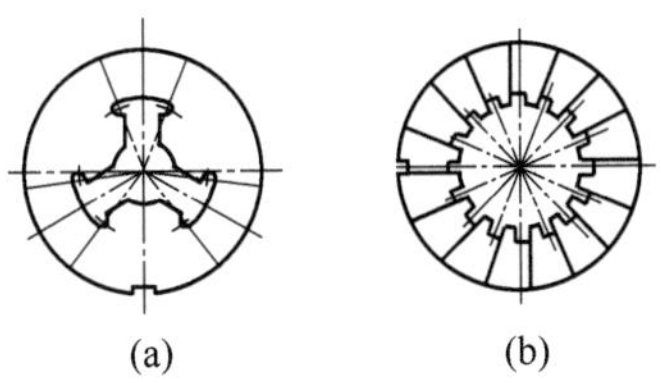 (a) (b)	对于具有放射形状的圆形类凹模孔，应按径向线（或近似径向）进行拼合，这样可以获得相同形状的拼块。图（a）所示为径向拼合的典型例子。图（b）所示为近似径向拼合的凹模

序号	类型	图示	说明
3	镶片迭合	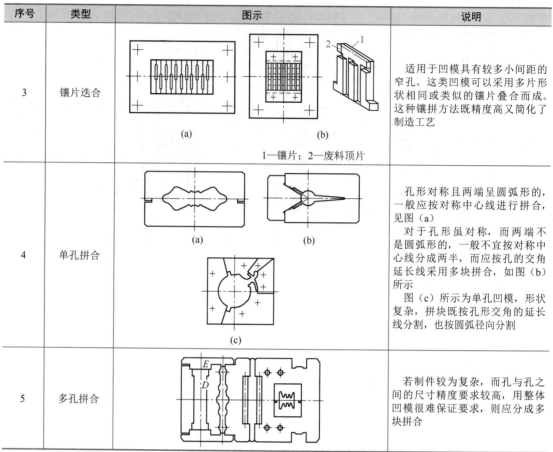 (a)　　　　(b) 1—镶片；2—废料顶片	适用于凹模具有较多小间距的窄孔。这类凹模可以采用多片形状相同或类似的镶片叠合而成。这种镶拼方法既精度高又简化了制造工艺
4	单孔拼合	(a)　　　　(b) (c)	孔形对称且两端呈圆弧形的，一般应按对称中心线进行拼合，见图（a） 　　对于孔形虽对称，而两端不是圆弧形的，一般不宜按对称中心线分成两半，而应按孔的交角延长线采用多块拼合，如图（b）所示 　　图（c）所示为单孔凹模，形状复杂，拼块既按孔形交角的延长线分割，也按圆弧径向分割
5	多孔拼合		若制件较为复杂，而孔与孔之间的尺寸精度要求较高，用整体凹模很难保证要求，则应分成多块拼合

② 镶拼凹模的固定方法　镶拼凹模的各个拼块及其整体必须牢靠地固定在正确的位置上。不同的拼合形式应合理地选用相适应的固定方法。常用的固定方法见表4-42。

表4-42　常用凹模的固定方法

序号	类型	图示	说明
1	板式固定方法	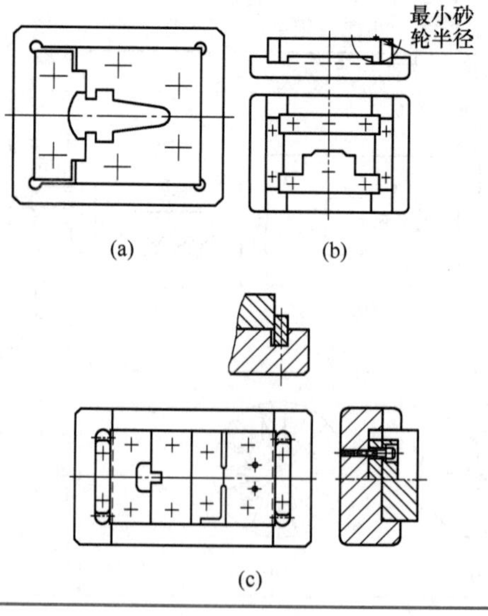 (a)　　　　(b) (c)	板式固定方法是将镶拼凹模通过凹模固定板进行固定的方法 　　图（a）的固定沉坑是通过一般的CNC加工的，精度稍差，一般适用于要求不高的模具。若要求配合精度较高的模具，沉坑应于铣后立磨，对于较大的沉坑可以通过高速CNC加工，或改成图（b）、图（c）所示的形式，这两种形式的固定配合面均可平磨 　　这种固定形式的配合深度，应根据凹模所受冲压力及其水平分力大小而定，一般取凹模厚度的1/3～2/3。必要时这类固定板应给予淬硬，以提高其强度和耐磨性

序号	类型	图示	说明
2	框式固定方法	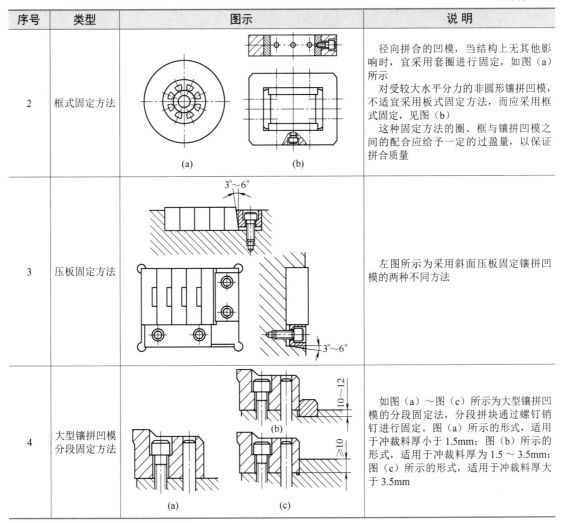	径向拼合的凹模，当结构上无其他影响时，宜采用套圈进行固定，如图（a）所示 对受较大水平分力的非圆形镶拼凹模，不适宜采用板式固定方法，而应采用框式固定，见图（b） 这种固定方法的圈、框与镶拼凹模之间的配合应给予一定的过盈量，以保证拼合质量
3	压板固定方法		左图所示为采用斜面压板固定镶拼凹模的两种不同方法
4	大型镶拼凹模分段固定方法		如图（a）～图（c）所示为大型镶拼凹模的分段固定法，分段拼块通过螺钉销钉进行固定。图（a）所示的形式，适用于冲裁料厚小于 1.5mm；图（b）所示的形式，适用于冲裁料厚为 1.5～3.5mm；图（c）所示的形式，适用于冲裁料厚大于 3.5mm

4.7.4 卸料装置

卸料装置在冲压模具结构中是一个很重要的组成部分，常用的卸料装置有固定卸料装置和弹压卸料装置两种形式。

4.7.4.1 固定卸料装置

固定卸料装置是由固定卸料板通过导料板用螺钉直接固定在下模部分上。

（1）悬臂式固定卸料装置

如图 4-25 所示为悬臂式固定卸料装置，通常与下模板固定的一侧设置在后面，开口的一侧在前面；图示主要用于制件板料 $t \geqslant 3$mm 的冲裁加工，特别适用于单排套冲的模具，便于操作者观察。

（2）平板式固定卸料装置

如图 4-26 所示为平板式固定卸料装置，它一般适用于制件板料 $t \geqslant 0.8$mm。常见的平板式固定卸料装置见图 4-26（a），其优点为导料板装配调整方便；图 4-26（b）一般适用于较厚材料的制件冲孔模。由于加大凹模与卸料板之间的空间，冲制后的制件可利用安装推件装置使制件逸出模具，同时操作也较方便。

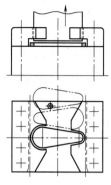

图4-25　悬臂式固定卸料装置

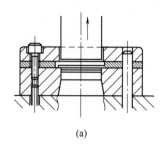

(a)

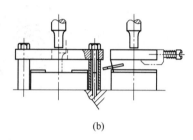

(b)

图4-26　平板式固定卸料装置

（3）半固定式卸料装置

如图4-27所示为半固定式卸料装置，适用范围与图4-26（b）相同，不同的是它采用了弹性机构的固定卸料板，但弹簧的弹力并不用于卸料（这有别于弹压卸料板，如图4-28所示为整体式弹压卸料板示意图），而是为了减少凸模的长度，使卸料板借用弹簧压缩功能，并有一定的滑动空间，最终回到固定卸料位置卸料。

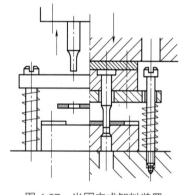

图4-27　半固定式卸料装置

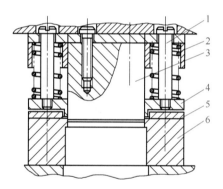

图4-28　整体式弹压卸料板示意图

1—卸料螺钉；2—弹簧；3—凸模；4—卸料板；
5—内导料板；6—凹模

4.7.4.2　弹压卸料装置

冲裁模弹压卸料装置可参考第8章中第8.4.2"多工位级进模卸料装置设计"。

4.7.5　顶出装置

在冲压模具中顶出装置的功能主要是对制件或废料起顶出作用。如图4-29所示为上模推（打）出件装置，该装置一般利用压力机上的打杆接触到模具的打杆进行推（打）出制件。图4-29（a）一般用于拉深模或落料模；图4-29（b）一般用于复合模，用过渡推杆绕过中间凸模推（打）出制件。

如图4-30所示为常用弹顶装置结构。图4-30（a）为弹簧顶出装置；图4-30（b）为橡胶顶出装置。这两种结构所占空间大，顶出力也大，弹顶的部分一般都装在模座的下面，使用时要考虑压力机工作台孔大小的位置。如压力机工作台面孔过小，那么在模具闭合高度允许的条件下加下模垫块。为保证顶出装置动作灵活、平稳、可靠，顶杆的长度必须一样平齐，顶件器高出凹模平面要适当。推板和顶杆应有一定的硬度。以免长时间使用引起变形。

图 4-31 所示为冲压模具中部分安装在模具内部的顶出装置。图 4-31（a）结构简单、紧凑，当顶出力不大时应用最多；图 4-31（b）为多弹簧顶出结构，顶件力较大；图 4-31（c）为内外弹簧顶出结构，此结构内外弹簧的旋向要相反。

图 4-32 所示为两种标准结构的弹顶器，它和图 4-30 所示的结构相比，共同点是弹顶部分均装在模具的外面使用。图 4-32（a）使用时要固定在下模座上，而图 4-32（b）一般放在压力机的工作台孔内使用，并且小的废料可通过中间的空心管往下落。弹压力的大小可通过调节螺母 1 得到。

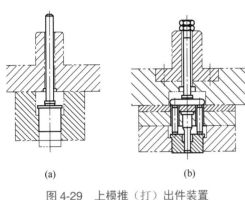

(a)　　　　(b)

图 4-29　上模推（打）出件装置

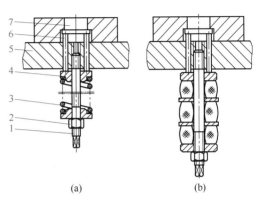

(a)　　　　(b)

图 4-30　常用弹顶装置结构

1—螺杆；2—螺母；3—弹簧；4—推板；
5—下模座；6—顶杆；7—顶件器

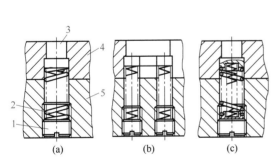

(a)　　　(b)　　　(c)

图 4-31　模具内部设置的顶出结构

1—螺塞；2—弹簧；3—顶件器；4—凹模；5—下模座

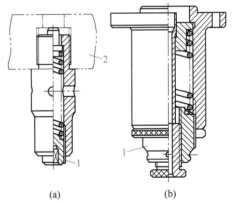

(a)　　　　(b)

图 4-32　模具通用弹顶器

1—螺母；2—下模座

4.7.6　定位装置

定位装置的作用是保证毛坯（条料、卷料或片料）送料或放料时有准确的位置。常用的定位装置分为定位板、挡料销和导正销三大类。

如图 4-33 所示，利用工序件作两端定位，是异形冲裁件常用的定位方式。

如图 4-34 所示，利用工序件的缺口定位。此定位工作部分的形状与工序件缺口的形状相同。加工定位板时，根据制件的精度、大小不同，在定位板的工作部分放相应的间隙，以方便工序件放进或取出。

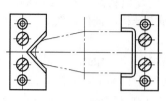

图 4-33　利用两端定位

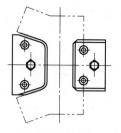

图 4-34　利用工序件的缺口定位

图 4-35 所示为敞开式定位，一般适用于狭长的工序件作以敞开定位，作这种定位时，需对另一端施力，使工序件紧靠定位面。

如图 4-36 所示，利用工序件上的两个圆形孔作定位，对于细小圆孔，在导正销下部放粗以增大强度，可承受冲裁或成形时的侧向力。

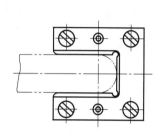

图 4-35　敞开式定位

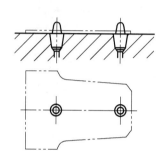

图 4-36　利用工序件上的两个圆形孔作定位

4.7.7　限位装置

（1）限位装置的功能与应用

用于控制上下模合模后相对精确位置的结构称为限位装置。一般情况下，要求模具闭合高度精确度不高时，可以不设置限位装置，因为压力机的装模高度可以通过调节满足要求；但由于压力机闭合高度存在一定误差，可能会造成凸模进入凹模太深（即对凸模进入凹模深度有严格要求时），或者压料装置压料过度，为了控制上下模工作状态下的闭合高度，防止合模过头，引起模具损坏，或使精密立体成形（如镦压）超差，特别在多工位级进模中常要采用限位装置；也有为了限定某活动件的行程而使用限位装置；还有一些较大模具在保管存放时，防止上下模刃口接触，也采用限位装置。故限位装置在模具中既起到限位，又有安全保护的双重作用。

如在压力机或模具结构的限制下，须加上垫块或下垫脚，那么限位装置的位置应设置在上垫脚或下垫脚相对应的模座位置上。否则，模具长时间的冲压导致限位装置固定位置的模座处有变形现象。

（2）限位装置的种类与特点

常用的限位装置有两种。一种是普通限位装置，主要由限位柱和紧固螺钉组成，如图 4-37所示。它结构简单，应用广泛，一旦模具的工作零件刃磨变短时，限位柱就要相应随之修磨。另一种为带限位套的限位装置，它由限位柱、紧固螺钉和限位套（也称保护垫、垫片、模具存放柱等）组成，如图 4-38 所示。常用于较大型精密模具，在保管存放期间让模具的凸模、凹模分离开，在限位柱 2、3 之间垫上保护垫 1，如图 4-38（c）所示。工作时将保护垫 1 取下，如图 4-38（b）所示。

冲压模具从入门到精通

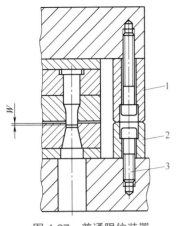

图 4-37 普通限位装置

1—上限位柱；2—下限位柱；3—螺钉；
W—允许凸模进入凹模深度

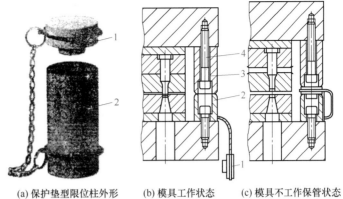

(a) 保护垫型限位柱外形　(b) 模具工作状态　(c) 模具不工作保管状态

图 4-38 带限位套的限位装置

1—保护垫；2, 3—限位柱；4—螺钉

4.7.8 模柄

模柄是中、小型冲模的模架上一个不可少的零件，通过它可以使上模部分快速找正位置，直接与压力机滑块连接固定在一起，以实现正常冲压工作。模柄的直径、长度应和压力机滑块上的模柄孔相匹配。常用模柄的结构形式见表 4-43。

表 4-43 常用模柄的结构形式

序号	类型	图示	说明
1	旋入式模柄	1—模柄；2—上模座	此模柄与上模座固定部分采用螺纹旋入固定连接，主要优点是装拆比较方便，缺点是与模座的垂直度较差，在冲压的冲击振动下，螺纹连接易松动。但当使用的压力机为偏心压力机，行程可调且取较小值时，能保证冲压过程中导柱、导套永不脱离。始终处于配合状态的情况下，仍受到用户喜欢，被使用在冲速不高的普通冲模中。为了防止模柄在上模座中旋转，可在螺纹的骑缝处加防转螺钉
2	压入式模柄	1—模柄；2—上模座	此模柄应用比较广泛，其固定部分与上模座紧配，为防止模柄转动，在模柄的小凸缘处装有防转螺钉。此结构能较好地保证模柄垂直度要求，长期使用此模柄稳定可靠，不会松动
3	凸缘式模柄	1—模柄；2—上模座	此模柄的凸缘部分埋入上模座上平面的沉孔内，一般车削加工成 H7/h6 配合，同时保持和上模座上平面齐平或略低于上模座的上平面，这样才能保证安装后上模座的上平面与压力机滑块的底平面紧密贴合。通常凸缘处用 3～4 个螺钉与上模座连接固定，装拆比较方便，适用于较大型模具

序号	类型	图示	说明
4	浮动模柄	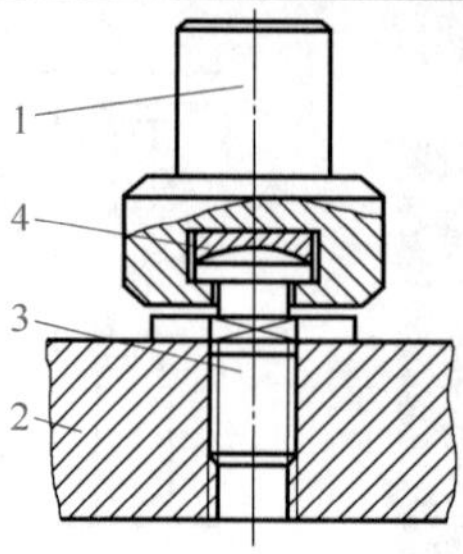 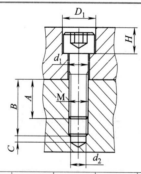 1—模柄；2—上模座；3—连接头； 4—球面垫片	此模柄由凹球面模柄、凸球面垫块、锥面压圈组成。对于精密冲压模具，若通过凸球面垫块消除压力机滑块的导向误差对模具导向精度的影响，延长模具寿命，则可考虑采用浮动模柄。但由于模柄、凸球面垫块之间存在间隙，浮动模柄在冲压过程中易造成冲压间歇，对于小凸模是不利的，因此使用时须慎重。当使用精度高、刚性好的闭式压力机时，一般不用浮动式模柄 选用浮动式模柄的模具，必须使用行程可调的压力机，保证在冲压过程中导柱与导套不脱离

4.7.9　螺钉与销钉

（1）螺钉

螺钉主要承受拉应力，用来连接固定零件。在冲压模具中广泛应用的是内六角螺钉。螺孔的深度原则上比螺钉旋进的深度深一点就行了，但有时为了便于加工将模板或零件的螺孔加工成通孔，或在模板或零件的厚度方向部分是螺孔，部分是螺纹底孔的钻孔或盲孔。只要模具的结构和外形允许，可以这样做。

常用螺钉安装孔、螺纹底孔尺寸及螺钉拧入模板最小深度可参考表4-44。

一般中小型模具常用螺钉直径为M6～M12，数量根据需要而定。用于固定凹模或凸模固定板，数量一般在4个以上，由于凹模或固定板外形一般都是矩形，所以螺钉孔尽可能对称分布在模板中心的两侧或模板的周边。模板螺钉孔与螺钉孔之间中心距离的确定可参考表4-45。模板厚度与螺钉大小的合理选用可参考表4-46。

表4-44　常用螺钉安装孔、螺纹底孔的尺寸及螺钉拧入模板最小深度

螺纹直径	M3	M4	M5	M6	M8	M10	M12	(M14)	M16	(M18)	M20
D_1	6.5	8	9.5	11	14	17.5	20	23	26	29	32
H（最小值）	3.5	4.5	5.5	6.5	8.5	11	13	15	17	19	21
d_1	3.4	4.5	5.5	7.0	9	11	14	16	18	20	22
A	1.5M 以上										
B	8	12	15	15	20	25	25	30	30	35	35
d_2	2.6	3.4	4.3	5.1	6.8	8.5	10.3	12	14	15.5	17.5
C	3	4	4	6	6	8	8	8	8	10	12

表 4-45　模板螺钉孔与螺钉孔之间中心距离的确定

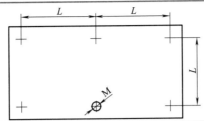

螺孔 /M	距离 L/mm
M4	40±15
M5	50±15
M6	60±20
M8	80±20
M10	100±20
M12	120±30

表 4-46　模板厚度与螺钉大小的合理选用　　　　　　　　单位：mm

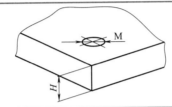

H	13 以下	13 ～ 19	19 ～ 25	25 ～ 32	32 以上
M	M4，M5	M5，M6	M6，M8	M8，M10	M10，M12

（2）销钉

销钉有圆柱销和圆锥销之分。在冲压模具中主要起定位作用，同时也承受一定的侧向力。通常作为定位模具零件并与紧固螺钉配合使用。

由于圆柱销的使用更广更多，习惯上把圆柱销简称为销钉或定位销。模具中比较常用的直径有 ϕ4mm、ϕ6mm、ϕ8mm、ϕ10mm、ϕ12mm 几种。销钉的头部应倒角或倒圆，这样拆装过程中经锤打其头部有些变大也不影响继续使用。

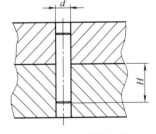

图 4-39　圆柱销配合长度

销钉应淬硬处理，表面磨光，保证尺寸精度，以保持足够的硬度和使用寿命。如图 4-39 所示为圆柱销配合长度示意图。一般情况下，圆柱销最小配合长度 $H \geqslant 2d$。

图 4-40（a）是最常用的销钉安装方法，安装后的销钉头部均应在上下模板之内。

图 4-40（b）是销钉的一端有螺纹，供拆卸使用。为了便于拆装，销钉与销钉孔配合不能过紧，按过渡配合即可。这种销钉装入时孔内有空气，主要用于模具工作零件表面不能损坏的场合。拆卸时，用拔销器上的螺钉拧紧销钉的螺孔，即可拔出。

图 4-40（c）是被定位的板件销孔做成台肩孔，拆装时利用小孔将销钉顶出。

图 4-40（d）、（e）是在淬硬的板件上镶入软钢套，用来配作销钉孔，便于加工。但一般的情况下软钢套要做防转动处理。

图 4-40（f）是在三块厚板件的情况下，用两个销钉定位。板件薄时也可用一个销钉定位

三块板件。

图 4-40（g）与图 4-40（b）的使用功能相同，只是为了减少配合长度将上面一块板件的销孔口部扩大。

图 4-40（h）、（i）是用螺塞压紧销钉，防止销钉松动后掉出，一般比较适合于模具的上模部分。图示的销钉被压紧端都有螺孔（未画出），便于取出。

图 4-40（j）的特点与图 4-40（g）～（i）相同。

如图 4-41 所示为采用防松脱弹簧塞压紧销钉，防止销钉松动掉出。此结构与用螺塞压紧相比，无需进行螺纹加工；拆卸时借助拔销器直接拆下定位销即可。

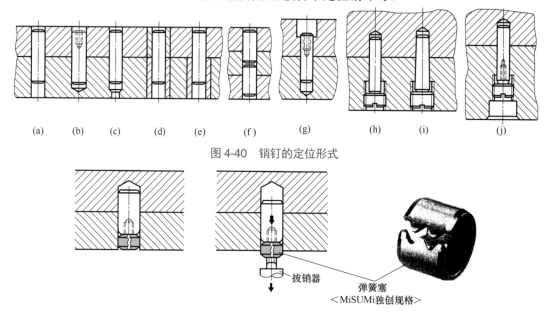

(a)　(b)　(c)　(d)　(e)　(f)　(g)　(h)　(i)　(j)

图 4-40　销钉的定位形式

拔销器

弹簧塞
＜MiSUMi独创规格＞

图 4-41　销钉定位（使用弹簧塞时）

（3）螺钉孔及销钉孔距离的确定

当模板或凹模采用螺钉和销钉定位固定时，要保证螺孔间距、螺孔与销钉孔间距及螺孔、销钉孔与模板或凹模刃壁的间距不能太近，否则会影响模具的使用寿命。其数值可参考表 4-47。

表 4-47　螺钉孔、销钉孔的最小距离

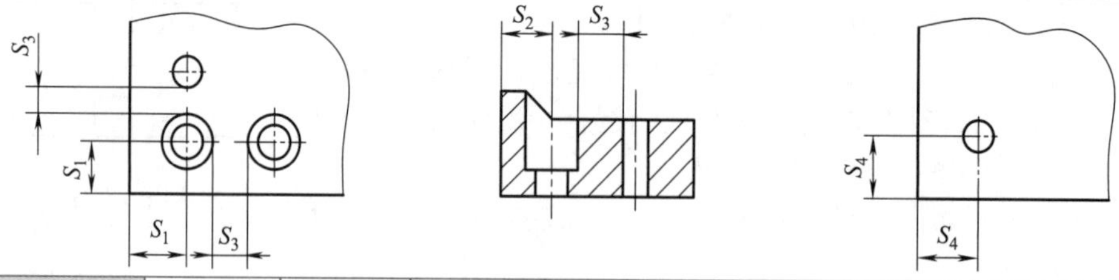

螺钉孔		M4	M5	M6	M8	M10	M12	M16	M20	M24
S_1/mm	淬火	8	9	10	12	14	16	20	25	30
	不淬火	6.5	7	8	10	11	13	16	20	25
S_2/mm	淬火	7	10	12	14	17	19	24	28	35
S_3/mm	淬火					5				
	不淬火					3				
销钉孔 d/mm		$\phi2$	$\phi3$	$\phi4$	$\phi5$	$\phi6$	$\phi8$	$\phi10$	$\phi12$	$\phi16$	$\phi20$	$\phi25$
S_4/mm	淬火	5	6	7	8	9	11	12	15	16	20	25
	不淬火	3	3.5	4	5	6	7	8	10	13	16	20

螺孔中心与凹模或模板边缘的最小距离见表4-48。当螺孔中心到凹模或模板边缘等距时，见表4-48中图（a）；反之，螺孔中心到凹模或模板边缘不等距时，见表4-48中图（b）。

表4-48　螺孔中心与凹模或模板边缘的最小距离

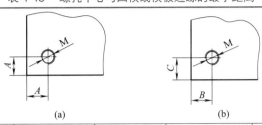

	(a)		(b)		
螺钉孔	M4	M5	M6	M8	M10	M12
B（最小值）	6	7.5	9	12	15	18
C（最小值）	4.5	5.5	7	9	11.5	14
A（标准）	7～8	8.5～10	10～12	13～16	17～20	20.5～24
A（最小值）	5	6	8	10	13	15

4.8　冲裁模设计实例

4.8.1　工艺分析

如图4-42所示为某零件垫片，材料10钢，料厚0.8mm。该制件形状简单，尺寸公差要求见图4-42。该制件对毛刺高度有一定的要求（毛刺高度控制在0.02mm以内），制件最大外形为75mm，外形由直线、12个$R7.5$mm和4个$R4.5$mm连接而成。从图4-42中的外形公差可以看出，该制件外形只允许偏小，不允许偏大。

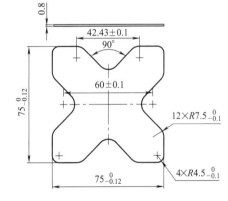

图 4-42　垫片

4.8.2　刃口尺寸计算

（1）落料件尺寸计算

根据制件的形状特点，刃口尺寸选用分开制造法，落料件的基准为凹模，间隙取在凸模上。查表4-9得：$z_{max}=0.104$mm，$z_{min}=0.072$mm，则$z_{max}-z_{min}=0.032$mm。按表4-15查得凸模制造公差$\delta_p=0.02$mm，凹模制造公差$\delta_d=0.03$mm；当制件公差≤0.16mm时，查表4-16，磨损系数$x=1.0$。

校核间隙$|\delta_d|+|\delta_p|=0.02+0.03=0.05$（mm）$>z_{max}-z_{min}=0.032$mm，说明所取凸、凹模公差不能满足$|\delta_d|+|\delta_p|\le z_{max}-z_{min}$条件，但相差不大，可按式（4-3）调整如下。

$$\delta_p=0.4\ (z_{max}-z_{min})=0.4\times0.032=0.0128\ （mm）$$
$$\delta_d=0.6\ (z_{max}-z_{min})=0.6\times0.032=0.0192\ （mm）$$

① 从图中可以看出两个尺寸为$75_{-0.12}^{0}$mm，代入式（4-6）及式（4-7），即得

$$D_d = (D_{max} - x\Delta)^{+\delta_d}_{0} = (75 - 1 \times 0.12)^{+0.0192}_{0} = 74.88^{+0.0192}_{0} \ (\text{mm})$$

$$D_p = (D_d - z_{min})^{0}_{-\delta_p} = (74.88 - 0.072)^{0}_{-0.0128} = 74.808^{0}_{-0.0128} \ (\text{mm})$$

② 4 个尺寸 $R4.5^{0}_{-0.1}$ mm 代入式（4-6）及式（4-7），即得

$$D_d = (D_{max} - x\Delta)^{+\delta_d}_{0} = (4.5 - 1 \times 0.1)^{+0.0192}_{0} = 4.4^{+0.0192}_{0} \ (\text{mm})$$

$$D_p = (D_d - z_{min}/2)^{0}_{-\delta_p} = (4.4 - 0.036)^{0}_{-0.0128} = 4.364^{0}_{-0.0128} \ (\text{mm})$$

③ 12 个尺寸 $R7.5^{0}_{-0.1}$ mm 代入式（4-6）及式（4-7），即得

$$D_d = (D_{max} - x\Delta)^{+\delta_d}_{0} = (7.5 - 1 \times 0.1)^{+0.0192}_{0} = 7.4^{+0.0192}_{0} \ (\text{mm})$$

$$D_p = (D_d - z_{min}/2)^{0}_{-\delta_p} = (7.4 - 0.036)^{0}_{-0.0128} = 7.364^{0}_{-0.0128} \ (\text{mm})$$

（2）中心距离计算

零件两 R 中心距为（60±0.1）mm 及（43.43±0.1）mm，代入式（4-8）中心距计算公式得：

① 零件两 R 中心距为（60±0.1）mm 计算如下：

$$L_{d1} = (L_{min} + 0.5\Delta) \pm 0.0125\Delta = (60 + 0.5 \times 0.2) \pm 0.125 \times 0.2 = (60.1 \pm 0.025) \ \text{mm}$$

② 零件两 R 中心距为（43.43±0.1）mm 计算如下：

$$L_{d2} = (L_{min} + 0.5\Delta) \pm 0.125\Delta = (42.43 + 0.5 \times 0.2) \pm 0.2 \times 0.125 = (42.53 \pm 0.025) \ \text{mm}$$

根据以上计算结果，落料凹、凸模刃口尺寸的标注如图 4-43 所示。

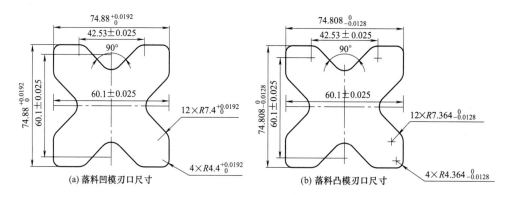

图 4-43　落料凹、凸模刃口尺寸

4.8.3　工序排样图设计

该制件采用条料的冲压方式，从表 4-22 查得，当制件 $r > 2t$ 时，步距方向最小搭边值 a_1 取 1.8mm，料宽方向最小搭边值 a 取 2.0mm。工序排样初步拟定如下两个方案。

方案 1：采用斜排单排排列方式（见图 4-44），料宽为 98.5mm，步距为 72.8mm，计算出材料利用率为 60.45%。

方案 2：采用直排单排排列方式，料宽为 79mm（见图 4-45），步距为 76.8mm，计算出材料利用率为 71.45%。

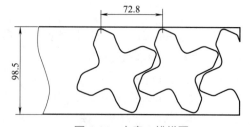

图 4-44　方案 1 排样图

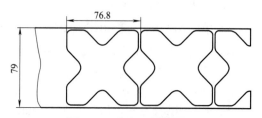

图 4-45　方案 2 排样图

对以上两个方案的分析，选择方案 2 的排列方式较为省料。

4.8.4 冲压力的计算

（1）冲裁力

因冲压出的制件用于垫片，所以凸模采用平刃口冲裁，该制件的材料为 10 钢，抗剪强度取 τ=260 ～ 340MPa；计算出制件的周边长度 L=336.8mm。

冲裁力可代入式（4-15）得

F_1=1.3×336.8×0.8×300

　　≈ 105.1（kN）

（2）卸料力

卸料系数查表 4-17，当制件厚度＞ 0.5 ～ 2.5 时，卸料系数取 0.04 ～ 0.05。卸料力代入式（4-17）得

$$F_{卸}=0.05×105.1 ≈ 5.26（kN）$$

（3）推料力

推料系数查表 4-18，当制件厚度＞ 0.5 ～ 2.5 时，推料系数取 0.055；凹模刃口直壁高度为 5mm，推料力代入式（4-18）得

$$F_{推}= \frac{5}{0.8} ×0.055×105.1 ≈ 36.13（kN）$$

（4）冲压设备的选择

该制件在冲压过程中同时存在卸料力和推料力，总冲压力 $F_{总}$=F+$F_{卸}$+$F_{推}$，这时所选压力机的吨位需大于 $F_{总}$约 30% 左右，那么

$$F_{总}=（105.1+5.26+36.13）×1.3=190.4（kN）$$

根据所计算的总冲压力及装模空间，选用 200kN 以上的开式压力机。

4.8.5 压力中心计算

该制件前、后、左、右均对称，那么压力中心为制件的中心。

4.8.6 模具零部件尺寸的确定

（1）凹模设计

① 凹模刃口的设计　该制件凹模漏废料部分采用带有斜度的直刃口结构形式。查表 4-39，当制件料厚为 0.8mm 时，刃口高度可取 4mm，β 取 2°。

② 凹模厚度及外形尺寸计算　该凹模厚度 H 及壁厚 c 可按表 4-36 选取。当料厚 t≤0.8mm，凹模刃口尺寸 74.88mm 时，凹模厚度 H=22mm 以上；凹模壁厚 c=32mm 以上；凹模外形尺寸 = 凹模刃口尺寸 74.88mm+2×32mm ≈ 139mm。

综合考虑工厂现有模板的规格及模具零部件放置应有足够的位置，最终凹模尺寸取 170mm×170mm×25mm；材料选用 Cr12MoV，热处理硬度为 60 ～ 62HRC。

（2）模座设计

模具采用中间导柱滚动导向自制模架，外形尺寸：长 310mm× 宽 190mm；上模座厚度为 35mm，下模座厚度为 40mm，材料为 45 钢。

4.8.7　模具结构图设计

垫片落料模如图 4-46 所示。

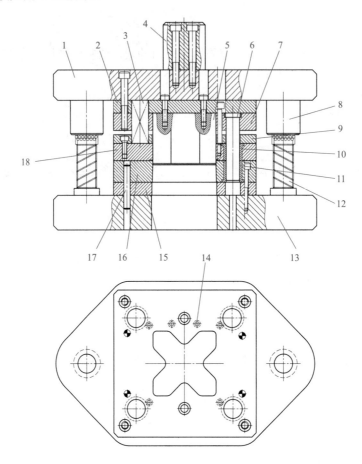

18	卸料板	Cr12MoV	1		9	卸料板垫板	45钢	1	
17	圆柱销		8	标准件	8	导套		2	标准件
16	凹模板	Cr12MoV	1		7	凸模固定板	45钢	1	
15	凹模垫板	45钢	1		6	小导柱		4	标准件
14	挡料销	CrWMn	6		5	凸模	Cr12MoV	1	
13	下模座	45 钢	1		4	模柄	45钢	1	
12	导柱		2	标准件	3	弹簧		8	标准件
11	小导套2		4	标准件	2	凸模固定板垫板	45钢	1	
10	小导套1		4	标准件	1	上模座	45钢	1	
件号	名称	材料	数量	备注	件号	名称	材料	数量	备注

图 4-46　垫片落料模

　①为保证模具精度，该模具在模座上设计有 2 套滚珠导柱、导套导向；同时在模板上设计有 4 套滑动小导柱、小导套导向。

　②为增加模具闭合高度，该模具在凹模上增加一块凹模垫板，材料可选用 45 钢制作。

③ 为方便凸模刃口的维修，该凸模采用螺钉固定，修模刃口时，不需要拆卸凸模固定板及卸料板等。

④ 本模具可采用条料及卷料来冲压。当产量小时，可选用条料来冲压，工作时，条料送入模内，用挡料销 14 进行挡料，上模下行，由弹性卸料板先对条料压紧后再进行冲压，冲下的制件往下模的漏料孔出件；当产量大时，采用卷料来冲压，将挡料销 14 拆卸出，直接用送料装置精确定位。

⑤ 该模具为落料模，因此以凹模为设计基准，间隙取在凸模上。

4.8.8　主要模具零部件设计与加工

（1）模座设计与加工

① 上模座见图 4-47，材料 45 钢；加工工艺过程见表 4-49。

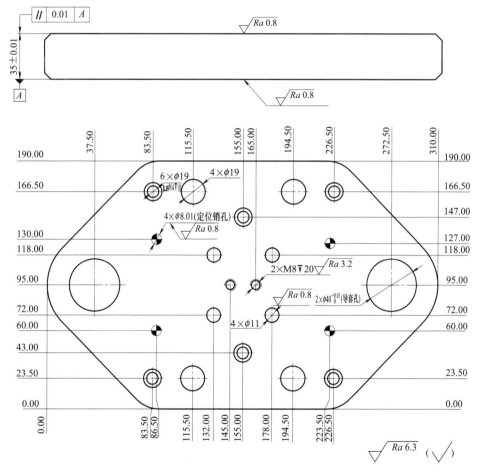

图 4-47　上模座（见图 4-46 件 1）

表 4-49　上模座加工工艺过程（供参考）

序号	工序名称	内　容	简　图
1	备　料	割板料毛坯：315mm×195mm×39mm	图略
2	铣	铣六面，单边留 0.5mm 余量	图略

序号	工序名称	内 容	简 图
3	磨	①磨四周至要求尺寸 ②两平面磨平	图略
4	划线	按图样要求划线（包括外形）	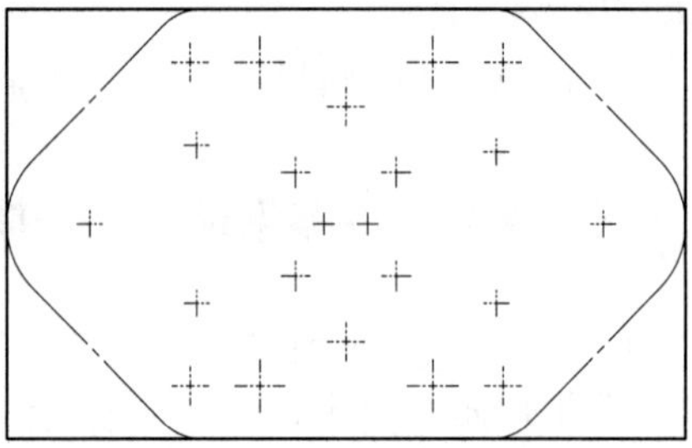
5	钳工（钻、攻螺纹）	①钻 4 个 ϕ19mm 卸料螺钉过孔 ②钻 6 个 ϕ9mm 孔，ϕ14mm 正面沉孔深 10mm ③钻 4 个 ϕ11mm 螺钉过孔 ④正面攻 2 个 M8 深 20mm 螺纹孔 ⑤钻 4 个 ϕ4mm 穿丝孔（销钉孔与模板配铰） ⑥预钻 2 个 ϕ35mm 的导套穿丝孔	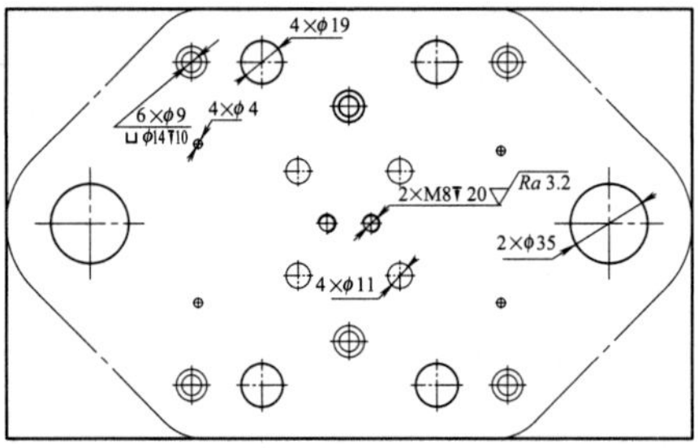
6	铣	铣外形至要求尺寸	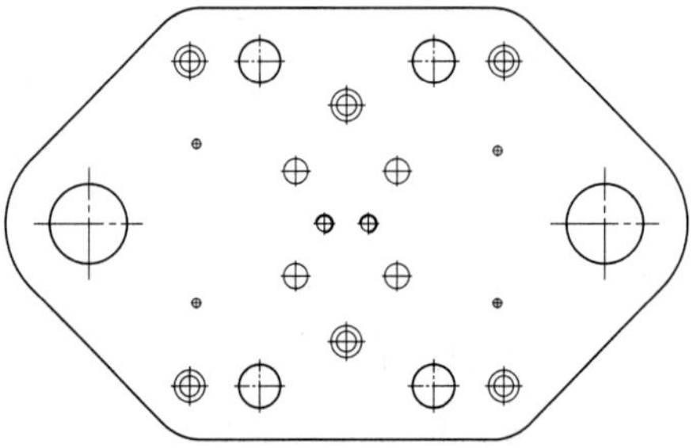
7	钳工（倒角）	上、下四周 C2 倒角	图略
8	磨	精磨两平面（厚度）至要求尺寸	图略
9	线切割	线切割（慢走丝）加工两个 ϕ40mm 导柱套孔及 4 个 ϕ8mm 销钉孔至图示要求尺寸	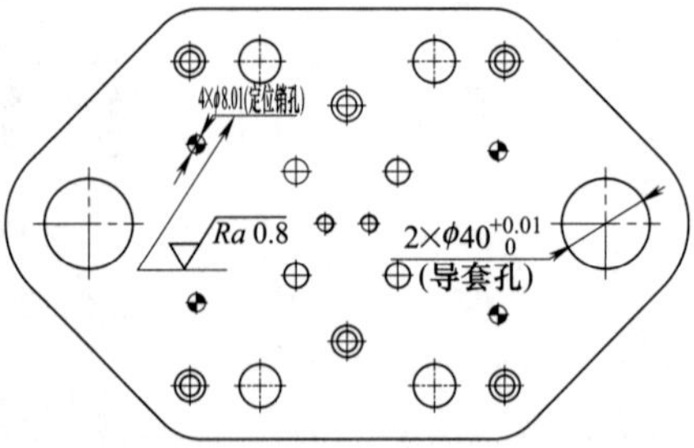
10	检验	按图样要求检验	

②下模座见图 4-48，材料 45 钢；加工工艺过程见表 4-50。

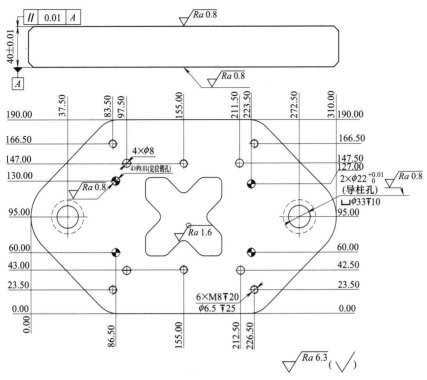

图 4-48 下模座（见图 4-46 件 13）

表 4-50 下模座加工工艺过程（供参考）

序号	工序名称	内 容	简 图
1	备 料	割板料毛坯：315mm×195mm×44mm	图略
2	铣	铣六面，单边留 0.5mm 余量	图略
3	磨	①磨四周至要求尺寸 ②两平面磨平	图略
4	划线	按图样要求划线（包括外形）	
5	钳工（钻、攻螺纹）	①钻 4 个 φ8mm 小导柱排气孔 ② 预钻 2 个 φ18mm 导柱穿丝孔，φ33mm 背面沉孔深 10mm ③钻 4 个 φ4mm 穿丝孔（或与模板配铰） ④ 正面攻 6 个 M8 深 20mm 螺纹孔（也可以与凹模板配钻）	

序号	工序名称	内　容	简　图
6	铣	铣外形及漏料孔至要求尺寸	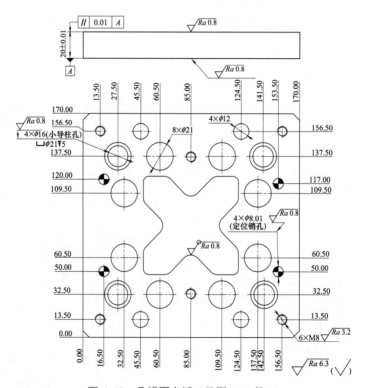
7	钳工（倒角）	上、下四周 C2 倒角	图略
8	磨	精磨两平面（厚度）至要求尺寸	图略
9	线切割	线切割（慢走丝）加工两个 ϕ22mm 导柱孔及 4 个 ϕ8mm 销钉孔至图示要求尺寸	
10	检验	按图样要求检验	

（2）模板设计与加工

① 凸模固定板见图 4-49，材料 45 钢；加工工艺过程见表 4-51。

图 4-49　凸模固定板（见图 4-46 件 7）

表 4-51　凸模固定板加工工艺过程（供参考）

序号	工序名称	内　　容	简　　图
1	备料	割板料毛坯：175mm×175mm×23mm	图略
2	铣	铣六面，单边留 0.4mm 余量	图略
3	磨	①磨四周至要求尺寸 ②两平面磨平	图略
4	划线	按图样要求划线	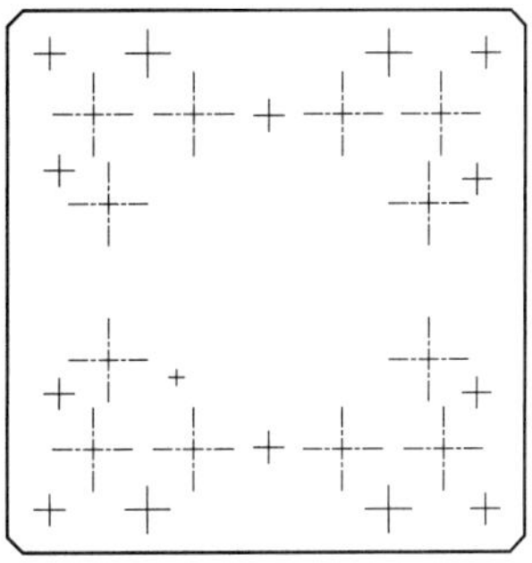
5	钳工（钻、攻螺纹）	① 钻 8 个 ϕ21mm 弹簧过孔 ② 钻 4 个 ϕ12mm 卸料螺钉过孔 ③ 攻 6 个 M8 螺纹孔 ④ 钻 5 个 ϕ4mm 穿丝孔 ⑤ 预钻 4 个 ϕ12mm 穿丝孔，ϕ21mm 正面沉孔深 5mm	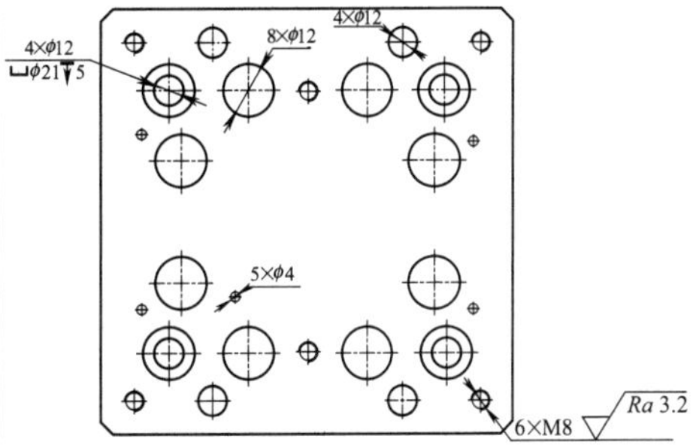
6	钳工（倒角）	四周 C2 倒角	图略
7	磨	精磨两平面（厚度）至要求尺寸	图略
8	线切割	线切割（慢走丝）加工 4 个 ϕ16mm 导柱孔、4 个 ϕ8mm 销钉孔及 1 个凸模固定孔至图示要求尺寸	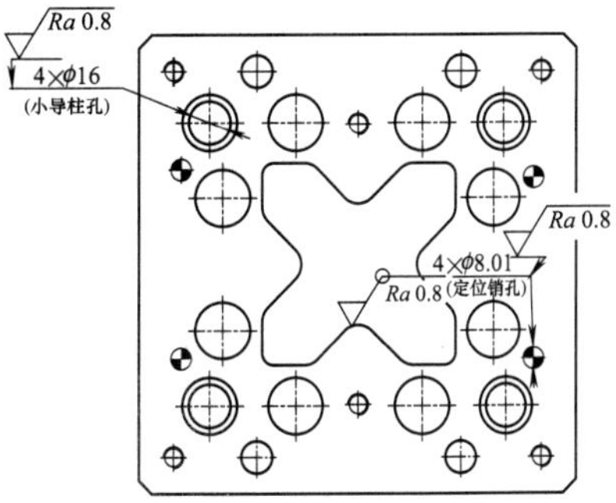
9	检验	按图样要求检验	

②卸料板见图 4-50，材料 Cr12MoV；加工工艺过程见表 4-52。

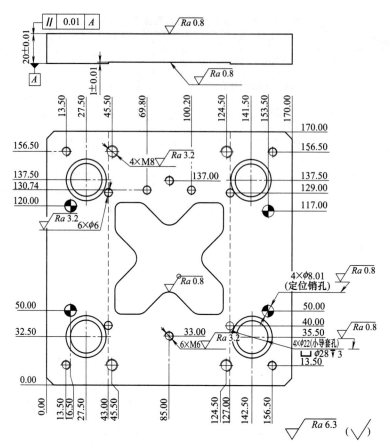

图 4-50 卸料板（见图 4-46 件 18）

表 4-52 卸料板加工工艺过程（供参考）

序号	工序名称	内　　容	简　　图
1	备料	割板料毛坯：175mm× 175mm×23mm	图略
2	铣	铣六面，单边留 0.4mm 余量	图略
3	磨	①磨四周至要求尺寸 ②两平面磨平	图略
4	划线	按图样要求划线	

序号	工序名称	内　　容	简　　图
5	钳工（钻、攻螺纹）	①钻 6 个 ϕ6mm 挡料销让位孔 ②攻 6 个 M6 和 4 个 M8 螺纹孔 ③钻 5 个 ϕ4mm 穿丝孔 ④预钻 4 个 ϕ18mm 穿丝孔，ϕ28mm 正面沉孔深 3.3mm	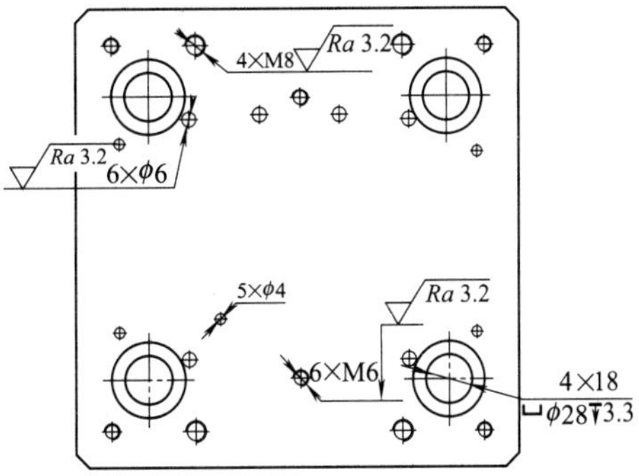
6	钳工（倒角）	四周 C2 倒角	图略
7	磨	磨中部条料让位槽深 1.3mm	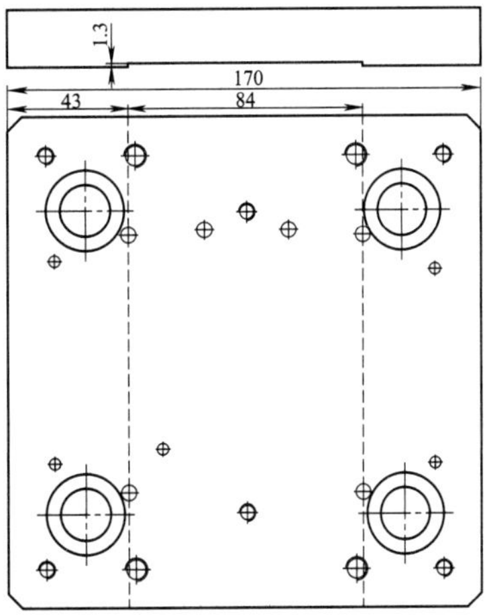
8	热处理	淬火回火至 50～55HRC	
9	磨	磨两平面至图示要求尺寸	见图 4-50
10	线切割	线切割（慢走丝）加工 4 个 ϕ22mm 导套孔、4 个 ϕ8mm 销钉孔及 1 个凸模过孔至图示要求尺寸	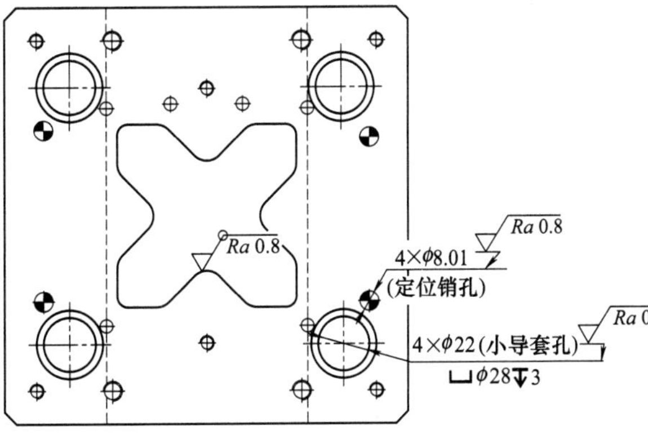
11	检验	按图样要求检验	

③ 凹模板见图 4-51，材料 Cr12MoV；加工工艺过程见表 4-53。

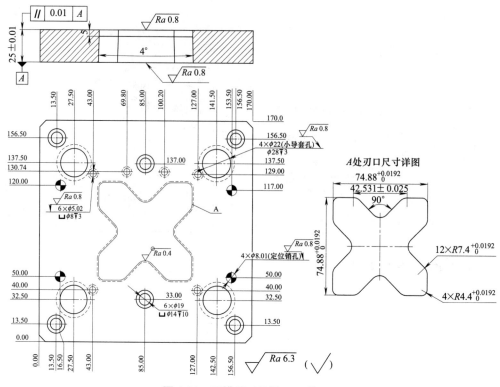

图 4-51　凹模板（见图 4-46 件 16）

表 4-53　凹模板加工工艺过程（供参考）

序号	工序名称	内　容	简　图
1	备料	割板料毛坯：175mm×175mm×29mm	图略
2	铣	铣六面，单边留 0.4mm 余量	图略
3	磨	①磨四周至要求尺寸 ②两平面磨平	图略
4	划线	按图样要求划线	
5	钳工（钻、攻螺纹）	①钻 6 个 φ3mm 穿丝孔，φ8mm 反面沉头深 3.3mm ②钻 6 个 φ9mm 孔，φ14mm 正面沉孔深 10mm ③钻 5 个 φ4mm 穿丝孔 ④预钻 4 个 φ18mm 穿丝孔，φ28mm 反面沉孔深 3.3mm	
6	钳工（倒角）	四周 C2 倒角	图略
7	热处理	淬火回火至 60～62HRC	
8	磨	磨两平面至图示要求尺寸	见图 4-51

序号	工序名称	内　　容	简　　图
9	线切割	线切割（慢走丝）加工 ①加工 4 个 φ22mm 导套孔 ②加工 4 个 φ8mm 销钉孔 ③加工 1 个凹模刃口，直壁 5mm，锥度单面 2° ④加工 6 个 φ5.02mm 挡料销孔	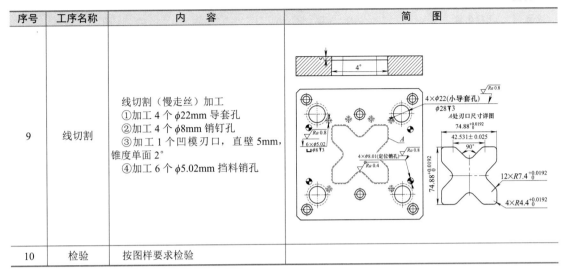
10	检验	按图样要求检验	

（3）凸模设计与加工

凸模见图 4-52，材料 Cr12MoV；加工工艺过程见表 4-54。

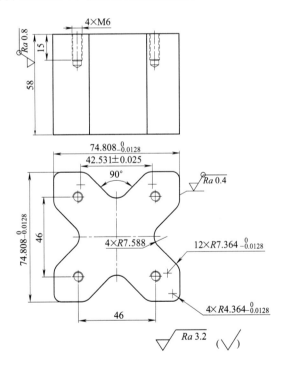

图 4-52　凸模（见图 4-46 件 5）

表 4-54　凸模加工工艺过程（供参考）

序号	工序名称	内　　容	简　　图
1	备料	割板料毛坯：95mm×85mm×62mm	图略
2	铣	铣六面（铣出光面即可）	图略
3	磨	两平面磨平	图略

序号	工序名称	内　容	简　图
4	划线	按图样要求划线	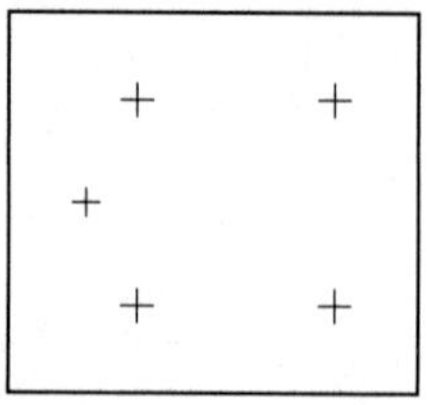
5	钳工 （钻、攻螺纹）	①钻 1 个 ϕ5mm 穿丝孔 ②攻 4 个 M6 深 15mm 螺纹孔	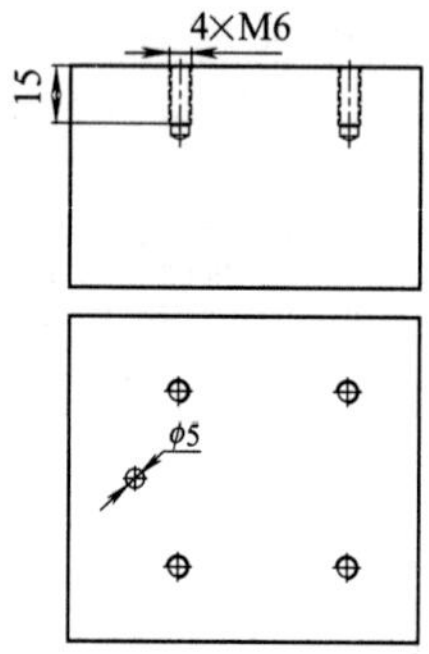 4×M6
6	热处理	淬火回火至 60 ~ 62HRC	
7	磨	磨两平面至图示要求尺寸	见图 4-52
8	线切割	线切割（慢走丝）铜线从 ϕ5mm 穿丝孔穿进去加工凸模外形	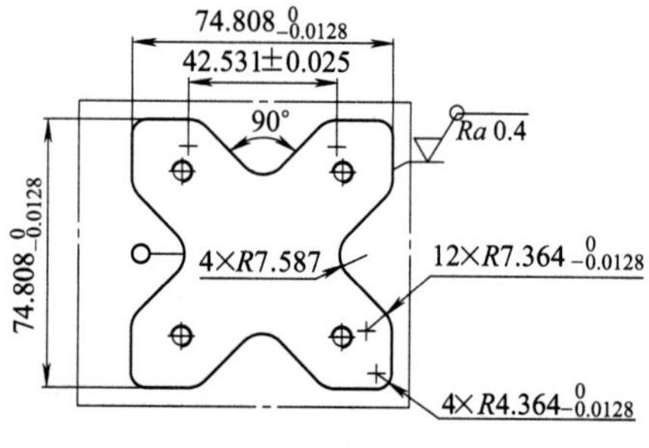
9	检验	按图样要求检验	

4.8.9 冲裁模的装配

如图 4-46 所示，该模具采用直接装配法，在装配时按图样要求将上、下模分别进行装配，具体装配方法见表 4-55。

表 4-55　垫片落料模装配方法（供参考）

序号	工序	简　图	工艺说明
1	装配前装备		步骤一：通读总装配图，了解所有零件的形状、精度要求及模具结构特点、动作原理和技术要求 步骤二：选择装配方法及装配顺序 步骤三：准备好要装的零部件，如螺钉、圆柱销、弹簧等标准件及装配用的工具等

序号	工序	简　图	工艺说明
2	模架装配	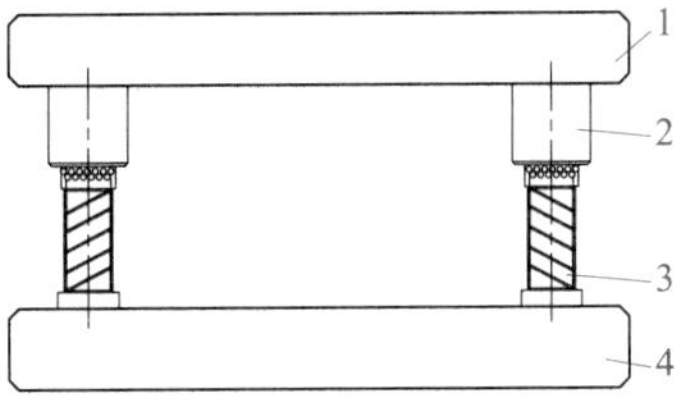 1—上模座；2—导套；3—导柱； 4—下模座	步骤一：先将可卸导柱3紧配安装在下模座4上，螺钉紧固后校准垂直度等 步骤二：在下模座4上放两块等高的平行块（图中未画出），导套2放入导柱上配合，再将上模座1放在平行块上，接下来用圆柱销将上下模座一起定位（图中未画出） 步骤三：用酒精清洗上模座的导套孔及要固定导套的外形 步骤四：将导套2固定位置涂上厌氧胶固定在上模座1的导套孔内，经过24h左右即可将上、下模分开装配进入下一个环节
3	下模部分装配	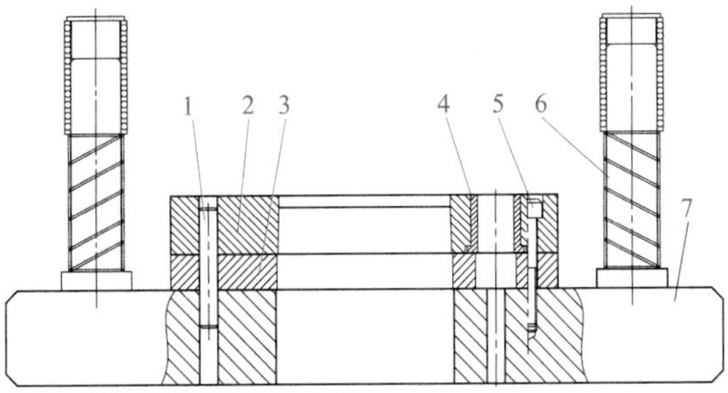 1—圆柱销；2—凹模板；3—凹模垫板；4—小导套； 5—螺钉；6—导柱；7—下模座	步骤一：将4件小导套4及6件挡料销安装在凹模板2上 步骤二：先将凹模垫板3安装在下模座7上 步骤三：再将凹模板2安装在凹模垫板3上 步骤四：将凹模板2、凹模垫板3与下模座7先用圆柱销1定位，再用螺钉5紧固 步骤五：检查各模板的漏料孔是否错位
4	卸料板组件装配	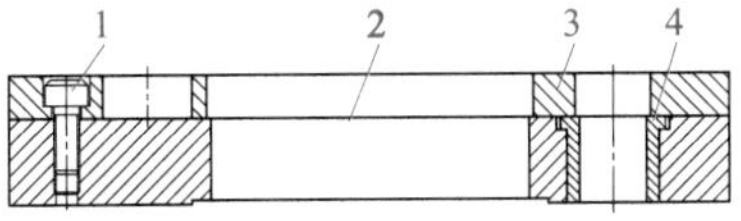 1—螺钉；2—卸料板；3—卸料板垫板； 4—小导套	步骤一：将小导套4安装在卸料板2上 步骤二：将卸料板2与卸料板垫板3先用圆柱销定位（图中未画出），再用螺钉1紧固
5	凸、凹模间隙初步核对	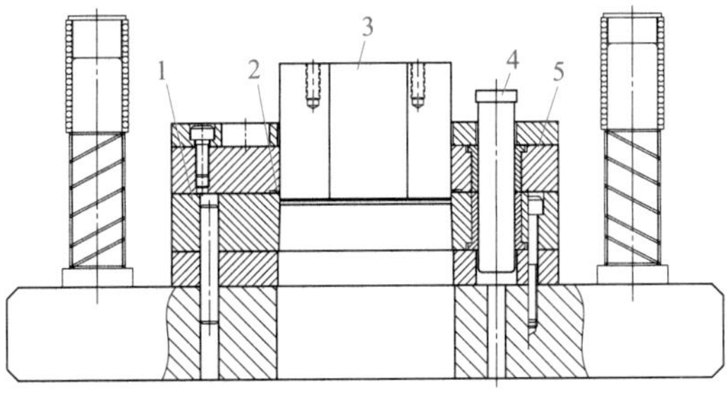 1—凹模组件；2—纸板；3—凸模；4—小导柱； 5—卸料板组件	步骤一：将纸板（纸板厚度与工件厚度接近）剪成毛坯大小放在凹模板上，用挡料销进行外定位 步骤二：将卸料板组件5放在凹模板上，用小导柱4导向定位 步骤三：将凸模3放入卸料板型孔内，用铜棒轻轻敲击直到纸板切断为止 步骤四：取出凸模3、小导柱4及卸料板组件5 步骤五：检查所切下的纸板周边毛刺大小及均匀性
6	固定板组件装配	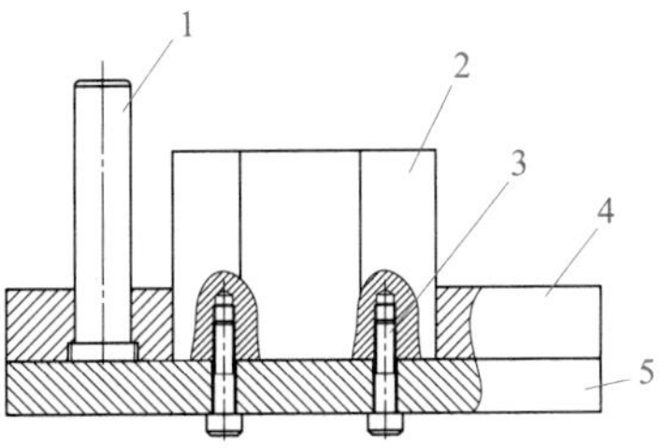 1—小导柱；2—凸模；3—螺钉；4—凸模固定板； 5—凸模固定板垫板	步骤一：将4件小导柱1及凸模2安装在凸模固定板4上 步骤二：将凸模固定板4与凸模固定板垫板5用圆柱销连接（图中未画出） 步骤三：将安装在凸模固定板上的凸模2与凸模固定板垫板5用螺钉3紧固

冲压模具从入门到精通

序号	工序	简 图	工艺说明
7	上模部分装配	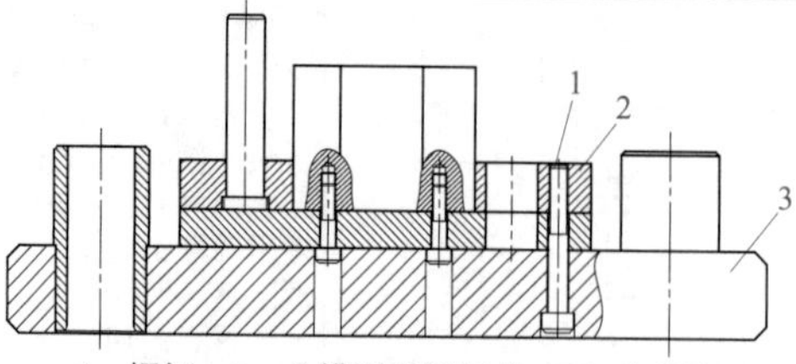 1—螺钉；2—凸模固定板组件；3—上模座	将凸模固定板组件 2 与上模座先用圆柱销连接（图中未画出），再用螺钉 1 紧固
8	上模部分与卸料板组件装配	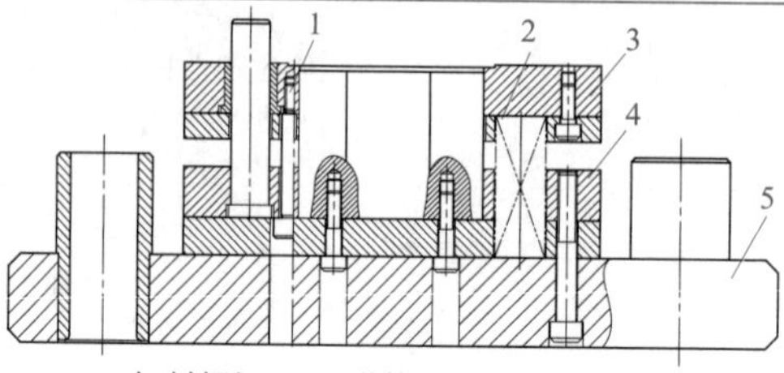 1—卸料螺钉；2—弹簧；3—卸料板组件； 4—凸模固定板组件；5—上模座	步骤一：先将卸料板组件 3 安装在凸模固定板组件 4 上，用手捏住卸料板组件进行上下移动，检查卸料板组件与小导柱、凸模等是否滑动顺畅 步骤二：取出卸料板组件 3，将 8 件弹簧 2 放入凸模固定板组件 4 的弹簧孔内，再放入卸料板组件 3 步骤三：将卸料板组件 3 与上模部分用卸料螺钉 1 连接 步骤四：检查凸模端面是否低于卸料板型孔 1.0mm 左右
9	模具总装配	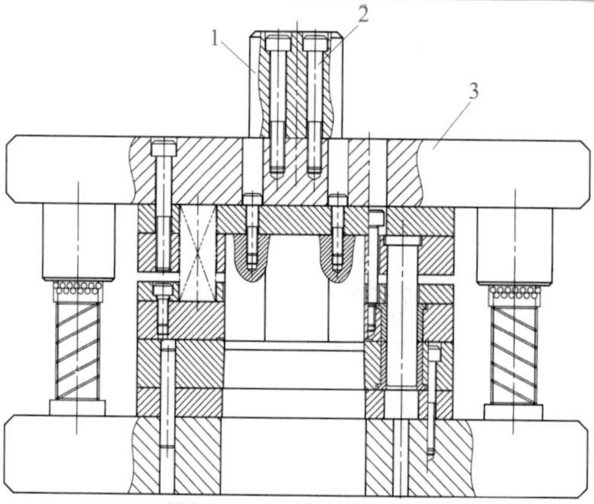 1—模柄；2—螺钉；3—上模座	步骤一：将上模慢慢地放入下模，进行上下移动，确认上下移动是否顺畅 步骤二：上、下模装配结束后，再将模柄 1 安装在上模座 3 上，用两个螺钉 2 紧固（采用两个螺钉固定可以防止模柄在冲压过程中旋转）
10	检查上、下模间隙及避让孔的位置	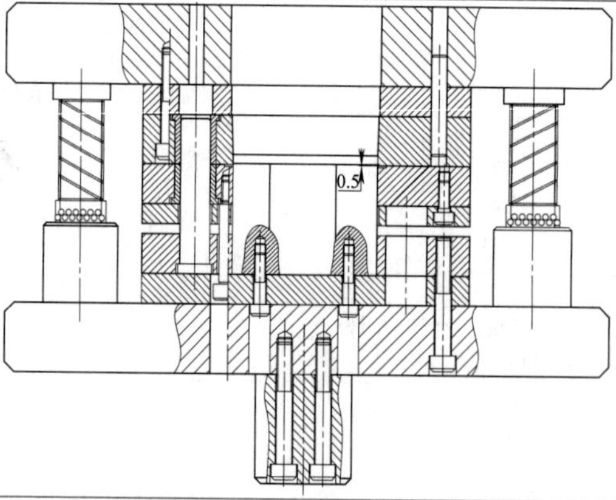	步骤一：将已安装在上模的弹簧取出，在卸料板与凸模固定板间垫上平行块（使凸模刃口进入凹模刃口 0.5mm 左右即可） 步骤二：将上模放在下面，下模慢慢地进入上模进行上下合模 步骤三：用透光法检查凸、凹模的间隙是否均匀 步骤四：检查小导柱等零件避让孔是否有足够的位置
11	试切	—	步骤一：与冲裁件接近厚度的纸板作为冲压件的材料，将其放在凸模与凹模之间 步骤二：用锤子或铜棒轻轻敲击模柄进行试切 步骤三：检查所切下的纸板周边毛刺大小及均匀性，若毛刺小或毛刺均匀，表明装配正确，否则要重新装配调整模具的间隙
12	打刻模具编号	—	试切合格后，根据厂家要求打刻模具编号

4.9 冲裁模典型结构

扫描二维码阅读或下载本节内容。

冲裁模典型结构

第5章 弯曲工艺及模具设计与制造

5.1 板料弯曲的变形

弯曲是将棒料、板料、管材和型材弯曲成一定角度和形状的冲压成形工序。

5.1.1 弯曲方法

弯曲件的形状很多,有 V 形件、U 形件、Z 形件、O 形件以及其他形状的制件。弯曲方法根据所用的设备及模具不同,可分为在压力机上利用模具进行的压弯、折弯机上的折弯、拉弯机的拉弯、辊弯机上的辊弯,以及辊压成形(辊形)等,如图 5-1 所示。

尽管各种弯曲方法不同,但它们的弯曲过程及变形特点都具有共同的规律。本章主要介绍在压力机上进行的弯曲。

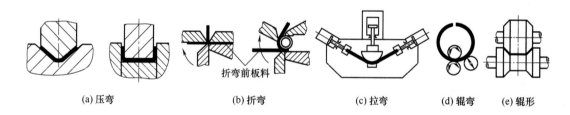

| (a)压弯 | (b)折弯 | (c)拉弯 | (d)辊弯 | (e)辊形 |

图 5-1 弯曲件的弯曲方法

5.1.2 弯曲过程及变形特点

(1)弯曲过程

如图 5-2 所示为典型的 V 形校正弯曲过程。在弯曲开始阶段,弯曲半径 r_0 很大,弯曲力矩很小,仅引起材料的弹性变形,随着凸模进入凹模深度的加大,凹模与板料的接触位置发生变化,材料逐渐与凹模贴合,弯曲力臂逐渐减小,即:$l<l_1<l_2<l_0$。同时弯曲半径 r 也逐渐减小,即:$r<r_1<r_2<r_0$。

当凸模、板料、凹模三者弯曲贴合后凸模不再下压,则称为自由弯曲。若凸模继续下压,对板料施加的弯曲力会急剧上升，此时，板料处于校正弯曲。校正弯曲与自由弯曲的凸模下止点的位置是不同的，校正弯曲使弯曲件在下止点受到刚性墩压，减少了制件的回弹。

自由弯曲是通过凸模、板料与凹模间的线接触而实现的，而校正弯曲是通过它们的面接触而实现的。

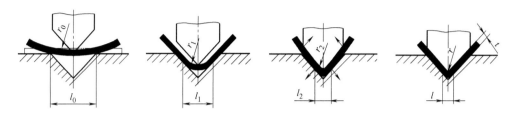

图 5-2　弯曲变形过程

（2）弯曲变形特点

为了研究弯曲变形的特点，可在板料侧面刻出正方形网格，观察弯曲前后网格及断面形态的变化情况，从而分析出板料的受力情况。从图 5-3 可以看出。

① 弯曲件圆角部分的正方形网格变成了扇形，而远离圆角的两直边处的网格没有变化，靠近圆角处的直边网格有少量变化。由此说明，弯曲变形区主要在圆角部分。

② 在弯曲变形区，板料的外层（靠凹模一侧）纵向纤维受拉而变长，内层（靠凸模一侧）纵向纤维受压而缩短。在内层与外层之间存在着纤维既不伸长也不缩短的应变中性层。

③ 变形区内板料横截面的变化情况则根据板料的宽度不同而有所不同，如图 5-4 所示。宽板（板宽与板厚之比 $b/t > 3$）弯曲时，弯曲前后的横截面几乎不变；窄板（板宽与板厚之比 $b/t \leqslant 3$）弯曲时，弯曲后的横截面变成了扇形。

④ 在弯曲变形区，板料变形后有厚度变薄现象。相对弯曲半径 r/t 越小，厚度变薄越严重。

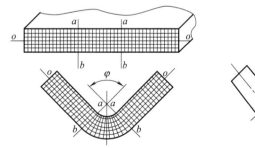

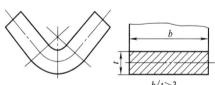
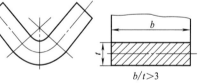

图 5-3　弯曲前后坐标网格的变化　　　　　图 5-4　板料弯曲后的断面变化

5.1.3　弯曲应力应变状态

板料的相对宽度 b/t 不同，弯曲时的应力应变状态也不一样。在自由弯曲状态下，窄板与宽板的应力应变状态分析如下。

（1）窄板弯曲

① 应变状态。板料在弯曲时，主要表现在内外层纤维的压缩与伸长，切向应变是最大主应变，其外层为拉应变，内层为压应变。

② 应力状态。切向应力为绝对值最大的主应力，外层为拉应力，内层为压应力。在厚度方向，由于弯曲时纤维之间的相互压缩，导致内外层均为压应力。宽度方向由于材料可以自由

变形，不受阻碍，故可以认为内外层的应力均为零。

（2）宽板弯曲

① 应变状态。宽板弯曲时，切向与厚度方向的应变状态与窄板相同。宽度方向由于材料流动受限，几乎不产生变形。

② 应力状态。切向与厚度方向的应力状态也与窄板相同。在宽度方向，由于材料不能自由变形，故内层产生压应力，外层产生拉应力。

上述结论可归纳成表 5-1。

表 5-1　弯曲时的应力应变图

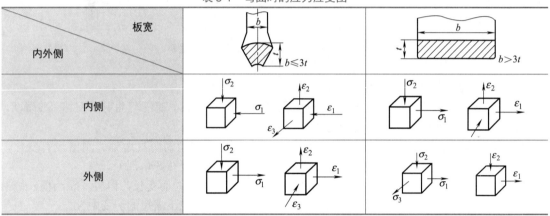

5.2　最小弯曲半径

通常将不致使材料弯曲时发生开裂的最小弯曲半径的极限值称为材料的最小弯曲半径，将最小弯曲半径 r_{min} 与板料厚度 t 之比称为最小相对弯曲半径（也称最小弯曲系数）。不同材料在弯曲时都有最小弯曲半径，一般情况下，不应使制件的圆角半径等于最小弯曲半径，应尽量取得大些。

最小相对弯曲半径的数值一般由试验方法确定，表 5-2 所示为最小弯曲半径。

表 5-2　最小弯曲半径

材料	退火或正火		冷作硬化	
	弯曲线位置			
	垂直于纤维	平行于纤维	垂直于纤维	平行于纤维
0.8 钢、10 钢、Q215 钢	0.1t	0.4t	0.4t	0.8t
15 钢、20 钢、Q235 钢	0.1t	0.5t	0.5t	1.0t
25 钢、30 钢、Q255 钢	0.2t	0.6t	0.6t	1.2t
35 钢、40 钢	0.3t	0.8t	0.8t	1.5t
45 钢、50 钢	0.5t	1.0t	1.0t	1.7t
55 钢、60 钢	0.7t	1.3t	1.3t	2t
65Mn 钢、T7 钢	1t	2t	2t	3t
Cr18Ni9	1t	2t	3t	4t
软杜拉铝	1t	1.5t	1.5t	2.5t
硬杜拉铝	2t	3t	3t	4t
磷铜	—	—	1t	3t
半硬黄铜	0.1t	0.35t	0.5t	1.2t
软黄铜	0.1t	0.35t	0.35t	0.8t
纯铜	0.1t	0.35t	1t	2t
铝	0.1t	0.35t	0.5t	1t

材料	退火或正火		冷作硬化	
	弯曲线位置			
	垂直于纤维	平行于纤维	垂直于纤维	平行于纤维
镁合金	加热到 $300 \sim 400℃$		冷弯	
MB1	$2t$	$3t$	$6t$	$8t$
MB8	$1.5t$	$2t$	$5t$	$6t$
钛合金 BT1	$1.5t$	$2t$	$3t$	$4t$
BT5	$3t$	$4t$	$5t$	$6t$
钼合金	加热到 $400 \sim 500℃$		冷弯	
（ $t \leqslant 2mm$ ）	$2t$	$3t$	$4t$	$5t$

注：表中所列数据用于弯曲件圆角圆弧所对应的圆心角大于 90°、断面质量良好的情况。

5.3 弯曲件回弹及其防止方法

金属板料在塑性弯曲时，总是伴随着弹性变形。当弯曲变形结束、载荷去除后，由于弹性恢复，使制件的弯曲角度和弯曲半径发生变化而与模具的形状不一致，这种现象称为回弹（又称弹复）。通常，大于模具尺寸的回弹叫正回弹，小于模具尺寸的回弹叫负回弹。

5.3.1 回弹方式

弯曲件的回弹表现为弯曲半径的回弹和弯曲角度的回弹，如图 5-5 所示。

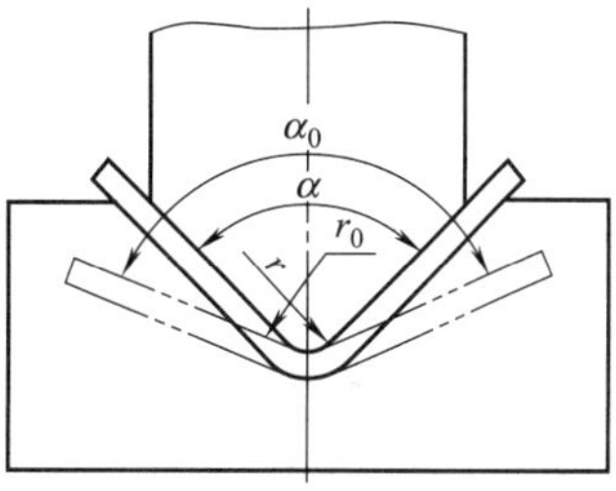

弯曲半径的回弹值 Δr 是指弯曲件回弹前后弯曲半径的变化值，即

$$\Delta r = r_0 - r \tag{5-1}$$

式中　r_0 ——弯曲后制件的实际半径，mm；

　　　r ——弯曲凸模圆角半径，mm。

弯曲角的回弹值 $\Delta \alpha$ 是指弯曲件回弹前后角度的变化值，即

$$\Delta \alpha = \alpha_0 - \alpha \tag{5-2}$$

式中　α_0 ——弯曲后制件的实际角度，即回弹后的弯曲角；

　　　α ——弯曲凸模的角度。

图 5-5　弯曲时的回弹

5.3.2 回弹值的确定

由于影响回弹值的因素很多，因此要在理论上计算回弹值是有困难的。模具设计时，通常按试验总结的数据列成表格或图表（线）来选用，经试冲后再对模具工作部分加以修正。

（1）计算法

该法适用于相对弯曲半径较大的制件。当相对弯曲半径较大（ $r/t > 10$ ）时，不仅弯曲件角度回弹大，而且弯曲半径也有较大变化。这时，可按下列公式计算出回弹值，然后在试模中根据制件现状的分析再进行修正。

① 板料弯曲时：

凸模圆角半径

$$r_凸 = \cfrac{1}{\cfrac{1}{r} + \cfrac{3\sigma_s}{Et}} \qquad (5\text{-}3)$$

设 $K = \dfrac{3\sigma_s}{E}$，则

$$r_凸 = \cfrac{r}{1 + K\dfrac{r}{t}} \qquad (5\text{-}4)$$

弯曲凸模角度

$$\alpha_凸 = \alpha - \left(180° - \alpha\right)\left(\frac{r}{r_凸} - 1\right) \qquad (5\text{-}5)$$

式中　$r_凸$——凸模的圆角半径，mm；

$\quad\quad r$——制件的圆角半径，mm；

$\quad\quad \alpha$——弯曲件的角度，(°)；

$\quad\quad \alpha_凸$——弯曲凸模角度，(°)；

$\quad\quad t$——材料厚度，mm；

$\quad\quad E$——材料的弹性模量，MPa；

$\quad\quad \sigma_s$——材料的屈服强度，MPa；

$\quad\quad K$——简化系数（见表5-3）。

② 圆形截面棒料弯曲时：

凸模圆角半径

$$r_凸 = \cfrac{1}{\cfrac{1}{r} + \cfrac{3.4\sigma_s}{Ed}} \qquad (5\text{-}6)$$

式中，d 为圆杆件直径，mm；其余符号同前。

表 5-3　简化系数 K 值

材料名称	材料牌号	材料状态	K	材料名称	材料牌号	材料状态	K
铝	L4、L6	退火	0.0012	磷青铜	QSn6.5-0.1	硬	0.015
		冷硬	0.0041	铍青铜	QBe2	软	0.0064
防锈铝	LF21	退火	0.0021			硬	0.0265
		冷硬	0.0054	铝青铜	QA15	硬	0.0047
	LF12	软	0.0024	碳钢	08、10、A2、		0.0032
硬铝	LY11	软	0.0064		20、A3、		0.005
		硬	0.0175		30、35、A5、		0.0068
	LY12	软	0.007		50		0.015
		硬	0.026	碳素工具钢	T8	退火	0.0076
铜	T1、T2、T3	软	0.0019			冷硬	0.0035
		硬	0.0088	不锈钢	1Cr18Ni9Ti	退火	0.0044
黄铜	H62	软	0.0033			冷硬	0.018
		半硬	0.008	弹簧钢	65Mn	退火	0.0076
		硬	0.015			冷硬	0.015
	H68	软	0.0026		60Si2MnA	冷硬	0.021
		硬	0.0148				

（2）图表法

该法适用于相对弯曲半径较小的制件。当相对弯曲半径较小（$r/t < 5$）时，弯曲后，弯曲半径变化不大，可只考虑角度的回弹，其值可查表5-4～表5-7，V形件校正弯曲回弹还可按图5-6～图5-9所示，在试模中进一步进行修正。

表 5-4　单角 90°自由弯曲时的回弹角

材料	r/t	材料厚度 t/mm		
		< 0.8	0.8 ~ 2	> 2
软钢板（σ_b=350MPa） 软黄铜（$\sigma_b \leqslant$ 350MPa） 铝、锌	< 1	4°	2°	0°
	1 ~ 5	5°	3°	1°
	> 5	6°	4°	2°
中硬钢（σ_b=400 ~ 500MPa） 硬黄铜（σ_b=350 ~ 400MPa） 硬青铜	< 1	5°	2°	0°
	1 ~ 5	6°	3°	1°
	> 5	8°	5°	3°
硬钢（$\sigma_b \geqslant$ 550MPa）	< 1	7°	4°	2°
	1 ~ 5	9°	5°	3°
	> 5	12°	7°	6°
30CrMnSiA	< 2	2°	2°	2°
	2 ~ 5	4° 30′	4° 30′	4° 30′
	> 5	8°	8°	8°
硬铝 2A12	< 2	2°	3°	4° 30′
	2 ~ 5	4°	6°	8° 30′
	> 5	6° 30′	10°	14°
超硬铝 7A04	< 2	2° 30′	5°	8°
	2 ~ 5	4°	8°	11° 30′
	> 5	7°	12°	19°

表 5-5　单角 90°校正弯曲时的回弹角

材料	r/t		
	≤ 1	1 ~ 2	2 ~ 3
Q215、Q235	1° ~ 1° 30′	0° ~ 2°	1° 30′ ~ 2° 30′
纯铜、铝、黄铜	0° ~ 1° 30′	0° ~ 3°	2° ~ 4°

表 5-6　U 形件弯曲时的回弹角 $\Delta\alpha$

材料的牌号与状态	r/t	凹模与凸模的单边间隙 z						
		0.8t	0.9t	1t	1.1t	1.2t	1.3t	1.4t
		回弹角 $\Delta\alpha$						
2A12Y	2	−2°	0°	2° 30′	5°	7° 30′	10°	12°
	3	−1°	1° 30′	4°	6° 30′	9° 30′	12°	14°
	4	0°	3°	5° 30′	8° 30′	11° 30′	14°	16° 30′
	5	1°	4°	7°	10°	12° 30′	15°	18°
	6	2°	5°	8°	11°	13° 30′	16° 30	19° 30′
2A12M	2	−1° 30′	0°	1° 30	3°	5°	7°	8° 30′
	3	−1° 30′	30′	2° 30′	4°	6°	8°	9° 30′
	4	−1°	1°	3°	4° 30′	6° 30′	9°	10° 30′
	5	−1°	1°	3°	5°	7°	9° 30′	11°
	6	−0° 30′	1° 30′	3° 30′	6°	8°	10°	12°
7A04Y	3	3°	7°	10°	12° 30′	14°	16°	17°
	4	4°	8°	11°	13° 30′	15°	17°	18°
	5	5°	9°	12°	14°	16°	18°	20°
	6	6°	10°	13°	15°	17°	20°	23°
	8	8°	13° 30′	16°	19°	21°	23°	26°
7A04M	2	−3°	−2°	0°	3°	5°	6° 30′	8°
	3	−2°	−1° 30′	2°	3° 30′	6° 30′	8°	9°
	4	−1° 30′	−1°	2° 30′	4° 30′	7°	8° 30′	10°
	5	−1°	−1°	3°	5° 30′	8°	9°	11°
	6	0°	−0° 30′	3° 30′	6° 30′	8° 30′	10°	12°

材料的牌号与状态	r/t	凹模与凸模的单边间隙 z						
		0.8t	0.9t	1t	1.1t	1.2t	1.3t	1.4t
		回弹角 Δα						
20 钢（已退火）	1	-2°30′	-1°	30′	1°30′	3°	4°	5°
	2	-2°	-0°30′	1°	2°	3°30′	5°	6°
	3	-1°30′	0°	1°30′	3°	4°30′	6°	7°30′
	4	-1°	0°30′	2°30′	4°	5°30′	7°	9°
	5	-0°30′	1°30′	3°	5°	6°30′	8°	10°
	6	-0°30′	2°	4°	6°	7°30′	9°	11°
1Cr18Ni9Ti	1	-2°	-1°	30′	0°	30′	1°30′	2°
	2	-1°	-0°30′	0°	1°	1°30′	2°	3°
	3	-0°30′	0°	1°	2°	2°30′	3°	4°
	4	0°	1°	2°	2°30′	3°	4°	5°
	5	0°30′	1°30′	2°30′	3°	4°	5°	6°
	6	1°30′	2°	3°	4°	5°	6°	7°

表 5-7　V 形镦压弯曲时的回弹角

材料	r/t	弯曲角						
		150°	135°	120°	105°	90°	60°	30°
		回弹角度 Δα						
2A12-HX8（LY12Y）	2	2°	2.5°	3.5°	4°	4.5°	6°	7.5°
	3	3°	3.5°	4°	5°	6°	7.5°	9°
	4	3.5°	4.5°	5°	6°	7.5°	9°	10.5°
	5	4.5°	5.5°	6.5°	7.5°	8.5°	10°	11.5°
	6	5.5°	6.5°	7.5°	8.5°	9.5°	11.5°	13.5°
	8	7.5°	9°	10°	11°	12°	14°	16°
	10	9.5°	11°	12°	13°	14°	15°	18°
	12	11.5°	13°	14°	15°	16.5°	18.5°	21°
2A12-O（LY12M）	2	0.5°	1°	1.5°	2°	2°	2.5°	3°
	3	1°	1.5°	2°	2.5°	2.5°	3°	4.5°
	4	1.5°	1.5°	2°	2.5°	3°	4.5°	5°
	5	1.5°	2°	2.5°	3°	4°	5°	6°
	6	2.5°	3°	3.5°	4°	4.5°	5.5°	6.5°
	8	3°	3.5°	4.5°	5°	5.5°	6.5°	7.5°
	10	4°	4.5°	5°	6°	6.5°	8°	9°
	12	4.5°	5.5°	6°	6.5°	7.5°	9°	11°
7A04-HX8（LC4Y）	3	5°	6°	7°	8°	8.5°	9°	11.5°
	4	6°	7.5°	8°	8.5°	9°	12°	14°
	5	7°	8°	8.5°	10°	11.5°	13.5°	16°
	6	7.5°	8.5°	10°	12°	13.5°	15.5°	18°
	8	10.5°	12°	13.5°	15°	16.5°	19°	21°
	10	12°	14°	16°	17.5°	19°	22°	25°
	12	14°	16.5°	18°	19°	21.5°	25°	28°
7A04-O（LC4M）	2	1°	1.5°	1.5°	2°	2.5°	3°	3.5°
	3	1.5°	2°	2.5°	2°	3°	3.5°	4°
	4	2°	2.5°	3°	3°	3.5°	4°	4.5°
	5	2.5°	3°	3.5°	3.5°	4°	5°	6°
	6	3°	3.5°	4°	4.5°	5°	6°	7°
20 钢（已退火）	1	0.5°	1°	1°	1.5°	1.5°	2°	2.5°
	2	0.5°	1°	1.5°	2°	2°	3°	3.5°
	3	1°	1.5°	2°	2°	2.5°	3.5°	4°
	4	1°	1.5°	2°	2.5°	3°	4°	5°
	5	1.5°	2°	2.5°	3°	3.5°	4.5°	5.5°
	6	1.5°	2°	2.5°	3°	4°	5°	6°
	8	2°	3°	3.5°	4.5°	5°	6°	7°
	10	3°	3.5°	4.5°	5°	5.5°	7°	8°
	12	3.5°	4.5°	5°	6°	7°	8°	9°
30CrMnSiA（已退火）	1	0.5°	1°	1°	1.5°	2°	2.5°	3°
	2	0.5°	1.5°	1.5°	2°	2.5°	3.5°	4.5°
	3	1°	1.5°	2°	2.5°	3°	4°	5.5°
	4	1.5°	2°	3°	3.5°	4°	5°	6.5°
	5	2°	2.5°	3°	4°	4.5°	5.5°	7°
	6	2.5°	3°	4°	4.5°	5.5°	6.5°	8°
	8	3.5°	4.5°	5°	6°	6.5°	8°	9.5°
	10	4°	5°	6°	7°	8°	9.5°	11.5°
	12	5.5°	6.5°	7.5°	8.5°	9.5°	11°	13.5°

材料	$\dfrac{r}{t}$	弯 曲 角						
		150°	135°	120°	105°	90°	60°	30°
		回弹角度 $\Delta\alpha$						
	0.5	0°	0°	0.5°	0.5°	1°	1.5°	2°
	1	0.5°	0.5°	1°	1°	1.5°	2°	2.5°
	2	0.5°	1°	1.5°	1.5°	2°	2.5°	3°
1Cr18Ni9Ti	3	1°	1°	2°	2°	2.5°	3.5°	4°
	4	1°	1.5°	2.5°	3°	3.5°	4°	4.5°
	5	1.5°	2°	3°	3.5°	4°	4.5°	5.5°
	6	2°	3°	3.5°	4°	4.5°	5.5°	6.5°

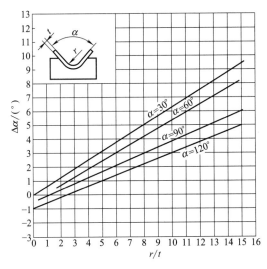

图 5-6　08 钢、10 钢及 Q195 钢的校正弯曲回弹角

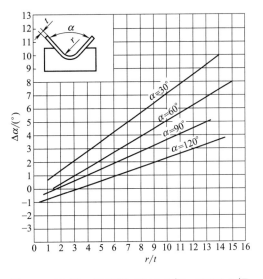

图 5-7　15 钢、20 钢及 Q215-A 钢、Q235-A 钢的校正弯曲回弹角

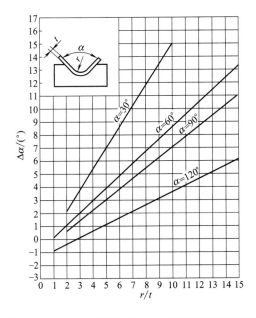

图 5-8　25 钢、30 钢及 Q235-A 钢的校正弯曲回弹角

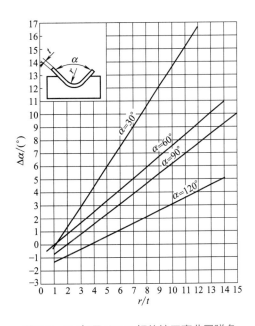

图 5-9　35 钢及 Q275 钢的校正弯曲回弹角

5.3.3 减小回弹的措施

由于弯曲件在弯曲过程中总是伴随着弹性变形，因此为提高弯曲件的质量，必须采取一些必要的措施来减小或补偿由于回弹所产生的误差，常见减少弯曲回弹的措施如下。

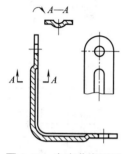

图5-10 在弯曲变形区
压制加强肋

① 合理设计产品。在变形区压制加强肋，以增加弯曲件的刚度（见图5-10）。

② 在工艺上采取措施。用校正弯曲代替自由弯曲，对冷作硬化的材料，可先退火，使其屈服点降低，以减小回弹，弯曲后再进行淬硬。

③ 从模具结构上采取措施。在接近纯弯曲（只受弯矩作用）的条件下，可以根据回弹值的计算结果，对弯曲模工作部分的形状与尺寸加以修正。

对于一般材料（Q215钢、Q235钢、10钢、20钢、H62软黄铜），当其回弹角 $\Delta\alpha < 5°$、材料厚度偏差较小时，可在凸模或凹模上做出斜度 $\Delta\alpha$，并取凸模、凹模的间隙等于 $0.9 \sim 0.95t$ 来克服回弹（见图5-11、图5-12）。

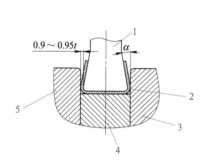

图5-11 双角弯曲用补偿法克服回弹结构图

1—凸模；2—制件；3,5—凹模；4—顶料块

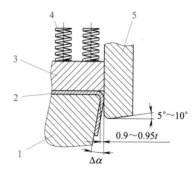

图5-12 单角弯曲用补偿法克服回弹结构图

1—凹模；2—制件；3—卸料板；4—弹簧；5—凸模

对于软材料，当厚度大于0.6mm，弯曲圆角半径又不大时，可将凸模做成图5-13、图5-14所示形状，以便对变形区用校正法来克服回弹。

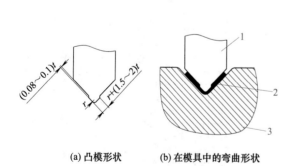

(a) 凸模形状　　(b) 在模具中的弯曲形状

图5-13 单角弯曲用校正法克服回弹结构图

1—凸模；2—制件；3—凹模

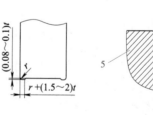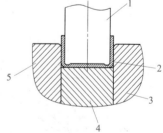

(a) 凸模形状　　(b) 在模具中的弯曲形状

图5-14 双角弯曲用校正法克服回弹结构图

1—凸模；2—制件；3,5—凹模；4—顶料块

利用弯曲件不同部位回弹方向相反的特点，使相反方向的回弹变形相互补偿。如U形件弯曲，将凸模、顶料块做成弧形面（见图5-15）。弯曲后，利用底部产生的回弹来补偿两个圆角处的回弹。

采用橡胶、聚氨酯软凹模代替金属凹模（见图5-16），用调节凸模压入软凹模深度的方法来控制回弹。

在弯曲件的端部加压，可以获得精确的弯边高度，并由于改变了变形区的应力状态，使弯曲变形区从内到外都处于压应力状态，从而减小了回弹，如图5-17所示。

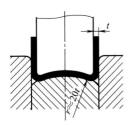

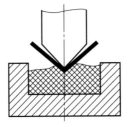

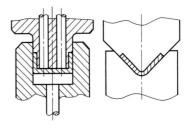

图 5-15　U 形弯曲件回弹补偿法　　图 5-16　软凹模弯曲控制回弹法　　图 5-17　弯曲件端部加压减小回弹法

5.4 弯曲件毛坯尺寸计算

弯曲件毛坯展开长度是根据应变中性层弯曲前后长度不变，以及变形区在弯曲前后体积不变的原则来计算的。

5.4.1 应变中性层位置的确定

板料弯曲过程中，当弯曲变形程度较小时，应变中性层与毛坯断面的中心层重合。但是当弯曲变形程度较大时，变形区为立体应力应变状态。因此，在弯曲过程中，应变中性层由弯曲开始与中心层重合逐渐向曲率中心移动。同时，由于变形区厚度变薄，致使应变中性层的曲率半径 $\rho_\varepsilon < r + t/2$。此种情况的应变中性层位置可以根据变形前后体积不变的原则来确定，如图5-18所示。

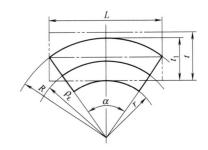

图 5-18　应变中性层位置的确定

弯曲前变形区的体积按下式计算

$$V_0 = Lbt \tag{5-7}$$

弯曲后变形区的体积按下式计算

$$V = \pi \left(R^2 - r^2 \right) \frac{\alpha}{2\pi} b' \tag{5-8}$$

因为 $V_0 = V$，且应变中性层弯曲前后长度不变，即 $L = a\rho_\varepsilon$，所以可从式（5-7）和式（5-8）得

$$\rho_\varepsilon = \frac{R^2 - r^2}{2t} \times \frac{b'}{b}$$

将 $R = r + \eta t$ 代入上式，经整理后得

$$\rho_\varepsilon = \left(\frac{r}{t} + \frac{\eta}{2} \right) \eta \beta t \tag{5-9}$$

式中　　L ——毛坯弯曲部分原长，mm；

α ——弯曲件圆角的圆弧所对的圆心角，（°）；

b，b' ——毛坯弯曲前后的平均宽度，mm；

β ——变宽系数，$\beta=b'/b$，当 $b/t > 3$ 时，$\beta=1$；

η ——材料变薄系数，$\eta=t'/t$，t' 为弯曲后变形区的厚度，mm。

在实际生产中，为了计算方便，一般用经验公式确定中性层的曲率半径，即

$$\rho_\varepsilon = r + xt \tag{5-10}$$

式中，x 为与变形有关的中性层系数，表 5-8 所列数值适用于矩形截面为主的弯曲展开计算，一般通过试弯来确定，也可查阅其他有关资料。

表 5-8　中性层系数 x 的值

r/t	0.1	0.2	0.3	0.4	0.5	0.6	0.7	0.8	1.0	1.2
x	0.21	0.22	0.23	0.24	0.25	0.26	0.28	0.30	0.32	0.33
r/t	1.3	1.5	2.0	2.5	3.0	4.0	5.0	6.0	7.0	$\geqslant 8$
x	0.34	0.36	0.38	0.39	0.40	0.42	0.44	0.46	0.48	0.50

5.4.2　弯曲件毛坯长度计算

弯曲件毛坯长度应根据不同情况进行计算。

（1）$r > 0.5t$ 的弯曲件

如图 5-19 所示，坯料总长度应等于弯曲件直线部分长度和弯曲部分应变中性层长度之和，即

$$L = \sum l_i + \sum \frac{\pi \alpha_i}{180°}(r_i + x_i t) \tag{5-11}$$

式中　L ——弯曲件毛坯长度，mm；

l_i ——直线部分各段长度，mm；

x_i ——弯曲各部分中性层系数；

α_i ——弯曲件圆角圆弧所对应的圆心角，（°）；

r_i ——弯曲件各弯曲部分的内圆角半径，mm。

除以上介绍外，$r > 0.5t$ 的弯曲件还可以参考表 5-9 所列的几种弯曲件展开尺寸计算。

（2）$r < 0.5t$ 的弯曲件

对于 $r < 0.5t$ 的弯曲件，由于弯曲变形时，不仅制件的圆角变形区严重变薄，而且与其相邻的直边部分也变薄，故应按变形前后体积不变条件确定坯料长度。通常采用表 5-10 所列经验公式计算。

（3）无圆角半径的弯曲件展开长度计算

无圆角半径的弯曲件如图 5-20 所示。弯曲角半径 $r < 0.3t$ 或 $r=0$ 时，弯曲处材料变薄严重，展开尺寸是根据毛坯与制件体积相等的原则，并考虑在弯曲处材料变薄修正计算得到。

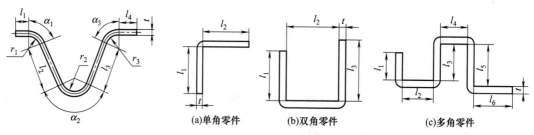

图 5-19　$r > 0.5t$ 的弯曲件

(a)单角零件　　(b)双角零件　　(c)多角零件

图 5-20　无圆角半径的弯曲件

表 5-9　$r > 0.5t$ 时弯曲件展开尺寸计算公式

序号	弯曲特性	简　图	计算公式
1	单直角弯曲	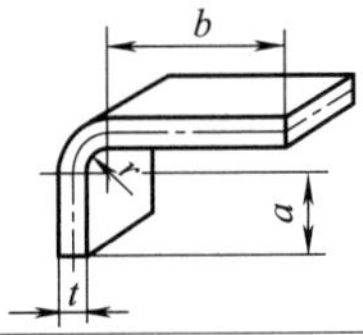	$L=a+b+\dfrac{\pi}{2}(r+t)$
2	双直角弯曲	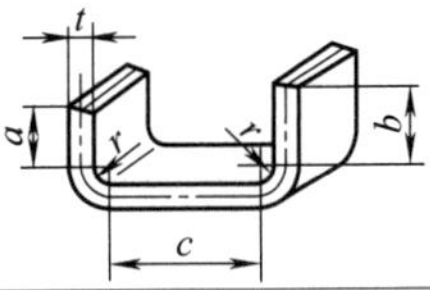	$L=a+b+c+\pi(r+t)$
3	四直角弯曲	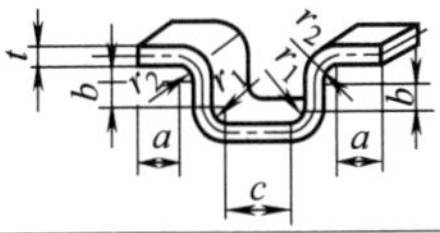	$L=2a+2b+c+\pi(r_1+t)+\pi(r_2+t)$
4	圆管形制件的弯曲	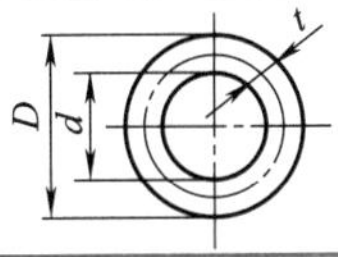	$L=\pi D=\pi(d+2t)$

表 5-10　$r < 0.5t$ 的弯曲件毛坯长度计算

序号	弯曲特征	简　图	计算公式
1	单角弯曲	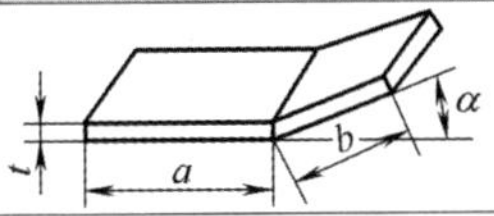	$L=a+b+\dfrac{\alpha}{90°}+0.5t$
		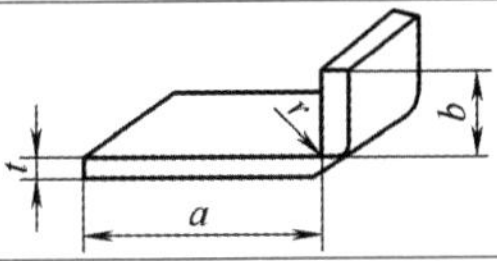	$L=a+b+0.4t$
		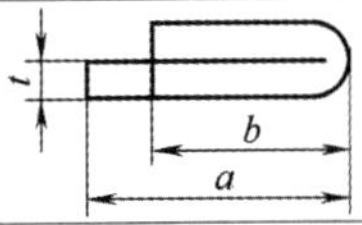	$L=a+b-0.43t$
2	双角同时弯曲	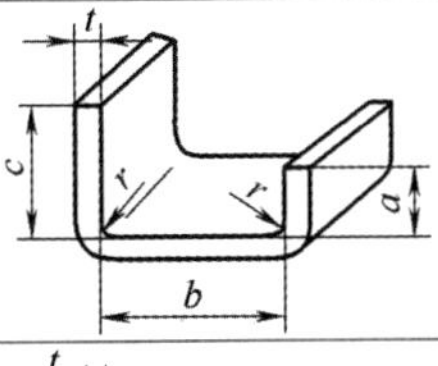	$L=a+b+c+0.5t$
3	三角同时弯曲	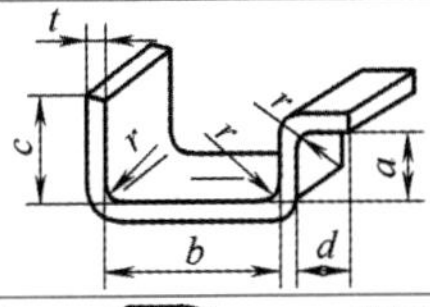	$L=a+b+c+d+0.75t$
4	一次同时弯两个角，第二次弯另一个角		$L=a+b+c+d+t$
5	四角同时弯曲	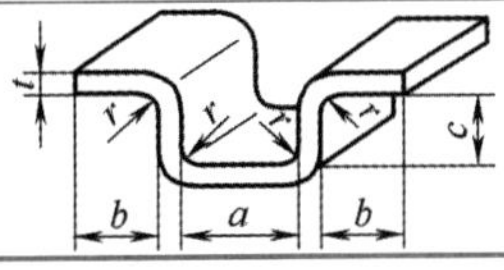	$L=a+2b+2c+t$
6	分两次弯四个角		$L=a+2b+2c+1.2t$

故毛坯总长度等于各平直部分长度与弯曲角部分之和，即

$$L=l_1+l_2+\cdots+l_n+nKt \qquad (5\text{-}12)$$

式中　l_1，l_2，$\cdots$，l_n——平直部分的直线段长度；

n ——弯角数目；

K ——系数，$r=0.05t$ 时，$K=0.38 \sim 0.40$；$r=0.1t$ 时，$K=0.45 \sim 0.48$，其中小数值用于 $t < 1$mm 时，大数值用于 $t=3 \sim 4$mm 时。系数 K 也可按下面方法选用：单角弯曲时，$K=0.5$；多角弯曲时，$K=0.25$；塑性较大的材料，$K=0.125$。

（4）大圆角半径弯曲件展开尺寸计算

当 $r \geqslant 8t$ 时，中性层系数接近 0.5，对于用往复曲线连接的曲线性件、弹性件等展开尺寸可按材料厚度中心层尺寸计算，见表 5-11。

表 5-11　不同弯曲形状展开尺寸计算公式

序号	往复曲线形部分简图	计算公式
1		$A = \dfrac{Rl_1}{l}\sin\beta = R\dfrac{360\sin\dfrac{\alpha}{2}\sin\beta}{\pi\alpha}$ 式中　l——弧长，mm l_1——弦长，mm
2		$A = \sqrt{2B(R_1+R_2)-B^2}$ $\cos\beta = \dfrac{R_1+R_2-B}{R_1+R_2}$
3		$A = B\cot\beta + (R_1+R_2)\tan\dfrac{\beta}{2}$ $y = \dfrac{B}{\sin\beta} - (R_1+R_2)\tan\dfrac{\beta}{2}$ $\quad = \sqrt{A^2 + H^2 - (R_1+R_2)^2}$
4		卷圆首次弯曲半径 $R_2 = \left(\dfrac{180°}{\beta} - 1\right)R_1$ 式中，R_1 为工件图上圆圈半径 当 $R_2 = R_1$ 时，$A = 4R_1\sin\dfrac{\beta}{2}$ 当 $R_2 \neq R_1$ 时，$A = 2\sin\dfrac{\beta}{2}(R_2+R_1)$

（5）卷圆形零件展开长度计算

卷圆形零件展开长度可按表 5-12 计算。

对于形状比较简单、尺寸精度要求不高的弯曲件，可直接采用上面介绍的方法计算坯料长度。而对于形状比较复杂或精度要求高的弯曲件，在利用上述公式初步计算坯料长度后，还需反复试弯不断修正，才能最后确定坯料的形状及尺寸。

表 5-12　卷圆形零件展开长度计算公式

卷圆形式	简　图	计算公式
铰链形		$L = L_1 + \left(\dfrac{\pi R}{180°}\alpha\right)$

卷圆形式	简 图	计算公式
吊钩形 I	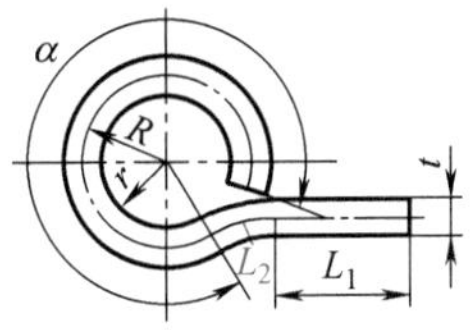	$L = L_1 + L_2 + \left(\dfrac{\pi R}{180°}\alpha\right)$
吊钩形 II	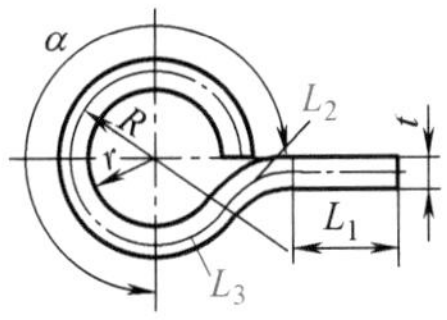	$L = L_1 + L_2 + L_3 + 4.71R$

注：1. 式中 R 为弯曲中性层半径，$R = r + Kt$，K 值见表 5-13。

2. L_1、L_2、L_3 按材料中心层尺寸计算，相对圆心角由零件图尺寸确定。

表 5-13　卷圆件弯曲中性层系数 K 值

r/t	$> 0.3 \sim 0.6$	$> 0.6 \sim 0.8$	$> 0.8 \sim 1$	$> 1 \sim 1.2$	$> 1.2 \sim 1.5$	$> 1.5 \sim 1.8$	$> 1.8 \sim 2$	$> 2 \sim 2.2$	> 2.2
K	0.76	0.73	0.7	0.67	0.64	0.61	0.58	0.54	0.5

5.5　弯曲力、顶件力及压料力

弯曲力是设计模具和选择压力机吨位的重要依据。弯曲力的大小不仅与毛坯尺寸、材料力学性能、凹模支点间的距离、弯曲半径、模具间隙等有关，而且与弯曲方式也有很大关系。因此，要从理论上计算弯曲力是非常困难和复杂的，计算精确度也不高。生产中，常采用经验公式或经过简化的理论公式来计算。

5.5.1　自由弯曲时的弯曲力

V 形弯曲 [见图 5-21（a）] 时的弯曲力按下式计算

$$F_{自} = \frac{0.6kbt^2\sigma_b}{r+t} \tag{5-13}$$

U 形弯曲 [见图 5-21（b）] 时的弯曲力按下式计算

$$F_{自} = \frac{0.7kbt^2\sigma_b}{r+t} \tag{5-14}$$

式中　$F_自$——自由弯曲时的弯曲力，N；

b——弯曲件的宽度，mm；

r——弯曲件的内弯曲半径，mm；

σ_b——材料的抗拉强度，MPa；

k——安全系数，一般取 $k = 1 \sim 1.3$。

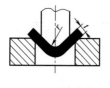
(a) V形弯曲件

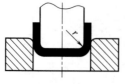
(b) U形弯曲件

图 5-21　自由弯曲

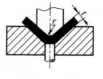
(a) V形弯曲件

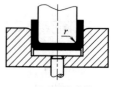
(b) U形弯曲件

图 5-22　校正弯曲

5.5.2　校正弯曲时的弯曲力

校正弯曲（见图 5-22）时，弯曲力按下式计算

$$F_{校}=qA \tag{5-15}$$

式中　$F_{校}$——校正弯曲时的弯曲力，N；

　　　A——校正部分的投影面积，mm^2；

　　　q——单位面积上的校正力，MPa，q 值可按表 5-14 选择。

注意：在一般机械传动的压力机上，校模深度（即校正力的大小与弯曲模闭合高度的调整）和制件材料的厚度变化有关。校模深度与制件材料厚度的少量变化对校正力影响很大，表 5-14 所列数据仅供参考。

表 5-14　单位面积上的校正力　　　　　　　　　　单位：MPa

材料	材料厚度 /mm			
	≤ 1	> 1～2	> 2～5	> 5～10
铝	10～15	15～20	20～30	30～40
黄铜	15～20	20～30	30～40	40～60
10 钢、15 钢、20 钢	20～30	30～40	40～60	60～80
25 钢、30 钢、35 钢	30～40	40～50	50～70	70～100

5.5.3　顶件力和压料力

设有顶件装置或压料装置的弯曲模，其顶件力或压料力可近似取自由弯曲力的 30%～80%，即

$$F_{Q}=(0.3～0.8)F_{自} \tag{5-16}$$

式中　F_{Q}——顶件力或压料力，N；

　　　$F_{自}$——自由弯曲力，N。

5.5.4　弯曲时压力机吨位的确定

自由弯曲时，压力机吨位力 $F_{机}$ 为

$$F_{机} \geqslant F_{自}+F_{Q} \tag{5-17}$$

校正弯曲时，由于校正发生在接近下死点的位置，校正力与自由弯曲力并非重叠关系，而且校正力的数值比压料力大得多，因此，选择压力机时按校正 $F_{机}$ 选取即可，即

$$F_{机} \geqslant F_{校} \tag{5-18}$$

5.6 弯曲模工作部分尺寸设计

弯曲模工作部分尺寸主要包括凸模、凹模的圆角半径，凹模的工作深度，凸、凹模之间的间隙，凸、凹模宽度尺寸与制造公差等。

5.6.1 弯曲凸、凹模的圆角半径及凹模的工作深度

弯曲模工作部分的结构尺寸如图 5-23 所示。

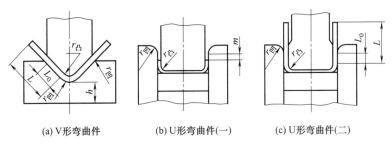

(a) V形弯曲件   (b) U形弯曲件(一)   (c) U形弯曲件(二)

图 5-23　弯曲模工作部分结构尺寸

（1）凸模圆角半径

弯曲件的相对弯曲半径 r/t 较小时，凸模的圆角半径应等于弯曲件内侧的圆角半径，但不能小于材料允许的最小弯曲半径。若 r/t 小于最小相对弯曲半径，弯曲时应取凸模的圆角半径大于最小弯曲半径，然后利用整形工序使制件达到所需的弯曲半径。

弯曲件的相对弯曲半径 r/t 较大时，则必须考虑回弹，可用修正凸模圆角半径的方法。

（2）凹模圆角半径

凹模圆角半径的大小对弯曲力和制件质量均有影响。凹模的圆角半径过小，弯曲时坯料进入凹模的阻力增大，制件表面容易产生擦伤甚至出现压痕；凹模的圆角半径过大，坯料难以准确定位。为了防止弯曲时毛坯产生偏移，凹模两边的圆角半径应一致。

生产中，凹模的圆角半径可根据板料的厚度 t 来选取：$t < 2$mm 时，$r_{凹} = (3 \sim 6)t$；$t = 2 \sim 4$mm 时，$r_{凹} = (2 \sim 3)t$；$t > 4$mm 时，$r_{凹} = 2t$。

对于 V 形件的弯曲凹模，其底部可开退刀槽或取圆角半径 $r_{凹} = (0.6 \sim 0.8)(r_{凸} + t)$。

（3）凹模工作深度

凹模工作部分深度要适当。若深度过小，则制件两端的自由部分较长，弯曲件回弹大，不平直；若深度过大，则浪费模具材料，而且压力机需要较大的行程。

V 形弯曲时，凹模深度及底部最小厚度可查表 5-15。

表 5-15　V 形弯曲件的凹模深度 L_0 及底部最小厚度 h　　　单位：mm

弯曲件边长 L	材料厚度 t					
	< 2		2 ~ 4		> 4	
	h	L_0	h	L_0	h	L_0
> 10 ~ 25	20	10 ~ 25	22	15	—	—
> 25 ~ 50	22	15 ~ 20	27	25	32	30
> 50 ~ 75	27	20 ~ 25	32	30	37	35
> 75 ~ 100	32	25 ~ 30	37	35	42	40
> 100 ~ 150	37	30 ~ 35	42	40	47	50

U 形弯曲时，若弯边高度不大，或要求两边平直，则凹模深度应大于弯曲件的高度，如图 5-23（b）所示，图中 m 值见表 5-16。如果弯曲件边长较长，而对平直度要求不高，则可采用图 5-23（c）所示的凹模形式。凹模工作部分深度 L_0 见表 5-17。

表 5-16 U 形弯曲件凹模的 m 值   单位：mm

材料厚度 t	≤1	>1～2	>2～3	>3～4	>4～5	>5～6	>6～7	>7～8	>8～10
m	3	4	5	6	8	10	15	20	25

表 5-17 U 形弯曲件的凹模深度 L_0 单位：mm

弯曲间边长 L	材料厚度 t				
	≤1	>1～2	>2～4	>4～6	>6～10
<50	15	20	25	30	30
>50～75	20	25	30	35	40
>75～100	25	30	35	40	40
>100～150	30	35	40	50	50
>150～200	40	45	55	65	65

5.6.2 弯曲凸模和凹模之间的间隙

对于 V 形弯曲件，凸模和凹模之间的间隙是靠调节压力机的闭合高度来控制的，不需要在设计和制造模具时考虑。对于 U 形弯曲件，凸模和凹模之间的间隙值对弯曲件的回弹、表面质量和弯曲力均有很大影响。间隙值过小，需要的弯曲力大，而且会使制件的边部壁厚减薄，同时会降低凹模的使用寿命；间隙值过大，弯曲件的回弹增加，制件的精度难以保证。凸模和凹模之间的单边间隙值一般可按下式计算：

$$z = t_{max} + ct = t + \Delta + ct \tag{5-19}$$

式中　z——弯曲凸模和凹模之间的单边间隙，mm；

t——材料厚度（基本尺寸），mm；

t_{max}——材料厚度的最大值，mm；

c——间隙系数，见表 5-18；

Δ——材料厚度的上偏差，mm。

表 5-18 U 形件弯曲模的间隙系数

弯曲件高度 h/mm	材料厚度 t/mm								
	$b/h ≤ 2$				$b/h > 2$				
	<0.5	0.6～2	2.1～4	4.1～5	<0.5	0.6～2	2.1～4	4.1～7.5	7.6～12
10	0.05	0.05	0.04	—	0.10	0.10	0.08	—	—
20	0.05	0.05	0.04	0.03	0.10	0.10	0.08	0.06	0.06
35	0.07	0.05	0.04	0.03	0.15	0.10	0.08	0.06	0.06
50	0.10	0.07	0.05	0.04	0.20	0.15	0.10	0.06	0.06
70	0.10	0.07	0.05	0.05	0.20	0.15	0.10	0.10	0.08
100	—	0.07	0.05	0.05	—	0.15	0.10	0.10	0.08
150	—	0.10	0.07	0.05	—	0.20	0.15	0.10	0.10
200	—	0.10	0.07	0.07	—	0.20	0.15	0.15	0.10

注：b 为弯曲件宽度，mm。

5.6.3 U 形弯曲件凹模的长度和宽度尺寸确定

U 形弯曲件凹模的长度和宽度大小主要与被弯曲材料的厚度、种类及弯曲件大小有关，可按表 5-19 选取。

表 5-19　U 形弯曲件凹模的长度 A 和宽度 B 　　　　mm

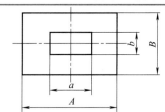

凹模洞口尺寸 （a 或 b）	材料厚度 t		
	< 2	2 ～ 4	4 ～ 6
	凹模外形尺寸 A（或 B）		
< 30	a（或 b）+50	a（或 b）+60	a（或 b）+70
> 30 ～ 50	a（或 b）+60	a（或 b）+70	a（或 b）+80
> 50 ～ 80	a（或 b）+65	a（或 b）+75	a（或 b）+85
> 80 ～ 120	a（或 b）+70	a（或 b）+80	a（或 b）+90
> 120 ～ 180	a（或 b）+75	a（或 b）+85	a（或 b）+100

注：凹模外形尺寸按表列数值算出后应尽量取标准模板外形尺寸。

5.6.4　U 形件弯曲模凸、凹模工作部分尺寸的计算

U 形件弯曲模凸、凹模工作部分尺寸的确定与弯曲件的尺寸标注有关。一般是：制件标注外形尺寸的［见图 5-24（a）、（b）］，模具以凹模为基准件，间隙取在凸模上；制件标注内形尺寸的［见图 5-24（c）、（d）］，模具以凸模为基准件，间隙取在凹模上。

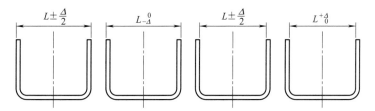

(a) 标注外形尺寸(一)　(b) 标注外形尺寸(二)　(c) 标注内形尺寸(一)　(d) 标注内形尺寸(二)

图 5-24　弯曲件尺寸标注形式

（1）标注外形尺寸的弯曲件

① 弯曲件为双向对称偏差时，凹模尺寸为

$$L_{凹} = (L - 0.25\Delta)_{0}^{+\delta_{凹}} \tag{5-20}$$

② 弯曲件为单向偏差时，凹模尺寸为

$$L_{凹} = (L - 0.75\Delta)_{0}^{+\delta_{凹}} \tag{5-21}$$

③ 凸模尺寸为

$$L_{凸} = (L_{凹} - 2z)_{-\delta_{凸}}^{0} \tag{5-22}$$

（2）标注内形尺寸的弯曲件

① 弯曲件为双向对称偏差时，凸模尺寸为

$$L_{凸} = (L + 0.25\Delta)_{-\delta_{凸}}^{0} \tag{5-23}$$

② 弯曲件为单向偏差时，凸模尺寸为

$$L_{凸} = (L + 0.75\Delta)_{-\delta_{凸}}^{0} \tag{5-24}$$

③ 凹模尺寸为

$$L_凹 = (L_凸 + 2z)^{+\delta_凹}_0 \tag{5-25}$$

式中　L ——弯曲件横向基本尺寸，mm；

　　　$L_凸$ ——凸模工作部分宽度尺寸，mm；

　　　$L_凹$ ——凹模工作部分宽度尺寸，mm；

　　　z ——弯曲凸模和凹模之间的单边间隙，mm；

　　　Δ ——弯曲件宽度的尺寸公差，mm；

$\delta_凸$，$\delta_凹$ ——凸、凹模制造偏差，一般按 IT7～IT9 选取。

5.6.5　弯曲凸、凹模的尺寸差

当有一定斜壁的弯曲件，在确定凸、凹模工作部分尺寸时，有一内边（凸模）和外边（凹模）长度差值 X，如图 5-25 所示。其值可按下式计算得到。

$$X = t\tan\frac{90° - \alpha}{2} = tA \tag{5-26}$$

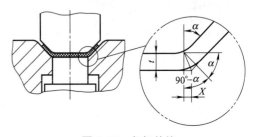

图 5-25　角部差值

式中　X ——凸、凹模尺寸差，mm；

　　　t ——材料厚度，mm；

　　　A ——凸、凹模的正切差，见表 5-20。

表 5-20　凸、凹模的正切差 A 值

α	1°	2°	3°	4°	5°	6°	7°	8°	9°
A	0.983	0.966	0.949	0.933	0.916	0.900	0.885	0.869	0.854
α	10°	11°	12°	13°	14°	15°	16°	17°	18°
A	0.839	0.824	0.810	0.795	0.781	0.767	0.754	0.740	0.727
α	19°	20°	21°	22°	23°	24°	25°	26°	27°
A	0.713	0.700	0.687	0.675	0.662	0.649	0.637	0.625	0.613
α	28°	29°	30°	31°	32°	33°	34°	35°	36°
A	0.600	0.589	0.577	0.566	0.554	0.543	0.532	0.521	0.510
α	37°	38°	39°	40°	41°	42°	43°	44°	45°
A	0.499	0.488	0.477	0.466	0.456	0.445	0.435	0.424	0.414
α	46°	47°	48°	49°	50°	51°	52°	53°	54°
A	0.404	0.394	0.384	0.374	0.364	0.354	0.344	0.335	0.325
α	55°	56°	57°	58°	59°	60°	61°	62°	63°
A	0.315	0.306	0.296	0.287	0.277	0.268	0.259	0.249	0.240
α	64°	65°	66°	67°	68°	69°	70°	71°	72°
A	0.231	0.222	0.213	0.203	0.194	0.185	0.176	0.167	0.158
α	73°	74°	75°	76°	77°	78°	79°	80°	81°
A	0.149	0.141	0.132	0.123	0.114	0.105	0.096	0.087	0.079
α	82°	83°	84°	85°	86°	87°	88°	89°	90°
A	0.070	0.061	0.052	0.044	0.035	0.026	0.017	0.009	—

5.7　弯曲模设计实例

5.7.1　工艺分析

如图 5-26 所示为取付支架，年产量小，材料为 08F 钢，料厚 1.6mm。此制件外形尺寸

小而形状简单，外形由两条宽为10mm及一条宽为24mm的长条组成；内形由两个ϕ4.3mm的圆孔组成；该制件弯曲圆角半径R为1.4mm，从相关资料查得，符合弯曲圆角半径的要求。从图中可以看出，该制件两条宽为10mm的弯曲角为90°，而另一条宽为24mm的弯曲角为127°。

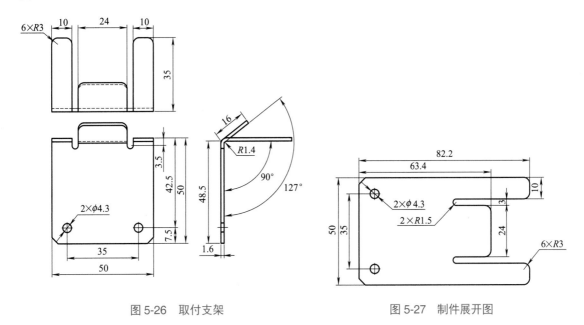

图 5-26　取付支架　　　　　　　图 5-27　制件展开图

5.7.2　制件展开尺寸计算

① 当制件圆角半径 $r > 0.5t$ 时，两条宽为10mm的90°弯曲件展开尺寸计算可按式（5-11）计算。

$$L = \sum l_i + \sum \frac{\pi \alpha_i}{180°}(r_i + x_i t)$$

$$= 32 + 47 + \frac{3.14 \times 90°}{180°} \times (1.4 + 0.3 \times 1.6) \approx 81.95 \text{（mm）（调试后实取 82.2mm）}$$

注：弯曲部分中性层系数查表 5-8 得 x_i=0.3。

② 中间一条宽为24mm的127°弯曲件代入式（5-11）得

$$L = \sum l_i + \sum \frac{\pi \alpha_i}{180°}(r_i + x_i t)$$

$$= 14.5 + 47 + \frac{3.14 \times (180° - 127°)}{180°} \times (1.4 + 0.3 \times 1.6) \approx 63.23 \text{（mm）（调试后实取 63.4mm）}$$

注：弯曲部分中性层系数查表 5-8 得 x_i=0.3。

根据以上计算，绘制出如图 5-27 所示的制件展开图。

5.7.3　制件弯曲方案确定

分析图 5-26，该制件给出了三个方案，具体介绍如下：

方案一（见图 5-28）：采用一出一，共两个工序的单工序模，即落料和90°弯曲两个工序。

该方案弯曲时可以采用两个 ϕ4.3mm 圆孔作为定位孔，但板料厚为 1.6mm，在 90°弯曲时会导致两个 ϕ4.3mm 圆孔拉料而变形。

方案二（见图 5-29）：采用一出一，共两个工序的单工序模，即落料和 V 形弯曲两个工序。该方案采用外形定位，模具结构简单，调整方便，但压力机的行程高低对弯曲角度回弹较大。

方案三（见图 5-30）：采用一出二，共三个工序的单工序模，即落料、U 形弯曲和切断（两个制件分离）三个工序。该方案优点是生产效率高、弯曲受力均匀、稳定性好；缺点是比方案一、方案二多一个工序，模具结构复杂，制造成本高。

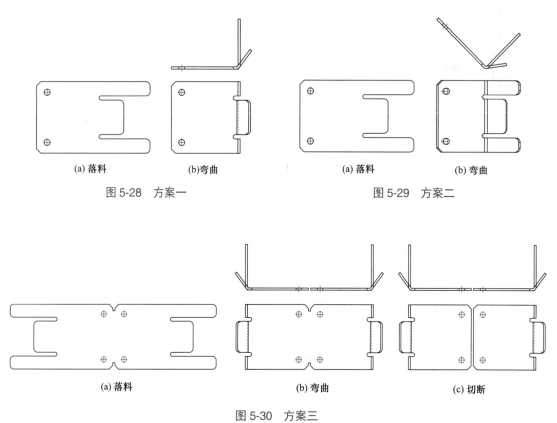

(a) 落料   (b)弯曲   (a) 落料   (b) 弯曲

图 5-28　方案一   图 5-29　方案二

(a) 落料   (b) 弯曲   (c) 切断

图 5-30　方案三

因该制件的年产量小，结合以上三个方案的分析，冲压此制件采用方案二较为合理。

5.7.4　模具零部件尺寸的确定

（1）弯曲回弹值的确定

当相对弯曲半径较小（$r/t < 5$）时，弯曲后，弯曲半径变化不大，可只考虑角度的回弹。

由于影响回弹值的因素很多，因此要在理论上计算回弹值是有困难的。模具设计时，通常按试验总结的数据来选用，经试冲后再对模具工作部分加以修正。该制件相对弯曲半径较小，当相对弯曲半径较小（$r/t < 1$）时，弯曲后，弯曲半径变化不大，可只考虑角度的回弹。根据经验值，两条宽为 10mm 的 90°弯曲回弹为 1°，因此凸、凹模设计为 89°；而中间一条宽为 24mm 的 127°弯曲回弹为 2.5°，因此凸、凹模设计为 124.5°，在试模中进一步进行修正。

（2）凹模圆角半径计算

凹模圆角半径的大小对弯曲力和制件质量均有影响。凹模的圆角半径过小，弯曲时坯料进入凹模的阻力增大，制件表面容易产生擦伤甚至出现压痕；凹模的圆角半径过大，坯料难以准确定位。为了防止弯曲时毛坯产生偏移，凹模两边的圆角半径应一致。

生产中，对于 V 形件的弯曲凹模，其底部可开退刀槽或取圆角半径 $r_凹=(0.6\sim0.8)$ $(r_凸+t)$。该凹模圆角半径取 1.8mm。

（3）凹模工作部分深度计算

凹模工作部分深度要适当。若深度过小，则制件两端的自由部分较长，弯曲件回弹大，不平直；若深度过大，则浪费模具材料，而且压力机需要较大的行程。

V 形弯曲时，凹模深度及底部最小厚度可查表 5-15。当弯曲件边长 $L > 25\sim50$ 时，材料厚度 $t < 2$mm，查表得：$h=22$mm 以上，$L_0=15\sim20$mm（实际取 15mm）。

5.7.5 弯曲力的计算

弯曲力是设计模具和选择压力机吨位的重要依据。弯曲力的大小不仅与毛坯尺寸、材料力学性能、凹模支点间的距离、弯曲半径、模具间隙等有关，而且与弯曲方式也有很大关系。因此，要从理论上计算弯曲力是非常困难和复杂的，计算精确度也不高。生产中，通常采用经验公式（5-13）来计算 V 形弯曲力。

① 两条宽为 10mm 的 90°弯曲代入式（5-13）得

$$F_{自1}=\frac{0.6kbt^2\sigma_b}{r+t}=\frac{0.6\times1.3\times(10+10)\times1.6^2\times350}{1.4+1.6}$$

$$=4.659\approx4.66\,(\text{kN})$$

② 中间一条宽为 24mm 的 127°弯曲代入式（5-13）得

$$F_{自2}=\frac{0.6kbt^2\sigma_b}{r+t}=\frac{0.6\times1.3\times24\times1.6^2\times350}{1.4+1.6}$$

$$=5.591\approx5.59\,(\text{kN})$$

该制件总的弯曲力为 $F_自=F_{自1}+F_{自2}=4.66+5.59=10.25\,(\text{kN})$。根据所计算的总压力及结合工厂现有的压力机装模空间，选用 250kN 开式压力机。

5.7.6 模具结构图设计

取付支架 V 形弯曲模如图 5-31 所示。该模具结构简单，上模部分主要由上模座 1、凸模固定板垫板 3、凸模固定板 4、弯曲凸模 14 和 15 及小导柱 17 等组成；下模部分主要由弯曲凹模 7、弯曲凹模镶件 12、下模座 11 等组成。工作时，将毛坯放入弯曲凹模 7 上，由挡料块13、18 对毛坯进行定位，上模下行，小导柱 17 先进入下模导向，上模继续下行，弯曲凸模、弯曲凹模将坯料进行弯曲。

模具特点如下：

① 该制件 90°及 127°弯曲在一副模具上同时进行，为方便调试，在模具上设计两套小导柱对上、下模进行快速对准。

② 为方便对制件弯曲长度进行调整，在弯曲凹模上设计可调整的挡料块 13、18。

③ 该模具在模座上设计两对限位柱，在批量生产中能很好地控制由于压力机精度不高而导致的弯曲回弹不稳定的难题。

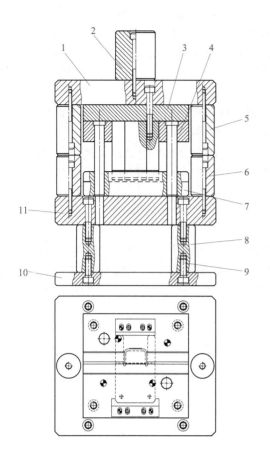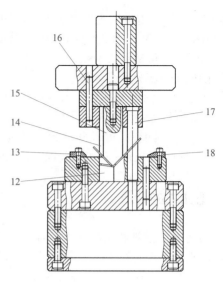

18	挡料块2	CrWMn	1		9	螺钉		4	标准件
17	小导柱		2	标准件	8	下垫脚	45钢	2	
16	圆柱销		8	标准件	7	弯曲凹模	Cr12MoV	1	
15	弯曲凸模2	Cr12MoV	2		6	下限位柱	45钢	2	
14	弯曲凸模1	Cr12MoV	1		5	上限位柱	45钢	2	
13	挡料块1	CrWMn	1		4	凸模固定板	Cr12	1	
12	弯曲凹模镶件	Cr12MoV	1		3	凸模固定板垫板	45钢	1	
11	下模座	45 钢	1		2	模柄	45钢	1	
10	下托板	45 钢	1		1	上模座	45钢	1	
件号	名称	材料	数量	备注	件号	名称	材料	数量	备注

图 5-31　取付支架 V 形弯曲模

5.7.7　主要模具零部件设计与加工

（1）模座设计与加工

① 上模座见图 5-32，材料 45 钢；加工工艺过程见表 5-21。

② 下模座见图 5-33，材料 45 钢；加工工艺过程见表 5-22。

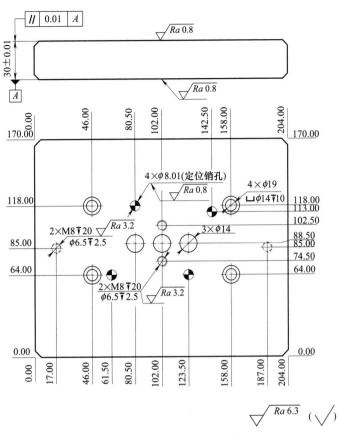

图 5-32   上模座（见图 5-31 件 1）

表 5-21   上模座加工工艺过程（供参考）

序号	工序名称	内　　　容	简　　图
1	备 料	割板料毛坯：209mm×175mm×34mm	图略
2	铣	铣六面，单边留 0.5mm 余量	图略
3	磨	①磨四周至要求尺寸 ②两平面磨平	图略
4	划线	按图样要求划线	
5	钳工（钻、攻螺纹）	①钻 3 个 φ14mm 螺钉过孔 ②钻 4 个 φ9mm 孔，φ14mm 正面沉孔深 10mm ③反面攻 2 个 M8 深 20mm 螺纹孔 ④正面攻 2 个 M8 深 20mm 螺纹孔 ⑤钻 4 个 φ4mm 穿丝孔（销钉孔或与模板配铰）	

序号	工序名称	内　　容	简　　图
6	钳工（倒角）	上、下四周 C2 倒角	图略
7	磨	精磨两平面（厚度）至尺寸要求	图略
8	线切割	线切割（中走丝）加工 4 个 φ8mm 销钉孔至图示要求尺寸	
9	检验	按图样要求检验	

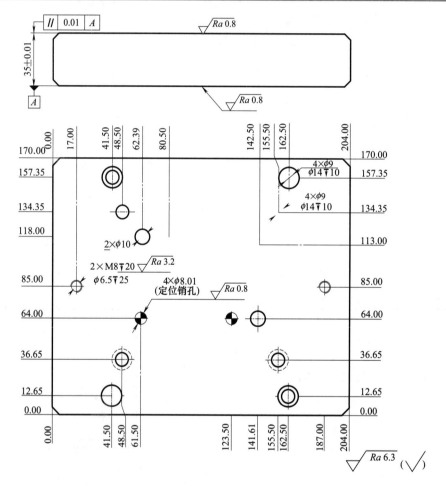

图 5-33　下模座（见图 5-31 件 11）

表 5-22　下模座加工工艺过程（供参考）

序号	工序名称	内　　容	简　　图
1	备料	割板料毛坯：209mm×175mm×39mm	图略
2	铣	铣六面，单边留 0.5mm 余量	图略

序号	工序名称	内　容	简　图
3	磨	①磨四周至要求尺寸 ②两平面磨平	图略
4	划线	按图样要求划线	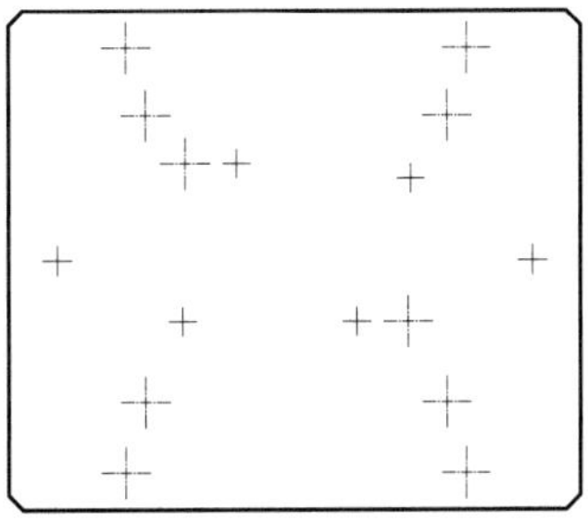
5	钳工 （钻、攻螺纹）	①钻 4 个 ϕ9mm 孔，ϕ14mm 正面沉孔深 10mm ②钻 4 个 ϕ9mm 孔，ϕ14mm 反面沉孔深 10mm ③钻 2 个 ϕ10mm 小导柱排气孔 ④正面攻 2 个 M8 深 20mm 螺纹孔 ⑤钻 4 个 ϕ4mm 穿丝孔（销钉孔或与模板配铰）	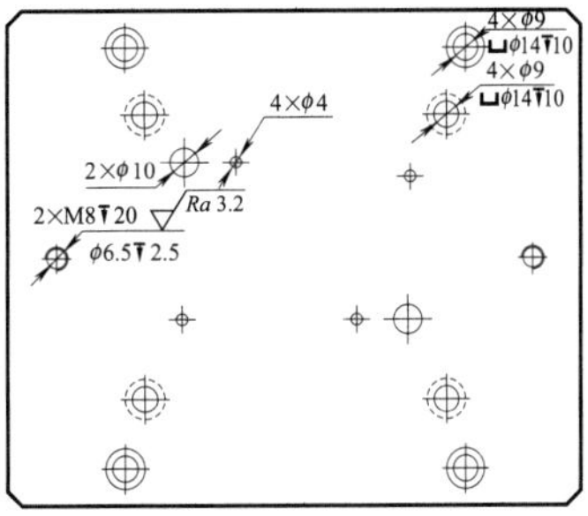
6	钳工（倒角）	上、下四周 C2 倒角	图略
7	磨	精磨两平面（厚度）至要求尺寸	图略
8	线切割	线切割（中走丝）加工 4 个 ϕ8mm 销钉孔至图示要求尺寸	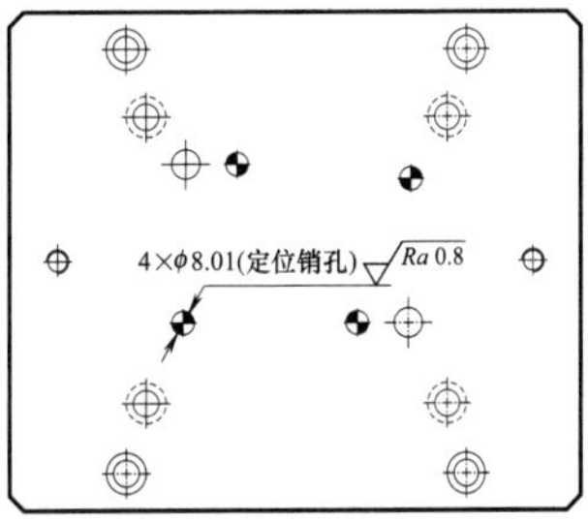
9	检验	按图样要求检验	

（2）弯曲凹模设计与加工

经过计算模板的相关尺寸后，绘制出如图 5-34 的弯曲凹模示意图，材料 Cr12MoV；加工工艺过程见表 5-23。

表 5-23　弯曲凹模加工工艺过程（供参考）

序号	工序名称	内　容	简　图
1	备料	割板料毛坯：139mm×131mm×39mm	图略
2	铣	铣六面，四周单边留 0.4mm 余量，厚度单边留 0.6mm 余量	图略
3	磨	两平面磨平	图略

序号	工序名称	内　　容	简　　图
4	划线	按图样要求划线	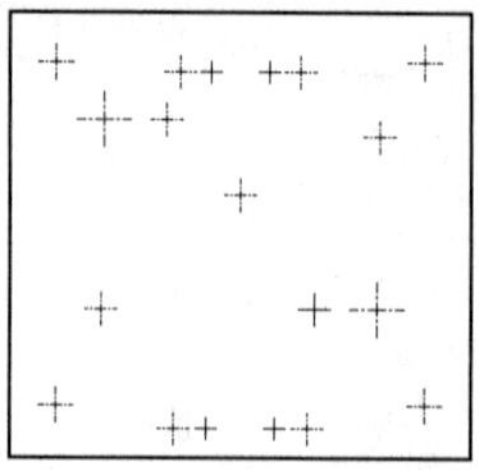
5	钳工 （钻、攻螺纹）	①钻 7 个 ϕ4mm 穿丝孔 ②正面攻 4 个 M5 螺纹孔深 12mm ③钻 4 个 ϕ2mm 穿丝孔 ④反面攻 4 个 M8 深 20mm 螺纹孔	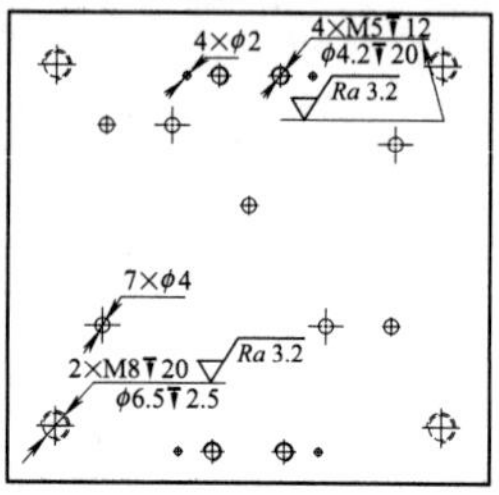
6	CNC	采用 CNC 粗加工 V 形槽至图示要求尺寸	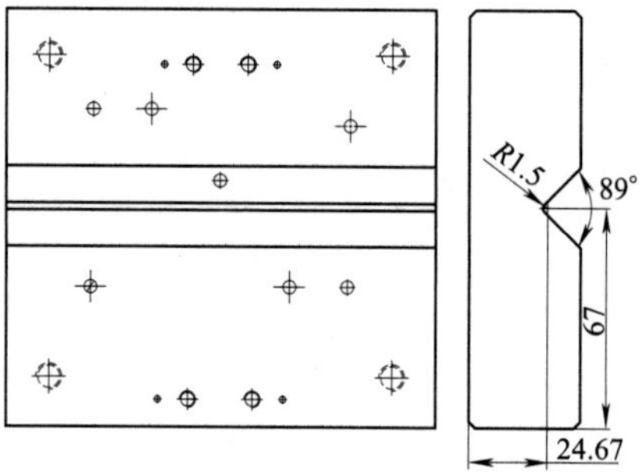
7	钳工（倒角）	四周 C2 倒角	图略
8	热处理	淬火回火至 60 ～ 62HRC	
9	磨	① 磨四周及两平面至图示尺寸要求 ② 将小型精密磨床的砂轮铣成 89°，进行磨削 V 形槽至图示要求	见图 5-34
10	线切割	线切割（中走丝）加工 ①加工 2 个 ϕ13.02mm 导柱孔 ②加工 4 个 ϕ8mm 销钉孔 ③加工 1 个凹模镶块固定孔 ④加工 4 个 ϕ5mm 销钉孔	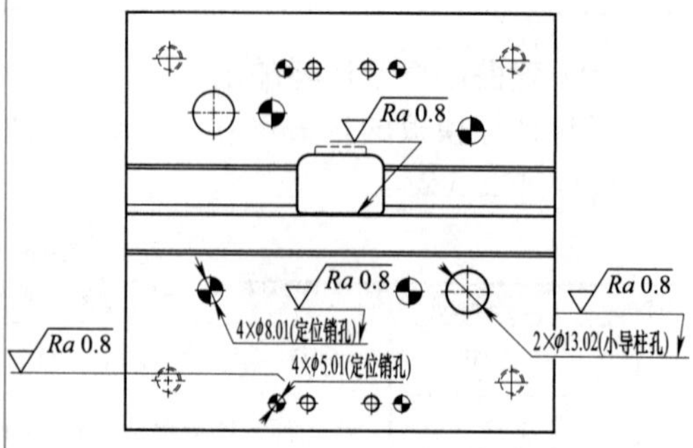
11	检验	按图样要求检验	

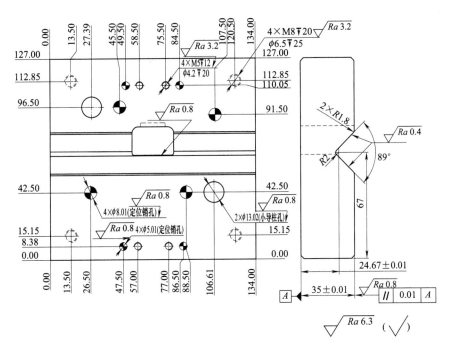

图 5-34 弯曲凹模（见图 5-31 件 7）

（3）弯曲凸模设计与加工

弯曲凸模 1 见图 5-35，材料 Cr12MoV；加工工艺过程见表 5-24。

弯曲凸模 2 见图 5-36，材料 Cr12MoV，2 件；加工工艺过程参考表 5-24。

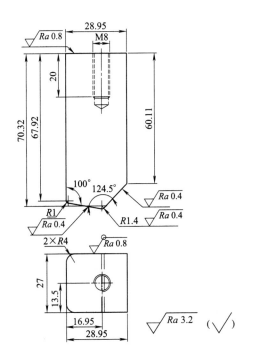

图 5-35 弯曲凸模 1（见图 5-31 件 14）

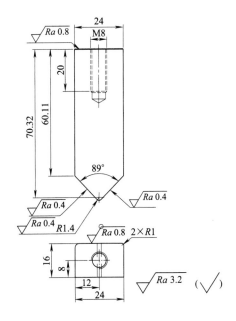

图 5-36 弯曲凸模 2（见图 5-31 件 15）

表 5-24 弯曲凸模加工工艺过程（供参考）

序号	工序名称	内　容	简　图
1	备料	割板料毛坯：85mm×40mm×32mm	图略
2	铣	铣六面（注：将32mm铣到28.5mm；将40mm铣到32mm）	图略
3	划线	按图样要求划线	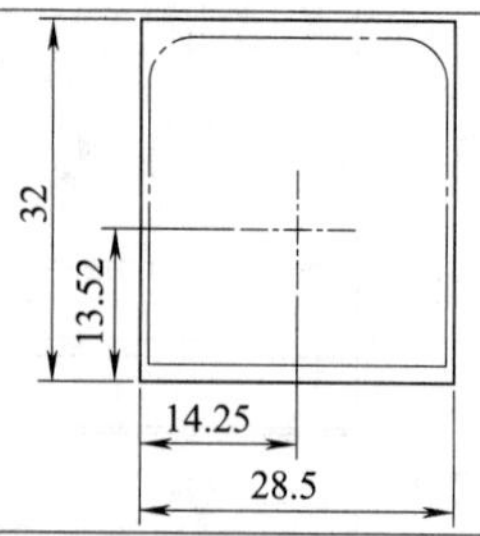
4	钳工（钻、攻螺纹）	正面攻1个M8盲螺纹孔深20mm	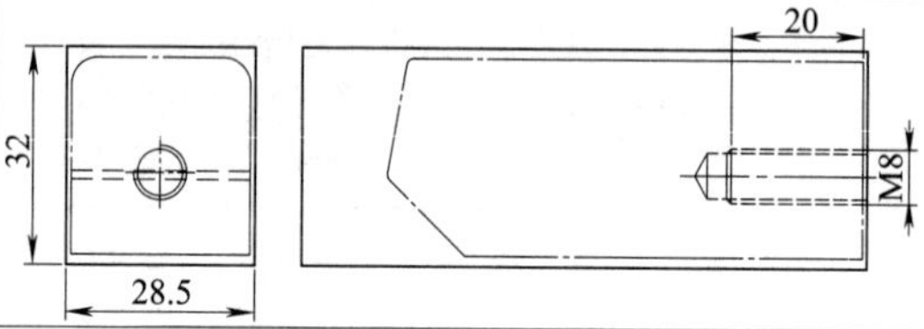
5	热处理	淬火回火至60～62HRC	
6	磨	除弯曲成形面，其余磨削至图示要求尺寸（R角将砂轮修成形状磨削）	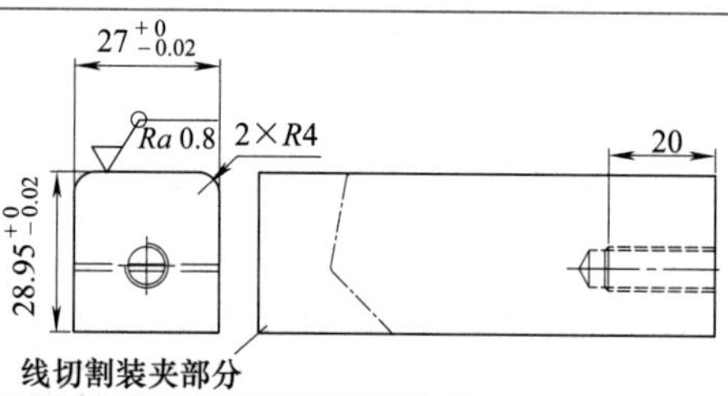
7	线切割	线切割（中走丝）加工至图示要求尺寸	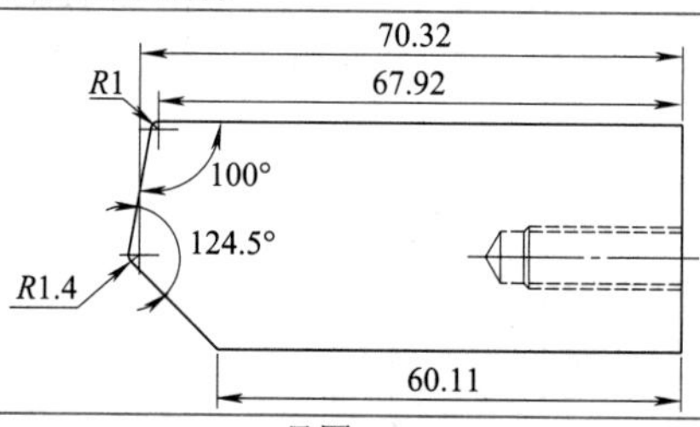
8	研磨	将弯曲成形工作面研磨至图示要求	见图 5-35
9	检验	按图样要求检验	

5.7.8　弯曲模装配

如图 5-31 所示，该模具采用直接装配法，在装配时按图样要求将上、下模分别进行装配，具体装配方法见表 5-25。

表 5-25 取付支架 V 形弯曲模装配方法（供参考）

序号	工序	简图	工艺说明
1	装配前装备		步骤一：通读总装配图，了解所有零件的状态、精度要求及模具结构特点、动作原理和技术要求 步骤二：选择装配方法及装配顺序 步骤三：准备好要装配的零部件，如螺钉、圆柱销、弹簧等标准件及装配用的工具等

序号	工序	简图	工艺说明
2	下模部分装配	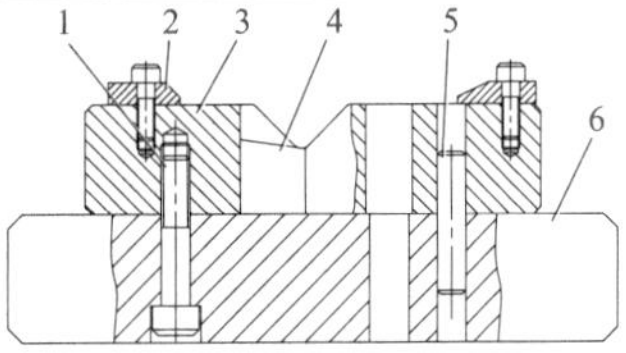 1—螺钉；2—挡料块；3—弯曲凹模；4—弯曲凹模镶件；5—圆柱销；6—下模座	步骤一：先将弯曲凹模镶件4从下往上安装在弯曲凹模3的型孔内 步骤二：将弯曲凹模3安装在下模座6上，用圆柱销5定位，螺钉1紧固 步骤三：将挡料块2安装在弯曲凹模3上，用螺钉紧固
3	上模部分装配	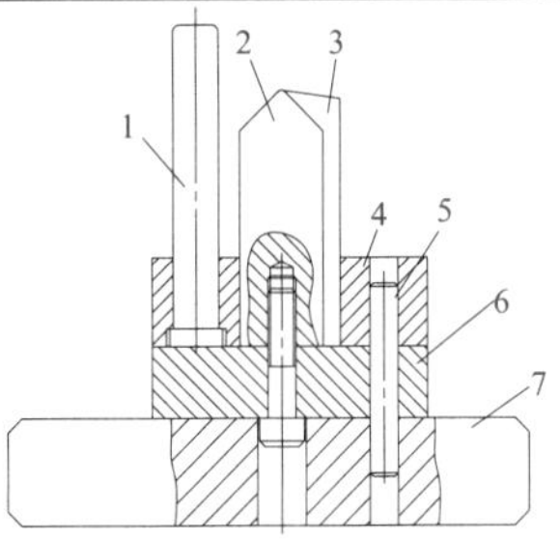 1—小导柱；2，3—弯曲凸模；4—凸模固定板；5—圆柱销；6—凸模固定板垫板；7—上模座	步骤一：将小导柱1及凸模2、3安装在凸模固定板4上 步骤二：将凸模固定板4与凸模固定板垫板6用圆柱销5定位，螺钉固定（图中未画出）
4	模具总装配	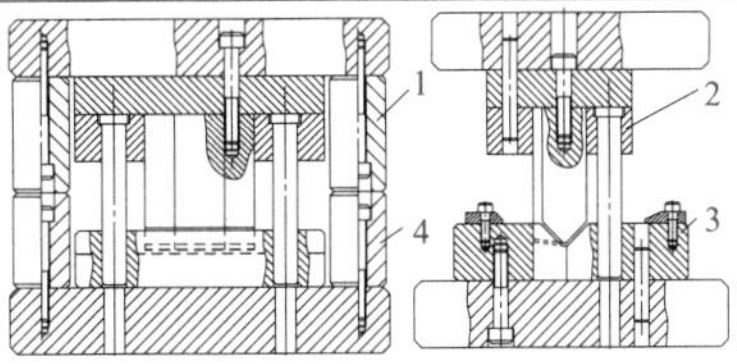 1—上限位柱；2—上模组件；3—下模组件；4—下限位柱	步骤一：将上限位柱1与下限位块4分别安装在上、下模座上 步骤二：上模慢慢地放入下模，直到上下限位柱闭合为止，进行上下反复移动，确认上下移动是否顺畅
5	下垫脚及下托板安装	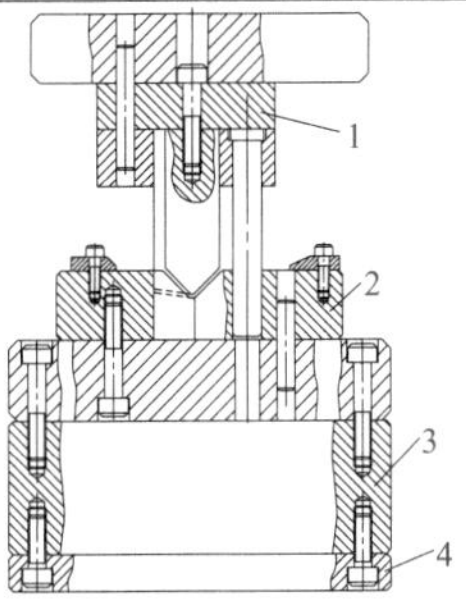 1—上模组件；2—下模组件；3—下垫脚；4—下托板	步骤一：先将下垫脚3安装在下模座上，用螺钉紧固 步骤二：再将下托板4安装在下垫脚3上，用螺钉紧固
6	模柄安装	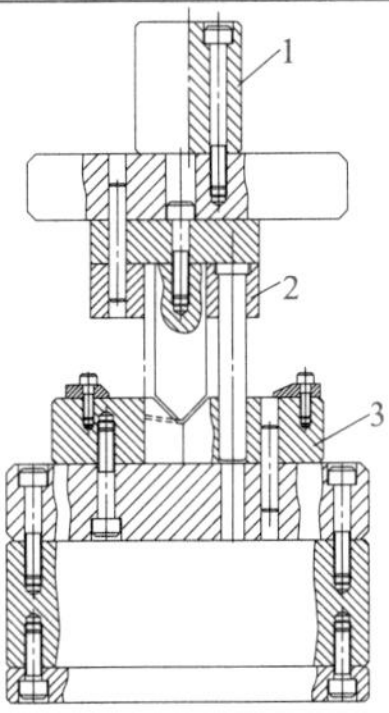 1—模柄；2—上模组件；3—下模组件	上、下模装配结束后，再将模柄1安装在上模座上，用两个螺钉紧固

序号	工序	简图	工艺说明
7	试弯		步骤一：将上模打开，放入大于弯曲件板料厚度的铝丝或窄的铝条 步骤二：上模慢慢地放入下模，先接触到铝丝或铝条，再用锤子或铜棒轻轻敲击进行压弯 步骤三：取出弯曲件，测量弯曲后的两边厚度是否均匀
8	打刻模具编号		试切合格后，根据厂家要求打刻模具编号

5.8 弯曲模典型结构

扫描二维码阅读或下载本节内容。

弯曲模典型结构

第6章 拉深工艺及模具设计与制造

拉深是利用拉深模具将预裁剪或冲裁成一定形状的平板毛坯在压力机压力的作用下拉制成开口空心件，或将已制成的开口空心件加工成其他形状空心件的一种冲压加工方法。

6.1 拉深的变形分析

6.1.1 圆筒形拉深变形过程及特点

6.1.1.1 圆筒形拉深变形过程

圆筒形拉深是将平板圆形坯料拉深成圆筒形件的变形过程。为了进一步说明拉深时的变形过程，可以进行网格法试验：在圆形平板坯料上画许多间距都等于 a 的同心圆和分度相等的辐射线组成图 6-1（a）所示网格，拉深后网格的变化情况如图 6-1（b）、（d）所示。从图中可以看出，筒形件底部的网格基本上保持原来的形状，而筒壁上的网格与坯料凸缘部分（即外径为 D、内径为 d 的环形部分）的网格发生了较大的变化，原来直径不等的同心圆变为筒壁上直径相等的圆，且间距增大了，越靠近筒形件口部增大越多，即由原来的 a 变为 a_1、a_2、$a_3\cdots$，且 $a_1 > a_2 > a_3 \cdots > a$；原来分度相等的辐射线变成筒壁上的垂直平行线，其间距也缩小了，越靠近筒形

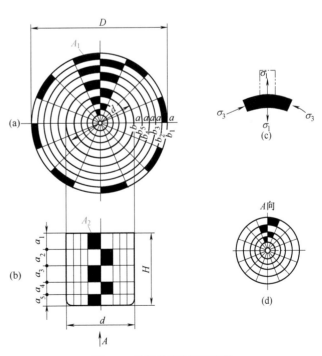

图 6-1 拉深前后的网格变化

件口部缩小越多，即由原来的 $b_1 > b_2 > b_3 > \cdots > b$ 变为 $b_1=b_2=b_3 > \cdots = b$。如果拿一个小单元来看，在拉深前是扇形，其面积为 A_1[见图 6-1(a)]，拉深后则变为矩形，其面积为 A_2[见图 6-1(b)]。实践证明，拉深后板料厚度变化很小，因此可以近似认为拉深前后小单元的面积不变，即 $A_1=A_2$。

由于坯料在模具的作用下金属内部产生了内应力，对一个小单元来说［见图 6-1（c）］，径向受拉应力 σ_1 作用，切线方向受压应力 σ_3 作用，因而径向产生拉伸变形，切向产生压缩变形，径向尺寸增大，切向尺寸减小，结果形状由扇形变为矩形。当凸缘部分的材料变为筒壁时，外缘尺寸由初始的 πD 逐渐缩小变为 πd；而径向尺寸由初始的 $(D-d)/2$ 逐步伸长变为高度 H，$H > (D-d)/2$。

6.1.1.2 圆筒形拉深变形特点

圆筒形件的拉深变形具有如下一些特点。

① 拉深过程中，坯料的凸缘部分是主要变形区，其余部分只发生少量变形，但要承受并传递拉深力，故为传力区。

② 变形区受切向压应力和径向拉应力作用，产生切向压缩和径向伸长变形。当变形程度较大时，变形区主要发生失稳起皱现象，如图 6-2 所示。

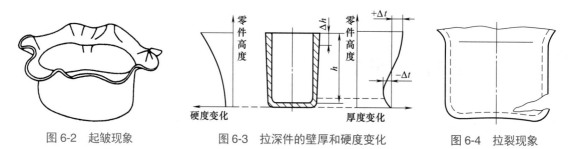

图 6-2 起皱现象　　　　　图 6-3 拉深件的壁厚和硬度变化　　　　图 6-4 拉裂现象

③ 拉深件的壁部厚度不均匀，口部壁厚略有增厚，底部壁厚略有减薄，靠近底部圆角处变薄最严重，如图 6-3 所示。当变形程度过大使得壁部拉应力超过材料抗拉强度时，将在变薄最严重的部位产生拉裂，如图 6-4 所示。

④ 拉深件各部分硬度也不一样（见图 6-3），口部因变形程度大，冷作硬化严重，故硬度较高；而底部变形程度小，冷作硬化小，故硬度也低。

6.1.2　圆筒形拉深变形中毛坯的应力应变

拉深过程中，毛坯各部分所处的位置不同，它们的变化情况也不同。根据拉深过程中毛坯各部分的应力状况的不同，将其划分为五个部分，其应力与应变状态见表 6-1。

6.1.3　矩形件拉深变形特点

矩形件为非旋转体拉深件，同筒形件相比，筒形件拉深过程的应力和变形是轴对称的，但矩形件拉深过程的应力和变形比较复杂。矩形件包括方形件、椭圆形件等。矩形拉深件的变形是不均匀的，其转角部分变形大，直边部分变形很小，甚至接近弯曲变形。但在拉深过程中，转角部分和直边部分必然存在着相互影响，影响程度随矩形的形状不同而变化。

表 6-1 圆筒形拉深过程中的应力应变状态

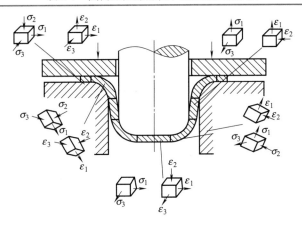

σ_1，ε_1—径向应力和应变；σ_2，ε_2—轴向（厚度方向）应力和应变；σ_3，ε_3—切向应力和应变

序号	名称	应力应变状态
1	平面凸缘部分 （主要变形区）	在模具作用下，凸缘部分产生了径向拉应力 σ_1 和切向压应力 σ_3。在板料厚度方向，由于模具结构多采用压边装置，则产生压应力 σ_2。该应力很小，一般小于 4.5MPa，无压边圈时，$\sigma_2=0$。该区域是主要变形区，变形最剧烈。拉深所做的功大部分消耗在该区材料的塑性变形上
2	凸缘圆角部分 （过渡区）	圆角部分材料除了与凸缘部分一样，还受径向拉应力 σ_1 和切向压应力 σ_3，同时，接触凹模圆角的一侧还受到弯曲压力，外侧则受拉深应力。弯曲圆角外侧是 σ_{1max} 出现处。凹模圆角相对半径 r_d/t 越小，则弯曲变形越大。当凹模圆角半径小到一定数值时（一般 $r_d/t < 2$ 时），就会出现弯曲开裂，故凹模圆角半径应有一个适当值
3	筒壁部分 （传力区）	筒壁部分可看作是传力区，是将凸模的拉应力传递到凸缘，变形是单向受拉，厚度会有所变薄
4	底部圆角部分 （过渡区）	这部分材料承受径向拉应力 σ_1 和切向压应力 σ_3，并且在厚度方向受到凸模的压力和弯曲作用。在拉、压应力的综合作用下，使这部分材料变薄最严重，故此处最容易出现拉裂。一般而言，在筒壁与凸模圆角相切的部位变薄最严重，是拉深时的"危险断面"
5	圆筒件底部 （小变形区）	圆筒件底部材料，始终承受平面拉伸，变形也是双向拉伸变薄。由于拉伸变薄会受到凸模摩擦阻力作用，实际变形很小，因此底部在拉深时的变形常忽略不计

为了观察矩形件拉深变形特点，将矩形件毛坯的圆角部分按圆筒形件拉深试验的方法画出网格，直边部分画成互相垂直的等距离平行线组成的网格，如图 6-5 所示，$\Delta l_1=\Delta l_2=\Delta l_3=\Delta h_1=\Delta h_2=\Delta h_3$；经拉深后，由于受力的作用，方格网发生了变化，直边部分变为 $\Delta h_1 < \Delta h'_1 < \Delta h'_2 < \Delta h'_3$，$\Delta l_1 > \Delta l'_1 > \Delta l'_2 > \Delta l'_3$。说明直边的横向部分受到圆角部分材料的挤压，离圆角愈远受挤压愈弱。高度方向的伸长变形愈靠近口部变形愈大。圆角部分的应力、应变与圆筒形件的拉深相似，因为材料向直边部分流动，减轻了变形程度。

观察矩形件的拉深，变形特点如下。

① 径向拉应力 σ_1，沿矩形件周边分布不均匀，圆角中间处最大，直边中间处最小（见图 6-6）。压应力 σ_3 的分布也是变化的，如果直边较长，中间部分 σ_3 近似为零，角部正中最大。

② 圆角部分的平均拉应力比相应圆筒形件的拉应力小得多，于是减小了危险断面的载荷，不易被拉裂，因此，对于相同材料，矩形件比圆筒形件拉深系数要小。

③ 压应力 σ_3 在角部中间最大，离圆角愈远其愈小。与相应圆筒形件相比，起皱趋势也减小，直边部分很少起皱。

④ 直边与圆角相互影响的因素，随矩形件形状不同而异。主要与相对圆角半径 r/B 和相对高度 H/B（B 为矩形件短边宽）有关。当 r/B 越小，也就是直边部分所占比例大时，直边部分对圆角部分的影响越显著。当 H/B 越大，在相同的 r 下，圆角部分的拉深变形越大，转移到直边部分的材料越多，则直边部分也必然会较多地变形，所以圆角部分的影响也就越大。随着矩形件的 r/B 和 H/B 不同，其毛坯计算和工序计算的方法也就不同。

⑤ 矩形件圆角处最大拉应力的值与拉深系数有关。

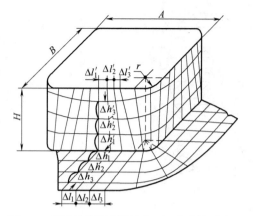

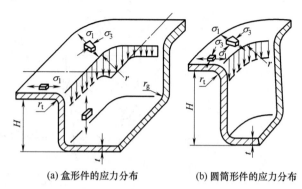

图 6-5　矩形件拉深变形特点（网格变化试验）

图 6-6　矩形件拉深时应力分布图

(a) 盒形件的应力分布　　　　(b) 圆筒形件的应力分布

6.2 　拉深件毛坯尺寸的计算

6.2.1　拉深件修边余量的选用

由于金属板料具有板平面方向性和受模具几何形状等因素的影响，制成的拉深件口部一般不整齐，尤其是深拉深件。因此在多数情况下还需采取加大工序件高度或凸缘宽度的办法，拉深后再经过修边工序以保证制件质量。修边余量可参考表 6-2～表 6-4。

对于比较浅的拉深件，高度尺寸要求不高时，也可以不用修边。

表 6-2　无凸缘圆筒形拉深件的修边余量　　　　　　单位：mm

制件高度 h	制件相对高度 h/d				简图
	0.5～0.8	>0.8～1.6	>1.6～2.5	>2.5～4	
≤10	1.0	1.2	1.5	2.0	
>10～20	1.2	1.6	2	2.5	
>20～50	2	2.5	3.3	4	
>50～100	3	3.8	5	6	
>100～150	4	5	6.5	8	
>150～200	5	6.3	8	10	
>200～250	6	7.5	9	11	
>250	7	8.5	10	12	

表 6-3　带凸缘圆筒形拉深件的修边余量　　　　　　单位：mm

凸缘直径 $d_凸$	凸缘的相对直径 $d_凸/d$				简图
	<1.5	1.5～2.0	2.0～2.5	2.5～3	
≤25	1.6	1.4	1.2	1.0	
>25～50	2.5	2.0	1.8	1.6	
>50～100	3.5	3.0	2.5	2.2	
>100～150	4.3	3.6	3.0	2.5	
>150～200	5.0	4.2	3.5	2.7	
>200～250	5.5	4.6	3.8	2.8	
>250	6	5.0	4.0	3.0	

表 6-4　无凸缘矩形件的修边余量　　　　　　　　　　　　　　　　单位：mm

制件的相对高度 h/r	切边余量 δ	简图
2.5 ~ 6	（0.03 ~ 0.05）h	
7 ~ 17	（0.04 ~ 0.06）h	
18 ~ 44	（0.05 ~ 0.08）h	
45 ~ 100	（0.06 ~ 1.0）h	

注：1. H 为计入切边余量的制件高度，$H=h+\delta$。

2. h 为图样上要求的矩形件高度。

3. r 为矩形件侧壁间的圆角半径。

6.2.2　简单旋转体拉深件坯料尺寸的确定

　　旋转体拉深件坯料的形状是圆形。计算时，拉深件尺寸通常按厚度中线尺寸计算，但当板料厚度小于 1.0mm 时，也可以按制件图标注的外形或内形尺寸计算。

　　常用旋转体拉深件毛坯直径的计算公式见表 6-5。

表 6-5　常用旋转体拉深件毛坯直径的计算公式

序号	简图	毛坯直径 D
1		$D = \sqrt{d^2 + 4dh}$
2		$D = \sqrt{d_2^2 + 4d_1h}$
3		$D = \sqrt{d_2^2 + 4(d_1h_1 + d_2h_2)}$
4		$D = \sqrt{d_3^2 + 4(d_1h_1 + d_2h_2)}$

序号	简图	毛坯直径 D
5		$D = \sqrt{d_1^2 + 4d_1h + 2l(d_1 + d_2)}$
6		$D = \sqrt{d_2^2 + 4(d_1h_1 + d_2h_2) + 2l(d_2 + d_3)}$
7		$D = \sqrt{d_1^2 + 2l(d_1 + d_2)}$
8		$D = \sqrt{d_1^2 + 2l(d_1 + d_2) + 4d_2h}$
9		$D = \sqrt{d_1^2 + 2l(d_1 + d_2) + d_3^2 - d_2^2}$
10		$D = \sqrt{2dl}$
11		$D = \sqrt{2d(l + 2h)}$
12		$D = \sqrt{d_1^2 + 2r(\pi d_1 + 4r)}$

序号	简图	毛坯直径 D
13	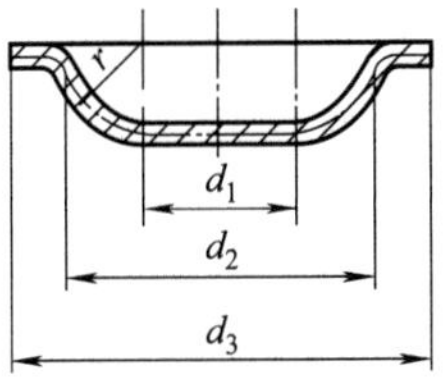	$D = \sqrt{d_1^2 + 6.28rd_1 + 8r^2 + d_3^2 - d_2^2}$
14	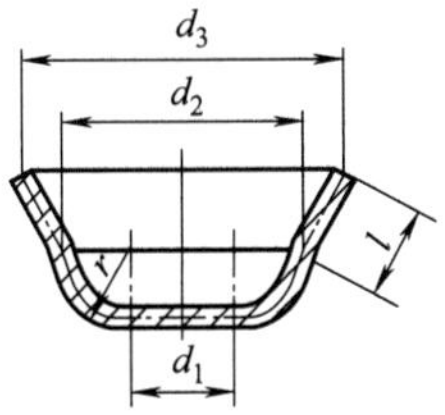	$D = \sqrt{d_1^2 + 2\pi rd_1 + 8r^2 + 2l(d_2 + d_3)}$
15	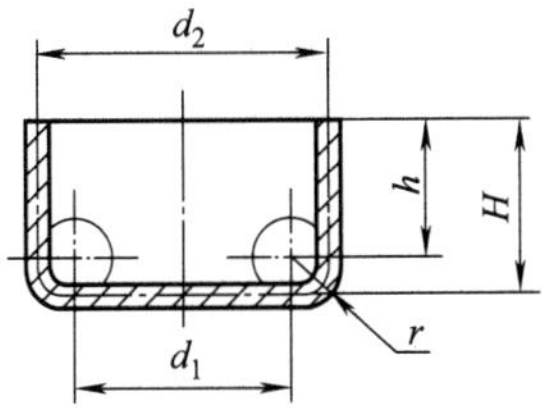	$D = \sqrt{d_1^2 + 4d_2h + 6.28rd_1 + 8r^2}$ 或 $D = \sqrt{d_2^2 + 4d_2H - 1.72rd_2 - 0.56r^2}$
16	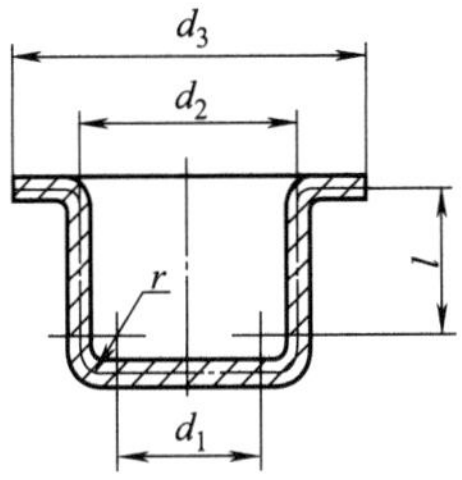	$D = \sqrt{d_1^2 + 2\pi rd_1 + 8r^2 + 4d_2l + d_3^2 - d_2^2}$
17	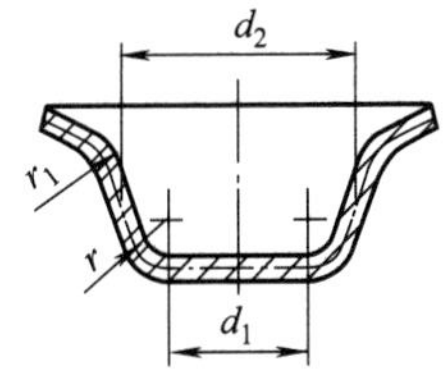	$D = \sqrt{d_1^2 + 2\pi r(d_1 + d_2) + 4\pi r_1^2}$
18	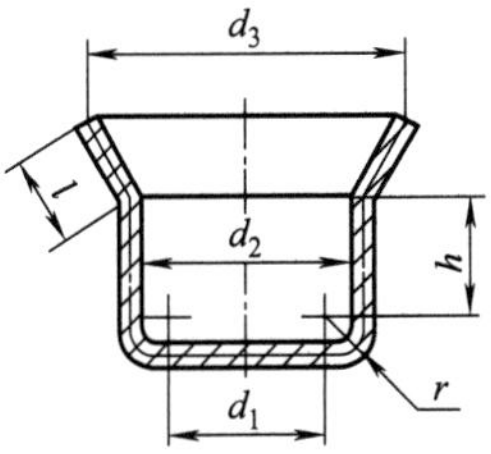	$D = \sqrt{d_1^2 + 2\pi rd_1 + 8r^2 + 4d_2h + 2l(d_2 + d_3)}$
19	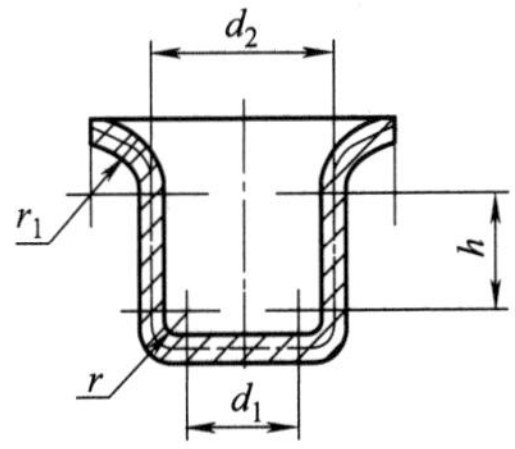	当 $r_1 = r$ 时 $D = \sqrt{d_1^2 + 4d_2h + 2\pi r(d_1 + d_2) + 4\pi r^2}$ 当 $r_1 \neq r$ 时 $D = \sqrt{d_1^2 + 6.28rd_1 + 8r^2 + 4d_2h + 6.28r_1d_2 + 4.56r^2}$

序号	简图	毛坯直径 D
20	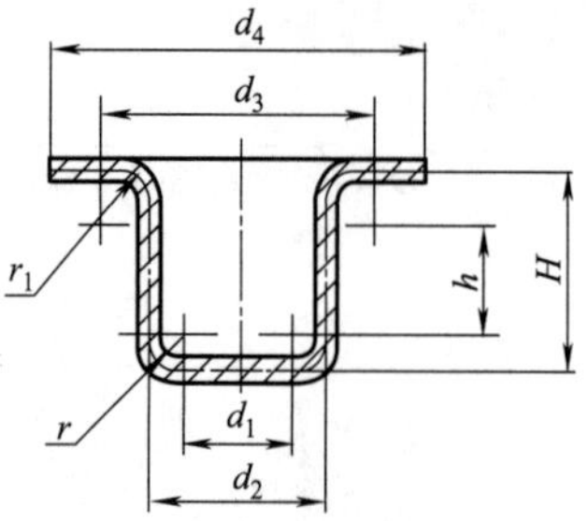	当 $r_1 = r$ 时 $$D = \sqrt{d_1^2 + 4d_2h + 2\pi r(d_1 + d_2) + 4\pi r^2 + d_4^2 - d_3^2}$$ 或 $D = \sqrt{d_4^2 + 4d_2H - 3.44rd_2}$ 当 $r_1 \neq r$ 时 $$D = \sqrt{d_1^2 + 6.28rd_1 + 8r^2 + 4d_2h + 6.28r_1d_2 + 4.56r_1^2 + d_4^2 - d_3^2}$$
21	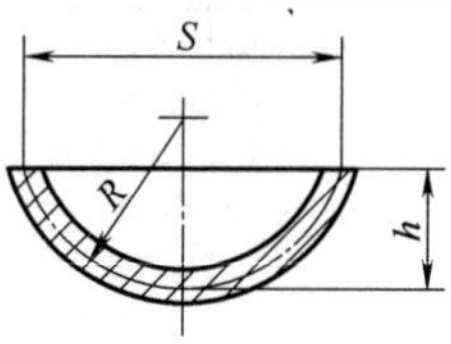	$D = \sqrt{8Rh}$ 或 $D = \sqrt{S^2 + 4h^2}$
22	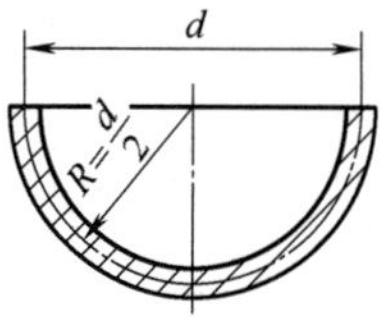	$D = \sqrt{2d^2} = 1.414d$
23	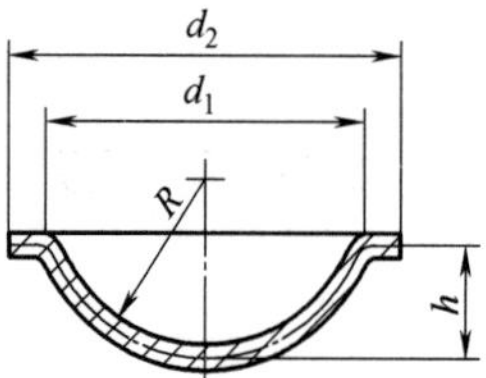	$D = \sqrt{d_2^2 + 4h^2}$
24	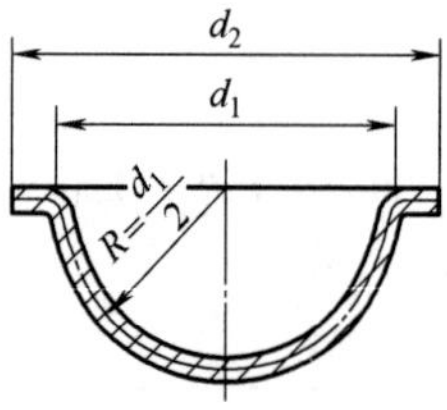	$D = \sqrt{d_1^2 + d_2^2}$
25	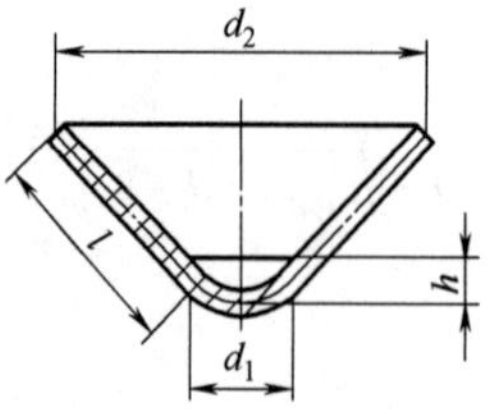	$D = \sqrt{d_1^2 + 4h^2 + 2l(d_1 + d_2)}$
26	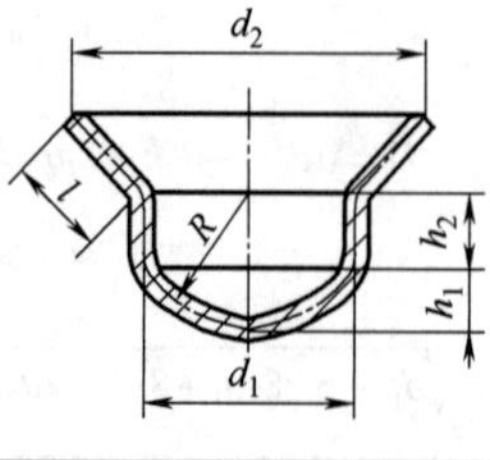	$D = \sqrt{d_1^2 + 4\left[h_1^2 + d_1h_2 + \dfrac{l}{2}(d_1 + d_2)\right]}$

序号	简图	毛坯直径 D
27	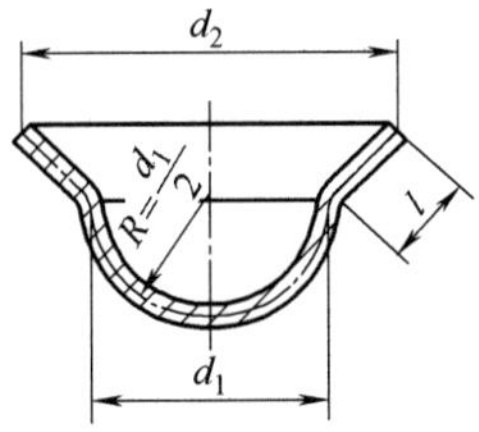	$D = 1.414\sqrt{d_1^2 + l(d_1 + d_2)}$
28	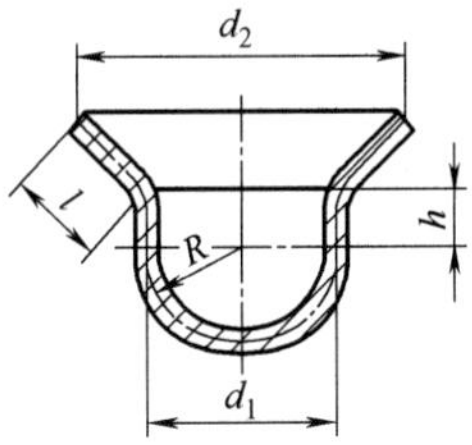	$D = 1.414\sqrt{d_1^2 + 2d_1h + l(d_1 + d_2)}$
29	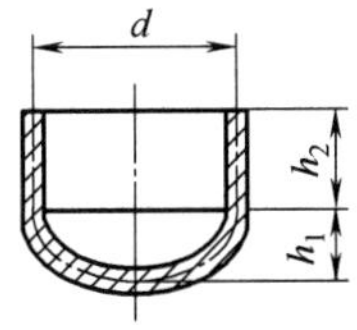	$D = \sqrt{d^2 + 4(h_1^2 + dh_2)}$
30	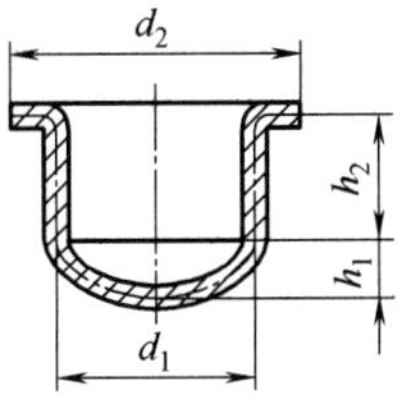	$D = \sqrt{d_1^2 + 4(h_1^2 + d_1h_2)}$
31	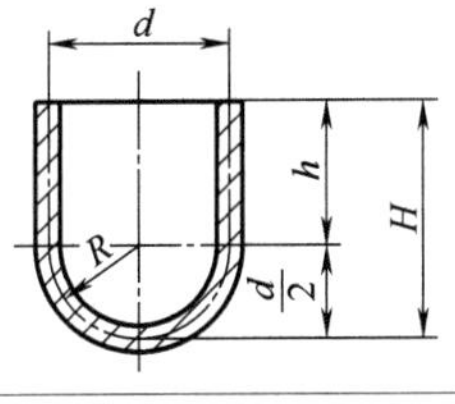	$D = 1.414\sqrt{d^2 + 2dh}$ 或 $D = 2\sqrt{dH}$
32	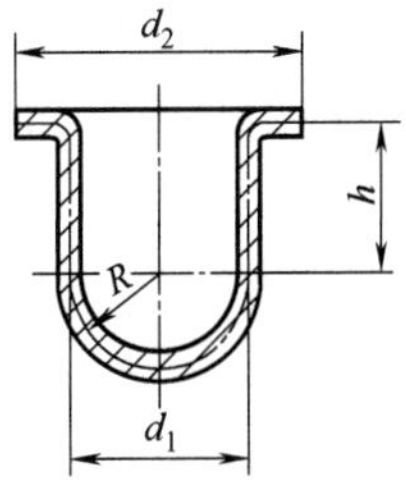	$D = \sqrt{d_1^2 + d_2^2 + 4d_1h}$
33	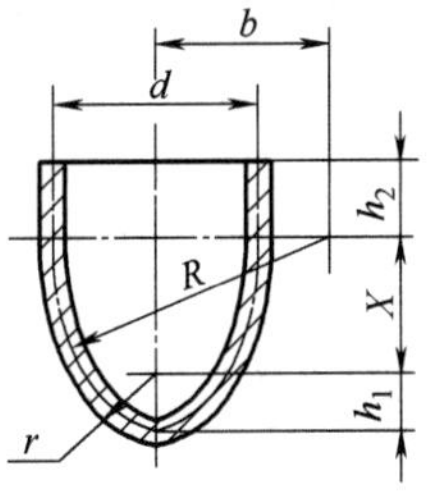	$D = \sqrt{8R\left[X - b\left(\arcsin\dfrac{X}{R}\right)\right] + 4dh_2 + 8rh_1}$

序号	简图	毛坯直径 D
34		$D = \sqrt{d_2^2 - d_1^2 + 4d_1\left(h + \dfrac{l}{2}\right)}$
35		$D = \sqrt{d_1^2 + 4d_1h_1 + 4d_2h_2}$

6.2.3 矩形件毛坯形状与尺寸的计算

矩形件拉深毛坯的计算原则是：在保证毛坯面积与制件面积相等的前提下，应使材料的分配尽可能地满足"获得口部平齐的拉深件"之要求。遵循这一原则设计的毛坯，将有助于降低矩形件拉深时的不均匀变形和减小材料不必要的浪费，也有利于提高矩形件拉深成形极限和保证制件的质量。

根据矩形件形状特征和拉深次数，可以将矩形件分为一次拉成的低矩形件和多次拉成的高矩形件，其毛坯尺寸的计算和拉深方法都有所不同。

当矩形件高度 H 与宽度 B 的比值，即相对高度 $\dfrac{H}{B} < 0.5$ 时为低矩形件；$\dfrac{H}{B} > 0.5$ 为高矩形件。低矩形件通常只需一次拉深，高矩形件需多次拉深。

综合主要因素，根据相对圆角半径 $\dfrac{r}{B}$、相对高度 $\dfrac{H}{B}$ 和毛坯相对厚度 $\dfrac{t}{D} \times 100$ 的不同，制订出矩形件不同拉深情况的分区图 6-7。

从曲线 1 及曲线 2 可以看出当毛坯的相对厚度 $\dfrac{t}{D} \times 100 = 2$ 及 $\dfrac{t}{D} \times 100 = 0.6$ 时，在一道工序内所能拉深的矩形件的最大高度。图中 H 为计入修边余量的制件高度，B 为矩形件的短边宽度，r 为壁与壁之间的圆角半径，D 为毛坯尺寸，对圆形毛坯对其直径，对矩形毛坯为其短边宽度。

位于界限线以上的区域是经多次拉深而

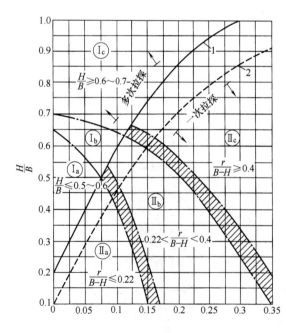

图 6-7 矩形件在不同条件 $\dfrac{H}{B}$ 和 $\dfrac{r}{B}$ 下划分的类型

成的矩形件范围（I_a—I_c），低于界限线的区域是经一次拉深而成的矩形件范围。根据矩形件角部材料转移到侧壁的程度，后者又分为三个区域。

区域 II_a——角部圆角半径较小的低矩形件 $\left(\dfrac{r}{B-H} \leqslant 0.22 \right)$，其拉深特点是只有微量的材料从矩形圆角处转移到侧壁上去，而几乎没有增补侧壁的高度。

区域 II_b——角部圆角半径较大的低矩形件 $\left(0.22 < \dfrac{r}{B-H} < 0.4 \right)$，拉深特点是从圆角处有相当多的材料被转移到侧壁上去，因而会较大地增补侧壁的高度。

区域 II_c——角部具有大圆角半径的较高矩形件 $\left(\dfrac{r}{B-H} \geqslant 0.4 \right)$，其拉深特点是有大量的材料从圆角处转移到侧壁上去，因而会大大增补侧壁的高度。

6.2.3.1 一次拉成的低矩形件毛坯的计算

低矩形件在拉深时圆角处有拉深作用，而直壁部分可视为一般的弯曲，毛坯的外形可用几何展开方法求得。

（1）角半径 $r \leqslant t$ 低矩形件的毛坯作图法

图 6-8（a）所示的毛坯由 I、II、III、IV、V 五个部分组成，但作为拉深件，不能采用这种毛坯，这种毛坯只能作弯曲件用。因此，图 6-8（b）的毛坯应做成如图 6-9 所示之形状。作图步骤如下：

① 先画底部尺寸 a 和 b，再画高度 h，即 $A=a+2h$，$B=b+2h$。

② 以展开尺寸 A 和 B 的边线交点 W 为圆心，分别以 h 和 $2h$ 为半径作弧，与轮廓 a 边和 b 边交于 O_1 及 O。

③ 以 O_1 及 O 为圆心，h 为半径作弧；与 A、B 线及已作弧相切，得到的外形线即为所求的毛坯。

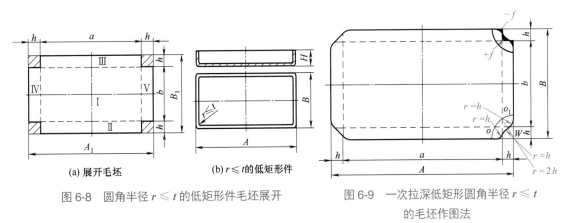

图 6-8　圆角半径 $r \leqslant t$ 的低矩形件毛坯展开

(a) 展开毛坯　　(b) $r \leqslant t$的低矩形件

图 6-9　一次拉深低矩形圆角半径 $r \leqslant t$ 的毛坯作图法

（2）II_a 区——角部圆角半径较小的低矩形件 $\left(\dfrac{r}{B-H} \leqslant 0.22 \right)$ 的毛坯作图法

如图 6-10 所示的低矩形件，圆角部分的毛坯按圆筒形拉深件毛坯计算展开；直壁部分按弯曲毛坯计算展开，然后以光滑曲线连接而成。其步骤如下：

① 通过计算求出包括底部圆角在内的直壁部分的展开长度 L，并作四边轮廓线（为简化图 6-10，只表示底部圆角展开）。

无凸缘时，

$$L = H + 0.57 r_p \tag{6-1}$$

有凸缘时，　　　　$L=H+R_F-0.43(r_d+r_p)$　　　　(6-2)

式中，H、R_F 包括修边余量时，指拉深后有修边工序。

② 求角部 r 的展开尺寸 R，假设将矩形件四圆角拼成一个圆，展开时把圆角部分当作直径 $d=2r$、高度 H 的筒形件来计算，并以 R 作弧。

无凸缘时，

$$R=\sqrt{r^2+2rH-0.86r_p(r+0.16r_p)} \tag{6-3}$$

若角部和底部的圆角半径相等，即 $r=r_p$，则

$$R=\sqrt{2rH}$$

有凸缘时，

$$R=\sqrt{R_F^2+2rH-0.86(r_d+r_p)+0.14(r_d^2+r_p^2)} \tag{6-4}$$

③ 作出从圆角部分到直边部分成阶梯形过渡的平面毛坯 $ABCDEF$。

④ 从 BC、DE 线段的中点向圆弧 R 作切线，用以 R 为半径的圆弧光滑连接直线及切线，此时，$f_1=f_2$，所得图形即毛坯外形。

根据矩形件几何尺寸的不同，Ⅱ$_a$ 区毛坯可有如图 6-11 所示的三种角部形状。

R_F
有凸缘的低矩形件
无凸缘的低矩形件
低矩形件角部展开
L
A
B
C
D
E
F
H
DE/2

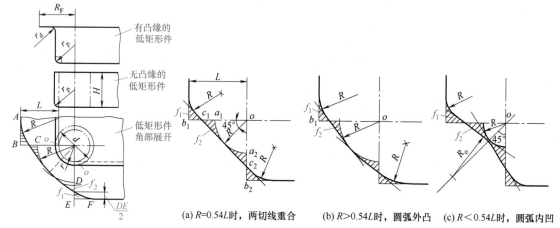

图 6-10　角部圆角半径较小的低矩形件毛坯作图法

(a) $R=0.54L$时，两切线重合
(b) $R>0.54L$时，圆弧外凸
(c) $R<0.54L$时，圆弧内凹

图 6-11　Ⅱ$_a$ 区毛坯的角部三种形状

（3）Ⅱ$_b$ 区——角部圆角半径较大的低矩形件$\left(0.22<\dfrac{r}{B-H}<0.4\right)$的毛坯作图法

① 按上述公式求出直壁的展开长度 L 和角部的毛坯半径 R。

② 作出从圆角到直壁有阶梯过渡形状的毛坯，见图 6-12。

h_b
L
B
$B-2r$
R_1
R_a
R_b
A
h_a
$A-2r$
(a) 方形
(b) 矩形

图 6-12　角部圆角半径较大的低矩形件毛坯作图法

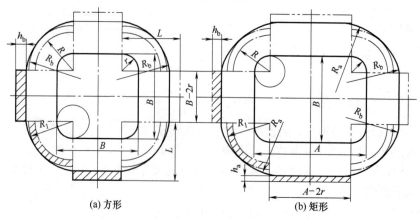

③ 对圆角部分展开后的半径 R 修正为 R_1，作为补偿转移到侧壁的材料，$R_1=xR$（系数 x 可查表 6-6）。

表 6-6 计算矩形件毛坯尺寸用的系数 x 及 y 值

角部的相对圆角半径 r/B	系数 x 的值				系数 y 的值			
	相对拉深高度 H/B							
	0.3	0.4	0.5	0.6	0.3	0.4	0.5	0.6
0.10	—	1.09	1.12	1.16	—	0.15	0.20	0.27
0.15	1.05	1.07	1.10	1.12	0.08	0.11	0.17	0.20
0.20	1.04	1.06	1.08	1.10	0.06	0.10	0.12	0.17
0.25	1.035	1.05	1.06	1.08	0.05	0.08	0.10	0.12
0.30	1.03	1.04	1.05	—	0.04	0.06	0.08	—

④ 对直边部分展开后的长度 L 进行修正，减去 h_a 和 h_b。

$$h_a = y \frac{R^2}{A-2r} \tag{6-5}$$

$$h_b = y \frac{R^2}{B-2r} \tag{6-6}$$

y 可查表 6-6。

⑤ 毛坯尺寸修正后，再用半径为 R_a 和 R_b 的圆弧连成光滑的外形，即得所求之毛坯形状和尺寸。R_a、R_b 可分别等于边长 A 和 B 的矩形拉深件的圆形毛坯半径。但比较常用的还是作图法，力求使切去的与补进的面积相等，外形光滑连接。

图 6-12 所示的作图法，适用于 $A : B=1.5 \sim 2$ 的低矩形拉深件。

（4） II_c 区——角部具有大圆角半径的较高矩形件 $\left(\dfrac{r}{B-H} \geq 0.4\right)$ 的毛坯确定法

这类零件因为圆角半径大，有大量材料从圆角转移到侧壁，使侧壁高度显著增加。其毛坯形状接近于圆形（对方形件）或椭圆形（对矩形件），而不需用几何作图法。毛坯尺寸的计算根据矩形件的表面积与毛坯面积相等的原则进行。

① 如图 6-13（a）所示的方形件，毛坯直径计算如下：

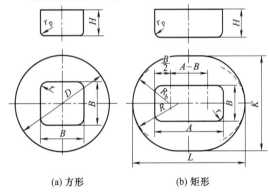

图 6-13 角部圆角半径大的低矩形件的毛坯形状和尺寸

当 $r \neq r_p$ 时：

$$D = 1.13\sqrt{B^2 + 4B(H-0.43r_p) - 1.72r(H+0.5r) - 4r_p(0.11r_p - 0.18r)} \tag{6-7}$$

当角部和底部的圆角半径相等，即 $r=r_p$ 时：

$$D = 1.13\sqrt{B^2 + 4B(H-0.43r) - 1.72r(H+0.33r)} \tag{6-8}$$

② 如图 6-13（b）所示的尺寸为 $A \times B$ 的矩形件，可看作两个宽度为 B 的半正方形和中间为 $A-B$ 的直边所组成。此时，毛坯形状是由两个半径为 R_b（$R_b=D/2$）的半圆弧和两个平行边所组成的长圆形。

其中，毛坯的长度为

$$L=D+(A-B) \tag{6-9}$$

式中，D 为尺寸为 $B \times B$ 的假想方形盒的毛坯直径。

长圆形毛坯的宽度 K 为

$$K = \frac{D(B-2r) + \left[B + 2(H - 0.43r_{p}) \right](A-B)}{A-2r} \qquad (6-10)$$

大多数情况下，$K < L$，毛坯为长圆形，长圆形短边方向的毛坯圆弧半径为 $R = 0.5K$，此圆弧分别相切于 R_{b} 的圆弧及两长边展开直线，连成光滑的曲线来过渡。

6.2.3.2　多次拉深矩形件的毛坯计算

如图 6-7 所示，多次拉深区可分为 I_{a} 和 I_{c} 两个区域，I_{b} 是 I_{a} 和 I_{c} 之间的过渡区域，其毛坯计算方法可用 I_{a} 区或 I_{c} 区，视具体情况而定。

（1）I_{a}——角部具有小圆角半径的较高矩形件（$H/B \leqslant 0.5 \sim 0.6$）毛坯确定

该区域相对高度虽不大，但由于相对圆角半径较小，若一次拉深，会因局部变形大而使底部破裂，故需两次拉深。第二次拉深近似整形，主要是用来减小角部和底部圆角，外形基本不变，因此求毛坯尺寸的方法与 II_{a} 相同（图 6-11）。

由于制件圆角部分要两次拉深，同时材料会向侧壁流动，所以可将展开圆角半径 R 加大 $10\% \sim 20\%$。

当 $r = r_{p}$ 时，$R = (1.1 \sim 1.2)\sqrt{2rH}$

两次拉深的相互关系（图 6-14）应符合下述要求：

① 两次拉深的角部圆角半径中心不同。

② 第二次拉深可不用压边圈，故工序间的壁间距 s 和角间距 x 不宜太大，可采用：

$$s = (4 \sim 5)t \qquad x \leqslant 0.4s = 0.5 \sim 2.5\text{mm}$$

③ 第二次拉深高度的增量：

$$\Delta H = s - 0.43(r_{p1} - r_{p2})$$

式中，r_{p1}、r_{p2} 分别为首次和第二次拉深的底角半径。

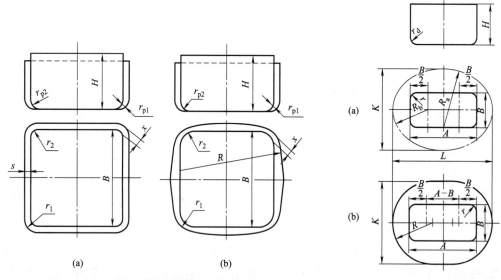

图 6-14　角部半径进行整形的方形件的拉深　　图 6-15　矩形件多工序拉深的毛坯形状

（2）I_{c}——高矩形件（$H/B \geqslant 0.6 \sim 0.7$）毛坯确定

该区域的毛坯尺寸计算方法与 II_{c} 区相同，即按制件表面积和毛坯表面积相等的原则进行，毛坯外形为窄边由半径 R_{b}、宽边由半径 R_{a} 所构成的椭圆形 [图 6-15（a）] 或由半径为 $R = 0.5K$ 的两个半圆和两条平行边所构成的长圆形 [图 6-15（b）]。

L 和 K 可根据公式 $L=D+A-B$ 和 $K = \dfrac{D(B-2r) + \left[B + 2(H-0.43r_{\mathrm{p}})\right](A-B)}{A-2r}$ 进行计算。

有时为了工艺上的需要，采用椭圆形毛坯，椭圆长边上的圆弧半径 R_{a} 为

$$R_{\mathrm{a}} = \frac{0.25(L^2 + K^2) - LR_{\mathrm{b}}}{K - 2R_{\mathrm{b}}} \tag{6-11}$$

当制件的 $A/B \leqslant 1.15$，相对高度 $\geqslant 0.6$ 时，毛坯可采用圆形，这样可使落料模制造比较简单。

6.3 拉深工艺计算

6.3.1 圆筒形拉深系数和拉深次数

6.3.1.1 圆筒形拉深系数

每次拉深后圆筒直径与拉深前毛坯（或半成品）直径之比值（见图 6-16）称为拉深系数。拉深系数用来表示拉深过程中的变形程度。拉深系数越小，说明拉深的前一工序与拉深的后一工序直径差别越大，即变形程度越大。合理地选定拉深系数可以使拉深次数减少到最小限度，而又不进行或少进行中间退火工序。因此，在拉深工艺计算中，只要知道每道工序的拉深系数值，就可以计算出各道工序中制件的尺寸。

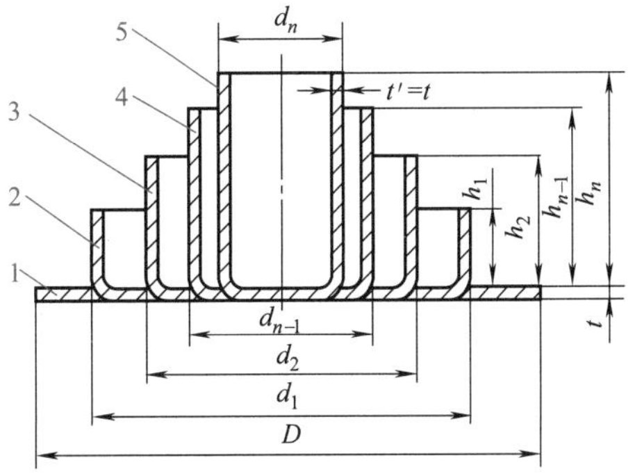

图 6-16 拉深工序示意图

1—毛坯；2—第 1 次拉深；3—第 2 次拉深；4—第 $n-1$ 次拉深；5—第 n 次拉深

$m_1 = \dfrac{d_1}{D}$, $m_2 = \dfrac{d_2}{d_1}$, $m_3 = \dfrac{d_3}{d_2}$, $\cdots$, $m_n = \dfrac{d_n}{d_{n-1}}$ $(m < 1)$

式中 m_1, m_2, $\cdots$, m_n——各次拉深的拉深系数；

d_1, d_2, $\cdots$, d_n——各次拉深半成品（或制件）的直径，mm。

制件 d_n 与毛坯直径 D 之比称为总拉深系数。

$$m_{总} = \frac{d_n}{D} = m_1 m_2 \cdots\cdots m_n \tag{6-12}$$

若制件是非圆筒形件，则总的拉深系数 $m_{总}$ 为

$$m_{总} = \frac{制件周长}{毛坯周长} \tag{6-13}$$

6.3.1.2 拉深次数

拉深次数通常是先进行概略计算，然后通过工艺计算来确定。要根据拉深件的相对高度 $\left(\dfrac{h}{d}\right)$ 和材料的相对厚度 $\left(\dfrac{t}{D} \times 100\right)$ 由表 6-14 直接查出拉深次数。也可采用下列公式计算，即

$$n = 1 + \frac{\lg d_{\mathrm{n}} - \lg(m_1 D)}{\lg m_n} \tag{6-14}$$

式中 n ——拉深次数；

d_n ——制件直径，mm；

D ——毛坯直径，mm；

m_1 ——第一次拉深系数；

m_n ——第一次拉深以后各次的平均拉深系数。

6.3.1.3 圆筒形件拉深系数和拉深次数常用表

无凸缘圆筒形件拉深系数见表6-7～表6-10，带凸缘圆筒形件拉深系数见表6-11、表6-12，其他材料的圆筒形件拉深系数见表6-13，无凸缘圆筒形件拉深的最大相对高度 $\frac{h}{d}$ 见表6-14，带凸缘圆筒形件第一次拉深的最大相对高度 $\frac{H_1}{d_1}$ 见表6-15。

表6-7 无凸缘圆筒形件不用压边圈拉深时的拉深系数

相对厚度 $\frac{t_1}{D} \times 100$	各次拉深系数					
	m_1	m_2	m_3	m_4	m_5	m_6
0.4	0.89	0.91	—	—	—	—
0.6	0.84	0.90	—	—	—	—
0.8	0.78	0.88	—	—	—	—
1.0	0.75	0.85	0.90	—	—	—
1.5	0.65	0.80	0.84	0.87	0.90	—
2.0	0.60	0.75	0.80	0.84	0.87	0.90
2.5	0.55	0.75	0.80	0.84	0.87	0.90
3.0	0.53	0.75	0.80	0.84	0.87	0.90
3.0 以上	0.50	0.70	0.75	0.78	0.82	0.85

表6-8 无凸缘圆筒形件不用压边圈时总的拉深系数 $m_{总}$ 的极限值

总拉深次数	毛坯相对厚度 $\frac{t}{D} \times 100$				
	1.5	2.0	2.5	3.0	> 3
1	0.65	0.60	0.55	0.53	0.50
2	0.52	0.45	0.41	0.40	0.35
3	0.44	0.36	0.33	0.31	0.26
4	0.38	0.30	0.28	0.17	0.20
5	0.34	0.26	0.24	0.23	0.17
6	—	0.24	0.22	0.21	0.14

表6-9 无凸缘圆筒形件用压边圈拉深时的拉深系数

拉深系数	毛坯相对厚度 $\frac{t}{D} \times 100$					
	2～1.5	1.5～1.0	1.0～0.6	0.6～0.3	0.3～0.15	0.15～0.08
m_1	0.48～0.50	0.50～0.53	0.53～0.55	0.55～0.58	0.58～0.60	0.60～0.63
m_2	0.73～0.75	0.75～0.76	0.76～0.78	0.78～0.79	0.79～0.80	0.80～0.82
m_3	0.76～0.78	0.78～0.79	0.79～0.80	0.80～0.81	0.81～0.82	0.82～0.84
m_4	0.78～0.80	0.80～0.81	0.81～0.82	0.82～0.83	0.83～0.85	0.85～0.86
m_5	0.80～0.82	0.82～0.84	0.84～0.85	0.85～0.86	0.86～0.87	0.87～0.88

注：1. 表中数值适用于深拉深钢（08、10、15F）及软黄铜。当拉深塑性差的材料（Q215、Q235、20、25、酸洗钢、硬铝、硬黄铜等）时，取值应比表中数值增大1.5%～2%。

2. 第一次拉深，凹模圆角半径大时，[$r_d=(8～15)t$] 取小值；凹模圆角半径小时，[$r_d=(4～8)t$] 取大值。

3. 工序间进行中间退火时取小值。

表 6-10　无凸缘圆筒形件用压边圈时总的拉深系数 $m_总$ 的极限值

各拉深次数	毛坯相对厚度 $\frac{t}{D} \times 100$				
	2～1.5	1.5～1	1～0.5	0.5～0.2	0.2～0.06
1	0.46～0.50	0.50～0.52	0.53～0.56	0.56～0.58	0.58～0.60
2	0.32～0.36	0.36～0.39	0.39～0.43	0.43～0.45	0.45～0.48
3	0.23～0.27	0.27～0.30	0.30～0.33	0.33～0.36	0.36～0.39
4	0.17～0.20	0.20～0.23	0.13～0.27	0.27～0.30	0.30～0.33
5	0.13～0.16	0.16～0.19	0.19～0.22	0.22～0.25	0.25～0.28

注：凹模圆角半径 $r_d=(8～15)t$ 时取较小值，凹模圆角半径 $r_d=(4～8)t$ 时取较大值。

表 6-11　带凸缘圆筒形件首次拉深时的拉深系数 m_1

凸缘相对直径 $(d_凸/d_1)$	毛坯相对厚度 $\frac{t}{D} \times 100$				
	> 0.06～0.2	> 0.2～0.5	> 0.5～1.0	> 1.0～1.5	> 1.5
≤ 1.1	0.59	0.57	0.55	0.53	0.50
> 1.1～1.3	0.55	0.54	0.53	0.51	0.49
> 1.3～1.5	0.52	0.51	0.50	0.49	0.47
> 1.5～1.8	0.48	0.48	0.47	0.46	0.45
> 1.8～2.0	0.45	0.45	0.44	0.43	0.42
> 2.0～2.2	0.42	0.42	0.42	0.41	0.40
> 2.2～2.5	0.38	0.38	0.38	0.38	0.37
> 2.5～2.8	0.35	0.35	0.34	0.34	0.33
> 2.8～3.0	0.33	0.33	0.32	0.32	0.31

注：1. 适用于 08、10 钢。

2. $d_凸$ 为首次拉深的凸缘直径，d_1 为首次拉深的筒部直径。

表 6-12　带凸缘圆筒形件首次拉深后各次的拉深系数

拉深系数 m_n	原毛坯相对厚度 $\frac{t}{D} \times 100$				
	2～1.5	< 1.5～1.0	< 1.0～0.6	< 0.6～0.3	< 0.3～0.15
m_2	0.73	0.75	0.76	0.78	0.80
m_3	0.75	0.78	0.79	0.80	0.82
m_4	0.78	0.80	0.82	0.83	0.84
m_5	0.80	0.82	0.84	0.85	0.86

注：采用中间退火时，可将以后各次拉深系数减小 5%～8%。

表 6-13　其他材料的拉深系数

材料	牌号	首次拉深 m_1	以后各次拉深 m_n
铝和铝合金	1035M、8A06M、3A21M	0.52～0.55	0.70～0.75
硬铝	2A11M、2A12M	0.56～0.58	0.75～0.80
黄铜	H62	0.52～0.54	0.70～0.72
	H68	0.50～0.52	0.68～0.72
纯铜	T2、T3、T4	0.50～0.55	0.72～0.80
无氧铜		0.50～0.58	0.75～0.82
镍、镁镍、硅镍		0.48～0.53	0.70～0.75
铜镍合金（康铜）		0.50～0.56	0.74～0.84
白铁皮		0.58～0.6	0.80～0.85
酸洗钢板		0.54～0.58	0.75～0.78
不锈钢耐热钢及其合金	Cr13	0.52～0.56	0.75～0.78
	Cr18Ni	0.50～0.52	0.70～0.75
	1Cr18Ni9Ti	0.52～0.55	0.78～0.81
	Cr18Ni11Nb、Cr23Ni18	0.52～0.55	0.78～0.80
	Cr20Ni75Mo、2AlTiNb	0.46	
	Cr25Ni60W15Ti	0.48	
	Cr22Ni8W3Ti	0.48～0.50	
	Cr20Ni80Ti	0.54～0.59	0.78～0.84

材料	牌号	首次拉深 m_1	以后各次拉深 m_n
合金结构钢	30CrMnSiA	0.62～0.70	0.80～0.84
钼钛合金		0.72～0.82	0.91～0.97
钽		0.65～0.67	0.84～0.87
铌		0.65～0.67	0.84～0.87
钛合金	TA2、TA3	0.58～0.60	0.80～0.85
	TA5	0.60～0.65	0.80～0.85
锌		0.65～0.70	0.85～0.90
膨胀合金（可伐合金）	4J29	0.55～0.60	0.80～0.85

注：1Cr18Ni9Ti 牌号在 GB/T 20878—2007 中取消。

根据拉深件的相对高度和毛坯相对厚度 $\dfrac{t}{D}\times100$，由表 6-14 直接查出拉深次数。

表 6-14　无凸缘圆筒形件拉深的最大相对高度 $\dfrac{h}{d}$

拉深次数	毛坯相对厚度 $\dfrac{t}{D}\times100$					
	2～1.5	1.5～1.0	1.0～0.6	0.6～0.3	0.3～0.15	0.15～0.08
1	0.94～0.77	0.84～0.65	0.70～0.57	0.62～0.5	0.52～0.45	0.46～0.38
2	1.88～1.54	1.60～1.32	1.36～1.1	1.13～0.94	0.96～0.83	0.9～0.7
3	3.5～2.7	2.8～2.2	2.3～1.8	1.9～1.5	1.6～1.3	1.3～1.1
4	5.6～4.3	4.3～3.5	3.6～2.9	2.9～2.4	2.4～2.0	2.0～1.5
5	8.9～6.6	6.6～5.1	5.2～4.1	4.1～3.3	2.3～2.7	2.7～2.0

注：大的 $\dfrac{h}{d}$ 值适用于在第一次拉深时大的凹模圆角半径［由 $(t/D)\times100=2～1.5$ 时的 $r_d=8t$ 到 $(t/D)\times100=0.15～0.08$ 时的 $r_d=15t$］，小的 $\dfrac{h}{d}$ 值适用于小的凹模圆角半径［$r_d=(4～8)t$］。

表 6-15　带凸缘圆筒形件第一次拉深的最大相对高度 $\dfrac{H_1}{d_1}$

凸缘相对直径 $\dfrac{d_凸}{d_1}$	毛坯相对厚度 $\dfrac{t}{D}\times100$				
	2～1.5	<1.5～1.0	<1.0～0.6	<0.6～0.3	<0.3～0.15
≤1.1	0.90～0.75	0.82～0.63	0.70～0.57	0.62～0.50	0.51～0.45
1.3	0.80～0.65	0.72～0.56	0.60～0.50	0.53～0.45	0.47～0.40
1.5	0.70～0.58	0.63～0.50	0.53～0.45	0.48～0.40	0.42～0.35
1.8	0.50～0.48	0.53～0.42	0.44～0.37	0.39～0.34	0.35～0.29
2.0	0.51～0.42	0.46～0.36	0.36～0.32	0.34～0.29	0.30～0.25
2.2	0.45～0.35	0.40～0.31	0.33～0.27	0.29～0.25	0.26～0.21
2.5	0.35～0.28	0.32～0.25	0.27～0.22	0.23～0.20	0.21～0.17
2.8	0.27～0.22	0.24～0.19	0.21～0.17	0.18～0.15	0.16～0.13
3.0	0.22～0.18	0.20～0.16	0.17～0.14	0.15～0.11	0.13～0.10

注：1. 表中数值适用于 10 钢，对于比 10 钢塑性更大的金属取偏大的数值；对于塑性较小的金属，取偏小的数值。

2. 表中大的数值适用于大的圆角半径［由 $(t/D)\times100=2～1.5$ 时的 $r=(10～12)t$ 到 $(t/D)\times100=0.3～0.15$ 时的 $r=(20～25)t$］，小的数值适用于底部及凸缘小的圆角半径 $r=(4～8)t$。

6.3.2　圆筒形件的拉深高度计算

当圆筒形拉深件的次数和各道工序（半成品）的直径确定后，便应确定底部圆角半径

（即拉深凸模的圆角半径），最后可根据圆筒形件不同底部的形状，按表 6-16 所列的公式计算出各道工序的拉深高度。

表 6-16　圆筒形拉深件的拉深高度计算公式

序号	制件形状	拉深工序	计算公式
1		1	$h_1=0.25（Dk_1-d_1）$
		2	$h_2=h_1k_2+0.25（d_1k_2-d_2）$
2		1	$h_1=0.25（Dk_1-d_1）+0.43\dfrac{r_1}{d_1}（d_1+0.32r_1）$
		2	$h_1=0.25（Dk_1k_2-d_2）+0.43\dfrac{r_2}{d_2}（d_2+0.32r_2）$
			$r_1=r_2=r$ 时，$h_2=h_1k_2+0.25（d_1k_2-d_2）+0.43\dfrac{r}{d_2}（d_1+d_2）$
3		1	$h_1=0.25（Dk_1-d_1）+0.57\dfrac{a_1}{d_1}（d_1+0.86a_1）$
		2	$h_2=0.25（Dk_1k_2-d_2）+0.57\dfrac{a_2}{d_2}（d_2+0.86a_2）$
			$a_1=a_2=a$ 时，$h_2=h_1k_1+0.25（d_1k_2-d_2）+0.57\dfrac{a}{d_2}（d_1-d_2）$
4		1	$h_1=0.25Dk_1$
		2	$h_2=0.25Dk_1k_2=h_1h_2$

注：D—毛坯直径，mm；d_1，d_2—第 1、第 2 工序拉深的制件直径，mm；k_1，k_2—第 1，第 2 工序拉深的拉深比 $\left(k_1=\dfrac{1}{m_1}，k_2=\dfrac{1}{m_2}\right)$；$r_1$，$r_2$—第 1、第 2 工序拉深件底部圆角半径，mm；$h_1$，$h_2$—第 1、第 2 工序拉深的拉深高度，mm；$a_1$，$a_2$—第 1、第 2 次拉深时圆锥体的高度，mm。

6.3.3　无凸缘圆筒形件的工艺计算

无凸缘圆筒形件工艺计算步骤按表 6-17 进行。

表 6-17　无凸缘圆筒形件工艺计算步骤

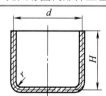

项　目	计算公式或确定方法	说　明
计算毛坯直径 D	①修边余量 δ 按表 6-2 选取 ②计算公式见表 6-5	一般情况下计算毛坯直径 D 时应增加修边余量，当拉深高度较低时，制件要求不高可不加修边余量
计算毛坯相对厚度	毛坯相对厚度 $=\dfrac{t}{D}\times100$	毛坯相对厚度也叫板料相对厚度。为确定拉深方式、拉深次数、首次及以后各次拉深系数提出依据

项目	计算公式或确定方法	说　明
确定拉深方式（是否用压边圈）	根据 $\dfrac{t}{D}\times100$、m 查表 6-32	m 值由表 6-7、表 6-9 查得
核算总的拉深系数	$m_{总}=\dfrac{d}{D}$	d 为制件直径，D 为毛坯直径
判断能否一次拉深	$m_{总}>m_1$ 可一次拉深 $m_{总}<m_1$ 需多次拉深	m_1 由表 6-7、表 6-9 查出
确定拉深次数 n	由表 6-8、表 6-10 确定拉深次数	拉深次数 n 应为整数，若介于 2 次和 3 次之间，应取 3 次，依此类推
确定各次拉深直径	$d_1=m_1D$ $d_2=m_2d_1$ $d_n=m_nd_{n-1}$	①考虑到材料的加工硬化，应使 $m_1<m_2<m_3<\cdots<m_n$ ②$m_1,m_2,m_3\cdots m_n$ 一般应大于表中的数值
确定各次拉深凸、凹模的圆角半径	由式（6-35）、式（6-38）得	各次拉深圆角半径为逐次减小，直至完全符合拉深件成品图样要求
计算半成品高度	计算公式见表 6-16 序号 1、2	也可以用表 6-5 所列公式反算求得

6.3.4　带凸缘圆筒形件的工艺计算

带凸缘圆筒形件分为窄凸缘圆筒形件与宽凸缘圆筒形件两种，见表 6-18。带凸缘圆筒形件拉深的应力状态和变形特点与无凸缘圆筒形件的拉深是相同的，只是带凸缘圆筒形件首次拉深时，凸缘只有部分材料转为筒壁，因此其首次拉深的成形过程及工艺尺寸计算与无凸缘件有所不同。

表 6-18　带凸缘圆筒形件的几种工艺

序号	名称	工序简图	适用范围	工艺说明
1	窄凸缘圆筒形件	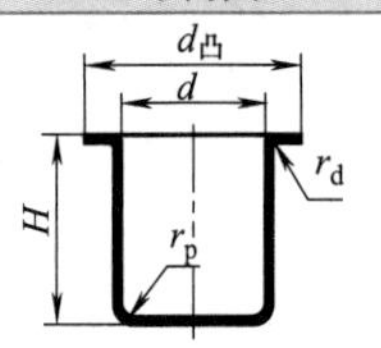 $d_{凸}/d\leqslant1.1\sim1.4$	适用于 $d_{凸}<200\text{mm}$ 的中、小型制件的拉深	前几次拉深可按无凸缘圆筒形件进行拉深，在最后两次拉深时拉出带锥形的凸缘，最后校平
2	宽凸缘圆筒形件	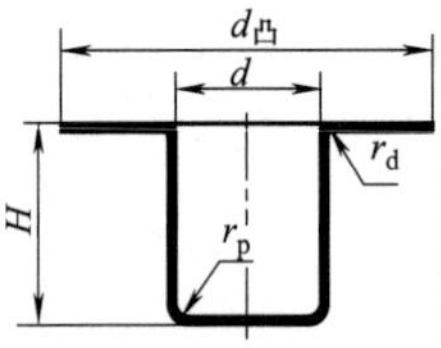 $d_{凸}/d>1.4$	适用于 $d_{凸}>200\text{mm}$ 的大型制件的拉深	可在第一次拉深时把凸缘拉到尺寸，为了防止以后的拉深把凸缘拉入凹模，加大筒壁的力而出现拉裂，通常第一次拉入凹模的坯料比所需的加大 3%～5%（注意将坯料做相应的放大），而在第二次、第三次多拉入 1%～3%，多拉入的材料会逐次返回到凸缘上，这样凸缘可能会变厚或出现微小的波纹，可通过校正工序校正过来，而不会影响制件的质量

注：上述两种带凸缘圆筒形制件拉深的方法，在圆角半径要求较小，或凸缘有平面度要求时，需加整形工序。

（1）窄凸缘圆筒形件的拉深

窄凸缘圆筒形件的拉深有两种方法：一是在前面工序按无凸缘圆筒形件拉深，而在倒数第二道工序中将制件拉深成口部为锥形凸缘的拉深件，最后工序再将锥形凸缘压平，如图 6-17 所示；二是拉深过程自始至终都保持凸缘形状，且凸缘直径不变，只改变其他部位尺寸，直到拉深到所要求的尺寸为止，如图 6-18 所示。

（2）宽凸缘圆筒形件的拉深

宽凸缘圆筒形件的拉深方法也有两种，如图 6-19 所示。其共同特点是在第一次拉深时就把凸缘拉到制件所要求的尺寸（加修边余量），以后各次拉深中保持凸缘直径不变，即不再被拉动，不减小其凸缘尺寸，仅仅使工件的直筒部分参与变形，逐步减小其直径和增加其高度，拉深成小直径的圆筒部分，达到制件尺寸要求。

(a) 拉深件　　(b) 拉深过程

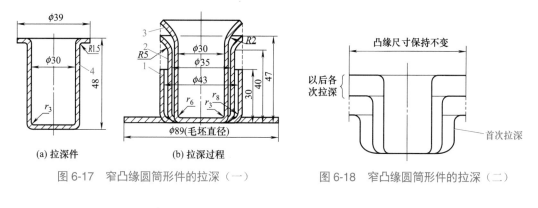

图 6-17　窄凸缘圆筒形件的拉深（一）

图 6-18　窄凸缘圆筒形件的拉深（二）

(a) 首次拉深到制件的凸缘尺寸

(b) 首次拉深到制件的凸缘及高度尺寸

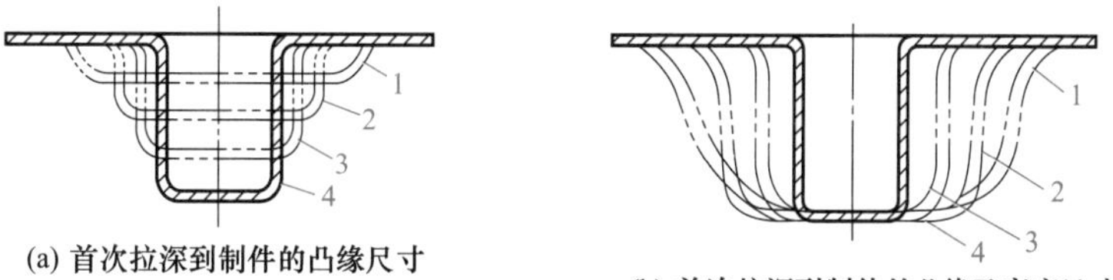

图 6-19　宽凸缘圆筒形件的两种拉深方法

1 ～ 4—拉深工序顺序

宽凸缘圆筒形件两种拉深方法的应用与特点如下。

① 如图 6-19（a）所示，常用于薄料及中、小型零件（$d_{凸}$ < 200mm）的拉深。首次拉深到凸缘尺寸，以后各次拉深中凸缘不变，圆角半径也基本不变，而是逐渐缩小圆筒的直径、增加高度，从而达到零件的要求。此拉深方法表面质量差、厚度不均，一般需加整形工序。

② 如图 6-19（b）所示，此方法多适用于材料较厚、高度较低、毛坯相对厚度大，不易起皱的大型零件（$d_{凸}$ > 200mm）。首次拉深到凸缘尺寸及高度尺寸，以后各次拉深中凸缘及高度尺寸保持不变，改变凸、凹模圆角半径，逐渐缩小圆周半径和直径而达到制件要求。

以上两种方法，当制件圆角半径要求较小，或凸缘有平面度要求时，需加整形工序。

（3）宽凸缘圆筒形件拉深系数及拉深次数的确定

① 宽凸缘圆筒形件的拉深系数　宽凸缘圆筒形件不能采用无凸缘圆筒形件的拉深系数，因为它只有把凸缘全部转变为制件的筒壁才适用。

在拉深宽凸缘圆筒形件时，在同样大小的首次拉深系数 $m_1=d/D$ 的情况下，采用相同的毛坯直径 D 和相同的零件直径 d 时，可以拉深出不同凸缘直径 d_1、d_2 和不同高度 H_1、H_2 的制件（图 6-20）。从图示中可知，$d_1 > d_2 > d$，d 值愈小，H 值愈大，拉深变形程度也愈大。但这些不同情况只是无凸缘拉深过程的中间阶段，而不是拉深过程的终结。因此，用 $m_1=d/D$ 便不能表达在拉深有凸缘零件时的各种不同的 d 和 H 的实际变形程度。

①毛坯　②　③　④ 无凸缘

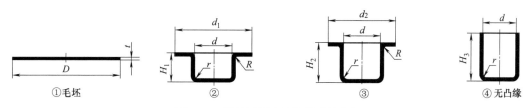

图 6-20　拉深过程中凸缘尺寸的变化

宽凸缘圆筒形件的拉深系数仍然沿用基本公式表示（见图6-21）。

$$m=d/D$$

式中　d——制件筒形部分直径（中径），mm；

　　　D——毛坯直径，mm。

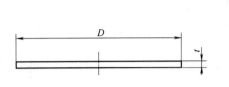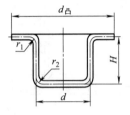

图6-21　宽凸缘的圆筒形件

当制件底部转角半径 r_2 等于凸缘处转角半径 r_1 时，即 $r_1=r_2=r$ 时，毛坯直径为

$$D = \sqrt{d_{凸}^2 + 4dH - 3.44dr} \tag{6-15}$$

所以宽凸缘圆筒形件总的拉深系数仍可表示为

$$m = d/D = \cfrac{1}{\sqrt{\left(\cfrac{d_{凸}}{d}\right)^2 + 4\cfrac{H}{d} - 3.44\cfrac{r}{d}}} \tag{6-16}$$

从上式看出，拉深系数的大小取决于三个比值，即凸缘相对直径 $d_{凸}/d$、零件的相对高度 H/d、底部相对圆角半径 r/d。其中 $d_{凸}/d$ 影响最大，H/d 次之，r/d 影响很小，所以 $d_{凸}/d$ 与 H/d 的值越大，表明拉深时毛坯变形区的宽度越大，拉深难度越大，拉深系数越大，当 $d_{凸}/d$ 与 H/d 大到一定值时便不能一次成形，必须增加拉深次数。

表6-15所示是首次拉深可能达到的相对高度。

有凸缘圆筒形件首次拉深的最小拉深系数见表6-11。从表中可以看出，当 $d_{凸}/d=1.1$ 时，拉深系数与无凸缘圆筒形件拉深系数基本相同。当 $d_{凸}/d=3$ 时，$m_1=0.33$，好像变形程度很大。而实际上是 $m_1=d_1/D=0.33$ 时，可得出 $D=d_1/m_1=d_1/0.33=3d_1$。而当 $d_{凸}/d_1=3$ 时，可得出 $d_{凸}=3d_1$。比较两式，则 $D=d_{凸}$，说明变形程度为零。

表6-11作为凸缘件初选拉深系数之用，还必须满足零件相对高度 H_1/d 不大于表6-15的规定。

对于有凸缘圆筒形件以后各次拉深系数，见表6-12或按照无凸缘圆筒形件的拉深系数选取（表6-9）。

② 宽凸缘圆筒形件的拉深次数　判断宽凸缘圆筒形件能否一次拉出，只需比较制件总拉深系数 $m_{总}$ 和表6-11首次拉深的最小拉深系数 m_1 的大小即可；或比较零件相对高度 H/d 与表6-15中第一次拉深时的最大相对高度 H_1/d_1。如果满足 $m_{总}>m_1$ 或 $H/d<H_1/d_1$，则可一次拉成；否则需多次拉深。

多次拉深次数的确定，工作中常采用推算法求得。具体做法是：利用公式 $d_1=m_1D$，$d_2=m_2d_1$，…，$d_n=m_nd_{n-1}$，并根据 m 的取值（查表6-11、表6-12或表6-9），依据计算各次拉深直径 d_n，直至 $d_n \leqslant d$（制件的直径）为止，n 即为拉深次数。

（4）宽凸缘圆筒形件的拉深高度

宽凸缘件拉深时，首次拉深已形成零件所需要的凸缘，在设计模具时，通常第一次拉入凹模的毛料面积比所需的面积加大3%～5%，并在第二道和以后各道工序拉深时，把额外多拉入凹模的材料逐步返回到凸缘上来，使凸缘的料厚变厚。这样做可以避免拉裂，补偿计算上的误差和便于试模调整。这个工艺措施对于料厚小于 0.5mm 的拉深件，效果更显著。

有凸缘圆筒形件各次的拉深高度，可根据面积相等法求毛坯直径的公式推导出通用公式：

$$H_n = 0.25\frac{D^2 - d_{\text{凸}}^2}{d_n} + 0.43(r_n + R_n) + \frac{0.14}{d_n}(r_n^2 - R_n^2) \tag{6-17}$$

式中 H_n——第 n 次拉深后的零件高度，mm；
   D——毛坯直径，mm；
   d_n——第 n 次拉深后筒壁直径，mm；
   $d_{\text{凸}}$——凸缘直径，mm；
   R_n——第 n 次拉深后凸缘根部圆角半径，mm；
   r_n——第 n 次拉深后底部圆角半径，mm。

6.3.5 矩形件的拉深系数、拉深次数及拉深工艺的计算

矩形件（包括方形件），其高度 H 与宽度 B 的比值 H/B 称为相对高度。当 $H/B < 0.5$ 时，称为低矩形件；当 $H/B > 0.5$ 时，称为高矩形件。低矩形件通常只需一次拉深，而高矩形件需经过多次拉深才能形成。

6.3.5.1 低矩形件

这里指的低矩形件为图 6-7 中 II_a、II_b、II_c 区域的矩形件，其一般都能一次拉深成形，但必须对一次拉深系数进行校核，以检查圆角部分是否变形过大。工序计算的具体步骤如下。

① 计算毛坯尺寸（根据本章 6.2.3）。

② 判断能否一次拉成。计算相对高度 $\dfrac{H}{B}$，与表 6-19 中 $\left[\dfrac{H}{B}\right]$ 值相比，若 $\dfrac{H}{B} \leqslant \left[\dfrac{H}{B}\right]$，则可一次拉成；如果 $\dfrac{H}{B} > \left[\dfrac{H}{B}\right]$，则需多次拉深。

③ 核算圆角部分的拉深系数。圆角处的假想拉深系数为

$$m = \frac{r}{R}$$

式中 r——侧壁间圆角半径，mm。
   R——毛坯圆角部分的假想半径（见图 6-10），mm。

当 m 大于或等于表 6-20 中所列的 m_1 值时，可一次拉成；反之则不能，但第二次近似整形。

表 6-19   在一道工序内所能拉深的矩形件的最大相对高度 $\left[\dfrac{H}{B}\right]$

角部相对圆角半径 r/B	相对厚度（t/D）×100			
	2.0～1.5	1.5～1.0	1.0～0.5	0.5～0.2
0.30	1.2～1.0	1.1～0.95	1.0～0.9	0.9～0.85
0.20	1.0～0.9	0.9～0.82	0.85～0.7	0.8～0.7
0.15	0.9～0.75	0.8～0.7	0.75～0.65	0.7～0.6
0.10	0.8～0.6	0.7～0.55	0.65～0.5	0.6～0.45
0.05	0.7～0.5	0.6～0.45	0.55～0.4	0.5～0.35
0.02	0.5～0.4	0.45～0.35	0.4～0.3	0.35～0.25

注：1. 表中数值适用于 08 钢、10 钢，对于其他材料，应根据金属材料的塑性加以修正。例如 1Cr18Ni9Ti、铝合金的修正系数为 1.1～1.15，20～25 钢的修正系数为 0.85～0.90。

2. 对于较小尺寸的矩形件（$B < 100$mm）取大值，对大尺寸的矩形件取小值。

表 6-20　矩形件角部的第一次拉深系数 m_1

$\dfrac{r}{B_1}$	毛坯的相对厚度 $\dfrac{t}{D} \times 100$							
	0.3～0.6		0.6～1.0		1.0～1.5		1.5～2.0	
	矩形	方形	矩形	方形	矩形	方形	矩形	方形
0.025	0.31		0.30		0.29		0.28	
0.05	0.32		0.31		0.30		0.29	
0.10	0.33		0.32		0.31		0.30	
0.15	0.35		0.34		0.33		0.32	
0.20	0.36	0.38	0.35	0.36	0.34	0.35	0.33	0.34
0.30	0.40	0.42	0.38	0.40	0.37	0.39	0.35	0.38
0.40	0.44	0.48	0.42	0.45	0.41	0.43	0.40	0.42

注：1. 表列数值适用于 10 钢，对于塑性差的材料，应适当加大；对于塑性好的材料，可适当减小。

2. 表中 D 的数值，对于方形件是指毛坯直径，对于矩形件是指毛坯宽度。

3. B_1 为第一次拉深矩形件窄边宽。

当 $r_p = r$ 时，可用 $\dfrac{H}{r}$ 相对高度比值来表示拉深系数：

$$m = \frac{d}{D} = \frac{r}{\sqrt{2rH}} = \frac{1}{\sqrt{2\dfrac{H}{r}}} \tag{6-18}$$

根据 $\dfrac{H}{r}$ 的值，也可从表 6-21 中看出能否一次拉出，如果矩形件的 $\dfrac{H}{r}$ 小于列表数值，则矩形件可一次拉深成形。

表 6-21　矩形件第一次拉深许可的最大比值 $\dfrac{H}{r}$

$\dfrac{r}{B_1}$	方形件			矩形件		
	毛坯相对厚度 $\dfrac{t}{D} \times 100$					
	0.3～0.6	0.6～1	1～2	0.3～0.6	0.6～1	1～2
0.4	2.2	2.5	2.8	2.5	2.8	3.1
0.3	2.8	3.2	3.5	3.2	3.5	3.8
0.2	3.5	3.8	4.2	3.8	4.2	4.6
0.1	4.5	5.0	5.5	4.6	5.0	5.5
0.05	5.0	5.5	6.0	5.0	5.5	6.0

注：1. 对塑性较差的金属拉深，H/r 的数值取比表中数值减小 5%～7%；对塑性更大的金属拉深，取比表中数值大 5%～7%。

2. B_1 为第一次拉深矩形件窄边宽。

6.3.5.2　高矩形件

高矩形件相当于图 6-7 中 I_a、I_b、I_c 区域，一般需经多次拉深。对于 I_a 区域的高矩形件，主要由于圆角半径过小，必须两次拉深，且每次拉深系数应等于或大于表 6-20 与表 6-23 的极限值。

（1）初步估计拉深次数

根据矩形件的相对高度 $\dfrac{H}{B}$，可从表 6-22 查出所需的拉深次数，但以后各次的拉深系数 $m_n\left(m_n = \dfrac{r_n}{r_n - 1}\right)$ 必须大于表 6-23 所列数值。

表 6-22　矩形件多次拉深所能达到的最大相对高度 $\dfrac{H}{B}$

拉深次数	毛坯的相对厚度 $\dfrac{t}{D} \times 100$			
	0.3～0.5	0.5～0.8	0.8～1.3	1.3～2.0
1	0.50	0.58	0.65	0.75
2	0.70	0.80	1.0	1.2
3	1.20	1.30	1.6	2.0
4	2.0	2.2	2.6	3.6
5	3.0	3.4	4.0	5.0
6	4.0	4.5	5.0	6.0

表 6-23　矩形件以后各次许可拉深系数

r/B	毛坯的相对厚度 $\dfrac{t}{D} \times 100$			
	0.3～0.6	0.6～1	1～1.5	1.5～2.0
0.025	0.52	0.50	0.48	0.45
0.05	0.56	0.53	0.50	0.48
0.10	0.60	0.56	0.53	0.50
0.15	0.65	0.60	0.56	0.53
0.20	0.70	0.655	0.60	0.58
0.30	0.72	0.70	0.60	0.60
0.40	0.75	0.73	0.70	0.67

还可根据总拉深系数从表 6-24 中查出拉深次数，总拉深系数的计算方法为：

① 直径为 D 的圆形毛坯拉深成方形件（$B \times B$）时：

$$m_{总} = \frac{4B}{\pi D} = 1.27 \frac{B}{D} \tag{6-19}$$

② 直径为 D 的圆形毛坯拉深成矩形件（$A \times B$）时：

$$m_{总} = \frac{2(A+B)}{\pi D} = 1.27 \frac{A+B}{2D} \tag{6-20}$$

表 6-24　根据总拉深系数确定矩形件的拉深次数

拉深次数	材料相对厚度 $\dfrac{t}{D} \times 100$ 或 $\dfrac{t}{L+K} \times 200$ 时的总拉深系数			
	2.0～1.3	1.5～1.0	1.0～0.5	0.5～0.2
2	0.40～0.45	0.43～0.48	0.45～0.50	0.47～0.58
3	0.32～0.39	0.34～0.40	0.36～0.44	0.38～0.48
4	0.25～0.30	0.27～0.32	0.28～0.34	0.30～0.36
5	0.20～0.24	0.22～0.26	0.24～0.27	0.25～0.29

③ 椭圆形毛坯（$L \times K$）拉深成矩形件（$A \times B$）时：

$$m_{总} = \frac{2(A+B)}{0.5\pi(L+K)} = 1.27 \frac{A+B}{L+K} \tag{6-21}$$

对于高矩形件的多次拉深，由于长宽两边不等，在对应于长边中心与转角中心的变形区内拉深变形差别较大。而且随着矩形件长宽比 A/B 的增加，这种差别增大。为了保证高矩形件能顺利拉深成形，必须遵循均匀变形原则，而保证均匀变形的条件是选用合理的角间距：

$$x=(0.2 \sim 0.25)r$$

由于毛坯材料经过多次拉深，角部材料向直壁部分转移量很大，所以大于高矩形件的拉深，在考虑角部变形的同时，还必须考虑直壁的变形，以此根据外形的平均变形程度进行各道工序的计算。

平均拉深系数：$m_b = \dfrac{B - 0.43r}{0.5\pi R_{b(n-1)}}$

所以得：$R_{b(n-1)} = \dfrac{B - 0.43r}{1.57m_b}$

前后两次拉深时工序壁间间距 b_n：

$$b_n = R_{b(n-1)} - 0.5B = \frac{\left(1 - 0.785m_b - 0.43\dfrac{r}{B}\right)B}{1.57m_b} \qquad (6\text{-}22)$$

即以 b_n 作为计算的基础数据。从上式中看到 b_n 与 r/B 及 m_b 有关，而 m_b 又与拉深次数有关，所以 b_n 与 r/B 及拉深次数有关，图 6-22 反映了当 $t/B\times100=2$ 或 $B=50t$ 时，相对圆角半径 r/B 和拉深系数与 b_n 值的变化关系，可供计算时查用。

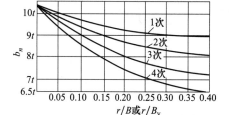

图 6-22 b_n 数值与比值 r/B 及预拉深次数 （1～4）的关系曲线

（2）确定各工序间半成品形状和尺寸

多次拉深的高矩形件，在前几次拉深时，一般采用过渡形状（方形件多用圆形过渡，矩形件用长圆形或椭圆形过渡），最后一次才拉成所需的形状。因此，需确定各道工序的过渡形状。计算时，应从倒数第二（即 $n-1$）次拉深的半成品形状，逐次向前反推。

① 高正方矩形件多次拉深有三种过渡形状。第一种情况是所有过渡工序的毛坯形状都是圆筒形，在最后一道工序拉深成正方形，如图 6-23（a）所示。它的优点是各工序的模具制造简便，缺点是最后一道工序拉深变形比较困难，容易起皱或拉裂，适用于材料相对厚度 $\dfrac{t}{B}\times100 \geqslant 2$ 及壁间距 $b_n \leqslant 10t$ 条件下的制件。

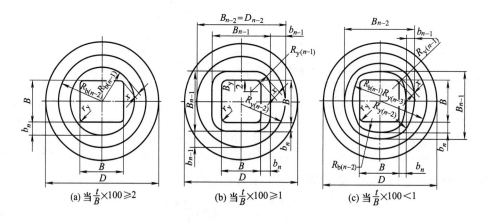

(a) 当 $\dfrac{t}{B}\times100 \geqslant 2$ 　　(b) 当 $\dfrac{t}{B}\times100 \geqslant 1$ 　　(c) 当 $\dfrac{t}{B}\times100 < 1$

图 6-23 高正方矩形件多次拉深

D—毛坯直径；r_y—盒壁间圆角半径；x—角部差；B—正方形盒边长；B_y—角部尺寸；b_n，b_{n-1}—第 n 次，第 $n-1$ 次工序壁间距；B_{n-1}，B_{n-2}—第 $n-1$ 次，第 $n-2$ 次工序宽度尺寸；R_{bn}，$R_{b(n-1)}$，$R_{b(n-2)}$—第 n 次，第 $n-1$ 次工序，第 $n-2$ 次工序半径；D_{n-2}—第 $n-2$ 次工序毛坯直径；$R_{y(n-1)}$，$R_{y(n-2)}$，$R_{y(n-3)}$—第 $n-1$ 次，第 $n-2$ 次工序，第 $n-3$ 次工序半径

第二种情况是第 $n-1$ 或 $n-2$ 道工序采用有大圆角的毛坯过渡，如图 6-23（b）所示。它虽然 $n-1$ 或 $n-2$ 道工序的模具制造较困难，但给最后一道工序的变形提供了方便，它适用于材料

厚度 $\frac{t}{B} \times 100 \geqslant 1$ 条件下的制件。

第三种情况是第 n-1 或第 n-2 道工序采用四边略为外凸的四边形，$b_n=8t$，如图 6-23（c）所示，这种情况的优缺点与第二种情况相同，模具制造较困难，它适用于材料相对厚度 $\frac{t}{B} \times 100 < 1$ 条件下的制件。

为了使最后一次拉深容易进行，第 n-1 道工序应具有和制件相同的平底尺寸，壁与底相接成 $45°$ 的斜面，并带有较大的圆角，如图 6-24 所示。

上述三种过渡形状的工序计算列于表 6-25 中，表中的计算从第 n-1 次拉深开始。

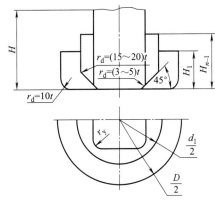

图 6-24　高正方矩形件多次拉深直壁与底的连接

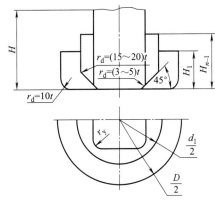

表 6-25　高方矩形件多次拉深计算公式

要确定的值		公式		
		第一种情况	第二种情况	第三种情况
相对厚度 $t/B \times 100$		$\geqslant 2$	$\geqslant 1$	$\geqslant 1$
毛坯直径 /mm	当 $r_y=r_d=r$ 时	$D=1.13\sqrt{B^2+4B(H-0.43r)-1.72r(H+0.33r)}$		
	当 $r_y \neq r_d$ 时	$D=1.13\sqrt{B^2+4B(H-0.43r_d)-1.72r_y(H+0.5r_y)-4r_d(0.11r_d-0.18r_y)}$		
角部尺寸 /mm		—	$B_y \approx 50t$	—
工序壁间距 b_n/mm		$b_n \leqslant 10t$		$b_n \approx 8t$
n-1 道工序半径 /mm		$R_{b(n-1)}=0.5B+b_n$	$R_{y(n-1)}=0.5B_y+b_n$	$R_{b(n-1)}=\dfrac{B^2}{8b_n}+\dfrac{b_n}{2}$ $R_{y(n-1)} \approx 2.5r_y$
n-1 道工序宽度尺寸 /mm		—	$B_{n-1}=B+2b_n$	$B_{n-1}=B+2b_n$
角部差 /mm		$x=b_n+0.41r_y-0.207B$	$x=b_n+0.41r_y-0.207B$	$x=\dfrac{1-m_n}{m_n} \times r_y$ $m_n=0.65 \sim 0.7$
n-2 道工序半径 /mm		$R_{b(n-2)}=\dfrac{R_{b(n-1)}}{m_{n-1}}=0.5Dm_1$	$R_{y(n-2)}=\dfrac{R_{y(n-1)}}{m_{n-1}}$	$R_{b(n-2)}=R_{b(n-1)}+b_{n-1}$ $R_{y(n-2)}=\dfrac{R_{y(n-1)}}{m_{n-1}}$ $m_{n-1}=0.55 \sim 0.6$
工序壁间距 /mm		—	$b_{n-1}=R_{y(n-2)}-R_{y(n-1)}$	$b_{n-1}=（9 \sim 10）t$
n-2 道工序宽度尺寸（当 $n=4$）/mm		—	$B_{n-2}=B_{n-1}+2b_{n-1}$	$B_{n-2}=B_{n-1}+2b_{n-1}$
n-2 道工序直径 /mm		—	$D_{n-2}=2\left[\dfrac{R_{y(n-2)}}{m_{n-1}}+0.707(B-B_y)\right]$	—
n-3 道工序半径 /mm		—	—	$R_{b(n-3)}=0.5D_{m1}$
方形件高度 /mm		$H=1.05 \sim 1.10H_0$（H_0 为图纸上的高度）		
n-1 道工序高度 /mm		$H_{n-1}=0.88H$	$H_{n-1} \approx 0.88H$	$H_{n-1} \approx 0.88H$

要确定的值	公式		
	第一种情况	第二种情况	第三种情况
首次拉深工序高度 /mm	$H_1 = H_{n-2} = 0.25\left(\dfrac{D}{m_1} - d_1\right) + 0.43\dfrac{r_{d1}}{d_1}(d_1 + 0.32r_{d1})$		
	—	—	$H_{n-2} = \dfrac{H_{n-3}R_{bn-1}}{0.5B_{n-1} + b_{n-1}}$

注：1. 尺寸 b_n 根据比值 $\dfrac{r}{B}$（第一种方法）或 $\dfrac{r}{B_y}$（第二种方法）及拉深次数由图 6-22 决定。

2. 系数 m_1、m_2、m_3 按表 6-9 选取。

3. r_d 为拉深件底部圆角半径。

4. r_y 为拉深件两侧面间的圆角半径（见图 6-24）。

5. d_1 为首次拉深直径。

6. D 为毛坯直径（见图 6-24）。

　② 高长方矩形件多次拉深的尺寸计算。

　如图 6-25 所示，有三种过渡形状。

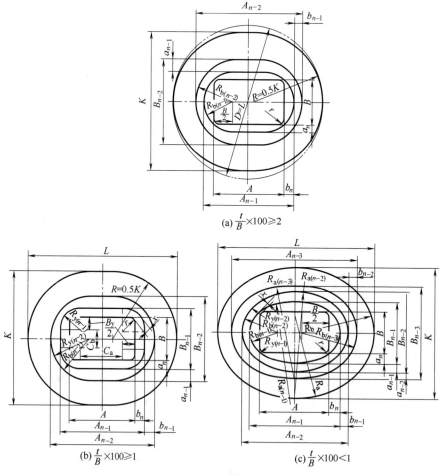

(a) $\dfrac{t}{B} \times 100 \geqslant 2$

(b) $\dfrac{t}{B} \times 100 \geqslant 1$　　　　(c) $\dfrac{t}{B} \times 100 < 1$

图 6-25　高长方矩形件多次拉深

L—毛坯长边边长；K—毛坯短边边长；B—盒形短边边长；R_b—毛坯半径；R_a—毛坯半径；A—盒形长边边长；A_{n-1}，A_{n-2}—第 $n-1$ 次，第 $n-2$ 次工序盒形长边边长；D—毛坯直径；r—盒壁间圆角半径；x—角部差；B—正方形盒边长；B_y—角部尺寸；b_n，b_{n-1}—第 n 次，第 $n-1$ 次工序壁间距；B_{n-1}，B_{n-2}，B_{n-3}—第 $n-1$ 次，第 $n-2$ 次，第 $n-3$ 次工序宽度尺寸；R_{bn}，$R_{b(n-1)}$，$R_{b(n-2)}$—第 n 次，第 $n-1$ 次，第 $n-2$ 次工序半径；$R_{y(n-1)}$，$R_{y(n-2)}$—第 $n-1$ 次，第 $n-2$ 次工序半径；R_{an}，$R_{a(n-1)}$，$R_{a(n-2)}$—第 n 次，第 $n-1$ 次，第 $n-2$ 次工序半径；a_n，a_{n-1}，a_{n-2}—第 n 次，第 $n-1$ 次，第 $n-2$ 次工序壁间距；R—毛坯半径；C_a—圆角中心距；C_b—圆角中心距

第一种情况，适用于材料相对厚度较大 $\left(\dfrac{t}{B}\times100\geqslant2\right)$ 和壁间距较小 $(b_n\leqslant10t)$ 的制件 [见图6-25（a）]。毛坯和中间工序的形状均采用长圆形，并由两个半圆弧和两个平行边组成。

第二种情况，适用于材料相对厚度较小 $\left(\dfrac{t}{B}\times100\geqslant1\right)$ 的制件 [见图6-25（b）]。由于制件在第 $n-1$ 或第 $n-2$ 道工序时采用大圆角半径，因而对最后一次拉深提供了方便条件，这种方法的优点是模具制造简便，工艺性好。

第三种情况，适用于材料相对厚度较小 $\left(\dfrac{t}{B}\times100<1\right)$ 的制件 [见图6-25（c）]。这种方法的优点是在第 $n-1$ 及第 $n-2$ 道工序采用形状为四边略带突出的长方形 $(b_n\approx8t)$，因而改善了第 n 道和第 $n-1$ 道工序拉深的条件，缺点是模具制造复杂。

第二种和第三种情况也可用于材料相对厚度更小的情况，但应减小 b_n 数值，并增加拉深次数。

上述三种过渡形状的工序计算列于表6-26，表中是从第 $n-1$ 道工序开始计算的。

表6-26 高长方矩形件多次拉深计算公式

要确定的值		公式		
		第一种情况	第二种情况	第三种情况
相对厚度		$\dfrac{t}{B}\times100\geqslant2$	$\dfrac{t}{B}\times100\geqslant1$	$\dfrac{t}{B}\times100<1$
圆角半径		$r\geqslant bt$		
毛坯直径	当 $r_y=r_d=r$	$D=1.13\sqrt{B^2+4B(H-0.43r)-1.72r(H+0.33r)}$		
	当 $r_y\neq r_d$	$D=1.13\sqrt{B^2+4B(H-0.43r_d)-1.72r_y(H+0.5r_y)-4r_d(0.11r_d-0.18r_y)}$		
角部尺寸		—		$B_y\approx50t$
毛坯长度		$L=D+(A-B)$		
毛坯宽度		$K=\dfrac{D(B-2r)+[B+2(H-0.43r_d)](A-B)}{A-2r}$		
毛坯半径		$R=0.5K$	$R=0.5K$	$R_a=\dfrac{0.25(L^2+K^2)-LR_b}{K-2R_b}$ $R_b=0.5D$
工序比例系数		$x_1=\dfrac{K-B}{L-A}$	$x_1=\dfrac{K-B}{L-A}$	$x_1=\dfrac{K-B}{L-A}$
工序壁间距离		$b_n=a_n\leqslant10t$	$b_n=a_n\leqslant10t$	$b_n=8t;\ a_n=x_1b_n$
第 $n-1$ 道工序的半径		$R_{b(n-1)}=0.5B+b_n$	$R_{y(n-1)}=0.5B_y+b_n$	$R_{b(n-1)}=\dfrac{B^2}{8b_n}+\dfrac{b_n}{2}$ $R_{y(n-1)}=2.5$ $R_{a(n-1)}=\dfrac{B^2}{8a_n}+\dfrac{a_n}{2}$
角部差		$x=b_n+0.41r_y-0.207B$	$x=b_n+0.41r_y-0.207B_y$	$x_1=\dfrac{1-m_n}{m_n}r_ym_n=0.65\sim0.7$
第 $n-1$ 道工序的尺寸		$B_{n-1}=2R_{b(n-1)}$ $A_{n-1}=A+2b_n$	$B_{n-1}=B+2a_n$ $A_{n-1}=A+2b_n$	$B_{n-1}=B+2a_n=B+2b_nx_1$ $A_{n-1}=A+2b_n$
第 $n-2$ 道工序的半径		$R_{b(n-2)}=\dfrac{R_{b(n-1)}}{m_{n-1}}$	$R_{y(n-2)}=\dfrac{R_{y(n-1)}}{m_{n-1}}$	$R_{b(n-2)}=R_{b(n-1)}+b_{n-1}$
工序壁间距离		$b_{n-1}=\dfrac{R_{b(n-2)}-R_{b(n-1)}}{x_1}$ $a_{n-1}=R_{b(n-2)}-R_{b(n-1)}$	$b_{n-1}=R_{y(n-2)}-R_{y(n-1)}$ $a_{n-1}=x_1b_{n-1}$	$b_{n-1}=(9\sim10)t$ $a_{n-1}=x_1b_{n-1}$

要确定的值	公式		
	第一种情况	第二种情况	第三种情况
第 n-2 道工序的尺寸	$B_{n-2}=2R_{b(n-2)}$ $A_{n-2}=A+2(b_n+b_{n-1})$	$B_{n-2}=B+2(a_n+a_{n-1})$ $A_{n-2}=A+2(b_n+b_{n-1})$	$B_{n-2}=B+2(a_n+a_{n-1})$ $A_{n-2}=A+2(b_n+b_{n-1})$
角部差及半径	—	—	$x_{n-1}=\dfrac{1-m_{n-1}}{m_{n-1}}\times R_{y(n-1)}$ $R_{y(n-2)}$ 用作图法求出
第 n-2 道及第 n-3 道工序的半径	—	$R_{b(n-2)}=\dfrac{B_{n-2}}{2}=$ $\dfrac{R_{y(n-1)}}{m_{n-1}}+0.707(B-B_y)$	$R_{b(n-3)}=R_b m_{n-3}$
第 n-3 道工序的尺寸	—	—	$A_{n-3}=2R_{b(n-3)}+(A+B)$ $B_{n-3}=B_n+2(a_n+a_{n-1}+a_{n-2})$
工序壁间距离	—	—	$b_{n-2}=\dfrac{A_{n-3}-A_{n-2}}{2}$ $a_{n-2}=x_1 b_{n-2}$
作图求出的工序半径	—	—	$R_{a(n-2)}$；$R_{a(n-3)}$
盒形件高度	$H=(1.05\sim1.10)H_0$（H_0 为图纸上的高度）		
各次盒形件高度	$H_{n-1}\approx0.88H$，$H_{n-2}\approx0.86H_{n-1}$		

注：1. 用作图法校正按表计算得出的值，同时进行必要的修正是允许的。

2. 其余表注与表 6-25 相同。

6.3.5.3 矩形件拉深次数的简易计算

方形件的计算方法见表 6-27；矩形件的计算方法见表 6-28；按矩形件的相对圆角高度 $\dfrac{H}{r}$ 确定拉深次数见表 6-29。

表 6-27 方形件的工艺计算（08 钢）

H 与 B 的关系	D	拉深次数
$H<6r$	$B+1.5H$	1
$H=(0.6\sim1.2)B$	$2H$	2
$H=(1.2\sim2)B$	$B+H$	3
$H=(2\sim3)B$	$H+0.5B$	4
$H=(4\sim5)B$	H	5
$H=(6\sim7)B$	$H-B$	6

表 6-28 矩形件的工艺计算（08 钢）

H 与 B 的关系	L_1	L_2	拉深次数
$H<6r$	$B+1.6H$	$A+1.6H$	1
$H=B$	$B+1.3H$	$A+1.3H$	2
$H=1.5B$	$B+1.3H$	$A+1.2H$	3
$H=2B$	$B+\dfrac{A-B}{2}+H$	$A+H$	4
$H=(3\sim4)B$	$B+\dfrac{A-B}{2}+H$	$A+H$	5
$H=(5\sim6)B$	$B+\dfrac{A-B}{2}+H$	$A+H$	6

表 6-29 按 $\dfrac{H}{r}$ 值确定拉深次数（08 钢）

$\dfrac{H}{r}$	拉深次数	$\dfrac{H}{r}$	拉深次数
<6	1	$13\sim17$	3
$7\sim12$	2	$18\sim23$	4

注：H 为拉深件高度，mm；r 为拉深件底角半径，mm。

6.4 变薄拉深

变薄拉深是一种特殊的拉深方法。它用来制造壁部与底部厚度不等而高度很大的制件。
利用变薄拉深可以提高制件的精度及表面加工质量，例如子弹壳、弹壳、雷管套、高压容器、高压锅等。如图 6-26 所示为变薄拉深示意图，该拉深模的间隙小于板厚（或筒壁厚度）。在拉深过程中，制件的直径变化很小，制件的底部厚度基本不变，制件的筒壁厚度逐渐减小，而制件高度增加。

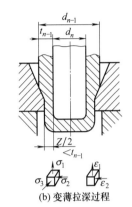

(a) 变薄拉深件   (b) 变薄拉深过程

图 6-26　变薄拉深

6.4.1　变薄拉深的特点

和普通拉深相比，变薄拉深具有如下特点：

① 由于材料变形处于均匀的压应力作用下，故材料会产生强烈冷作硬化，晶粒变细，强度增加。

② 经变薄拉深后的制件，壁厚均匀，其偏差可控制在 ±0.01mm 以内，表面粗糙度 Ra 为 $0.2 \sim 0.4 \mu m$。

③ 变薄拉深模结构简单，拉深过程中不会起皱，不需要压边装置。

④ 拉深过程摩擦严重，对润滑及模具材料要求高。

⑤ 在压力机一次行程中，采用多层凹模变薄拉深，可以获得很大的变形程度。

⑥ 变薄拉深的残余应力较大，有的甚至在存放期间就发生开裂，需采用回火消除应力。

常用的变薄拉深材料有：可伐合金（铁镍钴合金）、铜、白铜、磷青铜、无氧铜、德银、铝、铝合金、低碳钢、不锈钢等。

6.4.2　变薄系数

变薄拉深的变形程度用变薄系数 φ 表示，φ 定义为拉深后与拉深前制件断面积之比，即

$$\varphi_n = \frac{A_n}{A_{n-1}} \tag{6-23}$$

式中，A_n、A_{n-1} 为第 n 次及第 $n-1$ 次变薄拉深后的制件横剖面上的断面积。

由于在变薄拉深中，制件的内径变化不大，所以有：

$$\varphi_n = \frac{A_n}{A_{n-1}} = \frac{\pi d_n t_n}{\pi d_{n-1} t_{n-1}} \approx \frac{t_n}{t_{n-1}} \tag{6-24}$$

式中　d_n, d_{n-1}——第 n 次、第 $n-1$ 次变薄拉深后制件的内径，mm；

t_n, t_{n-1}——第 n 次、第 $n-1$ 次变薄拉深后制件的筒壁厚度，mm。

常用材料变薄系数的极限值见表 6-30。当制件所需的变形程度超过了极限值时，可采用多次变薄拉深。

表 6-30　常用材料变薄系数的极限值

材料	首次变薄系数 φ_1	中间各次变薄系数 φ_m	末次变薄系数 φ_n
铜、黄铜（H68、H80）	0.45 ～ 0.55	0.58 ～ 0.65	0.65 ～ 0.73
铝	0.50 ～ 0.60	0.62 ～ 0.68	0.72 ～ 0.77
低碳钢、拉深钢板	0.53 ～ 0.63	0.63 ～ 0.72	0.75 ～ 0.77
25 ～ 35 中碳钢	0.70 ～ 0.75	0.78 ～ 0.82	0.85 ～ 0.90
不锈钢	0.65 ～ 0.70	0.70 ～ 0.75	0.75 ～ 0.80

注：厚料取较小值，薄料取较大值。

6.4.3　变薄拉深工序尺寸的计算

（1）毛坯尺寸

变薄拉深一般采用普通拉深件（不变薄拉深件）作为毛坯，有时亦可直接采用平板毛坯，毛坯尺寸按变薄拉深前后体积相等的原则计算。即

$$V_0 = aV_1 \tag{6-25}$$

式中　V_0——坯料体积，mm^3；

　　　a——考虑修边余量所加的因数，取 a =1.1 ～ 1.2；

　　　V_1——制件体积，mm^3。

设平板坯料的体积为 $V_0 = \dfrac{\pi}{4} D^2 t_0$，代入式（6-25）得：

$$D = 1.13 \sqrt{\frac{aV_1}{t_0}} \tag{6-26}$$

式中　D——毛坯直径，mm；

　　　t_0——毛坯厚度（取制件底部厚度），mm。

（2）变薄拉深次数

变薄拉深次数 n 可用下式计算：

$$n = \frac{\lg t_n - \lg t_0}{\lg \varphi_{均}} \tag{6-27}$$

式中　t_0——毛坯厚度，mm；

　　　t_n——制件壁厚，mm；

　　　$\varphi_{均}$——平均变薄系数。

（3）各工序壁厚、直径、高度

① 各道工序的壁厚：

$$t_1=t_0\varphi_1,\ \ t_2=t_1\varphi_2,\ \ t_3=t_2\varphi_3,\ \ \cdots,\ \ t_n=t_{n-1}\varphi_n \tag{6-28}$$

式中　t_1，t_2，t_3，$\cdots$，t_{n-1}——中间各工序半成品的壁厚，mm；

　　　　　　　　　　　　t_n——成形制件的壁厚，mm。

② 变薄拉深各道工序的内径基本上不变，但为了使每道变薄拉深工序的凸模都能顺利地进入前道工序所制成的半成品内孔，凸模直径应比前道工序的半成品内径小 1% ～ 3%。因此，各道工序的直径应从后道工序向前推算，即

$$d_{n-1} = (1+c)d_n$$

$$d_{n-2} = (1+c)d_{n-1}$$

$$\vdots$$

$$d_1 = (1+c)d_2 \tag{6-29}$$

式中　　　d_n——制件内径，mm；

d_1，d_2，…，d_{n-1}——中间工序半成品的内径，mm；

　　　　　c——系数，$c=0.01 \sim 0.03$，前几道取大值，以后逐次减小，厚壁取大值，薄壁取小值。

③ 各道工序的高度为

$$h_i = \frac{t_0\left(D^2 - D_i^2\right)}{2t_i\left(D_i + d_i\right)} \tag{6-30}$$

式中　t_0——毛坯厚度，mm；

　　　D——毛坯直径，mm；

　　　D_i——第 i 道工序半成品外径，mm；

　　　t_i——第 i 道工序半成品的壁厚，mm；

　　　d_i——第 i 道工序半成品的内径，mm；

　　　h_i——第 i 道工序半成品的高度，mm。

（4）拉深力

拉深力可按下式计算：

$$F_i = K\pi d_i\left(t_{i-1} - t_i\right)\sigma_b \tag{6-31}$$

式中　F_i——第 i 道工序的拉深力；

　　　d_i——第 i 道工序半成品直径；

　　　K——系数，黄铜取 $1.6 \sim 1.8$，钢取 $1.8 \sim 2.25$；

t_{i-1}，t_i——第 $i-1$ 道及第 i 道工序半成品的壁厚；

　　　σ_b——材料的抗拉强度，MPa。

6.4.4　变薄拉深凸、凹模结构

（1）凹模结构

如图 6-27（a）所示为变薄拉深的凹模。凹模锥角 $\alpha=7° \sim 10°$，$\alpha_1=2\alpha$。凹模工作表面糙度 Ra 一般取 $0.05 \sim 0.2\mu m$。工作带高度 h 可参考表 6-31。h 取值过大，会加大摩擦力；h 取值过小，会使凹模寿命缩短。

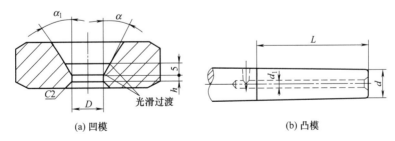

(a) 凹模　　　　　　　　　　　(b) 凸模

图 6-27　变薄拉深凸模、凹模结构

表 6-31　凹模工作带高度 h　　　　　　单位：mm

制件内径 d_i	< 10	10 ~ 20	20 ~ 30	30 ~ 50	> 50
工作带高度 h	0.9	1	1.5 ~ 2	2.5 ~ 3	3 ~ 4

（2）凸模结构

如图 6-27（b）所示为变薄拉深的凸模。变薄拉深凸模应有一定的锥度（一般锥度为

500∶0.2），便于制件自凸模上卸下。在凸模上必须设有通气孔，通气孔直径一般取 $d_1=(1/2\sim1/6)$ d。凸模工作部分表面粗糙度 Ra 一般取 $0.05\sim0.4\mu m$，且该工作部分长度应大于制件高度。

6.5 压边力、拉深力及拉深总工艺力的计算

6.5.1 压边力

压边力的作用是防止拉深过程中坯料起皱。压边力的大小应适当，压边力过小时，防皱效果差；压边力过大时，则会引起严重变薄甚至拉裂、断裂现象。因此在保证坯料变形区不起皱的前提下，尽量选用较小的压边力。

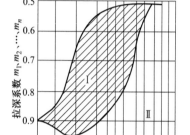

图 6-28　根据毛坯厚度和拉深系数确定是否使用压边圈

（1）压边装置的结构形式

压边力是为了保证制件侧壁和凸缘不起皱而通过压边装置对制件施加的力，压边力的大小直接关系着拉深过程能否顺利进行。而拉深过程中制件是否起皱主要取决于毛坯的相对厚度 $t/D\times100$，或以后各次拉深半成品的相对厚度 $\dfrac{t}{d_{n-1}}\times100$。在实际生产中是否需要采用压边装置可根据表 6-32 所列的条件确定。

为了更准确地估算是否需要压边装置，还应考虑拉深系数的大小。因此，根据图 6-28 来确定是否采用压边装置更符合实际情况，在区域 I 内采用压边装置，在区域 II 内可不采用压边装置。

表 6-32　采用或不采用压边装置的条件

拉深方法	第一次拉深		以后各次拉深	
	$t/D\times100$	m_1	$t/d_{n-1}\times100$	m_n
用压边装置	< 1.5	< 0.6	< 1.0	< 0.8
可用可不用	1.5～2.0	0.6	1.0～1.5	0.8
不用压边装置	> 2.0	> 0.6	> 1.5	> 0.8

常用的压边装置见表 6-33；常用压边装置的结构形式见表 6-34。

表 6-33　常用的两种压边装置

序号	类型	图示	说明
1	刚性压边装置	8 9 7 6 5 4 3 1 10 11 12 1—弹顶器；2—顶杆；3，8—螺钉；4—落料凹模；5—拉深凸模；6—落料凸模兼刚性压边圈；7—上模座；9—模柄；10—拉深凹模；11—顶件板；12—下模座	利用双动压力机的外滑块压边。这种压边装置的特点是压边力的大小不会随压力机的行程而改变，拉深效果好，且模具结构简单

序号	类型	图示	说明
2	弹性压边装置	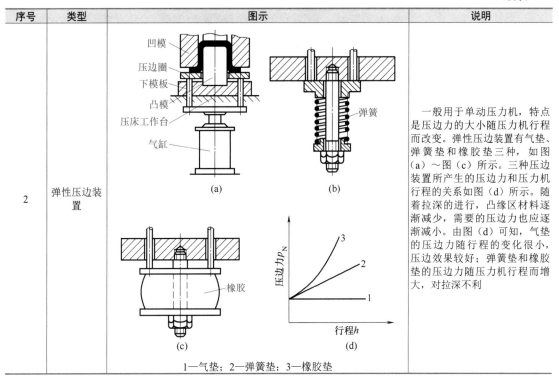	一般用于单动压力机，特点是压边力的大小随压力机行程而改变。弹性压边装置有气垫、弹簧垫和橡胶垫三种，如图（a）～图（c）所示。三种压边装置所产生的压边力和压力机行程的关系如图（d）所示。随着拉深的进行，凸缘区材料逐渐减少，需要的压边力也应逐渐减小。由图（d）可知，气垫的压边力随行程的变化很小，压边效果较好；弹簧垫和橡胶垫的压边力随压力机行程而增大，对拉深不利

表 6-34　常用压边装置的结构形式

序号	类型	图示	说明
1	平面压边圈	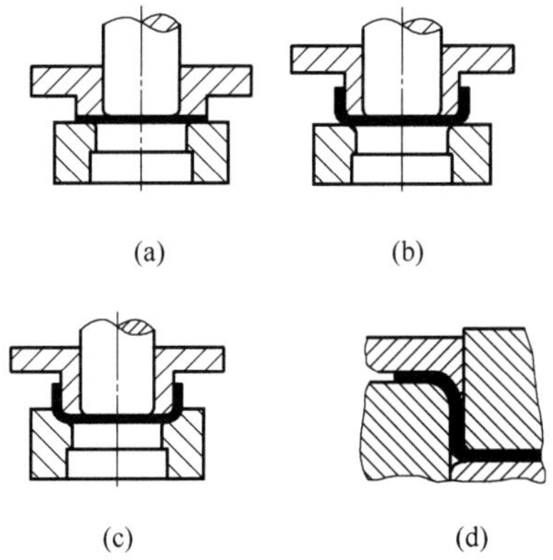 （a）　　（b） （c）　　（d）	最简单的平面刚性压边圈的结构形式可以做成与板料或半成品内部轮廓一致 [见图（a）～图（c）]。若制件第一次拉深坯料相对厚度（$t/D \times 100$）小于 0.3 且带有小凸缘和大圆角半径，则应采用带有弧度的压边圈，如图（d）所示
2	带限位装置的压边圈	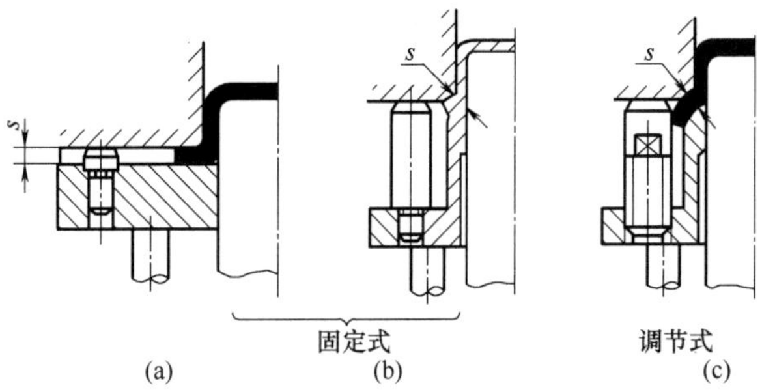 （a）　固定式（b）　调节式（c）	如果在整个拉深过程中要保持压边力均衡，防止压边圈将毛坯得过紧（特别是拉深材料较薄和宽凸缘的制件），需采用带限位装置的压边圈，如图（a）～图（c）所示，图（a）适用于第一次拉深，图（b）、图（c）适用于二次及以后的各次拉深。拉深过程中压边圈和凹模制件始终保持一定的距离 s。拉深带凸缘的制件时，s 取 $t+$（0.05～1）mm；拉深铝合金时，s 取 $1.1t$；拉深钢件时，s 取 $1.2t$

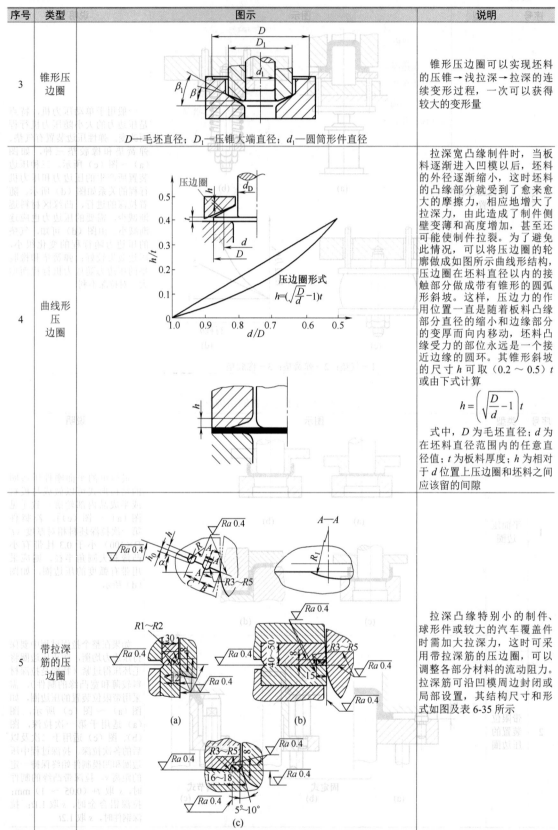

序号	类型	图示	说明
3	锥形压边圈	D—毛坯直径；D_1—压锥大端直径；d_1—圆筒形件直径	锥形压边圈可以实现坯料的压锥→浅拉深→拉深的连续变形过程，一次可以获得较大的变形量
4	曲线形压边圈	压边圈形式 $h=(\sqrt{\frac{D}{d}}-1)t$	拉深宽凸缘制件时，当板料逐渐进入凹模以后，坯料的外径逐渐缩小，这时坯料的凸缘部分就受到了愈来愈大的摩擦力，相应地增大了拉深力，由此造成了制件侧壁变薄和高度增加，甚至还可能使制件拉裂。为了避免此情况，可以将压边圈的轮廓做成如图所示曲线形结构，压边圈在坯料直径以内的接触部分做成带有锥形的圆弧形斜坡。这样，压边力的作用位置一直是随着板料凸缘部分直径的缩小和边缘部分的变厚而向内移动，坯料凸缘受力的部位永远是一个接近边缘的圆环。其锥形斜坡的尺寸 h 可取 $(0.2\sim0.5)t$ 或由下式计算 $$h=\left(\sqrt{\frac{D}{d}}-1\right)t$$ 式中，D 为毛坯直径；d 为在坯料直径范围内的任意直径值；t 为板料厚度；h 为相对于 d 位置上压边圈和坯料之间应该留的间隙
5	带拉深筋的压边圈		拉深凸缘特别小的制件、球形件或较大的汽车覆盖件时需加大拉深力，这时可采用带拉深筋的压边圈，可以调整各部分材料的流动阻力。拉深筋可沿凹模周边封闭或局部设置，其结构尺寸和形式如图及表 6-35 所示

冲压模具从入门到精通

表 6-35 拉深筋尺寸数据　　　　　　　　　　　　　单位：mm

序号	应用范围	A	h_0	B	C	h	R	R_1
1	中小型拉深件	14	6	25～32	25～30	5	7	125
2	中大型拉深件	16	7	28～35	28～32	6	8	150
3	大型拉深件	20	8	32～38	32～38	7	10	150

（2）压边力的确定

压边力的计算是为了确定压边装置，一般情况下，在生产中通过试模调整来确定压边力的大小。在模具设计时，压边力可按表 6-36 计算，拉深时单位压边力数据可按表 6-37、表 6-38 查得。

表 6-36 拉深件压边力的计算

类别	参数名称	计算公式	符号说明
板料拉深	压边力	$Q_N = S_N q_N$	Q_N——压边力，N S_N——压边面积，mm^2，$S_N = U_N B_N$ U_N——压边环区按中值直径计算的周长，mm B_N——压边区的宽度，mm q_N——单位压边力，MPa，而 $\dfrac{q_N}{\sigma_b} = 0.25\left[(\beta-1)^2 + 0.005\dfrac{d_a}{t}\right]$ σ_b——板料的抗拉强度，MPa β——拉深系数 d_a——拉深的外径，mm t——板料厚度，mm
筒形件拉深	首次拉深时的压边力	$Q_1 = \dfrac{\pi}{4}\left[D^2 - (d_1 + 2r_d)^2\right]q$	Q_1——首次拉深时的压边力，N D——坯料直径，mm d_1——首次拉深直径，mm r_d——拉深凹模圆角半径，mm q——单位压边力，MPa，可参考表 6-37 和表 6-38 选取
	首次后各次拉深时的压边力	$Q_2 = \dfrac{\pi}{4}\left[d_{n-1}^2 - (d_n + 2r_{dn})^2\right]q$	Q_2——第二及以后各次拉深时的压边力，N d_{n-1}——第 $n-1$ 次的拉深直径，mm d_n——第 n 次的拉深直径，mm r_{dn}——第 n 次拉深凹模圆角半径，mm q——单位压边力，MPa，可参考表 6-37 和表 6-38 选取

表 6-37 各种材料拉深时的单位压边力数据（一）

项目	材料	q/MPa
在单动压力机上拉深时的单位压边力	铝	0.8～1.2
	纯铜	1.2～1.8
	黄铜	1.5～2.0
	压轧青铜	2.0～2.5
	20 钢、08 钢、镀锡钢板	2.5～3.0
	软化耐热钢	2.8～3.5
	高合金钢、高锰钢、不锈钢	3.0～4.5
在双动压力机上拉深时的单位压边力	制件复杂程度	q/MPa
	难加工制件	3.7
	普通加工制件	3.0
	易加工制件	2.5

表 6-38 各种材料拉深时的单位压边力数据（二）

材料		单位压边力 q/MPa	材料		单位压边力 q/MPa
铝	退火状态	0.8～1.2	可伐合金 4J29（退火状态）		3.0～3.3
	硬态	1.2～1.4	钼（退火状态）		4.0～4.5
黄铜	退火状态	1.5～2.0	低碳钢	$t < 0.5mm$	2.5～3.0
	硬态	2.4～2.6		$t > 0.5mm$	2.0～2.5
铜	退火状态	1.2～1.8	不锈钢 1Cr18Ni9Ti[①]		4.5～5.5
	硬态	1.8～2.2	镍铬合金 Cr20Ni80		3.5～4.0

① 1Cr18Ni9Ti 牌号在 GB/T 20878—2007 中取消。

6.5.2 拉深力

影响拉深力的因素很多，计算出的结果往往和实际相差较大。实际生产中可采用表 6-39～表 6-43 进行计算。

表 6-39　拉深力的计算

类别	参数名称	拉深力 /N	符号说明
圆筒形拉深件	首次拉深力	$F=\pi d_{p1}t\sigma_b K_1$	d_{p1}——首次拉深后的制件直径，mm
	首次拉深后的各次拉深力	$F=\pi d_{p2}t\sigma_b K_2$	t——料厚，mm σ_b——材料抗拉强度，MPa K_1——首次拉深时的系数（查表 6-40） F——拉深力，N
带凸缘拉深件	筒形件首次拉深力	$F=\pi d_p t\sigma_b K_F$	d_{p2}——第二次拉深后的制件直径，mm K_2——第二次拉深时的系数（查表 6-41） d_p——圆筒部分直径，mm
	圆锥形及球形件首次拉深力	$F=\pi d_h t\sigma_b K_F$	K_F——系数（查表 6-42） d_h——锥形件小端直径，或球壳半径，mm
圆筒变薄拉深件	变薄拉深力	$F=\pi d_p(t_{n-1}-t)\sigma_b K_3$	t_{n-1}，t_n——变薄拉深前后的筒壁厚度，mm K_3——系数，钢为 1.8～2.25，黄铜为 1.6～1.8
其他形状的拉深件	矩形、椭圆形等非圆形件件的拉深力	$F=KLt\sigma_b$	L——拉深件横截面周长，mm K——系数，取 0.5～0.8

表 6-40　圆筒形件第 1 次拉深时的修正系数 K_1（08～15 钢）

相对厚度 $t/D\times100$	第一次拉深系数 m_1									
	0.45	0.48	0.50	0.52	0.55	0.60	0.65	0.70	0.75	0.80
5.0	0.95	0.85	0.75	0.65	0.60	0.50	0.43	0.35	0.28	0.20
2.0	1.10	1.00	0.90	0.80	0.75	0.60	0.50	0.42	0.35	0.25
1.2	—	1.10	1.00	0.90	0.80	0.68	0.56	0.47	0.37	0.30
0.8	—	—	1.10	1.00	0.90	0.75	0.60	0.50	0.40	0.33
0.5	—	—	—	1.10	1.00	0.82	0.67	0.55	0.45	0.36
0.2	—	—	—	—	1.10	0.90	0.75	0.60	0.50	0.40
0.1	—	—	—	—	—	1.10	0.90	0.75	0.60	0.50

注：1. 当凸模圆角半径 $r_p=(4\sim6)t$ 时，系数 K_1 应按表中数值增加 5%。

2. 对于其他材料，根据材料塑性的变化，对查得值做修正（随塑性降低而增加）。

表 6-41　圆筒形件第 2 次拉深时的修正系数 K_2（08～15 钢）

相对厚度 $t/D\times100$	第二次拉深系数 m_2									
	0.7	0.72	0.75	0.78	0.80	0.82	0.85	0.88	0.90	0.92
5.0	0.85	0.70	0.60	0.50	0.42	0.32	0.28	0.20	0.15	0.12
2.0	1.10	0.90	0.75	0.60	0.52	0.42	0.32	0.25	0.20	0.14
1.2	—	1.10	0.90	0.75	0.62	0.52	0.42	0.30	0.25	0.16
0.8	—	—	1.00	0.82	0.70	0.57	0.46	0.35	0.27	0.18
0.5	—	—	1.10	0.90	0.76	0.63	0.50	0.40	0.30	0.20
0.2	—	—	—	1.00	0.85	0.70	0.56	0.44	0.33	0.23
0.1	—	—	—	1.10	1.00	0.82	0.68	0.55	0.40	0.30

注：1. 当凸模圆角半径 $r_p=(4\sim6)t$ 时，系数 K_2 应按表中尺寸值大 5%。

2. 对于第 3～5 次拉深的系数 K_n，由同一表格查出其相应的 m_n 及 $t/D\times100$ 的数值，但需根据是否有中间退火工序而取表中较大或较小的数值（无中间退火时，K_n 取较大值（靠近下面的一个数值）；有中间退火时，K_2 取较小值（靠近上面的一个数值）。

3. 对于其他材料，根据材料的塑性变化，对查得值做修正（随塑性降低而增大）。

表 6-42　带凸缘拉深件第 1 次拉深时系数 K_F（08 ～ 15 钢）

$d_凸/d_p$	拉深系数 d_p/D										
	0.35	0.38	0.40	0.42	0.45	0.50	0.55	0.60	0.65	0.70	0.75
3.0	1.0	0.9	0.83	0.75	0.68	0.56	0.45	0.37	0.30	0.23	0.18
2.8	1.1	1.0	0.90	0.83	0.75	0.62	0.50	0.42	0.34	0.26	0.20
2.5	—	1.1	1.0	0.90	0.82	0.70	0.56	0.46	0.37	0.30	0.22
2.2	—	—	1.1	1.0	0.90	0.77	0.64	0.52	0.42	0.33	0.25
2.0	—	—	—	1.1	1.0	0.85	0.70	0.58	0.47	0.37	0.28
1.8	—	—	—	—	1.1	0.95	0.80	0.65	0.53	0.43	0.33
1.5	—	—	—	—	—	1.1	0.90	0.75	0.62	0.50	0.40
1.3	—	—	—	—	—	—	1.0	0.85	0.70	0.56	0.45

注：对凸缘进行压边时，K_F 值增大 10% ～ 20%。

表 6-43　用厚度为 1.27mm 的两种不锈钢及低碳钢成形不同直径杯形件所需的拉深力

单位：kN

制件直径 /mm	所需拉深力的估算值		
	奥氏体不锈钢	铁素体不锈钢 ［ω(Cr)=17%］	低碳钢
125	350	180	160
255	700	520	350
510	1400	1040	700

6.5.3　拉深总工艺力

拉深总工艺力应包括拉深力和压边力，即：

$$F_总 = F + Q \qquad (6-32)$$

选用拉深压力机压力大小时，压力机压力为：

对于单动压力机：$F_机 > F + Q$

对于双动压力机：$F_1 > F$

$\qquad\qquad\qquad\quad F_2 > Q$

式中　$F_总$——拉深总工艺力，N；

$\quad\ F$——拉深力，N；

$\quad\ Q$——压边力，N；

$\quad\ F_1$——内滑块标称压力，N；

$\quad\ F_2$——外滑块标称压力，N；

$\quad\ F_机$——拉深设备标称压力，N。

拉深总工艺力是选择拉深设备的主要依据，但不能简单地按拉深所需的总工艺力去选择拉深设备，而应结合拉深设备的特点合理地选用，例如曲柄压力机的标称压力是指其滑块在标称压力行程内允许施加的压力，而拉深工艺特别是落料 - 拉深复合工艺的工作行程较大，因此应校核采用的拉深工艺或落料 - 拉深复合工艺的压力曲线是否符合所选曲柄压力机的滑块许用负荷图，以避免曲柄压力机超载损坏。

一般情况下，拉深总工艺力与拉深设备标称压力的关系可按下式进行概略计算。

浅拉深（$H/d < 0.5$）：

$$F_总 \leqslant (0.7 \sim 0.8) F_机 \qquad (6-33)$$

深拉深（$H/d \geqslant 0.5$）：

$$F_总 \leqslant (0.5 \sim 0.6) F_机 \qquad (6-34)$$

式中　H——拉深件的高度，mm；

　　　　d——拉深件的直径，mm。

此外还必须按拉深功和生产率校核所选拉深设备的电动机功率是否符合要求，否则设备将不能保证正常生产使用。

6.6 拉深凸、凹模设计

6.6.1 凸、凹模圆角半径

拉深凸凹模圆角半径的大小对拉深影响很大，尤其是凹模圆角半径 r_d，若 r_d 过大，则拉深力就会过小，有效的压料面积也随之减少，尤其在拉深后期，会使坯料边缘过早离开压边作用呈自由状态而起皱，不利于拉深。反之，r_d 越小，所需的拉深力就越大，制件容易开裂，故在不起皱的条件下，应尽可能加大 r_d。一般 r_d 的采用范围在 $(4\sim6)t\sim(10\sim20)t$。拉深凸模的圆角半径 r_p，对拉深工作的影响虽不像 r_d 那样显著，但也要选用合适。一般除最后一次拉深取等于制件底部圆角外，中间工序圆角半径比相应凹模圆角半径小，即 $r_p\leqslant r_d$。在设计拉深凸、凹模圆角半径时一般按下式计算。

（1）经验公式

拉深凹模的圆角半径按经验公式计算，即

$$r_d = 0.8\sqrt{(D-d)t} \tag{6-35}$$

式中　r_d——凹模圆角半径，mm；

　　　　D——毛坯直径，mm；

　　　　d——凹模内径，mm；

　　　　t——材料厚度，mm。

（2）查表法（见表6-44）

表6-44　拉深凹模圆角半径 r_d 的数值（一）　　　　　　　　　单位：mm

$D-d$	材料厚度 t					
	$\leqslant 1$	$>1\sim1.5$	$>1.5\sim2$	$>2\sim3$	$>3\sim4$	$>4\sim6$
$\leqslant 10$	2.5	3.5	4	4.5	5.5	6.5
$>10\sim20$	4	4.5	5.5	6.5	7.5	9
$>20\sim30$	4.5	5.5	6.5	8	9	11
$>30\sim40$	5.5	6.5	7.5	9	10.5	12
$>40\sim50$	6	7	8	10	11.5	14
$>50\sim60$	6.5	8	9	11	12.5	15.5
$>60\sim70$	7	8.5	10	12	13.5	16.5
$>70\sim80$	7.5	9	10.5	12.5	14.5	18
$>80\sim90$	8	9.5	11	13.5	15.5	19
$>90\sim100$	8	10	11.5	14	16	20
$>100\sim110$	8.5	10.5	12	14.5	17	20.5
$>110\sim120$	9	11	12.5	15.5	18	21.5
$>120\sim130$	9.5	11.5	13	16	18.5	22.5
$>130\sim140$	9.5	11.5	13.5	16.5	19	23.5
$>140\sim150$	10	12	14	17	20	24
$>150\sim160$	10	12.5	14.5	17.5	20.5	25

注：D 为第1次拉深时的毛坯直径，或第 $n-1$ 次拉深后的制件直径，mm；d 为第1次拉深后的制件直径，或第 n 次拉深后的制件直径，mm。

当制件直径 $d > 200\text{mm}$ 时，拉深凹模圆角半径应按下式确定：

$$r_{\text{dmin}}=0.039d+2 \tag{6-36}$$

矩形拉深件凹模圆角半径，考虑到转角部的变形量较大，为便于材料的流动，转角部的凹模圆角半径略大于直边的凹模圆角半径。

一般情况下，矩形件拉深凹模圆角应先设计小一点，然后在试冲时根据实际情况再做适当的部位修磨加大。凸模底部圆角半径可按照筒形件的计算方法来选取。

（3）按材料的种类与厚度

拉深凹模的圆角半径也可以根据制件材料的种类与厚度来确定，见表 6-45。

表 6-45　拉深凹模圆角半径 r_{d} 的数值（二）

材料	厚度 t/mm	凹模圆角半径 r_{d}
钢	＜ 3	（10 ～ 6）t
	3 ～ 6	（6 ～ 4）t
	＞ 6	（4 ～ 2）t
铝、黄铜、纯铜	＜ 3	（8 ～ 5）t
	3 ～ 6	（5 ～ 3）t
	＞ 6	（3 ～ 1.5）t

注：1. 对于第 1 次拉深或较薄的材料，应取表中的最大极限值。

2. 对于以后各次拉深或较厚的材料，应取表中的最小极限值。

一般对于钢的拉深件，$r_{\text{d}}=10t$；对于有色金属（铝、黄铜、纯铜）的拉深件，$r_{\text{d}}=5t$。

（4）以后各次拉深的凹模圆角半径

以后各次拉深时，r_{d} 值应逐渐减小，可以按下式计算：

$$r_{\text{d}n}=（0.6 ～ 0.9）r_{\text{d}(n-1)} \tag{6-37}$$

（5）凸模圆角半径的选取

凸模圆角半径可以根据以下几点来选取：

① 除最后一次拉深外，其他所有各次拉深工序中，凸模圆角半径 r_{p} 可取与凹模圆角半径相等或略小一点的数值：

$$r_{\text{p}}=（0.6 ～ 1）r_{\text{d}} \tag{6-38}$$

② 在最后一次拉深工序中，凸模圆角半径应与制件底部的内圆角半径相等。但对于材料厚度 ＜ 6mm 时，其数值不得小于（2 ～ 3）t。对于材料厚度 ＞ 6mm 时，其数值不得小于（1.5 ～ 2）t。

③ 如果制件要求的圆角半径很小，则在最后一次拉深工序后，须加一道整形工序。

对于矩形拉深件，为便于最后一道工序的拉深成形，在各过渡工序中，凸模底部具有与制件相似的矩形，然后用 30° ～ 45° 斜角向侧壁过渡。

6.6.2　凸、凹模间隙

拉深模凸、凹模间隙是指凸、凹模横向尺寸的差值，通常叫拉深间隙。单边间隙用 c 来表示（见图 6-29）。凸、凹模间隙过小，制件质量较好，但拉深力大，制件易拉断，模具磨损严重，寿命低。凸、凹模间隙过大，拉深力小，模具寿命提高，但制件易起皱、壁变厚、侧壁不直、出现锥度、口部边线不齐、口部的壁变厚得不到消除。

因此拉深的凸、凹模间隙值可以按如下条件选用：

① 拉深模的凸模及凹模的单边间隙为

$$c = \frac{d_\text{d} - d_\text{p}}{2} \qquad (6\text{-}39)$$

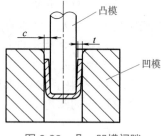

图 6-29 凸、凹模间隙

式中 c ——凸、凹模之间的单边间隙，mm；

    d_d ——凹模直径，mm；

    d_p ——凸模直径，mm。

② 不用压边圈拉深时，凸、凹模的单边间隙为

$$c = (1 \sim 1.1)\, t_\text{max} \qquad (6\text{-}40)$$

式中，t_max 为材料厚度的最大极限尺寸，mm。

注意：建议末次拉深用小值，中间拉深用大值。

③ 用压边圈拉深时，凸、凹模的单边间隙为

$$c = t_\text{max} + Kt \qquad (6\text{-}41)$$

式中 t_max ——板料厚度的最大极限尺寸，mm；

    t ——板料厚度的基本尺寸，mm；

    K ——间隙系数，按表 6-46 选取。

表 6-46　间隙系数 K

总拉深次数	拉深工序	材料厚度 t/mm		
		$0.5 \sim 2$	$2 \sim 4$	$4 \sim 6$
1	1 次	0.2（0）	0.1（0）	0.1（0）
2	第 1 次 第 2 次	0.3 0.1（0）	0.25 0.1（0）	0.2 0.1（0）
3	第 1 次 第 2 次 第 3 次	0.5 0.3 0.1（0）	0.4 0.25 0.1（0）	0.35 0.2 0.1（0）
4	第 1、2 次 第 3 次 第 4 次	0.5 0.3 0.1（0）	0.4 0.25 0.1（0）	0.35 0.2 0.1（0）
5	第 1 ～ 3 次 第 4 次 第 5 次	0.5 0.3 0.1（0）	0.4 0.25 0.1（0）	0.35 0.2 0.1（0）

注：1. 表中数值适用于一般精度（按未注公差尺寸的极限偏差）的拉深件。

2. 末道工序括弧内的数字，适用于较精密拉深件（IT11 ～ IT13）。

④ 材料厚度公差小或制件精度要求较高的，应取较小的间隙，有压边圈拉深时的单边间隙值按表 6-47 选取。

⑤ 对于拉深件公差等级要求达到 IT11 ～ IT13 时，其最后一次拉深工序的间隙值取 $c = (1 \sim 0.95)\, t$（黑色金属取 1，有色金属取 0.95）。

⑥ 拉深矩形件时，凸模与凹模之间的间隙（见图 6-30），在直边部分可参考 U 形制件弯曲模的间隙来确定，在圆角部分由于材料变厚，其间隙应比直边部分间隙大 $0.1t$。这是因为圆角部分在拉深时会增厚。如图 6-30 所示，当制件要求外径尺寸时，增大间隙取在凸模上；当制件要求内径尺寸时，增大间隙取在凹模上。图中点画线为未增大间隙时凸模、凹模轮廓。

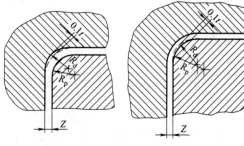

(a) 制件要求内形尺寸　(b) 制件要求外形尺寸

图 6-30 矩形拉深件的凸、凹模间隙

表 6-47　有压边圈拉深时单边间隙值

总拉深次数	拉深工序	单边间隙 c
1	1 次拉深	$(1 \sim 1.1) t$
2	第 1 次拉深 第 2 次拉深	$1.1t$ $(1 \sim 1.05) t$
3	第 1 次拉深 第 2 次拉深 第 3 次拉深	$1.2t$ $1.1t$ $(1 \sim 1.05) t$
4	第 1、2 次拉深 第 3 次拉深 第 4 次拉深	$1.2t$ $1.1t$ $(1 \sim 1.05) t$
5	第 1 ~ 3 次拉深 第 4 次拉深 第 5 次拉深	$1.2t$ $1.1t$ $(1 \sim 1.05) t$

注：1. t 为材料厚度，取材料允许偏差的中间值。

2. 当拉深精密制件时，最后一次拉深间隙 $c=t$。

6.6.3　凸、凹模径向尺寸计算

确定凸模和凹模工作部分尺寸，应考虑模具的磨损和拉深件的弹复，其尺寸公差只在最后一道工序中考虑。

（1）最后一道工序凸、凹模工作部分尺寸

应按拉深件尺寸标注方式的不同，由表 6-48 所列公式进行计算。

表 6-48　拉深模工作部分尺寸的计算公式　　　　　　单位：mm

尺寸标注方式	凹模尺寸 D_d	凸模尺寸 d_p	注
标注外形尺寸 	$D_d=(D-0.75\Delta)^{+\delta_d}_{\ 0}$	$d_p=(D-0.75\Delta-2c)^{\ 0}_{-\delta_p}$	D_d——凹模尺寸 d_p——凸模尺寸 D——拉深件外形的基本尺寸 d——拉深件内形的基本尺寸 c——凸、凹模的单边间隙 δ_d——凹模的制造公差 δ_p——凸模的制造公差 Δ——拉深件基本尺寸 D 或 d 的公差
标注内形尺寸 	$D_d=(d+0.4\Delta+2c)^{+\delta_d}_{\ 0}$	$d_p=(d+0.4\Delta)^{\ 0}_{-\delta_p}$	

注：对于多次拉深，首次和中间各次拉深的尺寸公差没有必要限制，此时，可取模具尺寸为制件过渡形状尺寸。

（2）凸、凹模的制造公差

① 圆形凸、凹模的制造公差根据制件的材料厚度与制件直径来选定，其数值见表 6-49。

表 6-49　圆形凸、凹模的制造公差　　　　　　单位：mm

材料厚度	制件直径的基本尺寸							
	$\leqslant 10$		$> 10 \sim 50$		$> 50 \sim 200$		$> 200 \sim 500$	
	δ_d	δ_p	δ_d	δ_p	δ_d	δ_p	δ_d	δ_p
0.25	0.015	0.010	0.02	0.010	0.03	0.015	0.03	0.015
0.35	0.020	0.010	0.03	0.020	0.04	0.020	0.04	0.025
0.50	0.030	0.015	0.04	0.030	0.05	0.030	0.05	0.035
0.80	0.040	0.024	0.06	0.035	0.06	0.040	0.06	0.040
1.00	0.045	0.030	0.07	0.040	0.08	0.050	0.08	0.060
1.20	0.055	0.040	0.08	0.050	0.09	0.060	0.10	0.070
1.50	0.065	0.050	0.09	0.060	0.10	0.070	0.12	0.080

材料厚度	制件直径的基本尺寸							
	≤ 10		> 10 ～ 50		> 50 ～ 200		> 200 ～ 500	
	δ_d	δ_p	δ_d	δ_p	δ_d	δ_p	δ_d	δ_p
2.00	0.080	0.055	0.11	0.070	0.12	0.080	0.14	0.090
2.50	0.095	0.060	0.13	0.085	0.15	0.110	0.17	0.120
3.50	—	—	0.15	0.100	0.18	0.120	0.20	0.140

注：1. 表中数值用于未精压的薄钢板。

2. 如用精压钢板，则凸模及凹模的制造公差等于表列数值的 20% ～ 25%。

3. 如用有色金属，则凸模及凹模的制造公差等于表列数值的 50%。

4. δ_d、δ_p 为凹模、凸模的制造偏差。

② 非圆形凸、凹模的制造公差可根据制件公差来选定，见表 6-50。

矩形件拉深凸、凹模工作部分的尺寸和公差计算方法与筒形件相同，但要注意圆角部分间隙比直边大 $0.1t$（图 6-30）。圆角部分尺寸计算见表 6-51。

表 6-50　拉深凸凹模的制造公差确定

类型		确定制造公差的方法
圆形凸模、凹模		凸、凹模制造公差根据表 6-49 分别标注
非圆形凸、凹模	拉深件的公差是 IT12、IT13 级以上时	凸、凹模制造公差取 IT8、IT9 级精度
	拉深件公差是 IT14 级以下时	凸、凹模制造公差取 IT10 级精度
圆形、非圆形、凹模采用配作时		只在一方标注公差，另一方按间隙配作不注公差

表 6-51　矩形件拉深凸、凹模尺寸计算和公差确定

矩形件尺寸标注形式	凹模角部圆角半径 R_d	凸模角部圆角半径 R_p
制件要求外径尺寸	$R_d=(R_{max}-0.75\Delta)^{+\delta_d}_0$	$R_p=(R_d-0.5Z-0.1t)^0_{-\delta_p}$
制件要求内径尺寸	$r_d=(r_p+0.5Z+0.1t)^{+\delta_d}_0$	$r_p=(r_{min}+0.4\Delta)^0_{-\delta_p}$

注：R_{max}、r_{min}——制件角部外径最大尺寸、内径最小尺寸，mm；

　　Δ——制件公差，mm；

　　δ_p、δ_d——凸、凹模的制造公差，mm，取值与筒形件相同。

6.6.4　拉深凸、凹模结构设计

（1）凹模的结构形式

① 普通平端面凹模结构如图 6-31（a）和图 6-32（a）所示。

② 锥形凹模结构如图 6-33 所示，采用锥形凹模拉深所需要的拉深力减小，允许更大的变形和采用较小的拉深系数。同时，凹模锥面使制件在拉深过程中增加抗失稳起皱的能力，因而主要用于拉深相对厚度较小的制件，且不易起皱。

（2）凸模的结构形式

① 拉深直径 $d \leqslant 100mm$ 的制件、宽凸缘件或形状复杂的制件，所用凸模结构如图 6-32 所示。

② 拉深直径 $d > 100mm$ 的中型或大型圆筒形件或非圆筒形件时，采用带斜角的凸模结构，如图 6-31 所示。这种结构除具有锥形凹模拉深的特点外，还能减轻拉深件的反复弯曲变形，提高制件侧壁的质量。凸模采用这种形式，必须使后续工序的凹模锥角和前道工序凸模斜角相等，前道工序凸模锥顶的直径小于后续工序凹模直径，以此减轻拉深的反复弯曲变形，提高制件的质量，但最后一次拉深，为保证制件底部平整，须对底部的结构进行改进设计。

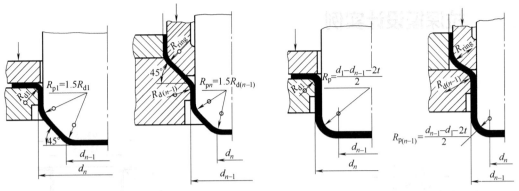

<table>
<tr><td>(a) 平端面凹模首次拉深</td><td>(b) 带定位圈凹模的后次拉深</td><td>(a) 平端面凹模首次拉深</td><td>(b) 带定位圈凹模的后次拉深</td></tr>
</table>

图 6-31 带压边圈 $d > 100\text{mm}$ 的拉深模凸、凹模结构　图 6-32 带压边圈 $d \leqslant 100\text{mm}$ 的拉深模凸、凹模结构

为拉深顺利和便于推卸卡在凸模上的制件，拉深凸模必须设有出气孔，孔的大小按制件大小而定，一般取 $d = 2 \sim 6\text{mm}$。

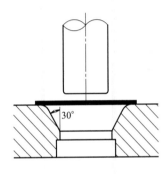

图 6-33　锥形凹模结构

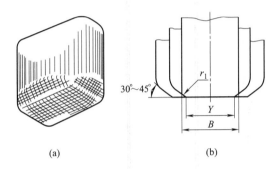

图 6-34　n-1 次拉深半成品形状

③ 矩形件 n-1 道拉深工序凸模形状。为了有利于最后一道拉深工序中毛坯的变形和提高制件侧壁的表面质量，在 n-1 道拉深工序后所得到的半成品应具有图 6-34（a）所示的底部形状，即半成品的底面和矩形件的底平面尺寸相同，并用 $30° \sim 45°$ 的斜面过渡到半成品的侧壁。尺寸关系如图 6-34（b）所示。图中斜度开始尺寸为

$$Y = B - 1.11r_1 \tag{6-42}$$

这时，n-1 道工序的拉深凸模要做成与该道（次）拉深半成品相同的形状和尺寸，而最后一道拉深工序的凹模和压边圈的工作部分也要做成与 n-1 道工序半成品尺寸相适应的斜面。

（3）凸、凹模表面质量要求

凸、凹模表面硬度和粗糙度对拉深影响很大，尤其是圆角半径 "R" 处，凹模的圆角粗糙度要求最小，做到表面越光越好，粗糙度 $Ra \leqslant 0.2\mu\text{m}$。其余工作部分粗糙度均应不低于 $Ra\ 0.4\mu\text{m}$。

（4）圆形凸模中间排气孔直径的确定

圆形凸模中间排气孔直径的确定见表 6-52。

表 6-52　圆形凸模中间的排气孔直径的确定　　　　　　　单位：mm

凸模直径	排气孔直径	凸模直径	排气孔直径
小于 25	1.0 ~ 3.0	100 ~ 200	7.0 ~ 8.0
25 ~ 50	3.0 ~ 5.0	大于 200	大于 8.5
50 ~ 100	5.5 ~ 6.5		

注：高速拉深时，孔径必须增大。

6.7 拉深模设计实例

6.7.1 工艺分析

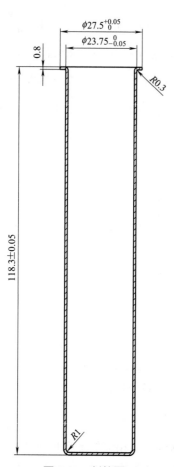

图 6-35　制件图

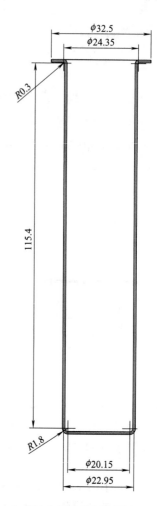

图 6-36　加修边余量后的制件图

如图 6-35 所示为某家用电器的管壳拉深件，材料为 ST14，料厚为 0.8mm，年需求量较大（年产量 100 多万件）。该制件外形由外径 $\phi 23.75_{-0.05}^{\ 0}$ mm、凸缘 $\phi 27.5_{\ 0}^{+0.05}$ mm 和高度（118.3±0.05）mm 的尺寸组成。从图 6-35 可以看出，该制件是一个窄凸缘圆筒形拉深件，尺寸及外观要求高。因该制件直径是高度的 5 倍以上，因此该制件判定为深拉深件。经分析，该制件可采用单工序模及传递模设计，结合工厂实际设备的状况及加工能力，选用单工序模设计较为合理。其冲压工艺有圆形毛坯落料、拉深及制件切边等。

6.7.2 拉深工艺计算

6.7.2.1 毛坯计算

如图 6-35 所示，该制件为窄凸缘拉深件。从表 6-3 查得，当制件 $d_{凸}/d=1.19$，凸缘直径为

$\phi27.5$mm 时，修边余量 $\delta=2.5$mm。其毛坯尺寸可以按图 6-36 的尺寸计算。

如图 6-36 所示，可按表 6-5 序号 20 公式计算毛坯直径。

$$D= \sqrt{d_1^2 + 6.28rd_1 + 8r^2 + 4d_2h + 6.28r_1d_2 + 4.56r_1^2 + d_4^2 - d_3^2}$$
$$= \sqrt{20.15^2 + 6.28\times1.8\times20.15 + 8\times1.8^2 + 4\times22.95\times115.4 + 6.28\times0.3\times22.95 + 4.56\times0.3^2 + (32.5^2 - 24.35^2)}$$
$$= \sqrt{11297.09 + 463.3} \approx 108.44 \text{（mm）（实际取 108.5mm）}$$

6.7.2.2 拉深系数及拉深直径计算

该制件首次拉深把凸缘部分的材料全部拉入凹模内，因此首次拉深按无凸缘零件计算拉深系数，以后各次拉深系数按窄凸缘筒形拉深件计算，毛坯相对厚度：

$$\frac{t}{D} \times 100= \frac{0.8}{108.5} \times 100 \approx 0.73$$

从表 6-11 得首次拉深的拉深系数 $m_1=0.53$；以后各次拉深系数从表 6-12 得 $m_2=0.76$，$m_3=0.79$，$m_4=0.82$，$m_5=0.84$。

求得各工序拉深直径如下：

首次拉深直径：

$d_1=m_1D=0.53\times108.5 \approx 57.5$（mm）

第 2 次拉深直径：

$d_2=m_2d_1=0.76\times57.5 \approx 43.7$（mm）（取值 43.5mm）

第 3 次拉深直径：

$d_3=m_3d_2=0.79\times43.5 \approx 34.0$（mm）

第 4 次拉深直径：

$d_4=m_4d_3=0.82\times34.0 \approx 28.0$（mm）

第 5 次拉深直径：

$d_5=m_5d_4=0.84\times28.0 \approx 23.5$（mm）

从以上计算可以看出，第 5 次拉深的直径小于图 6-35 制件的外径。考虑该制件拉深高度较高，根据以往的经验分析，要再加一道拉深工序，那么该制件共为 6 次拉深。经调整后的拉深系数为：$m'_1=0.56$，$m'_2=0.77$，$m'_3=0.80$，$m'_4=0.83$，$m'_5=0.85$，$m'_6=0.89$。

重新计算各工序的拉深直径如下。

首次拉深直径：

$d'_1=m'_1D=0.56\times108.5 \approx 60.8$（mm）（取值 60.5mm ）

第 2 次拉深直径：

$d'_2=m'_2d_1=0.77\times60.5 \approx 46.6$（mm）（取值 46.5mm）

第 3 次拉深直径：

$d'_3=m'_3d_2=0.80\times46.5 \approx 37.2$（mm）（取值 37.5mm）

第 4 次拉深直径：

$d'_4=m'_4d_3=0.83\times37.5 \approx 31$（mm）

第 5 次拉深直径：

$d'_5=m'_5d_4=0.85\times31 \approx 26.3$（mm）（取值 26.5mm）

第 6 次拉深直径：

$d'_6=m'_6d_5=0.89\times26.5 \approx 23.6$（mm）（取值 23.75mm）

6.7.2.3 各工序拉深高度及凸、凹模圆角半径的计算

（1）凸、凹模圆角半径计算

① 第 1 次拉深的凹模圆角半径按式（6-35）计算：

$$r_{d1} = 0.8\sqrt{(D-d)t} = 0.8\sqrt{(108.5-60.5)\times 0.8} \approx 5.0 \text{ (mm)}$$

以后各次拉深的凹模圆角半径按式（6-37）"$r_{dn} = (0.6 \sim 0.9)r_{d(n-1)}$"计算得：$r_{d2} \approx 3.7 \text{mm}$，$r_{d3} \approx 2.8 \text{mm}$，$r_{d4} \approx 2 \text{mm}$，$r_{d5} \approx 1.5 \text{mm}$，$r_{d6} \approx 1.1 \text{mm}$。

② 凸模圆角半径按式（6-38）"$r_p = (0.6 \sim 1)r_d$"计算得：$r_{p1} \approx 5.0 \text{mm}$，$r_{p2} \approx 3.7 \text{mm}$，$r_{p3} \approx 2.5 \text{mm}$，$r_{p4} \approx 1.8 \text{mm}$，$r_{p5} \approx 1.5 \text{mm}$，$r_{p6} \approx 1.0 \text{mm}$。

（2）各工序拉深高度计算

对于窄凸缘筒形拉深件，可在前几次拉深中不留凸缘，先拉成圆筒形件，其拉深高度可按表 6-16 序号 2 计算。而在以后工序的拉深中，当拉深直径与凸缘的直径接近时，开始留出凸缘。其拉深高度可按式（6-17）计算。

该制件的第 1~3 次拉深高度按无凸缘拉深计算，第 4~6 次拉深高度按有凸缘计算，具体计算如下：

首次拉深高度：

$$h_1 = 0.25(Dk_1 - d_1) + 0.43\frac{r_1}{d_1}(d_1 + 0.32r_1)$$

$$= 0.25 \times (108.5 \times 1.785 - 60.5) + 0.43 \times \frac{5}{60.5} \times (60.5 + 0.32 \times 5)$$

$$\approx 35.5 \text{ (mm)}$$

第 2 次拉深高度：

$$h_2 = 0.25(Dk_1k_2 - d_2) + 0.43\frac{r_2}{d_2}(d_2 + 0.32r_2)$$

$$= 0.25 \times (108.5 \times 1.785 \times 1.299 - 46.5) + 0.43 \times \frac{3.7}{46.5} \times (46.5 + 0.32 \times 3.7)$$

$$\approx 53 \text{ (mm)}$$

第 3 次拉深高度：

$$h_3 = 0.25(Dk_1k_2k_3 - d_3) + 0.43\frac{r_3}{d_3}(d_3 + 0.32r_3)$$

$$= 0.25 \times (108.5 \times 1.785 \times 1.299 \times 1.25 - 37.5) + 0.43 \times \frac{2.5}{37.5} \times (37.5 + 0.32 \times 2.5)$$

$$\approx 70.3 \text{ (mm)}$$

设第 4 次拉深时多拉入 4% 的材料，为了计算方便，先求出假想的毛坯直径：

$$D_4 = \sqrt{11297.09 \times 1.04 + 463.3} \approx 110.5 \text{ (mm)}$$

故

$$h_4 = 0.25\frac{D_4^2 - d_凸^2}{d_4} + 0.43(r_4 + R_4) + \frac{0.14}{d_4}(r_4^2 - R_4^2)$$

$$= 0.25 \times \frac{110.5^2 - 32.5^2}{31} + 0.43 \times (1.8 + 2) + \frac{0.14}{31} \times (1.8^2 - 2^2)$$

$$\approx 91.6 \text{ (mm)}$$

设第 5 次拉深时多拉入 2% 的材料（其余 2% 的材料返回到凸缘上），为了计算方便，先求出假想的毛坯直径：

$$D_5 = \sqrt{11297.09 \times 1.02 + 463.3} \approx 109.5 \text{ (mm)}$$

故

$$h_5 = 0.25\frac{D_5^2 - d_凸^2}{d_5} + 0.43(r_5 + R_5) + \frac{0.14}{d_5}(r_5^2 - R_5^2)$$

$$= 0.25 \times \frac{109.5^2 - 32.5^2}{26.5} + 0.43 \times (1.5 + 1.5) + \frac{0.14}{26.5} \times (1.5^2 - 1.5^2)$$

$$\approx 104.4 \ (\text{mm})（实取 104.5mm）$$

第 6 次拉深高度等于制件的高度，得 h_6=117.5mm。

6.7.2.4 拉深压边力、拉深力及拉深总工艺力的计算

（1）拉深压边力计算

首次拉深压边力计算见表 6-36 公式：

$$Q_1 = \frac{\pi}{4}\left[D^2 - (d_1 + 2r_d)^2\right]q$$

$$= \frac{3.14}{4} \times \left[108.5^2 - (60.5 + 2 \times 5)^2\right] \times 3 \approx 16 \ (\text{kN})$$

第 2 次拉深压边力计算见表 6-36 公式：

$$Q_2 = \frac{\pi}{4}\left[d_1^2 - (d_2 + 2r_{d2})^2\right]q$$

$$= \frac{3.14}{4} \times \left[60.5^2 - (46.5 + 2 \times 3.7)^2\right] \times 3 \approx 1.8 \ (\text{kN})$$

第 3 次拉深压边力计算：

$$Q_3 = \frac{\pi}{4}\left[d_2^2 - (d_3 + 2r_{d3})^2\right]q$$

$$= \frac{3.14}{4} \times \left[46.5^2 - (37.5 + 2 \times 2.8)^2\right] \times 3 \approx 0.72 \ (\text{kN})$$

第 4 次拉深压边力计算：

$$Q_4 = \frac{\pi}{4}\left[d_3^2 - (d_4 + 2r_{d4})^2\right]q$$

$$= \frac{3.14}{4} \times \left[37.5^2 - (31 + 2 \times 2)^2\right] \times 3 \approx 0.43 \ (\text{kN})$$

第 5 次拉深压边力计算：

$$Q_5 = \frac{\pi}{4}\left[d_4^2 - (d_5 + 2r_{d5})^2\right]q$$

$$= \frac{3.14}{4} \times \left[31^2 - (26.5 + 2 \times 1.5)^2\right] \times 3 \approx 0.21 \ (\text{kN})$$

（2）拉深力计算

该制件拉深力可按表 6-39 圆筒形有压边拉深计算，首次拉深按表中首次拉深力计算，第 2～6 次拉深按表中首次拉深后的各次拉深力计算，具体计算如下。

首次拉深力计算：

$$F_1 = \pi d_{p1} t \sigma_b K_1$$

$$= 3.14 \times 60.5 \times 0.8 \times 320 \times 0.90 \approx 43.8 \ (\text{kN})$$

第 2 次拉深力计算：

$$F_2 = \pi d_{p2} t \sigma_b K_2$$

$$= 3.14 \times 46.5 \times 0.8 \times 320 \times 0.82 \approx 30.6 \ (\text{kN})$$

第 3 次拉深力计算：

$$F_3 = \pi d_{p3} t \sigma_b K_3$$

$$=3.14 \times 37.5 \times 0.8 \times 320 \times 0.7 \approx 21.1 \text{（kN）}$$

第 4 次拉深力计算：

$$F_4 = \pi d_{p4} t \sigma_b K_4$$
$$=3.14 \times 31.5 \times 0.8 \times 320 \times 0.57 \approx 14.43 \text{（kN）}$$

第 5 次拉深力计算：

$$F_5 = \pi d_{p5} t \sigma_b K_5$$
$$=3.14 \times 26.5 \times 0.8 \times 320 \times 0.46 \approx 9.8 \text{（kN）}$$

第 6 次拉深力计算：

$$F_6 = \pi d_{p6} t \sigma_b K_6$$
$$=3.14 \times 23.75 \times 0.8 \times 320 \times 0.35 \approx 6.68 \text{（kN）}$$

σ_b 取 270 ～ 350MPa，本次计算取 320MPa。

（3）拉深总工艺力计算

拉深总工艺力按式（6-32）计算。

首次拉深总工艺力：$F_{总1} = F_1 + Q_1 = 43.8 + 16 = 59.8$ （kN）

第 2 次拉深总工艺力：$F_{总2} = F_2 + Q_2 = 30.6 + 1.8 = 32.4$ （kN）

第 3 次拉深总工艺力：$F_{总3} = F_3 + Q_3 = 21.1 + 0.72 = 21.82$ （kN）

第 4 次拉深总工艺力：$F_{总4} = F_4 + Q_4 = 14.43 + 0.43 = 14.86$ （kN）

第 5 次拉深总工艺力：$F_{总5} = F_5 + Q_5 = 9.8 + 0.21 = 10.01$ （kN）

第 6 次拉深是无压边，只有卸料，因此拉深总工艺力直接使用拉深力（拉深力为 6.68kN）。

考虑到该制件拉深较高，因此拉深部分均采用开式压力机 JZ21-160（1600kN）冲压。

6.7.3　工序图设计

根据以上计算的毛坯尺寸、拉深系数、拉深直径及各工序拉深高度等数据，绘制出如图 6-37 所示的制件工序图。

因该制件的年产量较大，为便于维修及调试，把拉深前落毛坯工序单独为一工序。具体冲压工艺如下：

工序 1：落料（制件毛坯 ϕ108.5mm），见图 6-37（a）；

工序 2：首次拉深，见图 6-37（b）；

工序 3：第 2 次拉深，见图 6-37（c）；

工序 4：第 3 次拉深，见图 6-37（d）；

工序 5：第 4 次拉深，见图 6-37（e）；

工序 6：第 5 次拉深，见图 6-37（f）；

工序 7：第 6 次拉深及凸缘整形，见图 6-37（g）；

工序 8：切边（制件与凸缘处废料分离），见图 6-37（h）。

6.7.4　模具工作部分尺寸的确定

（1）拉深凸、凹模间隙计算

该制件料厚为 0.8mm，有压边圈，拉深凸、凹模间隙可参考表 6-47 取得。

首次拉深及第 2、3 次拉深凸、凹模的间隙：

$c = 1.2t = 1.2 \times 0.8 = 0.96$ （mm）

第 4、5 次拉深凸、凹模的间隙：

$c=1.1t=1.1\times0.8=0.88$（mm）

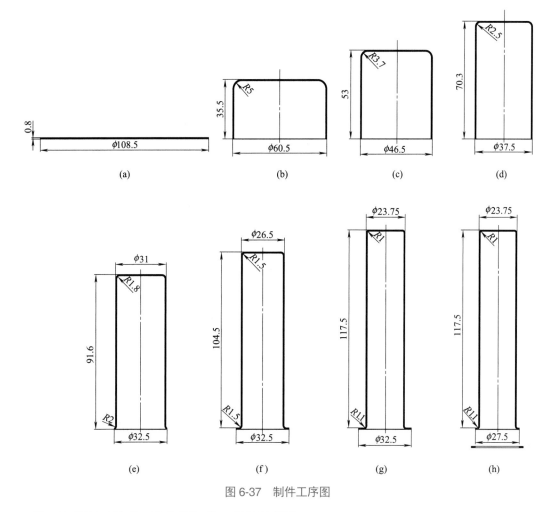

图 6-37　制件工序图

第 6 次拉深（最后一次拉深）凸、凹模的间隙：

$c=t=0.8$mm

（2）拉深凸、凹模工作部分尺寸的计算

从图 6-35 可以看出，该制件公差标注在外形，那么，模具的制造公差以凹模为基准。其制件公差一般是在最后一工序拉深来控制的，因此对最后一工序拉深的凸、凹模工作部分尺寸要求较为严格。

首次拉深、第 2～5 次拉深的凹模尺寸为：

$D_{d1}=60.5\,^{+0.06}_{0}$ mm

$D_{d2}=46.5\,^{+0.06}_{0}$ mm

$D_{d3}=37.5\,^{+0.06}_{0}$ mm

$D_{d4}=31\,^{+0.06}_{0}$ mm

$D_{d5}=26.5\,^{+0.06}_{0}$ mm

由表 6-48 所列的公式计算出最后一次（第 6 次）拉深凹模的尺寸为：

$D_{d6}=(D-0.75\Delta)^{+\delta_d}_{0}$

$$= (23.75-0.75\times0.05)^{+0.015}_{0}$$

$$\approx 23.71^{+0.015}_{0} \ (\text{mm})$$

首次拉深、第 2 ~ 5 次拉深的凸模尺寸为：

$$d_{p1}=D_{d1}-2c=60.5-2\times0.96=58.58^{\ 0}_{-0.04} \ (\text{mm})$$

$$d_{p2}=D_{d2}-2c=46.5-2\times0.96=44.58^{\ 0}_{-0.035} \ (\text{mm})$$

$$d_{p3}=D_{d3}-2c=37.5-2\times0.96=35.58^{\ 0}_{-0.035} \ (\text{mm})$$

$$d_{p4}=D_{d4}-2c=31-2\times0.88=29.24^{\ 0}_{-0.035} \ (\text{mm})$$

$$d_{p5}=D_{d5}-2c=26.5-2\times0.88=24.74^{\ 0}_{-0.035} \ (\text{mm})$$

由表 6-48 所列的公式计算出最后一次（第 6 次）拉深凸模的尺寸为：

$$d_p=(D-0.75\Delta-2c)^{\ 0}_{-\delta_p}$$

$$= (23.75-0.75\times0.05-2\times0.8)^{\ 0}_{-0.01}\approx 22.11^{\ 0}_{-0.01} \ (\text{mm})$$

6.7.5 主要拉深工序模具结构设计与制造及装配

根据图 6-37 制件工序图及结合模具工作部分的计算，设计出各工序的模具结构图。

从图 6-35 可以看出，该制件的长径比较大，而且的外形精度要求很高，因此各工序的拉深凹模及首次拉深的压边圈均采用硬质合金（YG15）制造；凸模采用 SKH51 制造，热处理 62 ~ 64HRC。为保证拉深能顺利进行，防止拉深件起皱，除工序 7 最后一次拉深（第 6 次拉深）无压边拉深外，其余各工序拉深模具结构中均采用弹性压边圈压料。下面介绍几副典型模具的结构设计与制造要点。

6.7.5.1 首次拉深模具结构设计与主要零部件加工

（1）首次拉深模具结构图设计

管壳首次拉深模具结构如图 6-38 所示。该模具特点如下：

① 通常首次拉深带毛坯落料复合工艺来冲压。为提高材料利用率，使模具维修、调试更方便，该模具毛坯采用单独的一出三排列连续冲压的落料模（图中未画出），首次拉深为单独的拉深模具结构（见图 6-38）。

② 为保证模具的导向精度，该模具内导向装置采用自润滑小导柱、导套导向，外导向装置采用滚珠导柱、导套导向。

③ 为增加拉深凹模及压边圈的耐磨性，该模具采用硬质合金（YG15）制造。

④ 为使压边圈压料更稳定，该模具使用氮气弹簧代替普通的弹簧或橡胶。

⑤ 冲压动作：手工放入 ϕ108.5mm 的圆形毛坯，毛坯是靠挡料销 19 来定位。上模下行，先利用下模的导柱、小导柱与上模的导套、小导套导向。上模继续下行，拉深凹模 14 与压边圈 5 将毛坯压紧后，开始进入拉深工作，直到上限位柱 17 与下限位柱 21 紧贴时拉深结束。上模上行，拉深工序件利用氮气弹簧 23 及顶件器 13 顶出拉深工序件。

（2）首次拉深主要模具零部件设计与加工

① 拉深凸模设计与加工　拉深凸模如图 6-39 所示，材料 SKH51，其加工工艺过程见表 6-53。

② 拉深凹模　拉深凹模如图 6-40 所示，材料为硬质合金 YG15，其加工工艺过程见表 6-54。

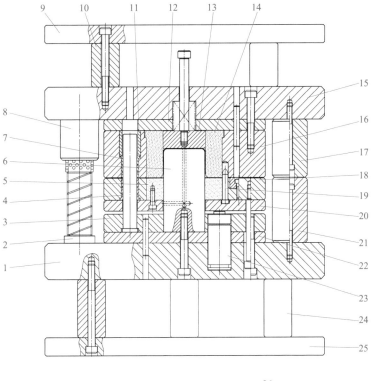

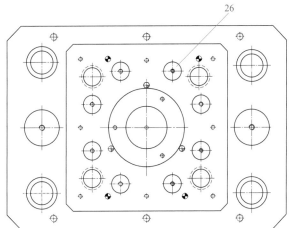

件号	名　　称	材　　料	数量	备　注	件号	名　　称	材　　料	数量	备　注
26	调压垫	Cr12	8		13	顶件器	Cr 12	1	
25	下托板	45钢	1		12	拉深凹模垫板	Cr12	1	
24	下垫脚	45钢	3		11	垫圈	45钢	4	
23	氮气弹簧		4	标准件	10	上垫脚	45钢	2	
22	拉深凸模垫板	Cr12	1		9	上托板	45钢	1	
21	下限位柱	45钢	2		8	导套		4	标准件
20	压边圈垫板	Cr12	1		7	小导套2		4	标准件
19	挡料销	CrWMn	3	标准件	6	拉深凸模	SKH51	1	
18	压边圈固定板	Cr12MoV	1		5	压边圈	硬质合金YG15	1	
17	上限位柱	45钢	2		4	小导套1		4	标准件
16	拉深凹模固定板	Cr12MoV	1		3	拉深凸模固定板	Cr12	1	
15	上模座	45钢	1		2	导柱		4	标准件
14	拉深凹模	硬质合金YG15	1		1	下模座	45钢	1	
件号	名　　称	材　　料	数量	备　注	件号	名　　称	材　　料	数量	备　注

图6-38　管壳首次拉深模具结构

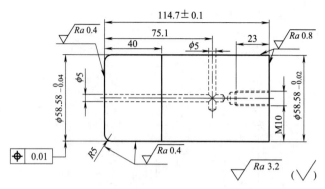

图 6-39　拉深凸模（见图 6-38 件 6）

表 6-53　拉深凸模加工工艺过程（供参考）

序号	名称	内　容	简　图
1	备料	割棒料尺寸 ϕ63mm×135mm	
2	车	① 钻出中心孔 ② 按图示形状车削出外圆直径及两端面（包含 R5.5mm），单边留 0.5mm 余量 ③ 钻 ϕ8.5mm 的螺纹底孔，攻 M10×23.5mm 的螺纹孔 ④ 钻 ϕ5mm×83mm 的排气孔	
3	钳工（钻）	钻侧面 ϕ5mm×37.3mm 的排气孔	
4	热处理	淬火回火至 62～64HRC	
5	数控车	按图示形状车出外圆直径及两端面（包含 R5.1mm），单边留 0.03mm 余量	
6	磨	按图示形状磨两端面高度至要求尺寸	
7	外圆磨	按图示形状磨外圆直径及 R 角至要求尺寸	

序号	名称	内 容	简 图
8	研磨	凸模工作部分研磨至要求尺寸	
9	检验		

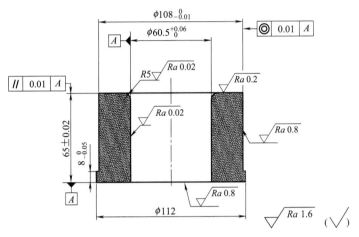

图 6-40 拉深凹模（见图 6-38 件 14）

表 6-54 拉深凹模加工工艺过程（供参考）

序号	名称	内 容	简 图
1	备料	到专业的厂家定制坯料，内、外形单面留 1.0mm 余量；高度单面留 1.0mm 余量	ϕ110 ϕ58.5 67 10 ϕ114
2	磨	按图加工两平面至要求尺寸	65 8.5
3	内、外圆磨（粗磨）	按图示形状磨出内、外圆直径及 R 角，单边留 0.03mm 余量	ϕ108.06 ϕ60.44 R4.97 8.06 ϕ112.06

序号	名称	内容	简 图
4	内、外圆磨（精磨）	按图示形状磨外圆直径（包括台阶处）至要求尺寸，内孔径及 R 角单边留 0.01mm 余量	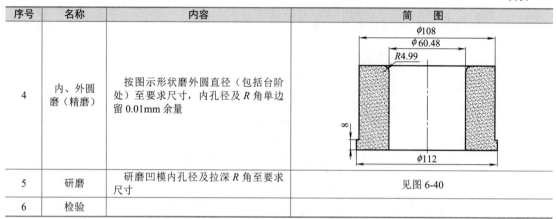
5	研磨	研磨凹模内孔径及拉深 R 角至要求尺寸	见图 6-40
6	检验		

③ 压边圈　压边圈如图 6-41 所示，材料为硬质合金 YG15，其加工工艺过程见表 6-55。

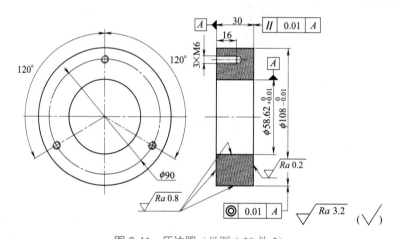

图 6-41　压边圈（见图 6-38 件 5）

表 6-55　压边圈加工工艺过程（供参考）

序号	名称	内 容	简 图
1	备料	到专业的厂家定制坯料，内、外形单面留 1.0mm 余量；高度单面留 1.0mm 余量	
2	磨	按图加工两平面至要求尺寸	
3	内、外圆磨（粗磨）	按图示形状磨出内、外圆直径，单边留 0.03mm 余量	

序号	名称	内 容	简 图
4	内、外圆磨（精磨）	按图示形状磨出内、外圆直径至要求尺寸	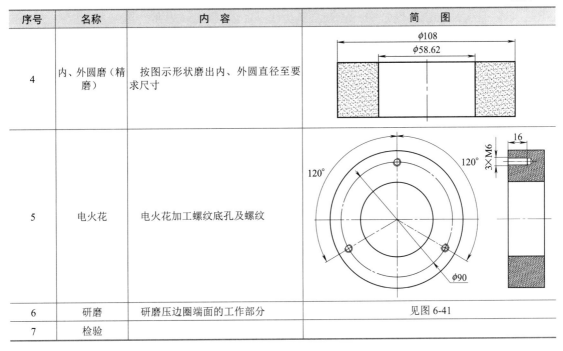
5	电火花	电火花加工螺纹底孔及螺纹	
6	研磨	研磨压边圈端面的工作部分	见图 6-41
7	检验		

④ 拉深凹模固定板　拉深凹模固定板如图 6-42 所示，材料为 Cr12MoV，其加工工艺过程见表 6-56。

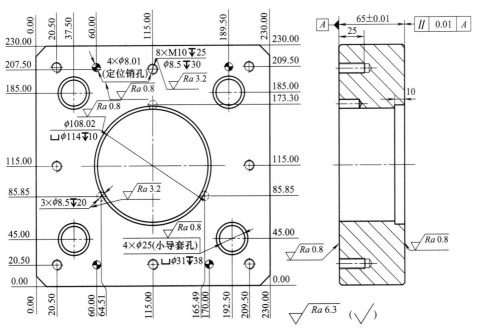

图 6-42　拉深凹模固定板（见图 6-38 件 16）

表 6-56　拉深凹模固定板加工工艺过程（供参考）

序号	名称	内 容	简 图
1	备料	割板料毛坯成 235mm×235mm×69mm	图略
2	刨	刨六面，加工成 231mm×231mm×66mm	图略

序号	名称	内　容	简　图
3	磨	磨六面	图略
4	划线	按图示划线	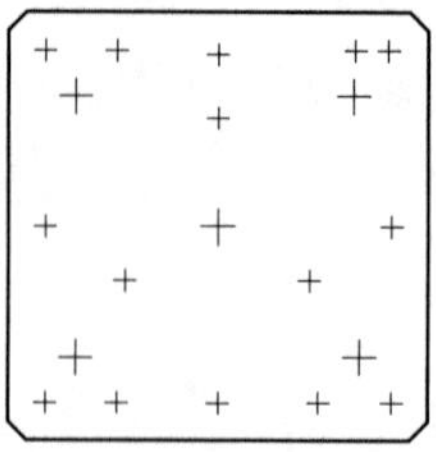
5	钳工（钻孔、攻螺纹）	①钻 4 个 ϕ4mm 的穿丝孔 ②钻 4 个 ϕ16mm 的穿丝孔，ϕ31mm 正面沉头深 38mm ③钻 1 个 ϕ90mm 的穿丝孔，ϕ114mm 正面沉头深 10.25mm ④背面钻 3 个 ϕ8.5mm、深 20mm 的让位孔 ⑤背面钻 8 个 ϕ8.5mm、深 30mm 的螺纹底孔，背面攻 M10、深 25mm 的螺纹孔	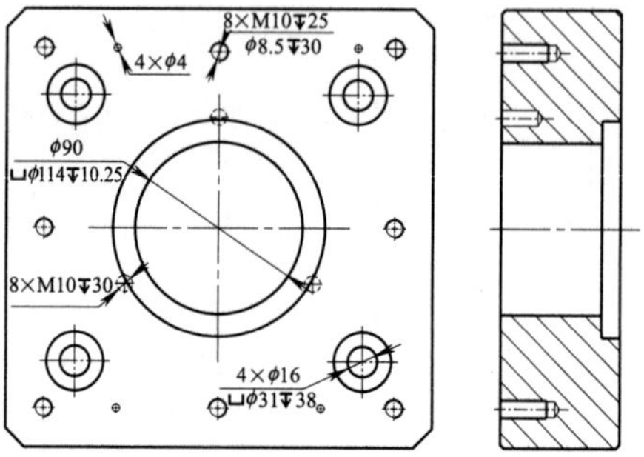
6	钳工（倒角）	四周 C2 倒角	
7	热处理	淬火回火至 55 ~ 58HRC	
8	磨	磨六面至要求尺寸	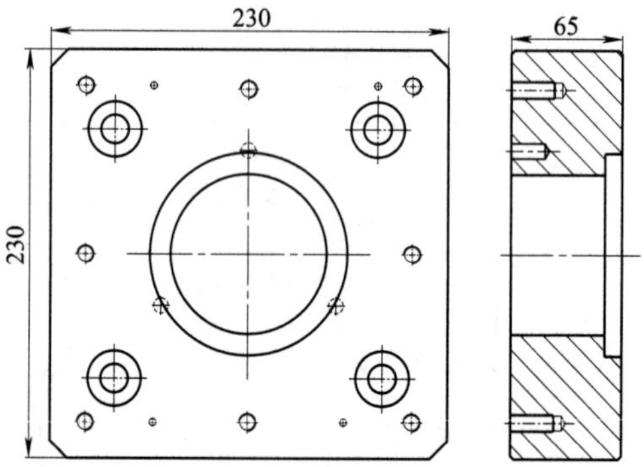
9	线切割（慢走丝）	将线切割（慢走丝）铜丝分别穿到 ϕ4mm、ϕ16mm 及 ϕ90mm 的穿丝孔里，然后按图中要求加工各型孔	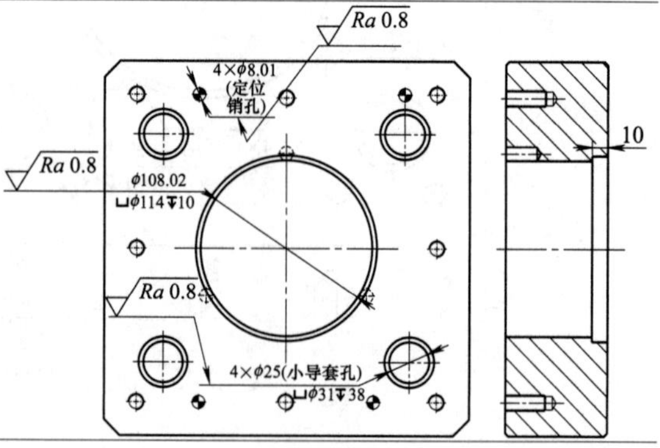
10	检验		

⑤ 压边圈固定板　压边圈固定板如图 6-43 所示，材料为 Cr12MoV，其加工工艺过程见表 6-57。

（3）首次拉深模装配

管壳首次拉深模如图 6-38 所示，具体装配方法见表 6-58。

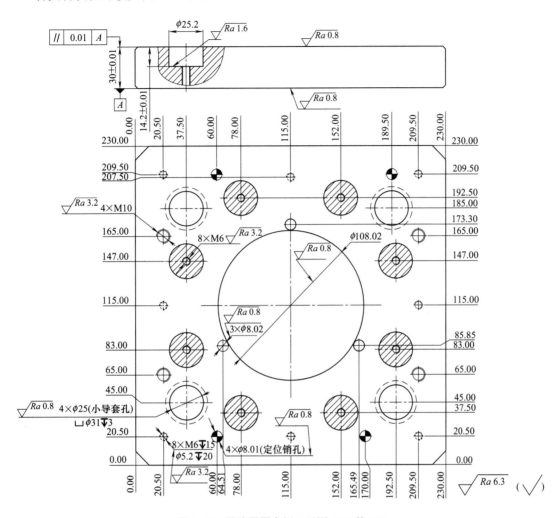

图 6-43　压边圈固定板（见图 6-38 件 18）

表 6-57　压边圈固定板加工工艺过程（供参考）

序号	名称	内　容	简　图
1	备料	割板料毛坯 235mm×235mm×34mm	图略
2	刨	刨六面，加工成 231mm×231mm×31mm	图略
3	磨	磨六面	图略
4	划线	按图示划线	

序号	名称	内　容	简　图
5	钳工（钻孔、攻螺纹）	①钻 7 个 ϕ4mm 及 1 个 ϕ90mm 的穿丝孔 ②钻 4 个 ϕ16mm 的穿丝孔，ϕ31mm 正面沉头深 3.3mm ③钻 8 个 ϕ5.2mm 的螺纹底孔，攻 M6 螺纹孔，同时沉孔 ϕ25.2mm、深 14.2mm ④钻 8 个 ϕ5.2mm、深 20mm 的螺纹底孔，攻 M6、深 15mm 的螺纹孔 ⑤钻 4 个 ϕ8.5mm 的螺纹底孔，攻 M10 螺纹孔	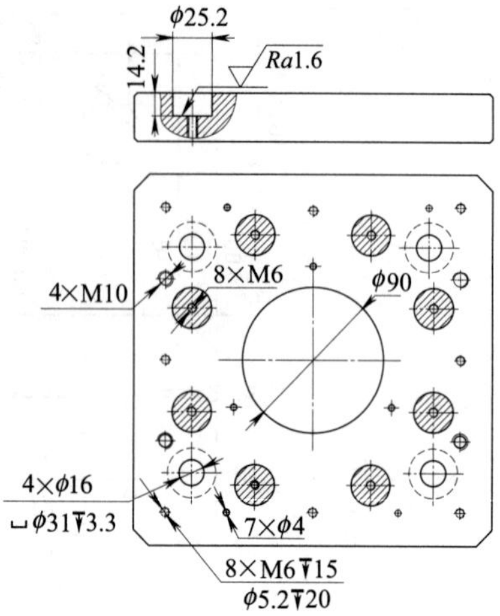
6	钳工（倒角）	四周 C2 倒角	
7	热处理	淬火回火至 55～58HRC	
8	磨	磨六面至要求尺寸	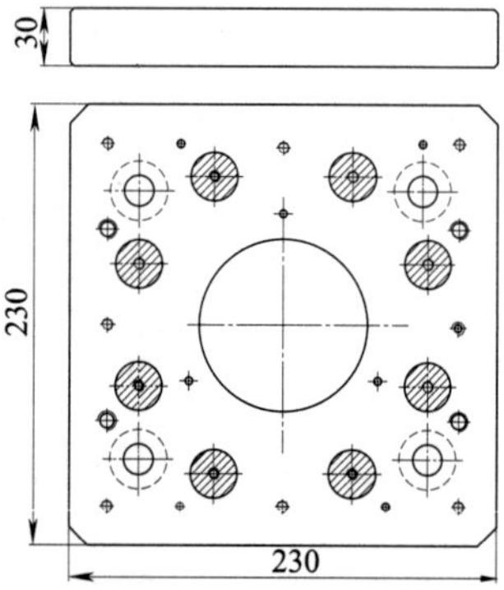
9	加工中心	精加工 8 个沉孔 ϕ25.2mm、深（14.2±0.01）mm 的底面尺寸	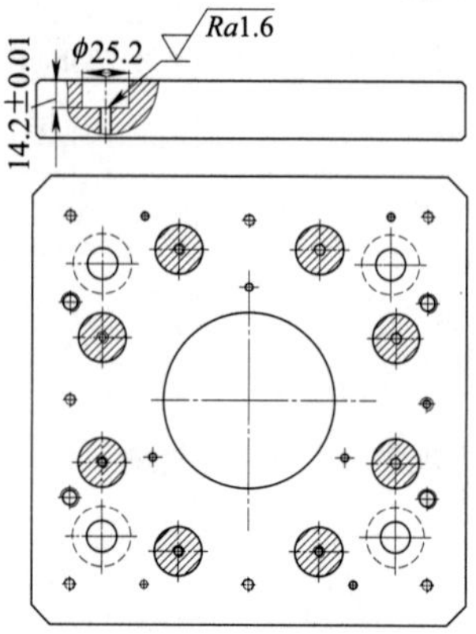

序号	名称	内 容	简 图
10	线切割（慢走丝）	将线切割（慢走丝）铜丝分别穿到 ϕ4mm、ϕ16mm 及 ϕ90mm 的穿丝孔里，然后按图中要求加工各型孔	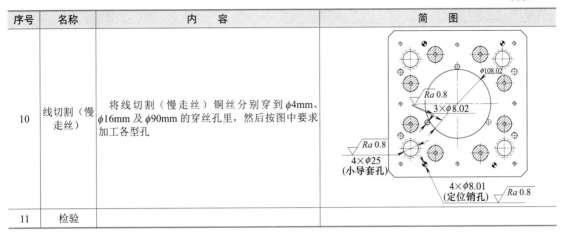
11	检验		

表 6-58　管壳首次拉深模装配方法（供参考）

序号	工序	简图	工艺说明
1	模架装配		模架装配见第 4 章表 4-56 序号 2
2	下模部分装配	1—拉深凸模垫板；2—小导柱；3—圆柱销；4—拉深凸模；5，7—螺钉；6—拉深凸模固定板；8—下模座	步骤一：将拉深凸模垫板 1 安装在下模座 8 上 步骤二：将拉深凸模 4、小导柱 2 安装在拉深凸模固定板 6 上 步骤三：将拉深凸模固定板 6 安装在拉深凸模垫板 1 上，用圆柱销 3 将拉深凸模垫板 1、拉深凸模固定板 6 及下模座 8 三者一起定位，并用螺钉 7 紧固 步骤四：最后将拉深凸模 4 用螺钉与拉深凸模垫板 1 及下模座 8 紧固
3	压边圈组件装配	1—压边圈固定板；2—小导套；3—压边圈；4，6—螺钉；5—挡料销；7—调压垫；8—压边圈垫板	步骤一：将压边圈 3、小导套 2 及挡料销 5 安装在压边圈固定板 1 上 步骤二：将压边圈固定板 1 与压边圈垫板 8 先用圆柱销定位，再用螺钉紧固（图中未画出） 步骤三：将压边圈 3 用螺钉 4 紧固 步骤四：最后将调压垫 7 用螺钉 6 紧固在压边圈固定板 1 上
4	下模部分与压边圈组件装配	1—压边圈组件；2—氮气弹簧；3—卸料螺钉；4—下模组件	步骤一：先将压边圈组件 1 放入下模组件 4 上进行上下移动滑配，如果上下能顺畅地滑配，取出压边圈组件 1 即可进入下一道工序装配，反之要重新配合 步骤二：先将氮气弹簧 2 安装在下模组件 4 上，再将压边圈组件 1 安装在下模组件 4 上，最后用卸料螺钉 3 连接

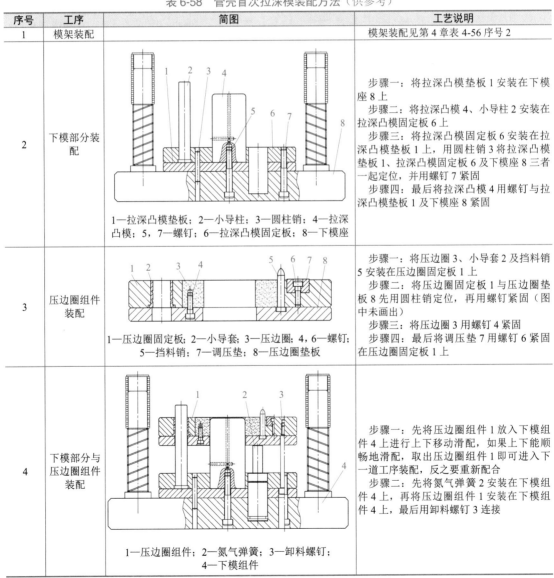

序号	工序	简图	工艺说明
5	下垫脚及下托板安装	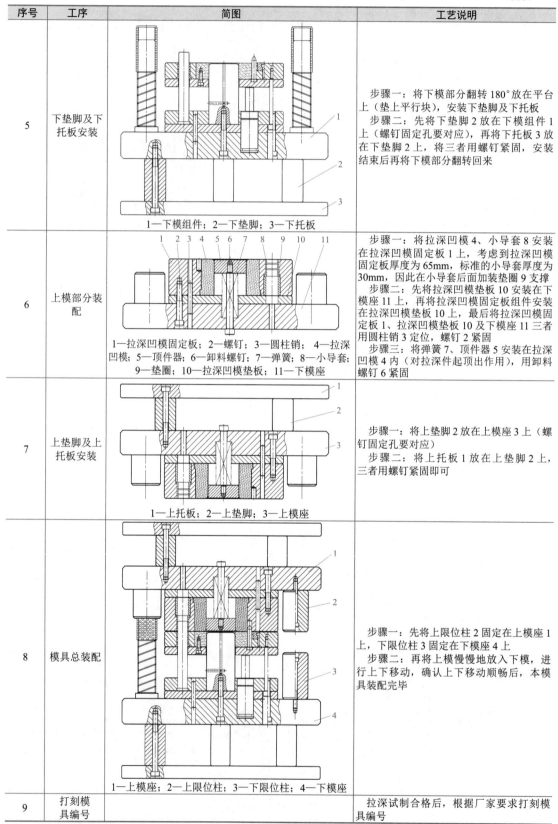1—下模组件；2—下垫脚；3—下托板	步骤一：将下模部分翻转 180°放在平台上（垫上平行块），安装下垫脚及下托板 步骤二：先将下垫脚 2 放在下模组件 1 上（螺钉固定孔要对应），再将下托板 3 放在下垫脚 2 上，将三者用螺钉紧固，安装结束后再将下模部分翻转回来
6	上模部分装配	1—拉深凹模固定板；2—螺钉；3—圆柱销；4—拉深凹模；5—顶件器；6—卸料螺钉；7—弹簧；8—小导套；9—垫圈；10—拉深凹模垫板；11—下模座	步骤一：将拉深凹模 4、小导套 8 安装在拉深凹模固定板 1 上，考虑到拉深凹模固定板厚度为 65mm，标准的小导套厚度为 30mm，因此此在小导套后面加装垫圈 9 支撑 步骤二：先将拉深凹模垫板 10 安装在下模座 11 上，再将拉深凹模固定板组件安装在拉深凹模垫板 10 上，最后将拉深凹模固定板 1、拉深凹模垫板 10 及下模座 11 三者用圆柱销 3 定位，螺钉 2 紧固 步骤三：将弹簧 7、顶件器 5 安装在拉深凹模 4 内（对拉深件起顶出作用），用卸料螺钉 6 紧固
7	上垫脚及上托板安装	1—上托板；2—上垫脚；3—上模座	步骤一：将上垫脚 2 放在上模座 3 上（螺钉固定孔要对应） 步骤二：将上托板 1 放在上垫脚 2 上，三者用螺钉紧固即可
8	模具总装配	1—上模座；2—上限位柱；3—下限位柱；4—下模座	步骤一：先将上限位柱 2 固定在上模座 1 上，下限位柱 3 固定在下模座 4 上 步骤二：再将上模慢慢地放入下模，进行上下移动，确认上下移动顺畅后，本模具装配完毕
9	打刻模具编号		拉深试制合格后，根据厂家要求打刻模具编号

6.7.5.2　第 2 次拉深模具结构设计与主要零部件加工

（1）模具结构图设计

第 2 次拉深模结构见图 6-44。

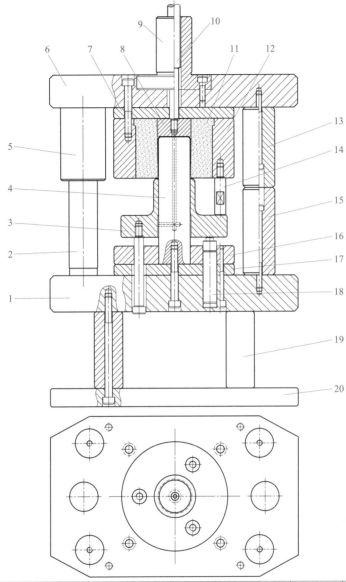

件号	名　称	材　料	数量	备注	件号	名　称	材　料	数量	备注
20	下托板	45 钢	1		10	推杆	CrWMn	1	
19	下垫脚	45 钢	2		9	模柄	45 钢	1	
18	氮气弹簧		3	标准件	8	顶件器	Cr12	1	
17	拉深凸模垫板	Cr12	1		7	拉深凹模垫板	Cr12	1	
16	拉深凸模固定板	Cr12MoV	1		6	上模座	45 钢	1	
15	下限位柱	45 钢	4		5	导套		2	标准件
14	调压杆	CrWMn	3		4	拉深凸模	SKH51	1	
13	上限位柱	45 钢	4		3	定位套	Cr12MoV	1	
12	拉深凹模固定板	Cr12MoV	1		2	导柱		2	标准件
11	拉深凹模	硬质合金YG15	1		1	下模座	45 钢	1	

图 6-44　管壳第 2 次拉深模

工作时，把首次拉深工序件套入定位套 3 上，上模下行，直到调压杆 14 接触到定位套 3，原则上定位套 3 上的头部圆弧处与拉深凹模 11 保留 1 个料厚的间隙，这时拉深工作开始进行。拉深结束，上模上行，定位套 3 在氮气弹簧 18 的作用下，把箍在拉深凸模 4 上的拉深件卸下，迫使拉深件留在拉深凹模 11 内，上模继续上行，直至推杆 10 的头部碰到压力机的打杆上，并利用推件器把拉深件从凹模内推出。

（2）第 2 次拉深主要零部件设计与加工

① 拉深凸模设计 拉深凸模如图 6-45 所示，材料 SKH51，其加工工艺过程参考表 6-53。

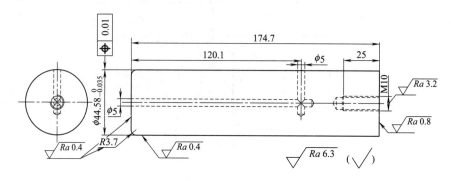

图 6-45 拉深凸模（见图 6-44 件 4）

② 拉深凹模设计与加工 拉深凹模如图 6-46 所示，材料为硬质合金 YG15，其加工工艺过程见表 6-59。

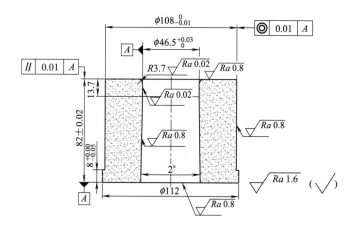

图 6-46 拉深凹模（见图 6-44 件 11）

表 6-59 拉深凹模加工工艺过程（供参考）

序号	名称	内 容	简 图
1	备料	到专业的厂家定制坯料，内、外形单面留 1.0mm 余量；高度单面留 1.0mm 余量	

序号	名称	内　　容	简　图
2	磨	按图加工两平面至要求尺寸	82　8.5
3	内、外圆磨（粗磨）	按图所示形状磨出内、外圆直径、内孔锥度及 R 角，单边留 0.03mm 余量	φ108.06　φ46.44　R3.64　13.7　8.06　2°　φ112.06
4	内、外圆磨（精磨）	按图所示形状磨外圆直径（包括台阶处）至要求尺寸，内孔径（包含锥度）及 R 角单边留 0.01mm 余量	φ108　φ46.48　R3.69　8　2°　φ112
5	研磨	研磨凹模内孔径及拉深 R 角至要求尺寸	见图 6-46
6	检验		

③ 定位套设计与加工　定位套如图 6-47 所示，材料 Cr12MoV，其加工工艺过程见表 6-60。

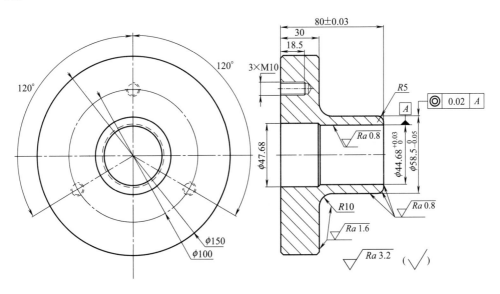

图 6-47　定位套（见图 6-44 件 3）

表 6-60　定位套加工工艺过程（供参考）

序号	名称	内　容	简　图
1	备料	割棒料 ϕ160mm×100mm	图略
2	车	按图示加工至要求尺寸	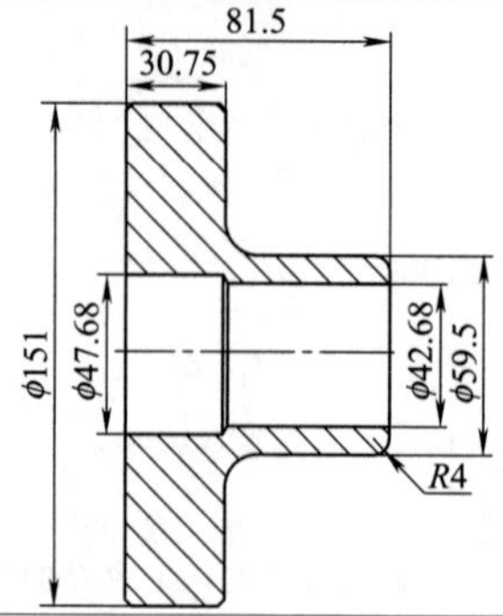
3	钳工（钻、攻螺纹）	划线、钻、攻 3 个 M10、深 18mm 的螺纹孔	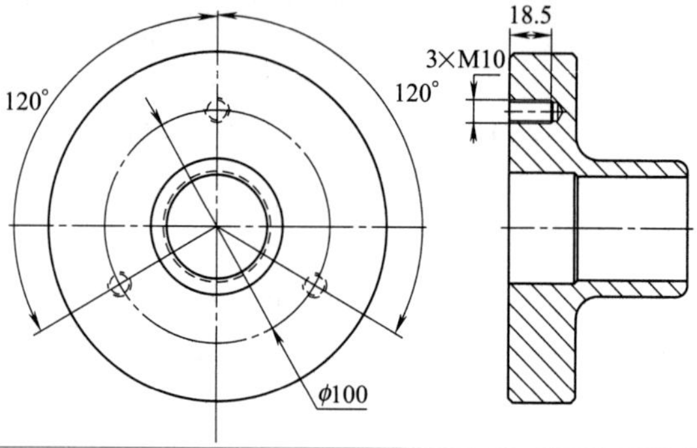
4	热处理	淬火回火至 55～58HRC	
5	数控车	按图形状车出内、外形及两端面（包含 R5.5mm）至要求尺寸	见图 6-47
6	检验		

（3）第 2 次拉深模装配

管壳第 2 次拉深模如图 6-44 所示，具体装配方法见表 6-61。

表 6-61　管壳第 2 次拉深模装配方法（供参考）

序号	工序	简　图	工艺说明
1	模架装配		模架装配见第 3 章 "3.3.6.2 模架的装配工艺"
2	下模部分装配	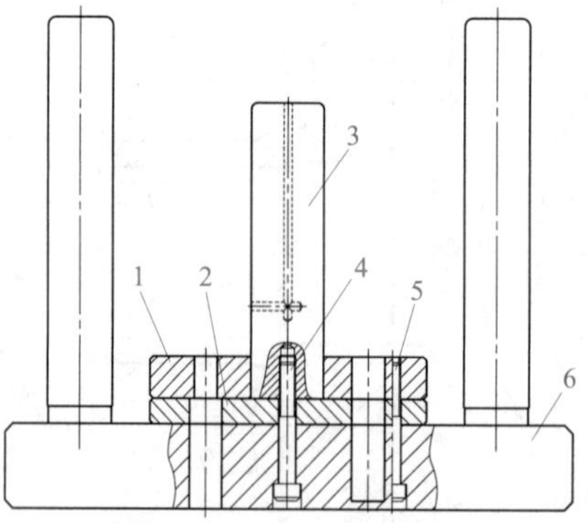 1—拉深凸模固定板；2—拉深凸模垫板；3—拉深凸模；4，5—螺钉；6—下模座	步骤一：将拉深凸模垫板 2 安装在下模座 6 上 步骤二：将拉深凸模 3 安装在拉深凸模固定板 1 上 步骤三：将拉深凸模固定板 1 安装在拉深凸模垫板 2 上，用圆柱销（图中未画出）将拉深凸模垫板 2、拉深凸模固定板 1 及下模座 6 三者一起定位，并用螺钉 5 紧固 步骤四：最后用螺钉 4 将拉深凸模 3 与拉深凸模垫板及下模座紧固

序号	工序	简图	工艺说明
3	下模部分与定位套装配	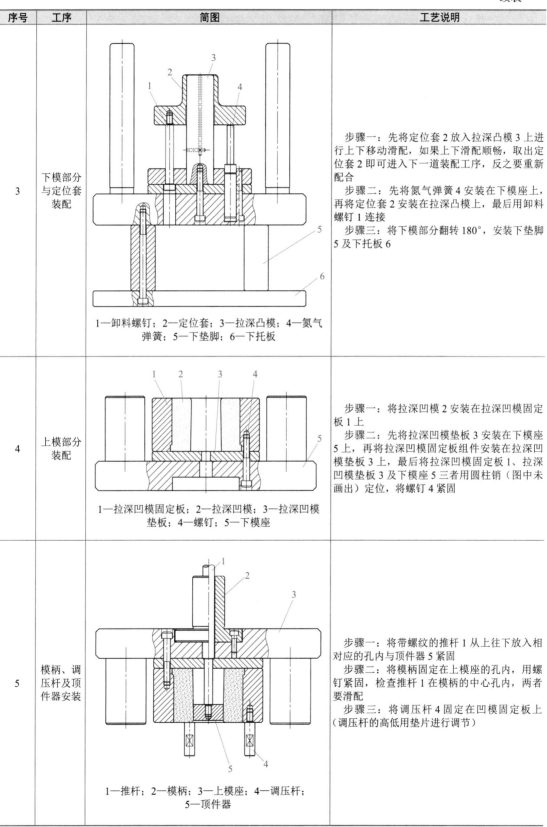1—卸料螺钉；2—定位套；3—拉深凸模；4—氮气弹簧；5—下垫脚；6—下托板	步骤一：先将定位套 2 放入拉深凸模 3 上进行上下移动滑配，如果上下滑配顺畅，取出定位套 2 即可进入下一道装配工序，反之要重新配合 步骤二：先将氮气弹簧 4 安装在下模座上，再将定位套 2 安装在拉深凸模上，最后用卸料螺钉 1 连接 步骤三：将下模部分翻转 180°，安装下垫脚 5 及下托板 6
4	上模部分装配	1—拉深凹模固定板；2—拉深凹模；3—拉深凹模垫板；4—螺钉；5—下模座	步骤一：将拉深凹模 2 安装在拉深凹模固定板 1 上 步骤二：先将拉深凹模垫板 3 安装在下模座 5 上，再将拉深凹模固定板组件安装在拉深凹模垫板 3 上，最后将拉深凹模固定板 1、拉深凹模垫板 3 及下模座 5 三者用圆柱销（图中未画出）定位，将螺钉 4 紧固
5	模柄、调压杆及顶件器安装	1—推杆；2—模柄；3—上模座；4—调压杆；5—顶件器	步骤一：将带螺纹的推杆 1 从上往下放入相对应的孔内与顶件器 5 紧固 步骤二：将模柄固定在上模座的孔内，用螺钉紧固，检查推杆 1 在模柄的中心孔内，两者要滑配 步骤三：将调压杆 4 固定在凹模固定板上（调压杆的高低用垫片进行调节）

序号	工序	简图	工艺说明
6	模具总装配	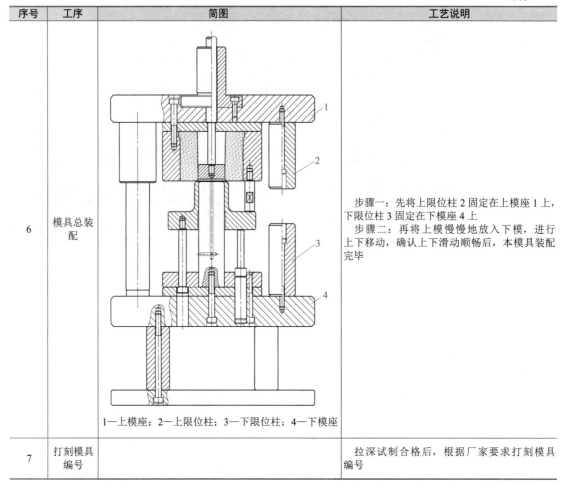 1—上模座；2—上限位柱；3—下限位柱；4—下模座	步骤一：先将上限位柱2固定在上模座1上，下限位柱3固定在下模座4上 步骤二：再将上模慢慢地放入下模，进行上下移动，确认上下滑动顺畅后，本模具装配完毕
7	打刻模具编号		拉深试制合格后，根据厂家要求打刻模具编号

6.7.5.3　第3次拉深模具结构设计

管壳第3次拉深模具结构如图6-48所示。该模具结构特点如下：

① 为减少拉深凹模6及拉深凹模固定板15的高度，增加了拉深凹模垫板13的高度，还在拉深凹模垫板13后面加一块衬板10。

② 冲压动作：把第2次拉深工序件套入定位套4上，上模下行，直到调压杆16接触到定位套4上，原则上拉深凹模6与定位套4上的头部圆弧处保留1.1t料厚的间隙，这时拉深工作开始进行。拉深结束，上模上行，定位套4在氮气弹簧19的压力下，把该工序的拉深件从拉深凸模5上卸下，使拉深件留在拉深凹模6内，上模继续上行，直至推杆12的头部碰到压力机的打杆，并利用顶件器8把拉深件从凹模内推出。

6.7.5.4　第4次拉深模具结构设计与主要零部件加工

（1）模具结构图设计

第4次拉深模结构见图6-49。工作时，把前一工序拉深件套入定位套5上，上模下行，直到调压杆17接触到定位套固定座4上，这时开始拉深工作。拉深结束，上模上行，定位套固定座4和定位套5在氮气弹簧21的压力下，把箍在拉深凸模6上的拉深件卸，使拉深件留在拉深凹模7内，上模继续上行，直至推杆12的头部碰到压力机的打杆，并利用推件器9把拉深件从凹模内推出。

为保持压边力的恒定，该结构压边力动力来源应用三个缸径ϕ20mm的氮气弹簧。

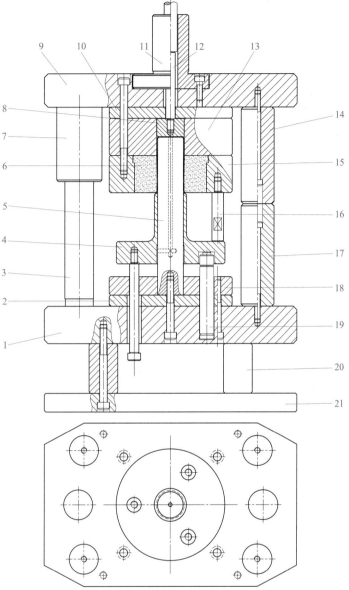

					11	模柄	45 钢	1	
21	下托板	45钢	1		10	衬板	Cr12	1	
20	下垫脚	45钢	2		9	上模座	45 钢	1	
19	氮气弹簧		3	标准件	8	顶件器	Cr12	1	
18	拉深凸模固定板	Cr12MoV	1		7	导套		2	标准件
17	下限位柱	45钢	4		6	拉深凹模	硬质合金YG15	1	
16	调压杆	CrWMn	3		5	拉深凸模	SKH51	1	
15	拉深凹模固定板	Cr12MoV	1		4	定位套	Cr12MoV	1	
14	上限位柱	45 钢	4		3	导柱		2	标准件
13	拉深凹模垫板	Cr12	1		2	拉深凸模垫板	Cr12	1	
12	推杆	CrWMn	1		1	下模座	45 钢	1	
件号	名 称	材 料	数量	备 注	件号	名 称	材 料	数量	备 注

图 6-48 管壳第 3 次拉深模

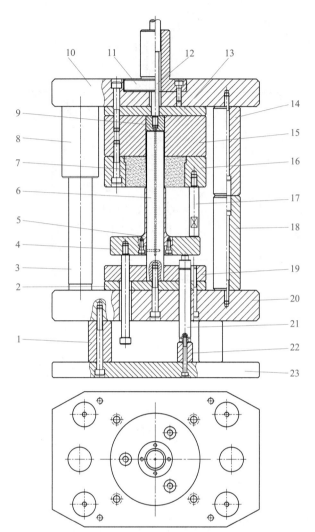

件号	名 称	材 料	数量	备 注		件号	名 称	材 料	数量	备 注
23	下托板	45 钢	1			12	推杆	CrWMn	1	
22	垫柱	45 钢	3			11	模柄	45 钢	1	
21	氮气弹簧		3	标准件		10	上模座	45 钢	1	
20	下模座	45 钢	1			9	推件器	Cr12	1	
19	拉深凸模固定板	Cr12MoV	1			8	导套		2	标准件
18	下限位柱	45 钢	4			7	拉深凹模	硬质合金YG15	1	
17	调压杆	CrWMn	3			6	拉深凸模	SKH51	1	
16	拉深凹模固定板	Cr12MoV	1			5	定位套	Cr12MoV	1	
15	拉深凹模垫板	Cr12	1			4	定位套固定座	Cr12	1	
14	上限位柱	45 钢	4			3	导柱		2	标准件
13	衬板	Cr12	1			2	拉深凸模垫板	Cr12	1	
件号	名 称	材 料	数量	备 注		1	下垫脚	45 钢	2	

图 6-49　管壳第 4 次拉深模

（2）定位套组件设计与加工

为简化定位套的加工难度及避免热处理后导致变形，该工序将定位套设计成组合式，便于制造且结构合理。以后各次反向（倒装式）拉深模中，用于定位压边双重作用的定位圈（习惯上常称压边圈）通常设计成整体结构。图 6-49 中的定位套组件，由定位套固定座（见图 6-50）和定位套（见图 6-51）两个主要零件组成。原因是起定位压边作用的套是个又长又薄的管子结构，推动它压边卸件活动的基座部分是个相对较厚的圆形板，如果把外形大小相差很大的两部分设计成一体，对材料的节约利用、结构的合理性、加工制造和热处理等方面都存在严重的缺陷，同时，损坏了也不便维修，因此，采用组合式是优化结构的合理选择。

  ① 定位套固定座设计与加工 定位套固定座如图 6-50 所示，材料 Cr12，其加工工艺过程见表 6-62。

  ② 定位套设计与加工 定位套如图 6-51 所示，材料 Cr12MoV，其加工工艺过程见表 6-63。

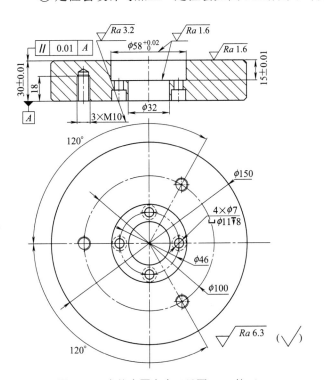

图 6-50 定位套固定座（见图 6-49 件 4）

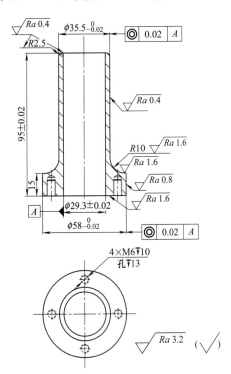

图 6-51 定位套（见图 6-49 件 5）

表 6-62 定位套固定座加工工艺过程（供参考）

序号	名称	内　容	简　图
1	备料	割棒料 $\phi160mm \times 50mm$	图略
2	车	按图示加工至要求尺寸	
3	划线	按图示划线	

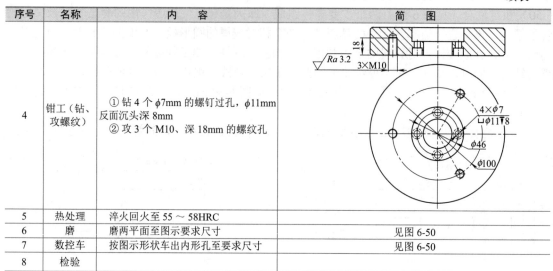

序号	名称	内 容	简 图
4	钳工（钻、攻螺纹）	① 钻 4 个 $\phi 7$mm 的螺钉过孔，$\phi 11$mm 反面沉头深 8mm ② 攻 3 个 M10、深 18mm 的螺纹孔	
5	热处理	淬火回火至 55 ～ 58HRC	
6	磨	磨两平面至图示要求尺寸	见图 6-50
7	数控车	按图示形状车出内形孔至要求尺寸	见图 6-50
8	检验		

表 6-63　定位套加工工艺过程（供参考）

序号	名称	内 容	简 图
1	备料	割棒料 $\phi 65$mm×120mm	图略
2	车	按图示加工至要求尺寸	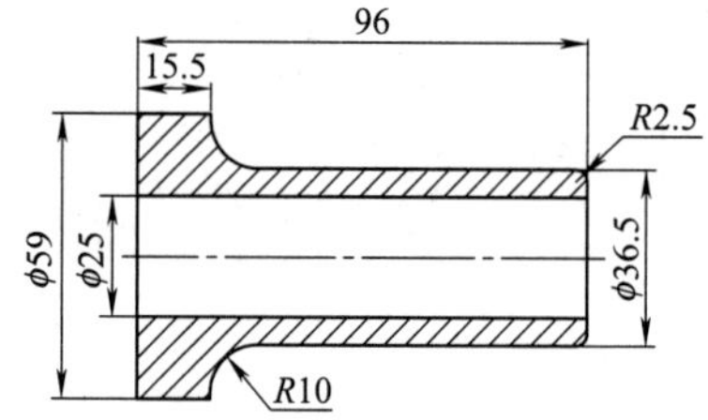
3	划线	按图示划线	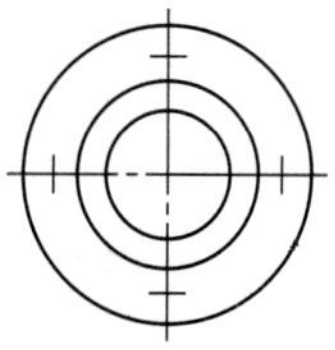
4	钳工	攻 4 个 M6、深 10mm 的盲螺纹孔	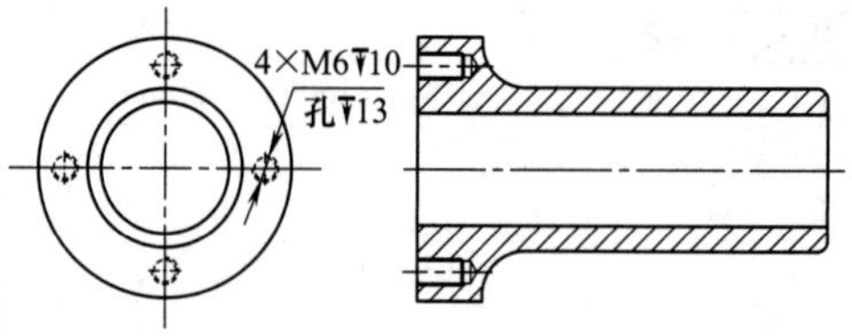
5	热处理	淬火回火至 55 ～ 58HRC	
6	数控车	按图示形状车出外形及两端面（包含 $R5.5$mm）至要求尺寸	见图 6-51
7	线切割	在加工定位套之前，先用线切割加工一件靠模（靠模孔径 $\phi 35.5$mm）。靠模加工完毕，将定位套放入靠模的圆孔内固定；再用线切割加工 ϕ（29.3±0.02）mm 的圆孔	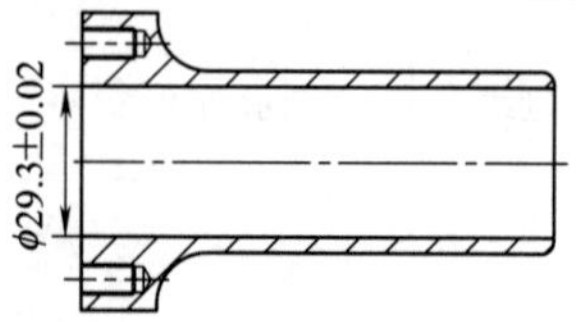
8	检验		

6.7.5.5　第 6 次拉深模具结构设计

第 6 次拉深模结构见图 6-52。因该工序拉深件的直径同上一工序拉深件的直径相差较小，故凸模不能设置定位套导向。工作时，卸料板组件先不顶出，坯件套入拉深凸模 9 上，这时凸模与坯件有比较松动的间隙，拉深凸模只是起拉深件的粗定位作用。上模下行，直到凸模头部 R 角与坯件的顶部 R 角及拉深凹模口部的 R 角接触这一刻，具有自动找正精确导向定位的作用。上模继续下行，拉深工作即开始进行，当拉深快结束前，上模还在下行的瞬间，制件凸缘形成

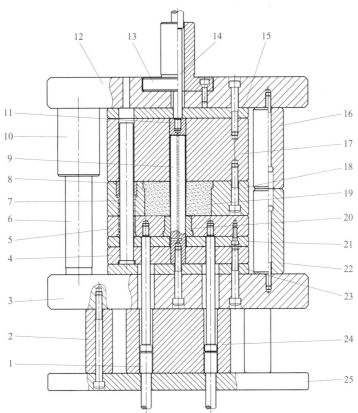

件号	名　称	材　料	数量	备注	件号	名　称	材　料	数量	备注
					13	模柄	45 钢	1	
25	下托板	45 钢	1		12	上模座	45 钢	1	
24	下垫脚 2	45 钢	1		11	推件器	Cr12	1	
23	拉深凸模垫板	Cr12	1		10	导套		2	标准件
22	下限位柱	45 钢	4		9	拉深凸模	SKH51	1	
21	卸料板垫板	Cr12	1		8	垫圈	45 钢	4	
20	卸料板镶件	SKD11	1		7	小导套		4	标准件
19	拉深凹模	硬质合金YG15	1		6	导柱		2	标准件
18	拉深凹模固定板	Cr12MoV	1		5	卸料板	Cr12MoV	1	
17	拉深凹模垫板	Cr12	1		4	拉深凸模固定板	Cr12MoV	1	
16	上限位柱	45 钢	4		3	下模座	45 钢	1	
15	衬板	Cr12	1		2	下垫脚 1	45 钢	2	
14	推杆	CrWMn	1		1	顶杆	CrWMn	4	
件号	名　称	材　料	数量	备注	件号	名　称	材　料	数量	备注

图 6-52　管壳第 6 次拉深模

所需尺寸的同时得到了整形,包括 R 和平面度。拉深结束,上模上行,如制件粘在上模上,是靠上模推杆 14 上的推件器 11 出件;反之,如制件箍在凸模上,用卸料板出件。卸料板顶出件后,又要复位到原位置,以便下一次把工序件套入拉深凸模上继续工作。

6.8 拉深模典型结构

扫描二维码阅读或下载本节内容。

拉深模典型结构

第 **7** 章 成形工艺及模具设计与制造

成形是指用各种局部变形的方法来改变被加工制件形状的加工方法。常见的成形方法包括翻边、翻孔、胀形、缩口、扩口、起伏成形、校平与整形等。

7.1 翻边与翻孔

翻边是沿制件外形曲线周围将材料翻成侧立短边的冲压工序，又称外缘翻边。翻孔是沿制件内孔周围将材料翻成侧立凸缘的冲压工序，又称内孔翻边。

7.1.1 翻边

常见的翻边形式如图 7-1 所示。图 7-1（a）所示为内凹翻边，也称为伸长类翻边；图 7-1（b）所示为外凸翻边，也称为压缩类翻边。

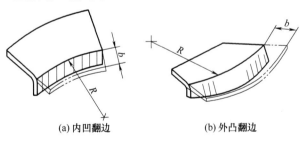

(a) 内凹翻边   (b) 外凸翻边

图 7-1 翻边形式

（1）翻边的变形程度

内凹翻边时，变形区的材料主要受切向拉伸应力的作用。这样翻边后的竖边会变薄，其边缘部分变薄最严重，使该处在翻边过程中成为危险部位。当变形超过许用变形程度时，此处就会开裂。

内凹翻边的变形程度由下式计算：

$$E_{凹} = \frac{b}{R-b} \times 100\% \tag{7-1}$$

式中　$E_{凹}$——内凹翻边的变形程度，%；

　　　R——内凹曲率半径，如图 7-1（a）所示，mm；

　　　b——翻边后竖边的高度，如图 7-1（a）所示，mm。

　　外凸翻边的变形情况类似于不用压边圈的浅拉深，变形区材料主要受切向压应力的作用，变形过程中材料易起皱。

　　外凸翻边的变形程度由下式计算：

$$E_{凸} = \frac{b}{R+b} \times 100\% \tag{7-2}$$

式中　$E_{凸}$——外凸翻边的变形程度，%；

　　　R——外凸曲率半径，如图 7-1（b）所示，mm；

　　　b——翻边后竖边的高度，如图 7-1（b）所示，mm。

　　翻边的极限变形程度与制件材料的塑性、翻边时边缘的表面质量及凹凸形的曲率半径等因素有关。翻边允许的极限变形程度可以由表 7-1 查得。

表 7-1　翻边允许的极限变形程度

材料名称	材料牌号	$E_{凸}$/%		$E_{凹}$/%	
		橡胶成形	模具成形	橡胶成形	模具成形
铝合金	1035（软）（L4M）	25	30	6	40
	1035（硬）（L4Y1）	5	8	3	12
	3A21（软）（LF21M）	23	30	6	40
	3A21（硬）（LF21Y1）	5	8	3	12
	5A02（软）（LF2M）	20	25	6	35
	5A03（硬）（LF3Y1）	5	8	3	12
	2A12（软）（LY12M）	14	20	6	30
	2A12（硬）（LY12Y）	6	8	0.5	9
	2A11（软）（LY11M）	14	20	4	30
	2A11（硬）（LY11Y）	5	6	0	0
黄铜	H62（软）	30	40	8	45
	H62（半硬）	10	14	4	16
	H68（软）	35	45	8	55
	H68（半硬）	10	14	4	16
钢	10	—	38	—	10
	20	—	22	—	10
	1Cr18Mn8Ni5N（1Cr18Ni9）（软）	—	15	—	10
	1Cr18Mn8Ni5N（1Cr18Ni9）（硬）	—	40	—	10

　　（2）翻边力的计算

　　翻边力可以用下式近似计算

$$F = cLt\sigma_{b} \tag{7-3}$$

式中　F——翻边力，N；

　　　c——系数，可取 $c=0.5 \sim 0.8$；

　　　L——翻边部分的曲线长度，mm；

　　　t——材料厚度，mm；

　　　σ_{b}——抗拉强度，MPa。

7.1.2　翻孔

　　常见的翻孔为圆形翻孔，如图 7-2 所示。翻孔前毛坯孔径为 d_0，翻孔变形区是内径为 d_0、外径为 D 的环形部分。当凸模下行时，d_0 不断扩大，并逐渐形成侧边，最后使平面环形变成竖直的侧边。变形区毛坯受切向拉应力 σ_θ 和径向拉应力 σ_r 的作用，其中切向拉应力 σ_θ 是最大主应力，而径向拉应力 σ_r 值较小，它是由毛坯与模具的摩擦而产生的。在整个变形区内，孔的外缘处于切向拉应力状态，且其值最大，该处的应变在变形区内也最大。因此在翻孔过程中，竖立侧边的边缘部分最容易变薄、开裂。

（1）翻孔系数

翻孔的变形程度用翻孔系数 K 来表示：

$$K = \frac{d_0}{D} \qquad (7\text{-}4)$$

翻孔系数 K 越小，翻孔的变形程度越大。翻孔时孔的边缘不破裂所能达到的最小翻孔系数，称为极限翻孔系数。影响翻孔系数的主要因素如下：

① 材料的性能。塑性愈好，极限翻孔系数愈小。

② 预制孔的加工方法。钻出的孔没有撕裂面，翻孔时不易出现裂纹，极限翻孔系数较小。冲出的孔有部分撕裂面，翻孔时容易开裂，极限翻孔系数较大。如果冲孔后对材料进行退火或将孔整修，可以得到与钻孔相接近的效果。此外，还可以将冲孔的方向与翻孔的方向相反，使毛刺位于翻孔内侧，这样也可以减小开裂，降低极限翻孔系数。

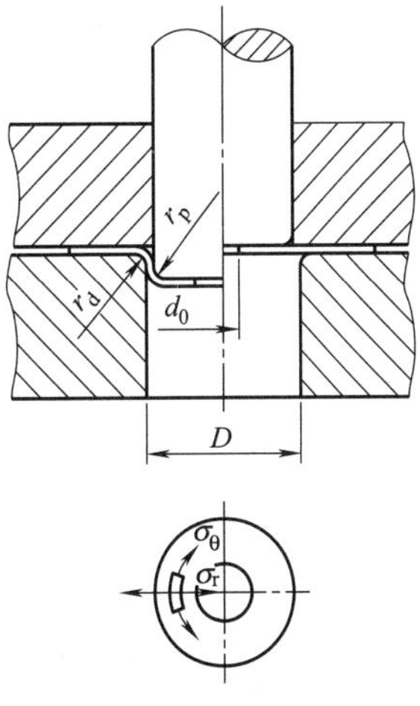

③ 如果翻孔前预制孔径 d_0 与材料厚度 t 的比值 d_0/t 较小，则在开裂前材料的绝对伸长可以较大，因此极限翻孔系数可以取较小值。

④ 采用球形、抛物面形或锥形凸模翻孔时，孔边圆滑地逐渐胀开，所以极限翻边系数可以较小，而采用平面凸模则容易开裂。

低碳钢的极限翻孔系数见表 7-2。翻圆孔时各种材料的翻孔系数见表 7-3。

图 7-2 翻孔时变形区的应力状态

表 7-2 低碳钢的极限翻孔系数

翻孔凸模形状	孔的加工方法	材料相对厚度 d_0/t										
		100	50	35	20	15	10	8	6.5	5	3	1
球 形凸 模	钻后去毛刺	0.70	0.60	0.52	0.45	0.40	0.36	0.33	0.31	0.30	0.25	0.20
	冲孔模冲孔	0.75	0.65	0.57	0.52	0.48	0.45	0.44	0.43	0.42	0.42	—
圆柱形凸 模	钻后去毛刺	0.80	0.70	0.60	0.50	0.45	0.42	0.40	0.37	0.35	0.30	0.25
	冲孔模冲孔	0.85	0.75	0.65	0.60	0.55	0.52	0.50	0.50	0.48	0.47	—

表 7-3 翻圆孔时各种材料的翻孔系数

经退火的毛坯材料		翻孔系数	
		m_0	m_{min}
镀锌钢板（白铁皮）		0.70	0.65
软钢	$t=0.25 \sim 2.0$mm	0.72	0.68
	$t=3.0 \sim 6.0$mm	0.78	0.75
黄铜 H62，$t=0.5 \sim 6.0$mm		0.68	0.62
铝，$t=0.5 \sim 5.0$mm		0.70	0.64
硬铝合金		0.89	0.80
钛合金	Tal（冷态）	$0.64 \sim 0.68$	0.55
	Tal（加热 $300 \sim 400$℃）	$0.40 \sim 0.50$	0.40
	TA5（冷态）	$0.85 \sim 0.90$	0.75
	TA5（加热 $500 \sim 600$℃）	$0.70 \sim 0.75$	0.65
不锈钢、高温合金		$0.69 \sim 0.65$	$0.61 \sim 0.57$

（2）翻孔尺寸计算

平板毛坯翻孔的尺寸如图 7-3 所示。

在平板毛坯上翻孔时，按制件中性层长度不变的原则近似计算。预制孔直径 d_0 由下式计算：

$$d_0 = D_1 - \left[\pi\left(r + \frac{t}{2} \right) + 2h \right] = D - 2\left(H - 0.43r - 0.72t \right) \qquad (7\text{-}5)$$

其中，$D_1 = D + 2r + t$；$h = H - r - t$。

翻孔后的高度 H 由下式计算：

$$H = \frac{D - d_0}{2} + 0.43r + 0.72t = \frac{D}{2}(1 - K) + 0.43r + 0.72t \qquad (7\text{-}6)$$

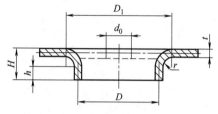

图 7-3　平板毛坯翻孔

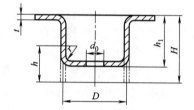

图 7-4　拉深后再翻孔

在式（7-6）中代入极限翻孔系数，即可求出最大翻孔高度。当制件要求的高度大于最大翻孔高度时，就难以一次翻孔成形。这时应先进行拉深，在拉深件的底部先加工出预制孔，然后再进行翻孔，如图 7-4 所示。

（3）翻孔力计算

有预制孔的翻孔力由下式计算：

$$F = 1.1\pi t \sigma_s (D - d_0) \qquad (7\text{-}7)$$

式中　F——翻孔力，N；

　　　σ_s——材料屈服点，MPa；

　　　D——翻孔后中性层直径，mm；

　　　d_0——预制孔直径，mm；

　　　t——材料厚度，mm。

无预制孔的翻孔力要比有预制孔的翻孔力大 1.3～1.7 倍。

（4）翻孔凸模、凹模设计

① 翻孔时凸模与凹模的间隙。因为翻孔时竖边变薄，所以凸模与凹模的间隙小于厚度，其单边间隙值可按表 7-4 选取。

表 7-4　翻孔凸模与凹模的单边间隙　　　　　　　　　　　　　　　单位：mm

材料厚度	0.3	0.5	0.7	0.8	1.0	1.2	1.5	2.0
平毛坯翻边	0.25	0.45	0.6	0.7	0.85	1.0	1.3	1.7
拉深后翻边	—	—	—	0.6	0.75	0.9	1.1	1.5

② 翻孔凸模与凹模。翻孔凸模及凹模设计得好坏直接影响翻孔的质量，翻孔时凸模圆角半径一般较大，甚至做成球形或抛物线形，有利于翻孔金属坯件变形。常见的翻孔凸模及凹模设计见表 7-5。

（5）变薄翻孔

当翻孔制件要求具有较高的竖边高度，而竖边又允许变薄时，可以采用变薄翻孔。这样可以节省材料，提高生产效率。

变薄翻孔要求材料具有良好的塑性，变薄时凸、凹模采用小间隙，材料在凸模与凹模的作用下产生挤压变形，使厚度显著减薄，从而提高了翻孔高度。图 7-5 所示为变薄翻孔的尺寸变化。

表 7-5　常见的翻孔凸模及凹模设计

序号	类　型	图　　示	说　　明
1	平顶凸模	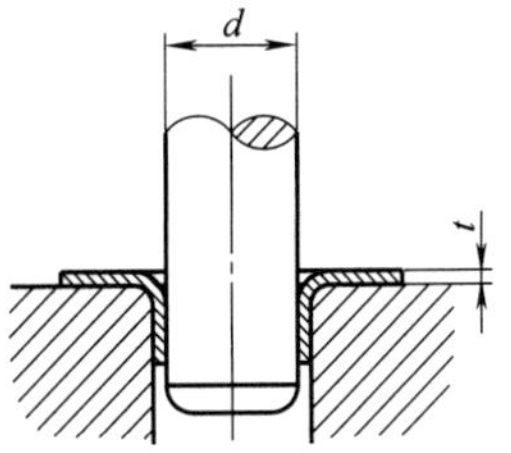	平顶凸模常用于大口径且对翻孔质量要求不高的制件，用平顶凸模翻孔时，材料不能平滑变形，因此翻孔系数应取大些
2	抛物线形凸模	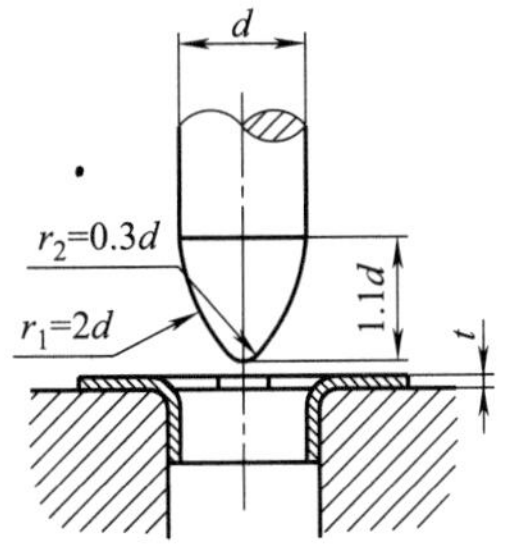	抛物线的翻孔凸模，工作端有光滑圆弧过渡，翻孔时可将预制孔逐渐地胀开，减轻开裂，比平顶凸模效果好
3	无预制孔的穿刺翻孔	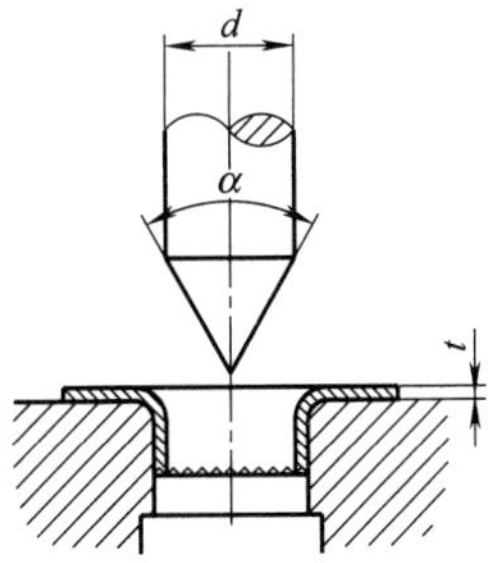	无预制孔的穿刺翻孔凸模端部呈锥形，α 取 60°。凹模孔带台肩，以控制凸缘高度，同时避免直孔引起的边缘不齐
4	有导正段的凸模	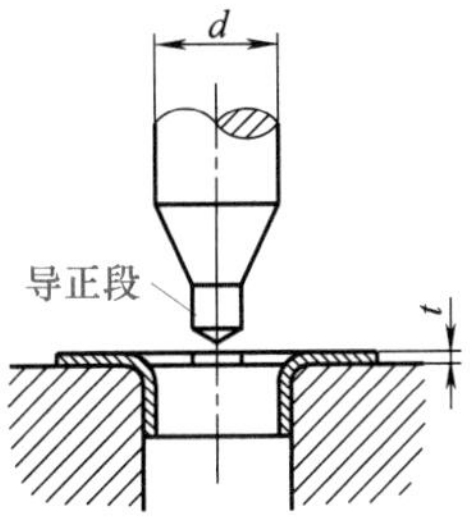	此凸模前端有导正段，工作时导正段先进入预制孔内，先导正工序件的位置再翻孔。其优点是：工作平稳，翻孔四周边缘均匀对称，翻孔的位置精度较高
5	带有整形台肩的翻孔凸模	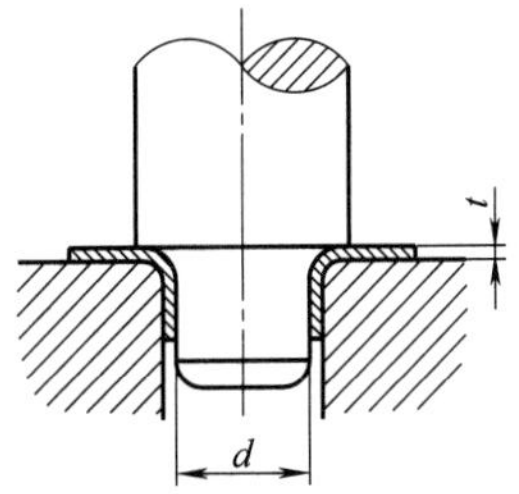	此凸模后端设计成台肩，其工作过程是：压力机行程降到下极点时，翻孔后靠肩部对制件圆弧部分整形，以此来克服回弹，起到了整形作用
6	凹模入口圆角设计要点	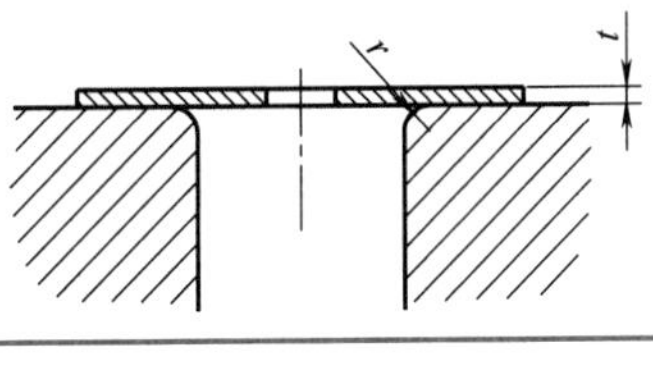	凹模入口圆角对翻孔质量的控制至关重要。入口圆角 r 主要与材料厚度有关 $t \leqslant 2$, $r = (2 \sim 4) t$ $t > 2$, $r = (1 \sim 2) t$

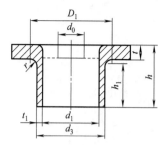

图 7-5　变薄翻孔的尺寸变化

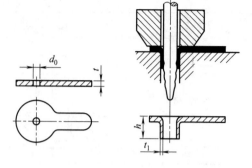

图 7-6　采用阶梯形凸模的变薄翻孔

变薄翻孔时的变形程度用变薄系数 k 表示：

$$k = \frac{t_1}{t}$$ 　　　　　　　　　　　　　　　(7-8)

式中　　t_1——变薄翻孔后的竖边厚度，mm；

　　　　t——毛坯厚度，mm。

试验表明：一次变薄翻孔的变形系数 k 可达 0.4～0.5，甚至更小。

变薄翻孔的预制孔尺寸及变薄后的竖边高度，应按翻孔前后体积不变的原则确定。

变薄翻孔多采用阶梯形凸模成形，如图 7-6 所示。变薄翻孔力比普通翻孔力大得多，并且与变薄量成正比。翻孔时凸模受到较大的侧压力，为保证间隙均匀，变薄翻孔时，凸模与凹模之间应具有良好的导向。

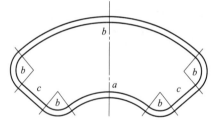

图 7-7　异形翻孔件的轮廓

变薄翻孔通常用在平板毛坯或半成品的制件上冲制小螺孔的预制孔（一般为 M6 以下）。在螺孔加工中，为保证使用强度，对于低碳钢或黄铜制件的螺孔深度，不小于直径的 1/2；而铝件的螺孔深度，不小于直径的 2/3。为了保证螺孔深度，又不增加制件厚度，生产中常采用变薄翻孔的方法加工小螺孔的预制孔。常用材料的螺纹变薄翻孔数据可查有关手册。

（6）异形孔的翻孔

异形孔由不同半径的凸弧、凹弧和直线组成，各部分的受力状态与变形性质有所不同，直线部分仅发生弯曲变形，凸弧部分为拉深变形，凹弧部分则为翻孔变形。

图 7-7 所示为异形翻孔件的轮廓，其预制孔可以按几何形状的特点分为三种类型：圆弧 a 为凸弧，按拉深计算其展开尺寸；圆弧 b 为凹弧，按翻孔计算其展开尺寸；直线 c，按弯曲计算其展开尺寸。

在设计计算时，可以按上述三种情况分别考虑，将理论计算出来的孔形状再加以适当的修正，使各段平滑连接，即为所求预制孔的形状。

异形翻孔时，曲率半径较小的部位，切向拉应力和切向伸长变形较大；曲率半径较大的部位，切向拉应力和切向伸长变形都较小。因此核算变形程度时，应以曲率半径较小的部分为依据。由于曲率半径较小的部分在变形时受到相邻部分材料的补充，使得切向伸长变形得到一定程度的缓解，因此异形孔的翻孔系数允许小于圆孔的翻孔系数，一般取：

$$K' = (0.9 \sim 0.85)K$$ 　　　　　　　　　(7-9)

式中　　K'——异形孔的翻孔系数；

　　　　K——圆孔的翻孔系数。

7.2 胀形

胀形主要是将空心件或管状毛坯利用模具迫使毛坯厚度沿径向向外扩张的冲压工序。

7.2.1 胀形的变形特点

胀形变形时，毛坯的塑性变形局限于一个固定的变形区范围内，材料不向变形区外转移，也不从外部进入变形区，仅靠毛坯厚度的减薄来达到表面积的增大。因此，在胀形时毛坯处于双向（切向和径向）受拉的应力状态。在极限情况下，平板局部胀形的中心部位变薄量可达原始板坯厚度的 50%；而空心毛坯胀形时的最大变薄量可达原始壁厚的 30%，变形区毛坯一般不会产生失稳起皱现象，也不会因强度不足而引起破裂，所以胀形零件表面比较光滑、质量好，但对胀形件壁厚的均匀性不能提过高要求。变形区材料变薄量超限时容易胀破，这也是它的一个缺点。因此胀形时，由于材料受切向拉应力，所以胀形的变形程度受材料极限伸长率的限制，一般用胀形系数 K_z 来表示：

$$K_z = \frac{d_{max}}{d_0} \tag{7-10}$$

式中　d_{max}——胀形后的最大直径，如图 7-8 所示，mm；
　　　d_0——圆筒毛坯胀形前的直径，mm。

由式（7-10）可知，随着胀形系数 K_z 的增大，变形程度也增大。胀形系数的近似值可查表 7-6。胀形时，如果在对毛坯径向施加压力的同时，也对毛坯轴向加压，则胀形变形程度可以增加；如果对变形区的部分局部加热，会显著增大胀形系数。铝管毛坯的试验胀形系数如表 7-7 所示。

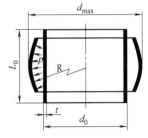

图 7-8　圆筒毛坯胀形

表 7-6　胀形系数的近似值

材料	毛坯相对厚度（$t/d \times 100$）			
	0.45 ～ 0.35		0.35 ～ 0.28	
	不退火	退火后	不退火	退火后
10 钢	1.10	1.20	1.05	1.15
铝	1.20	1.25	1.15	1.20

表 7-7　铝管毛坯的试验胀形系数

胀形方法	极限胀形系数
简单的橡胶胀形	1.2 ～ 1.25
带轴向压缩毛坯的橡胶胀形	1.6 ～ 1.7
局部加热到 200 ～ 250℃的胀形	2.0 ～ 2.1
用锥形凸模并加热到 380℃的边缘胀形	2.5 ～ 3.0

7.2.2 胀形工艺计算

（1）毛坯尺寸计算

如图 7-9 所示，空心毛坯胀形时，如果毛坯两端允许自由收缩，则毛坯长度按下式计算：

$$L_0 = L(1 + c\varepsilon) + B \tag{7-11}$$

式中　L_0——毛坯长度，mm；

　　　L——制件或母线长度，mm；

　　　c——系数，一般取 $0.3 \sim 0.4$；

　　　B——切边余量，取 $5 \sim 15$mm；

　　　ε——胀形伸长率，$\varepsilon = \dfrac{d_{\max} - d_0}{d_0}$。

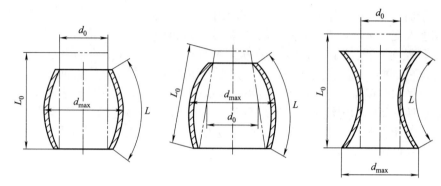

图 7-9　胀形尺寸计算的有关参数

（2）胀形力的计算

胀形力可由下式求得：

$$F = qA = 1.15\sigma_{\mathrm{b}} \frac{2t}{d_{\max}} A \qquad (7\text{-}12)$$

式中　F——胀形力，N；

　　　q——单位胀形力，MPa；

　　　A——参与胀形的材料表面面积，mm^2；

　　　σ_{b}——材料抗拉强度，MPa；

　　$d_{\max}$——胀形最大直径，mm；

　　　t——材料厚度，mm。

7.3 缩口

缩口是将预先拉深好的空心制件或管坯件的开口端直径缩小的冲压工序。

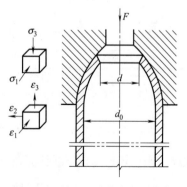

图 7-10　缩口工序的应力、应变

7.3.1 缩口变形分析

缩口工序的应力、应变如图 7-10 所示。

变形区的金属受切向压应力 σ_1 和轴向压应力 σ_3 的作用，在轴向和厚度方向产生伸长变形 ε_3 和 ε_2，切向产生压缩变形 ε_1。在缩口变形过程中，材料主要受切向压应力的作用，使直径减小，壁厚和高度增加。由于切向压应力的作用，在缩口时坯料易于失稳起皱；同时，非变形区的筒壁，由于承受全部缩口压力，也易失稳产生变形，所以防止失稳是缩口工艺的主要问题。

缩口的变形程度用缩口系数 K_s 来表示：

$$K_s = \frac{d}{d_0} \tag{7-13}$$

式中　d——缩口后制件的直径，mm；

　　　d_0——缩口前制件的直径，mm。

缩口的最大变形程度用极限缩口系数来表示。极限缩口系数的大小主要与材料性质、材料厚度、坯料的表面质量及缩口模具的形状有关。表 7-8 为各种材料的平均缩口系数。表 7-9 为材料厚度与缩口系数的关系。当制件的缩口系数小于极限缩口系数时，制件要通过多道缩口达到尺寸要求。在多道缩口工序中，第一道工序采用比平均值 K_{sp} 小 10% 的缩口系数，以后各道工序采用比平均值大 5% ～ 10% 的缩口系数。

表 7-8　各种材料的平均缩口系数 K_{sp}

材料	模具形成		
	无支承	外部支承	内部支承
软钢	0.70 ～ 0.75	0.55 ～ 0.60	0.30 ～ 0.35
黄铜	0.65 ～ 0.70	0.50 ～ 0.55	0.27 ～ 0.32
铝	0.68 ～ 0.72	0.53 ～ 0.57	0.27 ～ 0.32
硬铝（退火）	0.75 ～ 0.80	0.60 ～ 0.63	0.35 ～ 0.40
硬铝（淬火）	0.75 ～ 0.80	0.68 ～ 0.72	0.40 ～ 0.43

注：1. 外部支承指外径夹紧支承。
2. 内部支承指内孔用芯轴支承。

表 7-9　材料厚度和缩口系数的关系

材料	材料厚度 /mm		
	< 0.5	0.5 ～ 1	> 1
黄铜	0.85	0.8 ～ 0.7	0.7 ～ 0.65
软钢	0.8	0.75	0.7 ～ 0.65

7.3.2　缩口工艺计算

常见的缩口形式如图 7-11 所示。

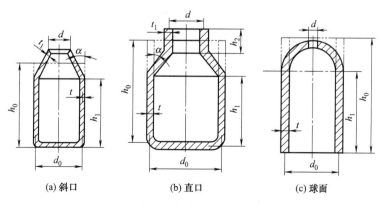

(a) 斜口　　　　　(b) 直口　　　　　(c) 球面

图 7-11　缩口形式

图 7-11（a）所示的斜口缩口形式的毛坯尺寸由下式计算：

$$h_0 = (1 \sim 1.05) \left[h_1 + \frac{d_0^2 - d^2}{8 d_0 \sin \alpha} \left(1 + \sqrt{\frac{d_0}{d}} \right) \right] \qquad (7\text{-}14)$$

图 7-11（b）所示的直口缩口形式的毛坯尺寸由下式计算：

$$h_0 = (1 \sim 1.05) \left[h_1 + h_2 \sqrt{\frac{d}{d_0}} + \frac{d_0^2 - d^2}{8 d_0 \sin \alpha} \left(1 + \sqrt{\frac{d_0}{d}} \right) \right] \qquad (7\text{-}15)$$

图 7-11（c）所示的球面缩口形式的毛坯尺寸由下式计算：

$$h_0 = h_1 + \frac{1}{4} \left(1 + \sqrt{\frac{d_0}{d}} \right) \sqrt{d_0^2 - d^2} \qquad (7\text{-}16)$$

式中，d_0、d 取中径。

缩口凹模的半锥角 α 对缩口成形起着重要作用，一般应使 α 在 30° 以内，这样有利于缩口成形。

图 7-11（a）所示的锥形缩口件，若用无内支承的模具进行缩口，缩口力可由下式计算：

$$F = k \left[1.1 \pi d_0 t \sigma_b \left(1 - \frac{d}{d_0} \right) \left(1 + \mu \cot \alpha \right) \frac{1}{\cos \alpha} \right] \qquad (7\text{-}17)$$

式中　F ——缩口力，N；

　　　k ——系数，采用冲床时取 1.15；

　　　d_0 ——缩口前直径，mm；

　　　t ——缩口前料厚，mm；

　　　σ_b ——材料抗拉强度，MPa；

　　　d ——缩口部分直径，mm；

　　　μ ——制件与凹模的摩擦因数；

　　　α ——凹模圆锥半角。

7.4 扩口

扩口是将空心件或管子端部直径加以扩大的一种冲压工序，如图 7-12 所示。

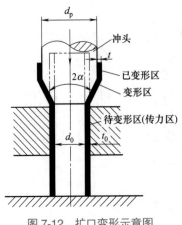

图 7-12　扩口变形示意图

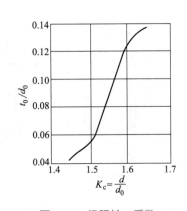

图 7-13　极限扩口系数

7.4.1 扩口变形程度

扩口变形程度的表示方法用扩口率 ε 或扩口系数 K_e 来表示:

$$扩口率: \quad \varepsilon = \frac{d - d_0}{d_0} \times 100\% \tag{7-18}$$

$$扩口系数: \quad K_e = \frac{d}{d_0} \tag{7-19}$$

式中　d——制件扩口后(凸模)的直径,mm;
　　　d_0——毛坯直径(取中径尺寸),mm。

极限扩口系数是在传力区不压缩失稳条件下,变形区不开裂时,所能达到的最大扩口系数,一般用 K_{ec} 来表示。

极限扩口系数的大小取决于材料的种类、坯料的厚度和扩口角度 α 等多种因素。图 7-13 给出了扩口角为 20°时的极限扩口系数。

7.4.2 扩口工艺计算

不同的扩口形式有不同的毛坯计算公式。对于锥口形扩口件(见图 7-14):

$$H_0 = (0.97 \sim 1.0) \left[h_1 + \frac{1}{8} \times \frac{d^2 - d_0^2}{d_0 \sin\alpha} \left(1 + \sqrt{\frac{d_0}{d}} \right) \right] \tag{7-20}$$

对于带圆筒形部分的扩口件(见图 7-15):

$$H_0 = (0.97 \sim 1.0) \left[h_1 + \frac{1}{8} \times \frac{d^2 - d_0^2}{d_0 \sin\alpha} \times \left(1 + \sqrt{\frac{d_0}{d}} \right) + h\sqrt{\frac{d}{d_0}} \right] \tag{7-21}$$

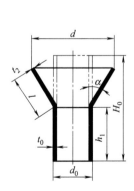

图 7-14　锥口形扩口件

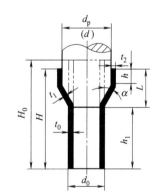

图 7-15　带圆筒形扩口件

对于平口形扩口件(见图 7-16)

$$H_0 = (0.97 \sim 1.0) \left[h_1 + \frac{1}{8} \times \frac{d^2 - d_0^2}{d_0} \times \left(1 + \sqrt{\frac{d_0}{d}} \right) \right] \tag{7-22}$$

对于整体扩径件(见图 7-17)

$$H_0 = H\sqrt{\frac{d}{d_0}} \tag{7-23}$$

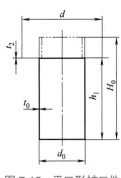

图 7-16 平口形扩口件

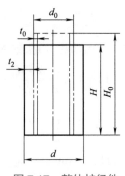

图 7-17 整体扩径件

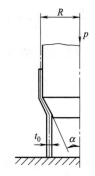

图 7-18 锥形刚性凸模

7.4.3 扩口力的计算

采用锥形刚性凸模扩口时，单位扩口力可按下式计算（见图 7-18）：

$$p = 1.15\sigma \frac{1}{3 - \mu - \cos\alpha} \times \left(\ln K + \sqrt{\frac{t_0}{2R}} \sin\alpha \right) \tag{7-24}$$

式中　p——单位变形抗力，N/mm^2；
　　　μ——摩擦因数；
　　　α——凸模半锥角，（°）；
　　　K——扩口系数。

7.5 起伏

起伏成形是依靠材料的延伸使工序件形成局部凹陷或凸起的冲压工序。起伏成形中材料厚度的改变是非意图性的，即厚度改变是变形过程中自然形成的，而不是设计指定要求的。

起伏成形主要用于压制加强筋、文字图案、压凸包等。如图 7-19 所示为某幕墙零件，图中由多条加强筋组合而成，此加强筋既起装饰作用，又起加强作用。

7.5.1 起伏成形变形限值

起伏成形的变形程度可用伸长率表示：

$$\varepsilon = \frac{L_1 - L}{L} \times 100\% \tag{7-25}$$

式中　ε——伸长率，%；
　　　L_1——变形后延截面的材料长度，mm；
　　　L——变形前材料原有长度，mm。

一次起伏成形的伸长率（ε）不能超过材料拉深试验的伸长率（δ）的 70%～80%，即

$$\varepsilon < (0.7 \sim 0.8)\delta \tag{7-26}$$

伸长率可从图 7-20 看出。图中曲线 1 是计算值，曲线 2 是实际值。在冲压时，因成形区域外围的材料也被拉长，故实际伸长率略低于计算值。

图 7-19　幕墙零件

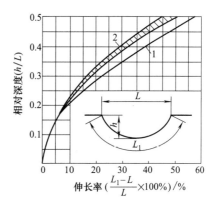

图 7-20　压加强筋时材料的伸长率

7.5.2　压加强筋、压凸包工艺

（1）压加强筋工艺

在平面或曲面上压加强筋的形式和尺寸见表 7-10；直角形制件加强筋的形式和尺寸见表 7-11。

表 7-10　在平面（曲面）上压加强筋　　　　　　　　　　　单位：mm

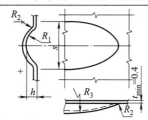

h	s（参考）	R_1	R_2	R_3	t_{max}
1.5	7.4	3	1.5	15	0.8
2	9.6	4	2	20	0.8
3	14.3	6	3	30	1.0
4	18.8	8	4	40	1.5
5	23.2	10	5	50	1.5
7.5	34.9	15	8	75	1.5
10	47.3	20	12	100	1.5
15	72.2	30	20	150	1.5
20	94.7	40	25	200	1.5
25	117.0	50	30	250	1.5
30	139.4	60	35	300	1.5

（2）压凸包工艺

压凸包可看成带有很宽凸缘的低浅空心件。由于凸缘很宽，在压凸包成形时，凸缘部分材料不产生明显的塑性流动，主要由凸模下方及附近的材料参与变薄变形产生。

压凸包时，如果一次成形的伸长率（ε）超过材料拉深试验的伸长率（δ）的 75%，那么应增加一道工序，先压出球形，再成形所需要的凸包尺寸，见图 7-21。球形的表面积要比凸包的表面积多 20% 左右，因为在后一道成形工序中有部分材料又重新返回到凸缘处。

如图 7-22 所示，带孔的凸包在条件允许下，应在成形前冲出一个较小的孔，成形时孔的材料向外流动，有利于变形。

表 7-11　在直角形制件上压加强筋　　　　　　　　　　单位：mm

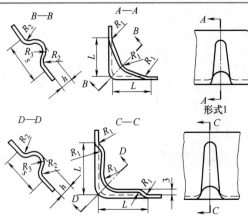

形式1

形式2

形式	L	h	R_1	R_2	R_3	s（参考）	筋与筋间距
1	12	3	6	9	5	17	65
1	16	5	8	16	6	28	75
2	30	6	9	22	8	37	85

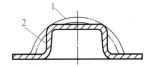

图 7-21　两道工序压成的凸包

1—第 1 道工序先压出球形；2—第 2 道工序压凸包

图 7-22　预先冲出小孔的凸包成形方式

常用的凸包尺寸和间距见表 7-12。

表 7-12　压凸包的相关尺寸和间距　　　　　　　　　单位：mm

简图	D	L	t
	6.5	10	6
	8.5	13	7.5
	10.5	15	9
	13	18	11
	15	22	13
	18	26	16
	24	34	20
	31	44	26
	36	51	30
	43	60	35
	48	68	40
	55	78	45

7.5.3　起伏成形的压力计算

① 带料（条料）在 1.5mm 以下的起伏成形（加强筋除外）的近似压力，可按以下经验公式计算：

$$F = Skt^2 \qquad (7\text{-}27)$$

式中 F——起伏成形压力，N；

S——起伏成形的面积，mm^2；

k——系数，对于钢，取 $300 \sim 400$；对于黄铜，取 $200 \sim 250$；

t——带料（条料）厚度，mm。

② 压加强筋近似压力可按以下公式计算：

$$F=Lkt\sigma_b \qquad (7\text{-}28)$$

式中 F——压加强筋压力，N；

k ——系数，与筋的宽度和深度有关，一般取 $0.7 \sim 1.0$；

L ——加强筋周长；

t ——带料（条料）厚度，mm；

σ_b——材料的抗拉强度，MPa。

如压筋带整形在多工位级进模上同一工序进行冲压，那么其压力可按式（7-27）计算。

7.6 校平

校平是提高局部或整体平面型零件平直度的冲压工序。在冲模中，校平工序大都在冲裁之后进行。一般来说，对于制件平直度要求较高的冲压件都要经过校平工序。

7.6.1 校平工序模具类型

校平工序主要是消除其穹弯造成的不平。对于薄料且表面不允许有压痕的制件，一般用光面校平。对于材料较厚且表面允许有压痕的制件，通常采用齿形校平，见图 7-23。

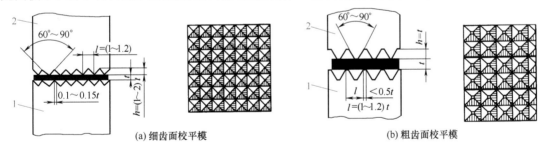

(a) 细齿面校平模   (b) 粗齿面校平模

图 7-23　齿形校平

1—下模；2—上模

图 7-23（a）为细齿校平凸、凹模结构，一般用于材料较厚且表面允许有压痕的制件。齿形在平面上呈正方形或菱形，齿尖磨钝，上下模的齿尖相互叉开。

图 7-23（b）为粗齿校平凸、凹模结构，一般用于薄料及铝、铜等有色金属，制件不允许有较深的压痕。齿顶有一定的宽度，上下模的齿尖也是相互叉开的。

7.6.2 校平力的计算

校平力可以按下式计算：

$$F=Sq \qquad (7\text{-}29)$$

式中 F ——校平力；

S ——制件校平面积，mm^2；

q ——单位校平力。

对于软钢或黄铜，光面凸、凹模校平，q 值为 50 ～ 100N/mm^2；细齿凸、凹模校平，q 值为 100 ～ 200N/mm^2；粗齿凸、凹模校平，q 值为 200 ～ 300N/mm^2。

7.7 成形模设计实例

7.7.1 壳体底部翻孔模设计、制造及装配

7.7.1.1 工艺分析

（1）制件工艺分析

如图 7-24 所示为壳体，材料为 08 钢，料厚为 1.0mm。该制件属在盒形拉深件上翻孔。从图中可以看出，此盒形件长为 312mm，宽为 162mm，高为 36mm，底部有两个内孔径为 ϕ50mm 的翻孔，两翻孔间的孔心距为 160mm，其翻孔高度为 5mm。经分析，完成该制件冲压工艺需经过三个工序（见图 7-25）：拉深→冲预制孔及口部修边→翻孔。

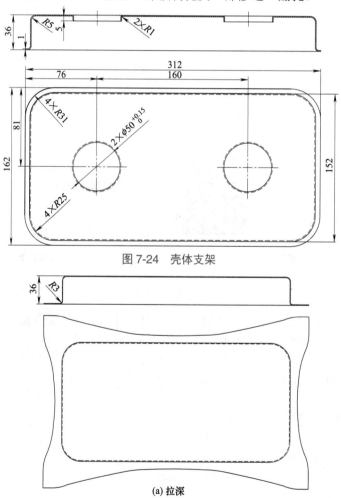

图 7-24 壳体支架

(a) 拉深

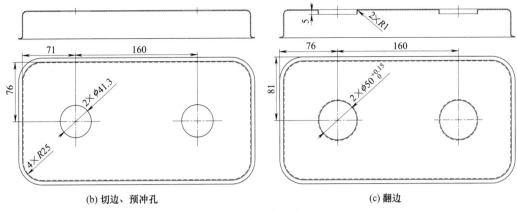

(b) 切边、预冲孔   (c) 翻边

图 7-25　制件工序图

（2）翻孔工艺分析

① 翻孔凸模结构形式的确定。该制件翻孔口径较大，高度较低，因此选用表 7-5 序号 1 的凸模结构形式能满足其要求。

② 翻孔定位的确定。从制件的整体形状来分析，该制件翻孔时的定位方式有三种：

a. 以制件外形定位，从下往上翻孔，模具结构复杂，制造成本高；

b. 以底部的预制孔来定位，可以从上往下翻孔，也可以从下往上翻孔，但外形也需增加粗定位，否则手工放置速度较慢；

c. 以制件的内形定位，翻孔是从上往下翻，可以省略预制孔的定位，简化模具的结构。

经分析，选用方案 c 的定位方式较为合理。

7.7.1.2　翻孔工艺计算

（1）预制孔直径计算

翻孔预制孔尺寸是按制件中性层长度不变的原则近似计算。预制孔尺寸 d_0 由式（7-5）来计算：

$$d_0 = D - 2(H - 0.43r - 0.72t)$$
$$= 51 - 2 \times (6 - 0.43 \times 1 - 0.72 \times 1)$$
$$= 41.3 \ (mm)$$

（2）翻孔系数的计算

采用圆柱形平顶凸模翻孔，翻孔系数 K 计算如下：

$$K = \frac{d_0}{D} = \frac{41.3}{51} \approx 0.81$$

当 $d_0/t = 41.3$ 时，从表 7-2 查得的极限翻孔系数为 0.7 左右，小于计算值，因此，该制件能一次翻孔成形。

（3）翻孔间隙的确定

当料厚 $t = 1.0$mm 时，查表 7-4 得翻孔凸模与凹模的单边间隙为 0.85mm。从制件图上可以看出，翻孔尺寸标注在内孔上，那么翻孔以凸模为基准。

凸模直径：$\phi 50.1$mm

凹模直径：$50.1 + 2 \times 0.85 = 51.8$（mm）

（4）翻孔力的计算

查有关手册查的 $\sigma_s = 200$MPa，那么，有预制孔的翻孔力由式（7-7）计算：

$$F = 1.1\pi t\sigma_s(D - d_0)$$
$$= 1.1 \times \pi \times 1.0 \times 200 \times (51.1 - 41.3)$$
$$\approx 6.76 \ (kN)$$

因该制件外形较大，结合压力机的工作台面，选用 450kN 的开式压力机上冲压。

7.7.1.3　模具结构图设计

图 7-26 所示为壳体底部翻孔模具总装图。结构特点如下：

① 该模具由两套 $\phi 32mm$ 的导柱、导套来导向，由于该翻孔凸模较大，上、下模除了由安装在模架上的导柱与导套导向以外，还由翻孔凸模与凹模进行自动对准。

注意：翻孔凸模与凹模必须放置制件或相等料厚的板料才可自动对准，否则起不到对准的作用。

② 本模具整体外形较小，因此，上模部分采用模柄固定在压力机的滑块上，为防止模柄 5 在上模座 1 上转动，本结构在模柄与上模座间设置防转销 6。

③ 为方便翻孔凸模的拆装，本模具在翻孔凸模 3 上攻有 M10 的螺纹孔。如需拆卸直接把上模座上的螺钉拧出即可，无须拆卸卸料板等零件。

④ 本模具翻孔凸模为圆形，因此，在卸料板上未设置小导柱导向，卸料板上下滑动时是靠翻孔凸模来导向。

⑤ 为确保卸料板上的弹簧在冲压过程中断裂后飞出，本模具把卸料螺钉直接设置在弹簧的中部。

⑥ 在前一工序冲预制孔时，其毛刺方向朝外，这样，能很好地避免翻孔后口部出现开裂的现象。

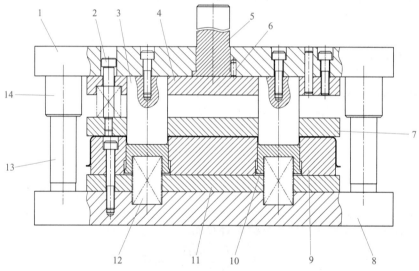

14	导套			2	标准件	7	卸料板	Cr12MoV	1	
13	导柱			2	标准件	6	防转销		1	标准件
12	弹簧			2	标准件	5	模柄	45 钢	1	
11	凹模垫板	Cr12		1		4	凸模固定板	45 钢	1	
10	顶杆	Cr12		2		3	翻孔凸模	SKD11	2	
9	翻孔凹模	Cr12MoV		1		2	卸料螺钉		8	标准件
8	下模座	45 钢		1		1	上模座	45 钢	1	
件号	名　称	材　料		数量	备　注	件号	名　称	材　料	数量	备　注

图 7-26　壳体底部翻孔模

7.7.1.4　主要模具零部件设计与加工

（1）翻孔凸模设计与加工

翻孔凸模见图 7-27，材料 SKD11；加工工艺过程见表 7-13。

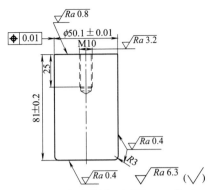

图 7-27　翻孔凸模（见图 7-26 件 3）

表 7-13　翻孔凸模加工工艺过程（供参考）

序号	名称	内容	简图
1	备料	割棒料 ϕ55mm×100mm	图略
2	车	① 钻出中心孔 ② 按图示形状车削出外圆直径及两端面，单边留 0.5mm 余量 ③ 攻 M10×25mm 的螺纹孔	图略
3	热处理	淬火回火至 60～62HRC	
4	数控车	按图示形状车出外圆直径及两端面（包含 R3mm），单边留 0.05mm 余量	
5	磨	磨两端面高度至要求尺寸	见图 7-27
6	外圆磨	按图形状磨外圆直径及 R 角至要求尺寸	见图 7-27
7	研磨	凸模工作部分研磨至要求尺寸	图略
8	检验		

（2）翻孔凹模设计与加工

翻孔凹模见图 7-28，材料 Cr12MoV；加工工艺过程见表 7-14。

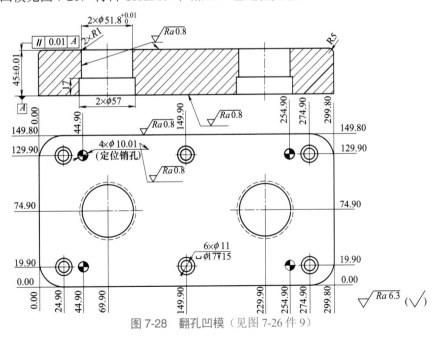

图 7-28　翻孔凹模（见图 7-26 件 9）

表 7-14 翻孔凹模加工工艺过程（供参考）

序号	名称	内容	简图
1	备料	割板料毛坯：305mm×155mm×50mm	图略
2	铣	铣六面，单边留 0.4mm 余量	图略
3	数控铣	粗加工上平面四周 R 角，单边留 0.4mm 余量	图略
4	磨	两平面磨平	图略
5	划线	按图示要求划线	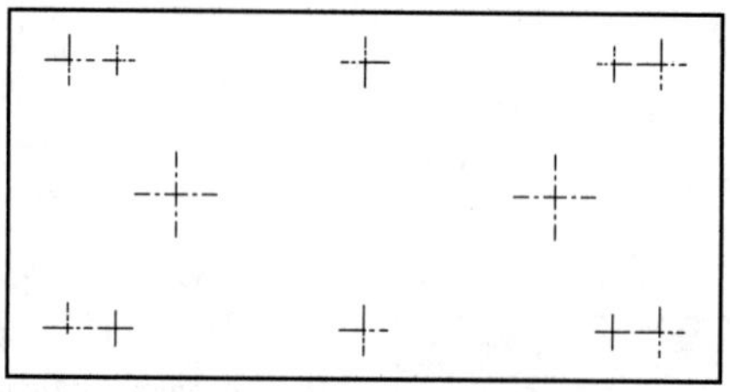
6	钳工（钻孔）	①钻 2 个 φ20mm 的穿丝孔，φ57mm 反面沉头深 17.5mm ②钻 6 个 φ11mm 的孔，φ17mm 正面沉孔深 15mm ③钻 4 个 φ4mm 的穿丝孔	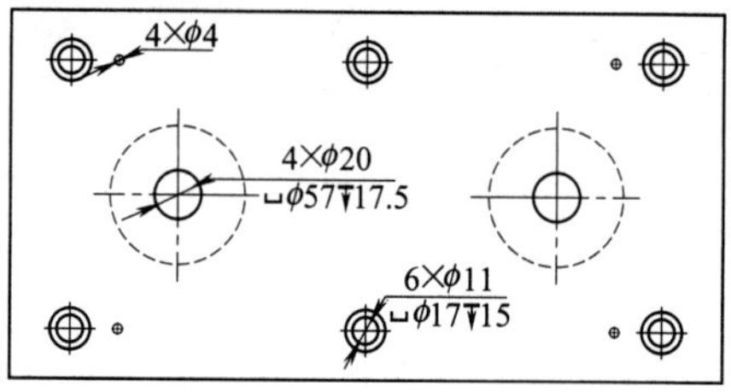
7	热处理	淬火回火至 60～62HRC	
8	磨	磨六面至图示尺寸要求	见图 7-28
9	CNC	加工上平面四周 R5mm 至要求尺寸	见图 7-28
10	线切割	线切割（中走丝）加工 ①加工 4 个转角处 R25mm ②加工 4 个 φ8mm 的销钉孔 ③加工 2 个 φ51.8mm 的凹模型孔	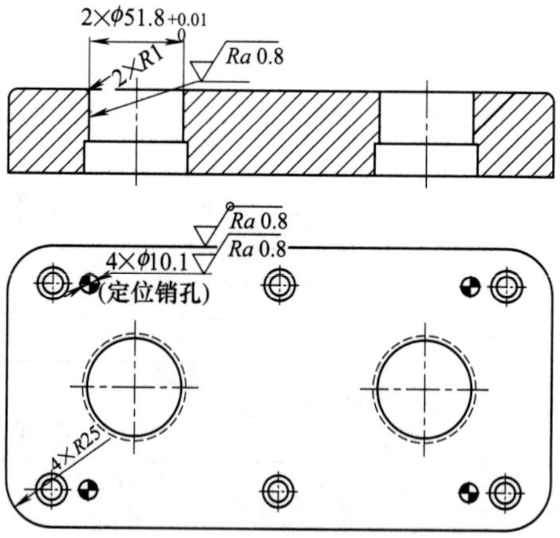
11	检验	按图样要求检验	

7.7.1.5 壳体底部翻孔模装配

壳体底部翻孔模如图 7-26 所示，具体装配方法见表 7-15。

表 7-15 壳体底部翻孔模装配方法（供参考）

序号	工序	简图	工艺说明
1	模架装配		略

序号	工序	简图	工艺说明
2	下模部分装配	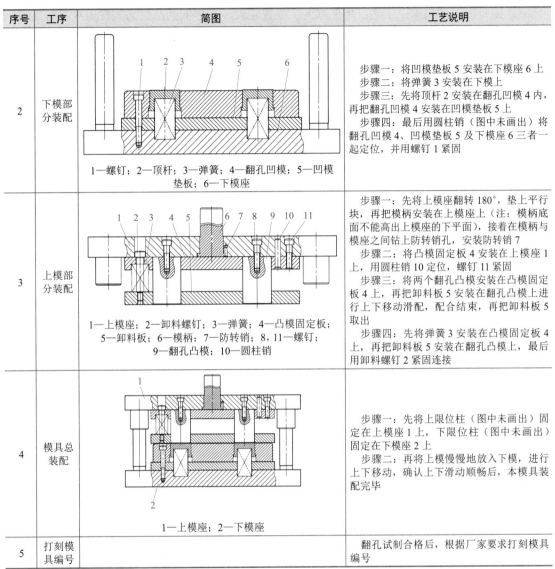　1—螺钉；2—顶杆；3—弹簧；4—翻孔凹模；5—凹模垫板；6—下模座	步骤一：将凹模垫板 5 安装在下模座 6 上 步骤二：将弹簧 3 安装在下模上 步骤三：先将顶杆 2 安装在翻孔凹模 4 内，再把翻孔凹模 4 安装在凹模垫板 5 上 步骤四：最后用圆柱销（图中未画出）将翻孔凹模 4、凹模垫板 5 及下模座 6 三者一起定位，并用螺钉 1 紧固
3	上模部分装配	1—上模座；2—卸料螺钉；3—弹簧；4—凸模固定板；5—卸料板；6—模柄；7—防转销；8，11—螺钉；9—翻孔凸模；10—圆柱销	步骤一：先将上模座翻转 180°，垫上平行块，再把模柄安装在上模座上（注：模柄底面不能高出上模座的下平面），接着在模柄与模座之间钻上防转销孔，安装防转销 7 步骤二：将凸模固定板 4 安装在上模座 1 上，用圆柱销 10 定位，螺钉 11 紧固 步骤三：将两个翻孔凸模安装在凸模固定板 4 上，再把卸料板 5 安装在翻孔凸模上进行上下移动滑配，配合结束，再把卸料板 5 取出 步骤四：先将弹簧 3 安装在凸模固定板 4 上，再把卸料板 5 安装在翻孔凸模上，最后用卸料螺钉 2 紧固连接
4	模具总装配	1—上模座；2—下模座	步骤一：先将上限位柱（图中未画出）固定在上模座 1 上，下限位柱（图中未画出）固定在下模座 2 上 步骤二：再将上模慢慢地放入下模，进行上下移动，确认上下滑动顺畅后，本模具装配完毕
5	打刻模具编号		翻孔试制合格后，根据厂家要求打刻模具编号

7.7.2　外壳胀形、镦压及口部成形模设计、制造及装配

7.7.2.1　制件工艺分析及加工方案的确定

制件如图 7-29 所示，为电器产品外壳，材料为 SPCD 钢，料厚为 1.0mm，外形为空心圆筒形件（$\phi30$mm±0.1mm$\times35$mm±0.15mm），尺寸精度要求是不太严，但近口部外圆处有一条环状外凸的叠边［$\phi35.5^{+0}_{-0.4}$mm$\times$（2.2 ± 0.03）mm］，其离筒底为（27.8 ± 0.1）mm，口部内侧有倒角 $0.7\times35°$ 等，给加工带来麻烦和困难。经分析，该制件只有通过冲压方式，经拉深、修边、胀形和镦压等工序才可制成，而胀形由于变形区面积太小而局部变形力太大，采用柔性的聚氨酯橡胶或液压成形的方法都是不可取的，它无法满足要求，靠刚性凸、凹模通过强逼变形来完成才有希望，曾设计了首个方案采用 8 道工序加工完成，分别为落料→首次拉深→后续两次拉深→修边→胀形→镦压→车工（控制总高度及内侧倒角）。其中落料和首次拉深，常规可以合一为落料拉深复合冲，考虑到制件产量大才分为两道工序。

该方案因工序中的定位问题而存在以下严重的缺点：

① 由胀形工序到镦压工序，坯件靠人工放置定位，工序间的凸模与制件内径单边配合间隙只有 0.01mm，一旦制件的放置位置稍有不正，便导致凸模的导正销难以先进入制件内径，有时勉强进入，也会使冲压后的制件质量很难保证，废品率高。

② 最后车削加工工序，是通过车削夹对制件实施定位的，车一件需装夹一次，不仅加工速度慢，效率低，还稍有不注意就会使装夹不到位，容易出废品，使制件质量的稳定性难以保证。

综上情况，要改变上述缺点，唯一办法是减少工序，减少重复定位，消除多次定位不准带来的不良效果，为此设计了新的方案，采用 5 道工序加工完成，即将后面的胀形、镦压和车工（控制高度和内侧的倒角）用一副复式模完成。

这对模具来说，增加了不少难度，要求模具在一次冲压中保证成形出符合制件图要求的合格制件，还要操作方便可靠，模具有较高的使用寿命，这样对坯件的要求更高了，坯件的外形尺寸必须严格控制在一定的范围内，因为最后一道工序加工完后不再对该冲件做任何加工了。

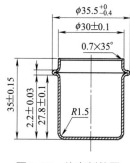

图 7-29　外壳制件图

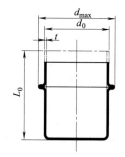

图 7-30　圆筒毛坯胀形

7.7.2.2　胀形工艺计算

（1）胀形系数的计算

已知 d_0=30mm，d_{max}=35.5mm，代入式（7-10）得：

$$K_z = \frac{d_{max}}{d_0} = \frac{35.5}{30} = 1.183$$

查得胀形极限系数为 1.24，大于制件的实际极限系数，所以可以一次胀形成形。

（2）胀形前制件原始长度的计算

胀形前制件原始长度 L_0 由式（7-11）计算。

该制件胀形前后的尺寸相差较小，考虑到胀形、镦压及内口部倒角成形在一副模具上同时进行，因此，在计算胀形原始长度时不考虑切边余量 B。

$$\varepsilon = \frac{d_{max} - d_0}{d_0} = \frac{35.5 - 30}{30} \approx 0.18$$

c 系数，一般取 0.3～0.4，该制件比较特殊，因此取 0.2；由几何关系得 $L \approx 39.3$mm。

$$L_0 = L(1+c\varepsilon)$$
$$= 39.3 \times (1 + 0.2 \times 0.18) \approx 40.7 \text{（mm）}$$

式中符号见图 7-30。

（3）胀形力的计算

胀形力可由式（7-12）求得：

$$F = qA = 1.15\sigma_b \frac{2t}{d_{max}} A$$

$$= 1.15 \times 275 \times \frac{2 \times 1}{34.5} \times 1043.3 \approx 19.1 \text{（kN）}$$

注：查得 SPCD 抗拉强度为 275MPa；参与胀形的材料表面积计算得 $A \approx 1043.3 \text{ mm}^2$。

根据以上的计算绘制出的制件胀形前圆筒形理论毛坯图如图 7-31（a）所示，通过试冲调整后得出的实际毛坯主要是高度的改变［见图 7-31（b）］，该尺寸特别重要。

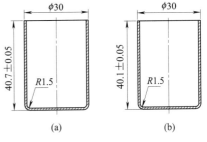

图 7-31 制件胀形前毛坯图

7.7.2.3 工序设计

根据图 7-31（b），首先检查可否一次拉深成形，若需多次拉深，则需确定各次拉深系数、拉深直径及拉深高度等数据，然后绘制出如图 7-32 所示的工序图。

由图 7-31（b）通过计算修正得知，该毛坯实用直径 D=76.3mm，根据 $\frac{h}{d}=1.33$、$\frac{t}{D} \times 100 = 1.31$，由表 6-14 直接查出拉深次数至少两次（或根据 $m_{总} = \frac{d}{D} = 0.39$，也需要两次拉深）。经分析，为安全可靠，将拉深定位于 3 次。各工序有关尺寸如图 7-32 所示。

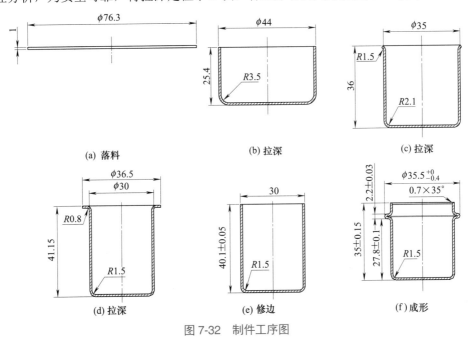

图 7-32 制件工序图

7.7.2.4 胀形、镦压及口部成形模具结构设计

如图 7-33 所示为模具结构。根据要求，该模具在一次行程中，按先后顺序，在瞬间要求完成胀形→镦压和口部内缘倒角三个内容的工艺过程，并且保证模具操作方便，使用可靠，加工的制件质量稳定可靠。为此，该模具必须具有如下要点和特点：

（1）模具结构要点和特点

① 根据制件的特殊形状和尺寸精度要求，上下模闭合时，上模的下平面和下模的上平面基本贴合，将空隙控制在 ≤0.1mm。上下模之间设有限位柱。

② 上下模应有良好的导向装置，模架采用中间导柱或四导柱结构，保证上下模合模中心完全相符。模架采用 $\phi25$mm 滑动导向加长导套结构，活动导正销设计有引导部分，定位部分外径比成形凸模外径小 0.04 ～ 0.05mm。成形凸模与活动导正销接触部分上端小些（约 3mm 长），还要加工出一段供引导的小直径（比成形凸模外径小 0.05 ～ 0.1mm）。

③ 胀形→镦压→口部内缘倒角，都是靠刚性强逼坯件变形形成，制件的环形外凸部分三个尺寸为 $\phi35.5^{+0}_{-0.4}$mm、（2.2±0.03）mm、（27.8±0.1）mm，必须由模具尺寸保证。模具的工作部分必须设计成刚性体，且有足够的硬度和耐用度。

④ 模具在工作状态中，坯件的包容面和被包容面应有足够的面积得到保护。包容面由成形凸模、活动导正销实体刚性支承，被包容面由上下凹模刚性实体保护。

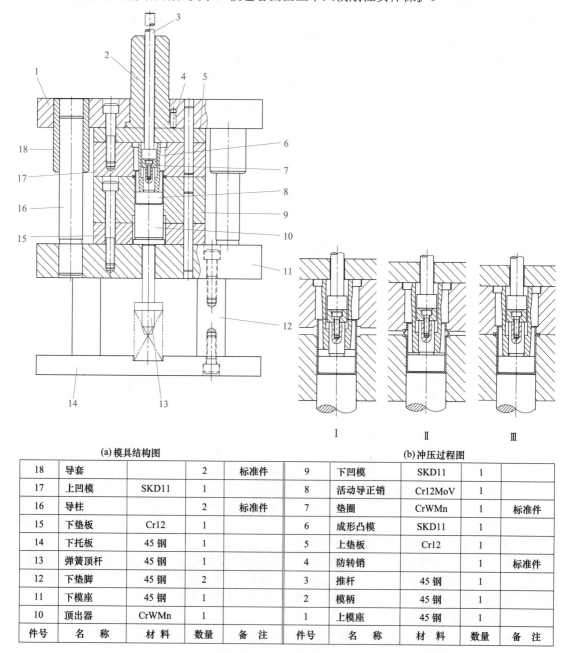

(a) 模具结构图　　　　　　　　　　　　(b) 冲压过程图

件号	名　称	材　料	数量	备　注	件号	名　称	材　料	数量	备　注
18	导套		2	标准件	9	下凹模	SKD11	1	
17	上凹模	SKD11	1		8	活动导正销	Cr12MoV	1	
16	导柱		2	标准件	7	垫圈	CrWMn	1	标准件
15	下垫板	Cr12	1		6	成形凸模	SKD11	1	
14	下托板	45 钢	1		5	上垫板	Cr12	1	
13	弹簧顶杆	45 钢	1		4	防转销		1	标准件
12	下垫脚	45 钢	2		3	推杆	45 钢	1	
11	下模座	45 钢	1		2	模柄	45 钢	1	
10	顶出器	CrWMn	1		1	上模座	45 钢	1	

图 7-33　胀形、镦压及口部成形模

⑤ 下模顶出装置中的顶出器 10，其高度尺寸要在装模和试模时调整，之前该尺寸适当留余量，备修整用。与弹簧顶杆配套的弹簧，图示设计为不可调，可根据需要设计成可调。弹簧顶杆要有一定的硬度和刚性，不允许变形。

⑥ 为使坯件的定位可靠，模具敞开时，顶出器 10 的上平面应低于下凹模 9 的上平面，其值控制在（7±0.1）mm 比较合适。

⑦ 上模部分出件采用刚性打料结构较为可靠。

（2）模具工作过程

工作时，将毛坯放入下凹模 9 的孔内（该模具是采用传递模来冲压，因此坯件在活动导正销 8 定位后，机械手的爪件才离开），上模下行，成形凸模 6 带着活动导正销 8 首先进入毛坯内孔径，接着毛坯上部分进入凸模 6 与上凹模 17 之间，并在凸模 6 台阶的作用下压着毛坯端口向下运动，当毛坯的上下端面与上下模刚性接触时，上模随压力机滑块继续向下的同时，由上凹模 17 和下凹模 9 将制件胀形 ［见图 7-33（b），Ⅱ模具运动过程图，这时内口部斜角已预成形出］；上模继续下行，在成形凸模 6、上凹模 17 及下凹模 9 的作用下，由胀形转为镦压，镦压结束再整形口部 0.7×35°的斜角 ［见图 7-33（b）］。模具回程，在顶出器 10 及弹簧的弹力下，将成形结束的制件紧箍在成形凸模 6 上，模具回到上死点时，利用活动导正销 8、推杆 3 接触到压力机上的打杆出件。

7.7.2.5　主要模具零部件设计与加工

（1）上凹模设计与加工

上凹模见图 7-34，材料 SKD11；加工工艺过程见表 7-16。

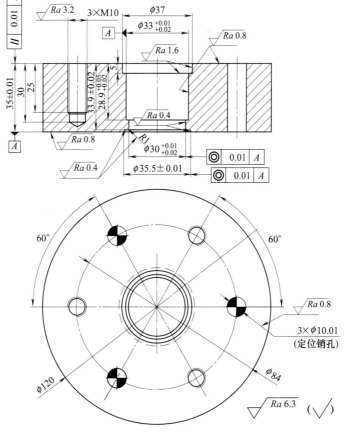

图 7-34　上凹模（见图 7-33 件 17）

表 7-16　上凹模加工工艺过程（供参考）

序号	名称	内容	简图
1	备料	割棒料 ϕ130mm×110mm（包含下凹模的材料）	图略
2	车	按图示形状车削出外圆、内圆、两端面，ϕ37mm 深 5mm 加工到位，其余单边留 0.5mm 余量	图略
3	划线	按图示要求划线	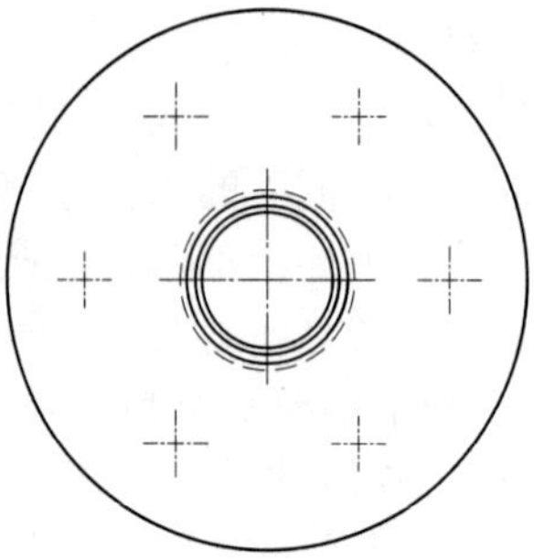
4	钳工（钻、攻螺纹）	①钻 3 个 ϕ4mm 的穿丝孔 ②攻 3 个 M10、深 25mm 的螺纹孔	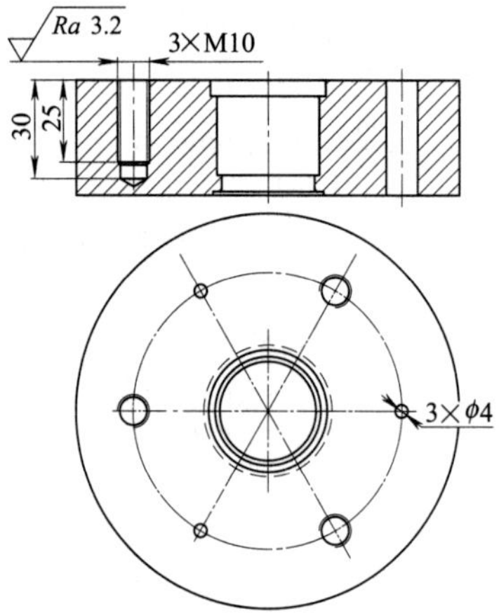
5	热处理	淬火回火至 60～62HRC	
6	数控车	按图示加工至要求尺寸	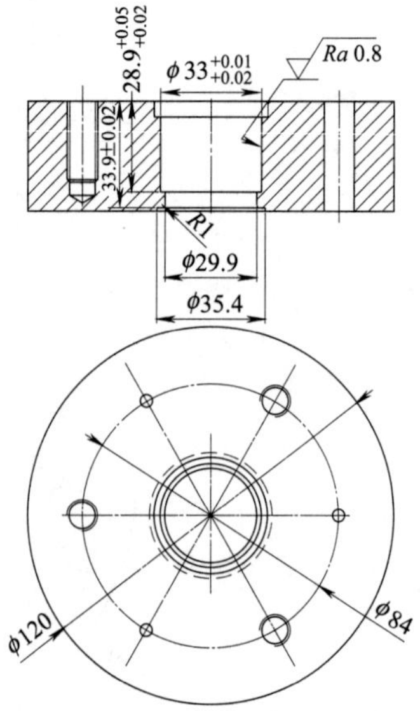
7	磨	磨两端面高度至要求尺寸（注：下平面见光即可，其余磨上平面）	见图 7-34

序号	名称	内容	简图
8	内圆磨	按图形状加工至要求尺寸	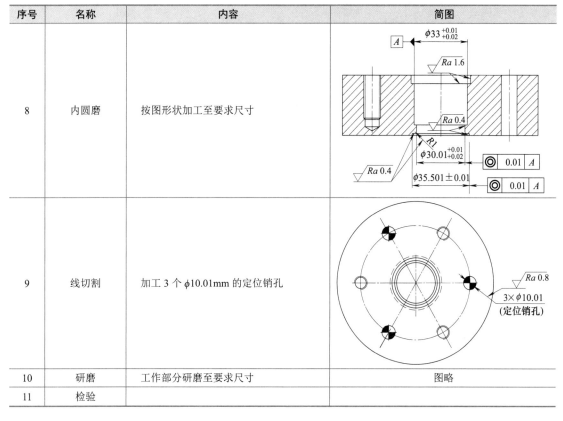
9	线切割	加工 3 个 ϕ10.01mm 的定位销孔	
10	研磨	工作部分研磨至要求尺寸	图略
11	检验		

（2）下凹模设计与加工

下凹模见图 7-35，材料 SKD11；加工工艺过程见表 7-17。

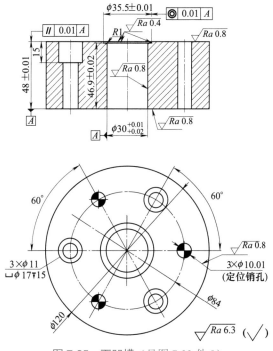

图 7-35　下凹模（见图 7-33 件 9）

表 7-17　下凹模加工工艺过程（供参考）

序号	名称	内容	简图
1	备料	与上凹模同时备料，其目的是可以省去车床装夹	图略
2	车	按图形状车削出外圆、内圆、两端面，单边留 0.5mm 余量	图略
3	划线	按图示要求划线	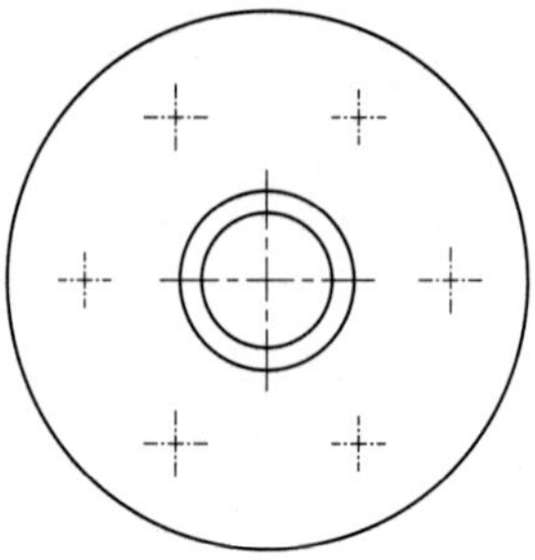
4	钳工（钻）	①钻 3 个 $\phi4$mm 的穿丝孔 ②钻 3 个 $\phi11$mm 的孔，$\phi17$mm 正面沉孔深 15mm	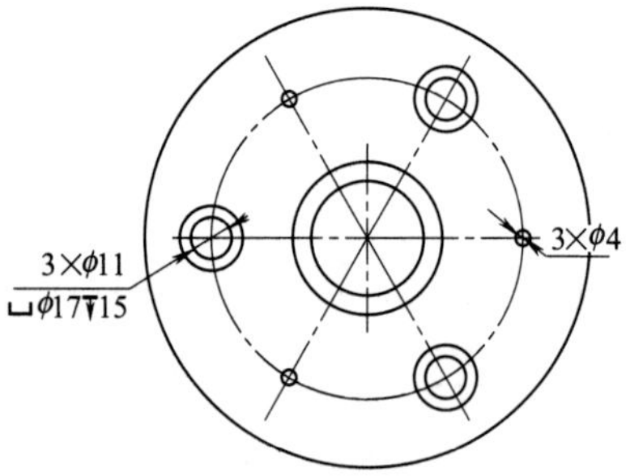
5	热处理	淬火回火至 60 ～ 62HRC	
6	数控车	按图示加工至要求尺寸	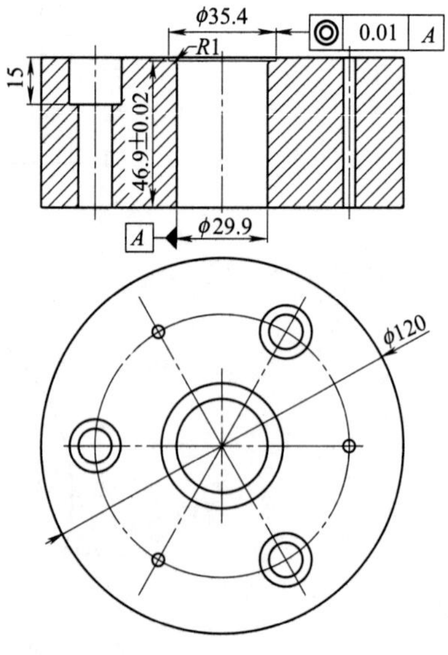
7	磨	磨两端面高度至要求尺寸（注：上平面见光即可，其余磨下平面）	见图 7-35

序号	名称	内容	简图
8	内圆磨	按图示形状加工至尺寸要求	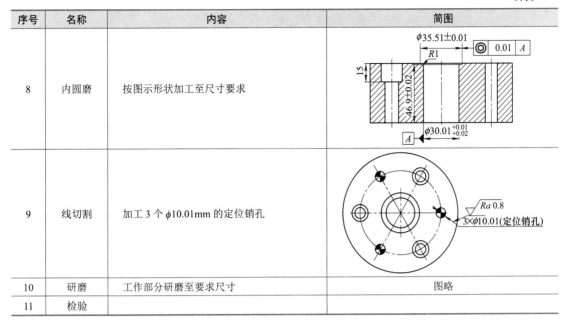
9	线切割	加工 3 个 ϕ10.01mm 的定位销孔	
10	研磨	工作部分研磨至要求尺寸	图略
11	检验		

（3）成形凸模设计与加工

成形凸模见图 7-36，材料 SKD11；加工工艺过程见表 7-18。

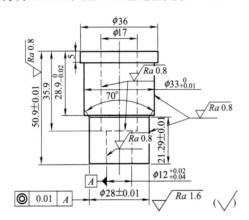

图 7-36　成形凸模（见图 7-33 件 6）

表 7-18　成形凸模加工工艺过程（供参考）

序号	名称	内容	简图
1	备料	割棒料 ϕ40mm×70mm	图略
2	车	按图形状车削出外圆、内圆、两端面，单边留 0.4mm 余量	图略
3	热处理	淬火回火至 60～62HRC	
4	数控车	按图示加工至要求尺寸	见图 7-36
5	磨	磨两端面高度至要求尺寸	见图 7-36
6	检验		

（4）活动导正销设计与加工

活动导正销见图 7-37，材料 Cr12MoV；加工工艺过程见表 7-19。

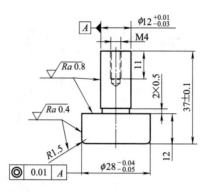

图 7-37　活动导正销（见图 7-33 件 8）

表 7-19　活动导正销加工工艺过程（供参考）

序号	名称	内容	简图
1	备料	割棒料 ϕ35mm×55mm	图略
2	车	①钻出中心孔 ②按图示形状车削出外圆及两端面，单边留 0.3mm 余量 ③攻 M4 的螺纹孔，深 11mm	图略
3	热处理	淬火回火至 60～62HRC	
4	数控车	按图示加工至要求尺寸	见图 7-37
5	磨	磨两端面高度至要求尺寸	见图 7-37
6	检验		

（5）顶出器设计与加工

顶出器见图 7-38，材料 CrWMn；加工工艺过程见表 7-20。

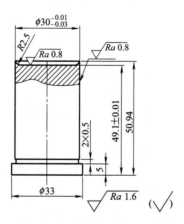

图 7-38　顶出器（见图 7-33 件 10）

表 7-20　顶出器加工工艺过程（供参考）

序号	名称	内容	简图
1	备料	割棒料 ϕ40mm×68mm	图略
2	车	①钻出中心孔 ②按图示形状车削出外圆、头部形状及端面，单边留 0.3mm 余量	图略

序号	名称	内容	简图
3	热处理	淬火回火至 55 ~ 58HRC	
4	数控车	按图示形状车削出外圆、头部形状及端面，单边留 0.05mm 余量	见图 7-38
5	磨	磨两端面高度、外形及头部形状至要求尺寸	见图 7-38
6	检验		

7.7.2.6 胀形、镦压及口部成形模装配

胀形、镦压及口部成形模如图 7-33 所示，具体装配方法见表 7-21。

表 7-21 壳体底部翻孔模装配方法（供参考）

序号	工序	简图	工艺说明
1	模架装配		略
2	下模部分装配	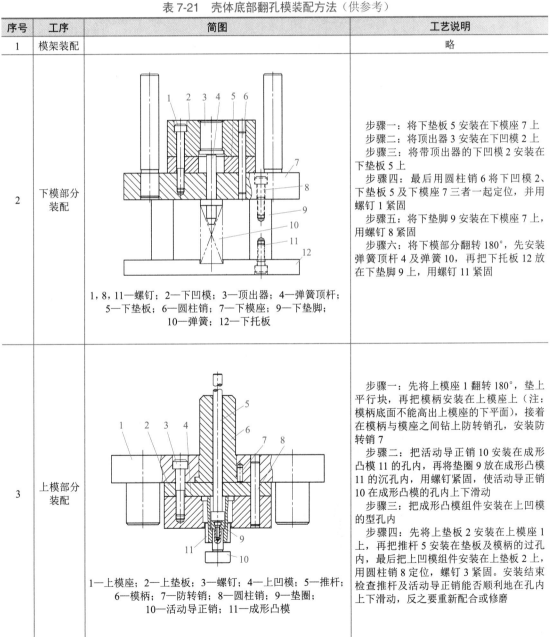 1, 8, 11—螺钉；2—下凹模；3—顶出器；4—弹簧顶杆；5—下垫板；6—圆柱销；7—下模座；9—下垫脚；10—弹簧；12—下托板	步骤一：将下垫板 5 安装在下模座 7 上 步骤二：将顶出器 3 安装在下凹模 2 上 步骤三：将带顶出器的下凹模 2 安装在下垫板 5 上 步骤四：最后用圆柱销 6 将下凹模 2、下垫板 5 及下模座 7 三者一起定位，并用螺钉 1 紧固 步骤五：将下垫脚 9 安装在下模座 7 上，用螺钉 8 紧固 步骤六：将下模部分翻转 180°，先安装弹簧顶杆 4 及弹簧 10，再把下托板 12 放在下垫脚 9 上，用螺钉 11 紧固
3	上模部分装配	1—上模座；2—上垫板；3—螺钉；4—上凹模；5—推杆；6—模柄；7—防转销；8—圆柱销；9—垫圈；10—活动导正销；11—成形凸模	步骤一：先将上模座 1 翻转 180°，垫上平行块，再把模柄安装在上模座上（注：模柄底面不能高出上模座的下平面），接着在模柄与模座之间钻上防转销孔，安装防转销 7 步骤二：把活动导正销 10 安装在成形凸模 11 的孔内，再将垫圈 9 放在成形凸模 11 的沉孔内，用螺钉紧固，使活动导正销 10 在成形凸模的孔内上下滑动 步骤三：把成形凸模组件安装在上凹模的型孔内 步骤四：先将上垫板 2 安装在上模座 1 上，再把推杆 5 安装在垫板及模柄的过孔内，最后把上凹模组件安装在上垫板 2 上，用圆柱销 8 定位，螺钉 3 紧固。安装结束检查推杆及活动导正销能否顺利地在孔内上下滑动，反之要重新配合或修磨

序号	工序	简图	工艺说明
4	模具总装配	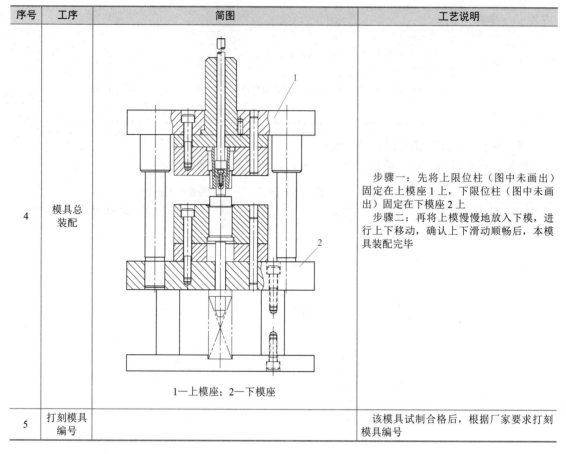 1—上模座；2—下模座	步骤一：先将上限位柱（图中未画出）固定在上模座 1 上，下限位柱（图中未画出）固定在下模座 2 上 步骤二：再将上模慢慢地放入下模，进行上下移动，确认上下滑动顺畅后，本模具装配完毕
5	打刻模具编号		该模具试制合格后，根据厂家要求打刻模具编号

7.7.2.7　实际生产验证

　　本模具安装在公称压力为 450kN 的开式压力机上进行试冲，试冲结果表明，将胀形、镦压及车削等 3 个旧工艺工序改为胀形、镦压及内口部成形复合工艺是可行的，不但减少了制件的废品率，而且明显提高了生产效率。得到试冲后的实物如图 7-39 所示。

图 7-39　试冲后实物图

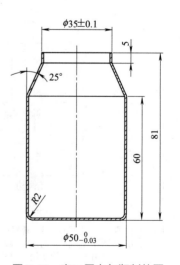

图 7-40　直口压力气瓶制件图

7.7.3 直口压力气瓶缩口模设计、制造及装配

7.7.3.1 工艺分析

直口压力气瓶如图 7-40 所示，材料为 08 钢，料厚 t=1.0mm。从冲压工艺分析可知，该制件只能用拉深通过缩口的方法加工而成。由于制件外径 $\phi50_{-0.03}^{+0}$ mm 精度要求很高，常规的拉深是达不到这个精度的，必须通过整形工序才能满足要求。此外，对制件表面质量要求无划伤、划痕，口部不允许有皱褶等现象，这些都是在拉深工艺中要重点注意的地方。

综上分析，该制件最终的加工方法大致为：落料→拉深（按拉深工艺确定拉深次数）→整形（确定缩口前坯件精确外径）→修边（确定坯件高度）→缩口。

缩口前要把坯件的形状、尺寸大小确定好，这样才能设计本模具。

7.7.3.2 工艺计算

（1）缩口系数的计算

缩口的最大变形程度用极限缩口系数 K_s 来表示。当制件的缩口系数小于极限缩口系数时，制件要通过多道缩口达到尺寸要求。在多道缩口工序中，第一道工序采用比平均值 K_{sp} 小 10% 的缩口系数，以后各道工序采用比平均值大 5% ～ 10% 的缩口系数。

已知 d=34mm，d_0=49mm，代入式（7-13）得：

$$K_s = \frac{d}{d_0} = \frac{34}{49} \approx 0.69$$

因为该制件是有底的缩口件，所以只能采用外支承方式的缩口模具结构形式。查表 7-8，平均缩口系数 K_{sp}=0.55 ～ 0.60，因为 $K_s > K_{sp}$，所以该制件可以一次缩口成形。

（2）缩口前毛坯高度计算

图 7-40 所示为直口缩口形式，其缩口前毛坯高度 h_0 由式（7-15）计算［公式字母对应图 7-11（b）缩口毛坯计算图］：

$$h_0 = (1 \sim 1.05) \left[h_1 + h_2 \sqrt{\frac{d}{d_0}} + \frac{d_0^2 - d^2}{8 d_0 \sin\alpha} \left(1 + \sqrt{\frac{d_0}{d}} \right) \right]$$

$$= (1 \sim 1.05) \times \left[59.5 + 5\sqrt{\frac{34}{49}} + \frac{49^2 - 34^2}{8 \times 49 \sin 25°} \left(1 + \sqrt{\frac{49}{34}} \right) \right] \approx 80.2 \sim 84.2 \text{（mm）}$$

毛坯高度 h_0 实取 83.5mm。

7.7.3.3 工序设计

设计该制件的工序图时，首先要计算出制件缩口用的毛坯尺寸［缩口用的毛坯为圆筒形空心件，见图 7-41（f）］，接着以缩口的毛坯尺寸再计算出圆筒形拉深件的毛坯尺寸，最后计算出各工序的拉深系数、拉深直径及拉深高度等数据，再绘制出如图 7-41 所示的工序图。

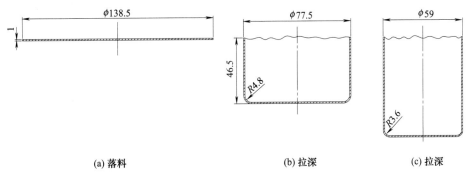

(a) 落料　　　　　　　　　(b) 拉深　　　　　　　　　(c) 拉深

图 7-41

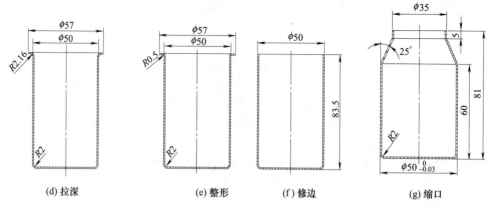

图 7-41　制件工序图

(d) 拉深　　(e) 整形　　(f) 修边　　(g) 缩口

7.7.3.4　直口压力气瓶缩口模总体结构设计

如图 7-42 所示为直口压力气瓶缩口模结构图，设计该模具也是该制件的关键工序。

（1）模具结构特点

① 本结构采用导柱在中间两侧滑动的导向模架，保持压力中心和模架中心重合，工作稳定性好。

② 本结构上模部分的缩口凹模 17 与上模座 1 采用销钉定位，螺钉紧固；下模部分的下模座与垫柱是依靠垫柱 8 的外形与下模座 9 上加工出直径 φ130mm、深 5mm 的型孔定位。而上、下模对准精度是完全依靠两套 φ25mm 的滑动导柱、导套进行导向定位。

③ 为确保整个缩口过程能得到很好的支撑定位，在缩口过程中采用外支撑套 7 支撑定位，外支撑套 7 设计成滑动式。在缩口前，利用强有力的橡胶 11 将外支撑套 7 顶起，使外支撑套 7 的上平面与缩口凹模 17 的下平面紧贴，随着上模的继续下行，对坯件进行缩口，在支撑套顶起至最高位置时，支撑套不离开垫柱，相互间有一定的接触面。

④ 本结构中的外支撑套 7 设计成滑动式，外支撑套 7 在顶出的状态，坯件应低于外支撑套 7 的上平面，其目的是确保整个缩口过程中坯件的外形得到有效的支撑，从而避免了因缩口而导致制件的局部位置变形或出现其他的质量问题。

⑤ 本结构在缩口即将结束时，利用带内芯子顶出器 6 中的台阶处平面，将已缩口后口部略有高低不平的尺寸进行镦压整平，使成形出的制件口部外径尺寸及端面的平整度能符合图面和装配要求。

⑥ 缩口凹模 17 工作部分的表面粗糙度为 Ra 0.4μm。

⑦ 本结构在垫柱 8 的上平面周边（与制件底部的接触面）制作成与制件底部的外圆角半径 R 相吻合的圆弧（见图 7-42 A 处放大图），否则在缩口的受力及镦压下导致制件底部的圆角处 R 角变小或变为大小不一，影响制件质量。

（2）模具工作过程

工作时，将坯件的开口朝上，放入外支撑套 7 的型孔内（坯件放入之后要低于外支撑套 7 的上平面），由外支撑套 7 与垫柱 8 支撑。上模下行，首先外支撑套 7 的上平面紧贴着缩口凹模 17 的下平面，上模继续下行，在缩口凹模 17 的作用下将坯件进行缩口，这时，外支撑套 7 也跟随着上模下行。当 25°斜面缩口即将结束时，上模继续下行，在带内芯子顶出器 6 头部的作用下，迫使缩口后多余的材料向带内芯子顶出器 6 与缩口凹模 17 间流动，这时，开始成形出口部的 φ35mm、高 5mm 的筒形尺寸。缩口即将结束时，利用带内芯子顶出器 6 台阶的平面将已缩口口部端面略有高低不平的尺寸进行镦压整平，使成形出的制件口部平齐。模具回程，制件紧箍在带内芯子顶出器6与缩口凹模17间，同时外支撑套7在顶板10及橡胶11的顶力下复位。上模继续上行，在带内芯子顶出器6及推杆4接触到压力机上的打杆出件。

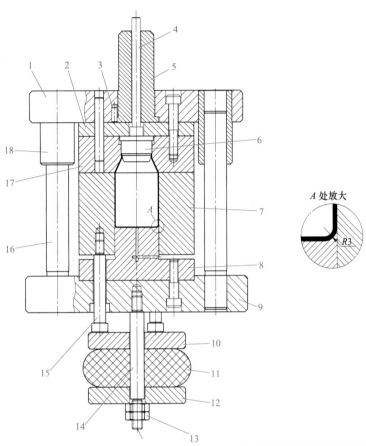

图 7-42　直口压力气瓶缩口模结构图

件号	名　称	材　料	数量	备　注	件号	名　称	材　料	数量	备　注
18	导套		2	标准件	9	下模座	45钢	1	
17	缩口凹模	SKD11	1		8	垫柱	Cr12MoV	1	
16	导柱		2	标准件	7	外支撑套	Cr12MoV	1	
15	卸料螺钉		3	标准件	6	带内芯子顶出器	SKD11	1	
14	螺杆	45钢	1		5	模柄	45钢	1	
13	螺母		2	标准件	4	推杆	45钢	1	
12	底板	45钢	1		3	防转销		1	标准件
11	橡胶		1		2	上垫板	Cr12	1	
10	顶板	45钢	1		1	上模座	45 钢	1	

7.7.3.5　主要模具零部件设计与加工

（1）缩口凹模设计与加工

缩口凹模见图7-43，材料SKD11；加工工艺过程见表7-22。

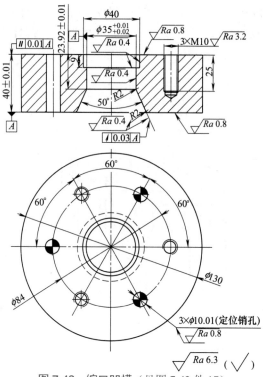

图 7-43　缩口凹模（见图 7-42 件 17）

表 7-22　缩口凹模加工工艺过程（供参考）

序号	名称	内容	简图
1	备料	割棒料 φ140mm×60mm	图略
2	车	按图示形状车削出外圆、内孔（包含锥孔）、两端面，其中 φ40mm 深 9mm 加工到位，其余单边留 0.4mm 余量	图略
3	划线	按图示要求划线	
4	钳工（钻、攻螺纹）	①钻 3 个 φ4mm 的穿丝孔 ②攻 3 个 M10、深 25mm 的螺纹孔	
5	热处理	淬火回火至 60～62HRC	

序号	名称	内容	简图
6	数控车	按图示加工后，再研磨、抛光至要求尺寸	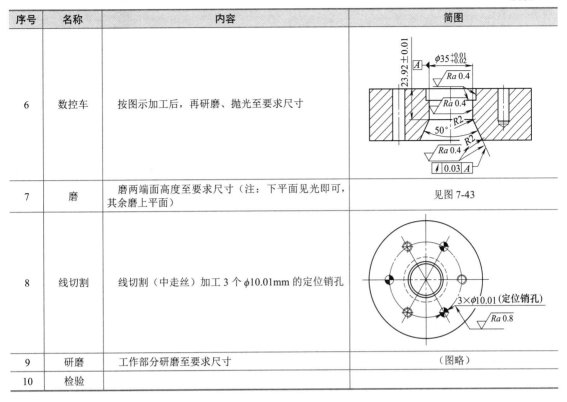
7	磨	磨两端面高度至要求尺寸（注：下平面见光即可，其余磨上平面）	见图 7-43
8	线切割	线切割（中走丝）加工 3 个 ϕ10.01mm 的定位销孔	
9	研磨	工作部分研磨至要求尺寸	（图略）
10	检验		

（2）外支撑套设计与加工

外支撑套见图 7-44，材料 Cr12MoV；加工工艺过程见表 7-23。

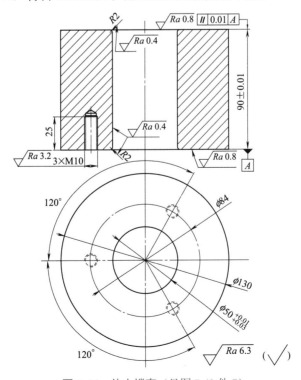

图 7-44　外支撑套（见图 7-42 件 7）

表 7-23 外支撑套加工工艺过程（供参考）

序号	名称	内容	简图
1	备料	割棒料 φ140mm×110mm	图略
2	车	按图示形状车削出外圆、内孔、两端面，单边留 0.4mm 余量	图略
3	划线	按图示要求划线	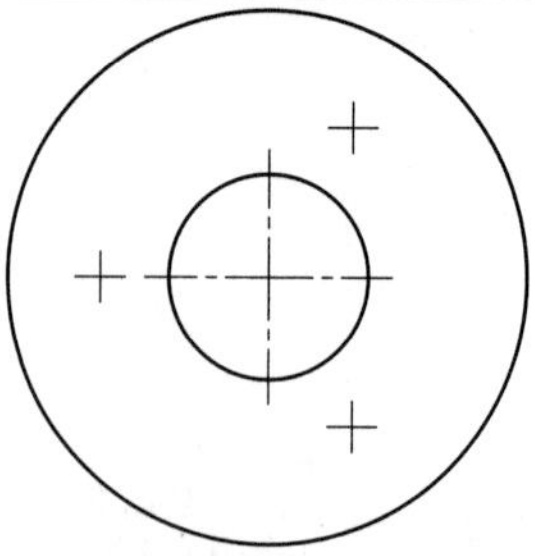
4	钳工（钻、攻螺纹）	攻 3 个 M10、深 25mm 的螺纹孔	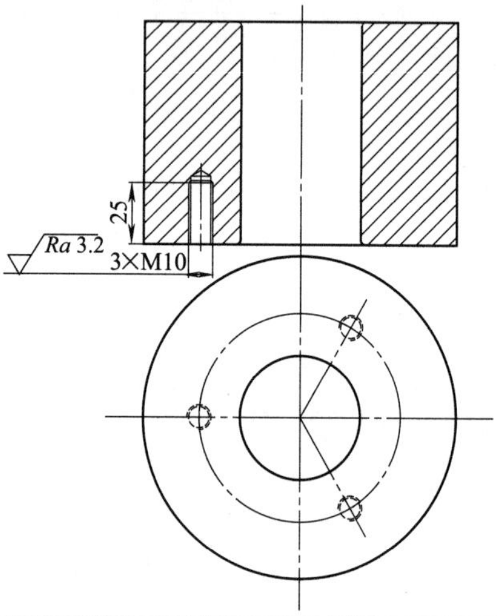
5	热处理	淬火回火至 53～55HRC	
6	数控车	按图示加工后，再研磨、抛光至要求尺寸	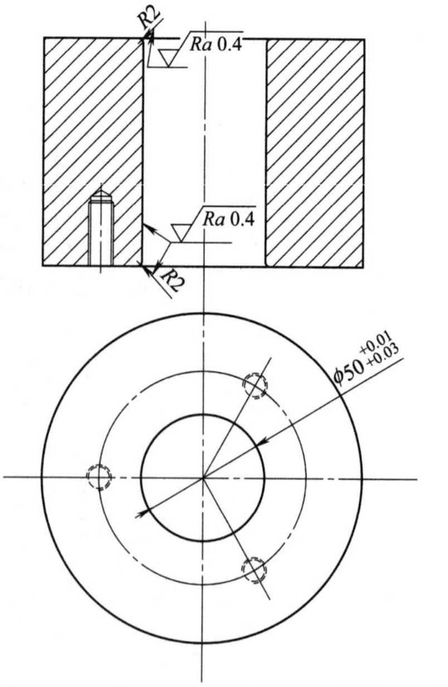
7	磨	磨两端面高度至要求尺寸（注：上平面见光即可，其余磨下平面）	见图 7-44
8	检验		

（3）垫柱设计与加工

垫柱见图7-45，材料Cr12MoV；加工工艺过程见表7-24。

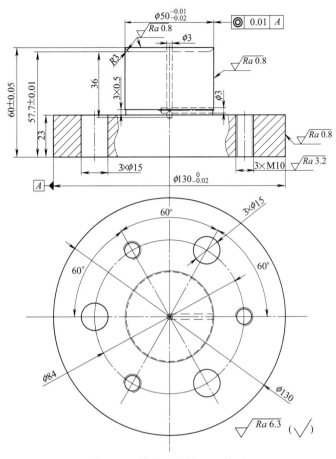

图 7-45　垫柱（见图 7-42 件 8）

表 7-24　垫柱加工工艺过程（供参考）

序号	名称	内容	简图
1	备料	割棒料 $\phi140mm \times 80mm$	图略
2	车	① 钻中心孔 ② 按图示形状车削出外形、头部形状及两端面，单边留 0.3mm 余量 ③ 钻 $\phi3mm$、深 39mm 的排气孔	图略
3	划线	按图示要求划线（包含侧面排气孔）	

序号	名称	内容	简图
4	钳工（钻、攻螺纹）	① 攻 3 个 M10 的螺纹孔 ② 钻 3 个 $\phi15mm$ 的圆孔 ③ 钻侧面 1 个 $\phi3mm$ 的排气孔	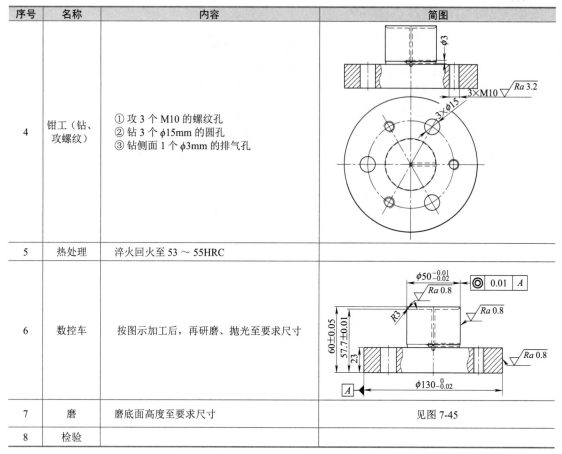
5	热处理	淬火回火至 53～55HRC	
6	数控车	按图示加工后，再研磨、抛光至要求尺寸	
7	磨	磨底面高度至要求尺寸	见图 7-45
8	检验		

（4）带内芯子顶出器设计与加工

带内芯子顶出器见图 7-46，材料 SKD11；加工工艺过程见表 7-25。

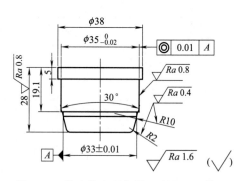

图 7-46　带内芯子顶出器（见图 7-42 件 6）

表 7-25　带内芯子顶出器加工工艺过程（供参考）

序号	名称	内容	简图
1	备料	割棒料 $\phi45mm \times 45mm$	图略
2	车	① 钻中心孔 ② 按图形状加工出外形、头部形状及两端面，单边留 0.3mm 余量	图略
3	热处理	淬火回火至 60～62HRC	

序号	名称	内容	简图
4	数控车	按图示加工后，再研磨、抛光至要求尺寸	见图 7-46
5	磨	磨底面高度至要求尺寸	见图 7-46
6	检验		

7.7.3.6　直口压力气瓶缩口模装配

直口压力气瓶缩口模如图 7-42 所示，具体装配方法见表 7-26。

表 7-26　直口压力气瓶缩口模装配方法（供参考）

序号	工序	简图	工艺说明
1	模架装配		略
2	下模部分装配	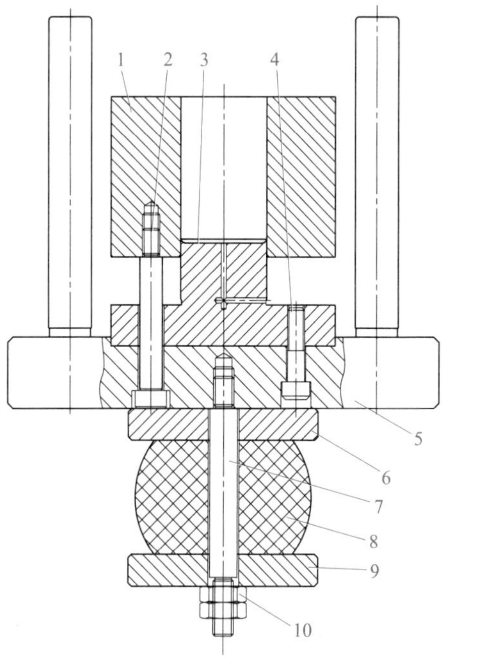 1—外支撑套；2—卸料螺钉；3—垫柱；4—螺钉；5—下模座；6—顶板；7—螺杆；8—橡胶垫；9—底板；10—螺母	步骤一：将垫柱 3 安装在下模座 5 上，用螺钉 4 紧固 步骤二：将外支撑套 1 安装在垫柱 3 上，用卸料螺钉 2 紧固，紧固后检查上下是否滑配 步骤三：将下模部分翻转 180°，再把螺杆 7 紧固在下模座上 步骤四：把顶板 6、橡胶垫 8、底板 9 按顺序穿在螺杆上，并用两个螺母 10 紧固
3	上模部分装配	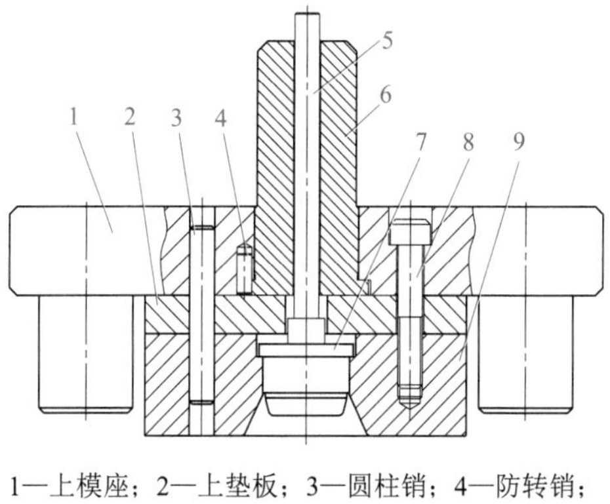 1—上模座；2—上垫板；3—圆柱销；4—防转销；5—推杆；6—模柄；7—带内芯子顶出器；8—螺钉；9—缩口凹模	步骤一：先将上模座 1 翻转 180°，垫上平行块，再把模柄 6 安装在上模座 1 上（注：模柄底面不能高出上模座的下平面），接着在模柄与模座之间钻上防转销孔，安装防转销 4 步骤二：把上垫板 2 安装在上模座 1 上，再把推杆 5 从上垫板及模柄的过孔穿过 步骤三：先将带内芯子顶出器安装在缩口凹模 9 的型孔内，再将缩口凹模组件安装在上垫板上，三者用圆柱销 3 定位，螺钉 8 紧固。安装结束检查推杆 5 及带内芯子顶出器 7 能否顺利地在孔内上下滑动，反之要重新配合或调整

序号	工序	简图	工艺说明
4	模具总装配	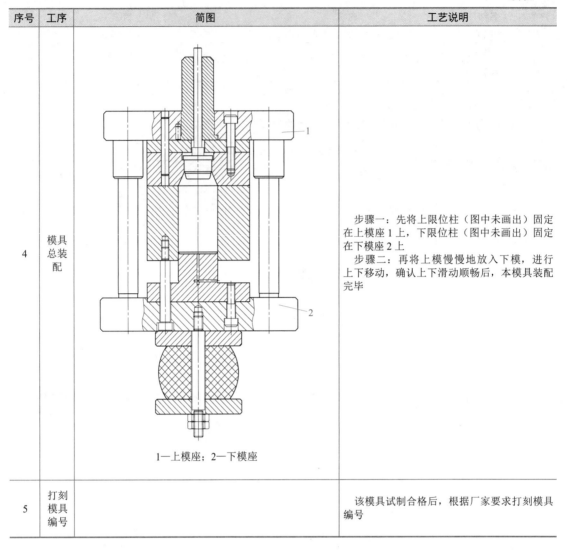 1—上模座；2—下模座	步骤一：先将上限位柱（图中未画出）固定在上模座1上，下限位柱（图中未画出）固定在下模座2上 步骤二：再将上模慢慢地放入下模，进行上下移动，确认上下滑动顺畅后，本模具装配完毕
5	打刻模具编号		该模具试制合格后，根据厂家要求打刻模具编号

7.8 成形模典型结构

扫描二维码阅读或下载本节内容。

成形模典型
结构

第 **8** 章 多工位级进模设计与制造

8.1 多工位级进模设计基础

8.1.1 多工位级进模的特点

① 级进模是连续冲压的多工序冲模,在一副模具内可以完成冲裁、弯曲、成形、拉深等多道工序。生产过程相当于每次冲程中冲制一个制件或工序件,因此具有比复合模更高的生产率,适用于大批量生产。

② 级进模冲压可以减少设备数量和模具数量,减少车间的占地面积,省去半制品运输及存储仓库。

③ 级进模利用卷料或带料,可实现自动送料、自动出料、自动叠片等功能,便于实现冲压生产的自动化。

④ 级进模工序可以分散,不必集中在一个工位,因此可以解决复合模"最小壁厚"的问题,且模具强度较高,寿命也较长。

⑤ 级进模属自动化冲模,多使用卷料,采用自动送料,在冲压中不需要手工操作,因此手不必进入危险区域,具有操作安全的特点。

⑥ 级进模生产的制件和产生的废料多数往下漏,因此可以采用高速压力机生产。

⑦ 级进模结构复杂,制造精度高,周期长,成本高,维护困难。

⑧ 级进模一般用于生产批量大、精度要求高、需要多工序冲裁的小制件加工。

8.1.2 多工位级进模的分类

(1) 按冲压工序性质及其排列顺序分类
① 冲裁级进模。
② 剪切级进模。
③ 冲裁、弯曲级进模。
④ 冲裁、拉深级进模。
⑤ 冲裁、成形级进模。

⑥冲裁、弯曲、拉深级进模。

⑦冲裁、弯曲、成形级进模。

⑧冲裁、拉深、成形级进模。

⑨冲裁、弯曲、拉深、成形级进模。

（2）按排样方式的不同分类

按排样方式的不同可分为封闭型孔连续式级进模和分段切除多段式级进模。

①封闭型孔连续式级进模。这种级进模的各个工作型孔（除定距侧刃型孔外）与被冲制件的各个孔及制件外形（弯曲件指展开外形）的形状一致，并把它们分别设置在一定的工位上，材料沿各工位经过连续冲压，最后获得所需制件。

②分断切除多段式级进模。这种级进模对冲压制件的复杂异形孔和制件的整个外形采用分段切除多余废料的方式进行。即在前一工位先切除一部分废料，在以后工位再切除一部分废料，经过逐步工位的连续冲制，就能获得一个完整的制件或半成品。

（3）按工位数＋制件名称分类

主要分类有：22工位等离子电视连接支架级进模、32工位电刷支架精密级进模、52工位接线端子级进模等。

（4）按被冲压的制件名称分类

如：28L集成电路引线框级进模、传真机左右支架级进模、动簧片多工位级进模、端子接片多工位级进模等，这些多工位级进模目前用得最多。

（5）按模具的结构分类

按模具的结构分为独立式级进模和分段组装式级进模。独立式（又称整体式）级进模，工位数不论多少，各工位都在同一块凹模上完成；分段组装式级进模，按排样冲压工序特点将相同或相近冲压性质的工位组成一个独立的分级进模单元，然后将它固定到总模架上，成为一副完整的多工位级进模。分段组装式级进模简化了制模难度，故在大型、多工位、加工较困难的级进模中常用。

（6）按模具使用特征分类

主要有带自动挡料销级进模、带定距切断装置的级进模、自动送料冲孔分段冲切级进模、气动送料装置冲孔级进模等。

8.2 排样设计

8.2.1 排样设计原则

多工位级进模的排样设计是与制件冲压方向、变形次数及相应的变形程度密切相关的，还要考虑模具制造的可能性与工艺性。其排样方式不同，则材料利用率、冲压出制件的精度、生产率、模具制造的难易程度及模具的使用寿命也不同，因此，排样图设计时应遵循下列原则。

①提高凹模强度及便于模具制造对冲压形状复杂的制件，可用分段切除的方法，将复杂的型孔分解为若干个简单的孔形，并安排在多个工位上进行冲压，以使凸、凹模形状简单规则，便于模具制造并提高使用寿命，对于同一尺寸或位置精度要求高的部位应尽量安排在同一工位上冲压。

②合理确定工位数，工位数为分解的各单工序之和。在不影响凹模强度的原则下，工位数越少越好，这样可以减少累积误差，使冲出的制件精度高。

③ 在排样设计时，尽可能考虑材料的利用率，尽量按少、无废料排样，以便降低制件成本，提高经济效益。也可以采用双排或多排排样，它比单排排样要节省材料，但模具结构复杂，制造困难，给操作也带来不便，应多方面考虑后加以确定。

④ 为保证条料送进步距的精度，在排样设计时，一般应设置侧刃作为粗定位，导正销为精定位，但导正销孔尽可能设置在废料上，有时由于制件形状的限制，在废料上无法设置导正销孔，也可以将制件中冲出的孔作导正销孔。当使用送料精度较高的送料装置时，可不设侧刃，只设导正销即可。

⑤ 多工位级进模中弯曲件排样与外形尺寸及变形程度有一定关系，一般以制件的宽度方向作为条料的送进方向。

⑥ 需要冲制的制件与载体连接应有足够的强度和刚度，以保证条料在冲压过程中连续送进的稳定性。

⑦ 合理安排工序顺序，原则上宜先安排冲孔、切口、切槽等冲裁工序，再安排弯曲、拉深、成形等工序，最后切断或落料分离，各工序先后应按一定的次序而定，以有利于下一工序的进行。但如果孔位于成形工序的变形区，则在成形后冲出。对于精度要求高的，应在成形工序之后增加校平或整形工序。

8.2.2 排样设计应考虑的因素

（1）企业的生产能力与生产批量

① 企业生产能力 生产能力是指模具用户企业现有的自动化程度、工人技术水平及压力机的数量、型号、规格。压力机的规格包括公称压力、模具闭合高度、滑块行程高度、装模尺寸及冲压速度等。

② 生产批量 生产批量是指制件的产量是多少，批量不同，考虑排样的依据就不同。批量小，采用单排排样较好。模具结构简单，便于制造，模具刚性好，模具使用寿命也可延长。反之，生产批量较大时，可采用双排或多排排样，在模具上提高生产效率，但模具制造较为复杂。

（2）多工位级进模的送料方式

多工位级进模的送料方式主要有人工送料和自动送料两种。自动送料根据送料方式，有自动送料、自动拉料和送拉相结合的送料方式，统称为自动送料。

① 人工送料 人工送料一般用于小批量生产、制件形状较简单、工位数较小的级进模。

② 自动送料 自动送料的种类较多，其功能及送料原理都是一样的，利用它将卷料进行自动送料，来实现自动化冲压。自动送料装置一般同压力机配套使用，但有部分也安装在模具上，其送料步距是可调的。

③ 自动拉料 自动拉料主要有滚动拉料、气动拉料及钩式拉料。滚动拉料一般安装在压力机上，同压力机配套使用。气动拉料和钩式拉料大部分都直接安装在模具上。

自动拉料装置一般用于材料较薄的弯曲、拉深及成形制件，经过各个工位冲压后，导致带料变形不平整。用自动送料装置难以稳定送进，因此选用自动拉料较为合理。选用自动拉料时，前提带料的载体上必须有导正销孔或其他的工艺孔，当拉料器上的拉钩进入导正销孔或其他的工艺孔上时实现自动拉料功能。

（3）冲裁力的平衡

① 力求压力中心与模具中心重合，其最大偏移量不超过模具长度的1/6或模具宽度的1/6。

② 多工位级进模往往在冲压过程中产生侧向力，必须分析侧向力产生部位、大小和方向，采取一定措施，力求抵消侧向力，保持冲压的稳定性。

（4）模具结构

多工位级进模的结构尽量简单，制造工艺性好，便于装配、维修和刃磨。特别对高速冲压的多工位级进模应尽量减轻上模部分，如上模部分较重会导致冲压时的惯性大，当冲压发生故障时不能在第一时间段停止。通常高速冲压的小型多工位级进模的上模座采用合金铝制造来减轻上模部分。

（5）被加工材料

多工位级进模对被加工材料有严格要求。在设计条料排样图时，对材料的供料状态、被加工材料的力学性能、材料厚度、纤维方向及材料利用率等均要全面考虑。

① 材料供料状态　设计条料排样图时，应明确说明是成卷带料还是板料剪切成的条料供料。多工位级进模常用成卷带料供料，这样便于进行连续、自动、高速冲压。否则，自动送料、高速冲压难以实现。

② 加工材料的力学性能　设计条料排样图时，必须说明材料的牌号、料厚公差、料宽公差。被选材料既要能够充分满足冲压工艺要求，又要有适应连续高速冲压加工变形的力学性能。

③ 纤维方向　弯曲线应该与材料纤维方向垂直。但对于已成卷带料其纤维方向是固定的，因此在多工位级进模排样图设计时，由排样方位来解决。有时制件上要进行几个方向上的弯曲，可利用斜排使弯曲线与纤维方向成一 α 角，一般为 $30°\sim60°$。如图 8-1 所示，图中 $\alpha=45°$。

当不便于斜排时，应征得产品设计师同意，适当加大弯曲制件的内圆半径。

④ 材料利用率　材料利用率高低是直接影响制件成本的主要因素之一。多工位级进模材料利用率较低，如提高了材料利用率，也就是说降低了制件的成本，对于生产批量较大的制件，提高材料利用率、降低制件成本非常重要。所以在设计排样图时应尽量使废料达到最少。

在多工位级进模排样中采用双排、多排等可以提高材料利用率，但给模具设计、制造带来很大困难。对形状复杂的、贵重金属材料的冲压件，采用双排或多排排样还是经济的。如图 8-2 所示，排样方法不同，材料利用率便有高低。四种排样中单排的材料利用率最低；双排次之；三排材料利用率最高。

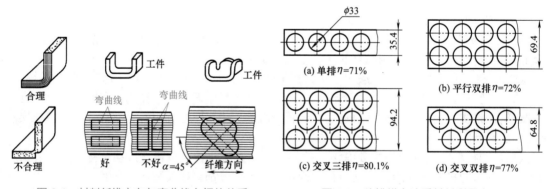

图 8-1　材料纤维方向与弯曲线之间的关系　　　图 8-2　从排样方法看材料利用率

（6）制件的毛刺方向

制件经凸、凹模冲切后，其断面有毛刺。在设计多工位级进模条料排样图时，应注意毛刺的方向。原则是：

① 当制件图样提出毛刺方向要求时，无论排样图是双排还是多排，都应保证多排冲出的制件毛刺方向一致，绝不允许一副模具冲出的制件毛刺方向有正有反。如图 8-3 所示，同是双排排样，但图 8-3（a）中的一个制件相对于另一个制件翻转了一下排样，结果使冲下的两个制

件毛刺方向相反；图 8-3 (b) 中的一个制件相对于另一制件在同一平面内旋转了 180° 后排样，结果使冲下的两个制件毛刺方向相同。

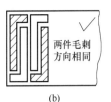

图 8-3　同是双排排样，毛刺方向有正有反

② 带有弯曲工艺的制件，排样图设计时，应当使毛刺面在弯曲件的内侧，这样既使制件外形美观，又不会使弯曲部位出现边缘裂纹，对于弯曲质量有好处。

③ 如果采用分断切除废料方法，会出现一个冲压件的周边毛刺方向不一致，这是不允许的，应十分注意。若在排样图设计时有困难，则可在模具设计时采用倒冲来满足其要求。

④ 当最后一工位制件同载体分离时，要使制件所有部位的毛刺方向相同，就必须改变冲切方式，采取冲切载体的方式，制件从侧面滑出；反之，采用冲切制件的方式，载体从侧面滑出，会导致制件与载体搭边处毛刺方向相反。

（7）正确设置侧刃位置与导正销孔

侧刃是用来保证送料步距的。所以侧刃一般设置在第一工位（特殊情况可在第二工位）。若仅以侧刃定距的多工位级进模，又是以剪切的条料供料时，一般料片误差大，同时为使条料自始至终地冲完，应设计成双侧刃定距，即在第一工位设置一侧刃，在最后工位再设置一个，如图 8-4 所示。如果仅在第一工位设置一个侧刃，那么，每一条料的前后均剩下四个工位无法冲制，造成很大浪费。

导正销孔与导正销的位置设置对多工位级进模的精确定位是非常重要的。多工位级进模由于采用自动送料，因此必须在排样图的第一工位就冲出导正销孔，第二工位以及以后工位，相隔 2～4 个工位在相应位置上设置导正销定位，在重要工位之前一定要设置导正销定位。

对圆形拉深件的多工位级进模，一般不设导正，这是因为拉深凸模或在拉深凸模上的定位压边圈本身就对带料起定距导正作用。对拉深后再进行冲裁、弯曲等的制件，在拉深阶段不设导正，拉深后冲制导正销孔，冲制导正销孔后一工位才开始设导正。

（8）注意条料在送进过程中的阻碍

设计多工位级进模排样图时，应保证带料在送进过程中畅通无阻，否则就无法实现自动冲压。

（9）具有侧向冲压时，注意冲压的运动方向

多工位级进模经常出现侧向冲裁、侧向弯曲、侧向抽芯等。为了便于侧向冲压机构与整副模具和送料机构动作协调，一般应将侧向冲压机构放在条料送进方向的两侧，其运动方向应垂直

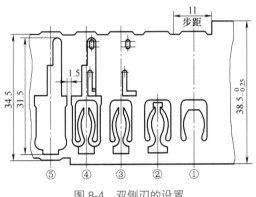

图 8-4　双侧刃的设置

于条料的送进方向。

（10）凸、凹模应有足够的强度

对于形状比较复杂或特殊形状的制件，制件的局部对凸、凹模来说，可能是最薄弱的地方或者是难以加工之处，可将制件的局部设计在几个工位上分段冲压。如图 8-5 所示，将一异形孔分段为三次冲成。这样每一次冲的异形孔都比较简单。若异形孔一次冲成，则尖角处很容易损坏。

图 8-6 的左右是两个不同凹模孔形的设计，按图 8-6 的左边部分设计，异形孔一次冲成，对于凸模和凹模来说，形状较为复杂，加工比较困难，如将该孔进行分解，分解后的孔形如图 8-6 的右边部分，即先冲异形孔的中间窄长孔，后冲异形孔的两头孔，使每个工位上的冲裁形孔变得简单，对提高凹模强度十分有利。

当工位间步距较小时，前后工位均属冲裁，凹模刃口间壁厚不足时（如料厚 $t<1mm$，壁厚＜2mm），应考虑错开排样，加大刃口间壁厚。

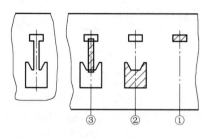

图 8-5　异形孔分段冲（一）

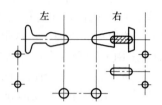

图 8-6　异形孔分段冲（二）

8.2.3　设计废料与工艺废料

在多工位级进模中冲裁出的废料与单工序模的废料一样，也分为设计废料和工艺废料两种，如图 8-7 所示。

（1）设计废料

由于制件有内孔的存在而产生废料是制件本身的形状结构要求所决定的，称为设计废料，见图 8-7（a）。

（2）工艺废料

当制件与制件之间和制件与条料（或带料）侧边之间有搭边存在时，还有因不可避免的料头料尾而产生的废料，称工艺废料。它主要取决于冲压方法和排样形式。

为了提高材料利用率，应从减少工艺废料方面想办法，合理排样。必要时，在不影响产品性能的要求下，改善制件的结构设计，也可以减少设计废料，如图 8-7 所示。采用第一种排样法，材料利用率为 50%；采用第二种排样法，材料利用率可提高到 70%；当改善制件形状后，采用第三种排样法，材料利用率提高到 80% 以上。

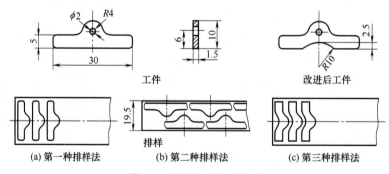

图 8-7　排样与材料利用率

（3）工艺废料的合理确定

① 落料　制件与制件之间以及制件与条料侧边之间留下的工艺废料叫搭边。搭边一是为了补偿定位误差和裁剪下带料（条料）的误差，确保冲出合格制件；二是可以增加带料（条料）的刚度，便于带料（条料）送进。

搭边值需合理确定。搭边过大，材料利用率低；搭边过小，搭边的强度和刚度不够，在落料中将被拉断，制件产生毛刺，有时甚至单边拉入模具间隙，损坏模具刃口。搭边值目前由经验值确定，其大小见表 8-1。

② 切槽 切槽是指冲切出制件局部外形。为了制件外形的质量，要考虑合理的搭边及槽长、槽宽等相关尺寸，具体见表 8-2。

③ 分段 分段是指制件与带料（条料）分离，也叫冲切载体。如表 8-3 所列，有 R 形分段冲切和直线形分段冲切两种。

表 8-1 多工位级进模落料工序搭边 a 和 b 的相关尺寸 单位：mm

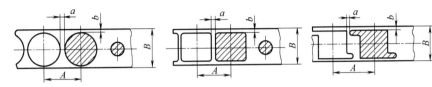

材料宽度 B	当 $A/B < 1.5$ 时		当 $A/B > 1.5$ 时			
	搭边 a 和 b		搭边 a		搭边 b	
	标准	最小	标准	最小	标准	最小
≤ 25	$1.0t$	0.8	$1.25t$	1.2	$1.25t$	1.0
$> 25 \sim 75$	$1.25t$	1.2	$1.5t$	1.8	$1.5t$	1.4
$> 75 \sim 150$	$1.5t$	2.5	$2.0t$	2.5	$1.75t$	2.0

注：t 为料厚。

表 8-2 切槽的搭边尺寸 b 和槽宽 a_1 的相关尺寸 单位：mm

搭边尺寸 b			槽宽 a_1		
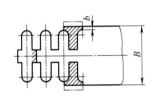			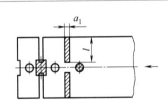		
料宽 B	标准 b	b 的最小值	槽长 l	标准 a_1	a_1 的最小值
≤ 25	$0.8t$	0.8	≤ 10	$1.2t$	1.8
$> 25 \sim 75$	$1.0t$	1.2	$> 10 \sim 20$	$1.5t$	2.5
$> 75 \sim 150$	$1.2t$	1.8	$> 20 \sim 40$	$2.0t$	3.5
$> 150 \sim 250$	$1.3t$	2.4	$> 40 \sim 60$	$2.5t$	4.0

表 8-3 R 形和直线形分段凸模刃厚相关尺寸 单位：mm

R 形分段凸模刃厚尺寸			直线形分段凸模刃厚尺寸		
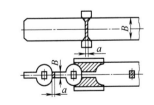					
料宽 B	标准 a	a 的最小值	料宽 B	标准 a	a 的最小值
≤ 25	$1.2t$	1.5	≤ 25	$1.2t$	2.0
$> 25 \sim 50$	$1.5t$	2.0	$> 25 \sim 50$	$1.5t$	3.0
$> 50 \sim 100$	$2.0t$	3.0	$> 50 \sim 100$	$2.0t$	4.5

注：t 为料厚。

8.2.4 载体设计

在条料或带料中用来运载冲压零件向前送进的那一部分称为载体。

8.2.4.1 工序件在载体上的携带技巧

在排样中未冲压成的成品件，均可称为工序件或坯件，它在条料（带料）上的携带方法，在排样设计时必须先确定。目前常见的方法有两种，即落料后又被压回到原带料或条料内和通过载体传递。

（1）通过某种载体进行工序间传递

利用冲切废料的方法使制件和载体通过必要的"桥"连接在一起，冲切废料的目的是使制件成形部分与条料（带料）分离。制件的成形是在载体的传递过程中在有关工位上进行的，制件成形结束后，利用最后一工位，一般将其从条料（带料）上分离出来，见图8-8。

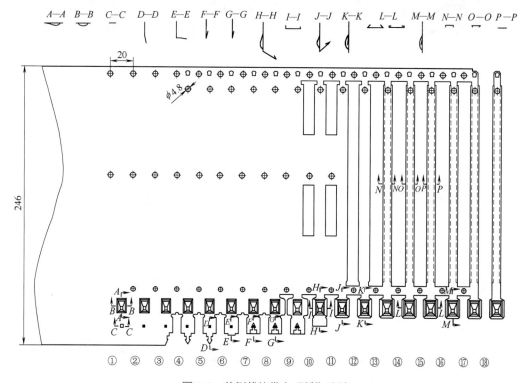

图 8-8 单侧载体带有"桥"连接

（2）工序件落料后又被压回到原带料内

这种方法主要在料厚大于 0.5mm，并且为最后工位或其后面工位数已不多的要进行压弯成形等的场合。它是在落料工位的凹模内加反向压力装置，使工序件落料后重新被压入条料或带料内，并用条料或带料作为载体传递到下一工位成形或整平。如图8-9所示，工位⑧制件与带料切开分离后，把制件压回到带料上，传递到工位⑨翻边拉直落料。

8.2.4.2 制件在带料上获取的冲压方法

（1）冲切载体留制件

冲切载体留制件是比较简便、经济、实用的方法。它是在最后工位切除载体后，制件留在凹模表面，由压缩空气吹出，见图8-10。

（2）冲切制件留载体

带料（条料）经模具上一个工位接一个工位冲压以后，成品制件在最后工位，从载体上冲落下来，载体仍保持原样（见图8-11）。

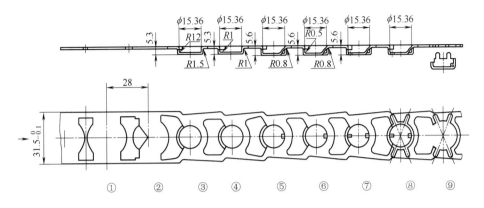

图 8-9　工序件落料后又被压回到原带料内

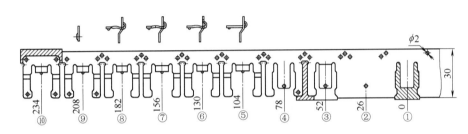

图 8-10　冲切载体留制件

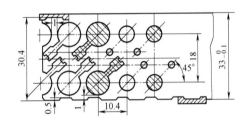

图 8-11　冲切制件留载体

（3）留载体也留制件

留载体也留制件的方式常常由于后步工序（指本模具之外的加工）的需要，带料（条料）上的制件虽经多工位级进模冲压结束了，但仍留在载体上，如小电流接线端子。要求每十个或几十个制件为一个单元；冲切成一长条，如图8-12所示是晶体管金属引线脚。

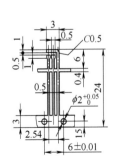

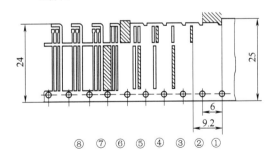

图 8-12　留载体也留制件

（4）切制件也切载体

这种方式使制件和载体冲切后均采用漏料方法下落，为了避免制件与废料下落时混淆，在下模座里要设有制件料斗或漏料通道，将它们分别排出。如图8-13所示为连接器外壳，该排样在工位⑮冲切制件，工位⑯再冲切载体。此方法在大批量、自动冲压生产中应用较为普遍。

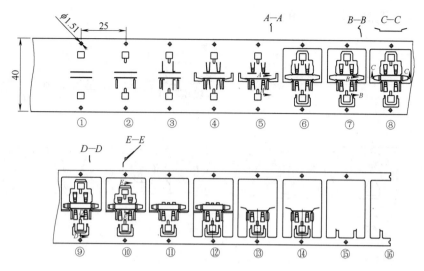

图 8-13　切制件也切载体

8.2.4.3　载体的类型与特点

根据制件的形状、变形性质、材料厚度等情况，载体可分为下列几种基本类型。

（1）单侧载体

单侧载体指带料（条料）在送进过程中，带料（条料）的一侧外形被冲切掉，另一侧外形保持完整原形，并且与制件相连的那部分。导正销一般都设计在单侧载体上，冲压送料仅靠这一侧载体送进，见图 8-14（a）。

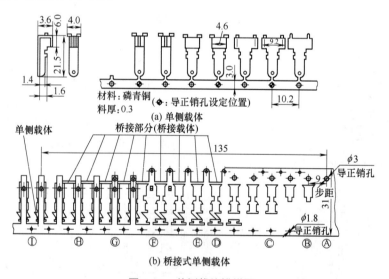

图 8-14　单侧载体排样图

单侧载体常用于弯曲件在弯曲成形前，需要被前面工位冲去多余的废料，使制件的一端与载体断开。当制件外形细长时，为了增强载体强度，在两个工序件之间的适当位置上用一小部分材料连接起来，以增强带料（条料）的强度，称为桥接式载体，其连接两个工序件的部分称为桥。采用桥接式载体时，冲压进行到一定的工位或到最后一工位再将桥接部分冲切掉，见图 8-14（b）。

（2）双侧载体

双侧载体指带料（条料）在送进的进程中，在最后工位前，被制件与带料（条料）的两侧相连的那部分，也就是说，在带料（条料）两侧分别留出一定宽度用于运载工序件的材料。

双侧载体可分为等宽双侧载体和不等宽双侧载体。

① 等宽双侧载体　如图 8-15 所示，等宽双侧载体一般用于材料较薄，而步距定位精度和制件精度要求较高的多工位级进模冲压。

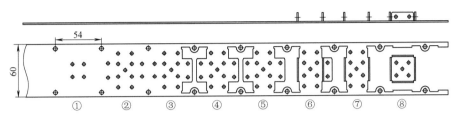

图 8-15　等宽双侧载体

② 不等宽双侧载体　如图 8-16 所示，两侧载体有宽有窄，宽的一侧为主载体，导正销孔通常安排在此载体上，带料（条料）的送进主要靠主载体一侧，窄的一侧为副载体，这部分载体通常被冲切掉，目的是便于后面的侧向冲压或压弯成形加工，因此不等宽双侧载体在冲切副载体之前，应将主要的冲裁工序进行完，这样才能保证制件的加工精度。

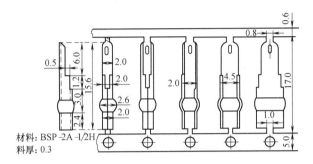

材料：BSP-2A-1/2H
料厚：0.3

图 8-16　不等宽双侧载体

（3）边料载体

边料载体是利用带料（条料）搭边冲出导正孔而形成的一种载体，如图 8-17 所示。

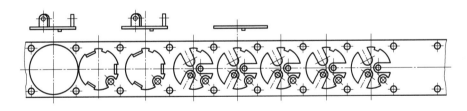

图 8-17　边料载体

（4）中间载体

载体设计在带料（条料）的中间，称中间载体。中间载体可以提高材料利用率。中间载体适合对称性制件的冲压，尤其是两外侧有弯曲的制件，这样有利于抵消两侧压弯时产生的侧向力。对一些不对称单向弯曲的制件，以中间载体将制件排列在载体两侧，变不对称排样为对称排样，如图 8-18 所示。根据制件结构，中间载体可为单载体，也可为双载体。

（5）原载体

原载体是采用撕口方式，从条料（带料）上撕切出制件的展开形状，留出载体搭口，依次在各工位冲压成形的一种载体，如图 8-19 所示。

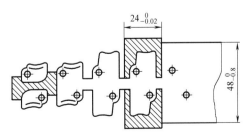

图 8-18　中间载体

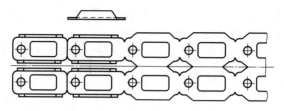

图 8-19　原载体

（6）载体的其他形式

根据制件的特点，选择上述 5 种较合适的载体后，有时为了后道工序需要，对该载体进行必要的改造。一般可采取下列措施进行改造。

① 对于料厚较薄的制件，可采用压肋的方法加强载体，防止送料时因条料（带料）刚性不足而失稳，既影响到制件的几何形状或尺寸产生误差，还导致送料阻碍，无法实现冲压过程的自动化，如图 8-20 所示。

② 在自动冲压时，为了实现精确可靠的送料，可以在导正销孔之间冲出长方孔，采用履带式送料，如图 8-21（a）所示。由于多工位级进模工位多，送料的积累误差随工位数增多而增加，为了进一步提高送料精度，可采用误差平均效应的原理来增加导正销孔数量，如图 8-21（b）所示。

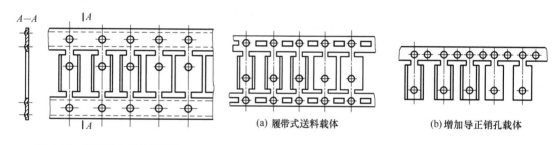

图 8-20　压肋的方法加强载体

(a) 履带式送料载体　　(b) 增加导正销孔载体

图 8-21　提高送料精度的载体

③ 对于成形件或带料（条料）厚度大于 2mm 的拉深件，大多采用工艺伸缩带来连接制件与载体。其目的是使带料（条料）上的毛坯在成形或拉深时能顺利地流动，有利于材料塑性变形。在成形或拉深后使载体仍保持与原来的状态不变形、不扭曲，便于送料。

如图 8-22 所示为电机盖局部排样图。图示中 A 处为开始带料在平板上冲切出未变形的工艺伸缩带，图示中 B 处为拉深后已变形的工艺伸缩带。其动作是：拉深时，由圆形毛坯逐渐变为椭圆形拉深件。从图中可以看出，带料经过拉深变形后，其宽度保持原状不变，但工艺伸缩带却发生了变化，则由 A 处的工艺伸缩带拉长变为 B 处的工艺伸缩带。

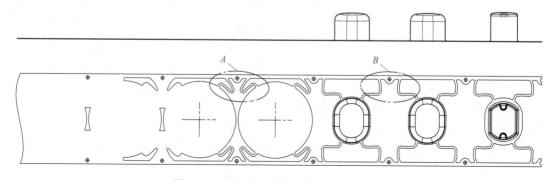

图 8-22　用工艺伸缩带与载体连接的排样

8.2.5 分段冲切废料设计

在排样中，当制件外缘或形孔较复杂或部分位置较薄弱时，为简化凸、凹模的几何形状，便于加工、维修，通常被分成多次冲切余料后形成所需制件展开外形。这些余料对排样来说就是废料，所以切除余料就是冲切废料。当采用分段冲切废料法时，应注意各段间的连接缝，要十分平直或圆滑，保证被冲制件的质量。由于多工位级进模的工位数多，若连接不好，就会形成错位、尖角、毛刺等缺陷，排样时应重视这种现象。

多工位级进模排样采用分段冲切废料的各段连接方式主要有搭接、平接、切接和水滴状连接四种。

（1）搭接

如图 8-23 所示，若第一次冲出 A、C 两区，第二次冲出 B 区，则图示的搭接区是冲裁 B 区凸模的延长部分，搭接区在实际冲裁时不起作用，主要是克服形孔间连接的各种误差，以使形孔连接良好，保证制件在分段冲切后连接整齐。搭接最有利于保证制件的连接质量，在分段冲切中大部分都采用这种连接方式。

（2）平接

平接是在制件的直边上先切去一段，然后在另一工位再切去余下的一段，经两次（或多次）冲切后，要求共线，形成完整的平直直边往往做不到，如图 8-24 所示。平接方式易出现毛刺、错牙、不平直等质量问题，设计时应尽量避免使用，若确需采用这种方式，则要提高模具步距精度、凸（凹）模制造精度，并且在直线的第一次冲切和第二次冲切的两个工位必须设置导正销导正。二次冲切的凸模连接处延长部分修出微小的斜角（3°～5°），以防由于种种误差的影响导致连接处出现明显的缺陷。

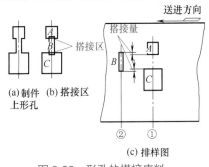

图 8-23 形孔的搭接废料

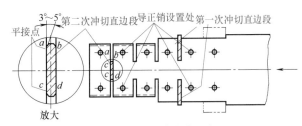

图 8-24 平接连接方式示意图

（3）切接

切接与平接相似，平接是指直线段，而切接是指制件的圆弧部分或圆弧与圆弧相切的切点进行分段冲切废料的连接方式，即在前工位先冲切一部分圆弧段，在以后工位再冲切其余的圆弧部分，要求先后冲切的圆弧连接圆滑，如图 8-25 所示。切接也容易在连接处产生毛刺、错位、不圆滑等质量问题，需采取与平接相同的措施，或在圆弧段设计凸台，在圆弧段与直边形成尖角处要注意尺寸关系，如图 8-26 所示。切接中的毛刺也可采用搭接方式解决。

（4）水滴状连接

对于家用电器或汽车零部件的排样设计，通常在分段冲切的交接缝处采用水滴状连接方式。如图 8-27 所示，在工位⑧直边上先冲切出带水滴状的一段，其水滴状见 a 处放大图，然后在工位⑭再切去余下的一段，凸模形状见 b 处放大图。冲压完成后在制件直边部分留下一个微小的缺口，这也是此连接方式的缺点（见 c 处放大图），该微小的缺口深度一般在 0.5mm 以内。其优点为分段冲切的交接缝部位的凸、凹模转角处可采用圆弧连接，从而增加模具的使用寿命，使冲压出的制件不易出现毛刺，而有微小的错位也不易看出。

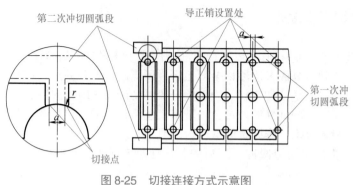

图 8-25　切接连接方式示意图

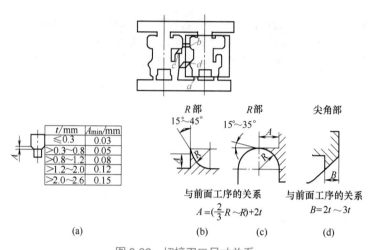

t/mm	A_{min}/mm
≤0.3	0.03
>0.3~0.8	0.05
>0.8~1.2	0.08
>1.2~2.0	0.12
>2.0~2.6	0.15

R 部
15~45°

R 部
15~35°

尖角部

与前面工序的关系

$$A = (\frac{2}{3}R \sim R) + 2t$$

与前面工序的关系

$$B = 2t \sim 3t$$

(a)　　　　　　　(b)　　　(c)　　　　(d)

图 8-26　切接刃口尺寸关系

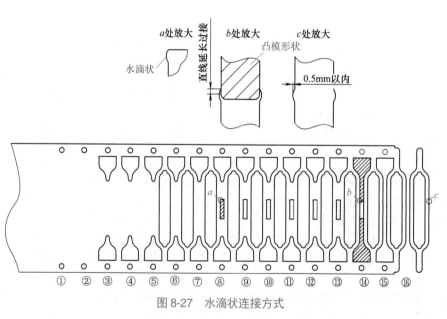

图 8-27　水滴状连接方式

8.2.6　空工位设计

当带料（条料）每送到一个工位时，该工位不做任何加工（有时会设导正销定位），这样的工位称为空工位。在排样图中，增设空工位的目的是保证凹模、卸料板、凸模固定板有足够的强度，确保模具的使用寿命，或是为了便于模具设置特殊结构，或是为了做必要的储备工位，便于试模时调整工序用。

8.2.7　基本步距及步距精度的确定

（1）步距基本尺寸的确定

步距是确定带料（条料）在模具中每送进一次，所需要向前移动的固定距离。步距的精度直接影响制件的精度。设计多工位级进模时，要合理地确定步距的基本尺寸和步距精度。步距的基本尺寸就是模具中两相邻工位的距离。多工位级进模任何相邻两个工位的距离都必须相等。对于单排排样，步距基本尺寸等于冲压件的外形轮廓尺寸和两冲压件间的搭边宽度之和。常见排样的步距基本尺寸计算见表8-4。

表8-4　步距的基本尺寸计算

排样方式（自右向左送料）	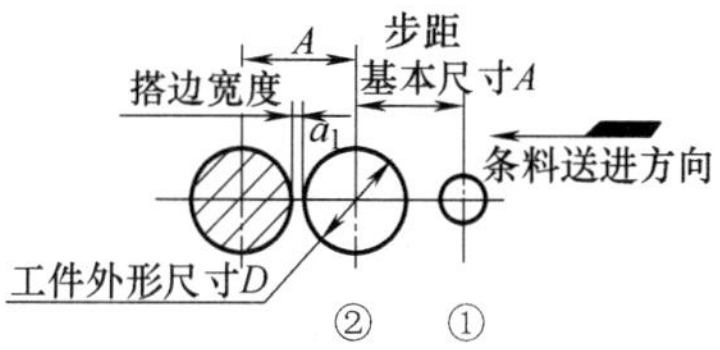	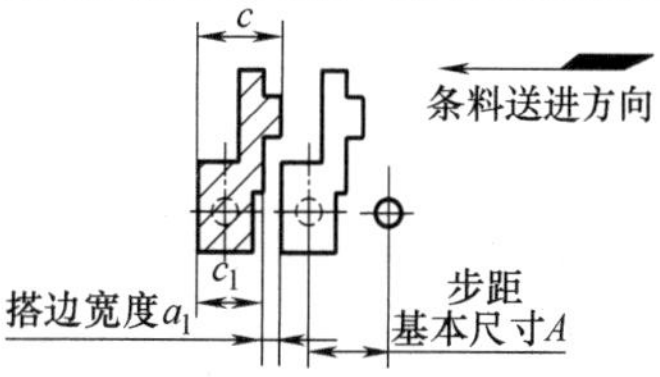
步距基本尺寸	$A=D+a_1$	$A=c_1+a_1$
排样方式（自右向左送料）	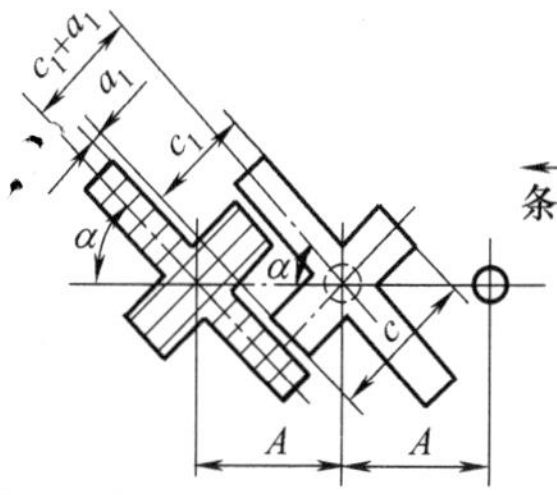	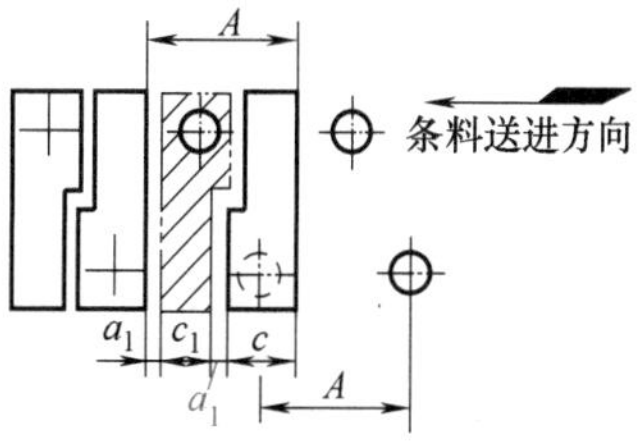
步距基本尺寸	$A=\dfrac{a_1+c_1}{\sin\alpha}$	$A=c+c_1+2a_1$

（2）步距精度

在多工位级进模冲压中，工位数不管多少，要求其工位步距大小的绝对值，在同一副模具内都相同。因为步距的精度直接影响制件精度。步距精度越高，制件精度也越高。但步距精度过高，将给模具制造带来困难。影响步距精度的主要因素有制件的精度等级、制件形状的复杂程度、制件的材质、材料厚度、模具的工位数以及冲压时带料（条料）的送进方式和进距方式等。

由实践经验总结出多工位级进模的步距精度可由下式确定：

$$\delta=\pm\frac{\beta}{2\sqrt[3]{n}}k \tag{8-1}$$

式中　δ——多工位级进模步距对称偏差值；

　　　β——制件沿带料（条料）送进方向最大轮廓基本尺寸（指展开后）精度提高三级后实际公差值；

　　　n——多工位级进模的工位数；

　　　k——修正系数，见表8-5。

表 8-5 修正系数 k 值

冲裁间隙 Z（双面）/mm	k 值	冲裁间隙 Z（双面）/mm	k 值
0.01 ~ 0.03	0.85	> 0.12 ~ 0.15	1.03
> 0.03 ~ 0.05	0.90	> 0.15 ~ 0.18	1.06
> 0.05 ~ 0.08	0.95	> 0.18 ~ 0.22	1.10
> 0.08 ~ 0.12	1.00		

注：1. 修正系数 k 主要是考虑料厚和材质因素，并将其反映到冲裁间隙上去。

2. 多工位级进因工位的步距累积误差，所以标注模具每步尺寸时，应由第一工位至其他各工位直接标注其长度，无论此长度多长，其步距公差均为 δ。

8.3 多工位连续拉深工艺计算和排样设计要点

连续拉深生产效率高，适用于大批量生产，它是在压力机一次行程中完成全部冲压工序；中间工序（半成品）不与带料分离，不允许进行中间退火。

8.3.1 带料连续拉深的应用范围

带料连续拉深排样设计可分为无工艺切口和有工艺切口两大类。

① 无工艺切口的整体带料拉深如图 8-28 所示。无工艺切口的带料连续拉深时，材料变形的区域不与带料分开，可以提高材料利用率，省去切口工序，简化模具结构。无工艺切口拉深过程中，由于相邻两个拉深件之间的材料相互影响，相互牵连，尤其是沿送料方向的材料流动比较困难。为了避免拉深破裂，要采用较大的拉深系数，减少每个工位材料的变形程度，特别是首次拉深系数要比有工艺切口的拉深系数大。

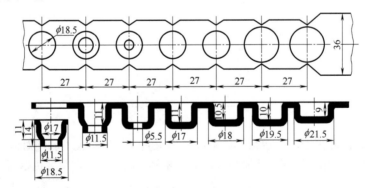

图 8-28 无工艺切口带料连续拉深

② 有工艺切口的连续拉深，材料变形区域与带料部分是分开的，只留搭边部分与载体相连，如图 8-29 所示。在首次拉深前的工位上，先冲切出工艺切口，当首次拉深及以后各次拉深时，工序件（制件）与带料（条料）间的材料相互影响、相互约束较小，有利于材料塑性变形。但与带凸缘件单工序毛坯拉深时还有一定的区别，材料变形由于搭边的影响稍困难，拉深系数接近于单工序模的拉深系数，但比单工序模的拉深系数要大，比无工艺切口的拉深系数要小。

带料在连续拉深时，是否要采用有工艺切口或无工艺切口，主要取决于拉深工艺，具体应用范围见表 8-6。

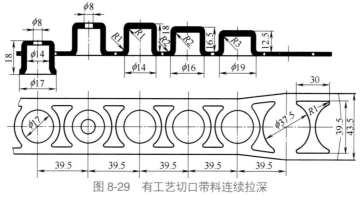

图 8-29 有工艺切口带料连续拉深

表 8-6 带料连续拉深的应用范围

序号	分类	应用范围		特点
		常规工艺	推荐采用	
1	无工艺切口	$t<2$ $\dfrac{t}{D}\times100>1$ $\dfrac{d_凸}{d}=1.1\sim1.5$ $\dfrac{h}{d}<1$	$t=0.2\sim2$ $\dfrac{t}{D}\times100\geqslant1$ $D<62$ $d\leqslant30$ $d_凸<45$ $\dfrac{d_凸}{d}\leqslant1.5$ $\dfrac{h}{d}=0.3\sim0.5$ $h=（0.3\sim0.5）d$ （曾做到过 $h=2.5d$）	①用此法拉深时，相邻两个拉深件之间相互影响，使得材料沿送料方向流动困难，主要靠材料变薄伸长 ②拉深系数比单工序大，拉深工序数需增加 ③节省材料
2	有工艺切口	$t\leqslant2$ $\dfrac{t}{D}\times100<1$ $\dfrac{d_凸}{d}=1.3\sim1.8$ $\dfrac{h}{d}>1$	$t=0.3\sim3$ $\dfrac{t}{D}\times100<1$ $D<162$ $d\leqslant60$ $d_凸<108$ $\dfrac{d_凸}{d}\leqslant1.8$ $\dfrac{h}{d}=0.5\sim1$ $h=（0.5\sim1）d$ （曾做到过 $h>2d$）	①相似于带凸缘件拉深，但由于相邻两个拉深件间仍有材料相连，因此变形比单个带凸缘件稍困难些 ②拉深系数略大于单工序拉深 ③费料

注：t 为材料厚度，mm；D 为包括修边余量在内的毛坯直径，mm，$d_凸$ 为凸缘直径，mm；d 为制件直径，mm；h 为制件高度，mm。

8.3.2 连续拉深修边余量的确定

在连续拉深中，无论是有凸缘还是无凸缘的拉深件，均按有凸缘的拉深工艺计算。由于带料（条料）具有板平面方向性和受模具几何形状等因素的影响，制成的拉深件凸缘周边一般不整齐，尤其是深拉深件。因此在多数情况下还需采取加大带料（条料）中的工序件凸缘宽度的办法，拉深后再经过修边以保证制件质量。经验值的修边余量可参考表 8-7。

带料连续拉深修边余量除了以上所列外，也可参考表 8-8。

表 8-7   连续拉深件的修边余量 δ（一）   单位：mm

凸缘直径 $d_凸$	修边余量 δ/mm	附图
≤ 25	1.5 ～ 2.0	
> 25 ～ 50	2.0 ～ 2.5	
> 50 ～ 100	2.5 ～ 3.5	
> 100 ～ 150	3.5 ～ 4.5	
> 150	4.5 ～ 5.5	

注：表中的修边余量直接加在制件的凸缘上后，才可进行毛坯的展开尺寸计算。

表 8-8   连续拉深件的修边余量 δ（二）   单位：mm

毛坯直径 D_1	材料厚度 t								
	0.2	0.3	0.5	0.6	0.8	1.0	1.2	1.5	2.0
≤ 10	1.0	1.0	1.2	1.5	1.8	2.0	—	—	—
> 10 ～ 30	1.2	1.2	1.5	1.8	2.0	2.2	2.5	3.0	—
> 30 ～ 60	1.2	1.5	1.8	2.0	2.2	2.5	2.8	3.0	3.5
> 60	—	—	2.0	2.2	2.5	3.0	3.5	4.0	4.5

注：表中的修边余量加在制件毛坯的外形上，其毛坯计算公式为 $D=D_1+\delta$。式中，D 为包括修边余量的毛坯直径；D_1 为制件毛坯直径。

8.3.3   连续拉深系数和相对拉深高度

带料（条料）允许的极限总拉深系数，即许用总拉深系数 $[m_总]$ 见表 8-9。当计算得 $m_总$ 值大于表中的许用总拉深系数时，可以不用中间退火工序，也就是说可以采用带料（条料）进行连续拉深。

表 8-9   连续拉深的许用总拉深系数 $[m_总]$

材料	强度极限 σ_b/MPa	相对伸长率 δ/%	极限总拉深系数 $[m_总]$			
			模具不带推件装置		模具带推件装置	
			$t ≤ 1mm$	$t=1 ～ 2mm$	$t ≤ 1mm$	$t=1 ～ 2mm$
08F、10	300 ～ 400	28 ～ 40	0.40	0.32	0.2	0.16
纯铜、H62、H68	300 ～ 400	28 ～ 40	0.35	0.28	0.26 ～ 0.24	0.2 ～ 0.22
软铝	80 ～ 110	22 ～ 25	0.38	0.30	0.28 ～ 0.26	0.18 ～ 0.22
不锈钢、镍带	400 ～ 550	22 ～ 40	0.40	0.34	0.32	0.26 ～ 0.30
精密合金	500 ～ 600	—	0.42	0.36	0.34	0.28 ～ 0.32

由于带料连续拉深中，不管是有工艺切口还是无工艺切口，材料均受到约束，相互牵连。无工艺切口拉深比有工艺切口拉深材料的约束和相互牵连要大一些。此外，带料连续拉深时，是不能对中间工序的半成品进行退火的，所以带料连续拉深每个工位的材料变形程度，相对于单工序拉深要小，即拉深系数应比单工序拉深系数大，所需的拉深次数也多。

无工艺切口的带料连续拉深的第一次拉深系数 m_1 见表 8-10。最大相对高度 h_1/d_1 见表 8-11。以后各次拉深系数 m_n 见表 8-12。

表 8-10   无工艺切口的第一次拉深系数的极限值 m_1（材料：08 钢、10 钢）

凸缘相对直径 $d_凸/d_1$	毛坯相对厚度 $\dfrac{t}{D} \times 100$			
	> 0.2 ～ 0.5	> 0.5 ～ 1.0	> 1.0 ～ 1.5	> 1.5
≤ 1.1	0.71	0.69	0.66	0.63
> 1.1 ～ 1.3	0.68	0.66	0.64	0.61
> 1.3 ～ 1.5	0.64	0.63	0.61	0.59
> 1.5 ～ 1.8	0.54	0.53	0.52	0.51
> 1.8 ～ 2.0	0.48	0.47	0.46	0.45

有工艺切口的带料连续拉深，类似于单个带凸缘件的拉深，但变形比单个带凸缘件拉深要困难一些，所以首次拉深系数要大一些，其 m_1 值见表 8-13。以后各次拉深系数，可取带凸缘件拉深的上限值，其 m_n 值见表 8-14。有工艺切口的各次拉深系数极限值见表 8-15。

表 8-11　无工艺切口第一次拉深的最大相对高度 h_1/d_1（材料：08 钢、10 钢）

凸缘相对直径 $d_凸/d_1$	毛坯相对厚度 $\frac{t}{D} \times 100$			
	$> 0.2 \sim 0.5$	$> 0.5 \sim 1.0$	$> 1.0 \sim 1.5$	> 1.5
$\leqslant 1.1$	0.36	0.39	0.42	0.45
$> 1.1 \sim 1.3$	0.34	0.36	0.38	0.40
$> 1.3 \sim 1.5$	0.32	0.34	0.36	0.38
$> 1.5 \sim 1.8$	0.30	0.32	0.34	0.36
$> 1.8 \sim 2.0$	0.28	0.30	0.32	0.35

表 8-12　无工艺切口的以后各次拉深系数的极限值 m_n（材料：08 钢、10 钢）

极限拉深系数 m_n	毛坯相对厚度 $\frac{t}{D} \times 100$			
	$> 0.2 \sim 0.5$	$> 0.5 \sim 1.0$	$> 1.0 \sim 1.5$	> 1.5
m_2	0.86	0.84	0.82	0.80
m_3	0.88	0.86	0.84	0.82
m_4	0.89	0.87	0.86	0.85
m_5	0.90	0.88	0.89	0.87

表 8-13　有工艺切口的第一次拉深系数的极限值 m_1（材料：08 钢、10 钢）

凸缘相对直径 $d_凸/d_1$	毛坯相对厚度 $\frac{t}{D} \times 100$				
	$< 0.06 \sim 0.2$	$> 0.2 \sim 0.5$	$> 0.5 \sim 1.0$	$> 1.0 \sim 1.5$	> 1.5
$\leqslant 1.1$	0.64	0.62	0.60	0.58	0.55
$> 1.1 \sim 1.3$	0.60	0.59	0.58	0.56	0.53
$> 1.3 \sim 1.5$	0.57	0.56	0.55	0.53	0.51
$> 1.5 \sim 1.8$	0.53	0.52	0.51	0.50	0.49
$> 1.8 \sim 2.0$	0.47	0.46	0.45	0.44	0.43
$> 2.0 \sim 2.2$	0.43	0.43	0.42	0.42	0.41
$> 2.2 \sim 2.5$	0.38	0.38	0.38	0.38	0.37
$> 2.5 \sim 2.8$	0.35	0.35	0.35	0.35	0.34
$> 2.8 \sim 3.0$	0.33	0.33	0.33	0.33	0.33

表 8-14　有工艺切口的以后各次拉深系数的极限值 m_n（材料：08 钢、10 钢）

最小拉深系数 m_n	毛坯相对厚度 $\frac{t}{D} \times 100$				
	$> 0.06 \sim 0.2$	$> 0.2 \sim 0.5$	$> 0.5 \sim 1.0$	$> 1.0 \sim 1.5$	> 1.5
m_2	0.80	0.79	0.78	0.76	0.75
m_3	0.82	0.81	0.80	0.79	0.78
m_4	0.85	0.83	0.82	0.81	0.80
m_5	0.87	0.86	0.85	0.84	0.82

表 8-15　有工艺切口的各次拉深系数的极限值

材料	拉深次数					
	1	2	3	4	5	6
	拉深系数 m					
黄铜（软）	0.63	0.76	0.78	0.80	0.82	0.85
软钢、铝	0.67	0.78	0.80	0.82	0.85	0.90

有工艺切口带凸缘筒形件第一次拉深的最大相对高度 h_1/d_1 见表 8-16。各种材料拉深系数极限值参考表 8-17。

表 8-16　有工艺切口带凸缘筒形件的第一次拉深的最大相对高度 h_1/d_1

凸缘相对直径 $d_凸/d_1$	毛坯相对厚度 $\dfrac{t}{D} \times 100$				
	2～1.5	1.5～1.0	1.0～0.6	0.6～0.3	0.3～0.15
1.1 以下	0.90～0.75	0.82～0.65	0.70～0.57	0.62～0.50	0.52～0.45
1.3	0.80～0.65	0.72～0.56	0.60～0.50	0.53～0.45	0.47～0.40
1.5	0.70～0.58	0.63～0.50	0.53～0.54	0.48～0.40	0.42～0.35
1.8	0.58～0.48	0.53～0.42	0.44～0.37	0.39～0.34	0.35～0.29
2.0	0.51～0.42	0.46～0.36	0.38～0.32	0.34～0.29	0.30～0.25

注：表中数值适用于 10 钢，对于比 10 钢塑性更大的金属取接近于大的数值，对于塑性较小的金属，取接近于小的数值。

表 8-17　实用拉深系数极限值（推荐）

序号	材料	首次拉深 m_1	以后各次拉深 m_n	总拉深系数 $m_总$
1	拉深用钢板	0.55～0.60	0.75～0.80	0.16
2	不锈钢	0.50～0.55	0.80～0.85	0.26
3	镀锌钢	0.58～0.65	0.88	0.28
4	纯铜	0.55～0.60	0.85	0.20～0.24
5	黄铜	0.50～0.55	0.75～0.80	0.20～0.24
6	锌	0.65～0.70	0.85～0.90	0.32
7	铝	0.53～0.60	0.8	0.18～0.22
8	硬铝	0.55～0.60	0.9	0.24

8.3.4　拉深次数计算

拉深次数通常是先进行概略计算，然后通过工艺计算来确定。

（1）无工艺切口整体带料连续拉深次数确定

从表 8-10、表 8-12 中查出拉深系数 m_1、m_2、m_3、…，初步计算出 $d_1=m_1D$、$d_2=m_2d_1$、$d_3=m_3d_2$…至 $d_n \leqslant d$，从而求出所需拉深次数。

（2）带料有工艺切口连续拉深次数确定

从表 8-13～表 8-15 中可查出 $d_1=m_1D$、$d_2=m_2d_1$、$d_3=m_3d_2$…至 $d_n \leqslant d$，从而求出所需的拉深次数。

（3）调整各次拉深系数

拉深次数一般取接近计算结果的整数，使最后一次拉深（工序）的变形程度为最小。为使各次拉深变形程度分配合理，确定拉深次数后，需将拉深系数进行合理化调整。

8.3.5　带料连续拉深工艺切口形式、料宽和步距的计算

（1）工艺切口形式

为了有利于材料的塑性变形，有工艺切口形式在带料连续拉深中应用比较广泛。有工艺切口的种类很多。在连续拉深排样中，选择什么样的工艺切口形式，要根据制件的材料特点来定，生产中常见的工艺切口形式及应用见表 8-18。

表 8-18　常见工艺切口形式及应用

序号	切口或切槽形式	应用场合	优缺点
1		用于材料厚度 $t < 1$mm、制件直径 $d=5～30$mm 的圆形浅拉深件	①首次拉深工位，料边起皱情况较无切口时好 ②拉深中侧搭边会弯曲，妨碍送料

序号	切口或切槽形式	应用场合	优缺点
2	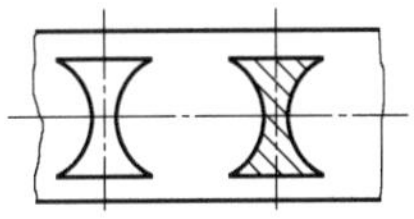	用于材料较厚（$t > 0.5$mm）的圆形小工件，应用较广	①不易起皱，送料方便 ②拉深中带料会缩小，不能用来定位 ③费料
3	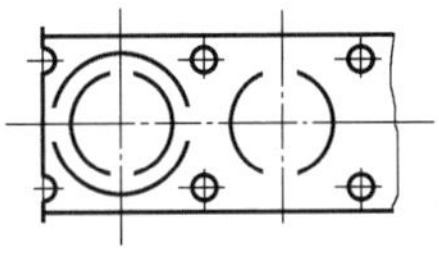	用于薄料（$t < 0.5$mm）的小工件	①拉深过程中料宽与进距不变，可用废料搭边上的孔定位 ②费料
4	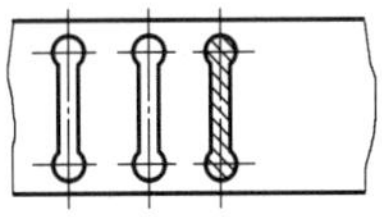	用于矩形件的拉深，其中序号 4 应用较广	与序号 2 相同
5	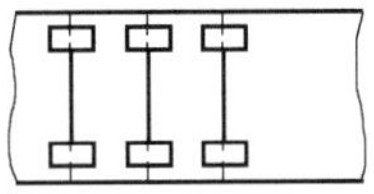		
6	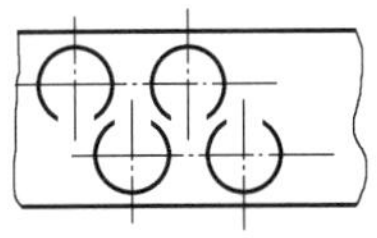	用于单排或双排的单头焊片	与序号 1 相同
7	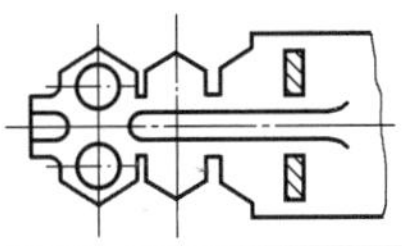	用于双排或多排筒形件的连续拉深（如双孔空心铆钉）	①中间压筋后，使在拉深过程中消除了两筒形间产生开裂的现象 ②保证两筒形件中心距不变

（2）料宽和步距

在连续拉深排样设计时，带料（条料）的宽度、步距大小和带料（条料）上有无工艺切口及工艺切口的形式不同有关。其计算公式见表 8-19，表 8-20 所列为带料连续拉深的搭边及工艺切口有关参数推荐值。

表 8-19　带料连续拉深的料宽和步距计算公式

序号	拉深方法	图示	料宽	步距
1	整料连续拉深	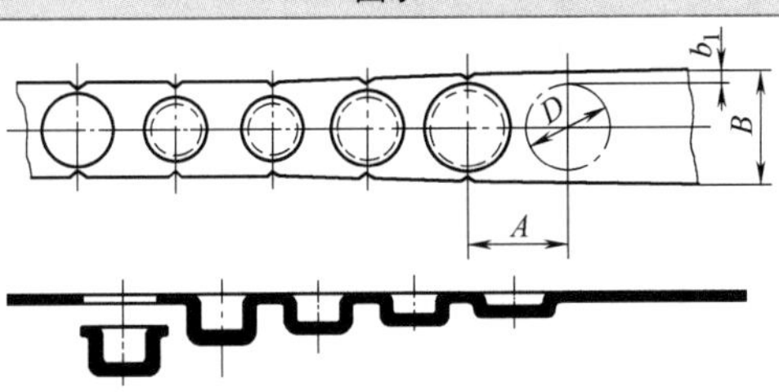	$B = D + 2b_1$	$A = (0.8 \sim 1)D$，一般不能小于包括修边余量的凸缘直径
2	有一圈工艺切口的连续拉深	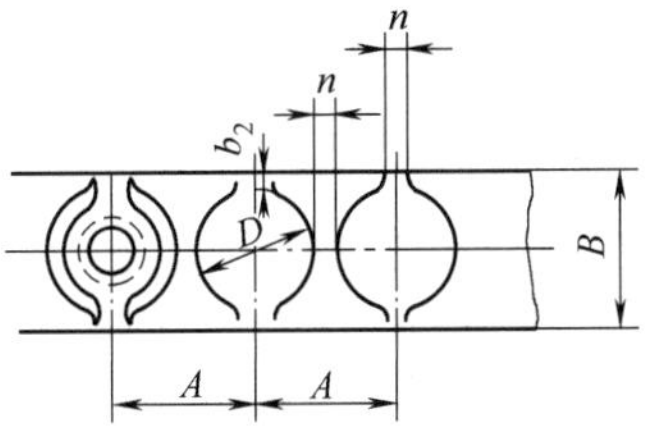	$B = D + 2b_2$	$A = D + n$

序号	拉深方法	图示	料宽	步距
3	有两圈工艺切口的连续拉深	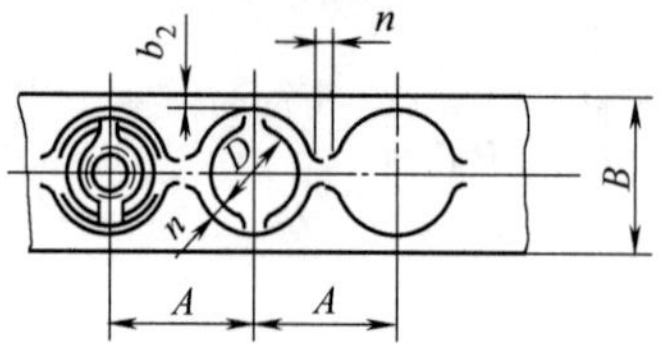	$B=D+2n+2b_2$	$A=D+3n$
4	带半双月形切口的连续拉深	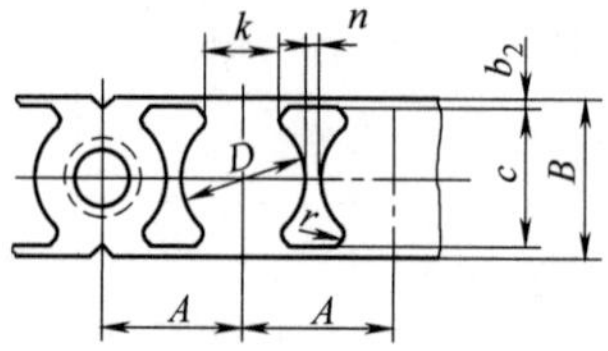	$B=c+2b_2$	$A=D+n$
5	带有特殊切口的连续拉深	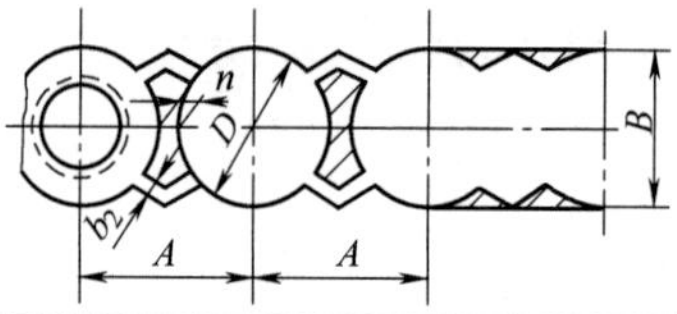	$B=D$	$A=D+n$

注：B 为连续拉深用带料宽度，mm；A 为带料的送进步距，mm；D 为包括修边余量在内的毛坯直径，mm；b_1、b_2 为侧搭边宽度（见表 8-20），mm；n 为相邻切口间搭边宽度或冲槽最小宽度（见表 8-20），mm；c 为工艺切槽宽度（表 8-20），mm；k 为切口间宽度（表 8-20），mm；r 为切槽圆角半径（表 8-20），mm。

表 8-20　带料连续拉深的搭边及工艺切口有关参数推荐值　　　　单位：mm

参数符号	材料厚度		
	≤ 0.5	> 0.5 ～ 1.5	> 1.5
b_1	1.5	1.75	2
b_2	1.5	2	2.5
n	1.5	1.8 ～ 2.2	3
r	0.8	1	1.2
k	$k \approx (0.25 \sim 0.35) D$		
c	$c \approx (1.02 \sim 1.05) D$		

8.3.6　连续拉深的各次高度计算

当带料连续拉深的次数和各工序（半成品）的直径确定后，便应确定拉深凹模圆角半径和拉深凸模的圆角半径，最后计算出各工序的拉深高度。

带料连续拉深过程中，只是将首次拉深进入凹模部分的材料面积作重新分布（而凸缘直径保持固定不变），随着拉深直径的减小和凸、凹模圆角半径的减小，各工序直径和高度也在改变。当直径减小时，可使其拉深高度增加；而当圆角半径减小时，反而使其拉深高度减小。

带料连续拉深每道工序的拉深高度与带凸缘圆筒形件工序尺寸计算相同，可根据以下相关公式计算。

（1）计算第一次拉深的高度

对于无工艺切口的首次带料连续拉深约比成品制件的表面积大 10% ～ 15%，比有工艺切口的带料连续拉深大 4% ～ 6%（工序次数多时取上限值，反之，工序次数少时取下限值）。确定实际拉深假想毛坯直径和首次拉深的实际高度。

首次拉深假想毛坯直径：

$$D_1 = \sqrt{(1+x)D^2} \tag{8-2}$$

首次拉深高度：

$$H_1 = \frac{0.25}{d_1}\left(D_1^2 - d_{\text{凸}}^2\right) + 0.43\left(r_1 + R_1\right) + \frac{0.14}{d_1}\left(r_1^2 - R_1^2\right) \tag{8-3}$$

（2）计算第二次至第 $n-1$ 次拉深的高度

首次拉深进入凹模的面积增量 x，在第二次拉深及以后的拉深中逐步返回到凸缘上。D_2、D_3、$\cdots$、D_{n-1} 是考虑到去除遗留在凸缘中的面积增量以后的假想毛坯直径，以便准确地确定 H_2、H_3、$\cdots$、H_{n-1}。n 是拉深次数。

第 2 次拉深高度：

$$H_2 = \frac{0.25}{d_2}\left(D_2^2 - d_{\text{凸}}^2\right) + 0.43\left(r_2 + R_2\right) + \frac{0.14}{d_2}\left(r_2^2 - R_2^2\right) \tag{8-4}$$

其中第 2 次假想毛坯直径：

$$D_2 = \sqrt{(1+x_1)D^2} \tag{8-5}$$

第 $n-1$ 次拉深的高度：

$$H_{n-1} = \frac{0.25}{d_{n-1}}\left(D_{n-1}^2 - d_{\text{凸}}^2\right) + 0.43\left(r_{n-1} + R_{n-1}\right) + \frac{0.14}{d_{n-1}}\left(r_{n-1}^2 - R_{n-1}^2\right) \tag{8-6}$$

其中第 $n-1$ 次拉深的假想毛坯直径：

$$D_{n-1} = \sqrt{(1+x_{n-1})D^2} \tag{8-7}$$

式中　　　　　　D——毛坯直径，mm；

H_1，H_2，$\cdots$，H_{n-1}——首次高度、第二次拉深及第 $n-1$ 次拉深的高度；

D_1，D_2，$\cdots$，D_{n-1}——首次拉深、第二次拉深及第 $n-1$ 次拉深的假想毛坯直径；

d_1，d_2，$\cdots$，d_{n-1}——首次拉深、第二次拉深及第 $n-1$ 次拉深后直径（若料厚大于1.0mm，计算时取材料中心线）；

r_1，r_2，$\cdots$，r_{n-1}——首次拉深、第二次拉深及第 $n-1$ 次拉深的凸模圆角半径，mm；

R_1，R_2，$\cdots$，R_{n-1}——首次拉深、第二次拉深及第 $n-1$ 次拉深的凹模圆角半径，mm；

$d_{\text{凸}}$——凸缘直径，mm；

x，x_1，$\cdots$，x_{n-1}——对于无工艺切口的带料，首次连续拉深取 10% ~ 15%；对于有工艺切口的带料，首次连续拉深取4% ~ 6%（工序次数多时取上限值，反之，工序次数少时取下限值），首次拉深进入凹模的面积增量 x，在第二次拉深及以后的拉深中逐步返回到凸缘上，因此 $x_1 \cdots x_{n-1}$ 也随着逐步减少。

8.4　多工位级进模主要结构件设计

8.4.1　带料（条料）导料、浮料装置设计

8.4.1.1　导料装置

导料装置主要是引导带料（条料）沿着一定的方向送进。导料装置的种类很多，主要分

为外导料装置和内导料装置两种。外导料装置通常由外导料板与承料板固定在一起。内导料装置又可分为内导料板和浮动导料销两种，通常为内导料板与凹模板固定在一起，而浮动导料销是在凹模的形孔内进行上下浮动。

外导料板、内导料板和浮动导料销，可以在一副模具中单独使用，也可以在一副模具中混合使用。

（1）外导料板

外导料板比较常用，它安装在模具的入口处。如图8-30所示为外导料板独立组件，它紧靠凹模板的侧面，直接与下模座固定在一起。

如图8-31所示为外导料板与内导料板为一体的结构形式。从图8-31可以看出，导料板部分在模具的外部，还有部分进入模具的内部。

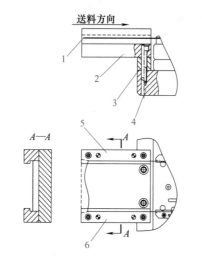

图8-30 外导料板结构形式（一）

1—带料（条料）；2—承料板；3—承料板垫块；
4—下模座；5，6—外导料板

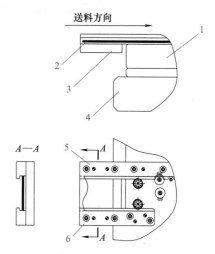

图8-31 外导料板结构形式（二）

1—凹模板；2—带料；3—承料板；4—下模座；
5，6—一体式内、外导料板

（2）内导料板

内导料板是多工位级进模中最为常用的带料（条料）送进导向结构之一，它一般安装在凹模上平面的两侧，其导向面与凹模中心线相平行。内导料板种类很多，一般常用的有平直式、台肩固定式和浮动式三种结构形式。

① 平直式 如图8-32所示为平直式内导料板，一般是固定在下模板（凹模）的两侧，多用于手工低速送料。

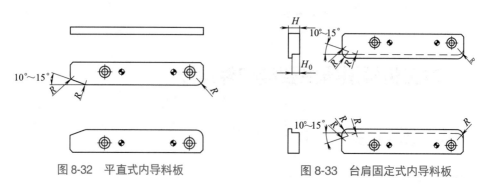

图8-32 平直式内导料板

图8-33 台肩固定式内导料板

② 台肩固定式 如图8-33所示为台肩固定式内导料板，同样是固定在下模板（凹模）的

两侧。多用于带弯曲、成形立体冲压的高速、自动送料的中小型多工位级进模。它在凸台的阻挡下，带料（条料）不会被顶出而脱离台肩固定式内导料板，以保证带料（条料）在连续冲压中能顺畅送进。

台肩固定式内导料板的高度 H 由带料（条料）的板厚 t 或制件［带料（条料）上工序件］的成形高度 H_d 来决定。但要在带料（条料）浮顶的状态下，上下都要留一定的间隙，其合理的位置状态和相互关系见图 8-34。图中相应的尺寸见表 8-20。那么

台肩固定式内导料板工作部分的高度 H_o：

$$H_o=H_d+H_a+H_b \tag{8-8}$$

台肩固定式内导料板的高度 H：

$$H=H_o+H_c \tag{8-9}$$

式中　H_d——制件或带料（条料）上工序件的成形高度，mm；

　　　H_a——带料（条料）与内导料板上台肩下平面的空隙，其取值为：当带料（条料）宽度为 ≤ 350mm 时，H_a 取 $0.5 \sim 1.5t$，当带料（条料）宽度为 $350 \sim 1000mm$ 时，H_a 取 $2 \sim 2.5t$，当带料（条料）宽度 > 1000mm 时，H_a 取 $2.5 \sim 3.5t$，mm；

　　　H_b——制件或带料（条料）上工序件的成形高度最低部分与下模板（凹模）上平面之间的间隙，见表 8-21 所列的相关参数，mm；

　　　H_c——台肩高度，见表 8-21 所列的相关参数，mm。

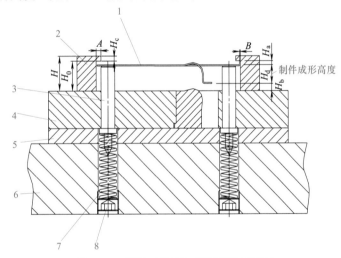

图 8-34　带料（条料）浮顶高度示意图

1—带料（条料）；2—内导料板；3—浮料销；4—下模板；5—下模板垫板；6—下模座；7—弹簧；8—螺塞

表 8-21　台肩固定式内导料板相关数据与带料（条料）相应的数值　　　单位：mm

带料（条料）宽度	参 数 代 号			
	A	B	H_b	H_c
≤ 25	1.5 ~ 2.5	0.05 ~ 0.1	1.0 ~ 2.5	1.5 ~ 2.0
25 ~ 75	2.5 ~ 3.0	0.1 ~ 0.2	2.5 ~ 3.0	2.0 ~ 3.0
75 ~ 125	3.0 ~ 4.0		3.0 ~ 4.0	3.0 ~ 3.5
125 ~ 175	4.0 ~ 4.5	0.2 ~ 0.3	4.0 ~ 5.0	3.5 ~ 4.5
175 ~ 250	4.5 ~ 5.0		5.0 ~ 6.0	4.5 ~ 5.0
250 ~ 350	5.0 ~ 6.0	0.3 ~ 0.4	6.0 ~ 8.0	5.0 ~ 5.5
350 ~ 500	6.0 ~ 7.0		8.0 ~ 10.0	5.5 ~ 6.5
500 ~ 750	7.0 ~ 8.0	0.4 ~ 0.5	10.0 ~ 12.0	6.5 ~ 7.0
750 ~ 1000	8.0 ~ 9.0		12.0 ~ 16.0	8.0 ~ 9.0
> 1000	10 ~ 12	0.5 ~ 0.7	16.0 ~ 18.0	9.0 ~ 10

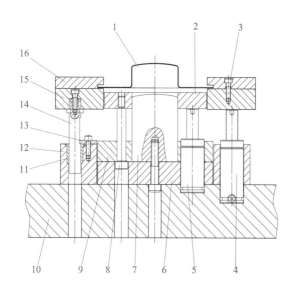

图 8-35　台肩式浮动内导料板结构示意图

1—带料（条料）中的工序件；2—卸料板；3—螺钉；4，5—氮气弹簧；
6—固定板垫板；7—拉深凸模；8—卸料螺钉；9—固定板；10—下模座；
11—小导套；12—固定座；13—压板；14—小导柱；15—承料板；
16—台肩式内导料板

③ 浮动式　如图 8-35 所示为浮动式内导料板结构示意图，浮动式内导料板在中、大型的多工位级进模中比较常用，特别在汽车零部件的大型多工位级进模中应用比较广泛。大型的多工位级进模的带料（条料）上下浮动量一般较大，采用浮动式内导料板，不但可以设置较大的上下行程浮动量，而且可以在内导料板下面安装较多的弹簧或氮气弹簧，能承载较重的带料（条料），拆装维修也较方便。

（3）浮动导料销

浮动导料销又称导向顶杆。它分为圆形浮动导料销和异形浮动导料销两种。

① 圆形浮动导料销　圆形浮动导料销对带料（条料）导向属点接触的间断性导向，其特点是导向性好、摩擦阻力小，适应于高速冲压生产，但对带料（条料）的宽度尺寸和带料（条料）两侧的平直度有严格要求，以保证带料的导向精度，导向槽的深度应与带料的宽度尺寸公差相对应。

如图 8-36 所示为常用普通圆形浮动导料销，应用较为广泛。它主要由浮动导料销、弹簧、螺塞三个零件组成。一副模具里有多个，要求所有的尺寸大小一致性严格控制在一定范围内。

如图 8-37 所示为尾部带导向的圆形浮动导料销。该浮动导料销一般用于带料（条料）上的工序件或制件成形高度较高的多工位级进模上。由于尾部带导向，弹簧在大行程的压缩下不会产生变形，可以增加弹簧的使用寿命。

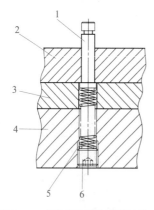

图 8-36　圆形浮动导料销结构

1—圆形浮动导料销；2—下模板；
3—下模板垫板；4—下模座；
5—弹簧；6—螺塞

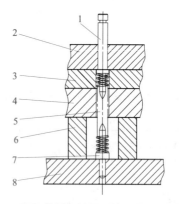

图 8-37　尾部带导向的圆形浮动导料销结构

1—尾部带导向的圆形浮动导料销；2—下模板；
3—下模板垫板；4—下模座；5—弹簧；6—下垫块；
7—弹簧垫圈；8—下托板

② 异形浮动导料销　异形浮动导料销对带料（条料）导向属线接触的间断性导向，其特点是导向的接触面比圆形浮动导料销的接触面大，但比整条内导料板的导向接触面要小得多。

它也适用于高速冲压生产，对带料（条料）的宽度尺寸和带料（条料）两侧的平直度等要求与圆形浮动导料销相同。

如图 8-38 所示为普通的异形浮动导料销。其功能及安装方式与图 8-36 圆形浮动导料销相同。但其外形多为矩形，在模具中只能上下运动。

如图 8-39 所示为带避让孔的异形浮动导料销。与图 8-38 相比，不同的是异形浮动导料销中间设置有一个导正销避让孔，其弱点是减小了异形浮动导料销的强度。

该异形浮动导正销在多工位级进模中必须设置在导正销相对应的位置上，大多用于薄料小型精密高速冲压的多工位级进模中，以简化模具结构设计。其安装方式与图 8-38 相同。

如图 8-40 所示为中部用压板止动的异形浮动导料销。使用该浮动导料销对拆装、维修都较为方便。

③ 浮动导料销的相关尺寸计算　浮动导料销头部有关尺寸与卸料板上对应避让沉孔深度要相适应，具体详见图 8-41。其中图 8-41（a）为正常工作位置及相关代号；图 8-41（b）表示卸料板避让沉孔过浅，将带料（条料）的边缘向下弯曲或切断；图 8-41（c）表示卸料板沉孔过深，导致带料（条料）的边缘向上弯曲变形。

浮动导料销的相关尺寸可按以下经验公式计算得到：

a. 浮动导料销的槽宽：

$$h=t+(0.5 \sim 1.5)（\text{mm}）\qquad(8\text{-}10)$$

b. 浮动导料销的槽深：

$$(D-d)/2=(3 \sim 8)\, t（\text{mm}）\qquad(8\text{-}11)$$

c. 浮动导料销的头部高度：

$$C=0.5D（\text{mm}）\qquad(8\text{-}12)$$

d. 卸料板沉孔深度：

$$B=C+(0.5 \sim 0.8)（\text{mm}）\qquad(8\text{-}13)$$

e. 浮动导料销的滑动量：

$$K= 制件最大的高度 +H_{\mathrm{b}}（\text{mm}）\qquad(8\text{-}14)$$

式中，H_{b} 从表 8-20 可以查得。

④ 浮动导料销的 d 和 D 可根据带料（条料）的宽度、厚度和模具结构来确定。

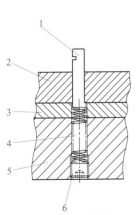

图 8-38　异形浮动导料销

1—异形浮动导料销；2—下模板；
3—下模板垫板；4—弹簧；5—下模座；6—螺塞

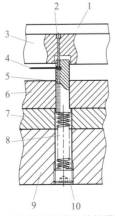

图 8-39　带导正销避让孔的异形浮动导料销

1—卸料板垫板；2—导正销；3—卸料板；
4—带料（条料）；5—带导正销避让孔的异形浮动导料销；6—下模板；7—下模板垫板；8—弹簧；9—下模座；10—螺塞

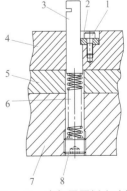

图 8-40　中部用压板止动的异形浮动导料销

1—螺钉；2—压板；3—异形浮动导料销；4—下模板；5—下模板垫板；6—弹簧；7—下模座；8—螺塞

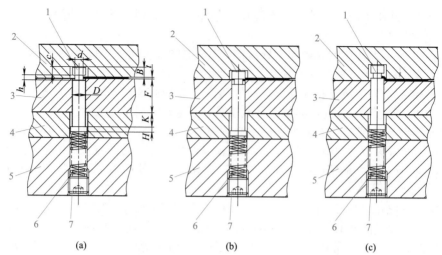

图 8-41　浮动导料销的头部与卸料板沉孔深度之间的关系

B—卸料板沉孔（指避让浮动导料销头部）深度；c—浮动导料销头部的高度；K—浮动导料销的滑动量；
F—下模板厚度；H—浮动导料销尾部台肩；h—浮动导料销的槽宽
1—浮动导料销；2—卸料板；3—下模板；4—下模板垫板；5—下模座；6—弹簧；7—螺塞

8.4.1.2　浮顶装置

浮顶装置的作用是将带料（条料）浮离凹模平面一定的高度，确保带料（条料）能顺畅地送进。

常用的浮顶装置一般与导料板配置使用的有圆形顶料杆（也叫托料杆或浮料销或顶料销）、套式顶料杆和方形顶料块（也叫托料块）三种。

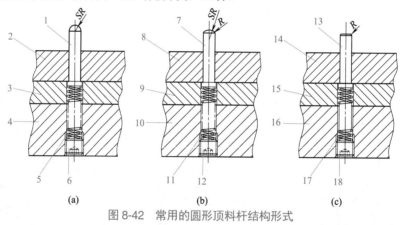

图 8-42　常用的圆形顶料杆结构形式

1—端部球面圆形顶料杆；2，8，14—下模板；3，9，15—下模板垫板；4，10，16—下模座；5，11，17—弹簧；
6，12，18—螺塞；7—局部球面圆形顶料杆；13—平端面圆形顶料杆

（1）圆形顶料杆

常用的圆形顶料杆端部有球面、局部球面和平端面三种，见图8-42。图8-42（a）所示为细小直径的端部球面圆形顶料杆，它与带料（条料）下平面成点接触，一般用于小型制件或高速的多工位级进模冲压；图8-42（b）所示为局部球面圆形顶料杆；图8-42（c）所示为平端面圆形顶料杆，它在多工位级进模中应用较为广泛，可设置在多工位级进模中的任一位置上。

（2）套式顶料杆

套式顶料杆一般设置在导正销相对应的位置上，目的是导正销对带料（条料）精定位的避让和对导正销进行保护，同时能很好地防止导正销进入带料，导致带料移位、变形的问题。

见图 8-43。

（3）顶料块

顶料块的顶出功能相当于圆形顶料杆，它与带料（条料）下平面成局部的面接触。从图 8-44 可以看出，在顶料块头部带料（条料）送进的方向都带有斜角，便于带料（条料）送进，其角度一般在 15°～30° 之间。图 8-44（a）所示为用卸料螺钉固定的顶料块结构，可以设置多个弹簧，因此顶料力也较大；图 8-44（b）所示为台肩式顶料块，一般用于顶料力较小的小型多工位级进模；图 8-44（c）所示为中部用压板止动的顶料块，该顶料块可以直接从模面上拆装，更换、维修都较为方便；图 8-44（d）所示为尾部用压板固定的顶料块，结构简单，方便加工。

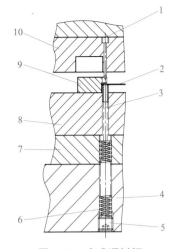

图 8-43　套式顶料杆

1—导正销；2—带料；3—套式顶料杆；4—下模座；
5—螺塞；6—弹簧；7—下模板垫板；8—下模板；
9—内导料板；10—卸料板

8.4.2　多工位级进模弹压卸料装置设计

多工位级进模弹压卸料装置是由卸料板通过卸料螺钉（或拉板）和弹性元件（弹簧、聚氨酯橡胶和氮气弹簧等）等安装在模具上的。

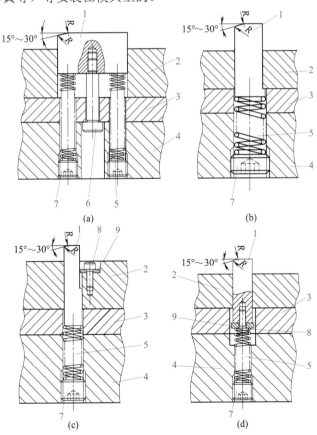

图 8-44　顶料块的几种结构示意图

1—顶料块；2—下模板；3—下模板垫板；4—下模座；5—弹簧；
6—卸料螺钉；7—螺塞；8—螺钉；9—压板

8.4.2.1 多工位级进模弹压卸料装置的结构形式

（1）蝶形弹簧、滚珠导向弹压卸料板

如图 8-45 所示，该小导柱 1 固定在卸料板 9 上，它同上模座导向，下模部分无需依靠小导柱导向，上模部分同下模部分是靠外导柱导向（图中未画出），此结构通常用于大型汽车零部件的模具中。

（2）氮气弹簧弹压卸料板

如图 8-46 所示，采用氮气弹簧代替弹簧弹压，一般用于年产量较大、卸料力（压料力）较大冲裁模或多工位级进模。采用氮气弹簧结构使模具在冲压中更稳定，大大提高了模具的使用寿命，同时也增加了模具的成本。

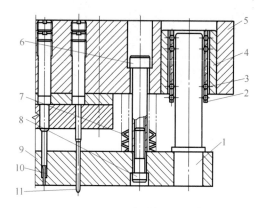

图 8-45 蝶形弹簧、滚珠导向弹压卸料板结构示意图

1—小导柱；2—滚珠卡；3—滚珠保持圈；4—小导套；5—上模座；6—卸料螺钉；7—蝶形弹簧；8—螺钉；9—卸料板；10—凸模；11—导正销

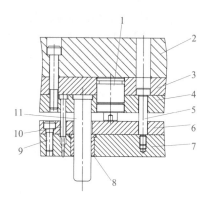

图 8-46 氮气弹簧、滚珠导向弹压卸料板结构示意图

1—氮气弹簧；2—上模座；3—固定板垫板；4—固定板；5—卸料螺钉；6—卸料板垫板；7—卸料板；8—小导套；9—螺钉；10—凸模；11—小导柱

（3）三板式镶拼结构弹压卸料板

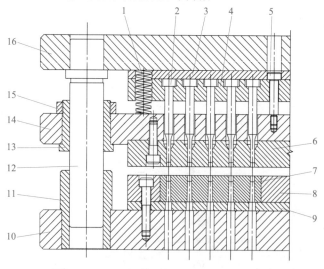

图 8-47 三板式镶拼结构弹压卸料板示意图

1—弹簧；2—凸模；3—固定板垫板；4—固定板；5—卸料螺钉；6—卸料板；7—凹模；8—凹模固定板；9—凹模垫板；10—下模座；11—下模座导套；12—导柱；13—卸料板导套；14—卸料板基体；15—螺母；16—上模座

如图 8-47 所示为三板式镶拼结构弹压卸料板，在卸料板基体上装有导套，对卸料板基体进行导向。此结构的卸料板基体基本上与模座的大小相同，使模具结构变大很多，导向性好，常用于高速多工位级进模冲压。

采用三板式镶拼结构弹压卸料板，卸料板可制作成局部的小件镶拼在卸料板基体上，从而保证型孔精度、孔距精度、配合间隙、型孔表面粗糙度，也便于热处理。

（4）带限位块的弹压卸料装置

如图 8-48 所示为带限位块的弹压卸料装置，一般用于中、大型的多工位级进模，适用于高速冲压。从图中可以看出，此结构不用卸料螺钉限位，直接用带限位的卸料行程限位块1、2代替卸料螺钉。当模具闭合时，带限位的卸料行程限位块1、2的下底面与下模的限位块碰死。该结构增强了卸料行程限位块的刚性，使维修、拆装都较为方便。

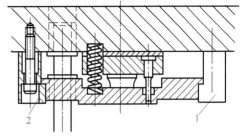

图 8-48　带限位块的弹压卸料装置
1，2—限位块

8.4.2.2　弹压卸料装置的导向形式

在冲模中，对于较多的冲裁小凸模，为使小凸模得到更好的保护和导向，并保证卸料板与凸模固定板、凹模之间的型孔以及与凸模相对位置的一致性，也为提高模具的精度，在凸模固定板、卸料板及凹模（或凹模固定板）之间设置辅助导向装置，也就是设置小导柱、小导套导向。

如图 8-49 所示为常用的滑动小导柱、小导套导向结构形式。图 8-49（a）小导柱固定在固定板 3 上，分别在卸料板 6、下模板 8 上安装小导套。图 8-49（b）小导柱固定在卸料板 6 上，分别在固定板 3、下模板 8 上安装小导套。

如图 8-50 所示为滚珠小导柱、小导套导向结构形式，该结构一般用于较精密的高速多工位级进模冲压。图 8-50（a）安装方式同图 8-49（a）；图 8-50（b）安装方式与图 8-49（b）相同。

如图 8-51 所示为安装在卸料板上与上模固定板导向的小导柱、小导套结构。该小导柱 9 固定在卸料板 6 上，它同固定板导向，下模部分不用依靠此小导柱导向，上模部分同下模部分是靠外导柱导向（图中未画出）。图 8-51（a）所示为滑动式小导柱、小导套导向结构形式；图 8-51（b）所示为滚珠式小导柱、小导套导向结构形式。

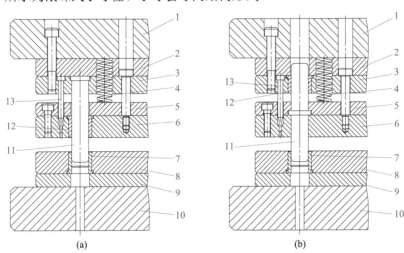

(a)　　　　　　　　　　　(b)

图 8-49　滑动小导柱、小导套导向结构

1—上模座；2—固定板垫板；3—固定板；4—弹簧；5—卸料板垫板；6—卸料板；7，12—小导套；
8—下模板；9—下模板垫板；10—下模座；11—小导柱；13—凸模

8.4.2.3　弹压卸料装置的连接方式

常用弹压卸料装置的连接方式有用卸料螺钉和卸料行程限位块吊装两种结构。

（1）卸料板用卸料螺钉吊装在上模上

在布置卸料螺钉时应对称分布，工作长度要严格一致。

① 外螺纹卸料螺钉吊装方式如图 8-52 所示。为使模具设计更紧凑，该结构把卸料螺钉 2 穿过弹簧 5 的内孔，安装在相对应卸料板中的螺纹孔上。该结构应用广泛，尤其是单工序冲模中常用。

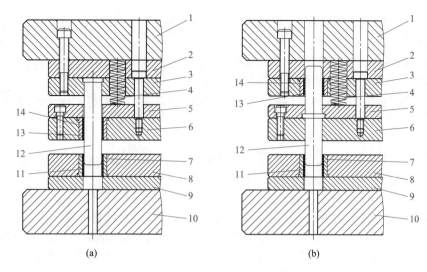

图 8-50 滚珠小导柱、小导套导向结构

1—上模座；2—固定板垫板；3—固定板；4—弹簧；5—卸料板垫板；6—卸料板；7，14—小导套；
8—下模板；9—下模板垫板；10—下模座；11，13—滚珠保持圈；12—小导柱

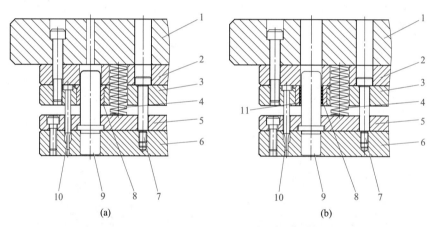

图 8-51 与上模固定板导向的小导柱、小导套结构

1—上模座；2—固定板垫板；3—固定板；4—弹簧；5—卸料板垫板；6—卸料板；
7—卸料螺钉；8—小导套；9—小导柱；10—凸模；11—滚珠保持圈

② 套管式卸料螺钉吊装方式如图 8-53 所示。该结构安装方式对卸料板的平行度好，卸料平稳，安装较为方便，而套管长度可多个放在一起同时磨平。安装时用普通的内六角螺钉连接即可。对于小型多工位级进模，卸料力及卸料行程不大时，可采用图 8-52 所示结构，在其他的位置上无需再设计弹簧弹压，从而提高模板的强度，使模具设计更紧凑、灵巧。该结构适用于中小型精密的多工位级进模冲压。

③ 两头内螺纹卸料螺钉吊装方式如图 8-54 所示。该结构的主要功能同图 8-53，其不同点在于图 8-53 直通形的套管改进为圆柱形并在两头攻有内螺纹孔，从而增加卸料螺钉的刚度。内螺纹孔的一头与垫圈 10 固定，而另一头与卸料板 7 连接固定。该结构拆装维修、调整都较为方便。

④ 单头内螺纹卸料螺钉结构吊装方式如图 8-55 所示。该结构固定方式为外螺纹卸料螺钉的改进，其特点是螺柱的长度可以通过磨削控制。

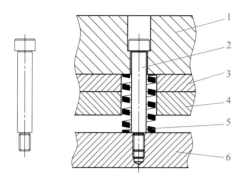

图 8-52　外螺纹卸料螺钉结构

1—上模座；2—卸料螺钉；3—固定板垫板；
4—固定板；5—弹簧；6—卸料板

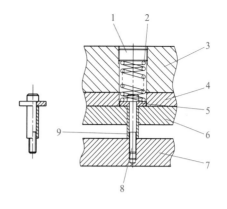

图 8-53　套管式卸料螺钉结构

1—螺塞；2—弹簧；3—上模座；4—固定板垫板；
5—垫圈；6—固定板；7—卸料板；
8—螺钉；9—套管

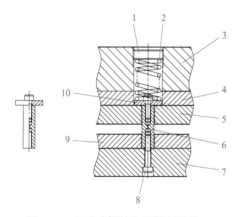

图 8-54　两头内螺纹卸料螺钉结构

1—螺塞；2—弹簧；3—上模座；4—固定板垫板；
5—固定板；6—卸料螺钉；7—卸料板；8—螺钉；
9—卸料板垫板；10—垫圈

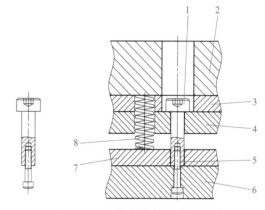

图 8-55　单头内螺纹卸料螺钉结构

1—卸料螺钉；2—上模座；3—固定板垫板；4—固定
板；5—螺钉；6—卸料板；7—卸料板垫板；8—弹簧

（2）卸料板用卸料行程限位块吊装在上模上

卸料行程限位块吊装通常用于中、大型的多工位级进模中，特别在汽车零部件的大型多工位级进模比较常见，因为大型的多工位级进模卸料力、压料力都较大，通常用氮气弹簧代替弹簧，而卸料行程限位块结构能承受较大的卸料力，拆装、维修都较为方便。当维修凸模时，也可以直接在压力机上拆卸，无需卸下整副模具。

常用卸料行程限位块吊装在上模上的结构除图 8-48 介绍外，其他如图 8-56、图 8-57 所示。

图 8-56 所示为分体结构。在安装前，首先把凸模、固定板、弹簧等全部安装固定好，然后把卸料行程限位块主体 19 固定在上模座 6 上（卸料行程限位块主体 19 固定后，以后维修调整时也无需拆卸），再安装卸料板基体 8，接着把盖板 18 固定在卸料行程限位块主体 19 上即可。如需在压力机上拆装凸模，把压力机运行到下死点（也就是说模具闭合状态），卸下螺钉 17，取出卸料板基体 8，然后拆装凸模即可。

图 8-57 所示为整体式结构。此结构安装方式与图 8-56 相同，但拆卸比图 8-56 方便。它拆卸时，把侧面的螺钉 18 拧出即可。使用时，比图 8-56 要更安全些。

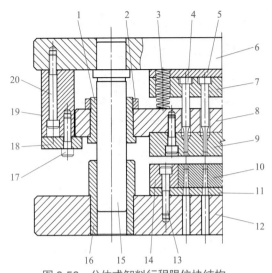 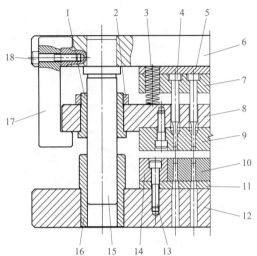

图 8-56　分体式卸料行程限位块结构

1—卸料板导套；2—螺母；3—弹簧；4—凸模；5—固定板
垫板；6—上模座；7—固定板；8—卸料板基体；9—卸料
板；10—凹模；11—凹模垫板；12—下模座；13，17，20—
螺钉；14—凹模固定板；15—导柱；16—下模座导套；
18—盖板；19—卸料行程限位块主体

图 8-57　整体式卸料行程限位块结构

1—卸料板导套；2—螺母；3—弹簧；4—凸模；5—固定
板垫板；6—上模座；7—固定板；8—卸料板基体；9—卸
料板；10—凹模；11—凹模垫板；12—下模座；
13，18—螺钉；14—凹模固定板；15—导柱；
16—下模座导套；17—卸料行程限位块

8.4.3　带料（条料）定距机构设计

在多工位级进模中，由于制件的加工工序布置在多个工位上冲压完成，因此为保证前后工位冲切中，各工序件准确连接，必须保证每个工位上都能准确定位。带料（条料）送进的定距方式可采用自动送料定距、侧刃定距、切舌定距和导正销定距等。料宽方向采用侧压装置为基准送进。

8.4.3.1　侧刃定距及侧刃挡块

（1）侧刃定距

① 侧刃定距的工作原理　侧刃定距是在带料（条料）的一侧或两侧的边缘上，利用侧刃凸模（简称侧刃）冲切出沿边的窄边料。

如图 8-58 所示，在带料的一侧冲切侧刃，冲切侧刃后的窄边料［图 8-58（b）中的 $A \times b$ 部分］长度 A 等于工位间的步距，b 是在带料（条料）沿边缘冲切侧刃后废料的宽度。被冲切后的带料（条料）宽度由 B 变成 B_1，也就是说 $B_1 = B - b$。

侧刃的工作原理从图 8-58 可以看出，首先在工位①冲出导正销孔及侧刃；在工位②进行导正销定位及侧刃挡料，侧刃挡料是利用工位①已冲切的侧刃缺口端面 F 部位被内导料板 5 的头部 G 端面挡住，阻止送料，从而起到挡料定距定位作用。

② 侧刃定距的应用　侧刃定距适用于手动送料，也可以在自动送料中应用。而且侧刃定距结构简单，在实际生产中应用也较为广泛。

③ 侧刃的形式　侧刃的形式较多，使用效果也不同。它既可以按形状来区分，也可以按进入凹模孔的状态来区分。

a. 按形状来区分　如图 8-59（a）与图 8-60（a）所示为矩形侧刃，其结构简单，制造方便，但侧刃两个直角的转角处磨损后易出现一定的微小圆角，使冲切出的带料（条料）边缘上易产生毛刺，如图 8-61 所示，毛刺留在带料（条料）的侧面而影响送料精度，还可能会刺伤工人的手指。这两种侧刃形式在多工位级进模中很少采用。

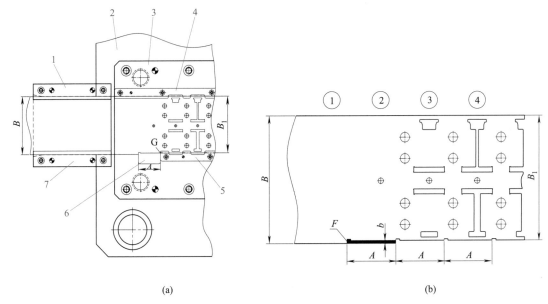

(a)

(b)

图 8-58　侧刃定距平面示意图

1，7—外导料板；2—下模座；3—下模板；4—内导料板 1；5—内导料板 2（带侧刃挡块）；6—侧刃

如图 8-59（b）～（e）与图 8-60（b）～（e）所示为齿形侧刃。齿形侧刃可分为单齿形侧刃和双齿形侧刃两种。图 8-59（b）～（d）与图 8-60（b）～（d）所示为单齿形侧刃；图 8-59（e）与图 8-60（e）所示为双齿形侧刃。其形状都比较复杂，与矩形侧刃相比，单齿形侧刃多了一个小凸台，而双齿形侧刃就多了两个小凸台，但定距精度较高。

图 8-59（b）与图 8-60（b）为齿形带斜度的单齿形侧刃，比较适合于有导正销定位的多工位级进模冲压，但侧刃比步距要适当加长。根据制件的料厚、导正销孔大小的不同，其侧刃的加长值也不同。

图 8-59（d）与图 8-60（d）为局部要过切的单齿形侧刃，该侧刃比较适合薄料的多工位级进模冲压，一般料厚 $t \leqslant 1.2$mm。该侧刃刃边的尖角处磨损后带料会出现毛刺，但不会影响到送料定距精度。采用该侧刃不管有无导正销精确定位，其定距精度都较高。冲切后的带料（条料）形状如图 8-62 所示。

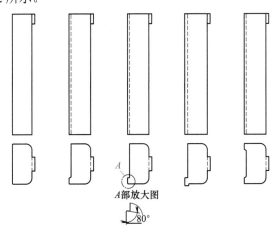

A 部放大图

(a) 矩形侧刃(b) 单齿形侧刃 (c) 单齿形侧刃 (d) 单齿形侧刃 　(e) 双齿形侧刃
(齿形带斜度)(齿形带燕尾形)(齿形局部要过切)

图 8-59　无导向侧刃

图 8-59（e）与图 8-60（e）所示为双齿形侧刃。该侧刃因刃边的尖角处磨损后，带料（条料）产生的毛刺会处于缺口中，如图 8-63 所示。此毛刺的存在不影响送料定距的精度。在制件精度要求高、步距较大、带料（条料）较厚的多工位级进模中常常使用。

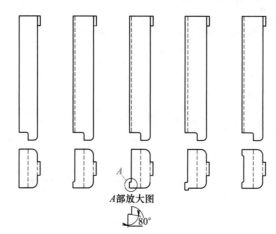

A部放大图

(a) 矩形侧刃 (b) 单齿形侧刃 (c) 单齿形侧刃 (d) 单齿形侧刃 (e) 双齿形侧刃
　　　　　　（齿形带斜度）（齿形带燕尾形）（齿形局部要过切）

图 8-60　有导向侧刃

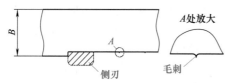

图 8-61　矩形侧刃磨损后出现毛刺示意图

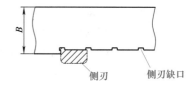

图 8-62　局部要过切的单齿形侧刃冲切后
　　　　的带料（条料）形状示意图

如图 8-64 所示为尖角侧刃结构示意图，该侧刃只在带料（条料）的边缘上冲切出一个缺口，在下一工位中由挡块进入此缺口进行定位。它无需增加带料（条料）的宽度，采用它可以提高材料利用率。但操作不如前者方便，它的优点是当带料（条料）送进时不能回退，当侧刃挡块 1 紧贴带料（条料）5 边缘的缺口时定位才可靠。

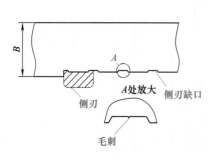

图 8-63　双齿形侧刃磨损后出现毛刺处于
　　　　缺口中示意图

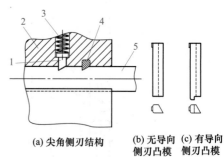

(a) 尖角侧刃结构　(b) 无导向　(c) 有导向
　　　　　　　　侧刃凸模　侧刃凸模

图 8-64　尖角侧刃结构示意图
1—侧刃挡块；2—内导料板；3—弹簧；4—侧刃；
5—带料（条料）

b. 按进入凹模孔的状态来区分　侧刃按进入凹模孔的状态可分为无导向侧刃和有导向侧刃两种。

如图 8-59 所示为无导向侧刃，它的刃口为平面，制造和刃磨方便，一般适合于料厚 $t \leqslant 1.2\text{mm}$ 的薄料多工位级进模冲压。如冲厚料时，因为是单边受力，有较大的侧向力，所以会出现啃模现象。

如图 8-60 所示为有导向侧刃，有导向侧刃多出了一段导向部分的台阶。冲压时，侧刃的导向部分先进入凹模内进行导向，接着再冲切侧刃，从而克服了冲裁时所产生的侧向力。

侧刃除以上介绍外，也可以与冲切外形废料作为一体使用，称成形侧刃。其形状与制件结构及排样方式有关，在多工位级进模中通常用于无废料、少废料的带料（条料）排样。

侧刃与固定板可采用图 8-59、图 8-60 所示的带台式固定形式，比较可靠。根据需要也可设计成其他形式，如直通式、采用铆钉固定或螺钉固定等。

（2）侧刃挡块

侧刃将带料侧边冲掉一窄条材料后，带料上形成小台阶，送料时利用带料上这个小台阶被导料板挡住定位（见图 8-58），实现级进送料。一般情况下，导料板是不淬硬的，为了提高挡料部分的硬度和耐磨性，在导料板的侧刃旁局部镶一个主要起挡料作用、有一定硬度的零件，称为侧刃挡块，见图 8-65。

图 8-65（a）所示为内导料板与侧刃挡块为一体的结构形式；图 8-65（b）所示为采用 L 形的侧刃挡块对带料进行挡料，该挡料结构稍有复杂，但定位可靠；图 8-65（c）所示为镶拼在内导料板上的侧刃挡块。

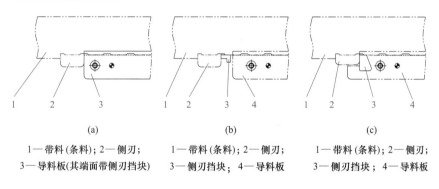

(a)	(b)	(c)
1—带料(条料)；2—侧刃；	1—带料(条料)；2—侧刃；	1—带料(条料)；2—侧刃；
3—导料板(其端面带侧刃挡块)	3—侧刃挡块；4—导料板	3—侧刃挡块；4—导料板

图 8-65 侧刃挡块结构

8.4.3.2 切舌定距

切舌定距一般用于中大型或价格比较昂贵的带料（条料）挡料，它一般在带料（条料）的搭边、工艺废料或设计废料等有足够的位置上使用。

切舌功能相同于侧刃，它可以代替边缘的侧刃，从而大大提高了材料利用率，如图 8-66 所示。其结构为，在第一工位首先利用切舌凸模 4 对带料（条料）进行切舌。上模上行，利用切舌顶块 13 将带料（条料）从凹模内顶出。这时带料（条料）开始送往下一工位，用切舌挡块 8 对带料（条料）进行挡料。上模再次下行时，利用卸料板把切舌部位进行压平，可以送往下一工序。

8.4.3.3 侧压装置

在多工位级进模中，当带料（条料）的宽度公差较大时，为使带料（条料）稳定送进，避免带料（条料）在导料板中偏摆，应在导料板的一侧设置侧压装置，使带料（条料）始终紧靠导料板的另一侧送进。常用侧压装置的结构形式及应用见表 8-22。

8.4.3.4 导正销

导正销是在多工位级进模中应用最为普遍的定距机构。通常将导正销与侧刃或自动送料机构混合使用，一般以侧刃或自动送料机构为粗定位，导正销为精定位。

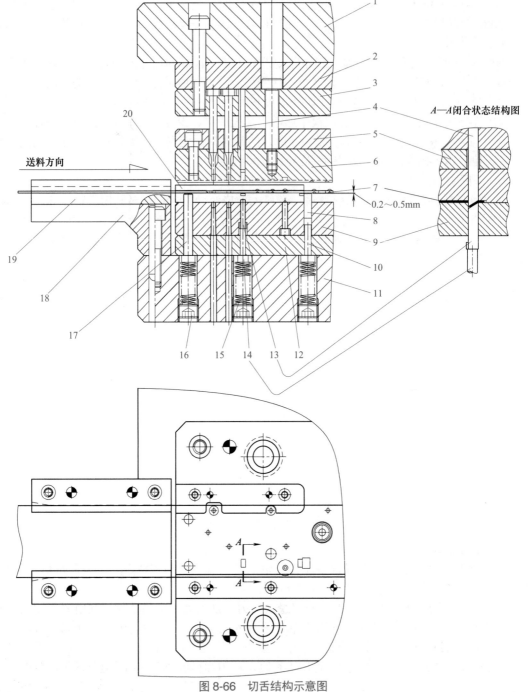

图 8-66　切舌结构示意图

1—上模座；2—固定板垫板；3—固定板；4—切舌凸模；5—卸料板垫板；6—卸料板；7—带料（条料）；8—切舌挡块；
9—下模板；10, 14—顶杆；11—下模座；12—下模板垫板；13—切舌顶块；15—弹簧；16—螺塞；
17—圆形顶料杆；18—承料板；19—外导料板；20—内导料板

（1）导正销在排样图上的设计及应用

在带料（条料）排样图设计时，确定导正销孔的位置应遵循以下原则：

① 在带料（条料）排样图上的第 1 工位就应先冲出导正销孔，紧接着第 2 工位要设置导正销定位。以后每隔 2 ～ 3 个工位的相应位置等间隔设置导正销定位，并在容易窜动的工位优先设置导正销。

表 8-22 常用侧压装置的结构形式及应用

形式	简图	特点及应用
簧片式	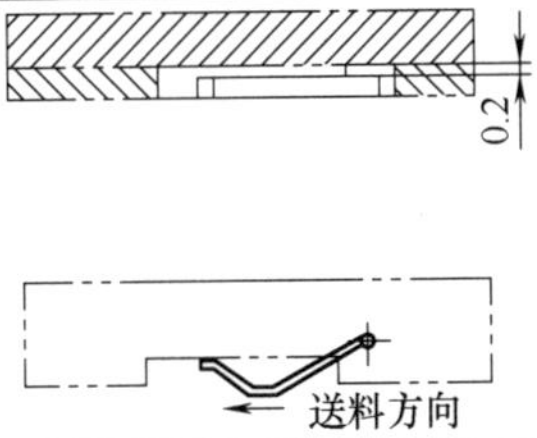 送料方向	利用弹簧片将材料推向对面的导料板,结构简单,但侧压力较小,常用于被冲材料厚度为 0.3 ～ 1mm 的冲裁模,侧压块一般为侧面导料板厚度的 1/3 ～ 2/3。压块数量视具体情况而定
簧片压块式	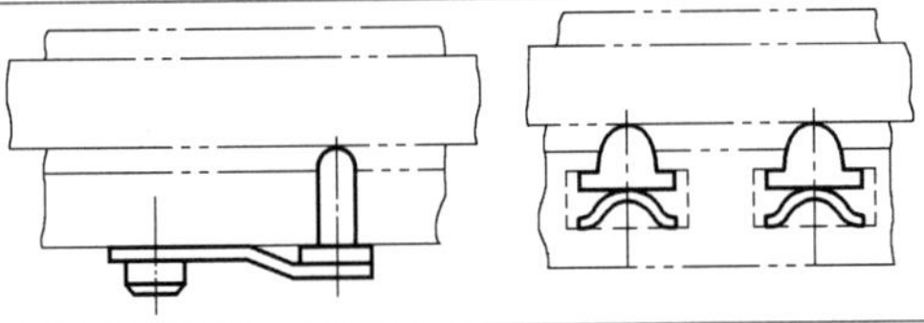	
压板式	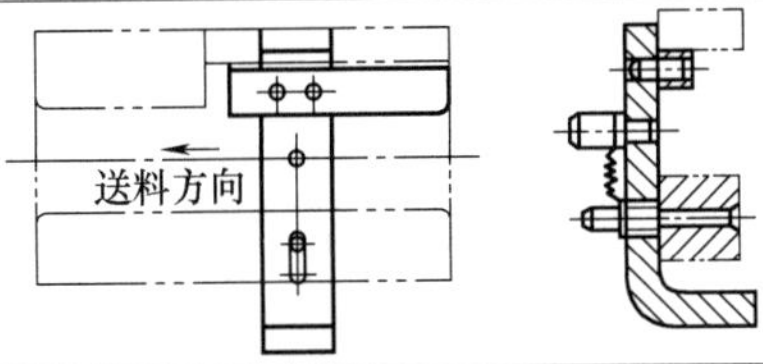 送料方向	侧压力大且均匀,一般装在模具进料一端,适用于侧刃定距的级进模
滚轮式	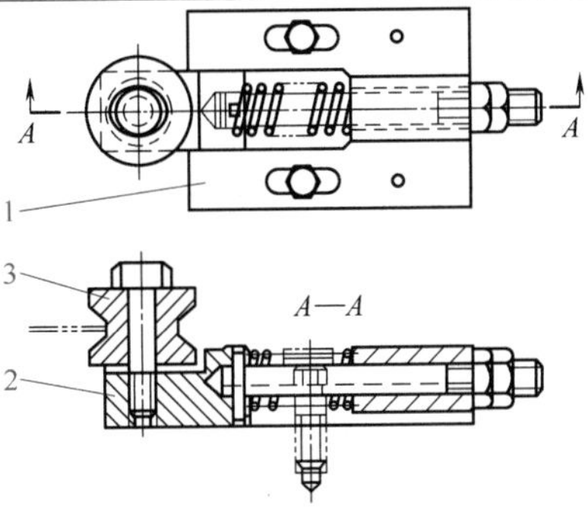 A—A 1—基座;2—活动滚轮座;3—滚轮	利用滚轮压料,阻力较小。活动滚轮座 2 在基座 1 内滑动而基座 1 的位置也可以调节,适用材料宽度范围较广
弹簧式	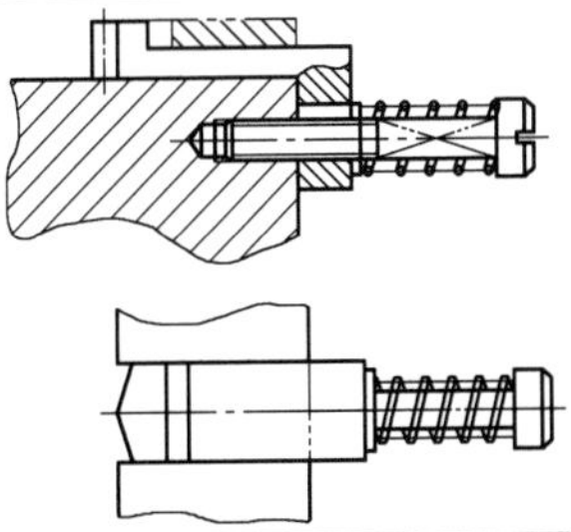	其侧压力较大,常用于被冲材料较厚的冲裁模

② 导正销孔的位置应设置在带料(条料)不参与变形的平面上,否则将起不到精确定位作用。

③ 对较厚的材料或精度不高的制件,可将制件上的孔作为导正销孔,但在冲压过程中,该孔经过导正销导正后,精度会降低,甚至会变形。如对精度要求高的制件孔径,应先冲出预冲孔,然后导正销在预冲孔上导正,在最后的工位或最后第 2 工位上再精修孔径从而达到制件要求的精度。

④ 在重要的成形位置前后要设置导正销定位。

⑤ 圆筒形连续拉深时,有内外圈切口的,在首次拉深前(包括首次拉深)要设置导正销定位,其余拉深可利用拉深凸模进行导正,不必设置导正销。最后一次落料时,利用圆筒形拉

深件内孔径作导正定位。

⑥ 在成形工位上必须要设置导正销定位的，而又与其他工序干涉时，可增加一个空工位，导正销设置在空工位上。

（2）导正销直径与导正销孔之间的关系

常用的导正销分为凸模导正销和独立导正销两种。

① 导正销与导正销孔之间的间隙

a. 安装在凸模上的导正销与导正销孔之间的间隙。在多工位级进模中，如果制件在冲压过程中容易窜动，而同轴度或外形与中心的相对位置要求又较高时，只用带料（条料）在载体上设置的导正销或侧刃的定位是不够的，通常还应采用安装在凸模上的导正销来保证孔与外形的相对位置尺寸。

因此安装在凸模上的导正销直径 d_1 略小于导正销孔凸模直径 d。

导正销直径 d_1 可按下式计算

$$d_1=d-2c \tag{8-15}$$

式中　d_1——导正销工作部分直径；

　　　d——冲导正销孔凸模直径；

　　　c——导正销与导正销孔之间的单面间隙（表8-23），mm。

表8-23　导正销与导正销孔之间的单面间隙 c 单位：mm

带料（条料）厚度 t	冲导正销孔凸模直径 d						
	$1.5\sim6$	$6\sim10$	$10\sim16$	$16\sim24$	$24\sim32$	$32\sim42$	$42\sim60$
$\leqslant 1.5$	0.02	0.03	0.03	0.04	0.045	0.05	0.06
$>1.5\sim3$	0.025	0.035	0.04	0.05	0.06	0.07	0.08
$>3\sim5$	0.03	0.04	0.05	0.06	0.08	0.09	0.1

注：表中的代号见图8-67。

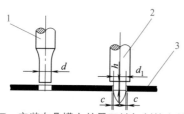

图8-67　安装在凸模上的导正销与制件上的导正
销孔结构

1—导正销孔凸模；2—安装在凸模上的导正销；3—带料（条料）上的制件

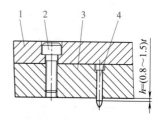

图8-68　固定在卸料板上的导正销结构图

1—卸料板垫板；2—螺钉；3—卸料板；4—导正销

b. 独立导正销与导正销孔之间的关系。指在带料（条料）上的载体、工艺废料或结构废料上设置的导正销，称独立导正销（简称导正销）。导正销插入带料（条料）上时，既要保证带料（条料）的定位精度，又要保证导正销能顺利插入导正销孔。若导正销与导正销孔的配合间隙过大，则定位精度低；反之，配合间隙过小，导致带料（条料）上的导正销孔变形，而且使导正销加剧磨损，从而影响定位精度。

导正销孔是由导正销孔凸模冲出来的，所以导正销与导正销孔间的关系实际上反映的是导正销直径 d_1 与冲导正销孔凸模直径 d 之间的关系，其根据制件精度和带料（条料）厚度的不同来定。常见的导正销直径 d_1 与冲导正销孔凸模直径 d 之间的间隙如下式规定：

当带料（条料）的厚度 $t\geqslant0.5$mm 时，且对工位步距精度无严格要求时

$$d_1=d-0.035t \tag{8-16}$$

当带料（条料）的厚度 $t\leqslant0.5$mm 时，且对工位步距精度要求较高时

$$d_1=d-0.025t \qquad (8-17)$$

当带料（条料）的厚度 $t \geqslant 0.7\text{mm}$ 时，且对工位步距精度要求较高时

$$d_1=d-0.020t \qquad (8-18)$$

式中　d_1——导正销直径；

　　　d——导正销孔凸模直径；

　　　t——带料（条料）的厚度。

② 导正销工作部分长度的确定

a. 安装在凸模上的导正销工作部分长度的确定。如图 8-67 所示，安装在凸模上的导正销工作部分长度 h 值可参考表 8-24。

表 8-24　导正销工作部分长度 h 值

带料（条料）厚度 t	带料（条料）上导正销孔的孔径		
	1.5～10	10～25	25～50
$\leqslant 1.5$	1	1.2	1.5
$>1.5～3$	0.6t	0.8t	t
$>3～5$	0.5t	0.6t	0.8t

b. 独立导正销工作部分长度的确定。独立导正销工作部分长度也就是导正销工作部分直径伸出卸料板底平面的有效定位长度 h，长度 h 和带料（条料）的厚度 t 与材料硬度有关，材料越硬，导正销孔的剪切面越小，因此 h 值可适当减小，一般取 $h=(0.8～1.5)t$，见图 8-68、图 8-69。

如果导正销工作部分长度 $h=(1.5～2.5)t$，内导料板凸肩又不带导正销卸料装置的或采用不带导正销避让孔的浮动导料销。上模上升时，引起带料（条料）的窜动会卡在导正销上，使带料（条料）难以卸料或带料（条料）上的导正销孔变形，从而影响送料或导正定位精度。因此要在导正销的边缘上安装小顶杆顶出，以保证带料（条料）能顺利地从导正销上卸料，见图 8-70、图 8-71。

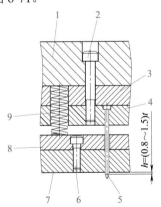

图 8-69　固定在固定板上的导正销结构图

1—上模座；2，6—螺钉；3—固定板垫板；
4—固定板；5—导正销；7—卸料板；
8—卸料板垫板；9—弹簧

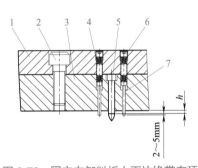

图 8-70　固定在卸料板上而边缘带有顶杆顶
出的导正销结构图（一）

1—卸料板垫板；2—螺钉；3—卸料板；4—弹簧；
5—导正销；6—螺塞；7—顶杆

③ 导正销孔直径的确定　导正销孔的直径与导正销校正能力有关。导正销孔直径过小，会导致导正销易弯曲变形，导正精度差；反之，导正销孔直径过大，则会降低材料利用率和载体的强度。

一般当带料（条料）板厚在 0.5mm 以下，导正销孔的直径应大于或等于 1.5mm；当带料（条料）板厚在 0.5mm 以上，导正销孔的直径应大于或等于带料（条料）板厚的 2 倍以上。导正销孔的经验值见表 8-25。

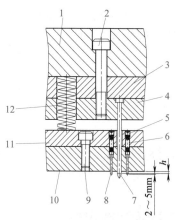

图 8-71　固定在固定板上而边缘带有顶杆顶
出的导正销结构图（二）

1—上模座；2，9—螺钉；3—固定板垫板；4—固定板；
5—螺塞；6，12—弹簧；7—导正销；8—顶杆；10—卸
料板；11—卸料板垫板

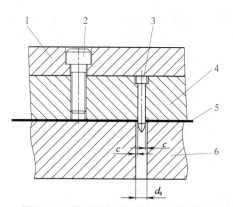

图 8-72　导正销与凹模避让孔之间的间隙

1—卸料板垫板；2—螺钉；3—导正销；4—卸料板；
5—带料；6—凹模板

表 8-25　导正销孔直径的确定　　　　　　　　　　　　　　　　单位：mm

带料（条料）厚度 t	导正销孔直径 d	带料（条料）厚度 t	导正销孔直径 d
＜0.5	1.5～2.0	1.5～3.0	4.0～10.0
0.5～1.5	2.0～4.0	＞3.0	10.0～15.0

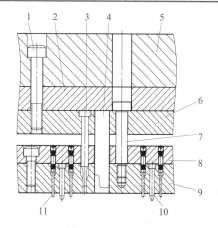

图 8-73　级进模开启状态下导正销伸出长度与
凸模之间的关系

1—螺钉；2—固定板垫板；3—冲孔凸模；4—弯曲凸模；
5—上模座；6—固定板；7—卸料螺钉；8—卸料板垫板；
9—卸料板；10—导正销；11—顶杆

（3）导正销直径与导正销避让孔之间的关系

导正销在工作时，首先要经过带料（条料），还要伸出较长的一段长度，对应凹模或套式顶料杆（见图 8-43 件 3）或带导正销避让孔的异形浮动导料销（见图 8-39 件 5）等的避让孔需加工成通孔。避让孔直径 d_s 与导正销孔直径 d 之间要保证足够的间隙，见图 8-72。

当带料（条料）的厚度 $t \leqslant 1$mm 时，一般取 $c = (0.05 \sim 0.1)t$，即

$$d_s = d + 2 \times (0.05 \sim 0.1)t \qquad (8\text{-}19)$$

当带料（条料）的厚度 $t > 1$mm 时，一般取 $c = (0.2 \sim 1)t$，即

$$d_s = d + 2 \times (0.2 \sim 1)t \qquad (8\text{-}20)$$

（4）导正销伸出长度与凸模之间的关系

级进模开启状态下，导正销是要伸出卸料板底平面一定长度的，而凸模是缩进卸料板底平面一定量。这样可以保证带料（条料）在冲裁、成形之前，已被导正销完全定位后，上模下行，卸料板再压紧带料（条料）后开始冲裁、成形，从而获得良好的制件质量，如图 8-73 所示。

（5）导正销端部的形状

导正销端部的形状可分为弧形和锥形两大类。如图 8-74 所示，其导正销头部的形状为弧形，能保证良好的导正精度，对于导正销孔大小都适用，所以应用较为广泛。图 8-74（a）一般用于大直径的导正销；图 8-74（b）一般用于中小直径的导正销；图 8-74（c）一般用于中大直径的导正销。

如图 8-75 所示，其导正销头部的形状为锥形，在锥度与工作直径相交处和锥尖部分，应

有圆弧过渡，一般 $r=r_1=0.25d$。图 8-75（a）一般用于中大直径的导正销；图 8-75（b）一般用于中小直径的导正销。

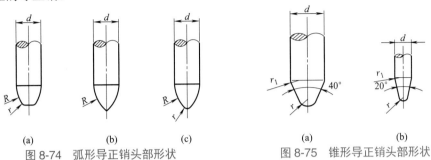

图 8-74　弧形导正销头部形状　　　　　　图 8-75　锥形导正销头部形状

（6）导正销的种类与结构形式

① 安装在凸模上的导正销种类与结构形式见表 8-26。

② 安装在固定板或卸料板上的独立导正销种类与结构形式。常用安装在固定板或卸料板上的导正销种类与结构形式如图 8-76 所示。

图 8-76（a）所示为直杆式导正销固定在固定板上。

图 8-76（b）所示为台肩式导正销固定在固定板上，一般用于工作部分直径 $d < 8mm$ 的导正销，其导正销端部的形状为弧形。

表 8-26　安装在凸模上的导正销种类与结构形式

形式	简图	特点及应用
台肩式导正销固定在凸模上结构	1—凸模；2—导正销	台肩式导正销适用的导正销直径 $d \leqslant 5mm$，导正销与凸模是靠导正销的台肩挂住
用圆柱销顶住的台肩式导正销固定在凸模上结构	1—圆柱销；2—凸模；3—导正销	台肩式导正销固定在凸模上，导正销的后面用圆柱销顶住，适用于细小的导正销直径。减短导正销的整体长度，可以提高导正销的加工精度
用螺母固定的导正销结构	1—螺母；2—凸模；3—带螺纹的导正销	该结构在导正销的后端制成螺纹。安装方式：首先把带螺纹的导正销 3 安装在凸模 2 上，再用螺母 1 锁紧，与凸模连为一体
用螺钉锁住导正销的结构形式	1—凸模；2—导正销；3—螺钉	该结构在导正销的后端加工有螺纹孔。安装方式：首先把导正销 2 安装在凸模 1 上，再用螺钉 3 固定

形式	简图	特点及应用
用螺钉固定在凸模上的导正销结构	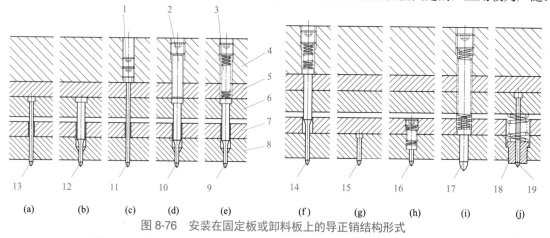1—凸模；2—导正销；3—螺钉	该结构在凸模上加工出螺纹孔。安装方式：首先把导正销 2 安装在凸模 1 上，再用螺钉 3 锁紧

图 8-76（c）、（d）所示为快卸式固定的导正销结构。图 8-76（c）所示的导正销 11 安装完毕后直接用两个螺塞固定；而图 8-76（d）所示的导正销 10 安装在固定板上，考虑到导正销的肩部离模座还有一段距离，不能用螺塞直接固定，所以中间加有圆柱销 2 支承。

图 8-76（e）、（f）所示为活动式导正销。导正部分与固定板可动部分直径相差较大。导正部分的直径和长度均较小，当卸料板较厚时，要在卸料板的反面加工避让孔，用于实现缩短导正销工作部分长度和提高其刚性。活动式导正销的优点是可避免送料错位时损坏导正销。

图 8-76（g）所示为安装在卸料板上的导正销。导正销是靠挂台挂住固定的，应用较为广泛。

图 8-76 安装在固定板或卸料板上的导正销结构形式

1—螺塞；2—圆柱销；3—弹簧；4—上模座；5—固定板垫板；6—固定板；7—卸料板垫板；
8—卸料板；9～17，19—导正销；18—卸料套

图 8-76（h）所示为安装在卸料板上的活动式导正销。它直接与卸料板成动配合，螺塞安装在卸料板垫板上。可调节弹簧的压力。

图 8-76（i）所示为安装在卸料板上的活动式导正销。它的功能与图 8-76（h）相同，也是与卸料板成动配合，但弹簧直接固定在上模座上，可以用于较大的弹簧压缩量，一般用于中大直径且导正的工作部分较长的导正销。

图 8-76（j）所示为带有弹压卸料套的导正销结构，一般用于薄料的大型制件。在导正销未插入导正销孔之前，先由弹压卸料套将带料（条料）压住，再由导正销进行导正。它能防止导正销与带料导正销孔之间间隙小容易把带料（条料）被导正销带走引起变形的问题。

8.4.4 防止废料回跳或堵料

在冲压模具中，处于高速冲的情况下，废料有时没有从凹模漏料孔往下落，而在凸模回升时，随着凸模往上带出模面，称跳屑或废料回跳等；有时废料堵在凹模漏料孔内，不能顺利

往下落,严重者会使凹模胀裂或产生细小凸模折断的现象,通常称堵料或胀模、堵模。

8.4.4.1 废料回跳原因及解决方法

（1）废料回跳的原因

① 废料受凸模真空吸附的作用　冲压时,冲切下的废料四周与凸模紧密贴合,废料的上表面与凸模之间是真空负压,随着模具的开启而跳出模面。

② 电磁力的效应　模具零部件一般是通过磨加工出来的。而磨床都是利用电磁平台的磁力装夹零部件,加工结束后,没有对零部件的残余磁性进行消磁处理,就会因为磁力而随着凸模吸附上升,发生废料回跳的现象。

③ 凸模活塞效应以及加速度的影响　当模具闭合时,模具内部卸料板和材料紧密地包在凸模周围,紧紧地压死在凹模刃口上,形成一个相对真空负压,此时上模回升,凸模先从凹模中抽出,由于冲切下的废料受到下面一个大气压力与上面真空之间的压力差,而随着凸模一起上升,就像活塞在汽缸里运动,称为活塞效应。

④ 凸模磨损的影响　模具在长时间使用后,凸模的有效刃口部分都会磨损。废料被切下后,毛刺会变大,毛刺会按照磨损后的凸模刃口形状形成根部很厚的大毛刺,在凹模的挤压作用下,会紧紧黏附包裹在凸模刃口部位,随着凸模一起上升而吸附跳出模面。

⑤ 冲裁间隙的影响　当冲裁间隙过大时,材料所受的拉伸作用增大,接近于胀形破裂,光亮带所占的比例减小,因材料弹性回复,废料尺寸向实体方向收缩,冲下的废料尺寸比凹模尺寸偏小,这样,废料对刃口的咬合力会变弱,废料容易从刃口中随凸模上升跳出。

⑥ 冲切下的废料形状简单　当冲切下的废料形状过于简单时,降低了咬合力,导致冲切下的废料容易跳出模面。

⑦ 凹模刃口的表面粗糙度　凹模刃口的侧壁非常光洁,摩擦系数很小,冲切下的废料与刃口侧壁的摩擦力会减小,导致废料容易回跳。

⑧ 制件材料力学性能的影响　制件材料的硬度高,则脆性大,被剪切的有效深度就小,材料基本上是在被剪切不久就被拉裂,整个剪切面的大部分是断裂带,光亮带所占的比例很小,材料径向收缩大,因而咬合力弱,导致废料容易回跳。

⑨ 模具过量刃磨与刃口磨损的影响　凹模经常刃磨刃口上表面后,如果把刃口有效段已经完全磨掉,则造成冲裁间隙变大,引起跳屑。

⑩ 废料的变形弹出　对于一些非封闭切断的废料而言,由于缺少一个或几个凹模侧壁的相互咬合,从而跳出模面。

⑪ 凸、凹模刃口锋利情况　锋利的刃口,尤其是新模的刃口,由于冲裁阻力小,冲下的废料很平整。当凸模上升时,容易粘在凸模端面被带上。

（2）防止废料回跳的对策

① 设计合理的冲裁间隙　对于不同的材料选用不同的合理冲裁间隙,一般来说,单面冲裁间隙大于料厚的5%时,大部分的材料冲切下来的废料会小于凹模刃口的尺寸,这样咬合力会偏小,冲切下的废料容易跳出模面。当单面冲裁间隙小于料厚的3%时,冲切下的废料与凹模刃口的咬合力会很强。从防止废料回跳的角度来说,冲裁间隙越小越好,但间隙小,会加剧凸、凹模的磨损,影响模具的寿命。

② 冲切废料刃口的形状　在设计冲切废料刃口的形状时,尽量避免外形过于简单,应将形状复杂化,包括增加一些卡料槽。如图8-77所示,将侧刃形状复杂化,也就是说在侧刃凸、凹模上加有卡料槽,当侧刃废料被冲切后,在卡料槽的作用下废料被卡住,可以解决废料回跳的难题。

③ 为了有效切断废料与防止废料跳出,凸模必须完全切入凹模。根据理论经验,普通多工位级进模的切入量应在 3～5mm,而高速多工位级进模考虑提升模具的运行速度,可控制在 1～2mm。凹模的刃口有效端长度应保证凸模完全切入凹模后,残留废料不超过3片,下

面再设计成锥度或者台阶孔让位，利于废料下落，防止回跳，见图 8-78。

④ 凸模内加工通气孔　如图 8-79 所示，在凸模中间加工通气孔。利用压缩空气把废料吹下，气孔的直径一般控制在 1mm 以下。但此种方法有其局限性，如果废料受力不均，发生翻转反翘，容易叠加在一起，出现堵料。

⑤ 借鉴真空发生器原理吹落废料　如图 8-80 所示，在凹模垫板 3 通入压缩空气，使凹模刃口里的废料下方形成负压，从而将废料吸下去，可以防止废料回跳或堵料。

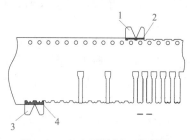

图 8-77　复杂形状侧刃示意图

1，3—侧刃凸模；2，4—废料

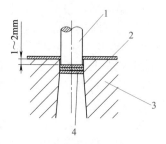

图 8-78　高速冲压凸模切入量与
凹模刃口的有效端长度

1—凸模；2—制件；3—凹模；4—废料

⑥ 凸模前端加小顶杆　如图 8-81 所示，在凸模上加装有小顶杆，顶杆的直径按凸模外形大小和制件料厚而定，通常顶杆的直径 $d=1 \sim 3mm$，顶杆伸出的高度 h 为料厚的 $3 \sim 5$ 倍。当冲切外形废料较大时，可采用两个或两个以上的顶杆。

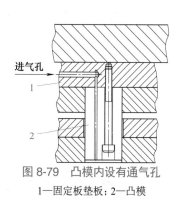

图 8-79　凸模内设有通气孔

1—固定板垫板；2—凸模

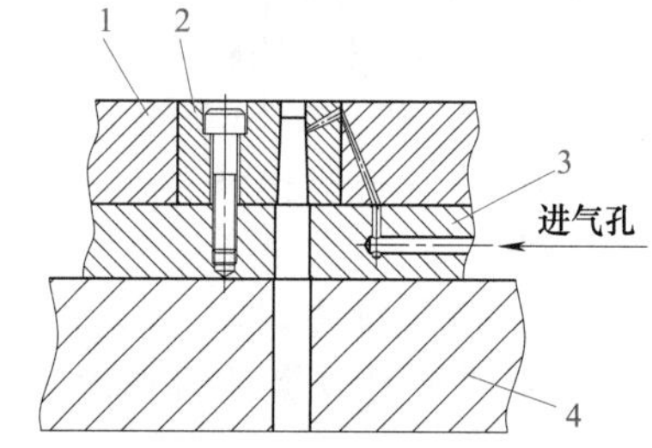

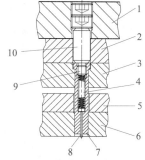

图 8-80　借鉴真空发生器原理吹落
废料

1—凹模固定板；2—凹模；3—凹模垫板；
4—下模座

图 8-81　凸模内设置小顶杆

1—上模座；2—固定板垫板；3—
固定板；4—弹簧；5—卸料板垫板；
6—卸料板；7—凸模；8—顶杆；
9—螺塞；10—圆柱销

⑦ 增加凹模刃口的粗糙度　对于有些容易跳出废料的凹模，拆下凹模镶件在显微镜下仔细观察，如果发现刃口侧壁的粗糙度值非常小，应该考虑使用放电被覆机把侧壁面修整粗糙，被覆上一些金属颗粒，增大摩擦系数，提高对废料的咬合力。

注意：被覆时应尽量让开凸模所切入的 1mm 深度，防止凸、凹模剪切时咬伤凸模。

⑧ 修整凸模的端面　很多的废料跳出模面是因为吸附作用造成的。可以在凸模前端焊接一些小凸起物，或者直接将凸模的刃口进行倒角，以降低吸附产生的风险，见图 8-82。图 8-82（a）所示为圆形小凸模，在其端面修磨成斜角或尖角；

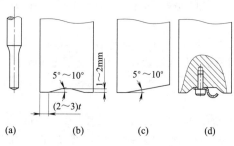

图 8-82　修正凸模的端面防止废料跳出

图 8-82（b）、（c）将凸模制作成斜刃，冲裁时使废料变形留在凹模内；图 8-82（d）所示为凸模加工成凹坑，并在凹坑内加装弹簧片，利用弹簧片的作用力防止废料回跳。

⑨ 降低模具冲压速度　对于活塞效应或者因空气压缩而发生的跳屑，除了上述方法之外，可以低速冲压运转，以大大减少跳屑的机会。

⑩ 加装真空泵或吸尘器吸附废料　对于比较细小的凸模，因凸模细小不能安装任何防止废料回跳的措施，且冲压速度高，可在模具的下方安装废料收集箱，在废料收集箱上加装真空泵或吸尘器，如图 8-83 所示。由于真空泵或吸尘器的作用，废料下方产生一个负压，可以抵消上方的负压，使废料易于从凹模中脱落，被真空泵或吸尘器吸附下来。

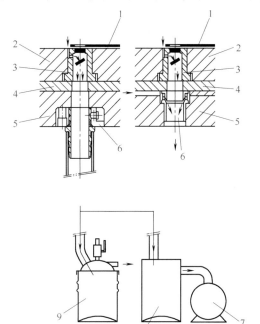

图 8-83　采用真空泵或吸尘器吸附废料

1—带料；2—凹模固定板；3—凹模；4—凹模垫板；
5—下模座；6—废料吸出部件；7—真空泵；8—废料
收集箱；9—吸尘器

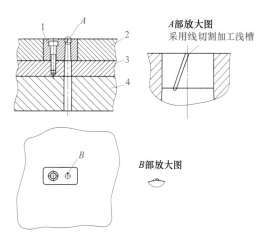

图 8-84　用线切割加工非标准凹模工作孔侧壁的浅槽

1—凹模；2—凹模固定板；3—凹模垫板；4—下模座

⑪ 利用凹模防止废料回跳

a. 用线切割加工将凹模工作孔侧壁斜拉 2～4 条浅槽，槽深通常在 0.05mm 左右，以增加废料与形孔之间的摩擦力，从而防止废料回跳，见图 8-84。

b. 采用反锥形凹模来防止废料回跳（见图 8-85）。其结构是：在凹模刃口 $d_{凹}$ 处设置微小的锥形 E，使凹模刃口底部比冲裁废料还小些，因此，经收缩的冲裁废料受到挤压，与凹模的摩擦力增大，从而防止废料回跳。

图 8-85（a）为冲裁前的结构；图 8-85（b）为凸模刚进入凹模对板料进行冲压时的状态；图 8-85（c）为凸模已经进入凹模将废料挤压在带有反（倒）锥的凹模内，反锥凹模的内径收缩使冲裁废料产生挤压效果，增加了与凹模的摩擦力。

注意事项：

a. 在凹模内虽然加工了防止废料回跳用的锥面 ［见图 8-85（a）］，但由于废料回跳是由各种条件引起，其效果有时也会有所差异。

b. 凸模进入凹模的深度要比图 8-85（d）中的 F_H 尺寸深些，尽量将冲裁废料压入到加工成锥形的底部。

c.凹模的锥形底部尺寸必须大于凸模的直径，以免损坏凸模。

8.4.4.2 凹模废料堵塞的原因及防止方法

凹模废料堵塞主要是由漏料孔引起的。防止的方法应在凹模漏料孔的设计与相关件之间的结合关系上采取措施。

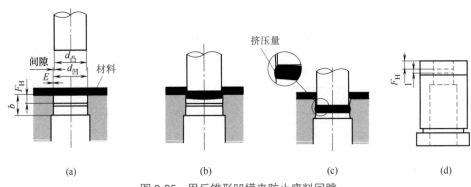

图8-85 用反锥形凹模来防止废料回跳

（1）废料堵塞的原因

① 在高速冲压软材质、磁性材质的制件时，如果冲孔凹模的漏料台阶孔尺寸放得越大，反而越容易诱发横向的摩擦阻力，最终导致落料孔被堵塞。其形成原因如下：

当冲压纯铜、铝等低熔点软性薄材时，高速冲压会使高速分离又迅速叠合在一起的冲孔废料，不再呈现一片片分离状态，而是相互融结聚合叠加成一根条状物向下排出。当刃口设计成有透空台阶孔时，脱离有效刃口壁约束的条状物废料，在扩大的台阶孔内就有了弯曲变向的空间，当条状废料的弯曲头部接触到扩大的台阶孔一侧后，单侧摩擦阻力就会使条状废料产生横向扭曲变形，进一步导致条状废料在阶梯孔内的镦粗变形，直至填满整个漏料孔。条状废料与漏料孔孔壁之间逐渐增大摩擦阻力，可以大到折断冲头、涨碎凹模的程度。如图8-86所示为软性废料堵塞原因示意图。

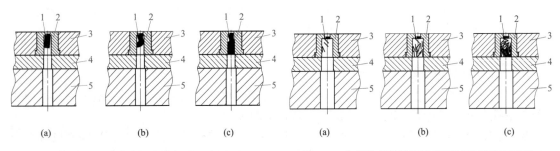

图8-86 软性废料堵塞原因示意图
1—废料；2—凹模；3—凹模固定板；
4—凹模垫板；5—下模座

图8-87 磁性吸附材料造成落料孔堵塞原因的
分解示意图
1—废料；2—凹模；3—凹模固定板；4—凹模垫板；5—下模座

② 当冲压制件是磁性吸附材料时，凹模放大漏料台阶孔尺寸，也会使高速冲压下的冲孔废料受凹模刃磨后没有退尽磁性的磁性吸附力影响，在扩大的台阶孔中翻滚下落时被吸附到孔壁上，逐渐堆积起来形成在台阶孔内交错重叠的相互搁置现象，最后影响冲孔废料的正常下落，导致整个落料孔堵塞。如图8-87所示为磁性吸附材料造成落料孔堵塞原因的分解示意图。图8-87（a）为冲切下的废料刚开始吸附在漏料台阶孔的孔壁上；图8-87（b）为冲切下的废料局部堆积在漏料台阶孔的孔壁上，将要堵塞漏料台阶孔；图8-87（c）为冲切下的废料完全堵

在漏料台阶孔的孔壁上，它是经过图 8-87（a）、（b）废料堆积后，当压力机再继续冲压形成的。

③ 漏料孔孔壁错位引起堵料，如图 8-86、图 8-87 中凹模 2、凹模垫板 4 和下模座 5 三者之间各漏料孔中心不同轴，错位严重时极易造成堵料。

（2）防止凹模废料堵塞的方法

① 合理设计漏料孔　对于薄料的小孔冲裁（直径小于 1.5mm），废料堵塞是经常发生的，因为废料质量轻，又同润滑油粘在一起，容易把漏料孔堵塞。在不影响刃口重磨的前提下，应尽量减少凹模刃口高度 H，一般 H 取 1～1.5mm，对于精密制件，在刃口部加工成 $\theta=3'\sim10'$ 的锥角，漏料孔壁锥角 $\theta_1=1°\sim2°$，ϕD 比漏料孔锥角大端大 1.5～2.0mm，D_1 比 D 大 2～3mm，而且各孔中心要同轴，孔壁不能错位，如图 8-88 所示。

在侧冲孔时，必须有足够的漏废料空间，冲切下的废料是靠自重自由下落，如果横向空间受到限制，必须转换方向。图 8-89 所示是侧冲孔常用的几种漏料方式，图 8-89（a）是利用废料方向转换后与凹模孔垂直的顶料销的锥度部分把废料顶出凹模；图 8-89（b）是垂直方向和水平方向混合漏料；图 8-89（c）是把转换后的漏料孔制成锥度。

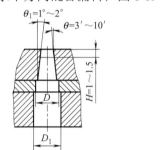 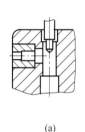 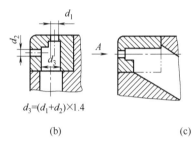 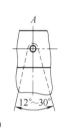

$d_3=(d_1+d_2)\times1.4$

(a)　　　　(b)　　　　(c)

图 8-88　凹模漏料孔相关尺寸　　　　图 8-89　侧冲孔漏料孔结构示意图

② 压缩空气、真空泵或吸尘器吸附废料　利用压缩空气、吸尘器或真空泵吸附废料，既能防止废料回跳，又可以防止废料堵塞，如图 8-80、图 8-83 所示。

③ 凹模刃口下的垫板、下模座的漏料孔加工　在设计凹模时，必须强调与凹模漏料孔配合的垫板、下模座漏料孔的加工，同样存在一个漏料孔阶梯放大尺寸的精度控制问题，如台阶孔尺寸放得太大易造成落料孔堵塞。

至于凹模、垫板、下模座三者的漏料孔，必须要保证三者漏料孔的同心度，适当逐次放大孔径尺寸以及满足孔的加工粗糙度要求，最终达到漏料孔不发生堵塞的目的。

8.4.5　微调机构设计

在多工位级进模中，对于弯曲、压印、拉深等成形制件，精度要求又较高时，可以设置微调装置进行调整获取相关尺寸；对于弯曲工位间隙的大小，有时也需要用微调机构来调整。因此微调装置在多工位级进模中是必不可少的一个机构。

对于板料厚度误差变化大而导致制件的弯曲角度误差的制件，可通过图 8-90 所示的方式来快速调节弯曲凸模的位置，从而保证弯曲成形件的相关尺寸。

图 8-91 所示为多凸模同时被微调的机构。图示为凸模最低的位置，通过旋转螺钉 1，在两滑块 7、8 的作用下，拉深凸模 5 做微量的上升。根据设计需要确定滑块斜度大小。如凸模往上调节量较大，则斜角取大些。滑块斜角 $\alpha<15°$，$L-L_1<\Delta h/\tan\alpha$，$\Delta h$ 为有效调节量，mm。

图 8-92 所示为水平微调弯曲凸、凹模间隙的装置。其结构在弯曲凸模侧面装一斜面滑块，滑块斜面一边开长槽，槽中安放一偏心轴，偏心轴的另一头有螺纹段和方形头，当需要调节间隙时，驱动偏心轴使滑块上下移动，凸模与凹模在水平方向间隙能得到调整。图中的调节量一

般在 0.1 ～ 0.15mm 之间。

图 8-93 所示为拉深凸模的微调机构。调整过程如下：首先松动固定在斜楔连接块的锁紧螺钉 14，用内六角扳手调整调节螺钉 5，利用调节螺钉 5 的左右旋转带动斜楔连接块 7 及调整斜楔 8 的内外移动，再带动凸模 10 的伸出或缩进。当凸模高度调整完毕时，再拧紧锁紧螺钉 14 固定斜楔连接块 7 即可。该结构微调凸模固定块 11 在弹簧 13 的弹力下，始终紧贴调整斜楔 8，使凸模 10 在冲压中不会上下松动。

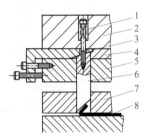

图 8-90　通过旋转调节螺钉推动
斜楔微调机构

1—卸料螺钉；2—上模座；3—调整斜楔；
4—垫板；5—固定板；6—弯曲凸模；
7—卸料板；8—制件

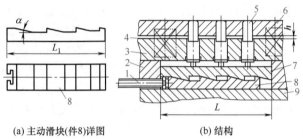

(a) 主动滑块(件8)详图　　　(b) 结构

图 8-91　微调等高多凸模

1—调节螺钉；2—垫板；3—下模固定板；4—弹簧；5—拉深凸模；
6—卸料板；7—从动滑块；8—主动滑块；9—下模座

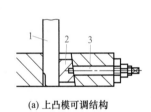

(a) 上凸模可调结构

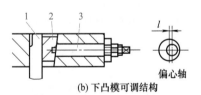

(b) 下凸模可调结构

图 8-92　水平微调装置

1—弯曲凸模；2—调整斜楔；3—偏心轴

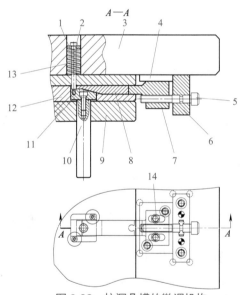

图 8-93　拉深凸模的微调机构

1—垫圈；2—卸料螺钉；3—上模座；4—垫板；5—调节螺钉；
6—调节挡块；7—斜楔连接块；8—调整斜楔；9—凸模固
定板；10—凸模；11—微调凸模固定块；12—凸模固定板垫板；
13—弹簧；14—锁紧螺钉

8.5　斜楔与滑块在多工位级进模中的应用

冲压动作一般是垂直方向。当制件形状复杂，加工方向要求为水平方向或倾斜方向时，要采用斜楔装置，斜楔一般装在上模，滑块装在下模。斜楔装置通常配对使用。

斜楔与滑块在运动中，斜楔永远是主动件，滑块是被动件，其结合面为斜面，因此滑块又称斜滑块。利用它们之间的斜面斜角关系，才可以改变运动方向和行程的大小。

8.5.1 斜楔、滑块的分类

侧向冲压的运动是由斜楔和滑块来实现的。侧向冲压运动的斜楔可分为单斜面、双斜面和复合斜面，常用的主要为单斜面和双斜面两大类。按斜楔与滑块的传动配合面可分为一段配合面、两段配合面和三段配合面。在单斜面的斜楔中分为一段配合面和两段配合面；在双斜面斜楔中分为两段配合面和三段配合面。每段配合面的作用分别称为导向限位段、冲击运动段（驱动段）和冲压间歇段。

8.5.1.1 单斜面斜楔

如图 8-94 所示为单斜面一段配合面斜楔，此结构最为常用，是由斜楔垂直运动转换为滑块的水平运动，适用于一般侧向冲裁、弯曲和成形等。由于该滑块常采用弹簧复位，因此需设置限位挡块，用于限制滑块的复位位置和抵消斜楔的侧向分力。单面斜楔的一段配合面"I"为冲击运动段（见图 8-94），图中斜楔的斜面自接触滑块位置②开始至下死点位置③止，滑块移动距离为 s。

$$s < b$$

如图 8-95 所示为单斜面两段配合面斜楔，此结构在冲压过程中需有间歇阶段的侧向运动，如侧向成形、抽芯等。间歇的长短即延时段由 L 长短来控制。单斜面两段配合面斜楔"I"段为冲击运动段。图中自斜楔接触滑块的位置②开始至斜楔运动到位置③，滑块侧向移动距离为 s。斜楔继续向下运动，进入"II"段，即冲压间歇段，此时的滑块处于停止不动状态，斜楔位置由③至④，到了冲程的下死点位置，共走了 L 长度。回程时，斜楔由④回到③，滑块依然保持不动，结束"II"段的配合。继续回程，斜楔位置由③至②到①，滑块在弹簧力的作用下复位。

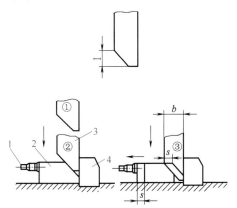

图 8-94　单斜面一段配合面斜楔、滑块运动图
1—凸模；2—滑块；3—斜楔；4—挡块

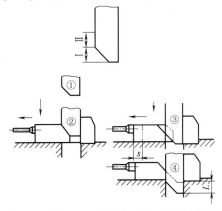

图 8-95　单斜面两段配合面斜楔、滑块运动图

8.5.1.2 双斜面斜楔

如图 8-96 所示为双斜面两段配合面斜楔，此结构适用于冲裁力、卸料力较大的侧向冲裁、冲切、成形等。凸、凹模之间有可能卡住在侧向弯曲成形加工，并要求滑块往返位置正确的模具。

从图 8-96 可以看出，斜楔的"I"段为导向位置段，即自冲程开始到两斜面接触之前，由①至②，斜楔斜面以下的直段配合面与滑块以下的直面接触这一段，限制滑块在原来位置不动，当冲程由②至③位置时，即利用斜楔的斜面"II"段（驱动段），使滑块移动距离 s，完成冲压工作。模具回程时，滑块的复位利用斜楔的另一侧斜面靠机械力完成。此结构应注意

"Ⅰ"段要有足够的长度，并有可能会伸入压力机工作台孔内。由于复位是靠斜楔伸长的位置来控制滑块的停止位置，一旦斜楔脱离滑块，滑块的复位位置有可能变动，当模具再次冲压，在斜楔向下运动时，会导致斜楔同滑块相碰撞，损坏模具。

如图 8-97 所示为双斜面三段配合面斜楔，此结构比较适合较大抽芯力的冲压。图中斜楔的"Ⅰ""Ⅱ"段与双斜面两段配合面斜楔的内容相同，由位置③至④为第"Ⅲ"段，属于冲压间歇段，其作用与单斜面两段配合面斜楔的"Ⅱ"段效果一样。应注意的是图中 m 值第"Ⅲ"段应与第"Ⅰ"段相同，$m < m_0$、$n < n_0$，两者之间的间隙同图 8-96。

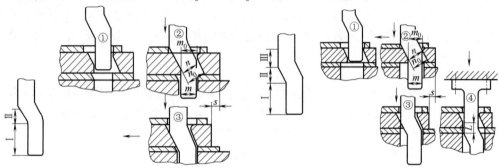

图 8-96 双斜面两段配合面斜楔   图 8-97 双斜面三段配合面斜楔

图中 $m < m_0$、$n < n_0$，两者间略有 0.1 ～ 0.25mm 的间隙

8.5.2 斜楔与滑块的设计要点

8.5.2.1 斜楔、滑块的尺寸设计要点

① 斜楔的有效行程 s_1 应大于滑块行程 s，即 $s_1 > s$。滑块做水平运动的斜楔角度 α 一般可取 40°。

② 滑块的长度尺寸 L_2 应保证当斜楔开始推动滑块时，推力的合力作用线处于滑块长度之内，如图 8-98 所示。

③ 合理的滑块高度 H_2 应小于滑块的长度 L_2，它们之间的关系一般取 $L_2 : H_2 = (2 \sim 1) : 1$。

④ 为了保证滑块运动的平稳，滑块的宽度 B_2 一般应小于或等于滑块长度的 2.5 倍。

⑤ 斜楔尺寸 H_1、L_1 基本上可按不同的模具结构要求进行设计，但必须有可靠的挡块，以保证斜楔正常工作。

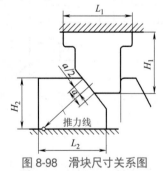

图 8-98 滑块尺寸关系图

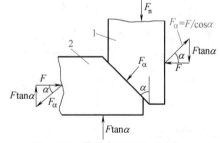

图 8-99 滑块水平运动受力图

1—斜楔；2—滑块；F—冲裁力；F_α—楔块接触面的正压力，$F_\alpha = F/\cos\alpha$；α— 斜楔角度；F_n—压力机滑块垂直压力

8.5.2.2 斜楔的设计

（1）斜楔的受力分析

斜楔与滑块斜面接触状态下的受力情况如图 8-99 和图 8-100 所示。

（2）斜楔的角度与尺寸

① 滑块水平运动　斜楔角度 α 一般取 40°。为了增大行程 s 时，可取 45°、50°；在行程要求很大，又受到结构限制的特殊情况下，可取 55° 或 60°。滑块水平运动如图 8-101 所示。α 与 s/s_1 的关系如表 8-27 所示。

② 滑块倾斜运动　斜楔角度 α 一般取 45°。为了增大行程 s 时，可取 50°、60°；在行程要求很大，又受到结构限制的特殊情况下，可取 65° 或 70°，但需使 90°$-\alpha+\beta \geqslant 45°$，滑块行程 s 与斜楔行程 s_1 的比值为 $s/s_1=\sin\alpha/\cos(\alpha-\beta)$ 滑块倾斜运动如图 8-102 所示。α 和 β 与 s/s_1 的关系如表 8-28 所示。

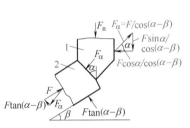

图 8-100　滑块倾斜运动受力图
1—斜楔；2—滑块；F—冲裁力；α—斜楔角度；β—滑块倾斜角度；F_α—楔块接触面的正压力，$F_\alpha=F/\cos(\alpha-\beta)$；$F_n$—压力机滑块

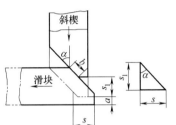

图 8-101　滑块水平运动
s—滑块行程；s_1—斜楔行程（$a >$ 5mm；$b \geqslant$ 滑块斜面长度 /5）

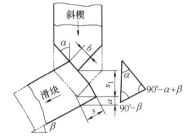

图 8-102　滑块倾斜运动
s—滑块行程；s_1—斜楔行程（$a > $ 5mm；$b \geqslant$ 滑块斜面长度 /5）

表 8-27　α 与 s/s_1 的关系

α/ (°)	30	40	45	50	55	60
s/s_1	0.5773	0.8391	1	1.1917	1.4281	1.732

表 8-28　α 和 β 与 s/s_1 的关系

α	β										
	10°	12°	14°	16°	18°	20°	22°	24°	26°	28°	30°
	s/s_1										
45°	0.8635	0.8432	0.8244	0.8091	0.7886	0.7806	0.7680	0.7570	0.7479	0.7396	0.7321
50°	1	0.8865	0.8636	0.8425	0.8237	0.8065	0.7911	0.7776	0.7645	0.7536	0.7435
55°	1.158	1.120	1.085	1.030	1.026	1	0.9775	0.9551	0.9363	0.9200	0.9042
60°	1.348	1.294	1.247	1.204	1.165	1.131	1.099	1.081	1.044	1.022	1
65°	1.589	1.505	1.440	1.381	1.328	1.281	1.239	1.173	1.151	1.134	1.106
70°	1.879	1.773	1.681	1.598	1.526	1.462	1.405	1.353	1.271	1.265	1.227

8.5.3　常用侧向冲压滑块的复位结构

滑块在斜楔的作用下侧向冲压，需要有可靠、及时而准确的复位。滑块的复位主要有弹性复位和刚性复位两种。

（1）弹性复位

弹性复位一般采用弹簧力复位。如图 8-103（a）所示为设置在模具内的弹性复位装置，因空间有限，一般只能使用较小的弹簧，因此复位力也较小。该装置适用于侧向冲压移动距离 s 较小的中、小型模具。

如图 8-103（b）所示为设置在模具冲压区外的弹性复位装置，因空间较大，也可以使用较大力矩的弹簧，因此复位力也较大。该装置适用于侧向冲压移动距离 s 较大的模具。

（2）刚性复位

刚性复位为机械复位，一般是通过斜楔对滑块做往复力的传递来实现。如图 8-104 所示，该模具的结构是：在冲压结束后，模具回程时，利用斜楔自身的作用使滑块复位。图 8-104（a）所示的结构刚性较好，动作可靠，但磨损较大。图 8-104（b）所示的结构以滚轮代替斜面，运动时为点、线接触，磨损小，但刚性差，比较适合于小型模具。

当模具侧向冲压工作零件在对冲压件弯曲时，有时会受到厚料的偏差、模具制造累积误差以及弯曲成形工艺的影响，导致凸、凹模局部干涉，此时采用刚性复位较为可靠。因为刚性复位机构兼有侧向冲压和复位双重功能。

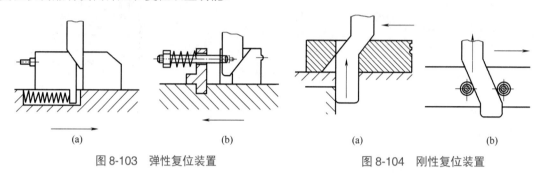

图 8-103　弹性复位装置　　　　　图 8-104　刚性复位装置

8.5.4　斜楔、滑块的安装

8.5.4.1　斜楔安装

安装斜楔时要牢固可靠、便于调整，绝不允许在使用中出现松动现象，也要防止侧向力对它的影响。斜楔的安装固定方法有多种，常用的安装形式有压入固定式、嵌入紧固式和叠装压紧式三种，见图 8-105。

（1）压入固定式

如图 8-105（a）所示，采用过盈配合（如 H7/u6、H7/r6 或 H8/s7 等）将斜楔直接压入固定到上模固定板内。其特点是装配牢固，加工、安装方便，但调整、修理较困难。

（2）嵌入紧固式

如图 8-105（b）、（c）所示，一般在上模座或固定板上精铣出与斜楔固定部分宽度一样的槽，然后将斜楔轻轻压入，再用螺钉紧固，必要时加圆柱销定位。由于斜楔有两个面与上模座或固定板结合，又有水平垂直两个方向与上模板固定，因此装配后十分可靠，拆装调整也方便，一般适合于侧向推力比较大的模具。

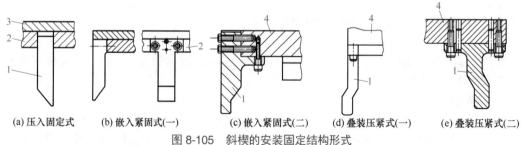

(a) 压入固定式　(b) 嵌入紧固式(一)　(c) 嵌入紧固式(二)　(d) 叠装压紧式(一)　(e) 叠装压紧式(二)

图 8-105　斜楔的安装固定结构形式

1—斜楔；2—固定板；3—上垫板；4—上模座

冲压模具从入门到精通

（3）叠装压紧式

如图 8-105（d）、（e）所示，它在斜楔的安装部分加工出比较大的安装面，然后这部分直接与上模座接触，一般采用螺钉、销钉固定，对于侧向力较大的，也可以采用键、螺钉固定。由于它的刚性好、安装方便、牢固、可靠，故在双斜面斜楔常采用此种固定方法。其缺点是叠装式斜楔制造比较烦琐。

8.5.4.2 滑块安装

滑块要求运动灵活、稳定可靠。滑块和导轨之间的配合间隙一般取 H7/f6，当侧向冲压精度要求较高时，滑块和导轨之间的配合间隙应取 H7/h6 或 H8/h7。滑块导向长度 L 与滑块宽度 B 一般取 $L：B=(2\sim2.5)：1$。

滑块与下模座或凹模垫板之间的配合要耐磨。有资料介绍，当滑块的滑动面单位面积上的压应力超过 50MPa 时，应设置防耐磨板，以提高模具的使用寿命。对于小型的滑块，通常将滑块进行整体淬火处理。滑块与斜楔配合部分一般是靠斜面接触，为了减少摩擦和能量的损耗，可在滑块斜面部位装有轴承或滚轮，改斜楔与滑块之间的滑动摩擦为滚动摩擦，可采用图 8-106（b）、（d）所示结构，但轴承或滚轮和滚轮轴的工作强度必须校核，保证可靠。

侧向冲压滑块的导向主要有侧面导板和压板加导向座两种形式，如图 8-106 所示。图 8-106（a）、（b）所示为滑块 1 在左右侧导板 3 兼压板的导向配合下工作的常用结构。滑块 1 与下模接触面之间设有淬硬的耐磨垫板 5。在使用中，为减小摩擦阻力、减小磨损，在滑块底面可加工出"空刀"[见图 8-106（b）]或菱形刀槽（图中未画出）。

图 8-106（c）、（d）所示为滑块 1 在滑块导向座 7 内导向配合的结构形式。此结构采用延时配合的斜楔、滑块结构，以保证结构强度和导向精度。

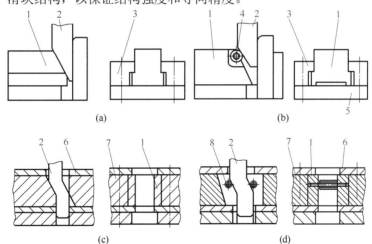

图 8-106 侧向冲压滑块的导向与安装

1—滑块；2—斜楔；3—侧导板；4—滚轮轴承；5—垫板；6—压板；7—滑块导向座；8—滚轮

8.6 多工位级进模的自动监测与安全保护装置

多工位级进模在高速压力机上工作时，它不但有自动送料装置，而且还必须在整个冲压生产过程中有防止失误的监测装置。因为模具在工作过程中，只要有一次失误，如误进给、凸模折断、叠片、废料堵塞等，均能使模具损坏，甚至造成设备或人身事故。

监测装置可设置在模具内，也可以设置在模具外。当模具出现非正常工作情况时，设置的各种监测装置（传感器）能迅速地把信号反馈给压力机的制动机构，立即使压力机停止运动，起到安全保护作用。

传感器的传感方式有接触式与非接触式两种。前者是以机械方式转变电信号；后者经过电磁感应、光电效应等方式传导电信号。电信号又可分两类：第一类，单独一个保护装置的信号就可判别有无故障；第二类，必须与冲压循环的特定位置相联系，才可判别有无故障。冲压工作循环的特定位置或时间，也用信号表示，以便于联系判断。

常用的传感器监测有接触传感器监测、光电传感器监测、气动传感器监测、放射性同位素监测、计算机监测。

8.6.1　接触传感器监测

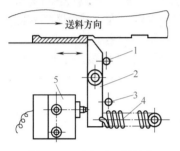

图 8-107　侧刃切除检测

1，3—停止销；2—检测杆；4—拉簧；5—微动开关

它的工作原理是利用接触杆或被绝缘的探针与被检测的材料接触，并与微动开关、压力机的控制电路组成回路。在接触点的接触与断开动作下，使电路闭合或断开来控制压力机的工作，如图 8-107 所示。条料送进，当条料被侧刃切除部分端面与检测杆 2 接触时，推动检测杆 2 与销 1 接触，微动开关 5 闭合，压力机工作。当送料步距失误（步距小）时，条料不能推动检测杆 2 使微动开关 5 闭合，微动开关仍处于断开状态，这时，微动开关便把断开信号反馈给压力机的控制电路，由于压力机的电磁离合器与微动开关是同步的，所以压力机滑块停止运动。这种形式用于材料厚度 $t > 0.3$mm、压力机的行程次数为 150 ～ 200 次 /min 的情况。

8.6.2　光电传感器监测

光电传感器监测原理如图 8-108 所示。当不透明制件在检测区遮住光线时，光信号就转成电信号，电信号经放大后与压力机控制电路联锁，使压力机的滑块停止或不能启动。由于投光器和受光器安装位置不同，常有透过型、反射镜反射型和直接反射型 3 种。透过型如图 8-108（a）所示，投光器和受光器安装在同一轴线上，在投光器和受光器之间有无被测制件，通过产生的光量差来判断。这种形式光束重合准确，检测可靠。反射镜反射型如图 8-108（b）所示，它是利用反射镜和被检测制件的反射光量的强弱来检测，优点是配线容易，安装方便，但检测距离比透过型短，表面有光泽的制件检测困难。直接反射型如图 8-108（c）所示，与反射镜反射型的相同之处是它们的投光器和受光器均是一个整体，但直接反射型光束是由制件直接反射给受光器的，它受被测制件距离变化和反射率变化的影响。

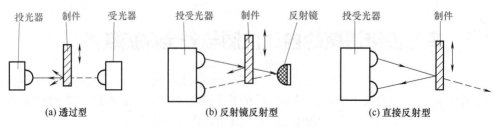

(a) 透过型　　　　　　　　(b) 反射镜反射型　　　　　　　(c) 直接反射型

图 8-108　光电传感器监测原理

光电式传感器具有很高的灵敏度和测量精度，但电气线路较复杂，调整较困难。由于光电信号较弱，容易受外界干扰，故对电源电压的稳定性要求较高。

8.6.3 气动传感器监测

它属于非接触式检测，其原理如图 8-109 所示。当经过滤清和稳压的压缩空气进入计量仪的气室 A 时，其压力为 p_2，压缩空气再经过小孔 1 进入气室 B，然后经过喷嘴 2，与制件形成气隙 Z。压缩空气经气隙 Z 排入大气，这时产生的节流效应与该间隙 Z 的大小有关。当有制件时，气隙 Z 小，气室 B 的压力 p_2 上升；无制件时，Z 增大，气室 B 压力 p_2 下降。通过压力变化转变成相应的电信号来实现对压力机的控制。

由于气动式传感器无测量触头，所以不会磨损，放大倍数高，故有较高的灵敏度和测量精度。

8.6.4 放射性同位素监测

利用放射性同位素检测装置对毛坯是否存在、毛坯厚度、毛坯有无叠片、压力机与附设机构是否同步等进行监测，如图 8-110 所示。

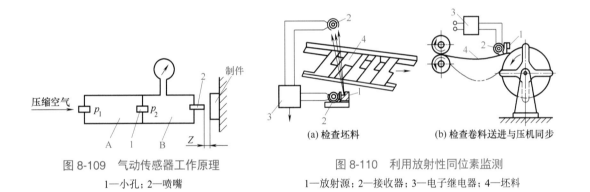

图 8-109 气动传感器工作原理

1—小孔；2—喷嘴

(a) 检查坯料　　(b) 检查卷料送进与压机同步

图 8-110 利用放射性同位素监测

1—放射源；2—接收器；3—电子继电器；4—坯料

8.7 多工位级进模设计实例

8.7.1 工艺分析

如图 8-111 所示为某家用电器的 A 侧管，材料为 SUS304 不锈钢，板料厚度 $t=0.2mm$，年需求量 900 多万件。从图中可以看出，该制件是一个狭边凸缘圆筒阶梯拉深件，形状复杂，尺寸要求高。制件尺寸由内径 ϕ（13.6±0.02）mm、ϕ（16.6±0.02）mm 和凸缘 ϕ（19±0.02）mm 的尺寸组成，高度由（18.4±0.03）mm 和（19.3±0.03）mm 的尺寸组成，底部由一个六角形孔和四个小凸点组成。从制件直径和高度的公差方面分析，设计一副高精度的连续拉深模冲压，能实现大批量生产和满足制件质量要求。

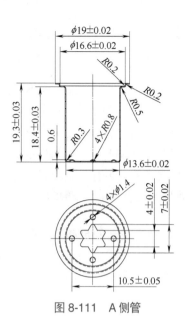

图 8-111　A 侧管

8.7.2　拉深工艺的计算

8.7.2.1　毛坯计算

如图 8-111 所示，该制件为窄凸缘拉深件。从表 8-7 查得，当凸缘直径为 19mm 时，修边余量 δ=1.5～2.0mm（实取 1.8mm）。

凸缘直径 =1.8×2+19=22.6（mm）

该制件毛坯尺寸按料厚中心线计算（当料厚 t < 1.0mm 时，也可直接按制件的内径或外径计算），其展开尺寸可按表 6-5 序号 4 公式计算。

$$D = \sqrt{d_3^2 + 4(d_1 h_1 + d_2 h_2)}$$
$$= \sqrt{22.6^2 + 4 \times (16.8 \times 0.6 + 13.8 \times 18.4)} =39.582（mm）（实取 39.5mm）$$

8.7.2.2　总拉深系数 $m_总$ 计算

$$m_总 = \frac{d}{D} = \frac{13.8}{39.5} \approx 0.35$$

从表 8-9 查得 $[m_总]$=0.4，所以 $m_总$=0.35 < $[m_总]$=0.4，那么可以不进行中间退火工序，用连续拉深设计是能够成立的。

8.7.2.3　确定拉深类型

$$\frac{t}{D} \times 100 = \frac{0.2}{39.5} \times 100 \approx 0.51；\quad \frac{d_凸}{d} = \frac{22.6}{13.8} \approx 1.64；\quad \frac{h}{d} = \frac{19.3}{13.8} \approx 1.4。$$

由表 8-6 查得，$\frac{h}{d}$ 较大，决定采用有工艺切口的连续拉深排样比较好。

8.7.2.4　选择工艺切口的类型

对于薄料的圆筒形件连续拉深，可选用表 8-19 序号 3 中有两圈工艺切口的类型。考虑到板料为 0.2mm，坯料直径为 39.5mm，为确保送料的稳定性，按经验采用三边搭边的两圈工艺切口形式。因该工艺切口类型在拉深过程中，带料的料宽与步距不受拉深而变形，即带料在拉深过程中是平直的，使送料更稳定，可以在带料的搭边上设置导正销孔精确定位。

8.7.2.5　计算和确定工艺切口的相关尺寸、料宽和步距等

工艺切口有关尺寸见表 8-19 序号 3。

料宽 B 由表 8-19 序号 3 中的公式查得：

$B=D+2n+2b_2=39.5+2 \times 1.5+2 \times 1.5=45.5$（mm）（实取 47mm）

步距 A 由表 8-19 序号 3 中的公式查得：

$A=D+3n=39.5+3 \times 1.5=44$（mm）（实取 45mm）

式中，n=1.5mm，b_2=1.5mm，由表 8-20 查得。

根据以上计算结合三边搭边的两圈工艺切口类型，并在带料两侧，两个工位之间的废料处设有两个 ϕ4.0mm 的导正销孔（见图 8-112），以保证带料的送料精度。因制件材料较薄，为了使送料更稳定，该模具采用拉料机构来传递各工位之间的冲压工作。

8.7.2.6　确定是否采用多次拉深

根据凸缘相对直径 $d_凸/d$=1.64，毛坯相对厚度

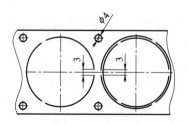

图 8-112　双圈圆形三面切口的搭边图

$t/D \times 100 = 0.51$，$h/d = 1.4$，查表 8-16 一次拉深所能达到的最大相对高度 $h_1/d_1 = 0.48$，则 h/d（1.4）> h_1/d_1（0.48），需多次拉深才能达成。

8.7.2.7　拉深系数及各次拉深直径计算

该制件材料为 SUS304 不锈钢，首次拉深把凸缘边上的小阶梯部分的材料全部拉入凹模内，因此首次拉深按无凸缘零件计算拉深系数。由毛坯相对厚度 $t/D \times 100 = 0.51$，查表 8-17 得首次拉深 $m_1 = 0.50 \sim 0.55$，那么以后各次拉深 m_n 取 0.80 ～ 0.85。首次拉深材料还没硬化，塑性好，那么拉深系数可取小些。由于不锈钢零件再拉深的硬化指数相对较高，而塑性越来越低，变形越来越困难，故拉深系数一道比一道大，在第 2、3 次拉深设计有定位套装置，使零件在成形过程中均匀变形，那么拉深系数可略取小些。

根据经验值调整后的拉深系数为：$m_1 = 0.57$，$m_2 = 0.82$，$m_3 = 0.87$，$m_4 = 0.88$，$m_5 = 0.9$。所得各次拉深直径为：

首次拉深直径：$d_1 = m_1 D$

$$= 0.57 \times 39.5 \approx 22.5 \text{（mm）}$$

第 2 次拉深直径：$d_2 = m_2 d_1$

$$= 0.82 \times 22.5 \approx 18.5 \text{（mm）}$$

第 3 次拉深直径：$d_3 = m_3 d_2$

$$= 0.87 \times 18.5 \approx 16.1 \text{（mm）（实际取 16mm）}$$

第 4 次拉深直径：$d_4 = m_4 d_3$

$$= 0.88 \times 16 \approx 14.1 \text{（mm）（实际取 14mm）}$$

从上式计算可以看出 d_4 与图 8-111 A 侧管的外径相等，那么该制件为四次拉深即可。制件中有个小台阶在拉深结束后整形出即可。

8.7.2.8　凸、凹模圆角半径的计算

① 首次拉深凹模圆角半径可按式（6-35）计算：

$$r_{d1} = 0.8\sqrt{(D-d)t}$$

$$= 0.8\sqrt{(39.5 - 22.5) \times 0.2}$$

$$\approx 1.5 \text{（mm）}$$

以后各次拉深凹模圆角半径按式（6-37）$r_{dn} = (0.6 \sim 0.9) r_{d(n-1)}$ 计算得：$r_{d2} \approx 1.2\text{mm}$，$r_{d3} \approx 0.95\text{m}$，$r_{d4} \approx 0.75\text{mm}$（$r_{d4}$ 大于制件的圆角半径，因此在后续工序整形出）。

② 凸模圆角半径按式（6-38）$r_p = (0.6 \sim 1) r_d$ 计算：$r_{p1} \approx 1.2\text{mm}$，$r_{p2} \approx 0.95\text{mm}$，$r_{p3} \approx 0.75\text{mm}$，$r_{p4} \approx 0.6\text{mm}$（$r_{p4}$ 大于制件的圆角半径，因此在后续工序整形出）。

8.7.2.9　各次拉深高度的计算

（1）首次拉深高度计算

该制件为阶梯拉深件，从图 8-111 可以看出，上台阶高度较低，计算拉深高度时可忽略不计，直接按带凸缘筒形件公式计算拉深高度。对于有工艺切口的带料连续拉深，首次拉深时，拉入凹模的材料比所需的多 4% ～ 6%（工序次数多时取上限值，反之，工序次数少时取下限值）。确定实际拉深假想毛坯直径和首次拉深的实际高度。

首次拉深假想毛坯直径按式（8-2）计算：

$$D_1 = \sqrt{(1+x)D^2}$$

$$= \sqrt{(1+0.04) \times 39.5^2} \approx 40.3 \text{（mm）}$$

其中 x 值取 4%。

首次拉深高度按式（8-3）计算：

$$H_1 = \frac{0.25}{d_1}\left(D_1^2 - d_凸^2\right) + 0.43\left(r_1 + R_1\right) + \frac{0.14}{d_1}\left(r_1^2 - R_1^2\right)$$

$$= \frac{0.25}{22.5} \times \left(40.3^2 - 22.6^2\right) + 0.43 \times \left(1.2 + 1.5\right) + \frac{0.14}{22.5} \times \left(1.2^2 - 1.5^2\right) \approx 13.5 \text{（mm）}$$

（2）第 2 次拉深高度计算

第 2 次拉深假想毛坯直径按式（8-5）计算：

$$D_2 = \sqrt{(1 + x_1)D^2}$$

$$= \sqrt{(1 + 0.03) \times 39.5^2} \approx 40 \text{（mm）}$$

首次拉深进入凹模的面积增量 x，在第 2 次拉深中部分材料返回到凸缘上。那么式中 x_1 值取 3%。

第 2 次拉深高度按式（8-4）计算：

$$H_2 = \frac{0.25}{d_2}\left(D_2^2 - d_凸^2\right) + 0.43\left(r_2 + R_2\right) + \frac{0.14}{d_2}\left(r_2^2 - R_2^2\right)$$

$$= \frac{0.25}{18.5} \times \left(40^2 - 22.6^2\right) + 0.43 \times \left(0.95 + 1.2\right) + \frac{0.14}{18.5} \times \left(0.95^2 - 1.2^2\right) \approx 15.6 \text{（mm）}$$

（3）第 3 次拉深高度计算

第 3 次拉深假想毛坯直径按式（8-5）计算：

$$D_2 = \sqrt{(1 + x_2)D^2}$$

$$= \sqrt{(1 + 0.02) \times 39.5^2} \approx 39.9 \text{（mm）}$$

其中 x_2 值取 2%。

$$H_3 = \frac{0.25}{d_3}\left(D_3^2 - d_凸^2\right) + 0.43\left(r_3 + R_3\right) + \frac{0.14}{d_3}\left(r_3^2 - R_3^2\right)$$

$$= \frac{0.25}{16} \times \left(39.9^2 - 22.6^2\right) + 0.43 \times \left(0.75 + 0.95\right) + \frac{0.14}{16} \times \left(0.75^2 - 0.95^2\right) \approx 17.6 \text{（mm）}$$

（4）第 4 次拉深高度计算

第 4 次拉深高度等于制件下台阶的高度，那么 H_4=18.4mm。

8.7.2.10 模具工作部分尺寸的确定

（1）拉深凸、凹模间隙计算

该制件料厚为 0.2mm，有压边圈拉深凸、凹模间隙可参考表 6-47 取得。

首次拉深及第 2 次拉深凸、凹模的间隙：

c=1.2t=1.2×0.2=0.24（mm）

第 3 次拉深凸、凹模的间隙：

c=1.1t=1.1×0.2=0.22（mm）

第 4 次拉深（最后一次拉深）凸、凹模的间隙：

c=t=0.2mm

（2）拉深凸、凹模工作部分尺寸的计算

从图 8-111 可以看出，该制件公差标注在内形，那么，模具的制造公差以凸模为基准。其制件公差一般是在最后一工序拉深来控制的，因此对最后一工序拉深的凸、凹模工作部分尺寸要求较为严格。

首次拉深、第 2、3 次拉深的凹模制造公差查表 6-48，其尺寸参考拉深件计算的直径。

$$D_{d1}=22.5^{+0.02}_{0} \text{ mm}$$

$$D_{d2}=18.5^{+0.02}_{0} \text{ mm}$$

$$D_{d3}=16^{+0.02}_{0} \text{ mm}$$

由表 6-48 所列的公式计算出最后一次（第 4 次）拉深凹模的尺寸为：

$$D_{d4}=(d+0.4\Delta+2c)^{+\delta_d}_{0}$$

$$=(13.6+0.4\times0.02+2\times0.24)^{+0.02}_{0}\approx14.09^{+0.02}_{0}\text{（mm）}$$

首次拉深、第 2、3 次拉深的凸模制造公差查表 6-49，其尺寸为：

$$d_{p1}=D_{d1}-2c=22.5-2\times0.24=20.02^{0}_{-0.01}\text{（mm）}$$

$$d_{p2}=D_{d2}-2c=18.5-2\times0.24=18.02^{0}_{-0.01}\text{（mm）}$$

$$d_{p3}=D_{d3}-2c=16-2\times0.22=15.56^{0}_{-0.01}\text{（mm）}$$

由表 6-48 所列的公式计算出最后一次（第 4 次）拉深凸模的尺寸为：

$$d_p=(d+0.4\Delta)^{0}_{-\delta_p}$$

$$=(13.6+0.4\times0.02)^{0}_{-0.01}\approx13.61^{0}_{-0.01}\text{ mm}$$

8.7.3 绘制出连续拉深的排样图

根据以上的毛坯直径、拉深系数、拉深直径及各工序拉深高度等计算，绘制出如图 8-113 所示的连续拉深排样图。

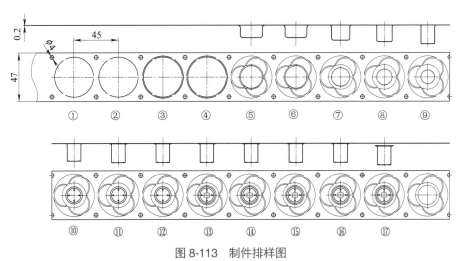

图 8-113 制件排样图

工位①—冲导正销孔及内圈切口；工位②，工位④，工位⑥，工位⑫，工位⑭，工位⑯—空工位；工位③—外圈切口；
工位⑤—首次拉深；工位⑦—二次拉深；工位⑧—三次拉深；工位⑨—四次拉深；工位⑩—底部压凸；
工位⑪—阶梯拉深；工位⑬—冲底孔；工位⑮—整形；工位⑰—落料

8.7.4 模具结构图设计

如图 8-114 所示为 A 侧管连续拉深多工位级进模结构图，制件年产量较大，该模具结构较
为复杂，有拉深、阶梯拉深、冲底孔等。具体结构特点如下：

① 此制件带料厚度较薄，为了使送料更稳定，该模具采用拉料机构（该总图及零件图未画出）来传递各工位之间的冲压工作。

② 为确保各工序拉深凹模及落料刃口的使用寿命和稳定性，各工位的拉深凹模及落料刃口采用硬质合金（YG15）镶拼而成。

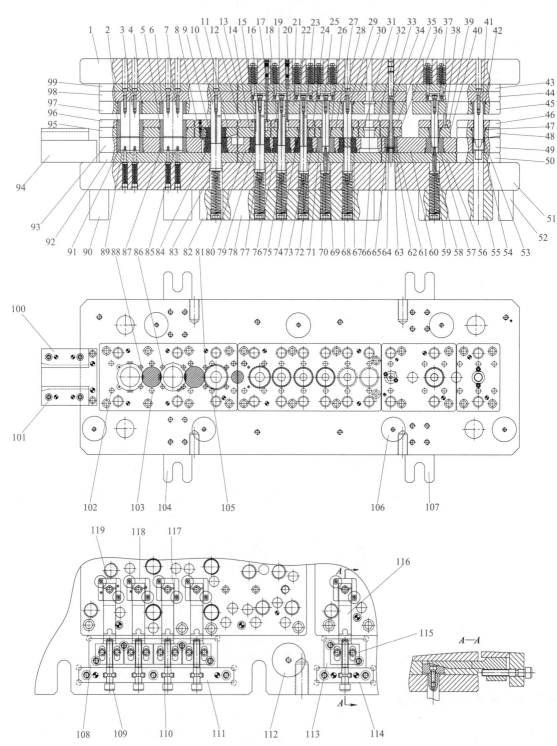

件号	名称	材料	数量	备注	件号	名称	材料	数量	备注
104	下垫脚-2	45	1		52	下垫脚-3	45	1	
103	导向顶杆-2	CrWMn	2		51	下模座	45	1	
102	导向顶杆-1	CrWMn	2		50	凹模垫板-4	Cr12	1	
101	导料板-2	Cr12	1		49	凹模固定板-4	Cr12MoV	1	
100	导料板-1	Cr12	1		48	卸料板-9	Cr12MoV	1	
99	衬板-1	Cr12	1		47	落料滑动块	SKD11	1	
98	凸模固定板垫板-1	Cr12	1		46	卸料板垫板-9	Cr12	1	
97	凸模固定板-1	Cr12MoV	1		45	凸模固定板-3	Cr12MoV	1	
96	卸料板垫板-1	Cr12	1		44	凸模固定板垫板-3	Cr12	1	
95	卸料板-1	Cr12MoV	1		43	衬板-3	Cr12	1	
94	承料板	Q235	1		42	落料凸模固定块	Cr12MoV	1	
93	凹模固定板-1	Cr12MoV	1		41	落料凸模	SKH51	1	
92	凹模垫板-1	Cr12	1		40	卸料板-8	Cr12MoV	1	
91	内圈切口凹模	SKH51	1		39	卸料板垫板-8	Cr12	1	
90	下垫脚1	45	1		38	内限位销	Cr12MoV	22	
89	内圈切口顶块	CrWMn	1		37	整形凸模	SKH51	1	
88	套式顶料杆-1	CrWMn	2		36	卸料板-7	Cr12MoV	1	
87	外圈切口凹模	SKH51	1		35	卸料板垫板-7	Cr12	1	
86	套式顶料杆-2	CrWMn	2		34	冲底孔凸模	SKH51	1	
85	外圈切口顶块	CrWMn	1		33	冲底孔凸模固定块	Cr12MoV	1	
84	首次拉深凹模	硬质合金YG15	1		32	卸料板垫板-6	Cr12	1	
83	首次拉深杆	CrWMn	1		31	卸料板-6	Cr12MoV	1	
82	弹簧底板-1	45	1		30	凸模固定板垫板-2	Cr12	1	
81	套式顶料杆-3	CrWMn	6		29	口部拉深凸模	SKH51	1	
80	凹模固定板-2	Cr12MoV	1		28	口部拉深凸模固定板	Cr12MoV	1	
79	二次拉深凹模	硬质合金YG15	1		27	卸料板-5	Cr12MoV	1	
78	下垫脚-4	45	2		26	卸料板垫板-5	Cr12	1	
77	二次拉深顶杆	CrWMn	1		25	压凸点凸、凹模	SKH51	1	
76	三次拉深凹模	硬质合金YG15	1		24	卸料板-4	Cr12MoV	1	
75	三次拉深顶杆	CrWMn	1		23	四次拉深凸模	SKH51	1	
74	四次拉深滑动块	SKD11	1		22	卸料板垫板-4	Cr12	1	
73	四次拉深顶杆	CrWMn	2		21	凸模固定板-2	Cr12MoV	1	
72	四次拉深凹模	硬质合金YG15	1		20	顶针-2	SKD11	2	
71	压凸点凹模	SKH51	1		19	三次拉深凸模	SKH51	1	
70	垫圈	45	2		18	定位套-2	SKD11	1	
69	凸点成形顶杆	SKH51	2		17	顶针-1	SKD11	2	
68	口部拉深滑动块	SKD11	1		16	二次拉深凸模	SKH51	1	
67	口部拉深凹模	硬质合金YG15	1		15	定位套-1	SKD11	1	
66	凹模垫板-2	Cr12	1		14	卸料板-3	Cr12MoV	1	
65	冲底孔滑动块	SKD11	1		13	衬板-2	Cr12	1	
64	冲底孔凹模	SKH51	1		12	卸料板垫板-3	Cr12	1	
63	冲底孔凹模垫块	Cr12MoV	1		11	卸料板-2	Cr12MoV	1	
62	冲底孔凹模固定块	Cr12MoV	1		10	首次拉深凸模	SKH51	1	
61	制件导向块	Cr12MoV	1		9	首次拉深压边圈	硬质合金YG15	1	
60	凹模固定板-3	Cr12MoV	1		8	卸料板垫板-2	Cr12	1	
59	整形滑动块	SKD11	1		7	外圈切口凸模	SKH51	1	
58	等高套筒	45	2		6	外圈切口凸模固定板	Cr12MoV	1	
57	整形凹模	SKH51	1		5	外圈切口滑动块	SKD11	1	
56	凹模垫板-3	Cr12	1		4	内圈切口凸模固定板	Cr12MoV	1	
55	弹簧底板-2	45	1		3	内圈切口凸模	SKH51	1	
54	落料凹模垫块	Cr12	1		2	内圈切口滑动块	SKD11	1	
53	落料凹模	硬质合金YG15	1		1	上模座	45	1	
件号	名称	材料	数量	备注	件号	名称	材料	数量	备注

图 8-114

件号	名称	材料	数量	备注	件号	名称	材料	数量	备注
					112	上限位柱	45	7	
119	微调凸模固定块-1	Cr12	1		111	调节挡块-1	Cr12	1	
118	微调凸模固定块-2	Cr12	1		110	调节螺钉固定销	Cr12	10	
117	微调凸模固定块-3	Cr12	3		109	调节螺钉		5	标准件
116	斜楔	CrWMn	5		108	锁紧压板-1	CrWMn	1	
115	斜楔连接块	CrWMn	5		107	下垫脚-5	45	2	
114	调节挡块-2	Cr12	1		106	下限位柱	45	7	
113	锁紧压板-2	CrWMn	1		105	导向顶杆-3	CrWMn	32	
件号	名称	材料	数量	备注	件号	名称	材料	数量	备注

图 8-114　A 侧管连续拉深多工位级进模结构图

③ 为使各工序调整及维修更方便，该模具由多组模板组合而成，具体模板分组如下（见图 8-114）：

a. 衬板、凸模固定板垫板及凸模固定板分别由 3 组模板组合而成；

b. 卸料板垫板及卸料板分别由 9 组模板组合而成；

c. 凹模固定板及凹模垫板分别由 4 组模板组合而成。

上模部分和下模部分的各组模板分别安装在整体的上模座及下模座上，并用四套 ϕ38mm 的精密滚珠导柱、导套及 20 套小导柱、小导套作为导向。

④ 定位套设计。为保证拉深件得到较好的定位，该模具除带料两侧两个工位之间的废料处设有 ϕ4.0mm 的导正销孔精定位之外，还在工位⑦二次拉深及工位⑧三次拉深的凸模上各设有不同大小的定位套（见图 8-115），使拉深件成形时塑性变形较均匀。此结构在连续拉深模中设计较复杂，制作精度要求也较高。

图 8-115 所示定位套的工作过程如下：当上模下行时，定位套 3 首先进入前一工位送进的拉深件内径将坯件定好位，上模再继续下行，拉深凸模 1 进入拉深凹模 7 进行拉深成形。

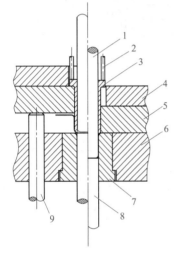

图 8-115　定位套结构

1—拉深凸模；2—顶针；3—定位套；4—卸料板垫板；5—卸料板；6—凹模固定板；7—拉深凹模；8—顶杆；9—反推杆

⑤ 空工位设计。该模具在工位②、工位④、工位⑥、工位⑫、工位⑭及工位⑯各留一个空工位，其中工位②和工位④是为了内、外圈切口后校平；在工位⑥安排一个空工位，当后序拉深成形时，由于不同的拉深高度导致带料表面与模板的表面不平行，即拉深的轴心线和模具表面产生一定的斜角，这对后序拉深件的质量有影响。为确保制件的质量，以空工位来增加料带的工作长度，减小料带的倾斜角；由于该制件拉深次数多，在工位⑫留一个空工位，必要时可作为后备拉深工序；为了减少拉深工序同冲底孔工序之间的断差，在工位⑭及工位⑯各留一个空工位以减小料带的倾斜角。

⑥ 微调机构设计。该模具在拉深凸模及整形凸模上设置有 5 处微调机构［见图 8-114 A—A 剖视图］，当拉深凸模或整形凸模的尺寸过高或偏低时，无需卸下拉深凸模或整形凸模，直接在上模的侧面调整其高度即可。

调整过程如下：首先松动斜楔连接块 115，用内六角扳手调整调节螺钉，利用调节螺钉的左右旋转带动斜楔连接块 115 及斜楔 116 的进出，再带动拉深凸模或整形凸模的伸出或缩进。当高度调整完毕时，再固定斜楔连接块 115 即可。

⑦ 冲底孔凸模设计（见工位⑬）。该凸模为六角形（见件号 34），外形小而复杂，不便于用螺钉及凸肩（挂台）固定，因此选用穿销固定。凸模维修时，应把固定在上模座 1 上的螺塞

卸下，取出圆柱销，卸下凸模，待凸模刃口修磨完毕（如：凸模刃口修磨 0.5mm，那么垫在凸模穿销下的垫片也跟着修磨 0.5mm，这样凸模可以往下调，使冲裁的深度同维修前的深度），直接从后面安装，再放入圆柱销，拧紧螺塞。

⑧ 导向顶杆设计。该模具的导向顶杆有三种高度不一的规格，较低的导向顶杆分布在模具的头部，特别是接近拉料机构时，其高度几乎与拉料机构的高度相等，这是为了减少带料送料时的落差。

⑨ 不锈钢制件拉深同普通制件拉深有所不同，因为不锈钢制件拉深在冬天冲压时，各工位在成形中坯件经过多次的剧烈塑性变形之后会产生较高的温度，瞬间接触外界较冷的气候，引起制件的冷作硬化，在存放过程中造成口部开裂及表面龟裂现象，使制件有较多的不良。为了避免这些问题必须采取以下几点措施：

a. 在工位⑦二次拉深及工位⑧三次拉深的凸模上各设有不同大小的定位套，使坯件在成形过程中均匀变形；

b. 尽可能加大凹模的 R 角；

c. 减少凹模的摩擦力，拉深凹模材料选用硬质合金（YG15）来制造，并采取镜面抛光处理。

⑩ 该制件年产量较大，因此在卸料板上设置相对应的滑动块，以便维修、调整，见图 8-114 件号 2、5、47、59、65、68、74 所示。

⑪ 检测装置设计。在模具尾部拉料机构的后面安装有误送检测导电探针（该总图及零件图中未画出）。当料带送错位或模具碰到异常时，误送导电探针发出感应信号，当压力机接收到此感应信号时即自动停止冲压，蜂鸣器也随着发出声音。

⑫ 冲压动作原理。将原材料宽 47mm、料厚 0.2mm 的卷料吊装在料架上，通过整平机将送进的带料整平后，开始手工将带料送至模具的外导料板，进入第一组导向顶杆，直到进入工位①同工位②之间的废料处为止（第一次送进时避开 2 个 φ4mm 的导正销孔），这时进行第一次内圈切口；第二次为校平（空工位）；依次进入第三次外圈切口；第四次为校平（空工位）；

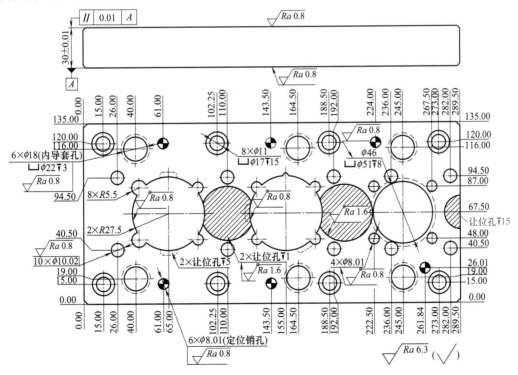

图 8-116　凹模固定板 1（见图 8-114 件 93）

第五次为首次拉深；第六次为空工位；第七次为二次拉深；第八次为三次拉深；第九次为四次拉深；第十次为底部压小凸点；第十一次为阶梯拉深；第十二次为空工位；第十三次为冲底孔；第十四次为空工位；为保证制件的质量，第十五次为整形工序；第十六次为空工位；这时整个制件拉深成形已全部结束，最后（第十七次）将载体与制件分离，再连续手工冲压出三个制件，制件同载体分离后，留在载体上的圆环形废料进入拉料器的拉料钩内（注：拉料器机构在图 8-114 中未画出来），即可进行自动冲压。

8.7.5 主要模具零部件设计与加工

（1）凹模固定板设计与加工

① 凹模固定板 1 见图 8-116，材料为 Cr12MoV；加工工艺过程见表 8-29。

表 8-29 凹模固定板 1 加工工艺过程（供参考）

序号	名称	内容	简图
1	备料	割板料毛坯成 295mm×140mm×35mm	图略
2	刨	刨六面，加工成 290.5mm×136mm×31mm	图略
3	磨	磨六面及倒角（磨出六面大部分的刨床痕迹即可）	图略
4	划线	按图示划线	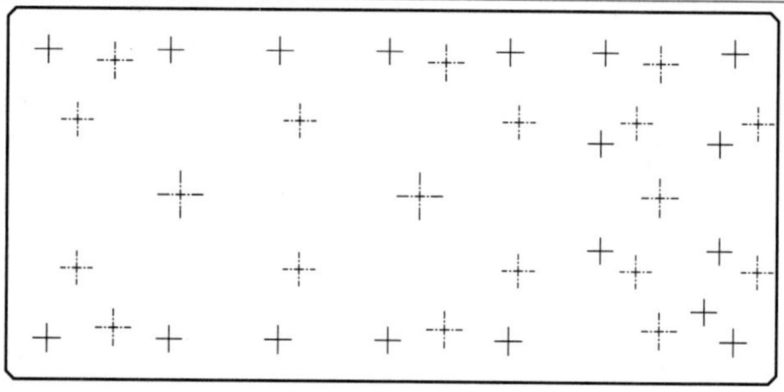
5	钳工（钻孔）	①钻 20 个 φ4mm 的穿丝孔 ②钻 2 个 φ40mm 的穿丝孔 ③钻 8 个 φ11mm 的螺钉过孔，φ17mm 正面沉头深 15mm ④钻 6 个 φ12mm 的穿丝孔，φ22mm 反面沉头深 3.5mm ⑤钻 1 个 φ30mm 的穿丝孔，φ51mm 反面沉头深 8.5mm	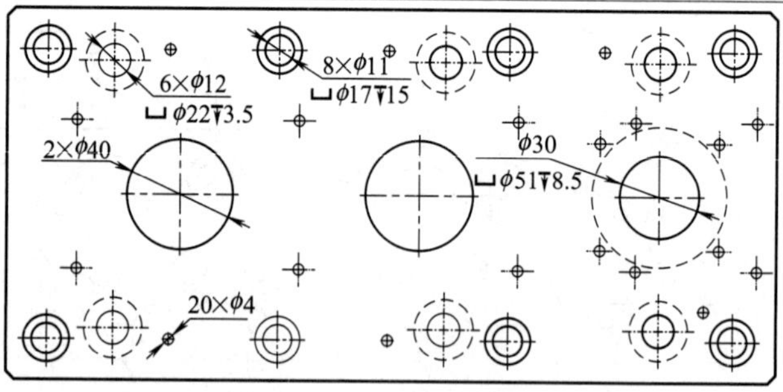
6	数控铣	① 反面铣 4 个长圆形避让孔，深 5.5mm ② 正面铣 φ40.5mm，深 1.5mm ③ 正面铣 φ42.6mm，深 1.5mm ④ 正面铣 R12.5mm，深 15.5mm	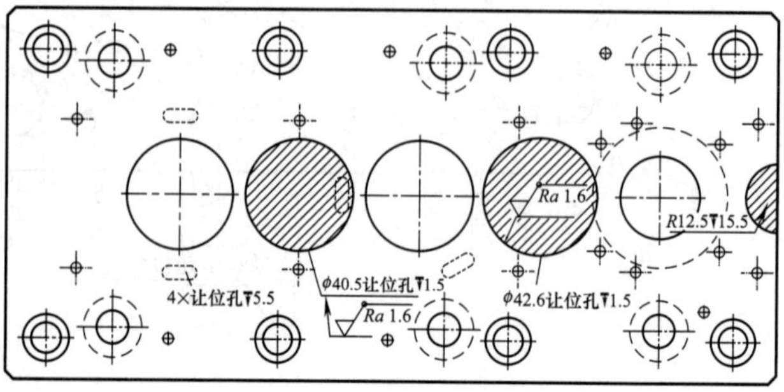

序号	名称	内容	简图
7	钳工（倒角）	四周 C2 倒角	
8	热处理	淬火回火至 55～58HRC	
9	磨	磨六面至要求尺寸	见图 8-116
10	线切割（慢走丝）	将线切割（慢走丝）铜丝分别穿到 ϕ4mm、ϕ12mm、ϕ30mm 及 ϕ40mm 的穿丝孔里按图示要求加工各型孔	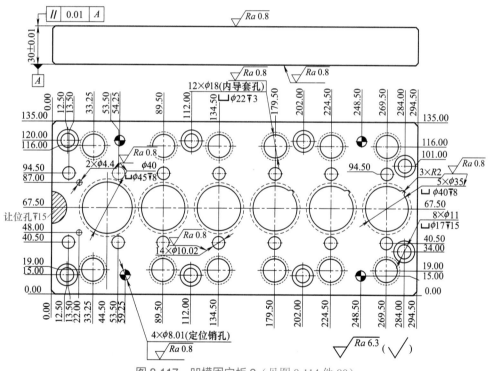
11	检验		

② 凹模固定板 2 见图 8-117，材料为 Cr12MoV；加工工艺过程见表 8-30。

图 8-117　凹模固定板 2（见图 8-114 件 80）

表 8-30　凹模固定板 2 加工工艺过程（供参考）

序号	名称	内容	简图
1	备料	割板料毛坯成 300mm×140mm×35mm	图略
2	刨	刨六面，加工成 295.5mm×136mm×31mm	图略

序号	名称	内容	简 图
3	磨	磨六面及倒角（磨出六面大部分的刨床痕迹即可）	图略
4	划线	按图示划线	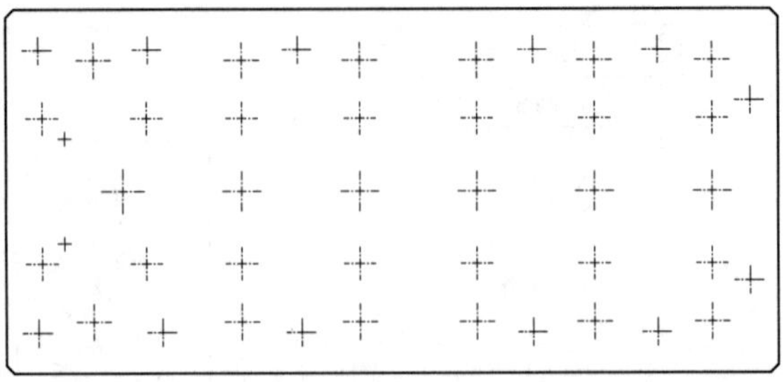
5	钳工（钻孔）	① 钻 18 个 $\phi 4$mm 的穿丝孔 ② 钻 2 个 $\phi 2$mm 的穿丝孔 ③ 钻 8 个 $\phi 11$mm 的螺钉过孔，$\phi 17$mm 正面沉头深 15mm ④ 钻 12 个 $\phi 12$mm 的穿丝孔，$\phi 22$mm 反面沉头深 3.5mm ⑤ 钻 1 个 $\phi 30$mm 的穿丝孔，$\phi 45$mm 反面沉头深 8.5mm ⑥ 钻 5 个 $\phi 25$mm 的穿丝孔，$\phi 40$mm 反面沉头深 8.5mm	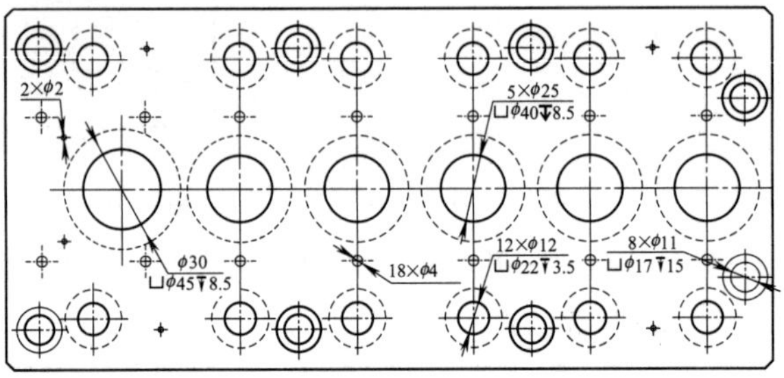
6	数控铣	正面铣 $R12.5$mm，深 15.5mm	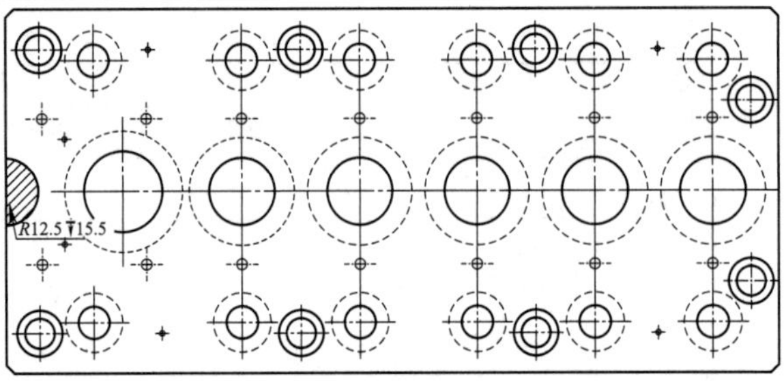
7	钳工（倒角）	四周 $C2$ 倒角	
8	热处理	淬火回火至 55～58HRC	
9	磨	磨六面至要求尺寸	见图 8-117
10	线切割（慢走丝）	将线切割（慢走丝）铜丝分别穿到 $\phi 2$mm、$\phi 4$mm、$\phi 12$mm、$\phi 25$mm 及 $\phi 30$mm 的穿丝孔里按图示要求加工各型孔	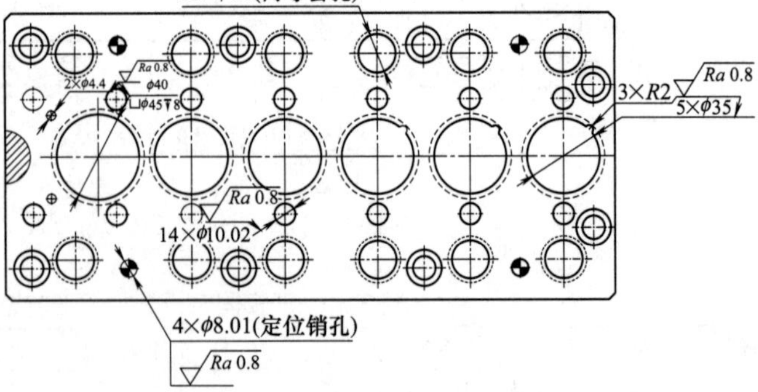
11	检验		

③ 凹模固定板 3 见图 8-118，材料为 Cr12MoV；加工工艺过程见表 8-31。

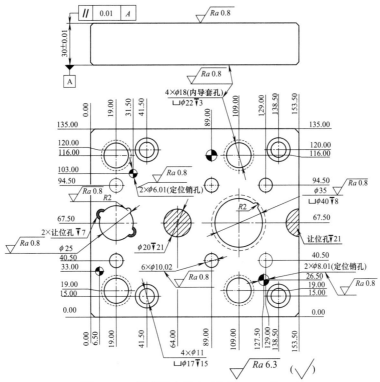

图 8-118　凹模固定板 3（见图 8-114 件 60）

表 8-31　凹模固定板 3 加工工艺过程（供参考）

序号	名称	内容	简图
1	备料	割板料毛坯成 160mm×140mm×35mm	图略
2	刨	刨六面，加工成 154.5mm×136mm×31mm	图略
3	磨	磨六面及倒角（磨出六面大部分的刨床痕迹即可）	图略
4	划线	按图示划线	
5	钳工（钻孔）	①钻 10 个 ϕ4mm 的穿丝孔 ②钻 1 个 ϕ16mm 的穿丝孔 ③ 钻 4 个 ϕ11mm 的螺钉过孔，ϕ17mm 正面沉头深 15mm ④钻 4 个 ϕ12mm 的穿丝孔，ϕ22mm 反面沉头深 3.5mm ⑤钻 1 个 ϕ25mm 的穿丝孔，ϕ40mm 反面沉头深 8.5mm ⑥钻 2 个 ϕ4.2mm，ϕ7.5mm 的正面沉头，深 7.5mm ⑦钻 1 个 ϕ20mm 的孔，深 21mm	

序号	名称	内容	简图
6	数控铣	正面铣 R10mm，深 21.5mm	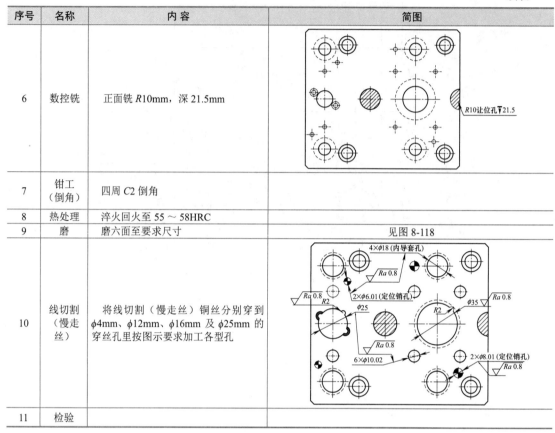
7	钳工（倒角）	四周 C2 倒角	
8	热处理	淬火回火至 55 ~ 58HRC	
9	磨	磨六面至要求尺寸	见图 8-118
10	线切割（慢走丝）	将线切割（慢走丝）铜丝分别穿到 ϕ4mm、ϕ12mm、ϕ16mm 及 ϕ25mm 的穿丝孔里按图示要求加工各型孔	
11	检验		

④ 凹模固定板 4 见图 8-119 所示，材料为 Cr12MoV；加工工艺过程见表 8-32。

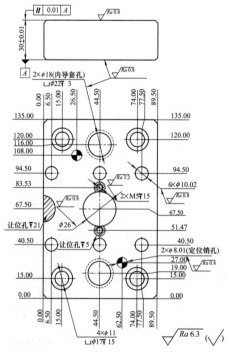

图 8-119　凹模固定板 4（见图 8-114 件 49）

表 8-32 凹模固定板 4 加工工艺过程（供参考）

序号	名称	内容	简图
1	备料	割板料毛坯成 95mm×140mm×35mm	图略
2	刨	刨六面，加工成 90.5mm×136mm×31mm	图略
3	磨	磨六面及倒角（磨出六面大部分的刨床痕迹即可）	图略
4	划线	按图划线	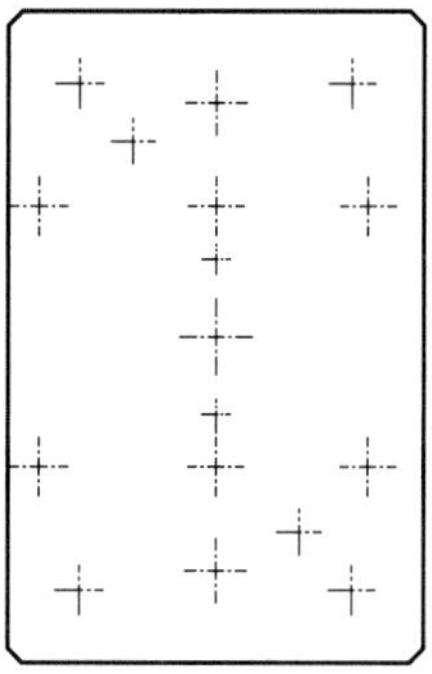
5	钳工（钻孔、攻螺纹）	① 钻 8 个 φ4mm 的穿丝孔 ② 钻 1 个 φ16mm 的穿丝孔 ③ 钻 4 个 φ11mm 的螺钉过孔，φ17mm 正面沉头深 15mm ④ 钻 2 个 φ12mm 的穿丝孔，φ22mm 反面沉头深 3.5mm ⑤ 钻 2 个 φ4.2mm 的孔；攻 M5 的螺纹孔，深 15mm；φ9mm 的正面沉头深 5.5mm	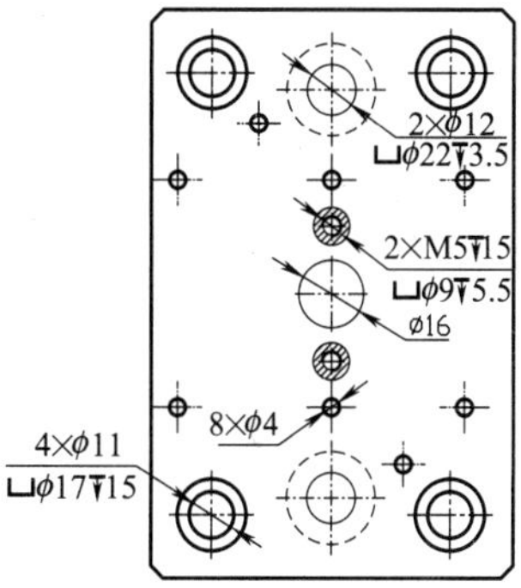
6	数控铣	正面铣 R10mm，深 21.5mm	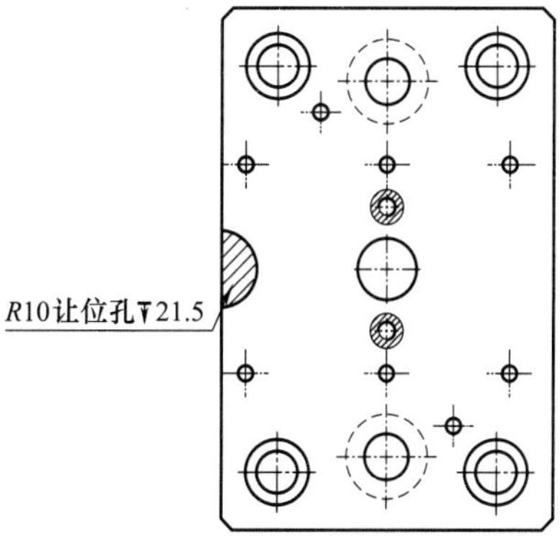
7	钳工（倒角）	四周 C2 倒角	
8	热处理	淬火回火至 55～58HRC	
9	磨	磨六面至要求尺寸	见图 8-119

序号	名称	内容	简图
10	线切割（慢走丝）	将线切割（慢走丝）铜丝分别穿到 $\phi4$mm、$\phi12$mm 及 $\phi16$mm 的穿丝孔里按图示要求加工各型孔	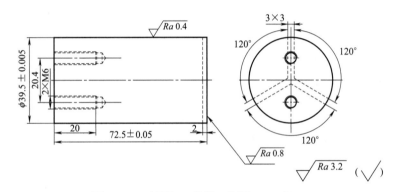
11	检验		

（2）凸模设计与加工

① 内圈切口凸模见图 8-120，材料为 SKH51；加工工艺过程见表 8-33。

图 8-120　内圈切口凸模（见图 8-114 件 3）

表 8-33　内圈切口凸模加工工艺过程（供参考）

序号	名称	内容	简图
1	备料	割棒料 $\phi45$mm×100mm	图略
2	车	① 钻出中心孔 ② 按图形状车削出外圆直径及两端面，单边留 0.5mm 余量	
3	划线	按图示划线	
4	钳工（钻、攻螺纹）	钻 2 个 $\phi5.2$mm 的螺纹底孔，深 25mm；攻 M6 的螺纹孔，深 20mm	

序号	名称	内容	简图
5	数控铣	铣出三条宽 3mm、深 2.5mm 的槽	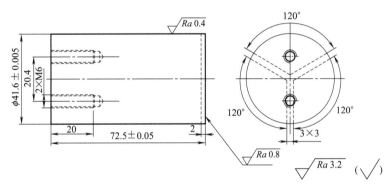
6	热处理	淬火回火至 62～64HRC	
7	数控车	按图示形状车出外圆直径及两端面，单边留 0.05mm 余量	图略
8	外圆磨	按图形状磨外圆直径，单面留 0.005mm 余量	
9	研磨	凸模工作部分研磨至要求尺寸	见图 8-120
10	磨	按图示形状磨两端面高度至要求尺寸	见图 8-120
11	检验		

② 外圈切口凸模见图 8-121，材料为 SKH51；加工工艺过程见表 8-33。

图 8-121　外圈切口凸模（见图 8-114 件 7）

③ 首次拉深凸模见图 8-122，材料为 SKH51；加工工艺过程见表 8-34。

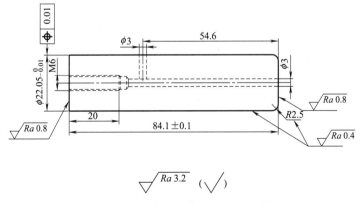

图 8-122　首次拉深凸模（见图 8-114 件 10）

④ 二次拉深凸模见图 8-123，材料为 SKH51；加工工艺过程见表 8-35。

⑤ 三次拉深凸模见图 8-124，材料为 SKH51；加工工艺过程见表 8-35。

表 8-34　首次拉深凸模加工工艺过程（供参考）

序号	名称	内容	简图
1	备料	割棒料 ϕ25mm×110mm	
2	车	①钻出中心孔 ②按图示形状车削出外圆直径及两端面（包含 R3.0mm），单边留 0.5mm 余量 ③钻 ϕ5.2mm 的螺纹底孔；攻 M6 的螺纹孔，深 20mm ④钻 ϕ3mm 的排气孔	M6 ϕ3 R3　20　85.1
3	钳工（钻）	钻侧面 ϕ3mm 的排气孔	ϕ3　54.6
4	热处理	淬火回火至 62 ～ 64HRC	
5	数控车	按图示形状车出外圆直径、圆角半径及两端面，单边留 0.03mm 余量	
6	磨	按图示形状磨两端面高度至要求尺寸	见图 8-122
7	外圆磨	按图示形状磨外圆直径，凸模工作部分单面留 0.005mm 余量	见图 8-122
8	研磨	凸模工作部分研磨至要求尺寸	见图 8-122
9	检验		

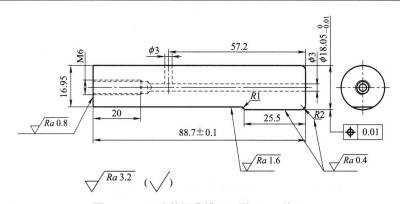

图 8-123　二次拉深凸模（见图 8-114 件 16）

表 8-35　二次拉深凸模加工工艺过程（供参考）

序号	名称	内容	简图
1	备料	割棒料 ϕ25mm×115mm	图略
2	车	①钻出中心孔 ②按图示形状车出外圆直径及两端面（包含 R2.5mm），单边留 0.5mm 余量 ③钻 ϕ5.2mm 的螺纹底孔；攻 M6 的螺纹孔，深 20mm ④钻 ϕ3mm 的排气孔	M6 ϕ3 R2.5　20　89.7
3	钳工（钻）	钻侧面 ϕ3mm 的排气孔	ϕ3　54.6
4	热处理	淬火回火至 62 ～ 64HRC	

序号	名称	内容	简图
5	数控车	按图示形状车出外圆直径、圆角半径及两端面，凸模工作部分单边留 0.03mm 余量	见图 8-123
6	磨	按图示形状磨两端面高度至尺寸要求	见图 8-123
7	外圆磨	按图示形状磨外圆直径，单面留 0.005mm 余量	见图 8-123
8	线切割	快走丝加工侧面	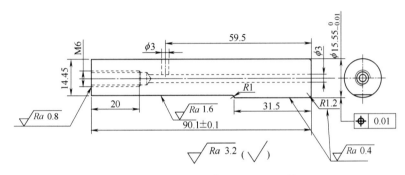
9	研磨	凸模工作部分研磨至要求尺寸	见图 8-123
10	检验		

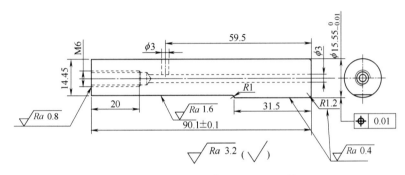

图 8-124　三次拉深凸模（见图 8-114 件 19）

⑥ 四次拉深凸模见图 8-125，材料为 SKH51；加工工艺过程见表 8-34。

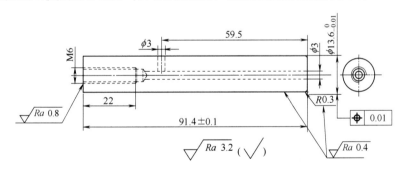

图 8-125　四次拉深凸模（见图 8-114 件 23）

⑦ 压凸点凸、凹模及口部拉深凸模见图 8-126，材料为 SKH51；加工工艺过程见表 8-36。

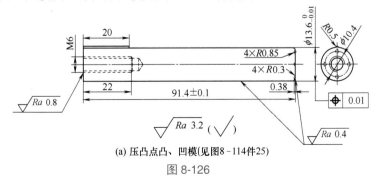

(a) 压凸点凸、凹模(见图8-114件25)

图 8-126

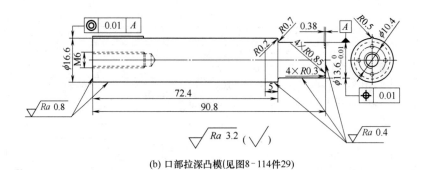

(b) 口部拉深凸模(见图8-114件29)

图 8-126 压凸点凸、凹模及口部拉深凸模

表 8-36 压凸点凸、凹模加工工艺过程（供参考）

序号	名称	内容	简图
1	备料	割板料毛坯成 63mm×35mm×95mm（与图 8-126 口部拉深凸模一起备料）	图略
2	刨	刨六面，加工成 26mm×54mm×92.5mm	图略
3	划线	按图示划线	
4	钳工（钻、攻螺纹）	钻 2 个 ϕ5.2mm、深 28mm 的螺纹底孔，攻 M6、深 20mm 的螺纹孔	
5	热处理	淬火回火至 62～64HRC	
6	磨	磨六面直角	
7	线切割	慢走丝加工出压凸点凸、凹模及口部拉深凸模外形	见图 8-126
8	磨	①按图 8-126（a）磨出压凸点凸、凹模高度尺寸及防错措施的凸出多余部分 ②按图 8-126（b）磨出口部拉深凸模高度尺寸及防错措施的凸出多余部分 ③加工图 8-126（b）ϕ13.6mm 的尺寸。先将工件 ϕ16.6mm 的外形固定在手摇专用夹具上，再将带工件的夹具放在平磨工作台面上磨出 ϕ13.6mm 的尺寸	见图 8-126
9	电火花	①用紫铜棒加工出与工件配对的电极 ②用镜面火花成形机按图 8-126（a）和（b）底部的尺寸要求放电	
10	研磨	将图 8-126（a）和（b）工作部分研磨至要求尺寸（包括各部分的圆角半径）	见图 8-126
11	检验		

（3）凹模设计与加工

① 首次拉深凹模见图 8-127，材料为硬质合金 YG15；加工工艺过程见表 8-37。

② 二次拉深凹模见图 8-128，材料为硬质合金 YG15；加工工艺过程参考表 8-37。

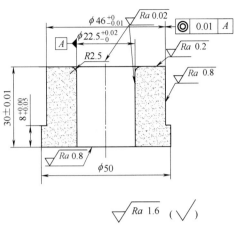

图 8-127 首次拉深凹模（见图 8-114 件 84）

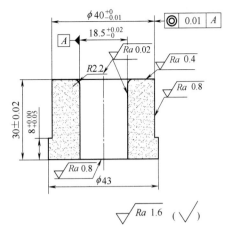

图 8-128 二次拉深凹模（见图 8-114 件 79）

表 8-37 首次拉深凹模加工工艺过程（供参考）

序号	名称	内容	简图
1	备料	到专业的厂家定制坯料，内、外形单面留 1.0mm 余量；高度单面留 1.0mm 余量	
2	磨	按图加工两平面至要求尺寸	
3	内、外圆磨（粗磨）	按图形状磨出内、外圆直径及 R 角，单边留 0.03mm 余量	
4	内、外圆磨（精磨）	按图形状磨出外圆直径（包括台阶处）至尺寸要求，内孔径及 R 角单边留 0.01mm 余量	
5	研磨	研磨凹模内孔径及拉深 R 角至要求尺寸	见图 8-127
6	检验		

③ 三次拉深凹模见图 8-129，材料为硬质合金 YG15；加工工艺过程参考表 8-36。

④ 四次拉深凹模见图 8-130，材料为硬质合金 YG15；加工工艺过程参考表 8-36。

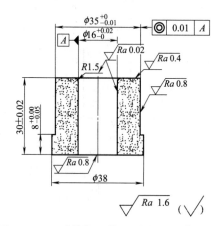

图 8-129　三次拉深凹模（见图 8-114 件 76）

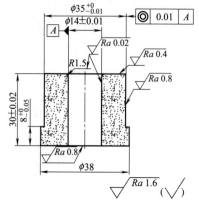

图 8-130　四次拉深凹模（见图 8-114 件 72）

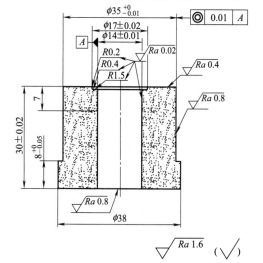

图 8-131　口部拉深凹模（见图 8-114 件 67）

⑤ 口部拉深凹模见图 8-131，材料为硬质合金 YG15；加工工艺过程参考表 8-29。

8.7.6　多工位级进模装配

装配前准备工作：

① 通读模具总装配图（见图 8-114），了解所有零件的形状、精度要求及模具结构特点、动作原理和技术要求。

② 选择装配方法及装配顺序。

③ 准备好要装配的零部件，如螺钉、圆柱销、弹簧等标准件及装配用的工具等。

④ 将要装配的所有零部件消磁（也称退磁），并用抹布擦干净。

（1）模架装配（略）

（2）凹模与凹模板装配

从图 8-132 可以看出，该模具凹模固定板共分为四组，具体装配步骤如下。

步骤一：先将小导套 2 分别安装在各凹模固定板的小导套孔内。

步骤二：将内圈切口凹模 3、外圈切口凹模 4 及首次拉深凹模 5 分别安装在凹模固定板 1 的各型孔内。

步骤三：将二次拉深凹模 7、三次拉深凹模 8、四次拉深凹模 9、压凸点拉深凹模 10 及口部整形凹模 11 分别安装在凹模固定板 6 的各型孔内。

步骤四：将制件导向块 12 及冲底孔凹模组件 13 安装在凹模固定板 14 的各型孔内。

步骤五：将落料凹模安装在凹模固定板 17 的各型孔内。

注意：各凹模安装结束后，检查其高度不能高出凹模板的上平面（落料凹模高度要与凹模固定板等高；拉深凹模高度可与凹模固定板等高或适当地低于凹模固定板）。

（3）凸模与凸模固定板装配（见图 8-133）

步骤一：先将各凸模固定块分别安装在相对应的凸模固定板型孔内。

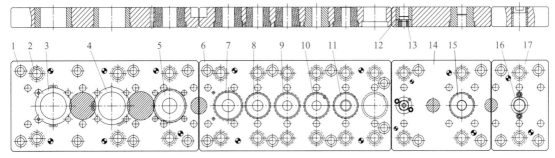

图 8-132　凹模与凹模板装配

1，6，14，17—凹模固定板；2—小导套；3—内圈切口凹模；4—外圈切口凹模；5—首次拉深凹模；7—二次拉深凹模；
8—三次拉深凹模；9—四次拉深凹模；10—压凸点拉深凹模；11—口部整形凹模；12—制件导向块；
13—冲底孔凹模组件；15—整形凹模；16—落料凹模

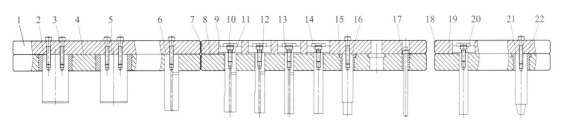

图 8-133　凸模与凸模固定板装配

1，7，18—凸模固定板垫板；2—内圈切口凸模；3—螺钉；4，8，19—凸模固定板；5—外圈切口凸模；6—首次拉深凸模；
9—微调凸模固定块；10—螺钉；11—二次拉深凸模；12—三次拉深凸模；13—四次拉深凸模；
14—压凸点凸、凹模；15—口部拉深凸模固定块；16—口部拉深凸模；17—冲底孔凸模；
20—整形凸模；21—落料凸模；22—落料凸模固定块

步骤二：将部分小导柱安装在第一组凸模固定板上，再将各组凸模固定板放在相对应的凸模固定板垫板上，用圆柱销将两者定位。

步骤三：将各凸模分别安装在相对应的凸模固定板型孔内。

步骤四：用螺钉将内圈切口凸模 2、外圈切口凸模 5、首次拉深凸模 6、口部拉深凸模 16 及落料凸模 21 固定在凸模固定板垫板上。

步骤五：将微调凸模固定块 9 安装在凸模固定板垫板相对应的型孔内（即二次拉深凸模上），用螺钉 10 紧固后，要求凸模与凸模固定板上的安装孔滑配配合。

注意：三次拉深凸模、四次拉深凸模、压凸点凸、凹模及整形凸模装配方式与二次拉深的装配方式相同。

步骤六：将冲底孔凸模从侧面穿上横销子，再安装在凸模固定板上。

（4）凸模与凹模装配（见图 8-134）

步骤一：除安装在固定板上的小导柱外，在剩余凹模组件上的小导套孔内插入小导柱（此小导柱仅用于装配对凸凹模间隙用，对摸结束要拆卸）。

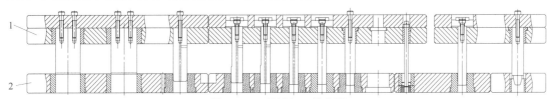

图 8-134　凸模与凹模装配

1—凸模固定板组件；2—凹模组件

步骤二：将各凸模一一插入相对应的凹模内，并检查各凸、凹模之间的间隙是否均匀，若不均匀重新调整间隙。

（5）凹模垫板与下模座装配（见图8-135）

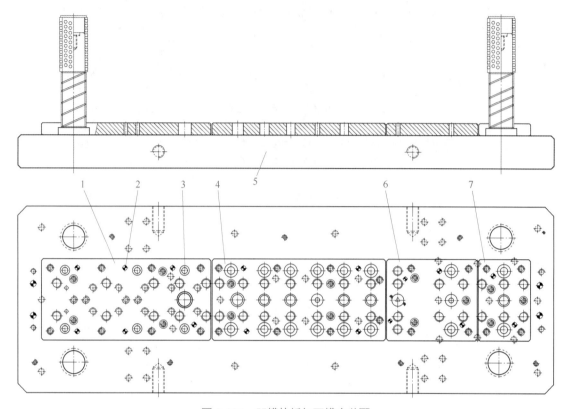

图8-135　凹模垫板与下模座装配

1，4，6，7—凹模垫板；2—圆柱销；3—螺钉；5—下模座

步骤一：将凹模垫板1放到下模座5上，打入圆柱销2（凹模垫板1与下模座5用圆柱销定位）。

注意：圆柱销固定结束应该高出凹模垫板1上平面20mm左右，为后续装配凹模组件做准备。

步骤二：用螺钉3将凹模垫板1紧固在下模座5上。

步骤三：检查凹模垫板1与下模座5相对应的各型孔是否有偏位现象。

步骤四：凹模垫板4、凹模垫板5及凹模垫板7的装配方式与凹模垫板1的装配方式相同。

（6）凹模组件与下模部分装配（见图8-136）

该部分最佳的装配方式是将下模部分侧立起来，凹模组件从侧面装配。

步骤一：先将凹模组件1的各圆柱销孔对准凹模垫板组件2露出的圆柱销，用铜棒轻轻地敲击凹模垫板组件2，直到凹模垫板组件2的下平面紧贴凹模垫板组件2的上平面为止。

步骤二：螺钉从凹模组件1穿过凹模垫板组件2与下模座3紧固连接。

步骤三：检查凹模组件1、凹模垫板组件2及下模座3的各型孔是否有偏位现象（如有偏位要卸下修整）。

步骤四：凹模组件4～凹模组件6的装配方式与凹模组件1的装配方式相同。

（7）下模部分其他附件装配（见图8-137）

步骤一：先将下模部分反方向放置，用等高垫块垫好，安装弹簧底板17及下垫脚18，弹簧底板用圆柱销定位，螺钉固定，下垫脚直接用螺钉固定即可。安装结束，下模部分反回来放置（见图 8-137）。

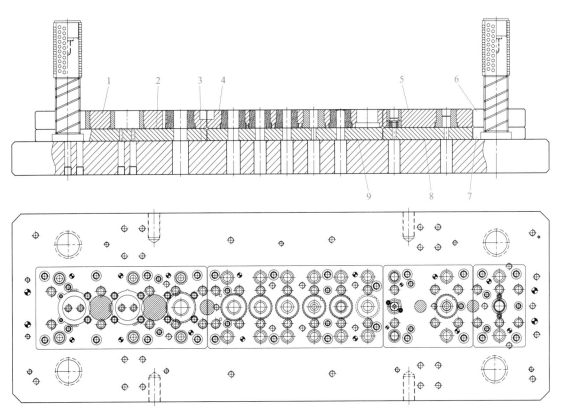

图 8-136　凹模组件与下模部分装配

1，4～6—凹模组件；2，7～9—凹模垫板组件；3—下模座

步骤二：安装内圈切口顶块（图中未画出）和外圈切口顶块 4（这两个顶块是从上往下安装）；再用卸料螺钉从下往上固定连接内圈切口顶块（图中未画出）和外圈切口顶块 4；接着将弹簧放入弹簧孔内（即卸料螺钉头部过孔），最后用螺塞调节弹簧力的大小。

步骤三：先安装首次拉深顶杆 6（从下往上安装）；接着安装弹簧 15，最后用螺塞 16 调节弹簧力的大小。

注意：二～四次拉深顶杆及口部整形凹模顶杆的装配方式与首次拉深顶杆的装配方式相同。

步骤四：凸点成形顶杆与整形凹模顶杆的装配方式相同。先将两者顶杆从上往下安装，接着将垫圈、等高套筒 11、14 及螺钉从下往上将顶杆紧固。固定完毕，用手上下推动顶杆是否滑配。最后安装弹簧及螺塞。

步骤五：安装所有的导向顶杆。先从下往上安装导向顶杆 3，再安装弹簧及拧紧螺塞。

步骤六：安装所有的套式顶料杆 5 及反推杆（图中未画出），套式顶料杆的安装方式与导向顶杆的安装方式相同。

步骤七：安装导料板及承料板。首先将承料板 2 放在下模座上，用圆柱销定位，螺钉紧固。再将导料板 1 放在承料板 2 上，也用圆柱销定位，螺钉紧固。

（8）凸模固定板组件与上模座装配（见图 8-138）

步骤一：先将锁紧压板 11 安装在上模座 2 加工出的长方槽内，用螺钉紧固。

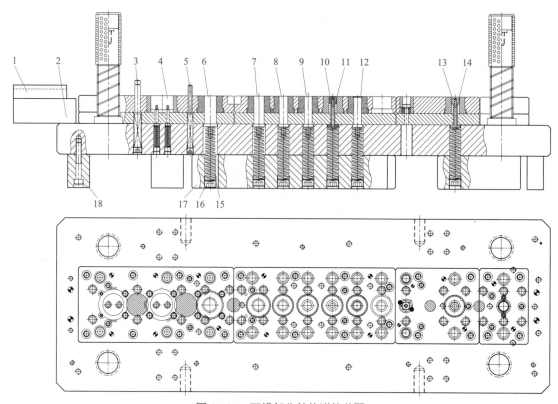

图 8-137　下模部分其他附件装配

1—导料板；2—承料板；3—导向顶杆；4—外圈切口顶块；5—套式顶料杆；6—首次拉深顶杆；7—二次拉深顶杆；
8—三次拉深顶杆；9—四次拉深顶杆；10—凸点成形顶杆；11、14—等高套筒；12—口部整形凹模顶杆；
13—整形凹模顶杆；15—弹簧；16—螺塞；17—弹簧底板；18—下垫脚

步骤二：将调节螺钉 7 安装在调节挡块 8 上，用调节螺钉固定销 6 卡住调节螺钉 7，使其在指定的位置旋转，不会脱落。

步骤三：将斜楔 4 放在凸模固定板组件 3 的斜楔槽内，并与斜楔连接块 5 连接。

步骤四：先将衬板分别盖在凸模固定板组件上，再将衬板、凸模固定板组件装配在上模座 2 上，用圆柱销定位，螺钉紧固（图中未画出）。

步骤五：用手握住斜楔连接块进行内外移动，检查各斜楔连接块进出滑动是否顺畅，能否带动凸模上下滑动。

步骤六：先将安装在调节挡块 8 上的调节螺钉 7 分别拧在斜楔连接块上，再将调节挡块 8 安装在上模座 2 加工出的长方槽内，用销钉 10 定位，螺钉紧固。

步骤七：检查微调装置是否顺畅。用内六角扳手调整调节螺钉，利用调节螺钉的左右旋转带动斜楔连接块及斜楔的内外运动，检查其是否顺畅。

注：图 8-138 中所有的斜楔装配方式相同。

（9）上模部分其他附件装配（见图 8-139）

步骤一：将定位套 3 安装在二次拉深凸模及三次拉深凸模上，用钢丝销紧配固定，使定位套 3 在指定的范围内滑动。

步骤二：将顶针 4 从上模座进入，安装在相对应的顶针孔内，接着安装弹簧 7 及拧上螺塞 8，最后测试定位套 3 能否顺利滑动。

步骤三：将卸料螺钉 10 穿过垫圈 9 及弹簧 11 固定在微调凸模固定块 1 上。模具工作时，拉深凸模在弹簧的弹力下始终紧贴着滑块（注意：此处的弹簧力要大于拉深的卸料力）。

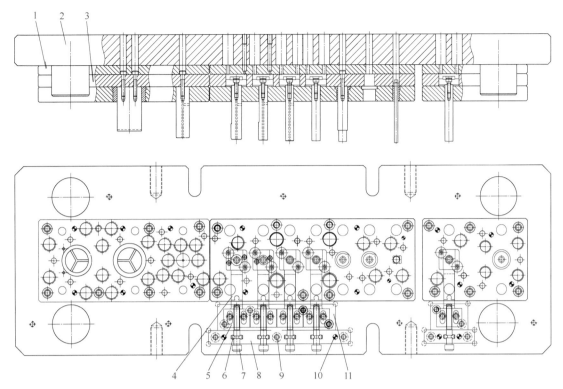

图 8-138　凸模固定板组件与上模座装配

1—衬板；2—上模座；3—凸模固定板组件；4—斜楔；5—斜楔连接块；6—调节螺钉固定销；7—调节螺钉；
8—调节挡块；9—螺钉；10—销钉；11—锁紧压板

步骤四：将圆柱销 6 顶住冲底孔凸模，再用两个螺塞 5 紧固，这样既可防止凸模松动，也起到快拆的作用。

步骤五：再次检查微调装置是否顺畅。用内六角扳手调整调节螺钉，利用调节螺钉的左右旋转带动斜楔连接块及斜楔的内外进出运动，再带动拉深凸模或整形凸模的伸出或缩进，确认微调装置在调整时是否顺畅。

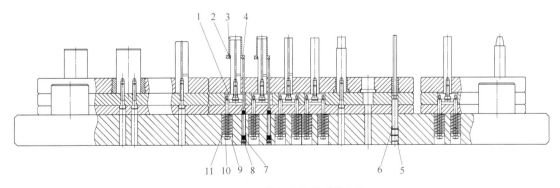

图 8-139　上模部分其他附件装配

1—微调凸模固定块；2—钢丝销；3—定位套；4—顶针；5,8—螺塞；6—圆柱销；7,11—弹簧；9—垫圈；10—卸料螺钉

（10）卸料板组件装配（见图 8-140）

步骤一：将各滑动块及导正销安装在各卸料板相对应的型孔内。

步骤二：除安装在固定板上的小导柱外，将剩余各小导柱安装在卸料板上（注意：小导柱的长、短方向不能安装错误），见图 8-140 卸料板组件装配 *A—A* 剖面图。

步骤三：将内限位销 25 安装在各卸料板垫板上。

步骤四：先将卸料板垫板安装在卸料板上，卸料板 1、卸料板 11 与相对应的卸料板垫板用圆柱销定位，卸料板 13、15、21、23、28、29、36 与相对应的卸料板垫板用小导柱直接定位，再用螺钉紧固。

步骤五：在各弹簧顶杆孔内先安装弹簧顶杆 5，再安装弹簧 6，最后拧上螺塞 7，安装结束，测试弹簧顶杆能否顺利顶出。

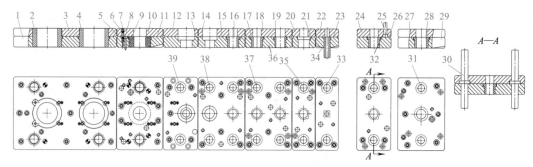

图 8-140　卸料板组件装配

1，11，13，15，21，23，28，29，36—卸料板；2—内圈切口滑动块；3，10，12，14，18，20，22，24，26，27—卸料板垫板；
4—外圈切口滑动块；5—弹簧顶杆；6—弹簧；7—螺塞；8—导正销；9—首次拉深压边圈；16—四次拉深滑动块；
17—五次拉深滑动块；19—口部拉深滑动块；25—内限位销；28—落料滑动块；30，31，33，35，37～39—小导柱；
32—整形滑动块；34—冲底孔滑动块；

（11）上模部分与卸料板组件装配（见图 8-141）

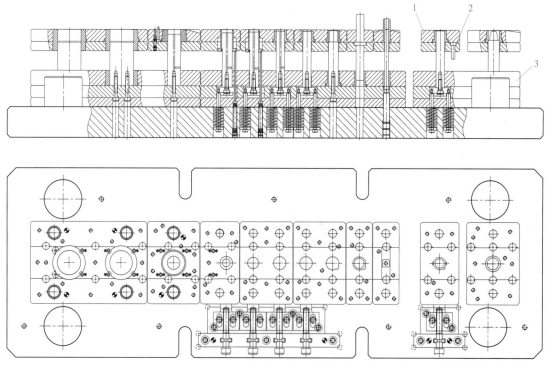

图 8-141　上模部分与卸料板组件装配

1—卸料板组件；2—内限位销；3—上模部分

步骤一：将各组卸料板组件安装在上模部分，每组卸料板组件安装时进行上下移动，确保滑动顺畅。当卸料板组件压到底时，内限位销与凸模固定板紧贴，从而起到限位作用。

步骤二：用卸料螺钉（图中未画出）将上模部分与各组卸料板组件连接。

步骤三：先将弹簧安装在上模座的弹簧孔内，再拧上螺塞，弹簧力的大小可用螺塞微调。

（12）模具总装配（见图 8-142）

步骤一：在上、下模各安装 7 对限位装置（图中画出）。

步骤二：卸下上、下模所有的弹性元件，在冲裁刃口处放 0.2mm 的纸片试切；同时在拉深凹模处放铝丝核对凸、凹模的间隙（注：铝丝的直径要比凸、凹模间的理论间隙大）。

步骤三：将上模部分慢慢地放入到下模部分进行合模，直到上、下限位装置的两平面闭合时，再打开上模部分，检查各刃口及拉深凸、凹模的间隙是否正确。

步骤四：确定凸、凹模的间隙无误后，再将所拆卸的弹性元件安装上，最后将上模部分慢慢地放入到下模部分进行合模。这时该模具装配结束，见图 8-142。

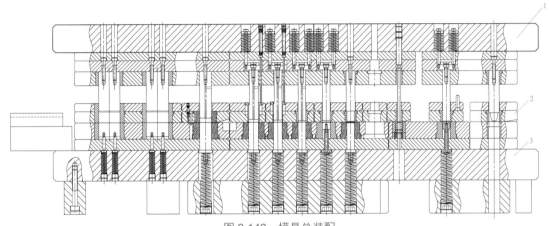

图 8-142　模具总装配

1—上模部分；2—卸料板组件；3—下模部分

（13）打刻模具编号

该连续拉深多工位级进模试制合格后，根据厂家的要求打刻模具编号。

8.8　多工位级进模典型结构

扫描二维码阅读或下载本节内容。

多工位级进模
典型结构

参 考 文 献

[1] 《模具制造手册》编写组.模具制造手册［M］.北京：机械工业出版社，1982.

[2] 陈炎嗣，郭景仪.冲压模具设计与制造技术［M］.北京：北京出版社，1991.

[3] 《冲模设计手册》编写组.冲模设计手册［M］.北京：机械工业出版社，1999.

[4] 许发樾.实用模具设计与制造手册［M］.北京：机械工业出版社，2000.

[5] 邱言龙，郑毅，余小燕.磨工技师手册［M］.北京：机械工业出版社，2002.

[6] 薛啟翔.冲压工艺与模具设计实例分析［M］.北京：机械工业出版社，2008.

[7] 洪慎章.实用冲模设计与制造［M］.北京：机械工业出版社，2010.

[8] 陈炎嗣.多工位级进模设计手册［M］.北京：化学工业出版社，2012.

[9] 金龙建.多工位级进模实例图解［M］.北京：机械工业出版社，2013.

[10] 秦涵.模具钳工［M］.北京：机械工业出版社，2014.

[11] 金龙建.冲压模具设计及实例详解［M］.北京：化学工业出版社，2014.

[12] 罗启全.模具钳工实用技术手册［M］.北京：化学工业出版社，2014.

[13] 金龙建.多工位级进模设计实用手册［M］.北京：机械工业出版社，2015.

[14] 陈炎嗣.冲压模具设计实用手册（核心模具卷）［M］.北京：化学工业出版社，2015.

[15] 金龙建.冲压模具结构设计技巧［M］.北京：化学工业出版社，2015.

[16] 陈炎嗣.冲压模具设计实用手册（高效模具卷）［M］.北京：化学工业出版社，2016.

[17] 金龙建.冲压模具设计要点［M］.北京：化学工业出版社，2016.

[18] 钟翔山.图解数控铣削入门与提高［M］.北京：化学工业出版社，2016.

[19] 吕谊明.机械制造技术［M］.北京：高等教育出版社，2016.

[20] 秦涵.模具制造技术［M］.北京：机械工业出版社，2016.

[21] 金龙建.多工位级进模排样设计及实例精选［M］.北京：机械工业出版社，2016.

[22] 钟翔山.图解钳工入门与提高［M］.北京：化学工业出版社，2017.

[23] 金龙建，陈杰红.冲压模具设计实例图解［M］.北京：机械工业出版社，2018.

[24] 王越，王明红.现代机械制造装备［M］.北京：清华大学出版社，2018.

[25] 金龙建.冲压模具设计实用手册（多工位级进模卷）［M］.北京：化学工业出版社，2018.

[26] 王冲，陈文琳.模具标准应用手册（冲模卷）［M］.北京：中国质检出版社，中国标准出版社，2018.

[27] 金龙建，陈炎嗣.气瓶缩口模具设计与制造［J］.模具制造，2016（12）：29-32.

[28] 金龙建.外壳胀形与镦压及口部倒角成形模设计［J］.模具工业，2017（1）：31-34.